한번에 합격하는 산업 안전 보건 지도사

1차 시험 Ⅰ. 산업안전보건법령   이상국 지음

핵심이론 + 5개년 기출 문제(2021~2025년)

■ **도서 A/S 안내**

성안당에서 발행하는 모든 도서는 저자와 출판사, 그리고 독자가 함께 만들어 나갑니다.

좋은 책을 펴내기 위해 많은 노력을 기울이고 있습니다. 혹시라도 내용상의 오류나 오탈자 등이 발견되면 "좋은 책은 나라의 보배"로서 우리 모두가 함께 만들어 간다는 마음으로 연락주시기 바랍니다. 수정 보완하여 더 나은 책이 되도록 최선을 다하겠습니다.

성안당은 늘 독자 여러분들의 소중한 의견을 기다리고 있습니다. 좋은 의견을 보내 주시는 분께는 성안당 쇼핑몰의 포인트(3,000포인트)를 적립해 드립니다.

잘못 만들어진 책이나 부록 등이 파손된 경우에는 교환해 드립니다.

본서 기획자 e-mail : coh@cyber.co.kr(최옥현)
홈페이지 : http://www.cyber.co.kr
전화 : 031) 950-6300

머리말

산업안전보건법은 산업안전관리기사, 산업위생관리기사뿐만 아니라 안전기술사, 공인노무사, 공무원 승진시험 등에도 출제가 되고 있다. 그러나 산업안전보건법은 기술성, 규범성, 복잡성, 사업주 규제성을 지닌 학문 분야로서 이질적인 학문의 특성상 학습이 어렵다. 이에 본서는 수험생의 학습효과를 도모하기 위하여 다음과 같이 정리하였다.

첫째, 산업안전·보건지도사의 시험 출제경향을 고려하여 핵심 위주로 정리하고 복잡하고 중요 사항은 도표로 정리하였다. 고득점을 위해서는 핵심 사항을 이해하고 암기하는 노력을 해야 한다.

둘째, 체계적인 학습과 논리적인 사고능력을 향상시키기 위하여 기본서와 같은 체계서로 구성하였다. 수험서라도 응용 능력을 향상시키도록 내용을 구성하였다.

셋째, 객관식 문제는 유사한 내용이 반복되어 출제되며, 출제빈도를 고려하여 색상으로 포인트를 강조했다. 최근 5년간 출제된 문제에서 출제 가능성을 고려하여 선별하였다.

넷째, 예상 문제는 난이도를 고려하여 단순 암기형이 아닌 이해력을 검증할 수 있도록 개발하였다. 매년 문제는 변형되어 출제되고 있으며, 이해력을 검증하기 위한 문제의 비중이 높아지고 있다.

본서는 저자가 10년간 연구해 온 기본서를 바탕으로 최근의 시험 출제경향, 난이도, 중요한 쟁점 사항을 고려하여 집필하였다. 산업안전·보건지도사, 공기업의 시험, 공무원 시험 등의 수험 도서로 활용이 가능하다.

독자 여러분의 수험 준비에 길라잡이가 되리라 생각한다.

다산의 도시에서
이상국

시험 안내

 기본 정보

(1) 산업안전지도사와 산업보건지도사의 개요

① 산업안전지도사 및 산업보건지도사란 외부 전문가의 객관적이고도 전문적인 지도·조언을 통하여 사업장 내에서의 기존의 안전상 또는 위생·보건상의 문제점을 규명하여 개선하고, 생산라인 관계자에게 생산현장의 생산방식이나 공법 도입에 따른 안전 또는 위생·보건 대책수립에 도움을 주기 위해 지도사 자격시험에 합격한 지도사를 말한다.

② 산업안전지도사의 업무 영역은 기계안전·전기안전·화공안전·건설안전 분야로 구분하고, 산업보건지도사의 업무 영역은 직업환경의학·산업위생 분야로 구분한다.

(2) 산업안전지도사와 산업보건지도사의 수행직무

산업안전지도사	산업보건지도사
1. 공정상의 안전에 관한 평가·지도 2. 유해·위험의 방지대책에 관한 평가·지도 3. 제1호 및 제2호의 사항과 관련된 계획서 및 보고서의 작성 4. 그 밖에 산업안전에 관한 사항으로서 대통령령으로 정하는 사항	1. 작업환경의 평가 및 개선 지도 2. 작업환경 개선과 관련된 계획서 및 보고서의 작성 3. 근로자 건강진단에 따른 사후관리 지도 4. 직업성 질병 진단(의사인 산업보건지도사만 해당) 및 예방 지도 5. 산업보건에 관한 조사·연구 6. 그 밖에 산업보건에 관한 사항으로서 대통령령으로 정하는 사항

 시험 정보

(1) 시험일정 및 시행지역

① 시험일정 : Q-Net 홈페이지(www.q-net.or.kr)에 공고
② 시행지역
  • 제1차 시험 : 서울, 부산, 대구, 광주, 대전
  • 제2·3차 시험 : 서울

※ 시험일시 및 시험장소는 원서접수 시 Q-Net 홈페이지에서 확인

(2) 응시자격 및 응시원서 접수

① 응시자격 : 없음.
  ※ 단, 지도사 시험에서 부정행위를 한 응시자에 대해서는 그 시험을 무효로 하고, 그 처분을 한 날부터 5년간 시험 응시자격을 정지함.
② 접수방법 : Q-Net 산업안전·보건지도사 자격시험 홈페이지를 통한 인터넷 접수만 가능
③ 접수시간 : 원서 접수기간 중에는 24시간 접수 가능. 단, 원서접수 시작일은 09:00부터, 원서접수 마감일은 18:00까지 접수 가능

④ 응시 수수료
- 제1차 시험 : 55,000원
- 제2 · 3차(동시 접수) 시험 : 75,000원

(3) 시험과목과 방법 및 시간

구분	시험과목	시험방법	시험시간
제1차 시험 공통필수 (3과목)	① **공통필수 I** (산업안전보건법령) ② **공통필수 II** (산업안전일반 또는 산업위생일반) ③ **공통필수 III** (기업 진단 · 지도)	객관식 5지 택1형 (과목당 25문항)	90분
제2차 시험 전공필수 (택1)	• 산업안전지도사(기계안전공학, 전기안전공학, 화공안전공학, 건설안전공학 중 택1) • 산업보건지도사(직업환경의학, 산업위생공학 중 택1)	주관식 - 단답형(5문항 전항) - 논술형(4문항 중 필수 2, 택1)	100분
제3차 시험 공통필수 (면접)	• 전문지식과 응용능력 • 산업안전 · 보건제도에 대한 이해 및 인식 정도 • 상담 · 지도 능력	면접(수험자 1명당 20분 내외)	

※ 시험과목 및 시험시간은 변경될 수 있으므로 해당 회차 시험 시행계획 공고문 확인 필수

(4) 제1차 시험 시험범위

	산업안전지도사, 산업보건지도사(산업안전보건법령)	
	주요항목	세부항목
공통 필수 I	• 산업안전보건법 • 산업안전보건법 시행령 • 산업안전보건법 시행규칙 • 산업안전보건기준에 관한 규칙	1. 총칙 등에 관한 사항 2. 안전 · 보건관리체제 등에 관한 사항 3. 안전보건관리규정에 관한 사항 4. 유해 · 위험 예방조치에 관한 사항(산업안전보건기준 에 관한 규칙 포함) 5. 근로자의 보건관리에 관한 사항 6. 감독과 명령에 관한 사항 7. 산업안전지도사 및 산업위생지도사에 관한 사항 8. 보칙 및 벌칙에 관한 사항
공통 필수 II	산업안전지도사(산업안전일반)	산업보건지도사(산업위생일반)
	산업안전교육론, 안전관리 및 손실방지론, 신뢰성공학, 시스템안전공학, 인간공학, 위험성평가, 산업재해 조사 및 원인 분석 등	산업위생개론, 작업관리, 산업위생보호구, 위험성평가, 산업재해 조사 및 원인 분석 등
공통 필수 III	산업안전지도사(기업진단 · 지도)	산업보건지도사(기업진단 · 지도)
	• 경영학(인적자원관리, 조직관리, 생산관리) • 산업심리학 • 산업위생개론	• 경영학(인적자원관리, 조직관리, 생산관리) • 산업심리학 • 산업안전개론

시험 안내

(5) 지도자 등록 결격자격(산업안전보건법 제145조)

① 피성년후견인 또는 피한정후견인
② 파산선고를 받고 복권되지 아니한 사람
③ 금고 이상의 실형을 선고받고 그 집행이 끝나거나(집행이 끝난 것으로 보는 경우를 포함한다) 집행이 면제된 날부터 2년이 지나지 아니한 사람
④ 금고 이상의 형의 집행유예를 선고받고 그 유예기간 중에 있는 사람
⑤ 산업안전보건법을 위반하여 벌금형을 선고받고 1년이 지나지 아니한 사람
⑥ 산업안전보건법 제154조에 따라 등록이 취소(제①호 또는 제②호에 해당하여 등록이 취소된 경우는 제외)된 후 2년이 지나지 아니한 사람

(6) 시험의 일부면제(산업안전보건법 시행령 제104조)

「국가기술자격법」에 따른 건설안전기술사, 기계안전기술사, 산업위생관리기술사, 인간공학기술사, 전기안전기술사, 화공안전기술사나 특정 전공의 박사학위 소지자, 「의료법」에 따른 직업환경의학과 전문의, 「공인노무사법」에 따른 공인노무사 등에 해당하는 사람은 전공필수나 공통필수의 일부과목에 대한 시험이 면제됨. 이에 대한 사항은 Q-Net 산업안전·보건지도사 홈페이지 확인 및 면제서류 제출해야 함.

(7) 합격자 결정

① 필기시험 : 매 과목 100점을 만점으로 하여 과목당 40점 이상, 전 과목 평균 60점 이상을 득점한 사람
② 면접시험 : 면접시험은 평정요소별 평가하되, 10점 만점에 6점 이상 득점한 사람

(8) 연도별 제1차 시험 검정현황 및 합격률

연도	산업안전지도사			산업보건지도사		
	응시	합격	합격률	응시	합격	합격률
2024년	7,232명	2,559명	35.4%	758명	255명	33.6%
2023년	5,261명	1,295명	24.6%	669명	71명	10.6%
2022년	2,743명	1,061명	38.7%	476명	176명	37.0%
2021년	2,000명	607명	30.4%	394명	101명	25.6%
2020년	1,340명	360명	26.9%	290명	124명	42.8%
2019년	1,018명	454명	44.6%	272명	37명	13.6%
2018년	697명	236명	33.9%	171명	71명	41.5%
2017년	629명	43명	6.8%	139명	1명	0.7%
2016년	499명	140명	28.1%	130명	33명	25.4%
2015년	498명	44명	8.8%	147명	8명	5.4%

이 책의 차례

PART 01 총설

제1장 법 제도의 이해

01 정의 및 입법체계	1-3
1 산업안전보건법의 정의와 특성	1-3
2 산업안전보건법의 입법체계	1-4
02 산업안전보건법의 적용	1-7
1 산업안전보건법의 적용	1-7
2 산업안전보건법의 용어	1-10
03 산업재해의 예방정책 및 당사자의 의무	1-11
1 정부의 산업재해 예방정책	1-11
2 각종 보고 및 게시 의무 등	1-20
■ 출제예상문제	1-32

제2장 안전보건관리체제

01 안전보건관리조직의 구성	1-37
1 안전보건관리조직의 정의	1-37
2 안전보건관계자의 구성방법	1-37
02 안전보건관계자	1-39
1 안전보건관리책임자	1-39
2 관리감독자	1-42
3 안전관리자	1-44
4 보건관리자	1-53
5 안전보건관리담당자	1-60
6 안전보건관리전문기관	1-62
7 산업보건의	1-69
8 명예산업안전감독관	1-71
9 안전보건총괄책임자	1-73
10 안전보건조정자	1-74
03 산업안전보건위원회	1-76
1 산업안전보건위원회의 정의와 구성	1-76
2 산업안전보건위원회의 회의 및 심의·의결사항	1-80
3 노사협의체와의 관계	1-83

04 안전보건관리규정		1-86
1 안전보건관리규정의 정의와 작성주체		1-86
2 안전보건관리규정의 작성의무		1-87
■ 출제예상문제		1-92

PART 02 재해예방조치

제1장 위험성평가

01 위험성평가의 정의	2-3
1 위험성평가의 정의와 유해위험요인	2-3
2 위험성평가의 원칙	2-4
02 위험성평가의 기법과 인정	2-6
1 위험성평가의 기법 및 절차	2-6
2 위험성평가의 인정과 지원사업	2-14
■ 출제예상문제	2-19

제2장 안전보건조치

01 안전조치	2-22
1 안전조치기준의 정의와 대상	2-22
2 안전조치의무와 위반죄의 판단	2-23
02 총칙	2-25
1 작업장과 보호구 등 안전조치의무	2-25
2 관리감독자의 위험방지 조치	2-29
3 추락 또는 붕괴에 의한 위험방지	2-34
4 비계	2-36
5 기계 · 기구 및 그 밖의 설비에 의한 위험 예방	2-42
03 보건조치	2-64
1 보건조치와 건강장해	2-64
2 보건조치기준과 준수의무	2-64
3 허가대상물질 및 석면의 건강장해	2-68

	4 온도 · 습도에 의한 건강장해의 예방	2-69
	5 근골격계부담작업	2-70
■ 출제예상문제		2-73

제3장 작업중지권 및 고객응대근로자

01 작업중지권의 보장		2-78
	1 작업중지권의 보장과 조치사항	2-78
	2 근로자의 작업중지권	2-78
	3 사업주와 고용노동부장관의 작업중지	2-79
02 고객응대근로자의 건강장해예방		2-84
	1 고객응대근로자의 건강장해	2-84
	2 건강장해의 예방과 사업주의 조치사항	2-85
■ 출제예상문제		2-87

PART 03 안전보건관리

제1장 안전보건교육

01 안전보건교육의 대상자와 실시내용		3-3
	1 안전보건교육의 정의와 대상자	3-3
	2 안전보건교육의 실시내용	3-5
02 안전보건교육의 종류와 실시방법		3-11
	1 안전보건교육의 종류별 내용 · 시간	3-11
	2 안전보건교육의 실시방법	3-22
■ 출제예상문제		3-24

제2장 도급사업의 안전보건관리

01 도급사업의 위험관리책임		3-28
	1 도급의 제한	3-28
	2 도급사업에서의 안전 · 보건 조치	3-34
	3 건설공사발주자 등의 산업재해 예방	3-39

이 책의 차례

4 공사기간의 연장과 설계변경의 요청	3-43
02 산업안전보건관리비	3-47
1 산업안전보건관리비의 정의와 계상의무	3-47
2 산업안전보건비의 사용기준 등	3-50
03 건설재해예방전문지도기관	3-55
1 재해예방전문지도기관의 정의와 지도기준	3-55
2 건설재해예방전문지도기관의 지정요건 및 평가	3-56
■ 출제예상문제	3-61

제3장 유해·위험기계 등의 안전보건조치

01 기계·기구의 방호조치	3-65
1 방호조치의 대상과 기준	3-65
2 기계·기구 등의 대여와 타워크레인의 설치·해체업	3-69
02 기계·기구 등의 안전인증	3-74
1 안전인증의 정의와 대상	3-74
2 안전인증대상기계 등의 성능평가	3-85
3 안전인증의 표시 및 취소 등	3-87
4 자율안전확인	3-91
03 안전검사	3-96
1 유해·위험기계 등의 안전검사	3-96
2 자율검사프로그램	3-101
■ 출제예상문제	3-108

PART 04 작업환경관리

제1장 유해위험물질의 체계적 관리

01 유해인자의 분류 및 신규화학물질의 조사	4-3
1 유해인자의 분류 및 관리	4-3
2 신규화학물질의 유해성·위험성 조사	4-14

02 물질안전보건자료   4-17
    1 물질안전보건자료의 정의 및 작성   4-17
    2 물질안전보건자료의 정보제공   4-20
    3 물질안전보건자료의 게시 및 경고표시 등   4-24

03 유해·위험물질의 제조 등 금지   4-28
    1 유해·위험물질의 정의와 독성   4-28
    2 유해·위험물질의 제조금지와 허가   4-30

04 석면조사 및 해체·제거   4-34
    1 석면의 유해성과 조사   4-34
    2 석면조사기관의 지정   4-38
    3 석면 해체·제거업자   4-40
    ■ 출제예상문제   4-45

제2장   근로자의 보건관리

01 근로환경의 개선   4-49
    1 작업환경측정   4-49
    2 작업환경측정기관   4-54

02 건강진단 및 건강관리   4-59
    1 건강진단의 정의와 종류   4-59
    2 건강진단의 의무와 개선조치   4-67
    3 건강관리카드   4-69

03 근로금지와 취업제한 등   4-71
    1 질병자의 근로금지와 제한   4-71
    2 유해·위험작업의 취업제한   4-73
    3 역학조사   4-79
    ■ 출제예상문제   4-82

이 책의 차례

PART 05 재해예방 관리감독

제1장 재해예방 개선계획

01 재해예방조치 계획 · 5-3
   1 유해위험방지계획서 · 5-3
   2 공정안전보고서 · 5-14
02 재해예방 개선대책 · 5-21
   1 안전보건진단 · 5-21
   2 안전보건 개선계획 · 5-28
■ 출제예상문제 · 5-31

제2장 안전보건의 관리감독

01 재해예방의 실효성 확보 · 5-34
   1 산업안전지도사와 산업보건지도사 · 5-34
   2 예방사업의 지원 및 행정감독 조치 등 · 5-42
   3 당사자의 준수사항 · 5-49
02 감독과 벌칙 · 5-53
   1 감독상의 조치 · 5-53
   2 벌칙 · 5-56
   3 과태료 · 5-60
■ 출제예상문제 · 5-65

PART 06 과년도 기출문제

2021년 제11회 산업안전보건법령 기출문제 · 21-1
2022년 제12회 산업안전보건법령 기출문제 · 22-1
2023년 제13회 산업안전보건법령 기출문제 · 23-1
2024년 제14회 산업안전보건법령 기출문제 · 24-1
2025년 제15회 산업안전보건법령 기출문제 · 25-1

PART 01

총 설

CONTENTS

CHAPTER 01 | 법 제도의 이해
CHAPTER 02 | 안전보건관리체제

✦ ✦ ✦
산업안전지도사
산업보건지도사

제 1 장 법 제도의 이해

01 정의 및 입법체계

1 산업안전보건법의 정의와 특성

(1) 산업안전보건법의 정의

① 산업안전보건법은 근로자 등의 건강과 생명을 보호하기 위하여 안전보건조치 등에 관한 사항을 규정한 법규범의 총체를 말한다.

관련 용어	정의
안전	각종 위험요인에 따른 사고를 예방하기 위한 대책
보건	유해물질, 독성물질, 가스, 바이러스 등 유해요인에 따른 건강장해를 예방하기 위한 대책
안전점검	사고가 발생하기 전에 적절한 예방대책을 강구하기 위하여 불안전한 작업방법 및 행동, 유해·위험한 물질, 기계기구 등의 상태를 조사하여 위험의 정도와 범위를 발견하는 방법
안전관리	각종 사고의 위험성에 따른 인적·물적 손실(피해)를 예방하거나 회피하기 위한 대책, 관리, 구제의 활동
보건관리	유해물질이나 환경에 의한 질병 등 건강장해를 예방하기 위한 대책 및 관리, 제거의 활동

② 산업안전보건법은 재해예방조치와 관리감독체계를 전제로 행위규범을 규율하는 규범체계를 의미한다.

(2) 접근방법 및 연구대상

구분	주요 내용	구별
공학적 접근방법	• 과학을 통해 이해하고 발견하게 된 자연원리를 인간을 위해 응용하는 학문 • 유해위험물에 대한 **방호장치 및 시설의 설치, 안전제품의 개발 및 개량**, 작업공법의 개선을 위한 수학·물리학·화공학적 원리를 응용	학문 분야
관리론적 접근방법	• 유해·위험요인을 발견하고 노출방지, 위험통제를 위한 각종 안전관리 기법을 개발하여 적용 • 재해의 발생원인과 과정, 기인물과 가해물의 관계, **사고원인의 제거·대체·통제**하는 방법을 연구 • 시스템적 관리, 인간공학적 설계 및 산업심리학적 관점에서 연구	

구분	주요 내용	구별
법학적 접근방법	• 재해예방조치와 관리감독책임의 규범체계를 규율하고 책임 주체를 명확히 하여 **이행강제 및 위반 책임을 부과** • 유해위험요인과 작업방법, 작업환경 등을 파악하고 **재해예방조치 및 관리감독체계에 관한 규범적 통제 방법**을 연구 • 행위위반(거동범)과 결과책임(결과적 가중범)의 범죄유형에 따라 형사책임을 부과, 사안에 따라 행정적 제재조치(과태료 등)를 병행	학문 분야

(3) 산업안전보건법의 특성

구분	주요 내용	기능
복잡성	기계·기구·설비의 다양성, 작업공정의 복잡성, 조치기준의 다양성, 입법체계의 복잡성(법률, 시행령, 시행규칙, 고시 등)	해석 기준
기술성	건설, 기계, 전기, 화공 등 전문기술성, 물리적·수리적 방법의 활용, 안전장치 및 방호조치 등 공학적 기술	
강행성	책임주체, 규율대상과 방법, 절차 등에 의한 이행강제, 형사책임 및 행정책임의 부과, 죄형법정주의의 원칙 적용	
사업주 규제성	형식적·실질적인 사업주체를 규율, 사전적 예방책임 및 사후적 결과책임의 총체적인 규범체계를 확립하여 실효성을 확보	

2 산업안전보건법의 입법체계

(1) 외국의 산업안전보건법

① 영국의 산업안전보건법

연도	입법 제정	주요 내용
1802년	견습공의 건강 및 도덕에 관한 법률 (The Health and of Apprentices Act)	20명 이상의 근로자
1802년	광산 및 탄광 아동에 관한 법률	열악한 작업환경, 여성과 10세 이하의 아동에 대한 지하 노동의 금지
1902년	세탁업을 규제하는 법	
1908년	성냥 제조과정에서 황린 사용을 금지하는 법	황린에 의한 괴사병 출현, 직업병
1937년	공장법	산업재해와 직업병의 신고를 의무화
1963년	사무실, 상점 및 철도자산법	
1974년	산업보건안전법(HSWA)	**영국 최초의 통합적 기본법**
2007년	**법인과실치사 및 법인살인법**	산업재해로 인한 사망사고를 과실치사가 아닌 법인의 살인으로 간주(살인죄 적용)

② 독일의 산업안전보건법

연도	입법 제정	주요 내용
1845년	공장법(Gewerbeordnung GewO) • 프로이센 정부가 제정한 최초의 공장법 • 업종별 특성을 고려하여 기업주들이 결합한 직업조합(Berufsgenossenschaft; BG)을 구성 • 1873년 독일 전역으로 확대	1. 근로자의 건강에 대한 고려 2. 미성년근로자에 대한 도덕적 고려 및 교육기회의 제공 3. 근로자의 상호부조금고의 설립 등을 규정 4. 공장감독관 배치 : 1854년 근로감독의 시초
1802년	산재보험법 제정	세계 최초의 산재보험법
1902년	납·페인트·거울·담배 제조공장에 대한 규제를 포함하는 규칙을 제정	
1908년	근로자의 안전과 건강보호에 관한 법을 제정	종업원평의회에서 제정
1937년	유해물질안전법 제정	
1963년	기계기구안전법 제정	
1974년	산업안전보건법 제정	산업의, 안전기술자 및 안전보건전문가에 관한 법률
2007년	산업안전보건법 개정	사업주와 취업자의 의무 명시

③ 일본의 노동안전위생법

연도	입법 제정	주요 내용
1916년	공장법	상시근로자 15명 이상의 공정 • 15세 미만의 소년노동자 및 여성노동자의 유해위험업무 취업제한 • 공장, 부속건설물, 설비에 대한 행정관청의 안전위생 명령권
1921년	황린(성냥) 제조금지법	
1929년	공장위해예방 및 위생규칙	**일본 최초의 안전위생규칙**
1938년	상점법	유해방지 또는 위생방지에 관한 명령권(행정관청)을 인정
1947년	노동기준법의 하위법규를 제정 • 노동안전위생규칙, 크레인규칙, 보일러규칙	
1960년	진폐법	진폐의 정의, 진폐건강진단, 진폐관리 구분 등
1964년	노동재해방지단체법	노동 방지목적의 사업주단체, 중앙방지협회 및 노동재해방지협회 • 건설업, 육상화물운송업, 항만화물운송업, 임업, 광업 등 지정업종
1972년	노동안전위생법 • 노동기준법 제5장 안전위생 삭제, 단독법률로 제정	사업장 단위로 적용, 안전위생관리체계, 공사계획의 제출 등
1975년	작업환경측정법	

(2) 우리나라 산업안전보건법의 제정 배경

① 우리나라는 「근로기준법(1953. 5. 10. 법률 제286호)」을 제정하면서 제6장에 근로자의 안전과 보건을 규정하였다. 여기에는 제64조부터 제73조까지 위험방지, 안전장치, 유해물 제조금지, 안전보건관리자, 건강진단 등을 명시하였다.

② 그 후 ⅰ) 1961년 9월 11일 "근로보건관리규칙"이 제정·공포되고, ⅱ) 1962년 5월 7일에는 "근로안전관리규칙"이 제정·공포되면서 우리나라의 산업안전보건관리에 대한 구체적인 틀이 마련되었다.

③ 1981. 12. 31. 「산업안전보건법」이 「근로기준법」에서 분리되어 독립법률(법률 제3532호)로 제정·공포되었다. 1990.1.13. 산업안전보건법의 개정(법률 제4220호)에 의하여 근로기준법 제6장의 안전과 보건에 관한 규정이 흡수·통합되어 산업안전보건법에 정하는 바에 따라 규율되게 되었다.

(3) 하위법규의 해석 및 효력

① 산업안전보건법은 산업안전보건에 관한 기본법으로서 해석과 운용의 기준이 되며, 1개의 대통령령(시행령)과 3개의 시행규칙(산업안전보건법 시행규칙, 산업안전보건기준에 관한 규칙, 유해·위험작업의 취업제한에 관한 규칙)으로 구성되어 있다.

📖 산업안전보건에 관한 고용노동부령

구분	규정 내용	조항 수
산업안전보건법 시행규칙	산업안전보건에 대한 일반적인 사항을 규정	11장 243개
산업안전보건기준에 관한 규칙	사업주가 해야 할 안전보건조치에 관한 기술적·절차적 준수사항을 규정	4장 674개
유해·위험작업의 취업제한에 관한 규칙	유해 또는 위험한 작업에 필요한 자격·면허·경험에 관한 사항을 규정	12개

② 산업안전보건법령에는 사업주가 조치해야 할 안전보건기준, 방법과 절차를 마련하고 세부적인 사항은 규칙에 위임하고 있다. 산업안전보건기준은 ⅰ) 산업안전보건법, ⅱ) 시행령, ⅲ) 시행규칙, ⅳ) 산업안전보건기준에 관한 규칙, ⅴ) 유해·위험작업의 취업제한에 관한 규칙뿐만 아니라, ⅵ) 상기 법령에 의하여 발하는 명령, 즉 고시·예규·훈령 등에 나타난 각종 준수사항을 포함한다.

③ 산업안전보건기준에 관한 규칙과 유해·위험작업의 취업제한에 관한 규칙은 법률의 구체적인 시행을 위한 세부사항을 보충하는 위임명령의 성격을 지닌다. 명령에는 **법규명령과 행정명령으로 구분**할 수 있다. 행정명령은 행정규칙이라고 하며, 고시·훈령·예규·지침 등이 여기에 해당된다.

> ⚖️ **관련 판례**
>
> 1. 위임명령은 ⅰ) 법률의 보충적 규정, ⅱ) 법률의 구체적·특별한 규정, ⅲ) 법률의 해석적 규정에 한하여 규정할 수 있다. 그러나 위임명령으로서 법률이 규정한 개인의 권리·의무에 관한 사항을 변경·보충하거나 법률에 규정하지 아니한 새로운 내용을 규정할 수 없다(대판 1995. 1. 24. 93다37342).
> 2. 행정규칙은 행정기관이 정립하는 일반적·추상적인 규정으로서 법규의 성질을 가지지 않는 것을 말한다. 행정규칙은 행정처분 등에 관한 사무처리기준과 처분절차 등 행정청 내의 사무처리준칙을 규정한 것에 불과하다. 행정규칙은 행정조직 내부에서만 효력이 인정될 뿐이며, 대외적인 구속력을 가지지 않는다. 고시는 일반적·추상적인 성격을 가질 때에는 법규명령 또는 행정규칙에 해당하지만, 구체적인 규율의 성격을 갖는다면 행정처분이 되기도 한다(헌재 1998. 3. 30. 97헌마141).

02 산업안전보건법의 적용

1 산업안전보건법의 적용

(1) 산업안전보건법의 적용 대상

① 산업안전보건법은 **모든 사업에 적용**된다. 다만, **유해·위험의 정도, 사업의 종류, 사업장의 상시근로자 수**(건설공사의 경우 건설공사금액을 말한다. 이하 같다) 등을 고려하여 대통령령이 정하는 사업 또는 사업장에는 이 법의 전부 또는 일부를 적용하지 않을 수 있다(산안법 제3조).

② 산업안전보건법은 규율 대상과 내용에 따라 사업장에 대하여도 적용된다(산안법 시행령 제2조제1항 참조). 사업장은 사업주체가 시간적·공간적으로 유기적인 관련성을 가지고 작업을 하는 지정된 장소를 말한다.

③ 산업안전보건법은 **국가 또는 지방자치단체를 포함한 모든 사업에 적용**한다. 그러나 사업의 종류 및 규모, 유해·위험의 정도를 고려하여 일반행정기관에 대해서는 산업안전보건법의 일부 규정만 적용한다.

④ 일반행정기관이란 입법사무, 통치행정, 중앙 및 지방행정기관의 일반 공공행정, 정부기관 일반 보조행정, 교육·환경·노동·보건(병원 제외)·사회복지·문화 및 기타 사회서비스 관리행정, 산업진흥행정, 외교 및 국방행정, 사법 및 공공질서행정 등과 같이 일반행정에 관한 규제와 집행사무를 담당하는 국가기관을 말한다.

⑤ 지방자치단체의 경우에는 현업기관에 대하여 산업안전보건법이 적용된다. 일반 행정기관이라도 특별한 규정이 없는 한 안전조치 및 보건조치에 관한 규정이 적용된다. 그러나 안전보건관리책임자, 안전·보건관리자, 산업안전보건위원회 등 안전보건조직의 설치·운영, 안전보건관리규정, 안전보건교육에 관한 사항은 적용하지 아니한다(산안법 시행령 제2조 [별표 1]).

(2) 일부적용 제외사업

① 산업안전보건법은 일부 사업에 대하여는 적용을 제외한다. 그러나 이 법과 이 법에 따른 명령은 국가·지방자치단체 및 「공공기관의 운영에 관한 법률」 제5조에 따른 공기업에도 적용된다.
② 산업안전보건법 제3조 단서에 따라 **법의 전부 또는 일부를 적용하지 않는 사업 또는 사업장**(이하 "사업"이라 한다)의 범위 및 해당 사업 또는 사업장에 적용하지 않는 법 규정은 [별표 1]과 같다(산안법 시행령 제2조제1항). 이 영에서 사업의 분류는 통계법에 따라 통계청장이 고시한 한국표준산업분류에 따른다(산안법 시행령 제2조제2항).

🏛 **[시행령 별표 1] 법의 일부를 적용하지 않는 사업 또는 사업장 및 적용 제외 법 규정**(제2조제1항 관련)

대상 사업 또는 사업장	적용 제외 법 규정
1. 다음 각 목의 어느 하나에 해당하는 사업 가. 「광산안전법」 적용 사업(광업 중 광물의 채광·채굴·선광 또는 제련 등의 공정으로 한정하며, 제조공정은 제외한다) 나. 「원자력안전법」 적용 사업(발전업 중 원자력 발전설비를 이용하여 전기를 생산하는 사업장으로 한정한다) 다. 「항공안전법」 적용 사업(항공기, 우주선 및 부품 제조업과 창고 및 운송관련 서비스업, 여행사 및 기타 여행보조 서비스업 중 항공 관련 사업은 각각 제외한다) 라. 「선박안전법」 적용 사업(선박 및 보트 건조업은 제외한다)	제15조부터 제17조까지, 제20조제1호, 제21조(다른 규정에 따라 준용되는 경우는 제외한다), 제24조(다른 규정에 따라 준용되는 경우는 제외한다), 제2장 제2절, 제29조(보건에 관한 사항은 제외한다), 제30조(보건에 관한 사항은 제외한다), 제31조, 제38조, 제51조(보건에 관한 사항은 제외한다), 제52조(보건에 관한 사항은 제외한다), 제53조(보건에 관한 사항은 제외한다), 제54조(보건에 관한 사항은 제외한다), 제55조, 제58조부터 제60조까지, 제62조, 제63조, 제64조(제1항제6호는 제외한다), 제65조, 제66조, 제72조, 제75조, 제88조, 제103조부터 제107조까지 및 제160조(제21조제4항 및 제88조제5항과 관련되는 과징금으로 한정한다)
2. 다음 각 목의 어느 하나에 해당하는 사업 가. 소프트웨어 개발 및 공급업 나. 컴퓨터 프로그래밍, 시스템 통합 및 관리업 다. 영상·오디오물 제공 서비스업 라. 정보서비스업 마. 금융 및 보험업 바. 기타 전문서비스업 사. 건축기술, 엔지니어링 및 기타 과학기술 서비스업 아. 기타 전문, 과학 및 기술 서비스업(사진 처리업은 제외한다) 자. 사업지원 서비스업 차. 사회복지 서비스업	제29조(제3항에 따른 추가교육은 제외한다) 및 제30조
3. 다음 각 목의 어느 하나에 해당하는 사업으로서 상시 근로자 50명 미만을 사용하는 사업장 가. 농업 나. 어업 다. 환경 정화 및 복원업 라. 소매업; 자동차 제외 마. 영화, 비디오물, 방송프로그램 제작 및 배급업	

대상 사업 또는 사업장	적용 제외 법 규정
바. 녹음시설 운영업 사. 라디오 방송업 및 텔레비전 방송업 아. 부동산업(부동산 관리업은 제외한다) 자. 임대업; 부동산 제외 차. 연구개발업 카. 보건업(병원은 제외한다) 타. 예술, 스포츠 및 여가관련 서비스업 파. 협회 및 단체 하. 기타 개인 서비스업(세탁업은 제외한다)	
4. 다음 각 목의 어느 하나에 해당하는 사업 가. 공공행정(청소, 시설관리, 조리 등 현업업무에 종사하는 사람으로서 고용노동부장관이 정하여 고시하는 사람은 제외한다), 국방 및 사회보장 행정 나. 교육 서비스업 중 초등·중등·고등 교육기관, 특수학교·외국인학교 및 대안학교(청소, 시설관리, 조리 등 현업업무에 종사하는 사람으로서 고용노동부장관이 정하여 고시하는 사람은 제외한다)	제2장제1절·제2절 및 제3장(다른 규정에 따라 준용되는 경우는 제외한다)
5. 다음 각 목의 어느 하나에 해당하는 사업 가. 초등·중등·고등 교육기관, 특수학교·외국인학교 및 대안학교 외의 교육서비스업(청소년수련시설 운영업은 제외한다) 나. 국제 및 외국기관 다. 사무직에 종사하는 근로자만을 사용하는 사업장(사업장이 분리된 경우로서 사무직에 종사하는 근로자만을 사용하는 사업장을 포함한다)	제2장제1절·제2절, 제3장 및 제5장제2절(제64조제1항제6호는 제외한다). 다만, 다른 규정에 따라 준용되는 경우는 해당 규정을 적용한다.
6. 상시근로자 5명 미만을 사용하는 사업장	제2장제1절·제2절, 제3장(제29조제3항에 따른 추가교육은 제외한다), 제47조, 제49조, 제50조 및 제159조(다른 규정에 따라 준용되는 경우는 제외한다)

※ 비고 : 제1호부터 제6호까지의 규정에 따른 사업에 둘 이상 해당하는 사업의 경우에는 각각의 호에 따라 적용이 제외되는 규정은 모두 적용하지 않는다.

③ 상기 [별표 1] 규정에서 "상시근로자 5명 미만을 사용하는 사업장"에 대하여는 법 제2장제1절(안전보건관리체제), 제2장제2절(안전보건관리규정), 제3장(제29조제3항에 따른 추가교육을 제외한다), 제47조(안전보건진단), 제49조(안전보건개선계획의 수립·시행), 제50조(안전보건개선계획서의 제출 등), 제159조(영업정지의 요청 등)이 적용되지 아니한다.

2 산업안전보건법의 용어

(1) 산업재해의 정의

관련 용어	정의
산업재해	노무를 제공하는 자가 업무에 관계되는 건설물·설비·원재료·가스·증기·분진 등에 의하거나 작업 또는 그 밖의 업무로 인하여 사망 또는 부상하거나 질병에 걸리는 것
재해율	산재보험적용 임금근로자 수 100명당 발생하는 재해자수의 비율(통계규정 제3조제1호) $$재해율 = \frac{재해자 수}{산재보험적용 임금근로자 수} \times 100$$
사망만인율	임금근로자 수 10,000명당 발생하는 사망자 수의 비율 $$사망만인율 = \frac{사망자 수}{임금근로자 수} \times 10,000$$ • 사망자 수 : 근로복지공단의 유족급여가 지급된 사망자와 지방고용노동관서에 산업재해 조사표가 제출된 사망자를 합산한 수. 다만, 질병에 의해 사망한 경우와 사업장 밖의 교통사고(운수업, 음식숙박업은 사업장 밖의 교통사고도 포함)·체육행사·폭력행위에 의한 사망, 사고발생일로부터 1년을 경과하여 사망한 경우는 제외
도수율	1,000,000 근로시간당 재해 건수 $$도수율 = \frac{재해 건수}{연근로시간 수} \times 1,000,000$$
강도율	근로시간 합계 1,000시간당 요양재해로 인한 근로손실 일수 $$강도율 = \frac{총요양근로손실 일수}{연근로시간 수} \times 1,000$$
중대재해	산업재해 중 사망 등 재해 정도가 심하거나 다수의 재해가 발생한 경우로서 고용노동부령으로 정하는 재해 1. 사망자가 1인 이상이 발생한 재해 2. 3개월 이상의 요양이 필요한 부상자가 동시에 2인 이상 발생한 재해 3. 부상자 또는 직업성 질병자가 동시에 10인 이상 발생한 재해

(2) 안전보건진단 및 작업환경의 측정

관련 용어	안전보건진단	작업환경측정
정의	산업재해를 예방하기 위하여 잠재적 위험성을 발견하고 그 개선대책을 수립할 목적으로 조사·평가하는 것	작업환경의 실태를 파악하기 위하여 해당 근로자 또는 작업장에 대하여 사업주가 유해인자에 대한 측정계획을 수립한 후 시료(試料)를 채취하고 분석·평가하는 것
법적 근거	산안법 제2조제12호	산안법 제2조제13호
실시방법	자체진단과 외부진단(진단명령)	외부전문기관
보고	명령 시 진단 결과 보고	측정 결과 보고
대상	유해·위험작업	측정 대상 유해인자 190종

03 산업재해의 예방정책 및 당사자의 의무

1 정부의 산업재해 예방정책

(1) 정부의 책무와 통계관리 등

① 정부는 이 법의 목적을 달성하기 위하여 다음 각 호의 사항을 성실히 이행할 책무를 진다(산안법 제4조제1항). 여기서 책무란 책임을 지고 해야 할 일로서, 정부에 책임과 의무를 부과하는 간접의무를 말한다.

> 1. 산업안전 및 보건 정책의 수립 및 집행
> 2. 산업재해 예방 지원 및 지도
> 3. 「근로기준법」제76조의2에 따른 직장 내 괴롭힘 예방을 위한 조치기준 마련, 지도 및 지원
> 4. 사업주의 자율적인 산업안전 및 보건 경영체제 확립을 위한 지원
> 5. 산업안전과 보건에 관한 의식을 북돋우기 위한 홍보·교육 등 안전문화 확산 추진
> 6. 산업안전 및 보건에 관한 기술의 연구·개발 및 시설의 설치·운영
> 7. 산업재해에 관한 조사 및 통계의 유지·관리
> 8. 안전과 보건 관련 단체 등에 대한 지원 및 지도·감독
> 9. 그 밖에 노무를 제공하는 자의 안전 및 건강의 보호·증진

② 정부는 제1항 각 호의 사항을 효율적으로 수행하기 위하여 「한국산업안전보건공단법」에 따른 한국산업안전보건공단(이하 "공단"이라 한다), 그 밖의 관련 단체 및 연구기관에 행정적·재정적 지원을 할 수 있다(산안법 제4조제2항).

③ 고용노동부장관은 법 제4조제1항제4호에 따른 사업주의 자율적인 산업안전 및 보건 경영체제 확립을 위하여 다음 각 호와 관련된 시책을 마련하여야 한다(산안법 시행령 제4조).

> 1. 사업의 자율적인 안전·보건 경영체제 운영 등의 기법에 관한 연구 및 보급
> 2. 사업의 안전관리 및 보건관리 수준의 향상

④ 고용노동부장관은 산업재해를 예방하기 위하여 법 제4조제1항제7호에 따라 산업재해에 관하여 조사하고, 이에 관한 통계를 유지·관리하여 산업재해 예방을 위한 정책수립 및 집행에 적극 반영해야 한다(산안법 시행령 제6조).

(2) 노무를 제공하는 자와 건강증진사업 등의 추진

① 고용노동부장관은 노무를 제공하는 자의 안전 및 건강의 보호·증진에 관한 사항을 효율적으로 추진하기 위하여 ⅰ) **노무를 제공하는 자의 안전 및 건강증진을 위한 사업의 보급·확산**(제1호), ⅱ) **깨끗한 작업환경의 조성**(제2호)과 관련된 시책을 마련해야 한다(산안법 시행령 제7조제1항).

② 고용노동부장관은 「근로자 건강증진활동 지침(2022. 3. 25. 고용노동부고시 제2022-33호)」에 따라 사업주는 근로자의 건강증진을 위하여 다음 각 호의 사항이 포함된 건강증진활동계획을 수립·시행하여야 한다(건강증진고시 제4조제1항).

> 1. 사업주가 건강증진을 적극적으로 추진한다는 의사표명
> 2. 건강증진활동계획의 목표 설정
> 3. 사업장 내 건강증진 추진을 위한 조직구성
> 4. 직무스트레스 관리, 올바른 작업자세 지도, 뇌심혈관계질환 발병위험도 평가 및 사후관리, 금연, 절주, 운동, 영양개선 등 건강증진활동 추진내용
> 5. 건강증진활동을 추진하기 위해 필요한 예산, 인력, 시설 및 장비의 확보
> 6. 건강증진활동계획 추진상황 평가 및 계획의 재검토
> 7. 그 밖에 근로자 건강증진활동에 필요한 조치

③ 산업안전보건법의 각종 의무규정에도 불구하고 사업주는 ⅰ) 정부의 산업재해의 예방, ⅱ) 작업환경의 조성 및 근로조건의 개선, ⅲ) 정보의 제공을 하도록 노력하여야 한다.

(3) 산업재해예방 기본계획 및 협조요청

① 고용노동부장관은 산업재해 예방에 관한 기본계획을 수립하여야 한다(산안법 제7조제1항). 고용노동부장관은 제1항에 따라 수립한 기본계획을 「산업재해보상보험법」 제8조제1항에 따른 **산업재해보상보험 및 예방심의위원회의 심의**를 거쳐 공표하여야 한다. 이를 변경하려는 경우에도 또한 같다(산안법 제7조제2항).

② 고용노동부장관은 기본계획을 효율적으로 시행하기 위하여 필요하다고 인정할 때는 관계 행정기관의 장 또는 「공공기관의 운영에 관한 법률」 제4조에 따른 공공기관의 장에게 필요한 협조를 요청할 수 있다(산안법 제8조제1항).

③ 행정기관(고용노동부는 제외한다.)의 장은 사업장의 안전 및 보건에 관하여 규제를 하려면 미리 고용노동부장관과 협의하여야 한다(산안법 제8조제2항). 행정기관은 국가나 공공단체의 행정사무를 담당하는 기관을 총칭하나, 협의로는 일정한 범위 내의 행정사무에 관하여 국가나 공공단체의 의사를 결정·표시하는 권한을 가진 기관만을 말한다.

④ 고용노동부장관은 산업재해 예방을 위하여 중앙행정기관의 장과 지방자치단체의 장 또는 공단 등 관련 기관·단체의 장에게 다음 각 호의 정보 또는 자료의 제공 및 관계 전산망의 이용을 요청할 수 있다. 중앙행정기관의 장과 지방자치단체의 장 또는 관련 기관·단체의 장은 정당한 사유가 없으면 그 요청에 따라야 한다(산안법 제8조제5항).

> 1. 「부가가치세법」 제8조 및 「법인세법」 제111조에 따른 사업자등록에 관한 정보
> 2. 「고용보험법」 제15조에 따른 근로자의 피보험자격의 취득 및 상실 등에 관한 정보
> 3. 그 밖에 산업재해 예방사업을 수행하기 위하여 필요한 정보 또는 자료로서 대통령령으로 정하는 정보 또는 자료

⑤ 고용노동부장관이 법 제8조제1항에 따라 관계행정기관의 장 또는 「공공기관의 운영에 관한 법률」 제4조에 따른 공공기관의 장에게 협조를 요청할 수 있는 사항은 다음 각 호와 같다(산안법 시행규칙 제4조제1항).

> 1. 안전·보건 의식 정착을 위한 안전문화운동의 추진
> 2. 산업재해 예방을 위한 홍보 지원
> 3. 안전·보건과 관련된 중복규제의 정비
> 4. 안전·보건과 관련된 시설을 개선하는 사업장에 대한 자금융자 등 금융·세제상의 혜택 부여
> 5. 사업장에 대하여 관계 기관이 합동으로 하는 안전·보건점검의 실시
> 6. 「건설산업기본법」 제23조에 따른 건설업체의 시공능력 평가 시 [별표 1] 제1호에서 정한 건설업체의 산업재해발생률에 따른 공사 실적액의 감액(산업재해발생률의 산정 기준 및 방법은 [별표 1]에 따른다)
> 7. 「국가를 당사자로 하는 계약에 관한 법률 시행령」 제13조에 따른 입찰참가업체의 입찰참가자격 사전심사 시 다음 각 목의 사항
>   가. [별표 1] 제1호에서 정한 건설업체의 산업재해발생률 및 산업재해 발생 보고의무 위반에 따른 가감점 부여(건설업체의 산업재해발생률 및 산업재해 발생 보고의무 위반건수의 산정 기준과 방법은 [별표 1]에 따른다)
>   나. 사업주가 안전·보건 교육을 이수하는 등 [별표 1] 제1호에서 정한 건설업체의 산업재해 예방 활동에 대하여 고용노동부장관이 정하여 고시하는 바에 따라 그 실적을 평가한 결과에 따른 가점 부여
> 8. 산업재해 또는 건강진단 관련 자료의 제공
> 9. 정부포상 수상업체 선정 시 산업재해발생률이 같은 종류 업종에 비하여 높은 업체(소속 임원을 포함한다)에 대한 포상 제한에 관한 사항
> 10. 「건설기계관리법」 제3조 또는 「자동차관리법」 제5조에 따라 각각 등록한 건설기계 또는 자동차 중 법 제93조에 따라 안전검사를 받아야 하는 유해하거나 위험한 기계·기구·설비가 장착된 건설기계 또는 자동차에 관한 자료의 제공
> 11. 「119구조·구급에 관한 법률」 제22조 및 같은 법 시행규칙 제18조에 따른 구급활동일지와 「응급의료에 관한 법률」 제49조 및 같은 법 시행규칙 제40조에 따른 출동 및 처치기록지의 제공
> 12. 그 밖에 산업재해 예방계획을 효율적으로 시행하기 위하여 필요하다고 인정하는 사항

⑥ 고용노동부장관은 [별표 1]에 따라 산정한 산업재해발생률 및 그 산정내역을 해당 건설업체에 통보하여야 한다. 이 경우 산업재해발생률 및 산정내역에 불복하는 건설업체는 통보를 받은 날부터 10일 이내에 고용노동부장관에게 이의를 제기할 수 있다(산안법 시행규칙 제4조제2항).

[시행규칙 별표 1] 건설업체 산업재해예방률 및 산업재해 발생 보고의무 위반건수의 산정기준과 방법
(제4조 관련)

1. 산업재해발생률 및 산업재해 발생 보고의무 위반에 따른 가감점 부여대상이 되는 건설업체는 매년 「건설산업기본법」 제23조에 따라 국토교통부장관이 시공능력을 고려하여 공시하는 건설업체 중 고용노동부장관이 정하는 업체로 한다.
2. 건설업체의 산업재해발생률은 다음의 계산식에 따른 업무상 사고사망만인율(이하 "사고사망만인율"이라 한다)로 산출하되, 소수점 셋째 자리에서 반올림한다.

$$\text{사망사고만인율} = \frac{\text{사고사망자 수}}{\text{상시근로자 수}} \times 10,000$$

3. 제2호의 계산식에서 사고사망자 수는 다음과 같은 기준과 방법에 따라 산출한다.
   가. 사고사망자 수는 **사고사망만인율 산정 대상 연도의 1월 1일부터 12월 31일까지의 기간** 동안 해당 업체가 시공하는 국내의 건설 현장(자체사업의 건설 현장은 포함한다. 이하 같다)에서 사고사망재해를 입은 근로자 수를 합산하여 산출한다. 다만, [별표 18] 제2호마목에 따른 **이상기온에 기인한 질병사망자는 포함**한다.
   1) 「건설산업기본법」 제8조에 따른 종합공사를 시공하는 업체의 경우에는 해당 업체의 소속 사고사망자 수에 그 업체가 시공하는 건설현장에서 그 업체로부터 도급을 받은 업체(그 도급을 받은 업체의 하수급인을 포함한다. 이하 같다)의 사고사망자 수를 합산하여 산출한다.
   2) 「건설산업기본법」 제29조제3항에 따라 종합공사를 시공하는 업체(A)가 발주자의 승인을 받아 종합공사를 시공하는 업체(B)에 도급을 준 경우에는 해당 도급을 받은 종합공사를 시공하는 업체(B)의 사고사망자 수와 그 업체로부터 도급을 받은 업체(C)의 사고사망자 수를 도급을 한 종합공사를 시공하는 업체(A)와 도급을 받은 종합공사를 시공하는 업체(B)에 반으로 나누어 각각 합산한다. 다만, 그 산업재해와 관련하여 **법원의 판결이 있는 경우에는 산업재해에 책임이 있는 종합공사를 시공하는 업체의 사고사망자 수에 합산**한다.
   3) 제73조제1항에 따른 산업재해조사표를 제출하지 않아 고용노동부장관이 산업재해 발생연도 이후에 산업재해가 발생한 사실을 알게 된 경우에는 그 알게 된 연도의 사고사망자 수로 산정한다.
   나. 둘 이상의 업체가 「국가를 당사자로 하는 계약에 관한 법률」 제25조에 따라 공동계약을 체결하여 **공사를 공동이행 방식으로 시행하는 경우** 해당 현장에서 발생하는 사고사망자 수는 **공동수급업체의 출자 비율에 따라 분배**한다.
   다. 건설공사를 하는 자(도급인, 자체사업을 하는 자 및 그의 수급인을 포함한다)와 설치, 해체, 장비 임대 및 물품 납품 등에 관한 계약을 체결한 사업주의 소속 근로자가 그 건설공사와 관련된 업무를 수행하는 중 사고사망재해를 입은 경우에는 건설공사를 하는 자의 사고사망자 수로 산정한다.
   라. 사고사망자 중 **다음의 어느 하나에 해당하는 경우**로서 사업주의 법 위반으로 인한 것이 아니라고 인정되는 재해에 의한 사고사망자는 **사고사망자 수 산정에서 제외**한다.
   1) 방화, 근로자 간 또는 타인 간의 폭행에 의한 경우

2) 「도로교통법」에 따라 도로에서 발생한 교통사고에 의한 경우(해당 공사의 공사용 차량·장비에 의한 사고는 제외한다)
3) 태풍·홍수·지진·눈사태 등 천재지변에 의한 불가항력적인 재해의 경우
4) 작업과 관련이 없는 제3자의 과실에 의한 경우(해당 목적물 완성을 위한 작업자 간의 과실은 제외한다)
5) 그 밖에 야유회, 체육행사, 취침·휴식 중의 사고 등 건설작업과 직접 관련이 없는 경우
마. 재해 발생 시기와 사망 시기의 연도가 다른 경우에는 재해 발생 연도의 다음 연도 3월 31일 이전에 사망한 경우에만 산정 대상 연도의 사고사망자 수로 산정한다.
4. 제2호의 계산식에서 상시근로자 수는 다음과 같이 산출한다.

$$상시근로자수 = \frac{연간 국내공사 실적액 \times 노무비율}{건설업 월평균임금 \times 12}$$

가. '연간 국내공사 실적액'은 「건설산업기본법」에 따라 설립된 건설업자의 단체, 「전기공사업법」에 따라 설립된 공사업자단체, 「정보통신공사업법」에 따라 설립된 정보통신공사협회, 「소방시설공사업법」에 따라 설립된 한국소방시설협회에서 산정한 업체별 실적액을 합산하여 산정한다.
나. '노무비율'은 「고용보험 및 산업재해보상보험의 보험료징수 등에 관한 법률 시행령」 제11조제1항에 따라 고용노동부장관이 고시하는 일반 건설공사의 노무비율(하도급 노무비율은 제외한다)을 적용한다.
다. '건설업 월평균임금'은 「고용보험 및 산업재해보상보험의 보험료징수 등에 관한 법률 시행령」 제2조제1항제3호가목에 따라 고용노동부장관이 고시하는 건설업 월평균임금을 적용한다.
5. 고용노동부장관은 제3호라목에 따른 사고사망자 수 산정 여부 등을 심사하기 위하여 다음 각 목의 어느 하나에 해당하는 사람 각 1명 이상으로 심사단을 구성·운영할 수 있다.
가. 전문대학 이상의 학교에서 건설안전 관련 분야를 전공하는 조교수 이상인 사람
나. 공단의 전문직 2급 이상 임직원
다. 건설안전기술사 또는 산업안전지도사(건설안전 분야에만 해당한다) 등 건설안전 분야에 학식과 경험이 있는 사람
6. 산업재해 발생 보고의무 위반건수는 다음 각 목에서 정하는 바에 따라 산정한다.
가. 건설업체의 산업재해 발생 보고의무 위반건수는 **국내의 건설현장에서 발생한 산업재해의 경우** 법 제57조제3항에 따른 보고의무를 위반(제73조제1항에 따른 보고기한을 넘겨 보고의무를 위반한 경우는 제외한다)하여 과태료 처분을 받은 경우만 해당한다.
나. 「건설산업기본법」 제8조에 따른 종합공사를 시공하는 업체의 산업재해 발생 보고의무 위반건수에는 **해당 업체로부터 도급받은 업체**(그 도급을 받은 업체의 하수급인을 포함한다)의 산업재해 발생 보고의무 위반건수를 합산한다.
다. 「건설산업기본법」 제29조제3항에 따라 종합공사를 시공하는 업체(A)가 발주자의 승인을 받아 종합공사를 시공하는 업체(B)에 도급을 준 경우에는 해당 도급을 받은 종합공사를 시공하는 업체(B)의 산업재해 발생 보고의무 위반건수와 그 업체로부터 도급을 받은 업체(C)의 산업재해 발생 보고의무 위반건수를 도급을 준 종합공사를 시공하는 업체(A)와 도급을 받은 종합공사를 시공하는 업체(B)에 반으로 나누어 각각 합산한다.

> 라. 둘 이상의 건설업체가 「국가를 당사자로 하는 계약에 관한 법률」 제25조에 따라 공동계약을 체결하여 공사를 공동이행 방식으로 시행하는 경우 산업재해 발생 보고의무 위반건수는 공동수급업체의 출자비율에 따라 분배한다.

⑦ 사업주(이 조에서만 법 제77조에 따른 특수형태근로종사자로부터 노무를 제공받는 자와 법 제78조에 따른 **물건의 수거·배달 등을 중개하는 자**를 포함한다)와 근로자(이 조에서만 법 제77조에 따른 특수형태근로종사자와 법 제78조에 따른 물건의 수거·배달 등을 하는 자를 포함한다). 그 밖의 관련단체는 제3조 내지 제7조까지의 규정에 따른 국가의 산업재해 예방정책에 적극적으로 참여하는 등 협조하여야 한다(산안법 시행령 제8조).

(4) 산업재해 예방 통합정보시스템의 구축·운영 등

① 고용노동부장관은 체계적이고 효율적인 산업재해 예방을 위하여 산업재해 예방 통합정보시스템을 구축·운영할 수 있다(산안법 제9조제1항). 고용노동부장관은 산업재해 예방 통합정보시스템으로 처리된 산업안전 및 보건 등에 관한 정보를 고용노동부령이 정하는 바에 따라 **환경부 등 행정기관 및 공공기관에 제공**할 수 있다(산안법 제9조제2항).

② 고용노동부장관은 산업재해 예방 통합정보시스템을 구축·운영하는 경우에는 다음 각 호의 정보를 처리한다(산안법 시행령 제9조제1항).

> 1. 「산업재해보상보험법」 제6조에 따른 적용 사업 또는 사업장에 관한 정보
> 2. 산업재해 발생에 관한 정보
> 3. 법 제93조에 따른 안전검사 결과, 법 제125조에 따른 작업환경측정 결과 등 안전·보건에 관한 정보
> 4. 그 밖에 산업재해 예방을 위하여 고용노동부장관이 정하여 고시하는 정보

③ 산업재해 예방 통합정보시스템의 구축·운영에 관한 연구개발 및 기술지원, 그밖에 산업재해 예방 통합정보시스템의 구축·운영에 필요한 사항은 고용노동부장관이 정한다(산안법 시행령 제9조제2항).

④ 고용노동부장관은 관련 행정기관과 「한국산업안전보건공단법」에 따른 한국산업안전보건공단(이하 "공단"이라 한다)이 산업재해 발생에 대응하기 위하여 신청하는 경우 또는 산업재해 예방 통합정보시스템으로 처리한 **산업안전 및 보건 등에 관한 정보를 관련 기관과 공단에 제공**할 수 있다(산안법 시행규칙 제5조).

명칭	산업재해 예방 통합정보시스템
정보제공	1. 환경부 등 행정기관 및 공공기관에 제공 2. 한국산업안전보건공단
정보처리 내용	1. 「산업재해보상보험법」 제6조에 따른 적용 사업 또는 사업장에 관한 정보 2. 산업재해 발생에 관한 정보

산업재해 예방 통합정보시스템	
정보처리 내용	3. 법 제93조에 따른 안전검사 결과, 법 제125조에 따른 작업환경측정결과 등 안전·보건에 관한 정보 4. 그 밖에 산업재해 예방을 위하여 고용노동부장관이 정하여 고시하는 정보
활용 효과	1. 산업재해의 종합적인 자료수집 및 통계관리 용이 2. 사업장별 산업재해율 현황파악, 정보제공 등 3. 정기적인 근로감독 등에 활용

(5) 재해율의 공표대상 사업장

① 고용노동부장관은 산업재해를 예방하기 위하여 대통령령으로 정하는 사업장의 근로자 **산업재해 발생건수, 재해율 또는 그 순위 등**(이하 "산업재해발생건수 등"이라 한다)을 공표하여야 한다(산안법 제10조제1항).

② 산업안전보건법 제10조제1항에서 "대통령령으로 정하는 사업장"이란 다음 각 호의 어느 하나에 해당하는 사업장을 말한다(산안법 시행령 제10조제1항).

구분	주요 내용
공표 대상	사업장의 근로자 산업재해발생건수, 재해율 또는 그 순위 등(이하 "산업재해발생건수 등"이라 한다)을 공표
해당 사업장	1. 산업재해로 인한 사망자가 연간 2명 이상 발생한 사업장 2. 사망만인율(死亡萬人率, 상시근로자 1만 명당 발생하는 사망재해자 수의 비율을 말한다)이 규모별 같은 업종의 평균 사망만인율 이상인 사업장 3. 법 제44조제1항 전단에 따른 중대산업사고가 발생한 사업장 4. 법 제57조제1항을 위반하여 산업재해 발생사실을 은폐한 사업장 5. 법 제57조제3항에 따른 산업재해의 발생에 관한 보고를 최근 3년 이내 2회 이상 하지 않은 사업장
합산 사유	1. 도급인이 관계수급인 근로자의 산업재해예방을 위한 조치의무를 위반하여 관계수급인 근로자가 산업재해를 입은 경우 2. 도급인이 제공하거나 지정한 경우로서 도급인이 지배·관리하는 제11조 각 호에 해당하는 장소를 포함

③ 고용노동부장관은 도급인의 사업장(도급인이 제공하거나 지정한 경우로서 도급인이 지배·관리하는 대통령령으로 정하는 장소를 포함한다. 이하 같다) 중 대통령령으로 정하는 사업장에서 관계수급인 근로자가 작업을 하는 경우에 도급인의 **산업재해발생건수 등에 관계수급인의 산업재해 발생건수를 포함**하여 제1항에 따라 공표하여야 한다(산안법 제10조제2항).

④ 도급인의 사업장 중 대통령령으로 정하는 사업장에서 관계수급인 근로자가 작업을 하는 경우 산업재해발생건수 등을 합산한다. 산업안전보건법 제10조제2항에서 "대통령령이 정하는 장소"란 다음 각 호의 어느 하나에 해당하는 장소를 말한다(산안법 시행령 제11조).

> 1. 토사·구축물·인공구조물 등이 붕괴될 우려가 있는 장소
> 2. 기계·기구 등이 넘어지거나 무너질 우려가 있는 장소
> 3. 안전난간의 설치가 필요한 장소
> 4. 비계(飛階) 또는 거푸집을 설치하거나 해체하는 장소
> 5. 건설용 리프트를 운행하는 장소
> 6. 지반(地盤)을 굴착하거나 발파작업을 하는 장소
> 7. 엘리베이터홀 등 근로자가 추락할 위험이 있는 장소
> 8. 석면이 붙어 있는 물질을 파쇄 또는 해체하는 작업을 하는 장소
> 9. 공중 전선에 가까운 장소로서 시설물의 설치·해체·점검 및 수리 등의 작업을 할 때 감전의 위험이 있는 장소
> 10. 물체가 떨어지거나 날아올 위험이 있는 장소
> 11. 프레스 또는 전단기(剪斷機)를 사용하여 작업을 하는 장소
> 12. 차량계 하역운반기계 또는 차량계 건설기계를 사용하여 작업하는 장소
> 13. 전기 기계·기구를 사용하여 감전의 위험이 있는 작업을 하는 장소
> 14. 「철도산업발전기본법」 제3조제4호에 따른 철도차량(「도시철도법」에 따른 도시철도 차량을 포함한다)에 의한 충돌 또는 협착의 위험이 있는 작업을 하는 장소
> 15. 그 밖에 화재·폭발 등 사고발생 위험이 높은 장소로서 고용노동부령으로 정하는 장소

⑤ 또한 산업안전보건법 제10조제2항에서 "대통령령으로 정하는 사업장"이란 다음 각 호의 어느 하나에 해당하는 사업이 이루어지는 사업장으로서, **도급인이 사용하는 상시근로자 수가 500명 이상**이고 도급인 사업장의 사고사망만인율(질병으로 인한 사망재해자를 제외하고 산출한 사망만인율을 말한다. 이하 같다)보다 **관계수급인의 근로자를 포함하여 산출한 사고사망만인율이 높은 사업장**을 말한다(산안법 시행령 제12조).

> 1. 제조업
> 2. 철도운송업
> 3. 도시철도운송업
> 4. 전기업

⑥ **도급인이 지배·관리하는 장소**로서 대통령령으로 정하는 장소는 안전보건조치를 하여야 하며, 이 경우 산업재해발생건수, 재해율 등은 도급인의 재해발생건수 등에 합산한다. 여기서 「산업안전보건법 시행령」 제11조제15호에 따른 "고용노동부령으로 정하는 장소"란 다음 각 호의 어느 하나에 해당하는 장소를 말한다(산안법 시행규칙 제6조).

> 1. 화재·폭발 우려가 있는 다음 각 목의 어느 하나에 해당하는 작업을 하는 장소
>   가. 선박 내부에서의 용접·용단작업
>   나. 안전보건규칙 제225조제4호에 따른 인화성 물질을 취급·저장하는 설비 및 용기에서의 용접·용단작업
>   다. 안전보건규칙 제273조에 따른 특수화학설비에서의 용접·용단작업

> 라. 가연물(可燃物)이 있는 곳에서의 용접·용단 및 금속의 가열 등 화기를 사용하는 작업이나 연삭숫돌에 의한 건식연마작업 등 불꽃이 될 우려가 있는 작업
> 2. 안전보건규칙 제132조에 따른 양중기(揚重機)에 의한 충돌 또는 협착(狹窄)의 위험이 있는 작업을 하는 장소
> 3. 안전보건규칙 제420조제7호에 따른 유기화합물 취급 특별 장소
> 4. 안전보건규칙 제574조 각 호에 따른 방사선 업무를 하는 장소
> 5. 안전보건규칙 제618조제1호에 따른 밀폐공간
> 6. 안전보건규칙 [별표 1]에 따른 위험물질을 제조하거나 취급하는 장소
> 7. 안전보건규칙 [별표 7]에 따른 화학설비 및 그 부속설비에 대한 정비·보수 작업이 이루어지는 장소

⑦ 고용노동부장관은 산업재해발생건수 등을 공표하기 위하여 도급인에게 관계수급인에 관한 자료의 제출을 요청할 수 있다. 이 경우 요청을 받은 자는 정당한 사유가 없으면 이에 따라야 한다(산안법 제10조제3항).

⑧ 지방고용노동관서의 장은 도급인의 산업재해발생건수, 재해율 또는 그 순위 등(이하 "산업재해발생건수 등"이라 한다)에 관계수급인의 산업재해발생건수 등을 포함하여 공표하기 위하여 필요하면 법 제10조제3항에 따라 영 제12조 각 호의 어느 하나에 해당하는 사업이 이루어지는 사업장으로서 해당 사업장의 상시근로자 수가 500명 이상인 사업장의 도급인에게 도급인의 사업장(**도급인이 제공하거나 지정한 경우로서 도급인이 지배·관리하는 영 제10조 각 호에 해당하는 장소를 포함**한다. 이하 같다)에서 작업하는 관계수급인 근로자의 산업재해 발생에 관한 자료를 제출하도록 공표의 대상이 되는 연도의 다음 연도 3월 15일까지 요청해야 한다(산안법 시행규칙 제7조제1항).

⑨ 제1항에 따라 자료의 제출을 요청받은 **도급인은 4월 30일까지 통합 산업재해 현황 조사표를 작성**하여 지방고용노동관서의 장에게 제출(전자적 방법에 의한 제출을 포함한다)해야 한다(산안법 시행규칙 제7조제2항). 도급인은 관계수급인에게 통합 산업재해 현황 조사표의 작성에 필요한 자료를 요청할 수 있다(산안법 시행규칙 제7조제3항).

(6) 산업재해 예방시설 및 재원의 지원

① 고용노동부장관은 산업재해의 예방을 위하여 다음 각 호의 시설을 설치·운영할 수 있다(산안법 제11조). 산업재해를 예방하기 위한 시설은 산업안전보건공단 및 관련 연구기관, 교육기간 등을 포함한다.

> 1. 산업안전·보건에 관한 지도시설·연구시설 및 교육시설
> 2. 안전보건진단 및 작업환경의 측정을 위한 시설
> 3. 노무를 제공하는 자의 건강을 유지·증진하기 위한 시설
> 4. 그 밖에 고용노동부령으로 정하는 산업재해 예방을 위한 시설

② 다음 각 호의 어느 하나에 해당하는 용도에 사용하기 위한 재원(財源)은 「산업재해보상보험법」 제95조제1항에 따른 산업재해보상보험 및 예방기금에서 지원한다(산안법 제12조).

> 1. 제11조 각 호에 따른 시설의 설치와 그 운영에 필요한 비용
> 2. 산업재해 예방 관련 사업 및 비영리법인에 위탁하는 업무수행에 필요한 비용
> 3. 그 밖에 산업재해 예방에 필요한 사업으로서 고용노동부장관이 인정하는 사업의 사업비

2 각종 보고 및 개시 의무 등

(1) 산업재해 발생의 은폐 금지

① 산업재해 발생은폐는 **고의적 또는 악의적으로 행위·태양을 숨기거나 위장하는 것**을 말한다. 산업재해 발생은폐는 산업재해의 발생사실을 보고하지 아니한 것을 말하며, 산업재해조사표를 지방노동관서에 제때 제출하지 아니한 것과 구별된다. 따라서 산업재해가 발생하였음에도 이를 숨기거나 산업재해가 아닌 것으로 위장하는 행태는 은폐 행위에 해당된다.

② 사업주는 산업재해가 발생하였을 때에는 그 **발생사실을 은폐**해서는 아니 된다(산안법 제57조제1항). 산업안전보건법 제57조제3항에서 산업재해발생건수를 공표하기 위하여 자료제출을 요구할 경우 누락하는 행위와 같이 행태를 보고 위법성을 판단할 수 있다.

③ 산업안전보건법 제57조제1항을 위반하여 산업재해 **발생사실을 은폐한 자** 또는 그 발생사실을 **은폐하도록 교사하거나 공모한 자**는 1년 이하의 징역 또는 1천만원 이하의 벌금에 처한다(산안법 제170조제3호).

제목	산재 은폐의 구성 사유	비고
산업재해의 은폐 금지	1. 보고해야 할 사항을 처음부터 숨기고 보고하지 아니한 경우 • 발생사실을 은닉하거나 왜곡 2. 고의 또는 과실로 진실하지 아니한 보고를 한 경우 • 일부 사항을 숨기거나 누락, 부상자 수 등을 축소 3. 진실한 사실이지만 보고한 사실의 빠트리고 보고한 경우 • 고의성 여부, 형사처벌 또는 과태료	1. 입찰참가자격의 제한 2. 1년 이하의 징역 또는 1천만원 이하의 벌금(제170조제3호) 3. 산업안전 감독 대상(정기감독)

(2) 산업재해 발생원인 등의 기록·보존 및 재해발생 보고

① 사업주는 고용노동부령이 정하는 바에 따라 산업재해가 발생원인 등을 기록·보존하여야 한다(산안법 제57조제2항).

구분	주요내용	비고
방법	기록·보존의 방법은 구체적으로 명시하지 않음	작업환경의 실태를 파악하기 위하여 해당 근로자 또는 작업장에 대하여 사업주가 유해인자에 대한 측정계획을 수립한 후 시료(試料)를 채취하고 분석·평가하는 것

구분	주요내용	비고
기록보존 사항	1. 사업장의 개요 및 근로자의 인적사항 2. 재해 발생의 일시 및 장소 3. 재해 발생의 원인 및 과정 4. 재해 재발방지 계획	산업재해조사표 사본을 보존하거나 요양신청 서의 사본에 재해 재발방지 계획을 첨부하여 보존한 경우 예외
기록사항	1. 사고현장의 개요(사업장의 명칭, 대표자명, 연락처, 주소, 안전보건관리책임자 등) 2. 근로자의 인적사항(성명, 주민등록번호, 소속 및 직위, 담당업무, 근무지, 개인의 연락처 및 주소지 등) 3. 재해발생의 일시(사고가 발생한 시각, 연월일, 요일) 4. 장소(실제로 사고가 발생한 장소, 위치 및 약도) 5. 재해발생의 원인(재해가 발생하게 된 원인 : 6하원칙에 따라 기술)으로서 시설 및 장비의 하자 유무 6. 유해물질 또는 위험시설의 유무 7. 작업방법상의 부주의 8. 작업공정상의 안전장치와 작업방법 및 행동의 기술 9. 작업공정의 절차와 순서	

② 사업주는 고용노동부령이 정하는 산업재해에 대해서는 그 발생개요·원인 및 보고시기, 재발 방지계획 등을 고용노동부령으로 정하는 바에 따라 고용노동부장관에게 보고하여야 한다(산안법 제57조제3항).

구분	산재 은폐의 구성 사유	비고
대상	자연인과 법인	사업주, 행위자, 법인
위반사유	1. 사망자가 발생하거나 **3일 이상의 휴업**이 필요한 부상, 질병이 발생한 경우 2. 1개월 이내에 산업재해조사표를 작성하여 제출하지 않은 경우 3. 근로자대표의 확인을 받지 않은 경우	중대재해인 경우 지체 없이 보고
예외	1. 안전관리자 또는 보건관리자를 두어야 하는 사업주 2. 법 제62조제1항에 따라 안전보건총괄책임자를 지정하여야 하는 도급인 3. 법 제73조제1항에 따라 건설재해예방전문지도기관의 지도를 받아야 하는 사업주 4. 산업재해 발생사실을 은폐하려고 한 사업주	산업재해조사표의 작성 제출 명령을 받은 자로서 제1호 내지 제4호에 해당하지 않는 경우
과태료 부과금액	산업재해발생보고를 하지 않거나 거짓으로 보고한 경우	1,500만원 이하
	중대재해 발생보고를 하지 아니하거나 거짓으로 보고한 경우	3,000만원 이하

(3) 법령요지 및 통지의무

① 사업주는 이 법과 이 법에 따른 **명령의 요지 및 안전보건관리규정**을 각 작업장의 근로자가 쉽게 볼 수 있는 장소에 게시하거나 갖추어 두어 근로자에게 널리 알려야 한다(산안법 제34조).

② 법령요지의 게시 장소는 사업장인 아닌 작업장에 하여야 한다. 여기서 작업장(workplace)이란 사업장에 부속되어 작업이 이루어지는 장소를 말한다. 이 법과 법에 따른 명령의 요지, 안전보건 관리규정을 게시하지 아니하거나 갖추어 두지 아니한 자에 대하여는 500만원 이하의 과태료를 부과한다(산안법 제175조제5항제3호).

③ 근로자대표는 사업주에게 다음 각 호의 사항을 통지하여 줄 것을 요청할 수 있고, 사업주는 이에 성실히 따라야 한다(산안법 제35조).

> 1. 산업안전보건위원회(제75조에 따라 노사협의체를 구성·운영하는 경우에는 노사협의체를 말한다)가 의결사항
> 2. 제47조에 따른 안전보건진단 결과에 관한 사항
> 3. 제49조에 따른 안전보건개선계획의 수립·시행에 관한 사항
> 4. 제64조제1항 각 호에 따른 도급인의 이행 사항
> 5. 제110조제1항에 따른 물질안전보건자료에 관한 사항
> 6. 제125조제1항에 따른 작업환경측정에 관한 사항
> 7. 그 밖에 고용노동부령으로 정하는 안전과 보건에 관한 사항

(4) 안전보건표지의 설치·부착 의무

① 안전보건표지는 근로자의 안전 및 보건을 위하여 그림·기호 및 글자 등으로 표시하여 근로자의 판단이나 행동의 착오로 인하여 산업재해를 일으킬 우려가 있는 작업장의 특정 장소, 시설 또는 물체에 설치하거나 부착하는 것을 말한다.

② 안전보건표지는 근로자의 위험한 행동을 금지하고, 유해하거나 위험한 물질의 사용을 경고하며, 작업 시 보호구의 착용 등을 지시하는 내용을 정한다. 안전보건표지는 안전사고 시 구명, 피난의 방향 등을 알리는 표지(8개 종류)를 포함한다.

③ 사업주는 유해하거나 위험한 장소·시설·물질에 대한 경고, 비상시에 대처하기 위한 지시·안내 또는 그 밖에 근로자의 안전 및 보건 의식을 고취하기 위한 사항 등을 그림·기호·글자 등으로 나타낸 표지(이하 이 조에서 "안전보건표지"라 한다)를 근로자가 쉽게 알아볼 수 있도록 설치하거나 부착하여야 한다.

④ 「외국인근로자의 고용 등에 관한 법률」 제2조에 따른 외국인근로자(같은 조 단서에 따른 사람을 포함한다)를 사용하는 사업주는 안전보건표지를 고용노동부장관이 정하는 바에 따라 해당 외국인근로자의 모국어로 작성하여야 한다(산안법 제37조제1항). 이 규정을 위반한 경우에는 과태료 500만원을 부과한다(산안법 제175조제5항제1호).

⑤ 안전보건표지의 종류, 형태, 색채, 용도 및 설치·부착 장소, 그 밖에 필요한 사항은 고용노동부령으로 정한다(산안법 제37조제2항). 따라서 안전보건표지는 임의로 제작하여서는 아니 되며, 산업안전보건법령에서 지정한 방법에 따라야 한다.

⑥ 법 제37조제2항에 따른 안전보건표지의 종류 및 형태는 [별표 6]과 같고, 그 용도와 설치·부착 장소, 형태 및 색채는 [별표 7]과 같다(산안법 시행규칙 제38조제1항).

⑦ 안전보건표지의 표시를 명백히 하기 위하여 필요한 경우에는 그 안전보건표지의 주위에 표시 사항을 글자로 덧붙여 적을 수 있다. 이 경우 글자는 흰색 바탕에 검은색 한글 고딕체로 표기해야 한다(산안법 시행규칙 제38조제2항). 안전표건표지의 크기는 작업에 지장을 주지 않는 범위에서 비율에 따라 크기를 조절하여 작성할 수 있다.

[시행규칙 별표 6] 안전보건표지의 종류와 형태(제38조제1항 관련)

1 금지 표지	101 출입금지	102 보행금지	103 차량통행금지	104 사용금지	105 탑승금지	106 금연
107 화기금지	108 물체이동금지	2 경고 표지	201 인화성 물질 경고	202 산화성 물질 경고	203 폭발성 물질 경고	204 급성독성 물질 경고
205 부식성 물질 경고	206 방사성 물질 경고	207 고압전기 경고	208 매달린 물체 경고	209 낙하물 경고	210 고온 경고	211 저온 경고
212 몸균형 상실 경고	213 레이저광선 경고	214 발암성·변이원성·생식독성·전신독성·호흡기과민성 물질 경고	215 위험장소 경고	3 지시 표지	301 보안경 착용	302 방독마스크 착용
303 방진마스크 착용	304 보안면 착용	305 안전모 착용	306 귀마개 착용	307 안전화 착용	308 안전장갑 착용	309 안전복 착용
4 안내 표지	401 녹십자 표지	402 응급구호 표지	403 들것	404 세안장치	405 비상용 기구	406 비상구
407 좌측 비상구	408 우측 비상구	5 관계자외 출입금지	501 허가대상물질 작업장 **관계자외 출입금지** (허가물질 명칭) 제조/사용/보관 중 보호구/보호복 착용 흡연 및 음식물 섭취 금지	502 석면 취급/해체 작업장 **관계자외 출입금지** 석면 취급/해체 중 보호구/보호복 착용 흡연 및 음식물 섭취 금지	503 금지대상물질의 취급 실험실 등 **관계자외 출입금지** 발암물질 취급 중 보호구/보호복 착용 흡연 및 음식물 섭취 금지	

6 문자 추가 시 예시문		• 내 자신의 건강과 복지를 위하여 안전을 늘 생각한다. • 내 가정의 행복과 화목을 위하여 안전을 늘 생각한다. • 내 자신의 실수로써 동료를 해치지 않도록 안전을 늘 생각한다. • 내 자신이 일으킨 사고로 인한 회사의 재산과 손실을 방지하기 위하여 안전을 늘 생각한다. • 내 자신의 방심과 불안전한 행동이 조국의 번영에 장애가 되지 않도록 하기 위하여 안전을 늘 생각한다.

※ 비고 : 아래 표의 각각의 안전·보건표지(28종)은 다음과 같이 「산업표준화법」에 따른 한국산업표준(KS S ISO)의 안전표지로 대체할 수 있다.

안전·보건 표지	한국산업표준	안전·보건 표지	한국산업표준
102	P004	302	M017
103	P006	303	M016
106	P002	304	M019
107	P003	305	M014
206	W003, W005, W027	306	M003
207	W012	307	M008
208	W015	308	M009
209	W035	309	M010
210	W017	402	E003
211	W010	403	E013
212	W011	404	E011
213	W004	406	E001, E002
215	W001	407	E001
301	M004	408	E002

⑧ 안전보건표지는 ⅰ) **금지표지, 경고표지, 지시표지, 안내표지, 관계자외 출입금지**로 분류하고, ⅱ) 형태, 용도, 사용장소, 색채에 대하여 법령으로 정하고 있다.

🏛 **[시행규칙 별표 7]** 안전보건표지의 종류별 용도, 사용 장소, 형태 및 색채(제38조제1항, 제39조제1항 및 제40조제1항 관련)

분류	종류	용도 및 사용 장소	사용 장소 예시	형태		색채
				기본 모형 번호	안전보건 표지 일람표 번호	
금지 표지	1. 출입금지	출입을 통제해야 할 장소	조립·해체 작업장 입구	1	101	바탕은 흰색, 기본모형은 빨간색, 관련 부호 및 그림은 검은색
	2. 보행금지	사람이 걸어 다녀서는 안 될 장소	중장비 운전 작업장	1	102	
	3. 차량통행금지	제반 운반기기 및 차량의 통행을 금지시켜야 할 장소	집단보행 장소	1	103	

분류	종류	용도 및 사용 장소	사용 장소 예시	형태 기본모형 번호	형태 안전보건표지 일람표 번호	색채
금지표지	4. 사용금지	수리 또는 고장으로 만지거나 작동시키는 것을 금지해야 할 기계·기구 설비	고장난 기계	1	104	〃
	5. 탑승금지	엘리베이터 등에 타는 것이나 어떤 장소에 올라가는 것을 금지	고장난 엘리베이터	1	105	
	6. 금연	담배를 피워서는 안 될 장소		1	106	
	7. 화기금지	화재가 발생할 염려가 있는 장소로서 화기 취급을 금지하는 장소	화학물질 취급장소	1	107	
	8. 물체이동금지	정리 정돈 상태의 물체나 움직여서는 안 될 물체를 보존하기 위하여 필요한 장소	절전스위치 옆	1	108	
경고표지	1. 인화성물질 경고	휘발유 등 화기의 취급을 극히 주의해야 하는 물질이 있는 장소	휘발유 저장탱크	2	201	바탕은 노란색, 기본모형, 관련 부호 및 그림은 검은색 다만, 인화성물질 경고, 산화성물질 경고, 폭발성물질 경고, 급성독성물질 경고 및 발암성·변이원성·생식독성·전신독성·호흡기과민성 물질경고의 경우, 바탕은 무색, 기본모형은 빨간색(검은색도 가능)
	2. 산화성물질 경고	가열·압축하거나 강산·알칼리 등을 첨가하면 강한 산화성을 띠는 물질이 있는 장소	질산 저장탱크	2	202	
	3. 폭발성물질 경고	폭발성 물질이 있는 장소	폭발물 저장실	2	203	
	4. 급성독성물질 경고	급성독성 물질이 있는 장소	농약 제조·보관소	2	204	
	5. 부식성물질 경고	신체나 물체를 부식시키는 물질이 있는 장소	황산 저장소	2	205	
	6. 방사성물질 경고	방사능물질이 있는 장소	방사성 동위원소 사무실	2	206	
	7. 고압전기 경고	발전소나 고압이 흐르는 장소	감전우려지역 입구	2	207	

분류	종류	용도 및 사용 장소	사용 장소 예시	형태 기본모형 번호	안전보건표지 일람표 번호	색채
경고 표지	8. 매달린 물체 경고	머리 위에 크레인 등과 같이 매달린 물체가 있는 장소	크레인이 있는 작업장 입구	2	208	바탕은 노란색, 기본모형, 관련 부호 및 그림은 검은색 다만, 인화성 물질 경고, 산화성 물질 경고, 폭발성물질 경고, 급성독성물질 경고 및 발암성·변이원성·생식독성·전신독성·호흡기 과민성 물질경고의 경우, 바탕은 무색 기본모형은 빨간색(검은색도 가능)
	9. 낙하물체 경고	돌 및 블록 등 떨어질 우려가 있는 물체가 있는 장소	비계 설치 장소 입구	2	209	
	10. 고온 경고	고도의 열을 발하는 물체 또는 온도가 아주 높은 장소	주물작업장 입구	2	210	
	11. 저온 경고	아주 차가운 물체 또는 온도가 아주 낮은 장소	냉동작업장 입구	2	211	
	12. 몸균형 상실 경고	미끄러운 장소 등 넘어지기 쉬운 장소	경사진 통로 입구	2	212	
	13. 레이저광선 경고	레이저광선에 노출될 우려가 있는 장소	레이저실험실 입구	2	213	
	14. 발암성·변이원성·생식독성·전신독성·호흡기과민성물질 경고	발암성·변이원성·생식독성·전신독성·호흡기과민성물질이 있는 장소	납 분진 발생 장소	2	214	
	15. 위험장소 경고	그 밖에 위험한 물체 또는 그 물체가 있는 장소	맨홀 앞 고열 금속찌꺼기 폐기장소	2	215	
지시 표지	1. 보안경 착용	보안경을 착용해야만 작업 또는 출입을 할 수 있는 장소	그라인더작업장 입구	3	301	바탕은 파란색, 관련 그림은 흰색
	2. 방독마스크 착용	방독마스크를 착용해야만 작업 또는 출입을 할 수 있는 장소	유해물질작업장 입구	3	302	
	3. 방진마스크 착용	방진마스크를 착용해야만 작업 또는 출입을 할 수 있는 장소	분진이 많은 곳	3	303	
	4. 보안면 착용	보안면을 착용해야만 작업 또는 출입을 할 수 있는 장소	용접실 입구	3	304	
	5. 안전모 착용	헬멧 등 안전모를 착용해야만 작업 또는 출입을 할 수 있는 장소	갱도의 입구	3	305	
	6. 귀마개 착용	소음장소 등 귀마개를 착용해야만 작업 또는 출입을 할 수 있는 장소	판금작업장 입구	3	306	
	7. 안전화 착용	안전화를 착용해야만 작업 또는 출입을 할 수 있는 장소	채탄작업장 입구	3	307	

분류	종류	용도 및 사용 장소	사용 장소 예시	형태 기본 모형 번호	형태 안전보건 표지 일람표 번호	색채
지시 표지	8. 안전장갑 착용	안전장갑을 착용해야 작업 또는 출입을 할 수 있는 장소	고온 및 저온물 취급작업장 입구	3	308	바탕은 파란색, 관련 그림은 흰색
	9. 안전복 착용	방열복 및 방한복 등의 안전복을 착용해야만 작업 또는 출입을 할 수 있는 장소	단조작업장 입구	3	309	
안내 표지	1. 녹십자 표지	안전의식을 북돋우기 위하여 필요한 장소	공사장 및 사람들이 많이 볼 수 있는 장소	1 (사선 제외)	401	바탕은 흰색, 기본모형 및 관련 부호는 녹색, 바탕은 녹색, 관련 부호 및 그림은 흰색
	2. 응급구호 표지	응급구호설비가 있는 장소	위생구호실 앞	4	402	
	3. 들것	구호를 위한 들것이 있는 장소	위생구호실 앞	4	403	
	4. 세안장치	세안장치가 있는 장소	비상용기구 설치장소 앞	4	404	
	5. 비상용 기구	비상용기구가 있는 장소	위생구호실 앞	4	405	
	6. 비상구	비상출입구	위생구호실 앞	4	406	
	7. 좌측 비상구	비상구가 좌측에 있음을 알려야 하는 장소	위생구호실 앞	4	407	
	8. 우측 비상구	비상구가 우측에 있음을 알려야 하는 장소	위생구호실 앞	4	408	
출입 금지 표지	1. 허가대상 유해물질 취급	허가대상유해물질 제조, 사용 작업장	출입구 (단, 실외 또는 출입구가 없을 시 근로자가 보기 쉬운 장소)	5	501	글자는 흰색 바탕에 흑색 －○○○ 제조/사용/보관 중 －석면취급/해체 중 －발암물질 취급 중
	2. 석면 취급 및 해체 장소	석면 제조, 사용, 해체·제거 작업장		5	502	
	3. 금지유해물질 취급	금지유해물질 제조·사용 설비가 설치된 장소		5	503	

⑨ 안전보건표지에 사용되는 색채의 색도기준 및 용도는 [별표 8]과 같고. 사업주는 사업장에 설치하거나 부착한 안전보건표지의 색도기준이 유지되도록 관리해야 한다(산안법 시행규칙 제38조제3항).

⑩ 안전보건표지에 관하여 법 또는 법에 따른 명령에서 규정하지 않은 사항으로서 다른 법 또는 법에 따른 명령에서 규정한 사항이 있으면 그 부분에 대하여는 그 법 또는 명령을 적용한다(산안법 시행규칙 제38조제4항).

🏛 **[시행규칙 별표 8] 안전보건표지의 색도기준 및 용도**(제38조제3항 관련)

색채	색도기준	용도	사용례
빨간색	7.5R 4/14	금지	정지신호, 소화설비 및 그 장소, 유해행위의 금지
		경고	화학물질 취급장소에서의 유해·위험 경고
노란색	5Y 8.5/12	경고	화학물질 취급장소에서의 유해·위험경고 이외의 위험경고, 주의표지 또는 기계방호물
파란색	2.5PB 4/10	지시	특정 행위의 지시 및 사실의 고지
녹색	2.5G 4/10	안내	비상구 및 피난소, 사람 또는 차량의 통행표지
흰색	N9.5		파란색 또는 녹색에 대한 보조색
검은색	N0.5		문자 및 빨간색 또는 노란색에 대한 보조색

※ 참고 1. 허용 오차 범위 H=± 2, V=± 0.3, C=± 1(H는 색상, V는 명도, C는 채도를 말한다)
  2. 위의 색도기준은 한국산업규격(KS)에 따른 색의 3속성에 의한 표시방법(KSA 0062 기술표준원 고시 제2008-0759)에 따른다.

⑪ 사업주는 법 제37조에 따라 안전보건표지를 설치하거나 부착할 때는 [별표 7]의 구분에 따라 근로자가 **쉽게 알아볼 수 있는 장소·시설 또는 물체에 설치하거나 부착**해야 한다(산안법 시행규칙 제39조제1항). 사업주는 안전보건표지를 설치하거나 부착할 때는 흔들리거나 쉽게 파손되지 않도록 견고하게 설치하거나 부착해야 한다(산안법 시행규칙 제39조제2항).

⑫ 안전보건표지상의 성질상 설치하거나 부착하는 것이 곤란한 경우에는 **해당 물체에 대하여 직접 도색**할 수 있다(산안법 시행규칙 제39조제3항).

⑬ 안전보건표지는 그 종류별로 [별표 9]에 따른 기본모형에 의하여 [별표 7]의 구분에 따라 제작해야 한다(산안법 시행규칙 제40조제1항). 안전보건표지는 그 표시 내용을 근로자가 빠르고 쉽게 알아볼 수 있는 크기로 제작해야 한다(산안법 시행규칙 제40조제2항). 안전보건표지 속의 그림 또는 부호의 크기는 안전보건표지의 크기와 비례해야 하며, 안전보건표지 **전체 규격의 30% 이상**이 되어야 한다(산안법 시행규칙 제40조제3항).

⑭ 안전보건표지는 쉽게 파손되거나 변형되지 않는 재료로 제작해야 한다(산안법 시행규칙 제40조제4항). 야간에 필요한 안전보건표지는 야광물질을 사용하는 등 쉽게 알아볼 수 있도록 제작해야 한다(산안법 시행규칙 제40조제5항).

(5) 사업주의 예방조치 의무

1) 국가의 산업재해 예방시책과 사업주의 준수의무

① 사업주(제77조에 따른 특수형태근로종사자로부터 노무를 제공받는 자와 제78조에 따라 물건의 수거·배달 등을 중개하는 자를 포함한다. 이하 이 조 및 제6조에서 같다)는 다음 각 호의 사항을 이행함으로써 근로자(제77조에 따른 특수형태근로종사자와 제78조에 따른 물건의 수거·배달 등을 하는 자를 포함한다. 이하 이 조 및 제6조에서 같다)의 안전과 건강을 유지·증진시키고 국가의 산업재해 예방정책에 따라야 한다(산안법 제5조제1항).

1. 이 법과 이 법에 따른 명령으로 정하는 산업재해예방을 위한 기준
2. 근로자의 신체적 피로와 정신적 스트레스 등을 줄일 수 있는 쾌적한 작업환경의 조성 및 근로조건의 개선
3. 해당 사업장의 안전·보건에 관한 정보를 근로자에게 제공

② 산업안전보건법의 각종 의무규정에도 불구하고 사업주는 ⅰ) 정부의 산업재해의 예방, ⅱ) 작업환경의 조성 및 근로조건의 개선, ⅲ) 정보의 제공을 하도록 노력하여야 한다.

2) 발주·설계·제조·수입 또는 건설의 기준준수

① 다음 각 호의 어느 하나에 해당하는 자는 ⅰ) 발주·설계·제조·수입 또는 건설을 할 때 이 법과 이 법에 따른 명령으로 정하는 기준을 지켜야 하고, ⅱ) 발주·설계·제조·수입 또는 건설에 사용하는 물건으로 인하여 발생하는 산업재해를 방지하기 위하여 필요한 조치를 하여야 한다(산안법 제5조제2항).

1. 기계·기구와 그 밖의 설비를 설계·제조 또는 수입하는 자
2. 원재료 등을 제조·수입하는 자
3. 건설물을 발주·설계·건설하는 자

② 여기서 기계·기구와 그 밖의 설비에 대한 설계란 ⅰ) 기계기구의 업종에서는 기계나 장치를 만들 때 사용목적에 맞는 기구(機構), 구조, 치수, 재료 등을 결정하고, ⅱ) 이에 따라 그 개요를 그린 도면을 의미한다.

3) 이사회의 보고 및 승인 등

① 사업주는 산업안전보건에 관한 계획을 수립하여 이사회에 보고하고 승인을 받아야 한다. 「상법」 제170조에 따른 주식회사 중 대통령령이 정하는 회사의 대표이사는 대통령령이 정하는 바에 따라 매년 회사의 안전과 보건에 관한 계획을 수립하여 이사회에 보고하고 승인을 받아야 한다(산안법 제14조제1항). 여기에서 "대통령령으로 정하는 회사"란 다음 각 호의 어느 하나에 해당하는 회사를 말한다(산안법 시행령 제13조제1항).

1. 상시근로자 500명 이상을 사용하는 회사
2. 「건설안전기본법」 제23조에 따라 평가하여 공시된 시공능력(같은 법 시행령 [별표 1]의 종합공사를 시공하는 업종의 건설업종란 제3호에 따른 토목건축공사업에 대한 평가 및 공시로 한정한다)의 순위 상위 1천위 이내의 건설회사

② 법 제14조제1항에 따른 회사의 대표이사(「상법」 제408조의2제1항 후단에 따라 대표이사를 두지 못하는 회사의 경우에는 같은 법 제408조의5에 따른 대표집행임원을 말한다)는 회사의 정관에서 정하는 바에 따라 다음 각 호의 내용을 포함한 회사의 안전 및 보건에 관한 계획을 수립하여야 한다(산안법 시행령 제13조제2항).

> 1. 안전 및 보건에 관한 경영방침
> 2. 안전·보건관리 조직의 구성·인원 역할
> 3. 안전·보건 관련 예산 및 시설 현황
> 4. 안전 및 보건에 관한 전년도 활동실적 및 다음 연도 활동계획

③ 회사는 **합명회사, 합자회사, 유한책임회사, 주식회사와 유한회사의 5종**으로 한다(「상법」 제170조). 이 경우 회사의 대표이사는 제1항에 따른 안전과 보건의 계획을 성실히 이행하여야 한다(산안법 제14조제2항).

④ 산업안전보건법 제14조제2항에서는 "회사의 대표이사"를 규정하고 있으나, 「상법」 제408조의2에 따른 대표집행임원을 포함하는 것으로 해석함이 타당하다. 제1항에 따른 안전 및 보건에 관한 계획에는 안전 및 보건에 관한 비용, 시설, 인원 등의 사항을 포함하여야 한다(산안법 제14조제3항).

⑤ 산업안전보건법 제14조제1항을 위반하여 안전과 보건에 관한 계획을 이사회에 보고하지 아니하거나 승인을 얻지 못한 자에 대하여는 1천만원 이하의 과태료에 처한다(산안법 제175조제4항제2호).

구분	주요내용	제출기관	문서명
안전보건 경영계획 (법 제14조)	1. 안전보건에 관한 경영방침 2. 안전·보건조직의 구성·인원 및 역할 3. 안전·보건 관련 예산 및 시설 현황 4. 안전 및 보건에 관한 전년도 활동실적 및 다음 연도 활동계획	이사회	안전보건 경영계획서
안전보건 관리계획 (법 제49조)	1. 산업재해율이 같은 업종의 규모별 평균 산업재해율보다 높은 사업장 2. 사업주가 필요한 안전조치 또는 보건조치를 이행하지 아니하여 중대재해가 발생한 사업장 3. 대통령령으로 정하는 수 이상의 직업별 질병자가 발생한 사업장 4. 법 제106조에 따른 유해인자의 노출기준을 초과한 사업장	고용노동부	안전보건 관리계획서

(6) 근로자의 준수의무와 산업안전보건 책임

① 근로자는 이 법과 이 법에 따른 명령으로 정하는 산업재해 예방을 위한 기준을 지켜야 하며, 사업주 또는 「근로기준법」 제101조에 따른 근로감독관, 공단 등 관계인이 실시하는 산업재해 예방에 관한 조치에 따라야 한다(산안법 제6조).

② 근로자는 산업안전보건법 제38조와 제39조에 따라 사업주가 한 조치로서 고용노동부령으로 정하는 조치사항을 지켜야 한다(산안법 제40조). 근로자는 위험작업으로 인한 안전사고를 예방하기 위한 작업방법, 작업장소 등에 대한 안전조치를 준수할 의무가 있다.

③ 또한 근로자는 유해물질에 의한 노출방지, 피폭에 의한 건강장해를 예방하기 위하여 적절한 보호구 및 작업도구를 사용하고, 과도한 부담작업을 회피하는 등 작업방법을 준수해야 한다. 근로자가 준수해야 하는 안전보건조치는 「산업안전보건기준에 관한 규칙」 및 「유해·위험작업취업제한에 관한 규칙」에서 구체적으로 규정하고 있다.

④ 근로자는 **산업안전보건위원회의 심의·의결 또는 결정사항을 성실히 이행하여야 한다**(법 제24조제4항, 위반 시 500만원 이하의 과태료). 여기서 심의란 안전에 대하여 상세히 검토하고 토론하는 것을 말하며, 의결이란 어떤 결의안에 대하여 의사를 결정하는 행위 또는 결정된 결론을 의미한다.

⑤ 근로자는 ⅰ) **공정안전보고서의 내용을 준수하여야 하고**(법 제46조제1항, 위반 시 15만원 이하의 과태료), ⅱ) **안전보건개선계획**(법 제50조제3항, 위반 시 15만원 이하의 과태료), ⅲ) **사업주가 실시하는 건강진단**(법 제133조, 위반 시 15만원 이하의 과태료), ⅳ) **역학조사**(법 제141조제2항, 위반 시 15만원 이하 과태료)를 하는 경우 협조하여야 한다.

제1장 출·제·예·상·문·제

01 다음은 산업안전보건법의 적용범위에 대한 설명으로 옳지 않은 것은?

① 산업안전보건법은 사업주와 근로자 사이의 근로관계를 기초로 하여 적용한다.
② 사업주는 근로자, 노무를 제공하는 자, 특수형태 근로종사자에 대하여 산업재해 예방조치를 해야 한다.
③ 산업안전보건법은 도급인뿐만 아니라 건설공사발주자에게도 적용한다.
④ 산업안전보건법은 모든 사업장에 적용하나, 유해위험성이 적은 사업에는 적용하지 않는다.
⑤ 공무원에게는 적용하지 아니하나, 노무를 제공하는 일부 직종에는 이 법을 적용할 수 있다.

해설 산업안전보건법의 적용범위
산업안전보건법은 모든 사업 또는 사업장에 적용하며, 공사규모나 상시근로자 수에 따라 적용규정이 다양하다. 상시근로자 수가 5명 이상인 사업장에 대하여 적용하되, 시행령에서 인적규모나 공사규모에 따라 개별조항의 적용을 달리하고 있다. **유해위험성이 적다고 산업안전보건법의 적용을 모두 제외하는 것은 아니다.**

참고 산업안전보건법 제3조

02 다음은 산업안전보건법상 용어에 대한 설명이다. 옳지 않은 것은?

① 산업재해란 노무를 제공하는 자가 업무에 관계되는 건설물·설비·원재료·가스·증기·분진 등에 의하거나 작업 또는 그 밖의 업무로 인하여 사망 또는 부상하거나 질병에 걸리는 것을 말한다.
② 중대재해란 산업재해 중 재해 정도가 심하거나 다수의 재해자가 발생한 경우를 말한다.
③ 도급이란 명칭에 관계없이 물건의 제조·건설·수리 또는 그 밖의 업무를 타인에게 맡기는 계약을 말하며, 용역이나 위탁도 포함한다.
④ 건설공사발주자는 건설공사의 시공을 주도하여 총괄·관리하지 아니하는 자를 말한다.
⑤ 건설공사의 발주자는 관급공사를 도급하는 경우를 말하며, 민간 제조회사가 발주하는 공사는 제외한다.

해설 산업안전보건법에서 사용하는 건설공사발주자의 정의
건설공사발주자란 건설공사를 도급하는 자로서, 건설공사의 시공을 주도하여 총괄·관리하지 아니하는 자를 말한다. 다만, 도급받은 건설공사를 다시 도급하는 자는 제외한다. 건설공사발주자는 국가 또는 지방자치 단체, 공공기관뿐만 아니라, **민간기업이 건설공사를 도급하는 자도 포함된다.**

참고 산업안전보건법 제2조

정답 | 01. ④ 02. ⑤

03 다음은 작업환경측정에 대한 용어이다. 빈칸에 순서대로 들어갈 적합한 단어를 고르시오.

작업환경측정이란 (   )를 파악하기 위하여 해당 근로자 또는 작업장에 대하여 사업주가 (   )에 대한 (   )을 수립한 후 시료를 채취하고 분석·평가하는 것을 말한다.

① 작업환경의 실태 – 유해인자 – 측정계획
② 유해인자 – 작업환경의 실태 – 실시계획
③ 작업환경의 실태 – 유해인자 – 분석계획
④ 유해인자 – 평가계획 – 작업환경의 실태
⑤ 유해인자 – 작업환경의 실태 – 조사계획

해설 작업환경측정의 정의
작업환경측정이란 **작업환경의 실태**를 파악하기 위하여 해당 근로자 또는 작업장에 대하여 사업주가 **유해인자**에 대한 **측정계획**을 수립한 후 시료를 채취하고 분석·평가하는 것을 말한다.

참고 산업안전보건법 제2조제13호

04 산업재해발생건수 등 공표제도에 대한 설명 중 옳지 않은 것은?

① 고용노동부장관은 사업장의 근로자 산업재해발생건수, 재해율 또는 그 순위를 공표하여야 한다.
② 도급인이 제공하거나 지정한 사업장 중 도급인이 지배·관리하는 대통령으로 정하는 22개 장소를 포함한다.
③ 도급인의 사업장 중 대통령령으로 정하는 사업장에서 관계수급인의 근로자가 작업을 하는 경우에 도급인과 관계수급인의 재해발생건수를 합산하여 공표한다.
④ 고용노동부장관은 산업재해율 공표를 위하여 도급인과 관계수급인에게 자료의 제출을 요구할 수 있다.
⑤ 산업재해를 은폐하거나 누락한 후 근로감독관에 의하여 적발된 경우에는 적발된 당시의 재해로 보아 합산한다.

해설 산업재해발생건수 등의 공표
고용노동부장관은 산업재해율을 공표하기 위하여 필요한 자료를 **도급인에게 요구할 수 있다**. 그러나 **관계수급인에게 요구할 수 있는 법적 근거는 없다**. 도급인과 수급인의 재해율을 합산하는 것은 시행령에서 정하는 22개 장소인 경우를 의미한다.

참고 산업안전보건법 제10조

정답 | 03. ① 04. ④

05 고용노동부장관이 관계행정기관의 장 또는 공공기관의 장에게 협조를 요청할 수 있는 사항에 해당하지 않는 것은?

① 안전ㆍ보건의식 정착을 위한 안전문화운동의 추진
② 산업재해 예방을 위한 홍보 지원
③ 안전ㆍ보건과 관련된 중복규제의 정비
④ 위험성평가 결과의 확인
⑤ 사업장에 대하여 관계기관의 합동으로 하는 안전ㆍ보건점검의 실시

해설 관계행정기관의 장 또는 공공기관의 장에게 협조를 요청할 수 있는 사항
고용노동부장관이 관계기관이나 공공기관의 장에게 요청할 수 있는 사항은 산업안전보건법 시행규칙 제4조제1항에 명시하고 있다. 이러한 사항은 강제사항이 아닌 협조사항에 해당되며, **위험성평가 결과는 여기에 포함되지 않는다.** 보기 이외에 '안전ㆍ보건과 관련된 시설을 개선하는 사업장에 대한 자금융자 등 금융ㆍ세제상의 혜택 부여' 등이 있다.

참고 산업안전보건법 시행규칙 제4조제1항

---

06 건설업체 산업재해발생률 및 산업재해 발생보고 위반건수의 산정기준에 대한 설명 중 옳지 않은 것은?

① 건설업체 산업재해발생률은 업무상 사망사고만인율로 산출하되, 소수점 셋째 자리에서 반올림한다.
② 사고사망자 수는 사망사고만인율 산정대상 연도의 1월 1일부터 12월 31일까지의 기간 동안 해당 업체가 시공하는 국내의 건설현장에서 발생한 사고사망재해를 입은 근로자 수를 합산하여 산출한다.
③ 둘 이상의 업체가 공동계약을 체결하고 공동이행방식으로 시행하는 경우 해당 현장에서 발생하는 사고사망자 수는 공동수급업체의 출자비율에 따라 분배한다.
④ 공사용 차량이 적재물을 폐기하기 위해 도로를 운행하던 중 발생한 사고를 사업주가 통제할 수 없는 상황이므로 사고사망자 수에 반영할 수 없다.
⑤ 건설현장의 상시근로자 수는 (연간 국내공사 실적액 × 노무비율) ÷ (건설업 월평균 임금 × 12)로 산정한다.

해설 건설업체 산업재해발생률 및 산업재해 발생보고 위반건수의 산정기준과 방법
「도로교통법」에 따라 도로에서 발생한 교통사고의 경우 사업주의 법 위반으로 볼 수 없어 사고사망자 수 산정에서 제외한다. 그러나 해당 공사용 차량이나 장비에 의한 사고는 사고사망자 수에 포함된다. **공사용 차량이 업무 수행을 위하여 폐기물을 적재하고 도로를 운행하던 중의 사고는 업무 수행성이 있어 인과관계가 인정된다.** 그러나 공사용 차량이 업무를 마치고 퇴근하거나 공사를 위하여 출근하던 중 발생한 사망사고는 공사현장의 산업재해발생률에 포함할 수 없다.

참고 산업안전보건법 시행규칙 [별표 1]

정답 | 05. ④ 06. ④

07 산업재해 예방 통합시스템의 구축 및 운영에 대한 설명 중 옳지 않은 것은?

① 고용노동부장관은 산업재해 예방을 위하여 산업재해 예방 통합정보시스템을 구축·운영할 수 있다.
② 중앙행정기관 및 공공기관 이외에 지방행정기관은 정보제공을 할 수 없다.
③ 산업재해 예방 통합정보시스템에서 처리된 산업안전 및 보건 등에 관한 정보를 제공한다.
④ 산업재해 예방 통합정보시스템에는 사업장의 정보, 산업재해율, 위험기계·기구 관련 검사정보 등을 수록한다.
⑤ 고용노동부장관은 통합정보시스템으로 처리한 산업안전 및 보건에 관한 정보를 산업재해발생 시 대응을 위해 필요한 경우 산업안전보건공단에 제공할 수 있다.

> **해설** 산업재해 예방 통합시스템의 구축 및 운영
> 산업재해 예방 통합정보시스템은 한국산업안전보건공단법에 따른 한국산업안전보건공단으로 하여금 구축·운영하게 할 수 있다. 이 경우 산업재해 예방 통합정보시스템을 처리된 산업안전 및 보건 등에 관한 정보는 환경부 등 행정기관 및 공공기관에 제공할 수 있다. 행정기관에는 중앙행정기관뿐만 아니라 **지방행정기관도 포함**한다.
>
> **참고** 산업안전보건법 제9조제2항

08 도급인에 대한 산업재해율의 공표에 관한 설명 중 옳지 않은 것은?

① 고용노동부장관은 사업장의 산업재해발생건수, 재해율 또는 그 순위를 공표하여야 한다.
② 도급인이 지배하거나 관리하는 장소도 관계수급인의 산업재해발생건수를 포함하여 발표하여야 한다.
③ 선박 내부에서의 용접·용단작업을 하는 경우 고용노동부령으로 정하는 장소에 해당된다.
④ 상시근로자 수가 상시 500명 이상인 제조업, 철도운송업의 경우 도급인과 관계수급인의 근로자를 합산하여 공표 대상 여부를 판단한다.
⑤ 고용노동부장관은 산업재해발생건수 등을 공표하기 위하여 도급인에게 관계수급인에 관한 자료를 요청할 수 있다.

> **해설** 도급인에 대한 산업재해율의 공표
> 도급인의 사업장에서 대통령령으로 정하는 관계수급인 근로자가 작업을 하는 경우 산업재해발생건수를 합산한다. 이 경우 대통령령으로 정하는 사업장은 도급인이 사용하는 상시근로자 수가 500명 이상이고 도급인 사업장의 사고사망만인율보다 수급인의 근로자를 포함하여 산출한 사고사망만인율이 높은 사업장을 말한다. 따라서 **상시근로자 수와 사고사망만인율을 모두 충족할 때 공표 대상 여부를 판단한다**.
>
> **참고** 산업안전보건법 시행령 제12조

정답 | 07. ② 08. ④

09 다음은 안전보건표지의 설치·부착에 대한 설명이다. 옳지 않은 것은?

① 안전보건표지는 근로자의 안전 및 보건을 위하여 그림·기호 및 글자 등으로 표시하여 설치할 수 있다.
② 안전보건표지는 근로자의 판단이나 행동의 착오로 인하여 산업재해를 일으킬 우려가 있는 특정 장소, 시설 또는 물체에 설치하거나 부착하는 것을 말한다.
③ 사업주는 노동부령으로 정하는 바에 따라 안전보건표지는 외국인의 경우 영어를 표준으로 하여 작성한다.
④ 안전보건표지는 임의로 제작할 수 없으나, 작업에 지장을 주지 않는 범위에서 비율에 따라 크기를 조절할 수 있다.
⑤ 안전보건표지의 색채나 형태는 주의의무와 경고표시를 위해 지정한 것이므로 사업장에서 임의로 변경할 수 없다.

> **해설** 안전보건표지의 설치·부착
> 안전보건표지는 외국인근로자를 위하여 **해당 국가별 모국어로 작성**해야 한다. 모국어로 표시하여 설치하거나 표시하지 아니한 경우에는 500만원 이하의 과태료를 부과한다.
>
> **참고** 산업안전보건법 제37조제1항

10 산업안전보건법상 이사회의 보고 및 승인에 대한 설명 중 옳지 않은 것은?

① 상시근로자가 500명 이상을 사용하는 회사의 사업주는 산업안전보건에 관한 계획을 수립하여 이사회에 보고하고 승인을 받아야 한다.
② 유해·위험한 기계·기구와 그 밖의 설비를 설계·제조 또는 수입에 관한 사항은 이사회의 보고사항이다.
③ 「상법」제170조에 따른 주식회사 중 대통령령이 정하는 회사의 대표이사는 매년 회사의 안전과 보건에 관한 계획을 수립하여 이사회에 보고하고 승인을 받아야 한다.
④ 「건설산업기본법」제23조에 따라 평가하여 공시된 시공능력의 순위 상위 1천위 이내의 건설회사는 매년 회사의 안전과 보건에 관한 계획을 수립하여 이사회에 보고하고 승인을 받아야 한다.
⑤ 대표이사를 두지 못하는 회사의 경우에는 「상법」제408조의5에 따른 대표집행임원이 산업안전보건에 관한 계획을 수립하여 이사회에 보고하고 승인을 받아야 한다.

> **해설** 산업안전보건법상 이사회의 보고 및 승인
> 유해·위험한 기계·기구와 그 밖의 설비를 설계·제조 또는 수입에 관한 사항은 **이사회의 보고사항에 해당되지 않는다.** 이사회에 보고하기 위한 안전 및 보건에 관한 계획에는 안전 및 보고에 관한 경영방침, 안전·보건관리 조직의 구성·인원 및 역할, 안전·보건 관련 예산 및 시설 현황, 안전 및 보건에 관한 전년도 활동실적 및 다음 연도 활동계획이 포함되어야 한다.
>
> **참고** 산업안전보건법 시행령 제13조제2항

정답 | 09. ③ 10. ②

제2장 안전보건관리체제

01 안전보건관리조직의 구성

1 안전보건관리조직의 정의

(1) 안전보건관리조직의 정의

① 안전보건관리조직은 유해위험요인에 대한 재해예방조치 및 관리감독을 위한 관리체계의 조직형태를 말한다. 안전보건관리조직은 인적 · 조직적 관리체계를 구성하고, 실행지침이나 규정을 제정하여 이를 준수하도록 하고 안전보건관계자의 권한과 책임을 정해 운영한다.

② 안전보건관리를 위해서는 안전보건관계자를 선임하고 담당업무를 명확히 정하는 안전보건관리조직을 구성해야 한다. 즉, 사업장에 따른 산재예방활동을 체계적으로 할 수 있도록 안전보건관리책임자 등 관리감독계층을 구성하고 역할과 책임을 명확히 해야 한다.

(2) 안전보건관리조직의 조직형태

① 산업안전보건법은 산업재해예방의 책임을 사업주에게 부과하고, 근로자에게는 이에 협력하도록 하는 한편 실효성 있는 산업재해예방을 위하여 사업장에 안전 보건관리조직을 구성하도록 규정하고 있다.

② 안전보건관리조직의 형태는 개별적인 사용종속관계에서 파악한 안전보건관리조직과 하도급기업이 혼재되어 이루어지는 작업관계에서 파악한 안전보건관리조직으로 구분된다.

2 안전보건관계자의 구성방법

① 안전보건조직의 구성은 안전보건관계자로 구성하며, 안전보건관계자는 사업의 종류, 규모 등에 따라 차이가 있다.

② 안전보건관리조직의 구성과 운영에 대하여 법률로 보장하고 역할을 정해야 한다. 안전보건조직의 구성원으로서 안전보건관계자의 선임기준을 요약해 소개하면 다음과 같다.

📖 안전보건관계자의 유형과 업종별 선임기준

유형	적용 및 선임기준		규모
안전보건 관리책임자	화학물질제조업	상시근로자 50명 이상	1명
	기타 업종	상시근로자 100명 이상	1명
	건설업	공사금액 20억 이상	1명
안전보건 총괄책임자	도급인의 사업장	상시근로자(수급인에게 고용된 근로자 포함) 100명 이상	1명
	선박 및 보트 건조업, 1차 금속제조업 등	상시근로자 50명 이상	1명
	건설업	공사금액 20억 이상	1명
관리감독자	모든 사업	상시근로자 5명 이상	1명 이상
안전관리자	의료용 물질 및 의약품제조업	상시근로자 20명 이상 50명 미만	1명 이상
	식료품제조업, 음료 제조업	상시근로자 500명 이상	2명 이상
	수도, 하수 및 폐기물 처리, 원료재생업	상시근로자 1,000명 이상	2명 이상
	공공행정(청소, 시설관리, 조리 등 현업업무)	상시근로자 50명 이상 1천명 미만	1명 이상
	건설업	50억 이상(관계수급인 100억 이상) 120억 미만	1명 이상
보건관리자	화학물질 및 화학제품제조업 등	상시근로자 50명 이상 5천명 미만	1명 이상
	육상운송 및 파이프라인 운송업	상시근로자 50명 이상	1명 이상
	기타 제조업	상시근로자 50명 이상 1천명 미만	1명 이상
	공공행정(청소, 시설관리, 조리 등 현업업무)	상시근로자 50명 이상 5천명 미만	1명 이상
	건설업	공사금액 800억 이상 또는 상시근로자 600명 이상	1명 이상
안전보건관리 담당자	제조업, 임업, 하수·폐수 및 분뇨 처리업 등	상시근로자 20명 이상 50명 미만	1명 이상
산업보건의	보건관리자를 두는 사업	상시근로자 50명 이상 1만 미만	1명

02 안전보건관계자

1 안전보건관리책임자

(1) 안전보건관리책임자의 정의

① 안전보건관리책임자란 **사업장에서 안전보건조치사항을 총괄하여 관리하는 자**를 말한다. 여기서 "총괄·관리하는 자"란 해당 사업장의 경영에 대한 실질적인 권한과 책임을 가진 최고관리자를 말한다.

② 안전보건관리책임자는 공장장이나 현장소장 등 명칭의 여하를 묻지 아니하고 당해 사업장에서 사업의 실시를 실질적으로 총괄·관리하는 권한과 책임을 가지는 자이다(대판 2004. 5. 14. 2004도74).

③ 사업주는 산업재해의 예방을 위하여 안전보건관리책임자를 선임하더라도 산업안전보건책임이 면책되지 않는다. 사업주는 **경영체계상 라인조직에 속하는 자로 하여금 안전보건관리를 하도록 책임을 부여하고 위임을 한 것에 불과**하다.

(2) 안전보건관리책임자의 자격

① 안전보건관리책임자는 사업주로부터 안전보건관리에 대한 총괄책임을 위임받은 자로서 전무이사 등 임원뿐만 아니라 부장, 차장 등 직위를 불문하고 당해 사업 또는 사업장의 업무를 총괄하는 지위에 있다면 선임될 수 있다.

② 일반적으로 ⅰ) **개인사업주 또는 법인의 대표이사가 사업장에 상주하는 경우**에는 개인사업주 또는 법인의 대표이사가 당해 사업을 실질적으로 총괄·관리하는 자로서 안전보건관리책임자가 되고, ⅱ) **개인사업주 또는 법인의 대표이사가 사업 경영의 실질적인 권한과 책임을 위임한 경우**에는 실질적으로 사업을 관리하는 자(부사장, 공장장, 지점장, 사업소장, 현장소장)가 안전보건관리책임자의 자격을 지닌다.

(2) 안전보건관리책임자의 업무와 선임대상

1) 안전보건관리책임자의 업무

① 사업주는 안전보건관리를 위하여 안전보건관리책임자를 선임한 경우에는 안전보건관리에 관한 권한과 책임을 부여하여야 한다. 사업주가 **안전보건관리책임자를 선임하지 않거나 권한을 위임하지 아니한 경우**에는 본인이 안전보건관리책임자로서 총괄책임을 부담한다.

② 사업주는 사업장을 실질적으로 총괄하여 관리하는 사람에게 해당 사업장의 다음 각 호의 업무를 총괄하여 관리하도록 하여야 한다(산안법 제15조제1항).

> 1. 사업장의 산업재해 예방계획의 수립에 관한 사항
> 2. 제25조 및 제26조에 따른 안전보건관리규정의 작성 및 변경에 관한 사항
> 3. 제29조에 따른 근로자의 안전보건교육에 관한 사항
> 4. 작업환경측정 등 작업환경의 점검 및 개선에 관한 사항
> 5. 제129조부터 제132조까지에 따른 근로자의 건강진단 등 건강관리에 관한 사항
> 6. 산업재해의 원인 조사 및 재발 방지대책 수립에 관한 사항
> 7. 산업재해에 관한 통계의 기록 및 유지에 관한 사항
> 8. 안전장치 및 보호구 구입 시의 적격품 여부 확인에 관한 사항
> 9. 그 밖에 근로자의 유해·위험 방지조치에 관한 사항으로 고용노동부령으로 정하는 사항

③ 산업안전보건법 제15조제1항제9호에서 "고용노동부령으로 정하는 사항"이란 법 제36조에 따른 위험성평가의 실시에 관한 사항과 안전보건규칙에서 정하는 근로자의 위험 또는 건강장해의 방지에 관한 사항을 말한다(산안법 시행규칙 제9조).

④ 안전보건관리책임자는 제17조에 따른 안전관리자와 제18조에 따른 보건관리자를 지휘·감독한다(산안법 제15조제2항). 안전보건관리책임자는 산업안전보건법 제15조제1항에 명시된 업무를 원활히 수행하기 위하여 필요한 조치를 하는 동시에 그 실시상황을 감독하여야 한다. 또한 분야별로 적합한 안전관리자와 보건관리자를 지정하여 지휘·감독할 수 있다.

⑤ **사업주, 안전보건관리책임자 및 관리감독자**는 안전관리자, 보건관리자, 안전보건담당자, 안전관리전문기관 또는 보건관리전문기관(해당 업무를 위탁받은 경우에 한정한다)의 어느 하나에 해당하는 자가 제15조제1항 각 호의 사항 중 안전 또는 보건에 관한 기술적인 사항에 관하여 지도·조언을 하는 경우에는 이에 상응하는 적절한 조치를 하여야 한다(산안법 제20조).

2) 안전보건관리책임자의 선임대상

① 안전보건관리책임자를 두어야 할 사업의 종류와 사업장의 상시근로자 수, 그 밖에 필요한 사항은 대통령령으로 정한다(산안법 제15조제3항). 안전보건관리책임자(이하 "안전보건관리책임자"라 한다)를 두어야 할 사업의 종류 및 사업장의 상시근로자 수는 [별표 2]와 같다(산안법 시행령 제14조제1항).

② 사업주는 **일정 규모(업종에 따라 상시근로자 수가 50명, 100명 또는 300명 이상) 이상의 사업장(건설업의 경우 공사금액이 20억원 이상인 현장)**에 대하여 해당 사업의 실시를 총괄하여 관리하는 자를 안전보건관리책임자로 선임해야 한다. 안전보건관리책임자를 선임하는 경우 인근에 있는 2개의 공장을 겸직할 수 있는지에 대하여는 업무권한과 직무수행능력 등을 고려하여 판단하여야 한다(1999. 7. 8. 산안 68320-358).

🏛 **[시행령 별표 2]** 관리책임자를 두어야 할 사업의 종류 및 규모(제14조제1항 관련)

사업의 종류	규모
1. 토사석 광업 2. 식료품 제조업, 음료 제조업 3. 목재 및 나무제품 제조업; 가구 제외 4. 펄프, 종이 및 종이제품 제조업 5. 코크스, 연탄 및 석유정제품 제조업 6. 화학물질 및 화학제품 제조업; 의약품 제외 7. 의료용 물질 및 의약품 제조업 8. 고무제품 및 플라스틱제품 제조업 9. 비금속 광물제품 제조업 10. 1차 금속 제조업 11. 금속가공제품 제조업; 기계 및 가구 제외 12. 전자부품, 컴퓨터, 영상, 음향 및 통신장비 제조업 13. 의료, 정밀, 광학기기 및 시계 제조업 14. 전기장비 제조업 15. 기타 기계 및 장비 제조업 16. 자동차 및 트레일러 제조업 17. 기타 운송장비 제조업 18. 가구 제조업 19. 기타 제품 제조업 20. 서적, 잡지 및 기타 인쇄물 출판업 21. 해체, 선별 및 원료 재생업 22. 자동차 종합 수리업, 자동차 전문 수리업	상시근로자 50명 이상
23. 농업 24. 어업 25. 소프트웨어 개발 및 공급업 26. 컴퓨터 프로그래밍 시스템 통합 및 관리업 26의2. 영상·오디오물 제공 서비스업 27. 정보서비스업 28. 금융 및 보험업 29. 임대업 : 부동산 제외 30. 전문, 과학 및 기술 서비스업(연구개발업은 제외한다) 31. 사업지원 서비스업 32. 사회복지 서비스업	상시근로자 300명 이상
33. 건설업	공사금액 20억원 이상
34. 제1호부터 제26호까지, 제26호의2 및 제27호부터 제33호까지의 사업을 제외한 사업	상시근로자 100명 이상

③ 사업주는 안전보건관리책임자가 법 제15조제1항에 따른 업무를 원활하게 수행할 수 있도록 권한·시설·장비·예산, 그 밖에 필요한 지원을 해야 한다(산안법 시행령 제14조제2항). 사업주는 안전보건관리책임자를 선임하였을 때에는 그 선임 사실 및 법 제15조제1항(안전보건관리책임자) 각 호에 따른 업무의 수행내용을 증명할 수 있는 서류를 갖추어 두어야 한다(산안법 시행령 제14조제3항).

④ 안전보건관리(총괄)책임자를 선임한 경우에는 **선임신고를 할 필요가 없다.** 그러나 사업주가 안전관리책임자를 두지 않거나 안전관리책임자로 하여금 업무를 총괄·관리하도록 하지 않은 경우에는 500만원 이하의 과태료를 부과한다(산안법 시행령 제119조).

2 관리감독자

(1) 관리감독자의 정의와 자격

1) 관리감독자의 정의

① 관리감독자란 **사업장의 생산과 관련된 업무와 관련한 산업재해예방을 위하여 소속 근로자를 지휘·감독하는 지위에 있는 자**를 말한다. 여기에서 "생산과 관련된 업무"란 산업활동을 통하여 재화 또는 서비스를 만들어 내거나 제공하는 업무로 보는 것을 의미한다.

② 관리감독자의 책임과 역할에 따라 **부서의 장 또는 팀장, 작업반장이나 작업조장을 관리감독자로 정할 수 있다.** 건설업의 경우 직장·조장·반장의 직위에서 직접 지휘감독을 하는 자를 관리감독자로 한다(안전보건규칙 제35조제1항).

2) 관리감독자의 자격

① 관리감독자의 자격은 산업안전보건법에서 아무런 제한을 하지 않고 있다. 따라서 산업안전보건에 관한 전공을 하지 않았더라도 실질적으로 안전보건업무를 수행할 수 있다면, 관리감독자가 될 수 있다.

② 관리감독자는 제조공장이나 건설공사현장에서 공장장 또는 현장소장의 지휘감독에 따라 안전보건업무를 보좌하는 동시에 관리감독자(생산부서장 또는 공사과장)의 지위에서 안전보건관리에 관한 사항을 지시하거나 감독할 수 있다.

(2) 관리감독자의 업무과 선임대상

1) 관리감독자의 업무

① 사업주는 사업장의 생산과 관련되는 업무와 그 소속 직원을 직접 지휘·감독하는 지위에 있는 사람에게 산업안전 및 보건에 관한 업무로서 대통령령이 정하는 업무를 수행하도록 하여야 한다(산안법 제16조제1항).

② 관리감독자는 안전관리자, 보건관리자, 안전보건담당자, 안전관리전문기관 또는 보건관리전문기관(해당 업무를 위탁받은 경우에 한정한다)의 어느 하나에 해당하는 자가 제15조제1항 각 호의 사항 중 안전 또는 보건에 관한 사항에 관하여 지도·조언을 하는 경우에는 이에 상응하는 적절한 조치를 하여야 한다(산안법 제20조).

③ 관리감독자의 업무내용은 산업안전보건법 시행령에 구체적으로 명시되어 있다. 산업안전보건법 제16조제1항 본문에서 "대통령령으로 정하는 업무"란 다음 각 호의 업무를 말한다(산안법 시행령 제15조제1항).

1. 사업장 내 법 제16조제1항에 따른 관리감독자(이하 "관리감독자"라 한다)가 지휘·감독하는 작업(이하 이 조에서 "해당 작업"이라 한다)과 관련된 기계·기구 또는 설비의 안전·보건 점검 및 이상 유무의 확인
2. 관리감독자에게 소속된 근로자의 작업복·보호구 및 방호장치의 점검과 그 착용·사용에 관한 교육·지도
3. 해당 작업에서 발생한 산업재해에 관한 보고 및 이에 대한 응급조치
4. 해당 작업의 작업장 정리·정돈 및 통로 확보에 대한 확인·감독
5. 사업장의 다음 각 목의 어느 하나에 해당하는 사람의 지도·조언에 대한 협조
   가. 법 제17조제1항에 따른 안전관리자(이하 "안전관리자"라 한다) 또는 같은 조에 제4항에 따라 안전관리의 업무를 같은 항에 따라 안전관리전문기관(이하 "안전관리전문기관"이라 한다)에 위탁한 사업장의 경우 그 안전관리전문기관의 해당 사업장 담당자
   나. 법 제18조제1항에 따른 보건관리자(이하 "보건관리자"라 한다) 또는 같은 조 제4항에 따라 보건관리자의 업무를 같은 항에 따른 보건관리전문기관(이하 "보건관리전문기관"이라 한다)에 위탁한 사업장의 경우에는 그 보건관리전문기관의 해당 사업장 담당자
   다. 법 제19조제1항에 따른 안전보건관리담당자(이하 "안전보건관리담당자"라 한다) 또는 같은 조 제4항에 따라 안전보건관리담당자의 업무를 안전관리전문기관 또는 보건관리전문기관에 위탁한 사업장의 경우에는 그 안전관리전문기관 또는 보건관리전문기관의 해당 사업장 담당자
   라. 법 제22조제1항에 따른 산업보건의(이하 "산업보건의"라 한다)
6. 법 제36조에 따라 실시되는 위험성평가에 관한 다음 각 목의 업무
   가. 유해·위험요인의 파악에 대한 참여
   나. 개선조치의 시행에 대한 참여
7. 그 밖에 해당 작업의 안전 및 보건에 관한 사항으로서 고용노동부령으로 정하는 사항

2) 관리감독자의 선임
   ① 관리감독자는 상시근로자 5명 이상인 사업장에서 선임하되, 고용노동부에 신고할 의무는 없다. 산업안전보건법에 의한 관리감독자의 선임 의무에도 불구하고 건설공사의 경우 「건설기술진흥법」에서의 선임 의무와 중복된다. 그래서 관리감독자가 있는 경우에는 「건설기술진흥법」 제64조제1항제2호에 따른 안전관리책임자 및 같은 항 제3호에 따른 안전관리담당자를 각각 둔 것으로 본다(산안법 제16조 제2항).
   ② 사업주는 산업안전보건법에 따라 관리감독자를 두더라도 「건설기술진흥법」에 따라 안전관리책임자 및 안전관리담당자의 선임은 지위와 권한에 차이가 있는 점을 고려할 때, 별개의 사항이므로 중복적 선임으로 볼 수 없다.

3 안전관리자

(1) 안전관리자의 정의와 자격

1) 안전관리자의 정의

① 안전관리자란 **산업안전에 관한 기술적인 사항에 대하여 관리하고 사업주와 안전보건관리책임자를 보좌하며, 관리감독자를 지도·조언하는 자**를 말한다. 안전관리자는 안전관리체계에 있어 라인조직이 아닌 스태프조직에 해당하는 지위를 갖는다.

② 사업주는 사업장에 제15조제1항 각 호의 사항 중 안전에 관한 기술적인 사항에 관하여 사업주 또는 안전보건관리책임자를 보좌하고 관리감독자에게 지도·조언하는 업무를 수행하는 사람(이하 "안전관리자"라 한다)을 두어야 한다(산안법 제17조제1항).

③ 사업주는 **상시근로자 수 50명 이상의 사업장**에서 안전관리자를 두어야 하고, 건설공사의 경우에는 **공사금액이 50억원 이상**인 경우에 선임해야 하며, 그 이하의 사업장은 안전관리전문기관에 위탁하여야 한다.

2) 안전관리자의 자격

① 안전관리자는 해당 분야의 안전관리에 관한 지식과 기술을 지닌 자로서 산업안전보건법 제17조제2항에서 자격기준을 정하고 있다.

② 안전관리자는 산업안전(산업)기사 또는 건설안전(산업)기사의 자격을 취득한 사람, 전문대학 이상에서 산업안전 관련 학과를 졸업한 사람, 산업안전지도사·산업안전기사 이상의 자격을 취득한 사람 등이다. 안전관리자의 자격은 [별표 4]와 같다(산안법 시행령 제17조).

> **[시행령 별표 4] 안전관리자의 자격**(제17조 관련)
>
> 안전관리자는 다음 각 호의 어느 하나에 해당하는 사람으로 한다.
> 1. 법 제143조제1항에 따른 산업안전지도사 자격을 가진 사람
> 2. 「국가기술자격법」에 따른 산업안전산업기사 이상의 자격을 취득한 사람
> 3. 「국가기술자격법」에 따른 건설안전산업기사 이상의 자격을 취득한 사람
> 4. 「고등교육법」에 따른 4년제 대학 이상의 학교에서 산업안전 관련 학위를 취득한 사람 또는 이와 같은 수준 이상의 학력을 가진 사람
> 5. 「고등교육법」에 따른 전문대학 또는 이와 같은 수준 이상의 학교에서 산업안전 관련 학위를 취득한 사람
> 6. 「고등교육법」에 따른 이공계 전문대학 또는 이와 같은 수준 이상의 학교에서 학위를 취득하고, 해당 사업의 관리감독자로서의 업무(건설업의 경우는 시공실무경력)를 3년(4년제 이공계 대학 학위 취득자는 1년) 이상 담당한 후 고용노동부장관이 지정하는 기관이 실시하는 교육(1998년 12월 31일까지의 교육만 해당한다)을 받고 정해진 시험에 합격한 사람. 다만, 관리감독자로 종사한 사업과 같은 업종(한국표준산업분류에 따른 대분류를 기준으로 한다)의 사업장이면서, 건설업의 경우를 제외하고는 상시근로자 300명 미만인 사업장에서만 안전관리자가 될 수 있다.

7. 「초·중등교육법」에 따른 공업계 고등학교 또는 이와 같은 수준 이상의 학교를 졸업하고, 해당 사업의 관리감독자로서의 업무(건설업의 경우는 시공실무경력)를 5년 이상 담당한 후 고용노동부장관이 지정하는 기관이 실시하는 교육(1998년 12월 31일까지의 교육만 해당한다)을 받고 정해진 시험에 합격한 사람. 다만, 관리감독자로 종사한 사업과 같은 종류인 업종(한국표준산업분류에 따른 대분류를 기준으로 한다)의 사업장이면서, 건설업의 경우를 제외하고는 별표 3 제27호 또는 제36호의 사업을 하는 사업장(상시근로자 50명 이상 1천명 미만인 경우만 해당한다)에서만 안전관리자가 될 수 있다.

7의2. 「초·중등교육법」에 따른 공업계 고등학교를 졸업하거나 「고등교육법」에 따른 학교에서 공학 또는 자연과학 분야 학위를 취득하고, 건설업을 제외한 사업에서 실무경력이 5년 이상인 사람으로서 고용노동부장관이 지정하는 기관이 실시하는 교육(2028년 12월 31일까지의 교육만 해당한다)을 받고 정해진 시험에 합격한 사람. 다만, 건설업을 제외한 사업의 사업장이면서 상시근로자 300명 미만인 사업장에서만 안전관리자가 될 수 있다.

8. 다음 각 목의 어느 하나에 해당하는 사람. 다만, 해당 법령을 적용받은 사업에서만 선임될 수 있다.

   가. 「고압가스 안전관리법」 제4조 및 같은 법 시행령 제3조제1항에 따른 허가를 받은 사업자 중 고압가스를 제조·저장 또는 판매하는 사업에서 같은 법 제15조 및 같은 법 시행령 제12조에 따라 선임하는 안전관리 책임자

   나. 「액화석유가스의 안전관리 및 사업법」 제5조 및 같은 법 시행령 제3조에 따른 허가를 받은 사업자 중 액화석유가스 충전사업·액화석유가스 집단공급사업 또는 액화석유가스 판매사업에서 같은 법 제34조 및 같은 법 시행령 제15조에 따라 선임하는 안전관리책임자

   다. 「도시가스사업법」 제29조 및 같은 법 시행령 제15조에 따라 선임하는 안전관리 책임자

   라. 「교통안전법」 제53조에 따라 교통안전관리자의 자격을 취득한 후 해당 분야에 채용된 교통안전관리자

   마. 「총포·도검·화약류 등의 안전관리에 관한 법률」 제2조제3항에 따른 화약류를 제조·판매 또는 저장하는 사업에서 같은 법 제27조 및 같은 법 시행령 제54조·제55조에 따라 선임하는 화약류제조보안책임자 또는 화약류관리보안책임자

   바. 「전기안전관리법」 제22조에 따라 전기사업자가 선임하는 전기안전관리자

9. 제16조제2항에 따라 전담 안전관리자를 두어야 하는 사업장(건설업은 제외한다)에서 안전 관련 업무를 10년 이상 담당한 사람

10. 「건설산업기본법」 제8조에 따른 종합공사를 시공하는 업종의 건설현장에서 안전보건관리책임자로 10년 이상 재직한 사람

11. 「건설기술 진흥법」에 따른 토목·건축 분야 건설기술인 중 등급이 중급 이상인 사람으로서 고용노동부장관이 지정하는 기관이 실시하는 산업안전교육(2025년 12월 31일까지의 교육만 해당한다)을 이수하고 정해진 시험에 합격한 사람

12. 「국가기술자격법」에 따른 토목산업기사 또는 건축산업기사 이상의 자격을 취득한 후 해당 분야에서의 실무경력이 다음 각 목의 구분에 따른 기간 이상인 사람으로서 고용노동부장관이 지정하는 기관이 실시하는 산업안전교육(2025년 12월 31일까지의 교육만 해당한다)을 이수하고 정해진 시험에 합격한 사람

    가. 토목기사 또는 건축기사 : 3년
    나. 토목산업기사 또는 건축산업기사 : 5년

(2) 안전관리자의 업무와 선임

1) 안전관리자의 업무

① 안전관리자의 업무는 산업안전보건법 제17조제2항에 따라 대통령령으로 정한다. 안전관리자가 수행하여야 할 업무는 다음 각 호와 같다(산안법 시행령 제18조제1항).

> 1. 법 제24조제1항에 따른 산업안전보건위원회(이하 "산업안전보건위원회"라 한다) 또는 법 제75조제1항에 따른 안전·보건에 관한 노사협의체(이하 "노사협의체"라 한다)에서 심의·의결한 업무와 법 제25조제1항에 따른 해당 사업장의 안전보건관리규정(이하 "안전보건관리규정"이라 한다) 및 취업규칙에서 정한 업무
> 2. 법 제36조에 따른 위험성평가에 관한 보좌 및 지도·조언
> 3. 법 제84조제1항에 따른 안전인증대상기계 등(이하 "안전인증대상기계 등"이라 한다)과 법 제89조제1항 각 호 외의 부분 본문에 따른 자율안전확인대상기계 등(이하 "자율안전확인대상기계 등"이라 한다) 구입 시 적격품의 선정에 관한 보좌 및 지도·조언
> 4. 해당 사업장 안전교육계획의 수립 및 안전교육 실시에 관한 보좌 및 지도·조언
> 5. 사업장 순회점검, 지도 및 조치의 건의
> 6. 산업재해 발생의 원인 조사·분석 및 재발 방지를 위한 기술적 보좌 및 지도·조언
> 7. 산업재해에 관한 통계의 유지·관리·분석을 위한 보좌 및 지도·조언
> 8. 법 또는 법에 따른 명령으로 정한 안전에 관한 사항의 이행에 관한 보좌 및 지도·조언
> 9. 업무 수행 내용의 기록·유지
> 10. 그 밖에 안전에 관한 사항으로서 고용노동부장관이 정하는 사항

② 사업주가 안전관리자를 배치할 때에는 **연장근로·야간근로 또는 휴일근로 등 해당 사업장의 작업 형태를 고려**하여야 한다(산안법 시행령 제18조제2항). 사업주는 안전관리업무의 원활한 수행을 위하여 외부 전문가의 평가·지도를 받을 수 있다(산안법 시행령 제18조제3항).

③ 안전관리자는 제1항 각 호에 따른 업무를 수행할 때에는 보건관리자와 협력하여야 한다(산안법 시행령 제18조제4항). 사업주는 안전관리자가 제1항에 따른 업무를 원활하게 수행할 수 있도록 권한·시설·장비·예산, 그 밖에 필요한 지원을 해야 한다.

2) 안전관리자의 선임

① 안전관리자를 두어야 할 **사업의 종류와 사업장의 상시근로자 수, 안전관리자의 수·자격·업무·권한·선임방법, 그 밖에 필요한 사항**은 대통령령으로 정한다(산안법 제17조제2항). 이 경우 사업 또는 사업장에 대한 안전관리자 선임 등의 적용 여부는 산업안전보건법 및 시행령(별표 1 및 별표 3)은 물론 「기업활동 규제완화에 관한 특별조치법」의 관련 조항을 검토하여야 한다.

② 안전관리자의 선임에 관한 사항은 ⅰ) 토사석 광업, ⅱ) 식료품 제조업, ⅲ) 목재 및 나무제품 제조업 등 사업의 종류와 사업장의 규모(상시근로자 수, 공사금액) 등을 고려하여 안전관리자의 수 및 선임방법을 결정해야 한다.

③ 산업안전보건법 제17조제2항에 따라 안전관리자를 두어야 할 사업의 종류 및 사업장의 상시근로자 수, 안전관리자의 수 및 선임방법은 [별표 3]과 같다(산안법 시행령 제16조제1항).

🏛 [시행령 별표 3] 안전관리자를 두어야 할 사업의 종류·규모, 안전관리자의 수 및 선임방법
(제16조제1항 관련)

사업의 종류	규모	안전관리자의 수	안전관리자의 선임방법
1. 토사석 광업 2. 식료품 제조업, 음료 제조업 3. 섬유제품 제조업; 의복 제외 4. 목재 및 나무제품 제조업; 가구 제외 5. 펄프, 종이 및 종이제품 제조업 6. 코크스, 연탄 및 석유정제품 제조업 7. 화학물질 및 화학제품 제조업; 의약품 제외 8. 의료용 물질 및 의약품 제조업 9. 고무 및 플라스틱제품 제조업 10. 비금속 광물제품 제조업 11. 1차 금속 제조업 12. 금속가공제품 제조업; 기계 및 가구 제외 13. 전자부품, 컴퓨터, 영상, 음향 및 통신장비 제조업 14. 의료, 정밀, 광학기기 및 시계 제조업 15. 전기장비 제조업 16. 기타 기계 및 장비 제조업 17. 자동차 및 트레일러 제조업 18. 기타 운송장비 제조업 19. 가구 제조업 20. 기타 제품 제조업 21. 산업용 기계 및 장비 수리업 22. 서적, 잡지 및 기타 인쇄물 출판업 23. 폐기물 수집, 운반, 처리 및 원료 재생업 24. 환경 정화 및 복원업 25. 자동차 종합 수리업, 자동차 전문 수리업 26. 발전업 27. 운수 및 창고업	상시근로자 50명 이상 500명 미만	1명 이상	[별표 4] 제1호, 제2호, 제4호, 제5호, 제6호(상시근로자 300명 미만인 사업장만 해당한다), 제7호(이 표 제27호에 따른 사업만 해당한다), 제7호의2(상시근로자 300명 미만인 사업장만 해당한다) 및 제8호 중 어느 하나에 해당하는 사람을 선임해야 한다.
	상시근로자 500명 이상	2명 이상	[별표 4] 제1호부터 제5호까지, 제7호(이 표 제27호에 따른 사업으로서 상시근로자 1,000명 미만의 사업장만 해당한다) 및 제8호 중 어느 하나에 해당하는 사람을 선임해야 한다. 다만, [별표 4] 제1호, 제2호(「국가기술자격법」에 따른 산업안전산업기사의 자격을 취득한 사람은 제외한다) 및 제4호 중 어느 하나에 해당하는 사람이 1명 이상 포함되어야 한다.

사업의 종류	규모	안전관리자의 수	안전관리자의 선임방법
28. 농업, 임업 및 어업 29. 제2호부터 제21호까지의 사업을 제외한 제조업 30. 전기, 가스, 증기 및 공기조절 공급업(발전업은 제외한다) 31. 수도, 하수 및 폐기물 처리, 원료 재생업(제23호 및 제24호에 해당하는 사업은 제외한다) 32. 도매 및 소매업 33. 숙박 및 음식점업 34. 영상·오디오 기록물 제작 및 배급업 35. 라디오 방송업 및 텔레비전 방송업 36. 우편 및 통신업 37. 부동산업 38. 임대업; 부동산 제외 39. 연구개발업 40. 사진처리업 41. 사업시설 관리 및 조경 서비스업 42. 청소년 수련시설 운영업 43. 보건업 44. 예술, 스포츠 및 여가 관련 서비스업 45. 개인 및 소비용품수리업(제25호에 해당하는 사업은 제외한다) 46. 기타 개인 서비스업 47. 공공행정(청소, 시설관리, 조리 등 현업업무에 종사하는 사람으로서 고용노동부장관이 정하여 고시하는 사람으로 한정한다) 48. 교육서비스업 중 초등·중등·고등 교육기관, 특수학교·외국인학교 및 대안학교(청소, 시설관리, 조리 등 현업업무에 종사하는 사람으로서 고용노동부장관이 정하여 고시하는 사람으로 한정한다)	상시근로자 50명 이상 1천명 미만. 다만, 제37호의 사업(부동산 관리업은 제외한다)과 제40호의 사업의 경우에는 상시근로자 100명 이상 1천명 미만으로 한다.	1명 이상	[별표 4] 제1호, 제2호, 제3호(이 표 제28호, 제30호부터 제46호까지의 사업만 해당한다), 제4호, 제5호, 제6호(상시근로자 300명 미만인 사업장만 해당한다), 제7호(이 표 제36호에 따른 사업만 해당한다), 제7호의2(상시근로자 300명 미만인 사업장만 해당한다) 및 제8호 중 어느 하나에 해당하는 사람을 선임해야 한다.
	상시근로자 1천명 이상	2명 이상	[별표 4] 제1호부터 제5호까지 또는 제8호부터 제10호까지에 해당하는 사람을 선임해야 한다. 다만, [별표 4] 제1호, 제2호, 제4호 및 제5호 중 어느 하나에 해당하는 사람이 1명 이상 포함되어야 한다.

사업의 종류	규모	안전관리자의 수	안전관리자의 선임방법
49. 건설업	공사금액 50억원 이상(관계수급인은 100억원 이상) 120억원 미만(「건설산업기본법」 시행령 [별표 1] 제1호가목의 토목공사업의 경우에는 150억원 미만)	1명 이상	[별표 4] 제1호부터 제7호까지 및 제10호부터 제12호까지의 어느 하나에 해당하는 사람을 선임해야 한다.
	공사금액 120억원 이상(「건설산업기본법」 시행령 [별표 1] 제1호가목의 토목공사업의 경우에는 150억원 이상) 800억원 미만		[별표 4] 제1호부터 제7호까지 및 제10호의 어느 하나에 해당하는 사람을 선임해야 한다.
	공사금액 800억원 이상 1,500억원 미만	2명 이상. 다만, 전체 공사기간을 100으로 할 때 공사 시작에서 15에 해당하는 기간과 공사 종료 전의 15에 해당하는 기간(이하 "전체 공사기간 중 전·후 15에 해당하는 기간"이라 한다) 동안은 1명 이상으로 한다.	[별표 4] 제1호부터 제7호까지 및 제10호의 어느 하나에 해당하는 사람을 선임하되, 같은 표 제1호부터 제3호까지의 어느 하나에 해당하는 사람이 1명 이상 포함되어야 한다.
	공사금액 1,500억원 이상 2,200억원 미만	3명 이상. 다만, 전체 공사기간 중 전·후 15에 해당하는 기간은 2명 이상으로 한다.	[별표 4] 제1호부터 제7호까지 및 제12호의 어느 하나에 해당하는 사람을 선임하되, 같은 표 제12호에 해당하는 사람은 1명만 포함될 수 있고, 같은 표 제1호 또는 「국가기술자격법」에 따른 건설안전기술사(건설안전기사 또는 산업안전기사의 자격을 취득한 후 7년 이상 건설안전 업무를 수행한 사람이거나 건설안전산업기사 또는 산업안전산업기사의 자격을 취득한 후 10년 이상 건설안전 업무를 수행한 사람을 포함한다) 자격을 취득한 사람(이하 "산업안전지도사 등"이라 한다)이 1명 이상 포함되어야 한다.
	공사금액 2,200억원 이상 3천억원 미만	4명 이상. 다만, 전체 공사기간 중 전·후 15에 해당하는 기간은 2명 이상으로 한다.	

사업의 종류	규모	안전관리자의 수	안전관리자의 선임방법
49. 건설업	공사금액 3천억원 이상 3,900억원 미만	5명 이상. 다만, 전체 공사기간 중 전·후 15에 해당하는 기간은 3명 이상으로 한다.	[별표 4] 제1호부터 제7호까지 및 제12호의 어느 하나에 해당하는 사람을 선임하되, 같은 표 제12호에 해당하는 사람이 1명만 포함될 수 있고, 산업안전지도사 등이 2명 이상 포함되어야 한다. 다만, 전체 공사기간 중 전·후 15에 해당하는 기간에는 산업안전지도사 등이 1명 이상 포함되어야 한다.
	공사금액 3,900억원 이상 4,900억원 미만	6명 이상. 다만, 전체 공사기간 중 전·후 15에 해당하는 기간은 3명 이상으로 한다.	
	공사금액 4,900억원 이상 6천억원 미만	7명 이상. 다만, 전체 공사기간 중 전·후 15에 해당하는 기간은 4명 이상으로 한다.	[별표 4] 제1호부터 제7호까지 및 제12호의 어느 하나에 해당하는 사람을 선임하되, 같은 표 제12호에 해당하는 사람은 2명까지만 포함될 수 있고, 산업안전지도사 등이 2명 이상 포함되어야 한다. 다만, 전체 공사기간 중 전·후 15에 해당하는 기간에는 산업안전지도사 등이 2명 이상 포함되어야 한다.
	공사금액 6천억원 이상 7,200억원 미만	8명 이상. 다만, 전체 공사기간 중 전·후 15에 해당하는 기간은 4명 이상으로 한다.	
	공사금액 7,200억원 이상 8,500억원 미만	9명 이상. 다만, 전체 공사기간 중 전·후 15에 해당하는 기간은 5명 이상으로 한다.	
	공사금액 8,500억원 이상 1조원 미만	10명 이상. 다만, 전체 공사기간 중 전·후 15에 해당하는 기간은 5명 이상으로 한다.	[별표 4] 제1호부터 제7호까지 및 제12호의 어느 하나에 해당하는 사람을 선임하되, 같은 표 제12호에 해당하는 사람은 2명까지만 포함될 수 있고, 산업안전지도사 등이 3명 이상 포함되어야 한다. 다만, 전체 공사기간 중 전·후 15에 해당하는 기간에는 산업안전지도사 등이 3명 이상 포함되어야 한다.
	1조원 이상	11명 이상[매 2천억원(2조원이상부터는 매 3천억원)마다 1명씩 추가한다]. 다만, 전체 공사기간 중 전·후 15에 해당하는 기간은 선임대상 안전관리자 수의 1/2(소수점 이하는 올림한다) 이상으로 한다.	

비고 : 1. 철거공사가 포함된 건설공사의 경우 철거공사만 이루어지는 기간은 전체 공사기간에는 산입되나 전체 공사기간 중 전·후 15에 해당하는 기간에는 산입되지 않는다. 이 경우 전체 공사기간 중 전·후 15에 해당하는 기간은 철거공사만 이루어지는 기간을 제외한 공사기간을 기준으로 산정한다.
2. 철거공사만 이루어지는 기간에는 공사금액별로 선임해야 하는 최소 안전관리자 수 이상으로 안전관리자를 선임해야 한다.

⑤ 안전관리자를 두어야 할 사업의 최소 규모는 상시근로자 50명 이상 사업장이거나 건설공사의 경우 50억원 이상으로서, 선임기준은 인적 규모와 공사 규모를 기준으로 판단한다.

⑥ 안전·보건관리자의 선임기준에는 상시근로자 수를 반영하도록 기준을 두고 있으나, 건설현장의 상시근로자 수가 산업안전보건법 시행규칙 제4조 관련 [별표 1]에 [제2편] 안전보건관리체제에서 정한 공식에 의할 경우 공사 종류에 따라 실제 출역근로자 수와 차이가 크고, 현장에서 매일 관리하는 출역근로자 수는 미리 예측하여 적용하기 어렵다. 그래서 건설공사는 상시근로자 수 이외에 대부분 공사금액을 기준으로 안전관리자의 선임 여부를 판단하고 있다.

$$상시근로자 수 = \frac{연간\ 국내공사실적액 \times 노무비율}{건설업\ 월평균임금 \times 12}$$

3) 안전관리자 선임방법

① 제1항에 따른 사업 중 **상시근로자 수 300명 이상을 사용하는 사업장(건설업의 경우에는 공사금액이 120억원**(「건설산업기본법」 시행령 [별표 1]의 종합공사를 시공하는 업종의 건설업종란 제1호에 따른 토목공사업의 경우에는 150억원) **이상인 사업장**)에는 해당 사업장에서 제18조제1항 각 호에 규정된 업무만을 전담하는 안전관리자를 두어야 한다(산안법 시행령 제16조제2항).

② 안전관리자를 두어야 할 규모를 상시근로자 50명 이상 또는 공사금액 50억원 이상으로 확대하였다 따라서 건설공사의 경우 50억원(관계수급인은 100억원) 이상 120억원 미만(「건설산업기본법」 시행령 [별표 1]의 토목공사는 150억원)의 경우에는 안전관리자 1명을 두어야 한다.

사업의 종류	안전관리자	전담 여부
1. 상시근로자 50명 이상 500명 미만 2. 건설공사 50억원(관계수급인은 100억원) 이상 120억원 (「건설산업기본법」 시행령 [별표 1]의 종합공사를 시공하는 업종의 건설업종란 제1호에 따른 토목공사업의 경우에는 150억원) 미만	1명 이상	1. 전담 아님. 2. 위탁 가능
1. 상시근로자 수 300명 이상 2. 공사금액이 120억원(토목공사업의 경우에는 150억원) 이상	1명 이상	1. 전담 업무 2. 위탁 불가능

③ 산업안전보건법 시행령 제52조(안전보건총괄책임자의 지정 대상사업)에 따른 사업으로서 **도급인의 사업장에서 이루어지는 도급사업의 공사금액 또는 관계수급인이 사용하는 상시근로자**는 각각 해당 사업의 공사금액 또는 상시근로자로 본다. 다만 [별표 3]에 해당하는 도급사업의 공사 또는 관계수급인의 상시근로자의 경우에는 그렇지 않다(산안법 시행령 제16조제3항).

사업의 종류	합산 여부
1. 산업안전보건법 시행령 제52조(안전보건총괄책임자의 지정 대상사업)에 따른 도급사업 • 제52조에 따라 안전보건총괄책임자를 선임하는 경우 관계수급인의 상시근로자 또는 공사 금액을 합산	1. 안전보건총괄책임자 선임 시 : 합산 2. 안전관리자를 선임 시 : 미 합산

사업의 종류	합산 여부
2. [별표 3]에서 명시한 도급사업 • 안전관리자를 두어야 할 사업의 종류, 규모, 안전관리자의 수 및 선임방법	1. 합산 2. 분리발주 시 : 합산

④ 안전관리자를 두어야 할 사업의 종류, 사업장의 상시근로자 수, 안전관리자의 수 및 선임방법에도 불구하고 **안전관리자의 겸직업무를 허용**할 수 있다. 따라서 같은 사업주가 경영하는 둘 이상의 사업장이 ⅰ) 같은 시·군·구(자치구를 말한다) 지역에 소재하는 경우, ⅱ) 사업장 간의 경계를 기준으로 15km 이내에 소재하는 경우의 어느 하나에 해당하는 경우에는 그 둘 이상의 사업장에 1명의 안전관리자를 공동으로 둘 수 있다.

⑤ 도급인의 사업장에서 이루어지는 도급사업에서 도급인이 고용노동부령으로 정하는 바에 따라 그 사업의 관계수급인 근로자에 대한 안전관리를 전담하는 안전관리자를 선임한 경우에는 해당 사업의 관계수급인은 안전관리자를 선임하지 않을 수 있다(산안법 시행령 제16조제5항).

⑥ 안전관리자 및 보건관리자를 두어야 할 사업주는 영 제16조제5항 및 제20조제3항에 따라 도급인 사업주가 다음 각 호의 요건을 모두 갖춘 경우에는 안전관리자 및 보건관리자를 선임하지 않을 수 있다(산안법 시행규칙 제10조).

> 1. 도급인인 사업주 자신이 선임해야 할 안전관리자 및 보건관리자를 둔 경우
> 2. 안전관리자 및 보건관리자를 두어야 할 수급인인 사업주의 사업 종류별 상시근로자 수(건설공사의 경우에는 건설공사 금액을 말한다. 이하 같다)를 합계하여 그 상시근로자 수에 해당하는 안전관리자 및 보건관리자를 추가로 선임한 경우

⑦ 사업주는 안전관리자를 선임하거나 법 제17조제4항에 따라 안전관리자의 업무를 안전관리전문기관에 위탁한 경우에는 고용노동부령으로 정하는 바에 따라 선임하거나 위탁한 날부터 14일 이내에 고용노동부장관에게 증명할 수 있는 서류를 제출해야 한다. 산업안전보건법 제17조제3항에 따라 안전관리자를 늘리거나 교체한 경우에도 또한 같다(산안법 시행령 제16조제6항).

⑧ 고용노동부장관은 산업재해 예방을 위하여 필요한 경우로서 고용노동부령이 정하는 사유에 해당하는 경우에는 사업주에게 제2항에 따라 대통령령으로 정하는 수 이상으로 늘리거나 교체할 것을 명할 수 있다(산안법 제17조제3항).

⑨ 지방고용노동관서의 장은 다음 각 호의 어느 하나에 해당하는 사유가 발생한 경우에는 법 제17조제3항(안전관리자의 증감), 제18조제3항(보건관리자의 증감) 또는 제19조제3항(안전·보건관리전문기관의 업무수행기준)에 따라 사업주에게 안전관리자·보건관리자 또는 안전보건관리담당자(이하 이 조에서 "관리자"라 한다)를 **정수 이상으로 증원하게 하거나 교체하여 임명**할 것을 명할 수 있다. 다만, 제4호에 해당하는 경우로서 직업성 질병자 발생 당시 사업장에서 해당 화학적 인자를 사용하지 아니하는 경우에는 그러하지 아니하다(산안법 시행규칙 제12조제1항).

1. 해당 사업장의 연간재해율이 같은 업종의 평균재해율의 2배 이상인 경우
2. 중대재해가 연간 2건 이상 발생한 경우. 다만, 해당 사업장의 전년도 사망만인율이 같은 업종의 평균 사망만인율 이하인 경우는 제외한다.
3. 관리자가 질병이나 그 밖의 사유로 3개월 이상 직무를 수행할 수 없게 된 경우
4. [별표 22] 제1호에 따른 화학적 인자로 인한 직업성 질병자가 연간 3명 이상 발생한 경우. 이 경우 직업성 질병자 발생일은 「산업재해보상보험법」 시행규칙 제21조제1항에 따른 요양급여의 결정일로 한다.

📖 공사금액에 따른 안전보건관리자 선임인원기준

구분		안전보건관리자 선임인원		
공사금액	상시근로자 수	계	안전	보건
50억원 이상 120억원 미만	50명 이상 500명 미만		1	
120억원 이상 800억원 미만	300명 이상 600명 미만	1	1	-
800억원 이상 1,500억원 미만	600명 이상 900명 미만	3	2	1
1,500억원 이상 2,200억원 미만	900명 이상 1,200명 미만	5	3	2
2,200억원 이상 3,000억원 미만	1,200명 이상 1,500명 미만	6	4	2
3,000억원 이상 3,900억원 미만	1,500명 이상 1,800명 미만	7	5	2
3,900억원 이상 4,900억원 미만	1,800명 이상 2,100명 미만	9	6	3
4,900억원 이상 6,000억원 미만	2,100명 이상 2,400명 미만	10	7	3
6,000억원 이상 7,200억원 미만	2,400명 이상 2,700명 미만	12	8	4
7,200억원 이상 8,500억원 미만	2,700명 이상 3,000명 미만	13	9	4
8,500억원 이상 1조원 미만	3,000명 이상 3,300명 미만	15	10	5
1조원 이상[매 2,000억원 (2조원 이상부터는 매 3,000억원)마다 1명씩 추가]	3,300명 이상 3,600명 미만	16	11	5

4 보건관리자

(1) 보건관리자의 정의와 자격

① 보건관리자란 사업 또는 사업장에서 산업보건에 관한 전문 지식을 가지고 보건관리업무를 수행하는 자를 말한다. 보건관리자는 사업주 또는 안전보건관리(총괄)책임자를 보좌하며, 관리감독자에게 지도와 조언을 할 수 있다.

② 보건관리자는 라인조직이 아니라 스태프조직에 속하며, 해당 분야의 전문적인 지식과 자격을 갖춘 전문가를 의미한다. 사업주가 보건관리자를 선임하지 않거나 업무를 수행하지 않도록 하는 경우에는 500만원의 과태료를 부과한다(산안법 제175조제5항제1호 및 시행령 제119조).

③ 보건관리자의 자격은 산업안전보건법 제18조제2항에 따라 대통령령으로 정하고 있다. 보건관리자의 자격은 [별표 6]과 같다(산안법 시행령 제21조). 따라서 보건관리자는 다음 각 호의 어느 하나에 해당하는 사람으로 한다(산안법 시행령 [별표 6]).

> 1. 법 제143조제1항에 따른 산업보건지도사 자격을 가진 사람
> 2. 「의료법」에 따른 의사
> 3. 「간호법」에 따른 간호사
> 4. 「국가기술자격법」에 따른 산업위생관리산업기사 또는 대기환경산업기사 이상의 자격을 취득한 사람
> 5. 「국가기술자격법」에 따른 인간공학기사 이상의 자격을 취득한 사람
> 6. 「고등교육법」에 따른 전문대학 이상의 학교에서 산업보건 또는 산업위생 분야의 학과를 졸업한 사람(법령에 따라 이와 같은 수준 이상의 학력이 있다고 인정되는 사람을 포함한다)

(2) 보건관리자의 업무와 선임

1) 보건관리자의 업무

① 사업주는 사업장에 제15조제1항 각 호의 사항 중 사업주 또는 안전보건관리책임자를 보좌하고 관리감독자에게 지도·조언하는 업무를 수행하는 사람(이하 "보건관리자"라 한다)을 두어야 한다(산안법 제18조제1항).

② 보건관리자가 보건관리에 관한 기술적인 사항에 관하여 **사업주 또는 안전보건관리책임자에게 건의하거나 관리감독자에게 지도·조언을 하는 경우**에 사업주·안전보건관리책임자 및 관리감독자는 이에 상응하는 적절한 조치를 하여야 한다.

③ 보건관리자의 업무에 관하여는 대통령령으로 정한다. 보건관리자의 업무는 다음 각 호와 같다(산안법 시행령 제22조제1항).

> 1. 산업안전보건위원회 또는 노사협의체에서 심의·의결한 업무와 안전보건관리규정 및 취업규칙에서 정한 업무
> 2. 안전인증대상기계 등과 자율안전확인대상기계 등 중 보건과 관련된 보호구(保護具) 구입 시 적격품 선정에 관한 보좌 및 지도·조언
> 3. 법 제36조에 따른 위험성평가에 관한 보좌 및 지도·조언
> 4. 법 제110조에 따라 작성된 물질안전보건자료의 게시 또는 비치에 관한 보좌 및 지도·조언
> 5. 제31조제1항에 따른 산업보건의의 직무(보건관리자가 [별표 6] 제2호에 해당하는 사람인 경우로 한정한다)
> 6. 해당 사업장 보건교육계획의 수립 및 보건교육 실시에 관한 보좌 및 지도·조언
> 7. 해당 사업장의 근로자를 보호하기 위한 다음 각 목의 조치에 해당하는 의료행위(보건관리자가 [별표 6] 제2호 또는 제3호에 해당하는 경우로 한정한다)
>   가. 자주 발생하는 가벼운 부상에 대한 치료
>   나. 응급처치가 필요한 사람에 대한 처치
>   다. 부상·질병의 악화를 방지하기 위한 처치

라. 건강진단 결과 발견된 질병자의 요양 지도 및 관리
마. 가목부터 라목까지의 의료행위에 따르는 의약품의 투여
8. 작업장 내에서 사용되는 전체 환기장치 및 국소 배기장치 등에 관한 설비의 점검과 작업방법의 공학적 개선에 관한 보좌 및 지도·조언
9. 사업장 순회점검, 지도 및 조치의 건의
10. 산업재해 발생의 원인 조사·분석 및 재발 방지를 위한 기술적 보좌 및 지도·조언
11. 산업재해에 관한 통계의 유지·관리·분석을 위한 보좌 및 지도·조언
12. 법 또는 법에 따른 명령으로 정한 보건에 관한 사항의 이행에 관한 보좌 및 지도·조언
13. 업무 수행 내용의 기록·유지
14. 그 밖에 보건과 관련된 작업관리 및 작업환경관리에 관한 사항으로서 고용노동부장관이 정하는 사항

④ 보건관리자는 제1항 각 호에 따른 업무를 수행할 때에는 안전관리자와 협력하여야 한다(산안법 시행령 제22조제2항). 사업주는 보건관리자는 제1항에 따른 업무를 원활하게 수행할 수 있도록 권한·시설·장비·예산, 그 밖의 업무에 필요한 지원을 해야 한다. 이 경우 보건관리자가 [별표 6] 제2호 또는 제3호에 해당하면 고용노동부령으로 정하는 시설 및 장비를 지원하여야 한다(산안법 시행령 제22조제3항).

⑤ 영 제22조제3항 후단에 따른 "고용노동부령으로 정하는 시설 및 장비"는 다음 각 호와 같다(산안법 시행규칙 제14조).

1. 건강관리실 : 근로자가 쉽게 찾을 수 있고 통풍과 채광이 잘되는 곳에 위치하여야 하며, 업무의 수행에 적합한 면적을 확보하고, 상담실·처치실 및 양호실을 갖추어야 한다.
2. 상하수도 설비, 침대, 냉난방시설, 외부 연락용 직통전화, 구급용구 등

2) 보건관리자의 선임

① 보건관리자를 두어야 할 **사업의 종류와 사업장의 상시근로자 수, 보건관리자 수·자격·업무·권한·선임방법, 그 밖에 필요한 사항**은 대통령령으로 정한다(산안법 제18조제2항). 법 제18조제1항에 따라 보건관리자를 두어야 할 사업의 종류 및 사업장의 상시근로자 수, 보건관리자의 수 및 선임방법은 [별표 5]와 같다(산안법 시행령 제20조제1항).

🏛 **[시행령 별표 5] 보건관리자를 두어야 할 사업의 종류·규모, 보건관리자의 수 및 선임방법**
(제20조제1항 관련)

사업의 종류	규모	보건관리자의 수	보건관리자의 선임방법
1. 광업(광업 지원 서비스업은 제외한다) 2. 섬유제품 염색, 정리 및 마무리 가공업 3. 모피제품 제조업	상시근로자 50명 이상 500명 미만	1명 이상	[별표 6] 각 호의 어느 하나에 해당하는 사람을 선임해야 한다.

사업의 종류	규모	보건관리자의 수	보건관리자의 선임방법
4. 그 외 기타 의복액세서리 제조업(모피 액세서리에 한정한다) 5. 모피 및 가죽 제조업(원피가공 및 가죽 제조업은 제외한다) 6. 신발 및 신발부분품 제조업 7. 코크스, 연탄 및 석유정제품 제조업 8. 화학물질 및 화학제품 제조업; 의약품 제외 9. 의료용 물질 및 의약품 제조업 10. 고무 및 플라스틱제품 제조업 11. 비금속 광물제품 제조업 12. 1차 금속 제조업 13. 금속가공제품 제조업; 기계 및 가구 제외 14. 기타 기계 및 장비 제조업 15. 전자부품, 컴퓨터, 영상, 음향 및 통신장비 제조업 16. 전기장비 제조업 17. 자동차 및 트레일러 제조업 18. 기타 운송장비 제조업 19. 가구 제조업 20. 해체, 선별 및 원료 재생업 21. 자동차 종합 수리업, 자동차 전문 수리업 22. 제88조 각 호의 어느 하나에 해당하는 유해물질을 제조하는 사업과 그 유해물질을 사용하는 사업 중 고용노동부장관이 특히 보건관리를 할 필요가 있다고 인정하여 고시하는 사업	상시근로자 500명 이상 2천명 미만	2명 이상	[별표 6] 각 호의 어느 하나에 해당하는 사람을 선임해야 한다.
	상시근로자 2천명 이상	2명 이상	[별표 6] 각 호의 어느 하나에 해당하는 사람을 선임하되, 같은 표 제2호 또는 제3호에 해당하는 사람이 1명 이상 포함되어야 한다.
23. 제2호부터 제22호까지의 사업을 제외한 제조업	상시근로자 50명 이상 1천명 미만	1명 이상	[별표 6] 각 호의 어느 하나에 해당하는 사람을 선임해야 한다.
	상시근로자 1천명 이상 3천명 미만	2명 이상	별표 6 각 호의 어느 하나에 해당하는 사람을 선임해야 한다.
	상시근로자 3천명 이상	2명 이상	[별표 6] 각 호의 어느 하나에 해당하는 사람을 선임하되, 같은 표 제2호 또는 제3호에 해당하는 사람이 1명 이상 포함되어야 한다.

사업의 종류	규모	보건관리자의 수	보건관리자의 선임방법
24. 농업, 임업 및 어업 25. 전기, 가스, 증기 및 공기조절공급업 26. 수도, 하수 및 폐기물 처리, 원료 재생업(제20호에 해당하는 사업은 제외한다) 27. 운수 및 창고업 28. 도매 및 소매업 29. 숙박 및 음식점업 30. 서적, 잡지 및 기타 인쇄물 출판업 31. 라디오 방송업 및 텔레비전 방송업 32. 우편 및 통신업 33. 부동산업 34. 연구개발업 35. 사진 처리업 36. 사업시설 관리 및 조경 서비스업 37. 공공행정(청소, 시설관리, 조리 등 현업업무에 종사하는 사람으로서 고용노동부장관이 정하여 고시하는 사람으로 한정한다) 38. 교육서비스업 중 초등·중등·고등 교육기관, 특수학교·외국인학교 및 대안학교(청소, 시설관리, 조리 등 현업업무에 종사하는 사람으로서 고용노동부장관이 정하여 고시하는 사람으로 한정한다) 39. 청소년 수련시설 운영업 40. 보건업 41. 골프장 운영업 42. 개인 및 소비용품수리업(제21호에 해당하는 사업은 제외한다) 43. 세탁업	상시근로자 50명 이상 5천명 미만. 다만, 제35호의 경우에는 상시근로자 100명 이상 5천명 미만으로 한다.	1명 이상	[별표 6] 각 호의 어느 하나에 해당하는 사람을 선임해야 한다.
	상시근로자 5천명 이상	2명 이상	[별표 6] 각 호의 어느 하나에 해당하는 사람을 선임하되, 같은 표 제2호 또는 제3호에 해당하는 사람이 1명 이상 포함되어야 한다.
44. 건설업	공사금액 800억원 이상(「건설산업기본법」 시행령 [별표 1]의 종합공사를 시공하는 업종의 건설업종란 제1호에 따른 토목공사업에 속하는 공사의 경우에는 1천억 이상) 또는 상시근로자 600명 이상	1명 이상[공사금액 800억원(「건설산업기본법」 시행령[별표 1]의 종합공사를 시공하는 업종의 건설업종란 제1호에 따른 토목공사업은 1천억원)을 기준으로 1,400억원이 증가할 때마다 또는 상시근로자 600명을 기준으로 600명이 추가될 때마다 1명씩 추가한다]	[별표 6] 각 호의 어느 하나에 해당하는 사람을 선임해야 한다.

② 제1항에 따른 사업과 사업장의 보건관리자는 해당 사업장에서 제22조제1항 각 호에 따른 업무만을 전담해야 한다. 다만, **상시근로자 300명 미만을 사용하는 사업장**에서는 보건관리자가 제22조제1항 각 호에 따른 업무에 지장이 없는 범위에서 다른 업무를 겸할 수 있다(산안법 시행령 제20조제2항).

③ 사업주가 산업안전보건법 시행령 제16조제4항을 준용하여 ⅰ) 같은 시·군·구(자치구를 말한다) 지역에 소재하는 경우, ⅱ) 사업장 간의 경계를 기준으로 15km 이내에 소재하는 경우에는 그 둘 이상의 사업장에 1명의 보건관리자를 둘 수 있다. 이 경우 해당 사업장의 상시근로자 수의 합계는 300명 이내의 사업장[건설업의 경우에는 120억원(「건설산업기본법」 시행령 [별표 1]의 토목공사업에 속하는 공사는 150억원) 이내의 사업장]이어야 한다.

④ 도급인의 사업장에서 이루어지는 도급사업에서 도급인이 고용노동부령이 정하는 바에 따라 ⅰ) **도급인인 사업주 자신이 선임하여야 할 보건관리자를 둔 경우**, ⅱ) **보건관리자를 두어야 할 수급인의 업종별 상시근로자 수(건설업의 경우 상시근로자 수 또는 공사금액)를 합계하여 그 근로자 수 또는 공사금액에 해당하는 보건관리자를 추가로 선임한 경우**의 요건을 갖춘 경우에는 보건관리자를 선임하지 아니할 수 있다.

⑤ 산업안전보건법 시행령 제16조제6항을 준용하여 사업주가 보건관리자를 선임하거나 위탁한 경우에는 고용노동부령이 정하는 바에 따라 선임 또는 위탁한 날부터 14일 이내에 고용노동부장관에게 증명할 수 있는 서류를 제출하여야 한다. 산업안전보건법 제18조제4항에 따라 보건관리자를 늘리거나 교체한 경우에도 또한 같다.

⑥ 고용노동부장관은 산업재해 예방을 위하여 필요한 경우로서 고용노동부령으로 정하는 사유에 해당하는 경우에는 사업주에게 보건관리자를 제2항에 따라 대통령령으로 정하는 수 이상으로 늘리거나 교체할 것을 명할 수 있다(산안법 제18조제4항).

> 1. 공사의 규모나 사업장의 상시근로자 수에 비하여 보건관리자가 부족한 경우
> 2. 사업장의 연간 재해율이나 중대재해가 발생하여 증원이나 교체가 필요한 경우

3) 보건관리자의 선임방법

겸직이 가능한 경우	겸직이 불가능한 경우
1. 「수질환경보전법」에 따른 환경관리인, 「대기환경보전법」에 따른 환경관리인·산업안전보건법에 따른 보건관리자 중 2명 이상을 채용하여야 하는 자가 산업안전보건법에 의한 보건관리자와 「대기환경보전법」에 의한 환경관리인의 기술자격을 함께 보유한 자 1명을 채용한 경우 2. 상시근로자 300인 미만을 사용하는 사업장에서는 「산업안전보건법」에 의한 보건관리자와 「대기환경보전법」에 의한 환경관리인의 기술자격을 함께 보유한 자 1인을 채용한 경우	1. 상시근로자 300명 이상을 사용 하는 사업장의 보건관리자 2. 건설현장에서 이루어지는 업무 3. 「의료법」 제2조에 의한 의료인 또는 의료법」 제80조에 의한 간호조무사의 파견금지

4) 보건관리자의 업무위탁

① 사업주는 산업안전보건법령에 정하는 바에 따라 보건관리자를 선임하는 대신 보건관리업무를 전문으로 하는 기관(보건관리전문기관)에 보건관리자의 업무를 위탁할 수 있다.

② 대통령령으로 정하는 사업의 종류 및 사업장의 상시근로자 수에 해당하는 사업장의 사업주는 제21조에 따라 지정받은 보건관리업무를 수행하는 기관(이하 "보건관리전문기관"이라 한다)에 보건관리자의 업무를 위탁할 수 있다(산안법 제18조제4항).

③ 산업안전보건법 제18조제4항에 따라 보건관리자의 업무를 위탁할 수 있는 보건관리전문기관은 지역별 보건관리전문기관과 업종별·유해인자별 보건관리전문기관으로 구분한다(산안법 시행령 제23조제1항).

④ 법 제18조제4항에서 "대통령령으로 정하는 사업의 종류 및 사업장의 상시근로자 수에 해당하는 사업장"이란 다음 각 호와 같다(산안법 시행령 제23조제2항).

> 1. 건설업을 제외한 사업(업종별·유해인자별 보건관리전문기관의 경우에는 고용노동부령으로 정하는 사업을 말한다)으로서 상시근로자 300명 미만을 사용하는 사업장
> 2. 외딴곳으로서 고용노동부장관이 정하는 지역에 소재하는 사업장

⑤ 사업주가 보건관리의 업무를 보건관리전문기관에 위탁한 경우에는 그 전문기관은 보건관리자로 본다. 영 제23조제2항제1호에 따라 업종별 보건관리전문기관에 보건관리업무를 위탁할 수 있는 사업은 광업으로 한다(산안법 시행규칙 제15조제1항).

⑥ 영 제23조제2항제1호에 따라 유해인자별 보건관리전문기관에 보건관리업무를 위탁할 수 있는 사업은 다음 각 호와 같다(산안법 시행규칙 제15조제2항).

> 1. 납 취급사업
> 2. 수은 취급사업
> 3. 크롬 취급사업
> 4. 석면 취급사업
> 5. 법 제118조에 따라 제조·사용허가를 받아야 할 물질을 취급하는 사업
> 6. 근골격계질환의 원인이 되는 단순반복작업, 영상표시단말기 취급작업, 중량물 취급 작업 등을 하는 사업

⑦ 여기서 제조·사용허가를 받아야 할 물질은 ⅰ) 직업성 암을 유발하는 것으로 확인되어 근로자의 건강에 해롭다고 인정되는 물질, ⅱ) 유해성·위험성이 평가된 유해인자나 유해·위험성이 조사된 화학물질 가운데 근로자에게 중대한 건강장해를 일으킬 우려가 있는 물질을 의미한다.

5 안전보건관리담당자

(1) 안전보건관리담당자의 정의와 자격

1) 안전보건관리담당자의 정의
   ① 안전보건관리담당자는 **사업장에 대한 안전관리 또는 보건관리의 업무를 위하여 사업주를 보좌하거나 관리감독자를 지도·조언을 하는 자**를 말한다.
   ② 안전보건관리담당자는 관리감독자의 지위에 있지 아니하며 안전보건조직 내에서 안전보건관리의 담당하는 실무자를 의미하는 것이 아니다. 안전보건담당자는 **50명 미만의 사업장**에서 안전보건에 관하여 사업주를 보좌하는 업무를 수행한다.

2) 안전보건관리담당자의 자격
   ① 안전보건관리담당자는 해당 사업장 소속 근로자로서 ⅰ) 제17조에 따른 안전관리자의 자격을 갖출 것, ⅱ) 제21조에 따른 보건관리자의 자격을 갖출 것, ⅲ) 고용노동부장관이 인정하는 안전·보건교육을 이수하였을 것의 어느 하나에 해당하는 요건을 갖추어야 한다(산안법 시행령 제24조제2항).
   ② 산업안전보건법 시행령 제17조에 의한 안전관리자의 자격기준은 [별표 4]에에 따라, 시행령 제21조에 의한 보건관리자의 자격기준은 [별표 6]에 따라 정리하면 다음과 같다.

법적 근거	자격기준
산업안전보건법 시행령 제17조	1. 법 제143조제1항에 따른 산업안전지도사의 자격을 가진 사람 2. 「국가기술자격법」에 따른 산업안전산업기사 이상의 자격을 취득한 사람 3. 「국가기술자격법」에 따른 건설안전산업기사 이상의 자격을 취득한 사람 4. 「고등교육법」에 따른 전문대학 또는 4년제 대학 이상의 학교에서 산업안전 관련 학위를 취득한 사람 또는 이와 같은 수준 이상의 학위를 취득한 사람 등
산업안전보건법 시행령 제21조	1. 법 제143조제1항에 따른 산업보건지도사의 자격을 가진 사람 2. 「의료법」에 따른 의사 3. 「간호법」에 따른 간호사 4. 「국가기술자격법」에 따른 산업위생관리산업기사 또는 대기환경산업기사 5. 「국가기술자격법」에 따른 인간공학기사 이상의 자격을 취득한 사람 6. 「고등교육법」에 따른 전문대학 이상의 학교에서 산업보건 또는 산업위생 분야의 학위를 취득한 사람(법령에 따라 이와 같은 수준 이상의 학력이 있다고 인정되는 사람을 포함한다)

(2) 안전보건관리담당자의 선임과 업무 등

1) 안전보건관리담당자의 선임 등
   ① 사업주는 사업장에 안전 및 보건에 관하여 사업주를 보좌하고 관리감독자에게 지도·조언하는 업무를 수행하는 사람(이하 "안전보건관리담당자"라 한다)을 두어야 한다. 다만, 안전관리자 또는 보건관리자가 있거나 이를 두어야 하는 경우에는 그러하지 아니하다(산안법 제19조제1항).

② 안전보건관리담당자를 두어야 하는 사업의 종류와 상시근로자 수, 안전보건관리담당자의 수·자격·업무·권한·선임방법, 그 밖에 필요한 사항은 대통령령으로 정한다(산안법 제19조제2항).

③ 다음 각 호의 어느 하나에 해당하는 사업의 사업주는 법 제19조제1항에 따라 **상시근로자 20명 이상 50명 미만인 사업장**에 안전보건관리담당자를 1명 이상 선임하여야 한다(산안법 시행령 제24조제1항).

> 1. 제조업
> 2. 임업
> 3. 하수, 폐수 및 분뇨 처리업
> 4. 폐기물 수집, 운반, 처리 및 원료 재생업
> 5. 환경 정화 및 복원업

④ 안전보건관리담당자는 사업장 규모를 고려하여 안전관리자 또는 보건관리자를 선임할 수 없는 경우에 상시근로자 20명 이상 50명 미만의 사업장에서 선임해야 한다. 안전보건관리담당자는 제25조 각 호에 따른 업무에 지장이 없는 범위에서 다른 업무를 겸할 수 있다(산안법 시행령 제24조제3항).

⑤ 사업주가 제1항에 따라 안전보건관리담당자를 선임한 경우에는 그 선임 사실 및 제25조제1항 각 호에 따른 업무를 수행하였음을 증명할 수 있는 서류를 갖추어 두어야 한다(산안법 시행령 제24조제4항). 안전보건관리담당자를 두지 않거나 이들로 하여금 업무를 수행하도록 하지 않은 경우 500만원의 과태료를 부과한다(산안법 시행령 제119조).

2) 안전보건관리담당자의 업무

① 안전보건담당자의 업무는 안전보건에 관한 업무를 병행하여 수행할 수 있다. 산업안전보건법 제19조제1항에 따른 안전보건관리담당자의 업무는 다음 각 호와 같다(산안법 시행령 제25조).

> 1. 법 제29조에 따른 안전·보건교육 실시에 관한 보좌 및 지도·조언
> 2. 법 제36조에 따른 위험성평가에 관한 보좌 및 지도·조언
> 3. 법 제125조에 따른 작업환경측정 및 개선에 관한 보좌 및 지도·조언
> 4. 법 제129조부터 제131조에 따른 건강진단에 관한 보좌 및 지도·조언
> 5. 산업재해 발생의 원인 조사, 산업재해 통계의 기록 및 유지를 위한 보좌 및 지도·조언
> 6. 산업안전·보건과 관련된 안전장치 및 보호구 구입 시 적격품 선정에 관한 보좌 및 지도·조언

② 대통령령으로 정하는 사업의 종류 및 사업장의 상시근로자 수에 해당하는 사업장의 사업주는 안전관리전문기관 또는 보건관리전문기관에 안전보건관리담당자의 업무를 위탁할 수 있다(산안법 제19조제4항).

③ 법 제19조제4항에서 "대통령령으로 정하는 사업의 종류 및 사업장의 상시근로자 수에 해당하는 사업장"이란 제24조제1항에 따라 안전보건담당자를 선임해야 하는 사업장을 말한다(산안법 시행령 제26조제1항).

6 안전보건관리전문기관

(1) 안전보건관리전문기관의 지정신청

1) 안전보건관리전문기관의 정의

① 안전보건관리전문기관이란 **사업주로부터 안전관리 또는 보건관리에 관한 전문적인 업무를 위탁받아 수행하는 기관**을 말한다. 안전보건관리전문기관은 안전관리자 또는 보건관리자의 업무를 대행하고 지도·조언을 하기 위해서 고용노동부 장관에게 지정신청을 해서 승인을 받아야 한다.

② 사업주는 안전관리자 또는 보건관리자를 선임하는 대신 안전보건관리업무를 전문으로 하는 지정기관(안전보건관리전문기관)에 업무를 위탁할 수 있다(산안법 제17조제4항 및 제18조제4항, 제19조제4항).

2) 안전보건관리전문기관의 지정요건

① 안전관리전문기관 또는 보건관리전문기관이 되려는 자는 대통령령으로 정하는 **인력·시설 및 장비 등의 요건**을 갖추어 고용노동부장관의 지정을 받아야 한다(산안법 제21조제1항). 법 제21조제1항에 따라 안전관리전문기관으로 지정받을 수 있는 자는 다음 각 호의 어느 하나에 해당하는 자로서 [별표 7]에 따른 인력·시설 및 장비를 갖춘 자로 한다(산안법 시행령 제27조제1항).

> 1. 법 제145조제1항에 따라 등록한 산업안전지도사(건설안전 분야의 산업안전지도사는 제외한다)
> 2. 안전관리 업무를 하려는 법인

[시행령 별표 7] 안전관리전문기관의 인력·시설 및 장비기준(제27조제1항 관련)

> **1. 법 제145조제1항에 따라 등록된 산업안전지도사**
>   가. 인력기준 : 법 제145조제1항에 따라 등록한 산업안전지도사(건설안전 분야 제외) 1명 이상
>   나. 시설기준 : 사무실(장비실을 포함한다)
>   다. 장비기준 : 제2호 가목의 장비와 같음.
>   라. 업무수탁한계(법 제145조제1항에 따라 등록한 산업안전 지도사 1명 기준) : 사업장 30개소 또는 근로자 수 2천명 이하

2. 안전관리업무를 하려는 법인
가. 기본 인력·시설 및 장비

인력	시설	장비	대상 업종
1) 다음의 어느 하나에 해당하는 사람 1명 이상 　가) 기계·전기·화공안전 분야의 산업안전 지도사 또는 안전기술사 　나) 산업안전산업기사 이상의 자격을 취득한 후 산업안전 실무경력(건설업에서의 경력은 제외한다. 이하 같다)이 산업안전기사 이상의 자격은 10년, 산업안전산업기사 자격은 12년 이상인 사람 2) 산업안전산업기사 이상의 자격을 취득한 후 산업안전 실무경력이 산업안전기사 이상의 자격은 5년, 산업안전산업기사 자격은 7년 이상인 사람 1명 이상 3) 다음의 어느 하나에 해당하는 사람 2명 이상. 이 경우 가)에 해당하는 사람이 전체 인원의 1/2 이상이어야 한다. 　가) 산업안전산업기사 이상의 자격을 취득한 후 산업안전 실무경력이 산업안전기사 이상의 자격은 3년, 산업안전산업기사 자격은 5년 이상인 사람 　나) 일반기계·전기·화공·가스 분야 산업기사 이상의 자격을 취득한 후 그 분야 실무경력 또는 산업안전 실무경력이 기사 이상의 자격은 4년, 산업기사 자격은 6년 이상인 사람 4) 다음의 어느 하나에 해당하는 사람 1명 이상. 이 경우 2명 이상인 경우에는 가)에 해당하는 사람이 전체 인원의 1/2 이상이어야 한다. 　가) 제17조에 따른 안전관리자의 자격([별표 4] 제1호부터 제5호까지의 어느 하나에 해당하는 자격을 갖춘 사람만 해당한다)을 갖춘 후 산업안전 실무경력(「고등교육법」 제22조, 「직업교육훈련 촉진법」 제7조에 따른 현장실습과 이에 준하는 경력을 포함한다)이 6개월 이상인 사람	사무실 (장비실 포함)	1) 자분탐상비파괴시험기 또는 초음파두께측정기 2) 클램프미터 3) 소음측정기 4) 가스농도측정기 또는 가스검지기 5) 산소농도측정기 6) 가스누출탐지기(휴대용) 7) 절연저항측정기 8) 정전기전위측정기 9) 조도계 10) 멀티테스터 11) 접지저항측정기 12) 토크게이지 13) 검전기(저압용·고압용·특고압용) 14) 온도계(표면온도 측정용) 15) 시청각교육장비 (VTR이나 OHP 또는 이와 같은 수준 이상의 성능을 가진 교육장비)	모든 사업 (건설업은 제외한다)

인력	시설	장비	대상 업종
나)「국가기술자격법」에 따른 직무분야 중 기계·금속·화공·전기·조선·섬유·안전관리(소방설비·가스 분야만 해당한다)·산업응용 분야의 산업기사 이상의 자격을 취득한 후 그 분야 실무경력 또는 산업안전 실무경력(「고등교육법」 제22조, 「직업교육훈련 촉진법」 제7조에 따른 현장실습과 이에 준하는 경력을 포함한다)이 3년 이상인 사람 ※ 다만, 안전관리 업무를 하려는 법인의 소재지가 제주특별자치도인 경우에는 1) 및 2)에 해당하는 사람 중 1명 이상과 3)에 해당하는 사람 2명 이상이어야 한다.	〃	〃	〃

나. 수탁하려는 사업장 또는 근로자의 수에 따른 인력 및 장비
  1) 인력기준
    가) 수탁하려는 사업장 또는 근로자 수의 수가 151개소 이상 또는 10,001명 이상인 경우 다음의 구분에 따라 가목1)부터 4)까지의 규정에 따른 인력을 추가로 갖추어야 한다.
    나) 사업장 수에 따른 인력기준과 근로자 수에 따른 인력기준이 서로 다른 경우에는 그 중 더 중한 기준에 따라야 한다.

구분		자격별 인력기준[가목1)부터 4)까지]				
사업장 수(개소)	근로자 수(명)	계	가목1)	가목2)	가목3)	가목4)
151~180	10,001~12,000	6	1	1	3	1
181~210	12,001~14,000	7	1	1	3	2
211~240	14,001~16,000	8	1	1	4	2
241~270	16,001~18,000	9	1	2	4	2
271~300	18,001~20,000	11	1	2	5	3
301~330	20,001~22,000	12	2	2	5	3
331~360	22,001~24,000	13	2	2	6	3
361~390	24,001~26,000	14	2	2	7	3
391~420	26,001~28,000	15	2	2	7	4
421~450	28,001~30,000	16	2	2	8	4
451~480	30,001~32,000	17	2	3	8	4
481~510	32,001~34,000	18	2	3	9	4
511~540	34,001~36,000	19	3	3	9	4
541~570	36,001~38,000	20	3	3	10	4
571~600	38,001~40,000	22	3	4	10	5

※ 비고 : 사업장 수 600개소를 초과하거나 근로자 수 4만명을 초과하는 경우에는 사업장 수 30개소 또는 근로자 수 2천명을 초과할 때마다 자격별 인력기준 가목1)부터 4)까지의 어느 하나에 해당하는 사람 중 1명을 추가해야 한다. 이 경우 누적 사업장 수가 150개소 또는 누적 근로자 수가 1만명을 초과할 때마다 추가해야 하는 사람은 자격별 인력기준 가목1)부터 3)까지의 어느 하나에 해당하는 사람 중 1명으로 한다.

2) 장비기준 : 인력 3명을 기준으로 3명을 추가할 때마다 가목 표의 장비란 중 2)·5)·6) 및 13)(저압용 검전기만 해당한다)을 각각 추가로 갖추어야 한다.

② 법 제21조제1항에 따라 보건관리전문기관으로 지정을 받을 수 있는 자는 다음 각 호의 어느 하나에 해당자하는 자로서 [별표 8]에 따른 인력·시설 및 장비를 갖추어야 한다(산안법 시행령 제27조제2항). 이 경우 인력은 직접 고용한 자를 의미하므로, 파견 형태의 인력은 인정할 수 없다.

1. 법 제145조제1항에 따라 등록한 산업보건지도사
2. 국가 또는 지방자치단체의 소속 기관
3. 「의료법」에 따른 종합병원 또는 병원
4. 「고등교육법」 제2조제1호부터 제6호까지의 규정에 따른 대학 또는 그 부속기관
5. 보건관리 업무를 하려는 법인

🏛 **[시행령 별표 8]** 보건관리전문기관의 인력·시설 및 장비기준(제27조제2항 관련)

1. **제27조제2항제1호에 해당하는 자의 경우**
   가. 인력기준
      1) 법 제145조제1항에 따라 등록한 산업보건지도사 1명 이상
      2) 제2호가목1)가)에 해당하는 사람(위촉을 포함한다) 1명 이상. 다만, 법 제145조제1항에 따라 등록한 산업보건지도사가 해당 자격을 보유하고 있는 경우는 제외한다.
   나. 시설기준 : 사무실(건강상담실·보건교육실을 포함한다)
   다. 장비기준 : 제2호가목3)의 장비와 같음
   라. 업무수탁한계(법 제145조제1항에 따라 등록한 산업보건지도사 1명 기준) : 사업장 30개소 또는 근로자 수 2천명 이하

2. **제27조제2항제2호부터 제5호까지의 규정에 해당하는 자**
   가. 수탁하려는 사업장 또는 근로자의 수가 100개소 이하 또는 1만명 이하인 경우
      1) 인력기준
         가) 다음의 어느 하나에 해당하는 의사 1명 이상
            (1) 「의료법」에 따른 직업환경의학과 전문의 또는 직업환경의학과 레지던트 4년차의 수련과정에 있는 사람
            (2) 「의료법」에 따른 예방의학과 전문의(환경 및 산업보건 전공)
            (3) 직업환경의학 관련 기관의 직업환경의학 분야에서 또는 사업장의 전임 보건관리자로서 4년 이상 실무나 연구업무에 종사한 의사. 다만, 임상의학과 전문의 자격자는 직업환경의학 분야에서 2년간의 실무나 연구업무에 종사한 것으로 인정한다.
         나) 「간호법」에 따른 간호사 2명 이상
         다) 법 제143조제1항에 따른 산업보건지도사 자격을 가진 사람이나 산업위생관리기술사 1명 이상 또는 산업위생관리기사 자격을 취득한 후 산업보건 실무경력이 5년 이상인 사람 1명 이상

라) 산업위생관리산업기사 이상인 사람 1명 이상
2) 시설기준 : 사무실(건강상담실 · 보건교육실 포함)
3) 장비기준
　가) 작업환경관리장비
　　(1) 분진 · 유기용제 · 특정 화학물질 · 유해가스 등을 채취하기 위한 개인용 시료채취기 세트
　　(2) 검지관(檢知管) 등 가스 · 증기농도 측정기 세트
　　(3) 주파수분석이 가능한 소음측정기
　　(4) 흑구 · 습구온도지수(WBGT) 산출이 가능한 온열조건 측정기 및 조도계
　　(5) 직독식 유해가스농도측정기(산소 포함)
　　(6) 국소배기시설 성능시험장비 : 스모크테스터(연기 측정관 : 연기를 발생시켜 기체의 흐름을 확인하는 도구), 청음기 또는 청음봉, 절연저항계, 표면온도계 또는 유리온도계, 정압 프로브(압력 측정봉)가 달린 열선풍속계, 회전계(R.P.M측정기) 또는 이와 같은 수준 이상의 성능을 가진 장비
　나) 건강관리장비
　　(1) 혈당검사용 간이검사기
　　(2) 혈압계
나. 수탁하려는 사업장 또는 근로자의 수가 101개소 이상 또는 10,001명 이상인 경우 다음의 구분에 따라 가목1)가)부터 라)까지에서 규정하는 인력을 추가로 갖추어야 한다.

구분		자격별 인력기준[제2호가목 1)가)부터 라)까지]					
사업장 수(개소)	근로자 수(명)	계	가목 1)가)	가목1)나)부터 라)까지			
				소계	가목 1)나)	가목 1)다)	가목 1)라)
100 이하	10,000 이하	5	1	4	2	1	1
101~125	10,001~12,500	6	1	5	2 이상	1 이상	1 이상
126~150	12,501~15,000	7	1	6	2 이상	1 이상	1 이상
151~175	15,001~17,500	9	*2	7	〃	〃	〃
176~200	17,501~20,000	10	*2	8	〃	〃	〃
201~225	20,001~22,500	11	2	9	〃	〃	〃
226~250	22,501~25,000	12	2	10	〃	〃	〃
251~275	25,001~27,500	13	2	11	〃	〃	〃
276~300	27,501~30,000	14	2	12	〃	〃	〃
301~325	30,001~32,500	16	*3	13	〃	〃	〃
326~350	32,501~35,000	17	*3	14	〃	〃	〃
351~375	35,001~37,500	18	3	15	〃	〃	〃
376~400	37,501~40,000	19	3	16	〃	〃	〃
401~425	40,001~42,500	20	3	17	〃	〃	〃
426~450	42,501~45,000	21	3	18	〃	〃	〃

※ 비고
1. 사업장 수 451개소 이상 또는 근로자 수 45,001명 이상인 경우 사업장 150개소마다 또는 근로자 15,000명마다 가목1)가)에 해당하는 사람 1명을 추가해야 하며, 사업장 25개소마다 또는 근로자 2,500명마다 가목1)나) · 다) 또는 라)에 해당하는 사람 중 1명을 추가해야 한다.

2. 사업장 수에 따른 인력기준과 근로자 수에 따른 인력기준이 서로 다른 경우에는 그 중 더 중한 기준에 따라야 한다.
3. "*"는 해당 기관이 특수건강진단기관으로 별도 지정·운영되고 있는 경우 의사 1명은 업무 수행에 지장이 없는 범위에서 특수건강진단기관 의사를 활용할 수 있음을 나타낸다.

3) 안전관리·보건관리전문기관의 지정신청

① 안전관리전문기관 또는 보건관리전문기관으로 지정받으려는 자는 안전관리·보건관리전문기관 지정신청서에 **다음 각 호의 구분에 따른 각 목의 서류를 첨부**하여 고용노동부장관(영 제23조제1항에 따른 업종별·유해인자별 보건관리전문기관에 한정한다) 또는 업무를 수행하려는 주된 사무소의 소재지를 관할하는 지방 고용노동청장(안전관리전문기관 및 영 제23조제1항에 따른 지역별 보건관리전문기관에 한정한다)에게 제출(전자문서에 의한 제출을 포함한다)해야 한다(산안법 시행규칙 제16조제1항).

> 1. 안전관리전문기관
>   가. 정관(산업안전지도사인 경우에는 제229조제2항에 따른 등록증을 말한다)
>   나. 영 [별표 7]에 따른 인력기준에 해당하는 사람의 자격과 채용을 증명할 수 있는 자격증[「국가기술자격법」 제13조에 따른 국가기술자격증은 제외한다], 경력증명서 및 재직증명서 등의 서류
>   다. 건물임대차계약서 사본이나 그 밖에 사무실의 보유를 증명할 수 있는 서류와 시설·장비명세서
>   라. 최초 1년간의 안전관리 업무 사업계획서

② 제1항에 따른 신청서를 제출받은 고용노동부장관 또는 지방고용노동청장은 「전자정부법」 제36조제1항에 따른 행정정보의 공동이용을 통하여 법인등기사항증명서 및 국가기술자격증을 확인하여야 한다. 다만, 신청인이 국가기술자격증의 확인에 동의하지 아니하는 경우에는 그 사본을 첨부하도록 해야 한다(산안법 시행규칙 제16조제2항).

(2) 전문기관의 지정절차 및 지정취소

1) 전문기관의 지정절차 및 업무수행지역 등

① 안전관리전문기관 또는 보건관리전문기관의 지정 절차, 업무수행에 관한 사항, 위탁받은 업무를 수행할 수 있는 지역, 그 밖에 필요한 사항은 고용노동부령으로 정한다(산안법 제21조제3항).

② 안전관리전문기관 또는 보건관리전문기관이 둘 이상의 지방고용노동청장의 관할지역에 걸쳐서 안전관리 또는 보건관리 업무를 수행하려는 경우에는 각 **관할 지방고용노동청장에게 지정신청**을 해야 한다. 이 경우 해당 관할 지방고용노동청장은 상호 협의하여 그 지정 여부를 결정해야 한다(산안법 시행규칙 제18조).

③ 법 제21조제3항에 따른 안전관리전문기관 또는 보건관리전문기관이 업무를 수행할 수 있는 지역은 안전관리전문기관 또는 보건관리전문기관으로 지정한 지방고용노동청의 관할지역

(지방고용노동청 소속 지방고용노동관서의 관할지역을 포함한다)으로 한다(산안법 시행규칙 제19조).

④ 안전관리전문기관 또는 보건관리전문기관은 고용노동부장관이 정하는 바에 따라 사업장의 안전관리 또는 보건관리 상태를 정기적으로 점검하여야 하며, 점검 결과 법령 위반사항을 발견한 경우에는 **그 위반사항과 구체적인 개선대책을 해당 사업주에게 지체 없이 통보**해야 한다(산안법 시행규칙 제20조제1항).

⑤ 안전관리전문기관 또는 보건관리전문기관은 고용노동부장관이 정하는 바에 따라 매월 안전관리·보건관리 상태에 관한 보고서를 작성하여 **점검일로부터 10일 이내**에 고용노동부장관이 정하는 전산시스템에 등록하고 사업주에게 이를 제출해야 한다(산안법 시행규칙 제20조제2항).

⑥ 안전관리전문기관은 사업장의 안전상태를 다음과 같이 정기적으로 점검하고, 그 결과에 따라 지도해야 한다(안전·보건관리전문기관 및 재해예방 전문지도기관 관리규정 제4조제1항제1호).

> 가. 일반안전점검 : 월 2회(격주 단위) 실시하되, 상시근로자 100명 이상 사업장은 수행 요원 2명을 1개 조로 하여 실시한다.
> 나. 정밀안전점검 : 신규계약 사업장은 위탁계약 후 1개월 이내, 사고성 중대재해발생 사업장은 중대재해 발생일부터 1개월 이내, 기존 사업장 중 연도말 산업재해율이 전년도 같은 업종의 평균재해율 이상인 사업장은 다음 연도 3월까지 1회 실시하며, 점검 인원은 수행요원 2명 이상으로 한다. 다만, 상시근로자 200명 이상 사업장은 3명 이상으로 한다.
> 다. 가목 및 나목의 안전점검을 실시하는 경우에는 규칙 [별표 3]의 제2호가목1)에 해당 하는 사람이 참여하여야 한다. 이 경우 가목에 따른 일반안전점검에는 매 분기 1회 이 상 참여하여야 한다.

⑦ 안전관리전문기관 또는 보건관리전문기관은 고용노동부장관이 정하는 바에 따라 ⅰ) 안전관리·보건관리 업무의 수행내용, 점검 결과 및 조치 사항 등을 기록한 사업장관리카드를 작성하여 갖추어 두어야 하며, ⅱ) 해당 사업장의 안전관리·보건관리 업무를 그만두게 된 경우에는 사업장관리카드를 해당 사업장의 사업주에게 제공하여 안전 또는 보건에 관한 사항이 지속적으로 관리될 수 있도록 해야 한다(산안법 시행규칙 제20조제3항).

⑧ 법 제21조제3항에 따라 안전관리전문기관 또는 보건관리전문기관은 다음 각 호의 서류를 갖추어 두고 3년간 보존하여야 한다(산안법 시행규칙 제21조).

> 1. 안전관리 또는 보건관리 업무 수탁에 관한 서류
> 2. 그 밖에 안전관리전문기관 또는 보건관리전문기관의 직무수행과 관련되는 서류

2) 안전보건관리전문기관의 지정취소

① 보건관리의 업무를 보건관리전문기관이 대행할 수 있도록 지정하는 것은 고용 노동부장관의 고유권한에 속한다. 따라서 고용노동부가 보건관리전문기관의 지정신청을 받아 승인하는 것은 행정행위에 해당된다. 이 경우 위법한 행정행위는 행정의 법률적 합성의 원리에 의하여

취소하는 것이 원칙이다. 그러나 행정기관의 직권에 의한 취소가 남용되지 않도록 방지하기 위하여 산업안전보건법에서는 취소사유를 규정하고 있다.

② 고용노동부장관은 안전관리전문기관 또는 보건관리전문기관이 다음 각 호의 어느 하나에 해당할 때에는 그 **지정을 취소하거나 6개월 이내의 기간을 정하여 그 업무의 정지**를 명할 수 있다. 다만, 제1호 또는 제2호에 해당할 때에는 그 지정 을 취소하여야 한다(산안법 제21조제4항).

> 1. 거짓이나 그 밖의 부정한 방법으로 지정을 받은 경우
> 2. 업무정지 기간 중에 업무를 수행한 경우
> 3. 제1항에 따른 지정 요건을 충족하지 못한 경우
> 4. 지정받은 사항을 위반하여 업무를 수행한 경우
> 5. 그 밖에 대통령령으로 정하는 사유에 해당하는 경우

③ 산업안전보건법 제21조제4항제5호에서 "대통령령으로 정하는 사유에 해당하는 경우"란 다음 각 호의 경우를 말한다(산안법 시행령 제28조).

> 1. 안전관리·보건관리 업무 관련 서류를 거짓으로 작성한 경우
> 2. 정당한 사유 없이 안전관리 또는 보건관리 업무의 수탁을 거부한 경우
> 3. 위탁받은 안전관리 또는 보건관리 업무에 차질을 일으키거나 업무를 게을리한 경우
> 4. 안전관리 또는 보건관리 업무를 수행하지 않고 위탁 수수료를 받은 경우
> 5. 안전관리 또는 보건관리 업무와 관련된 비치서류를 보존하지 않은 경우
> 6. 안전관리 또는 보건관리 업무 수행과 관련된 대가 외에 금품을 받은 경우
> 7. 법에 따른 관계공무원의 지도·감독을 거부·방해 또는 기피한 경우

④ 제4항에 따라 지정이 취소된 자는 **지정이 취소된 날부터 2년 이내**에는 각각 해당 안전관리전문기관 또는 보건관리전문기관으로 지정받을 수 없다(산안법 제21조제5항).

7 산업보건의

(1) 산업보건의의 정의와 자격

1) 산업보건의의 정의

① 산업보건이란 **근로자의 건강을 유지·관리 및 증진하기 위하여 각종 질병을 예방·진단하고 치료하는 업무에 종사하는 의사**를 말한다.

② 사업주는 근로자의 건강관리나 그 밖의 보건관리자의 업무를 지도하기 위하여 사업장에 산업보건의를 두어야 한다. 다만, 의료법 제2조에 따른 의사를 보건관리자로 둔 경우에는 그러하지 아니하다(산안법 제22조제1항).

2) 산업보건의의 자격

① 산업보건의의 자격·직무·권한·선임방법, 그 밖에 필요한 사항은 대통령령으로 정한다(산안법 제22조제2항). 이에 따른 산업보건의의 자격은 「의료법」에 따른 의사로서 ⅰ) **직업환경의학과 전문의**, ⅱ) **예방의학 전문의 또는 산업보건에 관한 학식과 경험이 있는 사람**으로 한다(산안법 시행령 제30조).

② 「의료법」 제2조제1항에서는 "의료인"이란 보건복지부장관의 면허를 받은 의사·치과의사·한의사·조산사 및 「간호법」에 따른 간호사를 말한다고 규정하고, 같은 조 제2항에 의하면 ⅰ) 의사는 의료와 보건지도를 임무로 하며, ⅱ) 치과의사는 치과 의료와 구강 보건지도를, ⅲ) 한의사는 한방 의료와 한방 보건지도를 임무로 한다.

(2) 산업보건의의 선임과 직무 등

1) 산업보건의의 선임 등

① 산업보건의를 두어야 할 **사업의 종류와 상시근로자 수 및 산업보건의의 자격·직무권한·선임방법, 그 밖에 필요한 사항**은 대통령령으로 정한다(산안법 제22조제2항). 산업보건의를 두어야 할 사업의 종류 및 사업장은 제20조 및 [별표 5]에 따라 보건관리자를 두어야 하는 사업장으로서 상시근로자 수가 50명 이상인 사업장으로 한다. 다만, 다음 각 호의 어느 하나에 해당하는 경우에는 그렇지 않다(산안법 시행령 제29조제1항).

> 1. 의사를 보건관리자로 선임한 경우
> 2. 법 제18조제5항에 따라 보건관리전문기관에 보건관리자의 업무를 위탁한 경우

② 산업보건의는 외부에서 위촉할 수 있다(산안법 시행령 제29조제2항). 산업보건의를 선임 또는 위촉하였을 때에는 고용노동부령으로 정하는 바에 따라 **선임하거나 위촉한 날부터 14일 이내**에 고용노동부장관에게 그 사실을 증명할 수 있는 서류를 제출하여야 한다(산안법 시행령 제29조제3항).

2) 산업보건의의 직무와 권한

① 산업보건의의 직무는 근로자의 건강권을 보호하기 위한 범위 내에서 허용되어야 하며, 부당하게 제한되어서는 아니 된다. 산업보건의의 직무 내용은 다음 각 호와 같다(산안법 시행령 제31조제1항).

> 1. 법 제134조에 따른 건강진단 결과의 검토 및 그 결과에 따른 작업 배치, 작업 전환 또는 근로시간의 단축 등 근로자의 건강보호 조치
> 2. 근로자의 건강장해의 원인 조사와 재발 방지를 위한 의학적 조치
> 3. 그 밖에 근로자의 건강 유지 및 증진을 위하여 필요한 의학적 조치에 관하여 고용노동 부장관이 정하는 사항

② 산업보건의는 상기의 규정에 따른 직무 이외에 산업안전보건법 제22조제1항에 따라 보건관리자를 지도하는 업무를 수행한다. 따라서 보건관리자의 업무에 해당하는 ⅰ) **안전보건관리규정에서 정한 업무**, ⅱ) **건강재해를 예방하기 위한 작업관리**, ⅲ) **근로자의 건강관리 · 보건교육 및 건강증진지도**, ⅳ) **사업장근로자를 보호하기 위한 의료행위 등 보건관리에 해당하는 사항**(14개 항목)에 대하여 조언하거나 지도를 할 수 있다.

③ 사업주는 산업보건의가 제1항에 따른 업무를 원활하게 수행할 수 있도록 권한 · 시설 · 장비 · 예산, 그 밖에 필요한 지원을 해야 한다(산안법 시행령 제31조제2항).

8 명예산업안전감독관

(1) 명예산업안전감독관의 정의와 위촉

1) 명예산업안전감독관의 정의

① 명예산업안전감독관이란 **사업장의 안전보건관리에 관한 사항을 점검하고 위반사항을 개선하는 등 산업재해예방의 활동을 위하여 위촉한 자**를 말한다.

② 사업주는 선임한 안전관리자, 총괄책임자 등의 안전관리체제 외에 근로자측을 대변할 수 있는 자를 명예산업안전감독관으로 위촉할 수 있으나, 강제적 사항은 아니다.

2) 명예산업안전감독관의 위촉

① 고용노동부장관은 산업재해 예방활동에 대한 참여와 지원을 촉진하기 위하여 **근로자, 근로자단체, 사업주단체 및 산업재해 예방 관련 전문단체에 소속된 자** 중에서 명예산업안전감독관을 위촉할 수 있다(산안법 제23조제1항).

② 명예산업안전감독관의 위촉방법, 업무 범위, 그 밖에 필요한 사항은 대통령령으로 정한다(산안법 제23조제3항). 명예산업안전감독관은 산업안전보건위원회의 위원으로 활동할 수 있다.

③ 고용노동부장관은 다음 각 호의 어느 하나에 해당하는 사람 중에서 법 제23조제1항에 따른 명예산업안전감독관(이하 "명예산업안전감독관"이라 한다)을 위촉할 수 있다(산안법 시행령 제32조제1항).

> 1. 산업안전보건위원회 구성 대상 사업의 근로자 또는 노사협의체 구성 · 운영 대상 건설공사의 근로자 중에서 근로자대표(해당 사업장에 단위 노동조합의 산하 노동단체가 그 사업장 근로자의 과반수로 조직되어 있는 경우에는 지부 · 분회 등 명칭이 무엇이든 관 계없이 해당 노동단체의 대표자를 말한다, 이하 같다)가 사업주의 의견을 들어 추천하는 사람
> 2. 「노동조합 및 노동관계조정법」 제10조에 따른 연합단체인 노동조합 또는 그 지역 대표기구에 소속된 임직원 중에서 해당 연합단체인 노동조합 또는 그 지역 대표기구가 추천하는 사람
> 3. 전국 규모의 사업주단체 또는 그 산하조직에 소속된 임직원 중에서 해당 단체 또는 그 산하조직이 추천하는 사람
> 4. 산업재해 예방 관련 업무를 행하는 단체 또는 그 산하조직에 소속된 임직원 중에서 해당 단체 또는 그 산하조직이 추천하는 사람

3) 명예산업안전감독관의 해촉

① 고용노동부장관은 다음 각 호의 어느 하나에 해당하는 경우에는 명예산업안전감독관을 해촉할 수 있다(산안법 시행령 제33조).

> 1. 근로자대표가 사업주의 의견을 들어 제32조제1항제1호에 따라 위촉된 명예산업안전감독관의 해촉을 요청한 경우
> 2. 제32조제1항제2호부터 제4호까지의 규정에 따라 위촉된 명예산업안전감독관이 해당 단체 또는 그 산하조직으로부터 퇴직하거나 해임된 경우
> 3. 명예산업안전감독관의 업무와 관련하여 부정한 행위를 한 경우
> 4. 질병이나 부상 등의 사유로 명예산업안전감독관의 업무 수행이 곤란하게 된 경우

② 또한, 지방노동관서의 장은 해촉된 명예산업안전감독관의 후임자를 빠른 시일 내에 위촉하도록 하여야 한다. 해촉된 명예산업안전감독관의 후임자의 임기는 잔여기간으로 한다.

(2) 명예산업안전감독관의 업무와 활동보장

1) 명예산업안전감독관의 업무

① 명예산업안전감독관의 업무는 다음 각 호와 같다. 이 경우 제1항제1호에 따라 위촉된 명예산업안전감독관의 업무 범위는 해당 사업장에서의 업무(제8호의 경우는 제외한다)로 한정하며, 제1항제2호부터 제4호까지의 규정에 따라 위촉된 명예산업안전감독관의 업무 범위는 제8호부터 제10호까지의 업무로 한정한다(산안법 시행령 제32조제2항).

> 1. 사업장에서 하는 자체점검 참여 및 「근로기준법」 제101조에 따른 근로감독관(이하 "근로감독관"이라 한다)이 하는 사업장 감독 참여
> 2. 사업장 산업재해 예방계획 수립 참여 및 사업장에서 하는 기계·기구 자체검사 참석
> 3. 법령을 위반한 사실이 있는 경우 사업주에 대한 개선 요청 및 감독기관에의 신고
> 4. 산업재해 발생의 급박한 위험이 있는 경우 사업주에 대한 작업중지 요청
> 5. 작업환경측정, 근로자 건강진단 시의 참석 및 그 결과에 대한 설명회 참여
> 6. 직업성 질환의 증상이 있거나 질병에 걸린 근로자가 여럿 발생한 경우 사업주에 대한 임시건강진단 실시 요청
> 7. 근로자에 대한 안전수칙 준수 지도
> 8. 법령 및 산업재해 예방정책 개선 건의
> 9. 안전·보건 의식을 북돋우기 위한 활동 등에 대한 참여와 지원
> 10. 그 밖에 산업재해 예방에 대한 홍보·계몽 등 산업재해 예방업무와 관련하여 고용노동부장관이 정하는 업무

② 명예산업안전감독관은 사내 명예산업안전감독관과 사외 명예산업안전감독관을 구별하여 업무활동을 구분하고 있다. 사외 명예산업안전감독관은 ⅰ) **법령 및 산업재해 예방정책 개선 건의**, ⅱ) **안전·보건 의식 고취를 위한 활동 및 무재해운동 등에 대한 참여와 지원**, ⅲ) **그 밖에 산업재해 예방에 대한 홍보·계몽 등** 산업재해 예방업무와 관련하여 고용노동부장관이 정하는 업무로 한정한다.

2) 명예산업안전감독관의 활동보장

① 사업주는 제1항에 따른 명예산업안전감독관(이하 "명예산업안전감독관"이라 한다)에 대하여 직무 수행과 관련된 사유로 불리한 처우를 해서는 아니 된다(산안법 제23제2항). 명예산업안전감독관의 **임기는 2년으로 하되, 연임**할 수 있다(산안법 시행령 제32조제3항).

② 고용노동부장관은 명예산업안전감독관의 활동을 지원하기 위하여 수당 등을 지급할 수 있다(산안법 시행령 제32조제4항). 제1항부터 제4항까지에서 규정된 사항 외에 명예산업안전감독관의 위촉 및 운영 등에 필요한 사항은 고용노동부장 관이 정한다(동조 제5항).

9 안전보건총괄책임자

(1) 안전보건총괄책임자의 정의와 자격

1) 안전보건총괄책임자의 정의

① 안전보건총괄책임자는 **중층적인 도급관계에서 산업재해를 예방하기 위하여 공동사업장의 안전보건관리를 총괄하여 관리하는 자**를 말한다. 안전보건총괄책임자는 라인조직에서 사업장의 안전보건관리를 총괄하여 지시·감독하는 지위에 있는 자를 의미한다.

② 사업주는 도급사업에 대하여 산업안전보건책임을 부담하며, 안전보건총괄책임자를 선임하여 그 권한을 위임할 수 있다. 안전보건총괄책임자는 안전보건관리책임자와 같은 역할을 수행한다.

2) 안전보건총괄책임자의 자격

① 안전보건총괄책임자의 자격에 대하여는 특별한 자격요건이 정해져 있지 않다. 안전보건총괄책임자의 자격조건은 법률에서 제한하지 아니하므로 산업안전·보건을 전공하지 아니한 자도 가능하다.

② 안전보건총괄책임자는 안전보건관리책임자와 동일한 역할을 수행하므로 자격기준은 같은 성격을 지닌다. 따라서 사업주는 도급의 장소에서 발생하는 산업재해를 예방하기 위하여 현장대리인을 안전보건총괄책임자로 지정할 수 있다.

(2) 안전보건총괄책임자의 지정대상과 직무

1) 안전보건총괄책임자의 지정대상

① 도급인은 관계수급인 근로자가 도급인의 사업장에서 작업을 하는 경우에는 그 사업장의 안전보건관리책임자를 도급인의 근로자와 관계수급인 근로자의 산업재해를 예방하기 위한 업무를 총괄하여 관리하는 안전보건총괄책임자로 지정하여야 한다. 이 경우 안전보건관리책임자를 두지 아니하여도 되는 사업장에서는 그 사업을 총괄하여 관리하는 사람을 안전보건총괄책임자로 지정하여야 한다(산안법 제62조제1항).

② 안전보건총괄책임자를 지정한 경우에는 「건설기술진흥법」 제64조제1항제1호에 따른 안전총괄책임자를 둔 것으로 본다(산안법 제62조제2항).
③ 안전보건총괄책임자를 지정하여야 할 사업의 종류와 사업장의 상시근로자 수, 안전보건총괄책임자의 직무ㆍ권한, 그 밖에 필요한 사항은 대통령령으로 정한다(산안법 제62조제3항).
④ 법 제62조제1항에 따른 안전보건총괄책임자(이하 "안전보건총괄책임자"라 한다)를 지정해야 하는 사업의 종류와 사업장의 상시근로자 수는 관계수급인에게 고용된 근로자를 포함한 **상시근로자가 100명**(선박 및 보트 건조업, 1차 금속 제조업 및 토사석 광업의 경우에는 50명) 이상인 사업이나 관계수급인의 공사금액을 포함한 **해당 공사의 총공사금액이 20억원 이상인 건설업**으로 한다(산안법 시행령 제52조).

2) 안전보건총괄책임자의 직무 등

① 안전보건총괄책임자의 직무ㆍ권한, 그 밖에 필요한 사항은 대통령령으로 정한다(산안법 제62조제3항). 안전보건총괄책임자의 직무는 다음 각 호와 같다(산안법 시행령 제53조제1항).

> 1. 법 제36조에 따른 위험성평가의 실시에 관한 사항
> 2. 법 제51조 및 제54조에 따른 작업의 중지
> 3. 법 제64조에 따른 도급 시 산업재해 예방조치
> 4. 법 제72조에 따른 산업안전보건관리비의 관계수급인 간의 사용에 관한 협의ㆍ조정 및 그 집행의 감독
> 5. 안전인증대상기계 등과 자율안전확인대상기계 등의 사용 여부 확인

② 안전보건총괄책임자에 대한 지원에 관하여는 제14조제2항을 준용한다. 따라서 사업주는 안전보건총괄책임자가 제1항에 따른 업무를 원활하게 수행할 수 있도록 권한ㆍ시설ㆍ장비ㆍ예산, 그 밖에 필요한 지원을 해야 한다.
③ 사업주는 안전보건총괄책임자를 선임했을 때에는 그 선임사실 및 제1항 각 호의 직무의 수행 내용을 증명할 수 있는 서류를 갖춰 두어야 한다(산안법 시행령 제53조제3항).

10 안전보건조정자

(1) 안전보건조정자의 정의와 선임

1) 안전보건조정자의 정의

① 안전보건조정자란 **둘 이상의 건설공사를 발주하는 경우에 산업재해를 예방하기 위하여 도급사업주 간의 안전보건업무를 확인하고 조정하는 등의 역할을 수행하는 자**를 말한다.
② 발주자가 서로 다른 사업주에게 건설공사를 분리발주를 하거나 공동도급의 형식으로 공사를 수행하는 경우 안전보건관리의 책임성과 연계성이 불명확해질 수 있다. 따라서 산업안전보건법 제68조에서는 건설발주자에게 안전보건조정자를 선임하도록 규정하고 있다.

③ **전기공사**(「전기공사업법」 제11조), **전기통신공사**(「전기통신공사업법」 제25조)는 분리발주 의무대상공사로서, 각각의 공사가 같은 장소에서 행하여지는 경우 안전사고의 위험성이 높기 때문에 조정자의 역할이 중요하다.

2) 안전보건조정자의 선임

① 2개 이상의 건설공사를 도급한 건설발주자는 그 2개 이상의 건설공사가 같은 장소에서 행해지는 경우에 작업의 혼재로 인하여 발생할 수 있는 산업재해를 예방하기 위하여 건설공사 현장에 안전보건조정자를 두어야 한다(산안법 제68조제1항).

② 안전보건조정자를 두어야 하는 건설공사의 금액, 안전보건조정자의 자격·업무, 선임방법, 그 밖에 필요한 사항은 대통령령으로 정한다(산안법 제68조제2항). 안전보건조정자를 두어야 하는 건설공사는 각 건설공사의 금액의 합이 50억원 이상인 경우를 말한다(산안법 시행령 제56조제1항).

③ 안전보건조정자를 두어야 하는 발주자는 제1호 또는 제4호부터 제7호까지에 해당하는 사람 중에서 안전보건조정자를 선임하거나 제2호 또는 제3호에 해당하는 사람 중에서 안전보건조정자를 지정해야 한다(산안법 시행령 제56조제2항).

> 1. 법 제143조제1항에 따른 산업안전지도사 자격을 가진 사람
> 2. 「건설기술진흥법」 제2조제6호에 따른 발주청이 발주하는 건설공사인 경우 주청이 같은 법 제49조제1항에 따라 선임한 공사감독자
> 3. 다음 각 목의 어느 하나에 해당하는 사람으로서 해당 건설공사 중 주된 공사의 책임감리자
>   가. 「건축법」 제25조에 따라 지정된 공사감리자
>   나. 「건설기술진흥법」 제2조제5호에 따른 감리 업무를 수행하는 자
>   다. 「주택법」 제43조에 따라 지정된 감리자
>   라. 「전력기술관리법」 제12조의2에 따라 배치된 감리원
>   마. 「정보통신공사업법」 제8조제2항에 따라 해당 건설공사에 대하여 감리업무를 수행 하는 자
> 4. 「건설산업기본법」 제8조에 따른 종합공사에 해당하는 건설현장에서 관리책임 자로서 3년 이상 재직한 사람
> 5. 「국가기술자격법」에 따른 건설안전기술사
> 6. 「국가기술자격법」에 따른 건설안전기사 또는 산업안전기사 자격을 취득한 후 건설안전 분야에서 5년 이상의 실무경력이 있는 사람
> 7. 「국가기술자격법」에 따른 건설안전산업기사 또는 산업안전산업기사 자격을 취득한 후 건설안전 분야에서 7년 이상의 실무경력이 있는 사람

④ 안전보건조정자를 두어야 하는 건설공사발주자는 분리하여 발주되는 공사의 착공일 전날까지 제2항에 따라 안전보건조정자를 선임하거나 지정하여 각각의 공사 도급인에게 그 사실을 알려야 한다(산안법 시행령 제56조제3항). 안전보건조정자를 선임하지 아니한 경우에는 500만원의 과태료를 부과한다(산안법 제175조제5항제1호).

(2) 안전보건조정자의 업무와 역할위임

① 안전보건조정자가 산업재해예방을 위한 조정 역할을 제대로 하기 위해서는 수행해야 할 업무가 무엇인지 명확히 정해야 한다. 안전보건조정자를 두어야 하는 건설공사의 금액, 안전보건조정자의 자격업무에 대한 사항은 대통령령으로 정한다(산안법 제68조제2항).

② 안전보건조정자의 업무는 다음 각 호와 같다(산안법 시행령 제57조제1항). 이 규정은 산업재해발생의 위험성을 파악하여 사전조치를 하도록 조정자의 역할을 정하고 책임소재를 명확히 하고자 명시한 것이다.

> 1. 법 제68조제1항에 따라 같은 장소에서 행하여지는 각각의 공사 간에 혼재된 작업의 파악
> 2. 제1호에 따른 혼재된 작업으로 인한 산업재해 발생의 위험성 파악
> 3. 제1호에 따른 혼재된 작업으로 인한 산업재해를 예방하기 위한 작업의 시기·내용 및 안전보건조치 등의 조정
> 4. 각각의 공사 도급인의 관리책임자 간 작업 내용에 관한 정보 공유 여부의 확인

③ 안전보건조정자는 제1항의 업무를 수행하기 위하여 필요한 경우 해당 공사의 도급인과 수급인에게 자료의 제출을 요구할 수 있다(산안법 시행령 제57조제2항).

03 산업안전보건위원회

1 산업안전보건위원회의 정의와 구성

(1) 산업안전보건위원회의 정의

1) 산업안전보건위원회의 정의
   ① 산업안전보건위원회는 **산업재해 예방을 위한 안전보건에 관한 사항에 대하여 노사가 함께 심의·의결하기 위하여 사업장에 구성한 기구**를 말한다.
   ② 산업안전보건위원회는 산업재해를 예방하고 쾌적한 작업환경을 조성하기 위해 노사당사자가 주최가 되어 위원회를 구성하고 안전보건계획을 수립하여 실천할 수 있도록 운영해야 한다.

2) 노사협의회와의 관계
   ① 안전보건사항은 근로조건에 해당하므로 단체교섭의 대상이나 노사협의회의 안건으로 취급할 수 있다. 그러나 안전보건사항의 특수성을 고려하여 산업안전보건위원회에서 심의·의결을 하도록 규정하고, 노동조합의 대표자를 근로자위원으로 참여시키고 있다.
   ② 종전에서는 노사협의회가 설치된 경우에는 안전보건사항에 대하여 대체하는 역할을 인정하였으나, 2009년 9월 1일부터 노사협의회와 관계없이 의무적으로 산업안전보건위원회를 설치하여야 한다.

(2) 산업안전보건위원회의 구성·운영

1) 산업안전보건위원회의 구성대상

① 사업주는 사업장의 안전 및 보건에 관한 중요사항을 심의·의결하기 위하여 사업장에 **근로자위원과 사용자위원**이 같은 수로 구성되는 산업안전보건위원회를 구성·운영하여야 한다(산안법 제24조제1항). 여기서 심의란 상정된 안건에 대하여 상세히 토의하고 의견을 청취하는 것을 말하며, 심의대상을 정한 사항은 반드시 심의절차를 거쳐야 한다.

② 산업안전보건위원회는 사업장의 유해위험성을 고려하여 구성하되, 사업의 종류와 규모에 따라 적용기준을 달리한다. 법 제24조제1항에 따라 산업안전보건위원회를 구성해야 할 사업의 종류 및 사업장의 상시근로자 수는 [별표 9]와 같다(산안법 시행령 제34조).

[시행령 별표 9] 산업안전보건위원회를 구성해야 할 사업의 종류 및 규모(제34조 관련)

사업의 종류	규모
1. 토사석 광업 2. 목재 및 나무제품 제조업; 가구제외 3. 화학물질 및 화학제품 제조업; 의약품 제외(세제, 화장품 및 광택제 제조업과 화학섬유 제조업은 제외한다) 4. 비금속 광물제품 제조업 5. 1차 금속 제조업 6. 금속가공제품 제조업; 기계 및 가구 제외 7. 자동차 및 트레일러 제조업 8. 기타 기계 및 장비 제조업(사무용 기계 및 장비 제조업은 제외한다) 9. 기타 운송장비 제조업(전투용 차량 제조업은 제외한다)	상시근로자 50명 이상
10. 농업 11. 어업 12. 소프트웨어 개발 및 공급업 13. 컴퓨터 프로그래밍, 시스템 통합 및 관리업 13의2. 영상·오디오물 제공 서비스업 14. 정보서비스업 15. 금융 및 보험업 16. 임대업; 부동산 제외 17. 전문, 과학 및 기술 서비스업(연구개발업은 제외한다) 18. 사업지원 서비스업 19. 사회복지 서비스업	상시근로자 300명 이상
20. 건설업	공사금액 120억원 이상 (「건설산업기본법」 시행령 [별표 1]의 종합공사를 시공하는 업종의 건설업종란 제1호에 따른 토목공사업의 경우에는 150억원 이상)
21. 제1호부터 제13호까지, 제13호의2 및 제14호부터 제20호까지의 사업을 제외한 사업	상시근로자 100명 이상

③ 산업안전보건위원회의 구성대상은 ⅰ) **인적 규모**에 따라 상시근로자 50명 이상·상시근로자 100명 이상·상시근로자 300명 이상을 사용하는 사업장, ⅱ) **물적 규모**에 따라 공사금액 120억원(토목공사업의 경우 또는 150억원) 이상의 건설현장에 대하여 의무규정으로 정하고 있다.

2) 근로자위원과 사용자위원의 구성

① 산업안전보건위원회는 산업재해를 예방하고 근로자의 건강과 생명을 보호하기 위하여 안전보건사항을 토의하고 개선하기 위하여 근로자위원을 참여시키고 있다.

② 산업안전보건위원회의 근로자위원은 다음 각 호의 사람으로 구성한다(산안법 시행령 제35조제1항). 산업안전보건위원회의 근로자위원은 임기에 대하여 법적 규정이 없으므로 노동조합의 대표자가 변경되어 수시로 그 구성위원을 변경하더라도 법 위반이 아니다(안정 68301-4, 2003. 01. 04.).

> 1. 근로자대표
> 2. 명예산업안전감독관이 위촉되어 있는 사업장의 경우 근로자대표가 지명하는 1명 이상의 명예산업안전감독관
> 3. 근로자대표가 지명하는 9명(근로자인 제2호의 위원이 있는 경우에는 9명에서 그 위원의 수를 제외한 수를 말한다) 이내의 해당 사업장의 근로자

③ 근로자의 과반수 미만으로 조직된 노동조합의 대표자는 산업안전보건위원회의 위원이 되기 위해서는 별도로 근로자 동의 등의 절차를 거쳐 "근로자과반수를 대표하는 자"의 지위를 얻어야 한다(안전정책과-7136, 2004. 12. 24.). 따라서 미자격 근로자위원으로 구성된 산업안전보건위원회는 산업안전보건법에 위반되어 과태료의 부과대상이 된다.

④ 산업안전보건위원회의 사용자위원은 다음 각 호의 사람으로 구성한다. 다만, **상시근로자 50명 이상 100명 미만을 사용하는 사업장**에서는 제5호에 해당하는 사람을 제외하고 구성할 수 있다(산안법 시행령 제35조제2항).

> 1. 해당 사업의 대표자(같은 사업으로서 다른 지역에 사업장이 있는 경우에는 그 사업장의 안전보건관리책임자를 말한다. 이하 같다)
> 2. 안전관리자(제16조제1항에 따라 안전관리자를 두어야 하는 사업장으로 한정하되, 안전관리자의 업무를 안전관리전문기관에 위탁한 사업장의 경우에는 그 전문기관의 해당 사업장 담당자를 말한다) 1명
> 3. 보건관리자(제20조제1항에 따라 보건관리자를 두어야 하는 사업장으로 한정하되, 보건관리자의 업무를 보건관리전문기관에 위탁한 경우에는 그 전문기관의 해당 사업장 담당자를 말한다) 1명
> 4. 산업보건의(해당 사업장에 선임되어 있는 경우로 한정한다)
> 5. 해당 사업의 대표자가 지명하는 9명 이내의 해당 사업장 부서의 장

⑤ 사용자위원은 해당 사업 또는 사업장에서 안전보건에 관한 사항을 결정하고 지시·감독하는 지위에 있는 자를 포함한다. 안전보건업무를 전문기관에 위탁하는 경우에는 해당기관의 담당자도 사용자위원으로 본다.

⑥ 산업안전보건법 시행령 제35조제1항제3호에 따라 근로자대표가 근로자위원을 지명하는 경우에 근로자대표는 조합원인 근로자와 조합원이 아닌 근로자의 비율을 반영하여 근로자위원을 지명하도록 노력하여야 한다(산안법 시행규칙 제24조).

산업안전보건위원회의 규정(안)

구분		주요 작성사항
총칙	• 목적 • 적용범위 • 성실의무 • 용어의 정의	• 산안위의 효율적인 운영을 위하여 규정함. • 산업안전보건법 제24조 및 법 시행령 제36조 근거 • 위원회의 심의·의결 사항을 성실하게 이행해야 함.
구성	• 기구 • 중앙위구성 • 간사 • 심의·의결 사항	• 심의·의결 사항으로는 ㉮ 산업재해예방계획의 수립 ㉯ 안전보건관리규정의 작성 및 변경 ㉰ 근로자의 안전·보건교육 ㉱ 작업환경측정 및 점검 개선사항 ㉲ 근로자의 건강진단 ㉳ 중대재해에 관한 원인조사 및 대책수립 ㉴ 산업재해 통계의 기록·유지 사항 ㉵ 안전관리자, 보건관리자의 수, 자격, 직무, 권한 등 ㉶ 사고처리반 운영사항 ㉷ 위원회 운영규정 제·개정사항 ㉮ 기타사항
운영	• 회의소집 • 회의성립과 의결 • 회의록 작성 보관 • 참고인 출석 • 회의결과 주지	• 회의는 각 과반수의 출석으로 개최, 과반수의 찬성으로 의결함. • 의결되지 아니한 사항은 차기 회의에 상정하여 결정함. 　- 합의가 되지 않을 경우 노사합의로 위원회에 중재기구를 둠. • 회의록은 출석위원 및 위원장의 서명 날인 후 3년간 보관 • 노사합의로 참고인을 출석시켜 의견을 진술할 수 있게 함. • 회의 결과는 사내전산망, 사내보, 기타 방법으로 신속히 알림.
분과위원회	• 설치 • 구성 • 운영 • 심의·의결 사항	• 분과위원회는 노사 동수, 각 8인 이내로 구성 • 분과위원회 사측위원은 해당 부서의 장과 해당 부서의 장이 지명하는 자로 구성되며, 근로자위원은 지부장과 해당 지부장이 지명하는 자로 함. • 분과위원회는 회의가 종료한 날로부터 7일 이내에 중앙위에 회의록을 보고함.
사업장위원회	• 설치 • 구성 • 운영 • 심의·의결 사항	• 상시근로자 100인 이상의 현업에서는 사업장위원회 설치함. • 사업장위원 사측위원은 현업 소속장과 소속장이 지명하는 자로 6인 이내로 구성되며, 근로자위원은 지회장과 지회장이 지명하는 자로 6인 이내로 구성함. • 사업장위원회는 회의가 종료한 날로부터 7일 이내에 중앙위에 회의록을 보고함.

⑧ 제1항 및 제2항에도 불구하고 건설도급인이 법 제69조제1항에 따른 건설공사도급인(이하 "건설공사도급인"이라 한다)이 법 제64조제1항제1호에 따른 안전 및 보건에 관한 협의체를 구성한 경우에는 산업안전보건위원회의 위원을 다음 각 호의 사람을 포함하여 구성할 수 있다(산안법 시행령 제35조제3항).

> 1. 근로자위원 : 도급 또는 하도급 사업을 포함한 전체 사업의 근로자대표, 명예산업안전감독관 및 근로자대표가 지명하는 해당 사업장의 근로자
> 2. 사용자위원 : 도급인 대표자, 관계수급인의 각 대표자 및 안전관리자

2 산업안전보건위원회의 회의 및 심의·의결사항

(1) 회의개최 및 의결서류의 보존 등

1) 위원장

① 산업안전보건위원회의 위원장은 위원 중에서 호선(互選)한다. 이 경우 **근로자위원과 사용자위원 중 각 1명을 공동위원장으로 선출**할 수 있다(산안법 시행령 제36조). 산업안전보건위원회는 자율적이고 협력적인 조직이라는 성격을 고려하여 위원장을 호선하거나 공동위원장으로 선출할 수 있다.

② 위원장은 회의를 소집하고 주재하며 표결권을 가진다. 위원장은 모든 위원이 의안을 충분히 이해할 수 있도록 설명하고 충분한 토의를 거친 후에 심의·의결되도록 회의를 진행해야 한다.

2) 회의개최 등

① 산업안전보건위원회의 회의는 대통령령으로 정하는 바에 따라 개최하고 그 결과를 회의록으로 작성하여 보존하여야 한다(산안법 제24조제3항). 법 제24조제3항에 따른 산업안전보건위원회의 회의는 정기회의와 임시회의로 구분하되, ⅰ) 정기회의는 분기마다 위원장이 소집하며, ⅱ) 임시회의는 위원장이 필요하다고 인정할 때에 소집한다(산안법 시행령 제37조제1항).

② 회의는 위원장이 소집하며, **회의개최 7일 전에 개최일시, 장소 및 의제 등을 각 위원이 알 수 있도록 통보**하여야 한다. 다만, 긴급한 경우의 임시회의 소집은 그러하지 아니하다. 근로자대표가 회의의 목적사항을 문서로 명시하여 회의의 소집을 요구한 때에는 위원장은 이에 응하여야 한다.

③ 산업안전보건위원회는 ⅰ) **개최 일시 및 장소**, ⅱ) **출석위원**, ⅲ) **심의 내용 및 의결·결정 사항**, ⅳ) **그 밖의 토의사항을 기록한 회의록을 작성**하여 갖춰 두어야 한다(산안법 시행령 제37조제4항).

3) 개회 및 의결방법

① 회의는 근로자위원 및 사용자위원 각 과반수의 출석으로 시작하고 출석위원 과반수의 찬성으로 의결한다(산안법 시행령 제36조제2항). 산업안전보건위원회의 안건 의결방법으로 "노사위원의 의견을 수렴한 양 대표의 합의를 의결로 본다."라는 내용은 산업안전보건법 시행령 제33조제2항에 위반된다(안정 68301-423, 2003. 05. 22.).

② 근로자대표, 명예감독관, 해당 사업의 대표자, 안전관리자 또는 보건관리자가 회의에 출석하지 못할 경우에는 해당 사업에 종사하는 사람 중에서 1명을 지정하여 위원으로서의 직무를 대리하게 할 수 있다(산안법 시행령 제33조제3항).

4) 회의결과 등의 주지

① 산업안전보건위원회의 위원장은 산업안전보건위원회에서 심의·의결된 내용 등 회의결과와 중재 결정된 내용 등을 ⅰ) 사내방송이나 사내보, ⅱ) 게시 또는 자체 정례조회, ⅲ) 그 밖의 적절한 방법으로 근로자에게 신속히 알려야 한다(산안법 시행령 제39조).

② 산업안전보건위원회의 회의결과를 사내 전자문서(사내 인트라넷 게시판과 비슷하여 직원들의 자유게시판, 회사의 공식문서, 회사절차 등 규정서들이 게시되어 있음)를 이용하여 홍보하는 경우 '사내전자문서'가 사업장의 모든 근로자들이 접속하여 회의결과를 알 수 있도록 되어 있다면 사내 전자문서를 통한 회의결과 홍보방법을 산업안전보건법령상의 "회의결과 등의 주지"의 의무를 위반한 것으로 볼 수 없다(안정 68301-381, 2003. 05. 09.).

(2) 심의·의결사항

1) 심의·의결대상 등

① 위원회는 산업안전보건법 제15조에 의한 안전보건관리책임자의 업무 중 근로자의 참여를 통해 협의하고 토의해야 할 사항을 심의대상으로 할 수 있다. 사업주는 다음 각 호의 사항에 대해서는 제1항에 따른 산업안전보건위원회(이하 "산업안전보건위원회"라 한다)의 심의·의결을 거쳐야 한다(산안법 제24조제2항).

> 1. 법 제15조제1항제1호부터 제5호까지 및 제7호에 관한 사항
> 2. 제15조제1항제6호에 따른 사항 중 중대재해에 관한 사항
> 3. 유해하거나 위험한 기계·기구·설비를 도입한 경우 안전 및 보건 관련 조치에 관한 사항
> 4. 그 밖에 해당 사업장 근로자의 안전 및 보건을 유지·증진시키기 위하여 필요한 사항

② 상기 제1호에 따라 ⅰ) 산업재해 예방계획의 수립에 관한 사항, ⅱ) 안전보건관리규정의 작성 및 변경에 관한 사항, ⅲ) 근로자의 안전보건교육에 관한 사항, ⅳ) 작업환경측정 등 작업환경의 점검 및 개선에 관한 사항, ⅴ) 근로자의 건강진단 등 건강관리에 관한 사항, ⅵ) 산업재해에 관한 통계의 기록 및 유지에 관한 사항은 반드시 거쳐야 할 의무적 심의대상이다.

③ 안전관리자와 보건관리자를 인사명령에 의하여 부서를 이동하는 경우 안전보건관리자로서 직무 내용의 변경이 없이 부서만을 이동하였다면 산업안전보건위원회의 심의·의결을 거칠 필요가 없다(안정 68301-355, 2003. 04. 28.).

④ 산업안전보건법 제24조제2항제4호에 따라 사업장 근로자의 안전과 보건을 유지·증진시키기 위하여 ⅰ) **공정안전보고서 작성에 관한 사항**, ⅱ) **안전보건개선계획 수립에 관한 사항**을 심의사항으로 정할 수 있다.

2) 심의·의결사항의 이행 등

① 사업주와 근로자는 제2항에 따라 산업안전보건위원회가 심의·의결 또는 결정한 사항을 성실하게 이행하여야 한다(산안법 제24조제4항). 산업안전보건위원회는 이 법과 이 법에 따른 명령, 단체협약, 취업규칙 및 제25조에 따른 안전보건관리규정에 반하는 내용으로 심의·의결해서는 아니 된다(산안법 제24조제5항).

② 위원회에서 심의한 안전보건에 관한 사항은 의견을 충분히 수렴하여 결정할 수 있으며, 의결사항은 성실하게 이행하여야 한다. 사업주가 산업안전보건위원회의 의결사항을 불이행하여 산업재해가 발생한 경우 산업안전보건책임의 법적 근거자료가 될 수 있다.

3) 근로자위원의 활동보장

① 사업주는 산업안전보건위원회의 위원에게 직무수행과 관련한 사유로 불리한 처우를 해서는 아니 된다(산안법 제24조제6항). 위원회의 활동에 근로자를 참여시키기 위해서는 근로시간 중에 참여할 수 있도록 보장하여야 하고, 위원으로서의 활동에 따른 불이익이 없도록 보장할 필요가 있다.

② 법령에서 위원 임기 및 보수지급에 관한 명문 규정은 없으나 자율적으로 정할 수 있다. 위원의 임기는 위원회의 특별한 의결·결정이 없는 때에는 3년으로 하되 연임할 수 있으며, 보궐위원의 임기는 전임자의 잔임기간으로 한다.

4) 의결되지 아니한 사항 등의 처리

① 산업안전보건위원회를 구성하여야 할 사업의 종류 및 사업장의 상시근로자 수, 산업안전보건위원회의 구성·운영 및 의결되지 아니한 경우의 처리방법, 그 밖에 필요한 사항은 대통령령으로 정한다(산안법 제24조제7항).

② 산업안전보건위원회는 다음 각 호의 어느 하나에 해당하는 경우에는 근로자위원과 사용자위원의 합의에 따라 산업안전보건위원회에 중재기구를 두어 해결하거나 제3자에 의한 중재를 받아야 한다(산안법 시행령 제38조제1항).

> 1. 법 제24조제2항에 규정된 사항에 관하여 산업안전보건위원회에서 의결하지 못한 경우
> 2. 산업안전보건위원회에서 의결된 사항의 해석 또는 이행방법 등에 관하여 의견이 일치하지 않는 경우

③ 중재결정이 있는 경우에는 산업안전보건위원회의 의결을 거친 것으로 보며, 사업주와 근로자는 그 결정에 따라야 한다(산안법 시행령 제38조제2항). 여기서 **제3자의 중재**란 ⅰ) 지방노동관서의 장, ⅱ) 한국산업안전보건공단 지사장, ⅲ) 안전·보건관리전문기관의 지부장 또는 사무국장, ⅳ) 작업환경측정기관의 장, ⅴ) 특수건강진단의 장, ⅵ) 산업안전·산업보건지도사, ⅶ) 기타 지방노동관서의 장이 중재자격이 있다고 인정하는 자 등 산업안전보건에 학식과 경험이 있는 자로서 노사의 합의에 의하여 결정할 수 있다.

3 노사협의체와의 관계

(1) 노사협의체의 구성 및 운영

1) 노사협의체의 구성·운영의 특례

① 제조업 등 일반사업은 산업안전보건위원회를 구성하여 산업안전보건의 활동을 한다. 그러나 건설업은 서로 다른 사업주 간의 간섭공정, 하도급공사의 혼재작업, 공정의 종류와 공정률에 따라 투입되는 근로자 수의 변동이 심한 특성을 지닌다. 그 결과 산업안전보건위원회의 안정적인 운영이 곤란한 경우에는 노사협의체를 구성하여 운영할 수 있다.

② 건설업의 경우 유사한 기능을 하는 산업안전보건위원회와 사업주협의체, 노사협의체를 비교하면 다음과 같다. 사업주협의체를 일명 "**안전보건협의체**"라고 한다.

📖 건설업 산안위와 노사협의체의 비교

구분	산업안전보건위원회(산안위) (법 제24조)	사업주협의체 (법 제64조)	노사 협의체 (법 제75조)
대상	120억원(토목 150억원) 이상 건설현장	모든 도급사업	산안위와 동일

구성	• 노·사 동수
	  - 당해 사업의 대표 및 대표가 지명하는 자, 안전관리자, 보건관리자, 산업보건의
	  - 근로자대표, 명예산업안전감독관 및 근로자대표가 지명하는 근로자
	  * 근로자대표 : 도·수급인이 사용하는 근로자를 대표하는 자
		• 사업주로 구성
		  - 도·수급인 사업주 전원으로 구성
			• 노·사 동수
			  - 당해 사업 대표자, 안전관리자 및 20억원 이상 도급 또는 수급인 사업주
			  - 근로자대표, 명예산업안전감독관 및 20억원 이상 도급 또는 수급인의 근로자 대표

정기회의	3월에 1회	매월 1회	2월 1회

논의사항	• 심의·의결사항
	  - 산재예방계획 수립
	  - 안전보건관리규정 작성·변경
	  - 안전보건교육, 작업환경 및 근로자 건강관리
	  - 중대재해 원인조사
	  - 산재통계 기록·유지
	  - 기계·기구 및 설비를 도입한 경우 안전조치 관련 사항
		• 협의 사항
		  - 작업 시작 시간
		  - 작업장 순회점검
		  - 안전보건교육의 장소 및 자료의 제공 등 지원
		  - 작업장 간 연락방법
		  - 재해발생위험 시 대피 방법 등 훈련
			• 산안위 및 협의체 논의 사항을 모두 포함
			  - 산안위 심의·의결사항 : 심의·의결
			  - 사업주 간 협의체에서 논의한 사항 : 협의

③ 대통령령으로 정하는 규모의 건설공사의 건설공사도급인은 해당 건설공사 현장에 근로자위원과 사용자위원이 같은 수로 구성되는 안전 및 보건에 관한 협의체(이하 "협의체"라고 한다)를 대통령령으로 정하는 바에 따라 구성·운영할 수 있다(산안법 제75조제1항).

2) 노사협의체의 위원구성

① 노사협의체의 근로자위원은 도급인의 근로자와 관계수급인의 근로자로 구성하며, 근로자위원의 수에는 명예산업안전감독관을 1명 포함하여 구성한다. 노사협의체는 다음 각 호에 따라 근로자위원과 사용자위원으로 구성한다(산안법 시행령 제64조제1항).

> 1. 근로자위원
>   가. 도급 또는 하도급 사업을 포함한 전체 사업의 근로자대표
>   나. 근로자대표가 지명하는 명예감독관 1명. 다만, 명예감독관이 위촉되어 있지 않은 경우에는 근로자대표가 지명하는 해당 사업장 근로자 1명
>   다. 공사금액이 20억원 이상인 도급 또는 하도급 사업의 근로자대표
> 2. 사용자위원
>   가. 도급 또는 하도급사업을 포함한 전체 사업의 대표자
>   나. 안전관리자 1명
>   다. 보건관리자 1명(별표 5 제44호에 따른 보건관리자 선임대상 건설업으로 한정한다)
>   라. 공사금액이 20억원 이상인 공사의 관계수급인의 각 대표자

② 노사협의체의 사용자위원은 도급인의 현장의 대표자와 안전관리자, 수급인의 현장대표자(안전보건관리책임자)를 포함하여 구성한다. 따라서 해당 사업의 대표자를 포함하는 경우 ⅰ) 같은 사업 내에 지역을 달리하는 사업장이 있다면 그 사업장의 최고책임자를 말하고, ⅱ) 건설공사의 경우 해당 현장의 안전보건을 총괄하는 안전보건총괄책임자가 이에 해당된다(국민신문고, 2011. 03. 23.).

③ 노사협의체의 근로자위원과 사용자위원은 합의하여 노사협의체에 **공사금액이 20억원 미만인 공사의 관계수급인 및 관계수급인 근로자대표를 위원으로 위촉**할 수 있다(산안법 시행령 제64조제2항). 노사협의체의 근로자위원과 사용자위원은 합의하여 제67조제2호에 따른 사람을 노사협의체에 참여하도록 할 수 있다(산안법 시행령 제64조제3항).

④ 건설공사도급인이 제1항에 따라 노사협의체를 구성·운영하는 경우에는 산업안전보건위원회 및 제64조제1항제1호에 따른 안전 및 보건에 관한 협의체를 각각 구성·운영하는 것으로 본다(산안법 제75조제2항). 도급사업의 노사협의체는 산업안전보건위원회의 역할을 대체하는 것으로 허용한 것이다.

📖 **건설업 노사협의체의 구성**

사용자위원	근로자위원
1. 해당 사업의 대표자	1. 도급 또는 하도급 사업을 포함한 전체 사업의 근로자대표
2. 안전관리자 1명	2. 근로자대표가 지명하는 명예산업안전감독관 1명(다만, 명예산업안전감독관이 위촉되어 있지 아니한 경우에는 근로자대표가 지명하는 해당 사업장 근로자 1명)
3. 공사금액이 20억원 이상인 도급 또는 하도급 사업의 사업주	3. 공사금액이 20억원 이상인 도급 또는 하도급 사업의 근로자대표

※ 노사합의를 통하여 공사금액 20억원 미만인 도급 또는 하도급 사업의 사업주 및 근로자대표를 위원으로 위촉할 수 있음.

3) 노사협의체의 심의 · 의결

① 노사협의체를 구성 · 운영하는 건설공사도급인은 제24조제2항 각 호의 사항에 대하여 노사협의체의 심의 · 의결을 거쳐야 한다. 이 경우 노사협의체에서 의결되지 아니한 사항의 처리방법은 대통령령으로 정한다(산안법 제75조제3항).

② 법 제75조제3항에 따라 위임한 사항은 산업안전보건법시행령 제38조를 준용한다. 따라서 의결되지 아니한 사항을 처리하기 위하여 근로자위원과 사용자위원의 합의에 따라 노사협의체에 중재기구를 두어 해결하거나 제3자에 의한 중재를 받아야 한다.

③ 법 제75조제1항 본문에서는 노사협의체에서 법 제24조제2항에 따라 심의 · 의결할 사항을 정하고 있다. 따라서 ⅰ) 산업안전보건법 제15조제1항부터 제5항까지 및 제7호에 관한 사항, ⅱ) 제15조제1항제6호의 규정 중 중대재해에 관한 사항, ⅲ) 유해하거나 위험한 기계 · 기구와 그 밖의 설비를 도입한 경우 안전보건조치에 관한 사항을 심의 · 의결해야 한다.

(2) 회의개최 및 협의사항

1) 회의 개최 및 기록의 보존 등

① 노사협의체는 대통령령으로 정하는 바에 따라 회의를 개최하고 그 결과를 회의록으로 작성하여 보존하여야 한다(산안법 제75조제4항). 노사협의체는 개최일시, 출석위원, 심의내용 및 의결 · 결정사항, 그 밖에 토의사항을 기록한 회의록을 작성하여 갖춰 두어야 한다.

② 노사협의체의 회의는 정기회의와 임시회의로 구분하여 개최하되, ⅰ) **정기회의는 2개월마다** 노사협의체의 위원장이 소집하며, ⅱ) **임시회의는 위원장이 필요하다고 인정할 때**에 소집한다(산안법 시행령 제65조제1항).

③ 노사협의체 위원장의 선출, 노사협의체의 회의, 노사협의체에서 의결되지 않은 사항에 대한 처리방법 및 회의결과 등의 공지에 관하여는 각각 제36조, 제37조제2항부터 제4항까지, 제38조 및 제39조를 준용한다. 이 경우 "산업안전보건위원회"는 "노사협의체"로 본다(산안법 시행령 제65조제2항).

④ 위원장은 협의체의 위원 중에서 호선한다. 이 경우 근로자위원과 사용자위원 중 1명을 공동위원장으로 선출할 수 있다. 또한 회의는 근로자위원 및 사용자위원 각 과반수의 출석으로 시작하고 출석위원 과반수의 찬성으로 의결한다.

2) 노사협의체의 협의사항 등

① 노사협의체는 산업재해 예방 및 산업재해가 발생한 경우의 대피방법 등 고용노동부령으로 정하는 사항에 대하여 협의하여야 한다(산안법 제75조제5항). 여기서 "고용노동부령으로 정하는 사항"이란 다음 각 호의 사항을 말한다(산안법 시행규칙 제93조).

> 1. 산업재해 예방방법 및 산업재해가 발생한 경우의 대피방법
> 2. 작업의 시작시간, 작업 및 작업장 간의 연락방법
> 3. 그 밖의 산업재해 예방과 관련된 사항

② 노사협의체를 구성·운영하는 건설공사도급인·근로자 및 관계수급인·근로자는 제3항에 따라 노사협의체가 심의·의결한 사항을 성실하게 이행하여야 한다(산안법 제75조제6항).

04 안전보건관리규정

1 안전보건관리규정의 정의와 작성주체

(1) 안전보건관리규정의 정의

1) 안전보건관리규정의 정의

① 안전보건관리규정은 **사업장의 안전보건관리를 기준 및 체계, 방법 등을 규정한 문서**를 말한다. 안전보건관리규정은 근로자등의 생명과 건강을 보호하기 위하여 준수해야 할 사항과 그 실행에 관한 안전보건기준, 방법과 절차 등 관리체계를 갖추어야 한다.

② 안전보건관리규정은 안전보건관리 및 위험통제의 방법을 통일적·체계적으로 규율하는 관리규정을 의미한다. 산업안전보건법 제25조는 사업주에게 안전보건관리규정의 작성의무를 부여하고 있다.

2) 안전보건관리규정의 작성원칙

① 안전보건관리규정은 각각의 사업장에서 필요한 **안전보건관리에 관한 기본적인 사항**을 규정하는 동시에 **안전보건관리조직의 구성 및 운영, 안전관리자의 업무 범위 등 구체적인 사항**을 명시해야 한다.

② 안전보건관리규정은 근로자의 생명과 건강을 보호하기 위하여 준수해야 할 복무규율로서, 사업장의 실정에 적합한 기준을 확립하도록 설정해야 한다. 같은 사업장이라도 생산제품에

따라 작업공정이 다르고 사업이나 공사의 종류, 기계·기구·설비 또는 장비의 사용을 고려하여 적절한 안전관리의 원칙과 절차를 반영해야 한다.

(2) 안전보건관리규정의 작성주체

1) 안전보건관리규정의 작성주체와 의무위반

① 안전보건관리규정은 사업의 종류와 규모에 따라 사업주에게 작성하도록 의무화하고 있다. 그러나 사업장에서 누가 작성을 할 것인지에 대하여 특별한 제한규정이 없다.

② 공정안전보고서나 안전보건개선계획서는 작성자를 해당 분야의 전문지식을 지닌 자로 제한하는 것과 차이가 있다. 안전보건관리규정은 특정 분야를 중심으로 전문적인 사항을 작성하기보다는 안전보건관리를 위한 종합적인 관점에서 규정을 작성하는 것이다.

2) 안전보건관리규정의 작성자와 권한의 위임

① 산업안전보건법에서는 ⅰ) **사업주에게 안전보건관리규정의 작성의무**(산안법 제25조), ⅱ) **작성변경절차**(산안법 제26조), ⅲ) **준수의무**(산안법 제27조)를 규정하고 있다. 산업안전보건법에서 사업주에게 안전보건관리규정의 작성의무를 부과한 취지는 사업주가 사실상 갖고 있는 권한 및 지배력을 고려하여 인정하는 것이 합당하기 때문이다.

② 사업주는 산업안전보건법에 따라 산업재해예방을 위하여 안전보건조직을 구성하고 안전보건관리책임자 등을 선임하여 안전보건관리의 업무를 위임할 수 있다. 이 경우 안전보건관계자가 안전보건관리규정을 작성한 경우 사업주가 작성한 것으로 본다.

2 안전보건관리규정의 작성의무

(1) 안전보건관리규정의 작성과 효력

1) 안전보건관리규정의 작성 및 게시

① 안전보건관리규정은 사업의 종류와 상시근로자 수의 차이에도 불구하고 안전 및 보건에 관한 사항 등은 일정한 사항을 포함하여 원칙에 따라 작성해야 한다. 사업주는 사업장의 안전 및 보건을 유지하기 위하여 다음 각 호의 사항이 포함된 안전보건관리규정을 작성하여야 한다 (산안법 제25조제1항).

> 1. 안전 및 보건에 관한 관리조직과 그 직무에 관한 사항
> 2. 안전보건교육에 관한 사항
> 3. 작업장의 안전 및 보건 관리에 관한 사항
> 4. 사고조사 및 대책수립에 관한 사항
> 5. 그 밖에 안전 및 보건에 관한 사항

② 안전보건관리규정은 사업장의 자율적인 안전보건활동을 위하여 작성하는 문서로서, ⅰ) 취업규칙과 동일한 자치규범으로서 표준약관의 형식을 지니며, ⅱ) 안전작업절차서, 작업계획서 등을 작성하는 근거가 된다.
③ 안전작업절차서 또는 작업계획서는 작업종류, 재해방지의 목적 등에 따라 그 내용 및 이유, 관리 및 대처법, 조치기준 등을 설명한 안내서 또는 지침서를 말한다. 안전보건관리규정은 **취업규칙을 준용하여 작성·게시하도록 의무화**하고 있으나, 신고의무는 없다.

2) 취업규칙 및 단체협약과의 관계

① 안전보건관리규정은 **단체협약 및 취업규칙에 반할 수 없다.** 이 경우 안전보건관리규정 중 단체협약 또는 취업규칙에 반하는 부분에 관하여는 그 단체협약 또는 취업규칙으로 정한 기준에 따른다(산안법 제25조제2항).
② 취업규칙은 임금, 근로시간, 휴게시간 등 근로조건과 복무규율을 정한 문서를 말한다. 취업규칙은 상시근로자 10명 이상의 사업장에서 작성하여 고용노동부장관에게 신고하도록 근로기준법 제93조에서 규정하고 있다.
③ 안전보건관리규정의 내용이 취업규칙과 충돌하는 경우에는 취업규칙의 효력이 우선적으로 적용된다. 취업규칙과 안전보건관리규정의 내용이 상충되는 경우 안전보건관리규정의 내용은 무효가 되고, 취업규칙의 내용이 보충적으로 효력을 발생한다.
④ 단체협약은 노동조합과 사용자 간의 단체교섭에 의하여 근로조건 기타 근로자의 대우에 관한 사항을 체결한 문서를 말한다. 단체협약은 근로자의 단결체(노동조합)와 사용자 또는 사용자단체 사이에 단체교섭을 통하여 합의·결정된 임금·근로시간 등 근로조건 및 노사관계에 관한 제반사항을 합의한 것이다.
⑤ 단체협약은 **노사가 자치적으로 정한 각종 규범 중 최상위에 위치하며 노사관계를 규율**한다는 점에서 취업규칙, 근로계약 등에 대하여 규범적 효력이 우선적으로 적용된다. 따라서 안전보건관리규정의 내용이 단체협약에 부분적으로 명시된 경우에는 단체협약의 효력이 우선적으로 적용된다. 그 결과 안전보건관리규정의 내용이 단체협약에 반할 수 없다.

(2) 안전보건관리규정의 작성대상사업과 세부내용

1) 안전보건관리규정의 작성대상사업

① 안전보건관리규정을 작성하여야 할 사업의 종류, 사업장의 상시근로자 수 및 안전보건관리규정에 포함되어야 할 세부적인 내용, 그 밖에 필요한 사항은 고용노동부령으로 정한다(산안법 제25조제3항).
② 안전보건관리규정을 작성해야 할 사업의 종류 및 상시근로자 수는 [별표 2]와 같다(산안법 시행규칙 제25조제1항).

🏛 **[시행규칙 별표 2]** 안전보건관리규정의 작성 대상사업의 종류 및 규모(제25조제1항 관련)

사업의 종류	규모
1. 농업 2. 어업 3. 소프트웨어 개발 및 공급업 4. 컴퓨터 프로그래밍, 시스템 통합 및 관리업 4의2. 영상 · 오디오물 제공 서비스업 5. 정보서비스업 6. 금융 및 보험업 7. 임대업; 부동산 제외 8. 전문, 과학 및 기술 서비스업(연구개발업은 제외한다) 9. 사업지원 서비스업 10. 사회복지 서비스업	상시근로자 300명 이상
11. 제1호부터 제4호까지, 제4호의2 및 제5호부터 제10호까지의 사업을 제외한 사업	상시근로자 100명 이상

2) 안전보건관리규정의 세부내용과 추가사항

① 제1항에 따른 사업의 사업주는 안전보건관리규정을 작성하여야 할 사유가 발생한 날부터 30일 이내에 [별표 3]의 내용을 포함한 안전보건관리규정을 작성해야 한다. 이를 변경할 사유가 발생한 경우에도 또한 같다(산안법 시행규칙 제25조제2항).

② 안전보건관리규정은 세부적인 내용으로 ⅰ) 안전보건관리조직과 그 직무, ⅱ) 안전보건교육, ⅲ) 작업장안전관리, ⅳ) 작업장보건관리, ⅴ) 사고조사 및 대책수립, ⅵ) 위험성평가에 관한 사항, ⅶ) 기타 안전보건에 관한 사항이 포함되어야 한다.

🏛 **[시행규칙 별표 3]** 안전보건관리규정의 세부 내용(제25조제2항 관련)

1. 총칙
   가. 안전보건관리규정 작성의 목적 및 적용 범위에 관한 사항
   나. 사업주 및 근로자의 재해 예방 책임 및 의무 등에 관한 사항
   다. 하도급 사업장에 대한 안전 · 보건관리에 관한 사항
2. 안전 · 보건 관리조직과 그 직무
   가. 안전 · 보건 관리조직의 구성방법, 소속, 업무분장 등에 관한 사항
   나. 안전보건관리책임자(안전보건총괄책임자), 안전관리자, 보건관리자, 관리감독자의 직무 및 선임에 관한 사항
   다. 산업안전보건위원회의 설치 · 운영에 관한 사항
   라. 명예산업안전감독관의 직무 및 활동에 관한 사항
   마. 작업지휘자 배치 등에 관한 사항
3. 안전 · 보건교육
   가. 근로자 및 관리감독자의 안전 · 보건교육에 관한 사항
   나. 교육계획의 수립 및 기록 등에 관한 사항

> 4. 작업장 안전관리
>   가. 안전·보건관리에 관한 계획의 수립 및 시행에 관한 사항
>   나. 기계·기구 및 설비의 방호조치에 관한 사항
>   다. 유해·위험기계등에 대한 자율검사프로그램에 의한 검사 또는 안전검사에 관한 사항
>   라. 근로자의 안전수칙 준수에 관한 사항
>   마. 위험물질의 보관 및 출입 제한에 관한 사항
>   바. 중대재해 및 중대산업사고 발생, 급박한 산업재해 발생의 위험이 있는 경우 작업중지에 관한 사항
>   사. 안전표지·안전수칙의 종류 및 게시에 관한 사항과 그 밖에 안전관리에 관한 사항
> 5. 작업장 보건관리
>   가. 근로자 건강진단, 작업환경측정의 실시 및 조치절차 등에 관한 사항
>   나. 유해물질의 취급에 관한 사항
>   다. 보호구의 지급 등에 관한 사항
>   라. 질병자의 근로 금지 및 취업제한 등에 관한 사항
>   마. 보건표지·보건수칙의 종류 및 게시에 관한 사항과 그 밖에 보건관리에 관한 사항
> 6. 사고 조사 및 대책 수립
>   가. 산업재해 및 중대산업사고의 발생 시 처리 절차 및 긴급조치에 관한 사항
>   나. 산업재해 및 중대산업사고의 발생원인에 대한 조사 및 분석, 대책 수립에 관한 사항
>   다. 산업재해 및 중대산업사고 발생의 기록·관리 등에 관한 사항
> 7. 위험성평가에 관한 사항
>   가. 위험성평가의 실시 시기 및 방법, 절차에 관한 사항
>   나. 위험성 감소대책 수립 및 시행에 관한 사항
> 8. 보칙
>   가. 무재해운동 참여, 안전·보건 관련 제안 및 포상·징계 등 산업재해 예방을 위하여 필요하다고 판단하는 사항
>   나. 안전·보건 관련 문서의 보존에 관한 사항
>   다. 그 밖의 사항
>   사업장의 규모·업종 등에 적합하게 작성하며, 필요한 사항을 추가하거나 그 사업장에 관련되지 않는 사항은 제외할 수 있다.

③ 또한 사업장의 안전보건관리규정은 산업안전보건법 제25조제1항 각 호 및 시행규칙 제25조제2항에 의한 세부내용이 포함되어야 하나, 사업장의 특성에 따라 시행규칙 [별표 3]에서 정한 사항 중 제외 또는 그 외 사항을 추가하도록 규정([별표 3] 제8호 "다" 참조)하고, 산업안전보건위원회의 심의·의결을 거쳐 작성하면 된다(산안 68320-266, 2003. 07. 28.).

④ 안전보건관리규정은 안전수칙, 설비관리규정, 안전작업표준, 안전보건관리에 관한 사항을 추가하여 작성할 수 있다.

⑤ 사업주가 제2항에 따른 안전보건관리규정을 작성하는 경우에는 소방·가스·전기·교통 분야 등의 다른 법령에서 정하는 안전관리에 관한 규정과 통합하여 작성할 수 있다(산안법 시행규칙 제25조제3항).

📖 타 안전보건관련법령상의 안전관리규정

규정명	근거법	관할 부분
안전보건관리규정	산업안전보건법	안전일반, 가스, 전기, 화재 · 폭발, 보건 · 위생 등 전 부문
가스안전관리규정	고압가스안전관리법	고압가스
전기안전관리규정	전기사업법	전기
교통안전관리규정	교통안전법	교통
예방규정	소방기본법	화재 · 폭발 등

제2장 출·제·예·상·문·제

01 안전보건조직상 안전보건관리책임자에 대한 설명이다. 옳지 않은 것은?

① 안전보건관리책임자는 사업 또는 사업장의 자율적인 재해예방활동을 위하여 안전보건업무를 총괄·관리하는 자를 말한다.
② 안전보건관리책임자는 건설공사를 제외한 사업장에서 공장장의 명칭을 가지고 사업을 총괄·관리자는 자를 말한다.
③ 제조공장이나 아파트 관리사무소는 안전보건관리책임자를 두어야 한다.
④ 안전보건관리책임자는 작업환경의 측정 및 개선에 관한 사항 등 법률에서 정한 업무를 총괄·관리해야 한다.
⑤ 전기공사업법에 따라 전기공사를 분리 발주한 경우 공사금액이 20억원 미만이라면 안전보건관리책임자를 선임할 의무가 없다.

> **해설** 안전보건관리책임자
> 안전보건관리책임자는 **공장장이나 현장소장 등 명칭의 여하를 묻지 아니하고** 당해 사업장에서 사업의 실시를 실질적으로 총괄·관리하는 권한과 책임을 가지는 자를 말한다(대판2004. 5. 14, 2004도74).
> 따라서 건설현장의 소장도 안전관리책임자로 선임될 수 있다.
>
> **참고** 대판2004. 5. 14, 2004도74

02 보건관리자의 업무에 대한 설명 중 옳지 않은 것은?

① 보건관리자는 산업안전보건위원 또는 노사협의체에서 심의·의결한 업무도 수행하여야 한다.
② 보건관리자는 위험성평가에 관한 보좌 및 지도·조언을 해야 한다. 이 경우 사업주의 지시가 있는 경우 위험성평가를 직접 실시하고 그 결과를 보고해야 한다.
③ 보건관리자는 자주 발생하는 가벼운 부상에 대한 치료를 할 수 있다.
④ 보건관리자는 산업재해 발생이 원인조사·분석 및 재발방지에 관한 기술적 보좌 및 지도·조언을 할 수 있다.
⑤ 보건관리자는 사업장을 순화점검·지도 및 조치의 건의를 할 수 있다.

> **해설** 보건관리자의 업무
> 보건관리자는 지도·조언 및 보좌의 업무를 수행하므로 사업주의 지시가 있더라도 위험성평가를 직접 시행하여서는 아니 된다. **위험성평가는 안전보건관리책임자, 관리감독자가 실시하여야 한다.**
>
> **참고** 산안법 시행령 제22조

정답 | 01. ② 02. ②

03 관리감독자의 업무와 지정방법 등에 대한 설명으로 옳지 않은 것은?

① 관리감독자는 생산활동에 종사하는 근로자를 직접 지휘·명령하는 자를 말한다.
② 관리감독자는 부서의 장이 아닌 작업반장이나 작업조장은 관리감독자가 될 수 없다.
③ 관리감독자는 작업복·보호구 및 방호장치의 점검, 위험성평가를 위한 업무에 기인하는 유해·위험 요인의 파악 등의 업무를 수행한다.
④ 관리감독자를 선임하는 경우 「건설기술진흥법」 제64조제1항제2호에 따른 안전관리책임자를 둔 것으로 본다.
⑤ 관리감독자는 전공에 상관없이 선임하되, 업무에 필요한 안전보건교육을 정기적으로 이수해야 한다.

> **해설** 관리감독자의 업무와 지정방법
> 관리감독자는 지정기준에서 "부서의 장"이라는 표현이 개정법에서 삭제되었다. 따라서 관리감독자는 부서의 장뿐만 아니라 라인계통에서 근로자를 지시·감독하는 관리자나 감독자를 의미하므로 상대적인 관계에서 지위를 판단한다. 건설업의 경우 **직장·조장·반장의 직위에서 그 작업을 직접 지휘 감독하는 자를 관리감독자를 지정할 수 있다.**
>
> **참고** 안전보건규칙 제35조제1항

04 산업안전보건법상 관리감독자의 선임방법에 대한 설명 중 옳지 않은 것은?

① 관리감독자는 5명 이상의 사업장에서 전공지식에 상관없이 선임할 수 있다.
② 관리감독자는 안전관리자 또는 보건관리자의 자문을 받아 안전보건관리에 관한 법정사항의 업무를 수행할 수 있다.
③ 하나의 사업장에 관리감독자를 몇 명으로 선임할 것인지는 안전보건관리책임자의 재량사항이다.
④ 관리감독자는 자격제한이 없으나, 안전보건에 관한 직무교육을 이수해야 사업주가 업무권한을 부여할 수 있다.
⑤ 같은 지휘명령계통에 있는 공사현장의 과장, 팀장, 반장, 조장은 모두 관리감독자로 선임할 수 있다.

> **해설** 관리감독자의 선임방법
> 관리감독자는 자격제한이 없으나, 직무교육이 아닌 정기안전보건교육을 이수해야 한다. 관리감독자는 안전보건관계자가 이수해야 할 이수교육의 대상자에 해당되지 않는다. **사업주는 안전보건교육의 이수 여부에 상관없이 관리감독자를 선임**할 수 있으며, 관리감독자에게 정기안전보건교육을 실시해야 한다.
>
> **참고** 산안법 시행규칙(제26조제1항 등 관련) [별표 4]

정답 | 03. ② 04. ④

05 안전관리자의 선임 및 업무에 대한 설명 중 옳지 않은 것은?

① 안전관리자는 사업의 종류와 사업장의 상시근로자 수, 자격, 업무, 권한과 선임방법 등을 대통령령으로 정한다.
② 식료품 제조업 및 음료제조업은 상시근로자 50명 이상 500명 미만인 경우 2명을 선임해서는 아니 된다.
③ 상시근로자 수 300명 이상인 사업장은 안전관리자는 해당 업무만을 전담해야 한다.
④ 같은 사업주가 둘 이상의 사업장이 같은 시·군·구 지역에 소재하는 경우 안전관리자가 공동으로 관리할 수 있다.
⑤ 안전관리자는 지도조언을 하므로 일반근로자에 대하여 안전지시나 감독을 할 수 없다.

해설 안전관리자의 선임 및 업무
식료품 제조업 및 음료제조업의 경우 상시근로자 수 50명 이상이면 안전관리자 1명 이상을 선임할 수 있다. 따라서 안전관리자 수 1명 이상으로 초과하여 **2명을 선임하더라도 적법**하다.

참고 산안법 시행령(제16조제1항 관련) [별표 3]

06 안전보건총괄책임자의 선임방법 중 옳지 않은 것은?

① 안전보건총괄책임자는 도급인의 사업장에서 발생하는 산업재해를 예방하기 위하여 해당 사업의 안전보건관리를 총괄·관리하는 자를 말한다.
② 도급사업에서 하도급을 주는 원수급인공사의 현장소장은 안전보건총괄책임자로 선임되어야 한다.
③ 도급인과 수급인의 근로자가 혼재되어 작업을 하는 공동사업장과 지정사업장은 모두 안전보건총괄책임자를 선임해야 한다.
④ 안전보건총괄책임자의 자격은 특별한 제한이 없으므로 안전·보건을 전공하지 아니한 자도 선임할 수 있다.
⑤ 안전보건관리책임자를 지정한 경우에는 건설기술진흥법 제64조제1항에 따른 안전총괄책임자를 둔 것으로 본다.

해설 안전보건총괄책임자의 선임방법
안전보건총괄책임자는 도급사업에서 복수의 현장소장이 존재하는 경우 대표성을 지닌 자를 지정하고자 하는 취지이다. 따라서 도급인과 수급인의 근로자가 혼재된 공동현장에는 안전보건총괄책임자를 선임해야 한다. 예를 들어 동일사업장의 경우 도급인 현장소장이 총괄책임자로서 대표성을 지닌다. 그러나 수급인의 근로자만으로 **도급공사를 하는 지정사업장의 현장소장은 안전보건관리책임자로 선임**해야 한다.

07 안전보건관리책임자와 안전보건총괄책임자에 대한 비교설명 중 옳지 않은 것은?

① 안전보건관리책임자는 제조업이나 건설에서 모두 선임할 수 있다.
② 공장과 본사에 같은 구역에 있는 경우 안전관리책임자를 선임하지 아니하고 사업주가 그 역할을 직접 할 수 있다.
③ 안전관리책임자는 안전보건교육을 받아야 하나, 안전보건총괄책임자는 안전보건교육을 받을 필요가 없다.
④ A 도급업체와 B 수급인이 같은 현장에서 공사를 하는 경우 A 도급업체의 현장소장은 안전보건관리책임자인 동시에 도급관계에서는 안전보건총괄책임자에 해당된다.
⑤ A 식품제조업체에서 다른 B 제조회사에 발주를 한 결과 C 건설공사의 도급사업의 일부를 건설공사로 수주한 경우 B 제조회사는 안전보건관리책임자에 해당된다.

해설 안전보건관리책임자와 안전보건총괄책임자
A 식품제조업체에서 다른 B 제조회사에 발주를 한 결과 C 건설공사의 도급사업의 일부를 건설공사로 수주한 경우 B 제조회사는 안전보건관리책임자에 해당된다. 안전보건관리책임자 또는 안전보건총괄책임자를 선임하지 아니하고 사업주가 그 역할을 직접 대행할 수 있다. 제조업체가 도급을 받아 그 사업의 일부를 하도급을 준 경우 도급인과 수급인의 중층적 관계를 형성한다. 이 경우 제조업체가 당해 사업장을 총괄하여 관리하는 경우 안전보건관리책임자의 역할이 가능하다. 안전보건총괄책임자는 건설공사 이외에 다른 업종에도 선임할 수 있다.

08 안전보건조정자의 선임과 자격을 설명한 것이다. 옳지 않은 것은?

① 둘 이상의 건설공사를 발주하는 경우에 산업재해를 예방하기 위하여 건설공사발주자는 안전보건조정자를 선임해야 한다.
② 전기공사나 통신공사 등 둘 이상의 공사를 분리하여 발주하는 경우 안전보건관리의 책임과 역할이 불명확해질 수 있어 안전보건조정자의 선임이 필요하다.
③ 건설기술진흥법 제2조제6호에 따른 발주청이 발주하는 건설공사인 경우 같은 법 제46조에 따라 선임한 공사감독자를 안전보건조정자로 갈음할 수 있다.
④ 건축공사감리자와 전력기술공사감리원은 안전보건조정자의 자격을 인정할 수 없다.
⑤ 산업안전보건지도사 또는 건설안전기술사는 안전보건조정자로 인정되나, 산업보건지도사는 인정할 수 없다.

해설 안전보건조정자의 선임과 자격
안전보건조정자란 둘 이상의 건설공사를 발주하는 경우에 산업재해를 예방하기 위하여 도급사업주 간의 안전보건업무를 조정하는 역할을 수행하는 자를 말한다. 안전보건조정자의 자격에는 「건축법」 제25조에 의한 공사감리자는 안전보건조정자로 볼 수 있으며, 「전력기술관리법」 제12조의2에 따라 배치된 **감리원도 포함하여 인정**한다.

참고 산업안전보건법 제68조 및 시행령 제56조

09 산업안전보건법상 안전보건관리담당자에 관한 설명 중 옳지 않은 것은?

① 안전보건담당자는 50명 미만의 사업장에서 안전보건에 관하여 사업주는 보좌하는 업무를 수행한다.
② 안전보건관리담당자는 안전 및 보건에 관한 역할을 동시에 수행하므로 안전관리자의 자격만으로 선임할 수 없다.
③ 안전보건담당자는 안전관리체계상 스태프의 조직에 속하며, 관리감독자에게 조언하고 지도하는 역할을 한다.
④ 사업주는 안전보건관리담당자를 채용하거나 그 역할을 할 수 있는 안전보건전문기관에 위임할 수 있다.
⑤ 안전보건관리담당자는 안전보건교육, 위험성평가, 건강진단 등에 대하여 보좌 및 지도 · 조언을 할 수 있다.

해설 안전보건관리담당자
안전보건관리담당자는 안전 및 보건에 관한 역할을 수행하기 위하여 **안전관리자, 보건관리자, 고용노동부장관이 인정하는 안전보건교육 중 어느 하나의 자격**을 갖추어야 한다.

참고 산안법 시행령 제24조제2항

10 산업안전보건법상 산업보건의에 대한 설명 중 옳지 않은 것은?

① 산업보건의는 근로자의 건강을 유지 · 관리 및 증진하기 위하여 각종 질병을 예방 · 진단하고 치료하는 업무를 수행한다.
② 예방의학과 전문의 또는 직업환경의학과 전문의는 산업보건의로 선임할 수 있다.
③ 상시근로자 수가 50명 이상인 사업장에 보건관리자로 산업보건의를 선임한 경우 고용노동부장관에게 그 사실을 증명할 수 있는 서류를 제출해야 한다.
④ 산업보건의는 건강진단의 결과를 검토하고 그 결과에 따른 작업배치, 작업전환 또는 근로시간의 단축 등 근로자의 건강보호조치를 할 수 있다.
⑤ 소음이 발생하는 사업장에서 소음이 85dB 이상인 경우 산업보건의는 소음을 측정하고, 소음성 난청 여부를 검진하여 기록해야 한다.

해설 산업보건의
소음이 발생하는 사업장에서 소음이 85dB 이상인 경우 작업환경측정이 소음수준을 측정해야 한다. 소음사업장의 근로자에 대한 **난청 여부는 산업안전보건법 시행령 제31조제1항에 명시되어 있지 않다.** 의사로서 직무범위에 해당되나, 산업보건의로서의 직무내용에 해당되지 않으므로 **구별해야** 한다.

참고 산안법 시행령 제31조제1항

11 산업안전보건위원회와 노사협의체의 비교에 대한 설명 중 옳지 않는 것은?

① 산업안전보건위원회 또는 노사협의체는 공사금액 120억원(토목공사 150억원) 이상의 건설현장에 설치하여야 한다.
② 건설업은 서로 다른 작업공정, 하도급공사의 혼재작업, 공정에 따른 근로자 수의 변동 등 특성상 산업안전보건위원회를 안정적으로 운영하기 곤란한 경우 노사협의체를 구성하여 운영한다.
③ 위원의 구성은 노사 동수로 하되, 노사협의체는 20억원 이상의 도급 및 수급인 사업주로 제한한다. 다만, 공사금액이 20억원 미만인 경우 근로자와 사용자가 합의하여 참여할 수 있다.
④ 산업안전보건위원회는 협의 및 논의사항을 심의·의결할 수 있으나, 협의체에서는 심의·의결을 할 수 없다.
⑤ 노사협의체는 2개월마다 1회 이상 정기회의를 개최하여야 하며, 그 결과를 회의록으로 작성하여 보존하여야 한다.

[해설] 산업안전보건위원회와 노사협의체의 비교
노사협의체도 산업안전보건위원회와 동일한 기능을 하므로 산업안전위원회의 심의·의결사항에 대하여 **심의·의결을 해야 한다.** 그러나 건설업의 특성상 부적한 것은 제외할 수 있다. 산업안전보건법 제24조제2항에 정한 사항 이외에 기타 사항은 노사협의체에서 협의하여 정할 수 있다.

[참고] 산업안전보건법 제24조제2항

---

12 사업주가 작성해야 할 안전보건관리규정에 대한 설명으로 옳지 않은 것은?

① 상시근로자가 100명 이상인 사업의 사업주는 유해위험작업에 관한 안전보건관리규정을 작성해야 한다.
② 안전보건관리규정에는 안전보건에 관한 관리조직 및 그 직무에 관한 사항을 포함해야 한다.
③ 안전보건관리규정에서 안전보건대장의 작성에 관한 사항을 안전보건관리자의 업무로 정하는 것은 법률에 위반된다.
④ 안전보건관리규정은 단체협약 및 취업규칙에서 정한 기준에 저촉되는 경우 그 부분은 무효가 된다.
⑤ 안전보건관리규정은 산업안전보건법 제25조가 정하는 필수적 기재사항 이외에 산업재해예방을 위해 필요한 임의적 사항을 작성할 수 있다.

[해설] 안전보건관리규정
안전보건관리규정은 업종에 따라 농업, 어업 등 10개 업종의 경우에는 상시근로자 300명 이상의 사업장, 기타 사업의 경우에는 100명 이상의 사업장에서 작성할 의무가 있다. 안전보건관리규정에서는 법 제25조제1항에 의한 필수적인 사항뿐만 아니라 임의적인 사항을 추가할 수 있다. 산업안전보건법 제18조제1항제1호에서는 "산업안전보건위원회에서 의결한 업무와 노사협의체에서 심의·의결한 업무, **안전보건관리규정 및 취업규칙에서 정한 업무**"를 안전관리자의 업무로 규정하고 있다.

[참고] 산업안전보건법 제18조제1항제1호

정답 | 11. ④ 12. ③

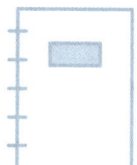
NOTE

PART

02

재해예방조치

CONTENTS

CHAPTER 01 | 위험성평가
CHAPTER 02 | 안전보건조치
CHAPTER 03 | 작업중지권 및 고객응대근로자

◆ ◆ ◆

산업안전지도사
산업보건지도사

제1장 위험성평가

01 위험성평가의 정의

1 위험성평가의 정의와 유해위험요인

(1) 위험성평가의 정의

① 위험성평가는 재해발생의 가능성이 있는 건설물, 기계·기구·설비, 화학물질, 생산방법이나 공법 등에 따른 산업재해를 예방하기 위하여 잠재된 유해·위험요인을 사전에 발견하여 평가하는 것을 말한다.

② 위험성평가는 위험요소를 파악하여 위험을 제거·감소·조정할 수 있는 수단을 강구하여 위험이 현실화되는 것을 방지함을 목적으로 한다. 다만, 위험을 수반하는 여가활동에 대하여는 적용하지 아니한다.

③ 위험성평가는 사업주에게 유해·위험요인을 찾아 위험성을 결정하고 그 결과에 따라 이 법과 이 법에 따른 명령에 의한 조치를 하여야 한다. 그러나 산업안전보건법 제36조에 따른 위험성평가를 하지 아니하거나 명령을 위반한 경우에 대한 벌칙은 없다.

(2) 위험성평가와 유해위험요인

1) 위험성평가대상과 위험성의 의미

① 위험성평가는 업무적으로 근로자에게 노출된 것이 확인되었거나 노출될 것으로 합리적으로 예견 가능한 모든 유해·위험요인을 대상으로 한다. 다만, 매우 경미한 산업재해만을 초래할 것으로 명백히 예상되는 유해·위험요인은 평가대상에서 제외한다(위험성평가지침 제5조의2 제1항).

② 위험성평가는 유해·위험요인을 파악하여 해당 유해·위험요인에 의한 부상 또는 질병의 발생 가능성(빈도)과 중대성(강도)을 추정·결정하고, 감소대책을 수립하여 실행하는 일련의 과정이다(위험성평가지침 제3조제1호).

2) 위험성평가와 유해·위험요인

① 사업주는 ⅰ) 건설물, 기계·기구·설비, 원재료, 가스, 증기, 분진, 근로자의 작업행동 또는 그 밖의 업무로 인한 유해·위험요인을 찾아내어 부상 또는 질병으로 이어질 수 있는 위험성

의 크기가 허용 가능한지를 평가하여야 하고, ⅱ) 그 결과에 따라 이 법과 이 법에 따른 명령에 의한 조치를 하여야 하며, ⅲ) 근로자의 위험 또는 건강장해를 방지하기 위하여 필요한 경우에는 추가적인 조치를 하여야 한다(산안법 제36조제1항).

② 여기서 **유해 · 위험요인**이란 유해 · 위험을 일으킬 잠재적 가능성이 있는 것의 고유한 특징이나 속성을 말한다. 따라서 건설물, 기계 · 기구, 설비, 원재료, 가스, 증기, 분진 등에 의하거나 작업행동, 그 밖의 업무에 기인되는 등 근로자의 업무와 관련하여 부상 또는 질병을 일으킬 우려가 있는 잠재적 가능성이 있는 모든 것을 의미한다.

③ 위험성평가는 업종에 제한 없이 유해 · 위험성이 있는 업종에 대하여 실시할 수 있다. 따라서 **건설업, 제조업뿐만 아니라 서비스업에 대하여도 실시**할 수 있다. 그러나 작업환경의 측정에 따라 유해성을 평가하는 경우 위험성평가를 하지 아니할 수 있다.

2 위험성평가의 원칙

(1) 위험성평가의 실시주체와 역할

① 사업주는 스스로 사업장의 유해 · 위험요인을 파악하기 위해 근로자를 참여시켜 실태를 파악하고 이를 평가하여 관리 개선하는 등 위험성평가를 실시하여야 한다(위험성평가지침 제5조제1항).

② 법 제63조에 따른 작업의 일부 또는 전부를 도급에 의하여 행하는 사업의 경우에는 도급을 준 도급인(이하 "도급사업주"라 한다)과 도급을 받은 수급인(이하 "수급사업주"라 한다)은 각각 제1항에 따른 위험성평가를 실시하여야 한다(위험성평가지침 제5조제2항). 제2항에 따른 도급사업주는 수급사업주가 실시한 위험성평가 결과를 검토하여 **도급사업주가 개선할 사항이 있는 경우 이를 개선**하여야 한다(위험성평가지침 제5조제3항).

③ 사업주는 위험성평가 시 고용노동부장관이 정하여 고시하는 바에 따라 해당 작업장의 근로자를 참여시켜야 한다(산안법 제36조제2항). 사업주는 위험성평가를 실시할 때, 다음 각 호의 어느 하나에 해당하는 경우 법 제36조제2항에 따라 해당 작업에 종사하는 근로자를 참여시켜야 한다(위험성평가지침 제6조).

> 1. 관리감독자가 해당 작업의 유해 · 위험요인을 파악하는 경우
> 2. 사업주가 위험성 감소대책을 수립하는 경우
> 3. 위험성평가 결과 위험성 감소대책 이행 여부를 확인하는 경우

④ 위험성평가를 실시하기 위해서는 실시주체를 정해 역할을 분담해야 한다. 위험성평가를 실시하기 위해서는 해당 작업의 사정을 잘 알고 있는 사람을 중심으로 총괄관리자, 추진자와 책임자, 실행책임자, 실시자를 정해 역할을 분담할 수 있다. 위험성평가는 안전보건조직의 관계인이 모두 참여하여 공동으로 협력해 평가하여야 한다.

📖 위험성평가의 주체와 역할

주체	역할
위험성평가 총괄관리자	• 사업장 위험성평가의 총괄 관리 – 사업장 위험성평가 실시규정의 승인 – 사업장 위험성평가 실시계획서의 결정 – 사업장 차원에서의 위험성 감소조치에 관한 최종결정 등 위험성평가 실시의 총괄 관리
사업장 위험성평가 추진자	• 위험성평가의 사업장 차원의 실행 관리 – 위험성평가 실시에 참고가 되는 관련자료(재해사례, 아차사고 등)의 수집·정리 및 주지 총괄 – 현장 위험성평가 추진자 교육, 지원, 지도 등 – 사업장 전체에서 대응이 필요한 위험성에 대한 총괄 대응 – 산업안전보건위원회 보고 등
위험성평가 책임자	• 위험성평가의 부서 차원의 실행 관리 – 위험성평가 실시계획서의 심사 – 위험성평가의 부서 안전보건목표·계획에의 반영 – 부서 차원에서의 위험성 감소조치의 결정, 실시 등
위험성평가 실행책임자	• 위험성평가의 과 차원의 실행 관리 – 위험성평가 실시계획서의 작성 – 과 안전보건목표·계획에의 반영 – 과 차원에서의 위험성 감소조치의 결정, 실시 – 위험성 감소조치 비용의 확보 등
현장 위험성평가 추진자	• 위험성평가의 현장(계·직·반 등의 단위) 차원의 실행 관리 – 위험성평가의 실시에 참고가 되는 관련 자료의 수집·정리 및 관계자에의 연락, 주지 – 현장 위험성평가의 실시와 진행 관리 – 위험성평가 관련 작업자에 대한 교육과 지도 – 관리자, 사업장 위험성평가 추진자 등과의 연락·조정
위험성평가 실시자	• 위험성평가 실시 – 현장 아차사고정보, 위험예지정보 등의 제공 – 유해위험요인의 파악, 위험성 추정·결정의 실시(참여) – 위험성 감소조치 및 잔류 위험성에의 대응조치의 준수 – 위험성 감소조치 실시 후의 정보제공 등

(2) 최초평가·수시평가·정기평가·상시평가

① **최초평가**는 사업장에 처음 도입하여 실시하는 것을 말하며, 전체 작업과 모든 유해위험요인을 대상으로 한다. 최초평가는 유해위험요인의 대상을 발굴하는 첫 단계로서 수시평가나 정기평가의 기초자료로 활용될 수 있다.

② **수시평가**는 실시할 사유가 발생할 때 주기와 시기에 상관없이 실시하는 것을 말한다. 수시평가의 경우에는 ⅰ) 사업장 건설물의 설치·이전·변경 또는 해체, ⅱ) 기계·기구, 설비, 원재료 등의 신규 도입 또는 변경, ⅲ) 건설물, 기계·기구, 설비 등의 정비 또는 보수, ⅳ) 작업방법 또는 작업절차의 신규 도입 또는 변경, ⅴ) 중대산업사고 또는 산업재해(휴업 이상의 요양을 요하는 경우에 한정한다) 발생, ⅵ) 그 밖에 사업주가 필요하다고 인정하는 경우에 실시한다.

③ **정기평가**는 유해위험요인이 있는 모든 작업 등이 대상이며 일정 주기(매년)에 따라 정기적으로 실시하는 것을 말한다.
④ **상시평가**는 매달 1회 이상 실시하는 위험성평가를 말한다. 상시평가를 실시하는 경우에는 수시평가와 정기평가를 실시한 것으로 본다(위험성평가지침 제15조제4항).

02 위험성평가의 기법과 인정

1 위험성평가의 기법 및 절차

(1) 위험성평가의 기법

1) 위험성평가의 기법 등

① 위험성평가의 경우 제1항에 따른 평가의 방법, 절차 및 시기, 그 밖에 필요한 사항은 고용노동부장관이 정하여 고시한다(산안법 제36조제4항). 고용노동부장관은 「**사업장 위험성평가에 관한 지침**(고용노동부고시 제2024-76호, 2024. 12. 16.)」을 제정하여 시행하고 있다.

② 사업주는 다음과 같은 방법으로 위험성평가를 실시하여야 한다(위험성평가지침 제7조제1항). 이 경우 위험성평가는 부상 또는 질병으로 이어질 수 있는 유해·위험 요인을 파악하여 감소대책을 수립하고 실행할 수 있도록 체제를 구축해야 한다.

> 1. 안전보건관리책임자 등 해당 사업장에서 사업의 실시를 총괄 관리하는 사람에게 위험성평가의 실시를 총괄 관리하게 할 것
> 2. 사업장의 안전관리자, 보건관리자 등이 위험성평가의 실시에 관하여 안전보건관리책임자를 보좌하고 지도·조언하게 할 것
> 3. 관리감독자가 유해·위험요인을 파악하고 그 결과에 따라 개선조치를 시행하게 할 것
> 4. 기계·기구, 설비 등과 관련된 위험성평가에는 해당 기계·기구, 설비 등에 전문 지식을 갖춘 사람을 참여하게 할 것
> 5. 안전·보건관리자의 선임의무가 없는 경우에는 제2호에 따른 업무를 수행할 사람을 지정하는 등 그 밖에 위험성평가를 위한 체제를 구축할 것

③ 사업주는 제1항에서 정하고 있는 자에 대해 위험성평가를 실시하기 위한 필요한 교육을 실시하여야 한다. 위험성평가에 대해 외부에서 교육을 받았거나, 관련 학문을 전공하여 관련 지식이 풍부한 경우에는 필요한 부분만 교육을 실시하거나 교육을 생략할 수 있다(위험성평가지침 제7조제2항).

④ 사업주가 위험성평가를 실시하는 경우에는 산업안전·보건 전문가 또는 전문기관의 컨설팅을 받을 수 있다(동조 제3항). 사업주가 다음 각 호의 어느 하나에 해당하는 제도를 이행한 경우에는 그 부분에 대하여 이 고시에 따른 위험성평가를 실시한 것으로 본다(동조 제4항).

1. 위험성평가 방법을 적용한 안전·보건진단(법 제47조)
2. 공정안전보고서(법 제44조). 다만, 공정안전보고서의 내용 중 공정위험성 평가서가 최대 4년 범위 이내에서 정기적으로 작성된 경우에 한한다.
3. 근골격계부담작업 유해요인조사(안전보건규칙 제657조부터 제662조까지)
4. 그 밖에 법과 이 법에 따른 명령에서 정하는 위험성평가 관련 제도

2) 위험성평가의 분석기법

① 유해위험성의 평가방법은 정성적 평가, 준정량적 평가, 정량적 평가로 구분할 수 있다.

📖 **위험성평가기법의 내용 및 용도**

명칭	내용	용도
위험과 운전분석기법(HAZOP; Hazard and Operability Studies)	화학공장에서의 위험성과 운전성을 정해진 규칙과 설계도면에 의해서 체계적으로 분석·평가하는 방법	기존의 공정이나 신규로 설치되는 공정에서 발생할 수 있는 소프트웨어와 하드웨어적 위험요인을 확인하는 과학적·체계적인 평가기법
작업안전분석(JSA; Job Safety Analysis)	작업 대상물에 나타나거나 잠재되어 있는 모든 물리적·화학적 위험과 근로자의 불안전한 행동요인을 발견하기 위한 작업절차에 관한 위험성평가 및 분석기법	작업안전분석의 결과 확인된 위험에 관한 정보는 사고원인의 제거와 시책을 구체화하고 장비, 기계, 도구의 개선 또는 안전교육에 필요한 안전작업절차를 수립하는 데 기초자료로 활용
작업자실수분석기법(HEA; Human Error Analysis)	운전원, 보수반원, 기술자 등이 불안전행동으로 발생할 수 있는 피해에 대하여 그 원인을 파악·추적하여 문제점들을 개선하기 위한 정성적 위험성평가기법	현장 작업자들에 대한 면담과 분석전문가의 현장확인을 통해 잠재위험성을 가려내고, 이렇게 가려진 작업들을 단계적으로 나누어 개별적인 분석을 하여 그 주된 원인을 알아내는 데 활용
공정안전성분석기법(K-PSR; KOSHA-Process Safety Review)	사업장 위험관리수준을 향상시키는 목적으로 산업안전보건공단에서 개발하였으며, 정성적 평가로 설치·가동 중인 기존의 화학공장에서 위험과 운전분석기법(HAZOP) 등으로 위험성을 평가한 후 다시 정밀하게 공정안전성을 재검토하여 조업단계의 위험성을 분석하는 기법	가동 중인 기계설비의 현장상황에서 발생할 수 있는 다양한 위험성을 찾아낼 수 있고, 특히 누출·화재/폭발, 공정이상(Trouble)에 대한 위험성과 발생원인을 찾아내는 데 유용
체크리스트기법(Checklist)	사업장 내에 존재하는 위험에 대하여 정성적으로 위험성을 평가하는 방법의 하나로 공정 및 설비의 오류, 결함상태, 위험상황 등을 목록화한 형태로 작성하여 경험적으로 비교함으로써 위험성을 분석하는 방법	법규, 규격, 기준, 제조자의 요구 사항, 운전경험 등을 참조하여 사전에 점검·확인할 사항과 기준을 정해 운전자, 점검자, 평가자 등이 참여하여 실시

명칭	내용	용도
사고예상질문 분석기법 (What-if)	원치 않는 사건을 What-if로 시작하는 질문으로 공정에 잠재하는 위험성을 확인하여 그 위험과 결과 및 위험을 줄이는 방법을 도출해내는 기법	공장 전반에 대하여 적용할 수 있으며, 주로 공정 및 설비의 이상과 공정의 변화 시에 적용하며, 장치의 고장, 공정조건의 이상, 제어계통의 고장, 시운전·가동정지 시의 운전절차로부터의 이탈 등을 사고 예상질문으로 작성
예비위험분석 기법 (PHA; Preliminary Hazard Analysis)	위험을 조기에 인식하여 나중에 위험이 발견되었을 때 드는 비용을 절약하기 위하여, 공정시스템 내의 위험한 요소가 어떤 상태에 있는지를 정성적으로 평가하는 방법	공정이나 운전절차에 대한 상세한 정보를 얻을 수 없기 때문에 주로 위험물질이나 주 공정요소에 초점을 두고 분석하는 데 활용
원인결과분석 기법 (CCA; Cause-Consequence Analysis)	사고의 결과 및 근본적인 원인을 찾아내고 사고결과와 원인 사이의 상호관계를 예측하며 리스크를 정량적으로 평가	분석된 사고의 결함조직이 단순하여 결함수와 사건수를 동일한 도면으로 결합시켜 상세히 표현할 수 있을 때 자주 이용
이상위험도분석기법 (FMECA; Failure Modes Effects and Criticality Analysis)	시스템이나 서브시스템의 위험분석을 실시하기 위하여 일반적으로 사용되는 전형적인 정성적·귀납적 분석기법	고장의 형태에 따른 영향분석에 따라 확인된 치명적인 고장에 대하여 피해와 고장발생률에 의하여 위험성을 분석, 치명적인 고장을 사전에 예방하고 고장에 따른 피해를 최소화하는 대책을 수립
결함수분석기법 (FTA; Fault Tree Analysis)	기계장치가 규칙적으로 운전되고 있는 상태에서 고장이 발생할 확률은 어느 정도인지를 알아보는, 즉 운전상태의 안전성을 수학적으로 해석하는 기법	설비장치의 설계단계와 운전단계에서 적용이 가능하며, 설계단계에서는 장치의 고장이나 이상상태의 조합으로부터 발생할 수 있는 감춰진 다양한 위험을 설계 시에 발견
사건수분석기법 (ETA; Event Tree Analysis)	사고나 재해의 발단이 되는 사건이 시스템에 입력된 이후 그 영향으로 계속해서 어떠한 부적합한 상태로 발전해 가는지를 나뭇가지가 갈래를 쳐나가는 모양으로 분석을 계속해 나가는 방식	안전기능이 유지되는지 아니 되는지를 나뭇가지 모양으로 전개해 나가되, 안전기능 유지가 안 되는 쪽으로 계속 분석해 나가면 사고 결과에 대한 시나리오를 예측

② 상기의 분석기법 이외에 ⅰ) 상대위험순위결정기법(DMI), ⅱ) 방호계층분석기법(LOPA), ⅲ) 공정위험분석기법(PHR), ⅳ) 사고의 근본원인분석기법(RCA), ⅴ) 4M 위험성평가기법, ⅵ) 특성요인도분석(FA) 등이 있다. 위험성평가의 분석기법은 절차에 따라 단계적으로 진행하되, 분석대상의 특성이나 상태 등을 고려하여 선택하여야 한다. 평가방법을 다시 분류하면 다음과 같다.

📖 평가기법의 유형과 적합조건

구분	정의	평가기법의 유형	적합조건
정성적 평가	위험요소를 찾아내어 노출정도를 높고 낮음 또는 있거나 없음으로 평가하는 기법	1. 체크리스트법 2. 안전성검토법 3. 상대 위험순위판정법 4. 예비위험분석법 4. 위험과 운전성분석법 5. 이상위험도분석법 6. 작업자실수분석법 7. 사고예상질문법.	비교적 쉽고 빠른 결과를 도출할 수 있고, 비전문가도 약간의 훈련을 거치면 접근이 용이
정량적 평가	위험요소를 찾아내어 노출정도를 확률적으로 분석·평가하는 기법	1. 결함수분석법 2. 사건수분석법 3. 원인결과분석법	객관적이고 정량적인 결과를 도출할 수 있으며, 전문적인 지식과 많은 자료가 필요하며 전문가의 도움이 필요

(2) 위험성평가의 절차

1) 위험성평가의 절차와 실시대상

① 사업주는 위험성평가를 다음의 절차에 따라 실시하여야 한다. 다만, **상시근로자 수 5명 미만 사업장(총공사금액 1억원 미만의 건설공사)**의 경우에는 다음 각 호 중 제1호를 생략할 수 있다 (위험성평가지침 제8조).

> 1. 사전준비
> 2. 유해·위험요인의 파악
> 3. 〈삭제〉
> 4. 위험성 결정
> 5. 위험성 감소대책의 수립 및 실행
> 6. 위험성평가 실시내용 및 결과에 관한 기록 및 보존

② 위험성평가는 모든 건설물, 기계·설비, 화학물질, 작업방법(행동)을 대상으로 하되, 기계나 설비의 고장, 수리, 유지·보수, 이전설치, 해체·폐기 등 모든 작업 관련 내용을 목록화해서 평가해야 한다.

2) 위험성평가의 사전준비

① 사업주는 위험성평가를 효과적으로 실시하기 위하여 최초 위험성평가 시 다음 각 호의 사항이 포함된 위험성평가 실시규정을 작성하고, 지속적으로 관리하여야 한다(위험성평가지침 제9조 제1항).

```
1. 평가의 목적 및 방법
2. 평가담당자 및 책임자의 역할
3. 평가시기 및 절차
4. 근로자에 대한 참여·공유방법 및 유의사항
5. 결과의 기록·보존
```

② 사업주는 위험서평가를 실시하기 전에 다음 각 호의 기준을 확정하여야 한다(위험성평가지침 제9조제2항). 위험성의 수준은 3단계(저위험, 중위험, 고위험) 등으로 구분하고 판단기준을 정해야 한다.

```
1. 위험성의 수준과 그 수준을 판단하는 기준
2. 허용 가능한 위험성의 수준(법에서 정한 기준 이상으로 정하여야 한다)
```

③ 사업주는 다음 각 호의 사업장 안전보건정보를 사전에 조사하여 위험성평가에 활용하여야 한다(위험성평가지침 제9조제3항).

```
1. 작업표준, 작업절차 등에 관한 정보
2. 기계·기구, 설비 등의 사양서, 물질안전보건자료(MSDS) 등의 유해·위험요인에 관한 정보
3. 기계·기구, 설비 등의 공정 흐름과 작업 주변의 환경에 관한 정보
4. 법 제63조제1항에 따른 작업을 하는 경우 같은 장소에서 사업의 일부 또는 전부를 도급을 주어 행하는 작업이 있는 경우 혼재 작업의 위험성 및 작업 상황 등에 관한 정보
5. 재해사례, 재해통계 등에 관한 정보
6. 작업환경측정결과, 근로자 건강진단결과에 관한 정보
7. 그 밖에 위험성평가에 참고가 되는 자료 등
```

3) 유해·위험요인 파악방법

① 사업주는 유해·위험요인을 파악할 때 업종, 규모 등 사업장 실정에 따라 다음 각 호의 방법 중 어느 하나 이상의 방법을 사용하여야 한다. 이 경우 특별한 사정이 없으면 제1호에 의한 방법을 포함하여야 한다(위험성평가지침 제10조).

```
1. 사업장 순회점검에 의한 방법
2. 근로자들의 상시적인 제안에 의한 방법
3. 설문조사·인터뷰 등 청취조사에 의한 방법
4. 물질안전보건자료, 작업환경측정결과, 특수건강진단결과 등 안전보건자료에 의한 방법
5. 안전보건 체크리스트에 의한 방법
6. 그 밖에 사업장의 특성에 적합한 방법
```

② 유해·위험요인은 ⅰ) 기계적 요인, ⅱ) 전기적 요인, ⅲ) 물질(화학물질, 방사선) 요인, ⅳ) 생물학적 요인, ⅴ) 화재 및 폭발 위험요인, ⅵ) 고열 및 한랭요인, ⅶ) 물리적인 작용에 의한 요인, ⅷ) 작업환경조건으로 인한 요인, ⅸ) 육체적인 부담작업 또는 작업의 어려운 요인, ⅹ) 인지 및 조작능력 요인, ⅺ) 정신적 작업 부담요인, ⅻ) 조직관련 요인, 그 밖의 요인으로 구분하여 조사한다.

4) 위험성의 결정

① 위험성결정이란 유해·위험요인별로 추정한 위험성의 크기가 허용 가능한 범위인지 여부를 판단하는 것을 말한다. 사업주는 유해·위험요인이 근로자에게 노출되었을 때의 위험성을 사업장 자체적으로 설정한 허용가능한 위험성 기준(「산업안전보건법」에서 정한 기준 이상으로 정하여야 한다)에 따라 판단하여야 한다(위험성평가지침 제12조제1항).

📖 위험성평가의 위험수준

위험성 수준	관리 기준	조치사항	
12~16	매우 높음	즉시 개선	작업을 지속하려면 즉시 개선 시 필요한 상태
5~11	높음	가능한 한 빨리 개선	안전보건대책을 수립하여 개선이 필요한 상태
3~4	보통	연간계획에 따라 개선	필요시 대책을 수립하여 개선이 필요한 상태
1~2	낮음	현재 상태 유지	근로자에게 유해위험 정보를 제공 및 교육

② 가능성은 작업자의 부상·질병의 발생확률(빈도)을 의미하며, 노출·빈도시간, 유해·위험한 사건(신뢰성 및 통계데이터, 사고이력, 건강장해이력)의 발생확률, 피해의 회피·제한 가능성을 고려하여야 한다. 가능성의 추정은 피해(부상 또는 질병)의 가능성을 사업장의 특성에 따라 단계(3~6단계 등)를 정할 수 있다.

③ 중대성은 부상·질병이 발생했을 때 미치는 영향의 정도(강도 또는 심각성)을 의미하며, 부상 또는 건강장해의 정도, 치료기간, 후유장해 유무, 피해의 범위(1인, 복수)를 고려하여야 한다.

📖 중대성(강도) 예시

구분	중대성		내용
최대	사망	4	사망재해
대	장해발생	3	휴업 1월 이상인 재해
중	병원치료	2	휴업 1월 미만인 재해
소	비치료	1	휴업이 수반되지 않는 재해

④ 허용 가능한 위험성의 기준은 위험성 결정을 하기 전에 사업장 자체적으로 설정해 두어야 한다(위험성평가지침 제12조제2항). 유해성(중대성)의 위험성기준을 소개하면 다음과 같다.

📖 **위험성평가와 유해인자의 노출기준**

구분	중대성	노출기준	
		발생형태 : 분진(mg/m²)	발생형태 : 분진(ppm)
최대	4	0.01 이하	0.5 이하
대	3	0.01 초과 0.1 이하	0.5 초과 5 이하
중	2	0.1 초과 1 이하	5 초과 50 이하
소	1	1 초과 10 이하	50 초과 500 이하

5) 위험성의 감소대책 수립 및 실행

① 사업주는 제11조제2항에 따라 위험성을 결정한 결과 허용 가능한 위험성이 아니라고 판단되는 경우에는 위험성의 수준, 영향을 받는 근로자 수 및 다음 각 호의 순서를 고려하여 위험성 감소를 위한 대책을 수립하여 실행하여야 한다. 이 경우 법령에서 정하는 사항과 그 밖에 근로자의 위험 또는 건강장해를 방지하기 위하여 필요한 조치를 반영하여야 한다(위험성평가지침 제12조제1항).

> 1. 위험한 작업의 폐지·변경, 유해·위험물질 대체 등의 조치 또는 설계나 계획 단계에서 위험성을 제거 또는 저감하는 조치
> 2. 연동장치, 환기장치 설치 등의 공학적 대책
> 3. 사업장 작업절차서 정비 등의 관리적 대책
> 4. 개인용 보호구의 사용

② 위험성평가를 한 결과 위험성이 높은 것으로 추정되는 경우에는 위험성수준을 낮추기 위한 적합한 개선조치가 필요하며, 이를 "**위험성감소조치**" 또는 "**위험성 저감대책**"이라고 한다.

③ 사업주는 위험성 감소대책을 실행한 후 해당 공정 또는 작업의 위험성의 크기가 사전에 자체 설정한 허용 가능한 위험성의 범위인지를 확인하여야 한다(위험성평가지침 제12조제2항). 제2항에 따른 확인 결과, 위험성이 자체 설정한 허용 가능한 위험성 수준으로 내려오지 않는 경우에는 허용 가능한 위험성 수준이 될 때까지 추가의 감소대책을 수립·실행하여야 한다(동조 제3항).

④ 사업주는 **중대재해, 중대산업사고 또는 심각한 질병이 발생할 우려가 있는 위험성**으로서 제1항에 따라 수립한 위험성 감소대책의 실행에 많은 시간이 필요한 경우에는 즉시 잠정적인 조치를 강구하여야 한다(동조 제4항). 사업주는 위험성 평가를 종료한 후 남아 있는 유해·위험요인에 대해서는 게시, 주지 등의 방법으로 근로자에게 알려야 한다(동조 제5항).

6) 위험성평가의 공유와 TBM
   ① 사업주는 위험성평가를 실시한 결과 중 다음 각 호에 해당하는 사항을 근로자에게 게시, 주지 등의 방법으로 알려야 한다(위험성평가지침 제13조제1항).

   > 1. 근로자가 종사하는 작업과 관련된 유해 · 위험요인
   > 2. 제1호에 따른 유해 · 위험요인의 위험성 결정 결과
   > 3. 제1호에 따른 유해 · 위험요인의 위험성 감소대책과 그 실행계획 및 실행 여부
   > 4. 제3호에 따른 위험성 감소대책에 따라 근로자가 준수하거나 주의해야 할 사항

   ② 근로자에게 알려야 할 사항을 법 제29조에 따른 근로자에 대한 안전보건교육 등의 교육 시 교육내용에 포함하여 해당 작업에 종사하는 근로자에게 교육하여야 한다(위험성평가지침 제13조제2항).
   ③ 사업주는 위험성평가 결과 법 제2조제2호의 중대재해로 이어질 수 있는 유해 · 위험요인에 대해서는 작업 전 안전점검회의(TBM; Tool Box Meeting) 등을 통해 근로자에게 상시적으로 주지시키도록 노력하여야 한다(위험성평가지침 제13조제3항).

7) 기록 및 보존
   ① 사업주는 제1항에 따른 위험성평가의 결과와 조치사항을 고용노동부령으로 정하는 바에 따라 기록하여 보존하여야 한다(산안법 제36조제3항).
   ② 사업주가 법 제36조제3항에 따라 위험성평가의 결과와 조치사항을 기록 · 보존할 때에는 다음 각 호의 사항이 포함되어야 한다(산안법 시행규칙 제37조제1항).

   > 1. 위험성평가 대상의 유해 · 위험요인
   > 2. 위험성 결정의 내용
   > 3. 위험성 결정에 따른 조치의 내용
   > 4. 그 밖에 위험성평가의 실시내용을 확인하기 위하여 필요한 사항으로서 고용노동부장 관이 정하여 고시하는 사항

   ③ 산업안전보건법시행규칙 제37조제1항제4호에 따른 "그 밖에 위험성평가의 실시 내용을 확인하기 위하여 필요한 사항으로서 고용노동부장관이 정하여 고시하는 사항"이란 다음 각 호에 관한 사항을 말한다(위험성평가지침 제14조제1항).

   > 1. 위험성평가를 위해 사전조사한 안전보건정보
   > 2. 그 밖에 사업장에서 필요하다고 정한 사항

   ④ 산업안전보건법시행규칙 제37조제2항의 기록에 최소보존기한은 제15조에 따른 실시기간별 위험성평가를 완료한 날부터 기산한다(위험성평가지침 제14조제2항). 사업주는 제1항에 따른 **자료를 3년간 보존하여야 한다**(산안법 시행규칙 제 37조제2항).

2 위험성평가의 인정과 지원사업

(1) 위험성평가의 인정

1) 위험성평가의 인정신청

① 고용노동부장관은 소규모 사업장의 위험성평가를 활성화하기 위하여 위험성평가 우수 사업장에 대해 인정해 주는 제도를 운영할 수 있다. 이 경우 인정을 신청할 수 있는 사업장은 다음 각 호와 같다(위험성평가지침 제16조제1항).

> 1. 상시근로자 수 100명 미만 사업장(건설공사를 제외한다). 이 경우 제63조에 따른 작업의 일부 또는 전부를 도급에 의하여 행하는 사업의 경우는 도급사업주의 사업장(이하 "도급사업장"이라 한다)과 수급사업주의 사업장(이하 "수급사업장"이라 한다) 각각의 근로자 수를 합산하여 이 규정에 의한 상시근로자 수로 본다.
> 2. 총공사금액 120억원(토목공사는 150억원) 미만의 건설공사

② 위험성평가를 실시한 사업장으로서 우수사업장으로 인정을 받고자 하는 사업주는 **위험성평가 인정신청서**를 해당 사업장을 관할하는 공단 광역본부장·지역본부장·지사장에게 제출하여야 한다(동조 제2항). 이 경우 인정신청은 위험성평가 인정을 받고자 하는 단위 사업장(또는 건설공사)으로 한다. 다만, 다음 각 호의 어느 하나에 해당하는 사업장은 인정신청을 할 수 없다(동조 제3항).

> 1. 제22조에 따라 인정이 취소된 날부터 1년이 경과하지 아니한 사업장
> 2. 최근 1년 이내에 제22조제1항 각 호(제1호 및 제5호를 제외한다)의 어느 하나에 해당하는 사유가 있는 사업장

③ 법 제63조에 따른 작업의 일부 또는 전부를 도급에 의하여 행하는 사업장의 경우에는 도급사업장의 사업주가 수급사업장을 일괄하여 인정을 신청하여야 한다. 이 경우 인정신청에 포함하는 해당 수급사업장 명단을 신청서에 기재(건설공사를 제외한다)하여야 한다(위험성평가지침 제16조제4항).

2) 위험성평가의 인정심사

① 공단은 위험성평가 인정신청서를 제출한 사업장에 대하여는 다음에서 정하는 항목을 심사(이하 "인정심사"라 한다)하여야 한다(위험성평가지침 제17조제1항).

> 1. 사업주의 관심도
> 2. 위험성평가 실행수준
> 3. 구성원의 참여 및 이해 수준
> 4. 재해발생 수준

② 공단 광역본부장·지역본부장·지사장은 소속 직원으로 하여금 사업장을 방문하여 제1항의 인정심사(이하 "현장심사"라 한다)를 하도록 하여야 한다. 이 경우 현장심사는 현장심사 전일을 기준으로 ⅰ) **최초인정은 최근 1년**, ⅱ) **최초인정 후 다시 인정(이하 "재인정"이라 한다)하는 것은 최근 3년 이내**에 실시한 위험성평가를 대상으로 한다. 다만, 인정사업장 사후심사를 위하여 제21조제3항에 따른 현장심사를 실시한 것은 제외할 수 있다(위험성평가지침 제17조제2항).

3) 인정심사위원회의 구성·운영

① 공단은 위험성평가 인정과 관련한 다음 각 호의 사항을 심의·의결하기 위하여 각 지역본부·지사에 위험성평가 인정심사위원회를 두어야 한다(위험성평가지침 제18조제1항).

> 1. 인정 여부의 결정
> 2. 인정취소 여부의 결정
> 3. 인정과 관련한 이의신청에 대한 심사 및 결정
> 4. 심사항목 및 심사기준의 개정 건의
> 5. 그 밖에 인정 업무와 관련하여 위원장이 회의에 부치는 사항

② 인정심사위원회는 공단 지역본부장·지사장을 위원장으로 하고, 관할 지방고용 노동관서 산재예방지도과장(산재예방지도과가 설치되지 않은 관서는 근로개선 지도과장)을 당연직 위원으로 하여 10명 이내의 내·외부 위원으로 구성하여야 한다(위험성평가지침 제18조제2항).

4) 위험성평가의 인정

① 공단은 인정신청 사업장에 대한 **현장심사를 완료한 날부터 1개월 이내**에 인정 심사위원회의 심의·의결을 거쳐 인정 여부를 결정하여야 한다. 이 경우 다음의 기준을 충족하는 경우에만 인정을 결정하여야 한다(위험성평가지침 제19조제1항).

> 1. 제2장에서 정한 방법, 절차 등에 따라 위험성평가 업무를 수행한 사업장
> 2. 현장심사 결과 제17조제1항 각 호의 평가점수가 100점 만점에 50점을 미달하는 항목이 없고, 종합점수가 100점 만점에 70점 이상인 사업장

② 인정심사위원회는 제1항의 인정 기준을 충족하는 사업장의 경우에도 **인정심사위원회를 개최하는 날을 기준으로 최근 1년 이내**에 제22조제1항 각 호에 해당하는 사유가 있는 사업장에 대하여는 인정하지 아니한다(위험성평가지침 제19조제2항).

③ 공단은 제17조제4항에 따른 인정심사를 한 경우에는 인정심사기준을 만족하는 도급사업장과 수급사업장에 대해 각각 인정서를 발급하여야 한다(위험성평가지침 제19조제3항).

5) 인정사업장 사후심사
   ① 공단은 제19조제3항 및 제20조에 따라 인정을 받은 사업장이 위험성평가를 효과적으로 유지하고 있는지 확인하기 위하여 매년 인정사업장의 20% 범위에서 사후심사를 할 수 있다(위험성평가지침 제21조제1항).
   ② 사후심사는 다음 각 호의 어느 하나에 해당하는 사업장으로 인정심사위원회에서 사후심사가 필요하다고 결정한 사업장을 대상으로 한다. 이 경우 제1호에 해당하는 사업장은 특별한 사정이 없는 한 대상에 포함하여야 한다(위험성평가지침 제21조제2항).

   > 1. 공사가 진행 중인 건설공사. 다만, 사후심사일 현재 잔여 공사기간이 3개월 미만인 건설공사는 제외할 수 있다.
   > 2. 제19조제1항제2호 및 제20조제2항에 따른 종합점수가 100점 만점에 80점 미만인 사업장으로 사후심사가 필요하다고 판단되는 사업장
   > 3. 그 밖에 무작위 추출 방식에 의하여 선정한 사업장(건설공사를 제외한 연간 사후심사 사업장의 50% 이상을 선정한다)

   ③ 사후심사는 직전 현장심사를 받은 이후에 사업장에서 실시한 위험성평가에 대해 현장심사를 하는 것으로 하며, 해당 사업장이 제19조에 따른 인정 기준을 유지하는지 여부를 심사하여야 한다(위험성평가지침 제21조제3항).

6) 인정의 취소
   ① 위험성평가 인정사업장에서 인정 유효기간 중에 다음 각 호의 어느 하나에 해당하는 사업장은 인정을 취소하여야 한다(위험성평가지침 제22조제1항).

   > 1. 거짓 또는 부정한 방법으로 인정을 받은 사업장
   > 2. 직·간접적인 법령 위반에 기인하여 중대재해가 발생한 사업장
   > 3. 근로자의 부상(3일 이상의 휴업)을 동반한 중대산업사고 발생사업장
   > 4. 법 제10조에 따른 산업재해발생건수, 재해율 또는 그 순위 등이 공표된 사업장(영 제10조제4호에 한정한다)
   > 5. 제21조에 따른 사후심사 결과, 제19조에 의한 인정기준을 충족하지 못한 사업장
   > 6. 사업주가 자진하여 인정 취소를 요청한 사업장
   > 7. 그 밖에 인정취소가 필요하다고 공단 지역본부장 또는 지사장이 인정하는 사업장

   ② 공단은 제1항에 해당하는 사업장에 대해서는 인정심사위원회에 상정하여 인정취소 여부를 결정하여야 한다. 이 경우 해당 사업장에는 소명의 기회를 부여하여야 한다(위험성평가지침 제22조제2항). 제2항에 따라 인정취소사유가 발생한 날을 인정취소일로 본다(위험성평가지침 제22조제3항).

(2) 지원사업의 추진 등

1) 위험성평가 지원사업

① 고용노동부장관은 사업장의 위험성평가를 지원하기 위하여 공단 이사장으로 하여금 다음 각 호의 위험성평가사업을 추진하게 할 수 있다(위험성평가지침 제23조제1항).

> 1. 추진기법 및 모델, 기술자료 등의 개발·보급
> 2. 우수 사업장 발굴 및 홍보
> 3. 사업장 관계자에 대한 교육
> 4. 사업장 컨설팅
> 5. 전문가 양성
> 6. 지원시스템 구축·운영
> 7. 인정제도의 운영
> 8. 그 밖에 위험성평가 추진에 관한 사항

② 공단 이사장은 제1항에 따른 사업을 추진하는 경우 고용노동부와 협의하여 추진하고 추진결과 및 성과를 분석하여 매년 1회 이상 장관에게 보고하여야 한다(위험성평가지침 제23조제2항).

2) 위험성평가 교육지원

① 공단은 제23조제1항에 따라 사업장의 위험성평가를 지원하기 위하여 다음 각 호의 교육과정을 개설하여 운영할 수 있다(위험성평가지침 제24조제1항).

> 1. 사업주 교육
> 2. 평가담당자 교육
> 3. 전문가 양성 교육

② 공단은 제1항에 따른 교육과정을 지역본부·지사 또는 산업안전보건교육원(이하 "교육원"이라 한다)에 개설하여 운영하여야 한다(위험성평가지침 제24조제2항). 제1항제2호 및 제3호에 따른 평가담당자 교육을 수료한 근로자에 대해서는 해당 시기에 사업주가 실시해야 하는 관리감독자 교육을 수료한 시간만큼 실시한 것으로 본다(위험성평가지침 제24조제3항).

3) 위험성평가 컨설팅지원

① 공단은 **근로자 수 50명 미만 소규모 사업장**(건설업의 경우 전년도에 공시한 시공능력 평가액 순위가 200위 초과인 종합건설업체 본사 또는 총공사금액 120억원(토목공사는 150억원) 미만인 건설공사를 말한다)의 사업주로부터 제7조제3항에 따른 컨설팅지원을 요청받은 경우에 위험성평가 실시에 대한 컨설팅지원을 할 수 있다(위험성평가지침 제25조제1항). 이 경우 공단의 컨설팅지원을 받으려는 사업주는 사업장 관할의 공단 광역지역본부·지역본부장·지사장에게 지원 신청을 하여야 한다(위험성평가지침 제25조제2항).

② 제2항에도 불구하고 공단 지역본부·지사장은 재해예방을 위하여 필요하다고 판단되는 사업장을 직접 선정하여 컨설팅을 지원할 수 있다(위험성평가지침 제25조제3항).

③ 공단은 사업주가 위험성평가 감소대책의 실행을 위하여 해당 시설 및 기기 등에 대하여 「산업재해예방시설자금 융자 및 보조업무처리규칙」에 따라 보조금 또는 융자금을 신청한 경우에는 우선하여 지원할 수 있다(위험성평가지침 제26조제4항).

4) 인정사업장 등에 대한 혜택

① 고용노동부장관은 위험성평가 인정사업장에 대하여는 제19조 및 제20조에 따른 인정 유효기간 동안 사업장 안전보건 감독을 유예할 수 있다(위험성평가지침 제27조제1항). 이 경우 유예하는 안전보건 감독은 「근로감독관 집무규정(산업안전보건)」 제10조제1항에 따른 기획감독대상 중 장관이 별도로 지정한 사업장으로 한정한다(위험성평가지침 제27조제2항).

② 장관은 위험성평가를 실시하였거나 위험성평가를 실시하고 인정을 받은 사업장에 대해서는 정부 포상 또는 표창의 우선 추천 및 그 밖의 혜택을 부여할 수 있다(위험성평가지침 제27조제3항).

제1장 출·제·예·상·문·제

01 위험성평가의 방법과 절차 등에 대한 설명으로 옳지 않은 것은?

① 위험성평가는 재해발생의 가능성이 있는 건설물, 기계·기구·설비, 화학물질, 생산방법이나 공법 등에 따른 산업재해를 예방하기 위해 실시한다.
② 위험성평가는 사업주에게 유해·위험요인을 찾아 위험성을 결정하고 그 결과에 따라 이 법과 이 법에 따른 명령에 의한 조치를 하여야 한다.
③ 위험성평가는 해당 유해·위험요인에 의한 부상 또는 질병의 발생가능성과 중대성을 추정·결정하고 감소대책을 수립하여 실행하는 일련의 과정이다.
④ 위험성평가는 유해·위험성이 있는 모든 업종이나 도급인 또는 수급인의 사업장에 제한 없이 실시할 수 있다.
⑤ 위험성평가의 절차는 사전준비, 유해·위험요인 파악, 위험성의 결정에 따른 위험성추정의 순서로 진행한다.

해설 위험성평가의 방법과 절차
위험성평가의 절차는 사전준비, 유해·위험요인 파악방법, **위험성추정, 위험성의 결정**, 위험성 감소대책수립 및 실행의 순서로 실시한다. 위험성추정과 산정방법은 위험성의 추정에 포함된다.

02 위험성평가의 종류와 시기에 대한 설명 중 옳지 않은 것은?

① 최초위험성평가는 사업장이 설립된 날부터 1개월이 된 날까지 실시하여야 한다.
② 수시위험성평가는 사업장의 건설물을 설치·이전·변경하는 등 일정한 사유가 있을 때 실시한다.
③ 정기위험성평가는 위험성평가의 결과에 대한 적정성을 1년마다 재검토하여야 한다.
④ 상시위험성평가는 사업장의 유해·위험요인을 발굴하고 매달 1회 이상 실시하여야 한다.
⑤ 상시위험성평가를 실시한 경우에는 정기위험성평가를 실시하지 아니할 수 있으나, 수시위험성평가를 실시해야 한다.

해설 위험성평가의 종류와 시기
상시위험성평가를 실시한 경우에는 수시위험성평가와 정기위험성평가를 생략할 수 있다. 사업주가 상시위험성평가를 하여 매월 1회 이상 근로자의 제안제도 활용, 매주 안전보건관리책임자, 안전관리자, 보건관리자, 관리감독자 등을 중심으로 위험성평가 결과를 공유, 매 작업일마다 작업 전 안전점검회의 등을 통해 공유·주지하는 경우에는 수시평가와 정기평가를 한 것으로 본다.

정답 | 01. ⑤ 02. ⑤

03 위험성평가의 방법 등에 대한 설명 중 옳지 않은 것은?

① 안전보건관리책임자 등 해당 사업장에서 실시하는 사업의 실시를 총괄·관리하는 사람에게 위험성평가를 총괄하여 관리하게 할 것
② 사업장의 안전관리자, 보건관리자 등이 위험성평가의 실시에 관하여 안전보건관리책임자를 보좌하고 지도·조언하게 할 것
③ 유해위험요인을 파악하고 그 결과에 따른 개선조치를 시행할 것
④ 기계·기구·설비 등과 관련된 위험성평가에는 해당 사업장에서 3년 이상 경험이 있는 근로자를 참여시킬 것
⑤ 안전보건관리자 등의 선임의무가 없는 경우에는 제2호에 따른 업무를 수행할 사람을 지정하는 등 그 밖에 위험성평가를 위한 체제를 구축할 것

해설 위험성평가의 방법
기계·기구·설비 등과 관련된 위험성평가에는 해당 기계·기구·설비 등에 전문지식을 갖춘 사람을 참여하게 하여야 한다. **위험성평가에 참여하는 사람의 근무연한에 관한 기준을 제한하지 않는다.**

04 위험성평가의 사전준비사항에 대한 설명 중 옳지 않은 것은?

① 평가의 목적과 방법
② 평가담당자 및 책임자의 역할
③ 평가시기 및 절차
④ 근로자에 대한 참여·공유방법 및 유의사항
⑤ 위험성평가 결과의 보고

해설 위험성평가의 사전준비사항
위험성평가를 실시한 경우에는 **실시내용 및 결과에 관한 기록 및 보존**을 하여야 한다.

05 위험성평가의 결과를 TBM을 통해 공유해야 할 사항에 해당하지 않는 것은?

① 근로자가 종사하는 작업과 관련된 유해위험요인
② 유해위험요인의 위험성평가 결정 결과
③ 유해위험요인의 위험성감소대책과 그 실행계획 및 실행 여부
④ 위험성감소대책에 따라 근로자가 준수하거나 주의해야 할 사항
⑤ 위험성평가의 실시와 관리감독자의 역할

정답 | 03. ④ 04. ⑤ 05. ⑤

> **해설** 위험성평가의 결과 공유
> 위험성평가를 실시한 결과를 안전점검회의(TBM; Tool Box Meeting) 등을 통해 근로자에게 상시적으로 주지시키도록 노력하여야 한다. **위험성평가를 실시할 경우 관리감독자의 역할은 공유사항에 해당되지 않는다.**

06 위험성평가의 결과와 조치사항을 기록·보존할 때 포함해야 할 사항은?

① 위험성평가 대상의 유해·위험요인
② 위험성결정의 내용
③ 위험성결정에 다른 조치의 내용
④ 구성원의 참여 및 이해수준
⑤ 그 밖의 위험성평가의 실시내용을 확인하기 위하여 필요한 사항으로서 고용노동부장관이 정하여 고시하는 사항

> **해설** 위험성평가의 결과와 조치사항의 기록·보존
> 구성원의 참여 및 이해수준은 위험성평가의 인정신청서를 제출한 사업장에 대하여 **안전보건공단이 심사를 해야 할 항목**이다.

정답 | 06. ④

제2장 안전보건조치

01 안전조치

1 안전조치기준의 정의와 대상

(1) 안전조치기준

1) 재해예방조치와 안전조치기준
   ① 안전조치기준은 **산업재해를 예방하기 위하여 미리 재해예방조치를 해야 할 규범체계**를 말한다. 안전보건조치의무는 사전적 예방조치에 해당되며, 범죄 성립요건에 해당된다. 사업장에서 발생한 사고가 인명손실의 재해가 되는 경우 원칙적으로 산업재해로 본다. 다만, 발생 경위의 고의나 자해행위 등은 예외로 한다.
   ② **고의사고**는 인위적인 것으로서 사고의 우연성에 부합하지 아니한다. 따라서 근로자가 자살을 목적으로 출입금지구역에 들어가 사망한 것이라면, 사업주의 통제범위를 벗어난 것이므로 안전조치위반에 따른 산업재해로 볼 수 없다.

2) 법규범적 통제의 대상과 방법
   ① 산업안전보건법은 산업재해를 예방하기 위하여 책임주체(의무주체와 행위주체), 안전조치 및 보건조치의 기준, 안전보건교육, 도급사업의 안전보건관리, 유해·위험기계 등의 방호조치, 안전검사, 유해·위험물질의 관리, 근로자의 건강진단 등을 규정하고 있다.
   ② 재해원인을 규범적으로 통제하기 위해서는 유해·위험요인과 작업공정, 유해·위험성을 분석하여 체계적·관리적인 조치기준을 마련할 필요가 있다.
   ③ **위험통제(Risk Control)**는 사고발생의 빈도나 손해발생의 정도를 관리하는 방법을 말하며, ⅰ) 위험의 예방, ⅱ) 위험의 경감, ⅲ) 위험의 회피로 구분할 수 있다. 그러나 위험통제의 방법은 법령에 명시된 경우에만 규범성을 지닌다.

(2) 안전보건규칙의 구성과 성질

1) 안전보건규칙의 구성
   ① 사업주가 산업안전보건법 제38조에 따라 안전조치를 해야 할 구체적인 사항은 고용노동부령에 정하고 있다. 산업안전보건법에서는 법령의 집행에 필요한 사항으로서 「산업안전보건기준에 관한 규칙(이하 "안전보건규칙"이라 한다)」을 제정하여 시행하고 있다.

② 안전보건규칙은 총칙(제1편), 안전기준(제2편), 보건기준(제3편)의 총 678개 조문(가지조문 5개 별도)으로 구성되어 있다. 이 규칙은 각종 기술상 또는 작업절차상의 기준을 정하고, 법률 및 시행령의 집행을 위하여 필요한 사항을 정한 것이다.

2) 안전보건규칙의 법적 성질

① 안전보건규칙은 산업안전보건법과 시행령에서 위임된 시행규칙과 동일하게 사업주와 근로자에게 직접 효력을 가지는 **법규명령의 성질**을 지닌다. 안전보건규칙은 사업주에게 안전보건조치를 하도록 강제할 수 있는 규범성을 지니며, 이를 위반한 경우에는 산업안전보건법의 위반죄를 물을 수 있다.

② 산업안전보건법 제38조에 의한 구체적인 조치사항 및 준수사항은 「산업안전보건기준에 관한 규칙」에 정하고 있다. 이 경우 **구체적 위반 여부**는 '안전보건규칙'에 따라 판단해야 한다는 것이 판례이다(대판 2014. 5. 29. 2014도3542).

③ 사업주가 「안전보건규칙」에 따른 안전조치 없이 안전상 위험성이 있는 작업을 지시하는 경우에는 산업안전보건법 제38조제1항의 위반죄가 성립한다(대판 2010. 9. 9. 2008도7834, 대판 2010. 11. 11. 2009도13252).

2 안전조치의무와 위반죄의 판단

(1) 안전조치의무와 위반죄의 성립

1) 안전조치위반죄의 판단

① 근로자가 사망한 경우 모법의 위임조항과 안전보건규칙을 종합적으로 고려하여 산업안전보건법 위반죄의 여부를 판단한다. 안전보건규칙은 법규명령으로서 재판상의 규범에 해당되지만, 여기에 전적으로 구속되어 형사책임의 인정 여부를 판단해서는 아니 된다.

② 산업안전보건법 제38조와 「안전보건규칙」은 사업주가 이행하여야 할 행위유형을 열거한 것으로 벌칙조항의 **기본 구성요건을 포괄적으로 규정**하고 있을 뿐이며, 불법 구성요건에 대한 필요한 조치는 고용노동부령에 위임하고 있다.

2) 작업방법 등 위험방지조치

① 사업주는 굴착, 채석, 하역, 벌목, 운송, 조작, 운반, 해체, 중량물 취급, 그 밖의 작업을 할 때 **불량한 작업방법 등으로 인하여 발생하는 산업재해를 방지**하기 위하여 필요한 조치를 하여야 한다(산안법 제38조제2항).

② 이 규정은 부적절한 작업자세 또는 태도, 작업순서의 오류, 부적합한 도구나 장비의 사용 등 **근로자의 작업행동에 따른 사고발생을 사전에 방지**하고자 하는 취지이다. 안전한 작업방법으로 작업하기 불가능한 경우에는 작업방법을 개선하고, 감시인을 배치하는 등 안전조치를 해야 한다.

(2) 법 제38조의 위반과 안전조치기준

① 산업안전보건법은 근로자의 건강과 생명을 보호하기 위하여 위험방지와 보건관리를 위한 조치기준을 마련하고 있다. 사업주가 산업안전보건법 제38조제1항부터 제3항까지의 규정에 따라 하여야 할 조치(이하 "안전조치"라 한다)는 고용노동부령으로 정한다(산안법 제38조제4항).

② 사업주가 산업안전보건법 제38조제1항 각 호의 위험예방을 위하여 필요한 조치를 취하지 아니한 경우에는 이로 인하여 실제로 재해가 발생하였는지 여부에 상관없이 같은 법 제168조제1호에 의한 산업안전보건법 위반죄가 성립한다(대판 2006. 4. 28. 2005도3700).

③ 산업안전보건법 제38조의 위반성은 구체적으로 「안전보건규칙」에 따라 해석한다. 산업안전보건법의 중 대한 위반사건은 대부분 법 제38조 위반이며, 주종을 이루는 추락, 낙하·비래, 협착, 감전, 붕괴·도괴 등 사고유형별 안전조치기준은 다음과 같다.

📖 **사고유형별 안전조치기준**

사고유형	안전조치기준(안전보건기준에 관한 규칙)
추락	작업장 등에서의 추락방지조치(안전보건규칙 제20조, 제22조, 제23조, 제42조, 제43조, 제44조, 제45조, 제56조, 제57조, 제63조, 제418조)
	건설기계의 사용 중 추락(안전보건규칙 제86조, 제335조)
	열차의 점검수리 중 추락방지(안전보건규칙 제409조, 제415조)
낙하·비래	작업장에서 낙하물 등에 의한 위험예방조치(안전보건규칙 제14조, 제193조)
	건설작업에서 낙하물 등에 의한 위험방지조치(안전보건규칙 제366조)
협착	기계·기구 기타 설비에 의한 위험예방(안전보건규칙 제38조, 제3편제86조부터 제224조까지)
	열차의 입환작업 중 협착방지(안전보건규칙 제415조)
감전	사출성형기 덮개의 감전방지(안전보건규칙 제121조)
	고소작업 시 전로근접에 의한 감전방지(안전보건규칙 제186조)
	전기기계·기구 등에 대한 방호조치(안전보건규칙 301조, 제302조, 제304조, 제305조, 제309조, 제313조, 제318조)
	전기 활선작업 시 방호조치(안전보건규칙 제319조, 제320조, 제321조, 제322조)
	정전기에 의한 감전방지조치(안전보건규칙 제325조)
	열차의 점검수리 시 방호조치(안전보건규칙 제409조)
	궤도보수 시 감전방지조치(안전보건규칙 제410조, 제411조, 제412조, 제413조)
붕괴·도괴	작업장 등에서의 붕괴 등 예방조치(안전보건규칙 제50조, 제51조, 제52조, 제53조)
	건설기계의 작업 시 붕괴 또는 도괴의 예방조치(안전보건규칙 제161조, 제171조, 제173조, 제199조, 제203조, 제209조)
	거푸집의 붕괴 또는 도괴사고 예방조치(안전보건규칙 제334조, 제337조)
	굴착공사 시 붕괴사고의 예방조치(안전보건규칙 제338조, 제339조, 제340조, 제341조, 제347조, 제351조, 제352조, 제366조)

사고유형	안전조치기준(안전보건기준에 관한 규칙)
붕괴 · 도괴	교량공사 시 붕괴사고의 예방조치(안전보건규칙 제369조)
	채석작업 시 붕괴 등 위험예방조치(안전보건규칙 제370조, 제371조, 제372조, 제373조)
	궤도 보수점검 시 예방조치(안전보건규칙 제411조)
	입환작업 시 예방조치(안전보건규칙 제415조)
	터널 지하구간 및 교량작업 시 예방조치(안전보건규칙 제418조)

02 총칙

1 작업장과 보호구 등 안전조치의무

(1) 작업장관리기준

📖 작업장관리기준 요약

구분	판단기준	근거
1. 작업장 바닥	• 바닥은 넘어지게 하거나 미끄러지게 하는 장애물이 없도록 안전하고 청결한 상태 유지	제3조
2. 작업발판	• 선반 · 롤러기 등 기계 · 설비류는 근로자 신장에 맞게 발판 설치 • 기계 · 설비를 적정 높이로 조절	제9조
3. 작업장 창문	• 창문 개폐 시 작업이나 통행에 방해가 되지 않도록 함. • 안전한 방법으로 창문을 여닫거나 청소를 할 수 있도록 보조도구를 사용하게 하는 등 필요한 조치	제10조
4. 작업장 출입구	• 위치, 수 크기가 작업장의 용도와 특성에 맞게 설치 • 근로자가 쉽게 여닫을 수 있게 함. • 주목적이 하역운반기계용인 경우 보행자용 출입구 따로 설치 • 출입문에서 운반기계 등과 접촉 우려 시 비상등 · 비상벨 등 경보 장치 설치 • 계단이 출입구와 바로 연결된 경우 1.2m 이상의 거리를 두거나 안내표지 또는 비상벨 설치(문을 설치하지 않은 경우는 제외)	제11조
5. 동력으로 작동되는 문	• 2.5m 높이까지는 비상정지장치의 설치 등 필요한 조치 • 비상정지장치는 잘 알아볼 수 있고, 쉽게 조작할 수 있을 것 • 동력이 끊어진 때에는 즉시 정지되도록 할 것 • 수동으로 열고 닫을 수 있도록 할 것 • 수동으로 조작할 때는 제어장치에 의해 즉시 정지시킬 수 있는 구조	제12조
6. 안전난간	• 상부난간대, 중간난간대, 발끝막이판 및 난간기둥으로 구성 • 상부난간대는 90cm 이상 120cm 이하에 설치 • 중간난간대는 상부난간대와 바닥면 중간에 설치 • 발끝막이판은 바닥면 등으로부터 10cm 이상의 높이 유지	제13조

구분	판단기준	근거
6. 안전난간	• 난간기둥은 적정한 간격 유지 • 상부난간대와 중간난간대는 난간 길이 전체에 걸쳐 바닥면과 평행 유지 • 난간대는 지름 2.7cm 이상의 금속제 파이프나 그 이상의 강도를 가진 재료 • 안전난간은 구조적으로 가장 취약한 지점에서 가장 취약한 방향으로 작용하는 100kg 이상의 하중에 견뎌야 함.	제13조
7. 낙하물에 의한 위험의 방지	• 작업장 바닥, 도로 및 통로에 낙하물 위험 시 보호망 설치 • 작업으로 인하여 물체가 떨어지거나 날아올 위험이 있는 경우 낙하물방지망, 수직보호망 또는 방호선반 설치, 출입금지구역의 설정, 보호구의 착용 등 위험방지조치 • 낙하물방지망 또는 방호선반을 설치하는 경우 다음 각 호의 사항 준수 - 높이 10m 이내마다 설치, 내민 길이는 벽면으로부터 2m 이상 - 수평면과의 각도는 20° 이상 30° 이하	제14조
8. 투하설비 등	• 높이가 3m 이상인 장소로부터 물체를 투하하는 경우 적당한 투하설비를 설치하거나 감시인을 배치하는 등 위험방지조치	제15조
9. 위험물 보관	• 안전보건규칙 [별표 1]에 규정된 위험물질은 작업장과 별도 보관, 작업 필요량만 반입하여 사용	제16조
10. 비상구의 설치	• 위험물을 제조·취급하는 작업장은 출입문 외 1개 이상 비상구 설치 • 출입구와 같은 방향에 있지 않고, 출입구에서 3m 이상 떨어져 있을 것 • 작업장의 각 부분으로부터 하나의 비상구 또는 출입구까지의 수평 거리는 50m 이하 • 비상구의 너비는 0.75m 이상 높이는 1.5m 이상 • 비상구의 문은 피난 방향으로 열리도록 하고 실내에서 항상 열 수 있고, 내·외부에 비상구 표시	제17조
11. 비상구 등의 유지	• 비상구, 비상통로, 비상기구를 쉽게 이용할 수 있도록 유지	제18조
12. 경비용 설비	• 연면적이 400m² 이상이거나 50인 이상 옥내작업장에는 비상시에 근로자에게 신속하게 알리기 위한 경보용 설비 또는 기구 설치	제19조
13. 출입의 금지	• 추락에 의하여 근로자에게 위험을 미칠 우려가 있는 장소 • 유압(流壓), 체인 또는 로프 등에 의하여 지탱되어 있는 기계·기구의 덤프, 램(ram), 리프트, 포크(fork) 및 암 등이 갑자기 작동함으로써 근로자에게 위험을 미칠 우려가 있는 장소 • 케이블 크레인을 사용하여 작업을 하는 경우에는 권상용(卷上用) 와이어로프 또는 횡행용(橫行用) 와이어로프가 통하고 있는 도르래 또는 그 부착부의 파손에 의하여 위험을 발생시킬 우려가 있는 그 와이어로프의 내각측(內角側)에 속하는 장소 • 인양전자석(引揚電磁石) 부착 크레인을 사용하여 작업을 하는 경우에는 달아 올려진 화물의 아래쪽 장소 • 인양전자석 부착 이동식 크레인을 사용하여 작업을 하는 경우에는 달아 올려진 화물의 아래쪽 장소 • 리프트를 사용하여 작업을 하는 다음 각 목의 장소 - 리프트 운반구가 오르내리다가 근로자에게 위험을 미칠 우려가 있는 장소	제20조

구분	판단기준	근거

13. 출입의 금지	– 리프트의 권상용 와이어로프 내각측에 그 와이어로프가 통하고 있는 도르래 또는 그 부착부가 떨어져 나감으로써 근로자에게 위험을 미칠 우려가 있는 장소
	• 지게차 · 구내운반차(작업장 내 운반을 주목적으로 하는 차량으로 한정한다. 이하 같다) · 화물자동차 등의 차량계 하역운반기계 및 고소(高所)작업대(이하 "차량계 하역운반기계 등"이라 한다)의 포크 · 버킷(bucket) · 암 또는 이들에 의하여 지탱되어 있는 화물의 밑에 있는 장소. 다만, 구조상 갑작스러운 하강을 방지하는 장치가 있는 것은 제외한다.
	• 운전 중인 항타기(杭打機) 또는 항발기(杭拔機)의 권상용 와이어로프 등의 부착 부분의 파손에 의하여 와이어로프가 벗겨지거나 드럼(drum), 도르래 뭉치 등이 떨어져 근로자에게 위험을 미칠 우려가 있는 장소
	• 화재 또는 폭발의 위험이 있는 장소
	• 낙반(落磐) 등의 위험이 있는 다음 각 목의 장소
	  – 부석의 낙하에 의하여 근로자에게 위험을 미칠 우려가 있는 장소
	  – 터널 지보공(支保工)의 보강작업 또는 보수작업을 하고 있는 장소로서 낙반 또는 낙석 등에 의하여 근로자에게 위험을 미칠 우려가 있는 장소
	• 토사 · 암석 등(이하 "토사 등"이라 한다)의 붕괴 또는 낙하로 인하여 근로자에게 위험을 미칠 우려가 있는 토사 등의 굴착작업 또는 채석작업을 하는 장소 및 그 아래 장소
	• 암석 채취를 위한 굴착작업, 채석에서 암석을 분할가공하거나 운반하는 작업, 그 밖에 이러한 작업에 수반(隨伴)한 작업(이하 "채석작업"이라 한다)을 하는 경우에는 운전 중인 굴착기계 · 분할기계 · 적재기계 또는 운반기계(이하 "굴착기계 등"이라 한다)에 접촉함으로써 근로자에게 위험을 미칠 우려가 있는 장소
	• 해체작업을 하는 장소
	• 하역작업을 하는 경우에는 쌓아놓은 화물이 무너지거나 화물이 떨어져 근로자에게 위험을 미칠 우려가 있는 장소
	• 다음 각 목의 항만하역작업 장소
	  – 해치커버[(해치보드(hatch board) 및 해치빔(hatch beam)을 포함한다)]의 개폐 · 설치 또는 해체작업을 하고 있어 해치 보드 또는 해치빔 등이 떨어져 근로자에게 위험을 미칠 우려가 있는 장소
	  – 양화장치(揚貨裝置) 붐(boom)이 넘어짐으로써 근로자에게 위험을 미칠 우려가 있는 장소
	  – 양화장치, 데릭(derrick), 크레인, 이동식 크레인(이하 "양화장치 등"이라 한다)에 매달린 화물이 떨어져 근로자에게 위험을 미칠 우려가 있는 장소
	• 벌목, 목재의 집하 또는 운반 등의 작업을 하는 경우에는 벌목한 목재 등이 아래 방향으로 굴러 떨어지는 등의 위험이 발생할 우려가 있는 장소
	• 양화장치 등을 사용하여 화물의 적하[부두 위의 화물에 훅(hook)을 걸어 선(船) 내에 적재하기까지의 작업을 말한다] 또는 양하(선 내의 화물을 부두 위에 내려 놓고 훅을 풀기까지의 작업을 말한다)를 하는 경우에는 통행하는 근로자에게 화물이 떨어지거나 충돌할 우려가 있는 장소
	• 굴착기 붐 · 암 · 버킷 등의 선회(旋回)에 의하여 근로자에게 위험을 미칠 우려가 있는 장소
		제20조

14. 통로의 조명	• 정상 통행에 필요한 75럭스 이상의 채광 또는 조명시설 • 단, 갱도 또는 상시 통행을 하지 않는 지하실 등을 통행하는 근로자에게 휴대용 조명기구를 사용하도록 한 경우는 예외	제21조
15. 통로의 설치	• 작업으로 통하는 장소 또는 작업장 내 안전통로 설치 • 추락하거나 위험이 있는 장소에 안전난간, 울, 손잡이 또는 충분한 강도를 지닌 덮개 설치 • 통로면에서 2m 이내에는 장애물이 없도록 함.	제22조
16. 가설통로 구조	• 견고한 구조 • 경사 30° 이하로(계단 설치 시 또는 높이 2m 미만의 가설통로로서 튼튼한 손잡이 설치 시 예외) • 경사 15° 초과 시 미끄러지지 않는 구조 • 추락위험이 있는 장소에 안전난간 설치 • 수직갱 가설통로 길이가 15m 이상 시 10m마다 계단참 설치 • 건설공사의 높이 8m 이상 비계다리는 7m 이내마다 계단참 설치	제23조
17. 사다리식 통로의 구조	• 견고한 구조로 할 것 • 심한 손상, 부식 등이 없는 재료를 사용할 것 • 발판의 간격은 일정하게 할 것 • 발판과 벽 사이 15cm 이상 간격 유지 • 폭은 30cm 이상으로 할 것 • 넘어지거나 미끄러지는 것 방지 조치 • 사다리 상단은 걸쳐놓은 지점에서 60cm 이상 올라갈 것 • 사다리식 통로의 길이가 10m 이상인 경우 5m 이내마다 계단참 설치 • 사다리식 통로의 기울기는 75° 이하(높이 2.5m를 초과하는 지점부터 등받이 울을 설치한 경우 제외) • 접이식 사다리 기둥은 사용 시 접혀지거나 펼쳐지지 않도록 철물 등을 사용하여 견고하게 조치할 것	제24조
18. 계단의 안전기준	• 계단참 및 계단 설치 시 m²당 500kg 이상 하중에 견디는 구조 • 안전율(파괴응력/허용응력)은 4 이상일 것 • 바닥을 구멍이 있는 재료로 할 경우 렌치나 그 밖의 공구 등의 낙하방지 구조	제26조
19. 계단의 폭	• 계단의 폭 1m 이상(급수용·보수용·비상용·나선형 예외) • 계단에는 손잡이와 다른 물건 적치 금지	제27조
20. 계단참의 높이	• 높이가 3m 초과하는 계단에는 높이 3m 이내마다 너비 1.2m 이상의 계단참 설치	제28조
21. 천장의 높이	• 바닥으로부터 높이 2m 이내의 공간에 장애물 없도록 함. • 급수용·보수용·비상용·나선형 계단의 경우 예외	제29조
22. 계단의 난간	• 높이 1m 이상인 계단의 개방된 측면에 안전난간 설치	제30조

(2) 보호구의 사용

① 사업주는 유해하거나 위험한 작업을 고려하여 안전조치 이외에 보호구를 사용하도록 해야 한다. 이 경우 사업장을 총괄하여 관리하는 사람을 이행주체 및 행위주체로 본다.

구분	판단기준	근거
1. 보호구의 제한적 사용	• 보호구를 사용하지 않더라도 유해위험작업으로부터 근로자가 보호받을 수 있도록 설비개선 등 필요한 조치를 하여야 함. • 조치를 하기 어려운 경우에만 제한적으로 해당 작업에 맞는 보호구 사용하도록 함.	제31조
2. 보호구의 지급	• 유해위험작업 종사 근로자에게는 해당 작업조건에 적합한 보호구를 동시에 작업하는 근로자 수 이상 지급하고 착용하도록 하여야 함. – 안전모, 안전대, 안전화, 보안경, 보안면, 절연용 보호구, 방열복, 방진마스크, 방한모, 방한복, 방한화, 방한장갑, 승차용 안전모 등 • 근로자는 반드시 해당 보호구를 착용하여야 함.	제32조
3. 보호구의 관리	• 보호구를 상시 사용할 수 있도록 관리하고 청결을 유지 • 방진마스크의 필터 등을 상시 교환할 수 있도록 충분한 양을 비치하여야 함.	제33조

② 보호구의 사용은 유해위험요인, 산업재해의 예견가능성을 고려하여 신체부위에 적합한 보호구를 사용하도록 해야 한다.

신체부위	보호구의 종류
머리	안전모, 방한모, 보호모, 방열두건
눈 및 안면	보안경(일반, 차광), 보안면(일반, 용접), 보호마스크
귀	귀마개, 귀덮개
호흡	방진마스크, 방독마스크, 송기마스크, 공기호흡기
손	안전장갑, 절연장갑, 화학보호장갑, 방열장갑, 방진장갑
발	안전화, 절연화, 정전기 안전화, 방한화, 절연장화, 화학보호장화, 신발덮개, 보호신발
체간	방열복, 화학보호복, 방한복, 보호앞치마
기타	벨트식 안전대, 그네식 안전대

2 관리감독자의 위험방지 조치

(1) 관리감독자의 위험방지업무 등

1) 관리감독자의 유해 위험방지 업무 등

① 사업주는 법 제16조제1항에 따른 관리감독자(건설업의 경우 직장·조장 및 반장의 지위에서 그 작업을 직접 지휘·감독하는 관리감독자를 말하며, 이하 "관리감독자"라 한다)로 하여금 [별표 2]에서 정하는 바에 따라 유해·위험을 방지하기 위한 업무를 수행하도록 하여야 한다(안전보건규칙 제35조제1항).

② 관리감독자의 유해위험방지에 관한 업무 [별표2]에서는 프레스 등을 사용하는 작업, 목재가공용 기계를 취급하는 작업, 크레인을 사용하는 작업, 위험물을 제조하거나 취급하는 작업, 건조설비를 사용하는 작업, 아세틸렌 용접장치를 사용하는 금속의 용접·용단 또는 가열작업, 가스집합 용접장치의 취급작업 등 20가지 작업의 종류와 점검내용을 규정하고 있다.

③ 사업주는 [별표 3]에서 정하는 바에 따라 작업을 시작하기 전에 관리감독자로 하여금 필요한 사항을 점검하도록 하여야 한다(안전보건규칙 제35조제2항). 사업주는 제2항에 따른 점검결과 이상이 발견되면 즉시 수리하거나 그 밖에 필요한 조치를 하여야 한다(안전보건규칙 제35조제3항).

[안전보건규칙 별표 3] 작업시작 전 점검사항(제35조제2항 관련)

작업의 종류	점검내용
1. 프레스 등을 사용하여 작업을 할 때 (제2편제1장제3절)	가. 클러치 및 브레이크의 기능 나. 크랭크축 · 플라이휠 · 슬라이드 · 연결봉 및 연결 나사의 풀림 여부 다. 1행정 1정지기구 · 급정지장치 및 비상정지장치의 기능 라. 슬라이드 또는 칼날에 의한 위험방지 기구의 기능 마. 프레스의 금형 및 고정볼트 상태 바. 방호장치의 기능 사. 전단기(剪斷機)의 칼날 및 테이블의 상태
2. 로봇의 작동 범위에서 그 로봇에 관하여 교시 등(로봇의 동력원을 차단하고 하는 것은 제외한다)의 작업을 할 때 (제2편제1장제13절)	가. 외부 전선의 피복 또는 외장의 손상 유무 나. 매니퓰레이터(manipulator) 작동의 이상 유무 다. 제동장치 및 비상정지장치의 기능
3. 공기압축기를 가동할 때 (제2편제1장제7절)	가. 공기저장 압력용기의 외관 상태 나. 드레인밸브(drain valve)의 조작 및 배수 다. 압력방출장치의 기능 라. 언로드밸브(unloading valve)의 기능 마. 윤활유의 상태 바. 회전부의 덮개 또는 울 사. 그 밖의 연결 부위의 이상 유무
4. 크레인을 사용하여 작업을 하는 때 (제2편제1장제9절제2관)	가. 권과방지장치 · 브레이크 · 클러치 및 운전장치의 기능 나. 주행로의 상측 및 트롤리(trolley)가 횡행하는 레일의 상태 다. 와이어로프가 통하고 있는 곳의 상태
5. 이동식 크레인을 사용하여 작업을 할 때 (제2편제1장제9절제3관)	가. 권과방지장치나 그 밖의 경보장치의 기능 나. 브레이크 · 클러치 및 조정장치의 기능 다. 와이어로프가 통하고 있는 곳 및 작업장소의 지반 상태
6. 리프트(자동차정비용 간이리프트를 포함한다)를 사용하여 작업을 할 때 (제2편제1장제9절제4관)	가. 방호장치 · 브레이크 및 클러치의 기능 나. 와이어로프가 통하고 있는 곳의 상태
7. 곤돌라를 사용하여 작업을 할 때 (제2편제1장제9절제5관)	가. 방호장치 · 브레이크의 기능 나. 와이어로프 · 슬링와이어(sling wire) 등의 상태

작업의 종류	점검내용
8. 양중기의 와이어로프·달기체인·섬유로프·섬유벨트 또는 훅·샤클·링 등의 철구(이하 "와이어로프 등"이라 한다)를 사용하여 고리걸이작업을 할 때 (제2편제1장제9절제7관)	와이어로프등의 이상 유무
9. 지게차를 사용하여 작업을 하는 때 (제2편제1장제10절제2관)	가. 제동장치 및 조종장치 기능의 이상 유무 나. 하역장치 및 유압장치 기능의 이상 유무 다. 바퀴의 이상 유무 라. 전조등·후미등·방향지시기 및 경보장치 기능의 이상 유무
10. 구내운반차를 사용하여 작업을 할 때 (제2편제1장제10절제3관)	가. 제동장치 및 조종장치 기능의 이상 유무 나. 하역장치 및 유압장치 기능의 이상 유무 다. 바퀴의 이상 유무 라. 전조등·후미등·방향지시기 및 경음기 기능의 이상 유무 마. 충전장치를 포함한 홀더 등의 결합 상태의 이상 유무
11. 고소작업대를 사용하여 작업을 할 때 (제2편제1장제10절제4관)	가. 비상정지장치 및 비상하강 방지장치 기능의 이상 유무 나. 과부하 방지장치의 작동 유무(와이어로프 또는 체인구동방식의 경우) 다. 아웃트리거 또는 바퀴의 이상 유무 라. 작업면의 기울기 또는 요철 유무 마. 활선작업용 장치의 경우 홈·균열·파손 등 그 밖의 손상 유무
12. 화물자동차를 사용하는 작업을 하게 할 때 (제2편제1장제10절제5관)	가. 제동장치 및 조종장치의 기능 나. 하역장치 및 유압장치의 기능 다. 바퀴의 이상 유무
13. 컨베이어 등을 사용하여 작업을 할 때 (제2편제1장제11절)	가. 원동기 및 풀리(pulley) 기능의 이상 유무 나. 이탈 등의 방지장치 기능의 이상 유무 다. 비상정지장치 기능의 이상 유무 라. 원동기·회전축·기어 및 풀리 등의 덮개 또는 울 등의 이상 유무
14. 차량계 건설기계를 사용하여 작업을 할 때 (제2편제1장제12절제1관)	브레이크 및 클러치 등의 기능
14의2. 용접·용단 작업 등의 화재위험 작업을 할 때 (제2편제2장제2절)	가. 작업준비 및 작업절차 수립 여부 나. 화기작업에 따른 인근 가연성물질에 대한 방호 조치 및 소화기구 비치 여부 다. 용접불티 비산방지덮개 또는 용접방화포 등 불꽃·불티등의 비산을 방지하기 위한 조치 여부 라. 인화성 액체의 증기 또는 인화성 가스가 남아 있지 않도록 환기조치 여부 마. 작업근로자에 대한 화재예방 및 피난교육 등 비상조치 여부

작업의 종류	점검내용
15. 이동식 방폭구조(防爆構造) 전기기계·기구를 사용할 때 (제2편제3장제1절)	전선 및 접속부 상태
16. 근로자가 반복하여 계속적으로 중량물을 취급하는 작업을 할 때 (제2편제5장)	가. 중량물 취급의 올바른 자세 및 복장 나. 위험물이 날아 흩어짐에 따른 보호구의 착용 다. 카바이드·생석회(산화칼슘) 등과 같이 온도상승이나 습기에 의하여 위험성이 존재하는 중량물의 취급방법 라. 그 밖에 하역운반기계 등의 적절한 사용방법
17. 양화장치를 사용하여 화물을 싣고 내리는 작업을 할 때 (제2편제6장제2절)	가. 양화장치(揚貨裝置)의 작동상태 나. 양화장치에 제한하중을 초과하는 하중을 실었는지 여부
18. 슬링 등을 사용하여 작업을 할 때 (제2편제6장제2절)	가. 훅이 붙어 있는 슬링·와이어슬링 등이 매달린 상태 나. 슬링·와이어슬링 등의 상태(작업시작 전 및 작업 중 수시로 점검)

2) 악천후 및 강풍 시 작업중지

① 사업주는 비·눈·바람 또는 그 밖의 기상상태의 불안정으로 인하여 근로자가 위험해질 우려가 있는 경우 작업을 중지하여야 한다. 다만, 태풍 등으로 위험이 예상되거나 발생되어 긴급 복구작업을 필요로 하는 경우에는 그러하지 아니하다(안전보건규칙 제37조제1항).

② 사업주는 **순간풍속이 초당 10m를 초과하는 경우** 타워크레인의 설치·수리·점검 또는 해체 작업을 중지하여야 하며, **순간풍속이 초당 15m를 초과하는 경우**에는 타워크레인의 운전작업을 중지하여야 한다(안전보건규칙 제37조제2항).

(2) 작업방법의 규제

1) 사전조사 및 작업계획서의 작성 등

① 사업주는 ⅰ) 근로자의 위험을 방지하기 위하여 [별표 4]에 따라 해당 **작업, 작업장의 지형·지반 및 지층 상태 등에 대한 사전조사**를 하고 그 결과를 기록·보존하여야 하며, ⅱ) 조사결과를 고려하여 [별표 4]의 구분에 따른 사항을 포함한 작업계획서를 작성하고 그 계획에 따라 작업을 하도록 하여야 한다(안전보건규칙 제38조제1항).

② 작업계획서는 작업의 효율적인 진행과 근로자의 위험을 방지하기 위하여 작업 방식 및 작업 내용에 대한 구체적인 계획을 기록한 문서를 말한다. 작업계획서는 작업의 종류와 용도에 따라 다양하게 분류할 수 있다. [별표 4]에서는 타워크레인 등을 이용한 13가지 작업명과 사전조사내용, 작업계획서의 내용을 규정하고 있다.

> 1. 타워크레인을 설치·조립·해체하는 작업
> 2. 차량계 하역운반기계 등을 사용하는 작업(화물자동차를 사용하는 도로상의 주행작업은 제외한다. 이하 같다)
> 3. 차량계 건설기계를 사용하는 작업
> 4. 화학설비와 그 부속설비를 사용하는 작업
> 5. 제318조에 따른 전기작업(해당 전압이 50V를 넘거나 전기에너지가 250VA를 넘는 경우로 한정한다)
> 6. 굴착면의 높이가 2m 이상이 되는 지반의 굴착작업(이하 "굴착작업"이라 한다)
> 7. 터널굴착작업
> 8. 교량(상부구조가 금속 또는 콘크리트로 구성되는 교량으로서 그 높이가 5m 이상이거나 교량의 최대 지간 길이가 30m 이상인 교량으로 한정한다)의 설치·해체 또는 변경 작업
> 9. 채석작업
> 10. 건물 등의 해체작업
> 11. 중량물의 취급작업
> 12. 궤도나 그 밖의 관련 설비의 보수·점검작업
> 13. 열차의 교환·연결 또는 분리 작업(이하 "입환작업"이라 한다)

③ 사업주는 제1항에 따라 작성한 작업계획서의 내용을 해당 근로자에게 알려야 한다(안전보건규칙 제38조제2항). 사업주는 **항타기나 항발기를 조립·해체·변경 또는 이동하는 작업을 하는 경우** 그 작업방법과 절차를 정하여 근로자에게 주지시켜야 한다(안전보건규칙 제38조제3항).

④ 사업주는 제1항제12호의 작업에 모터카(motor car), 멀티플타이탬퍼(multiple tie tamper), 밸러스트 콤팩터(ballast compactor), 궤도안정기 등의 작업차량(이하 "궤도작업차량"이라 한다)을 사용하는 경우 미리 그 구간을 운행하는 열차의 운행관계자와 협의하여야 한다(안전보건규칙 제38조제4항).

2) 작업지휘자의 지정

① 사업주는 제38조제1항제2호·제6호·제8호 및 제11호의 작업계획서를 작성한 경우 작업지휘자를 지정하여 작업계획서에 따라 작업을 지휘하도록 하여야 한다. 다만, 제38조제1항제2호의 작업에 대하여 작업장소에 다른 근로자가 접근할 수 없거나, 한 대의 차량계 하역운반기계등을 운전하는 작업으로서 **주위에 근로자가 없어 충돌 위험이 없는 경우**에는 작업지휘자를 지정하지 아니할 수 있다(안전보건규칙 제39조제1항).

② 사업주는 항타기나 항발기를 조립·해체·변경 또는 이동하여 작업을 하는 경우 작업지휘자를 지정하여 지휘·감독하도록 하여야 한다(안전보건규칙 제39조제2항).

3) 운전자의 신호준수 및 이탈금지

① 사업주는 다음 각 호의 작업을 하는 경우 일정한 신호방법을 정하여 신호하도록 하여야 하며, 운전자는 그 신호에 따라야 한다(안전보건규칙 제40조제1항). 운전자나 근로자는 제1항에 따른 신호방법이 정해진 경우 이를 준수하여야 한다(안전보건규칙 제40조제2항).

> 1. 양중기(揚重機)를 사용하는 작업
> 2. 제171조 및 제172조제1항 단서에 따라 유도자를 배치하는 작업
> 3. 제200조제1항 단서에 따라 유도자를 배치하는 작업
> 4. 항타기 또는 항발기의 운전작업
> 5. 중량물을 2명 이상의 근로자가 취급하거나 운반하는 작업
> 6. 양화장치를 사용하는 작업
> 7. 제412조에 따라 유도자를 배치하는 작업
> 8. 입환작업(入換作業)

② 사업주는 다음 각 호의 기계를 운전하는 경우 운전자가 운전위치를 이탈하게 해서는 아니 된다(안전보건규칙 제41조제1항). 이 경우 운전자는 운전 중에 운전위치를 이탈해서는 아니 된다(안전보건규칙 제41조제2항).

> 1. 양중기
> 2. 항타기 또는 항발기(권상장치에 하중을 건 상태)
> 3. 양화장치(화물을 적재한 상태)

3 추락 또는 붕괴에 의한 위험방지

(1) 추락에 의한 위험방지

구분	판단기준	근거
1. 추락의 방지	• 추락하거나 넘어질 위험이 있는 장소[작업발판의 끝·개구부(開口部) 등을 제외한다] 또는 기계·설비·선박블록 등에서 작업을 할 때 비계조립 등의 방법으로 작업발판 설치 • 작업발판을 설치하기 곤란한 경우 추락방호망을 설치 – 추락방호망은 작업면으로부터 가까운 지점에 설치하여야 하며, 작업면으로부터 망의 설치지점까지의 수직거리는 10m를 초과하지 아니할 것 – 추락방호망은 수평으로 설치하고, 망의 처짐은 짧은 변 길이의 12% 이상이 되도록 할 것 – 건축물 등의 바깥쪽으로 설치하는 경우 망의 내민 길이는 벽면으로부터 3m 이상 되도록 할 것. 다만, 그물코가 20mm 이하인 추락방호망을 사용한 경우 낙하물방지망을 설치한 것으로 봄.	제42조
2. 개구부 등의 방호조치	• 안전난간, 울타리, 수직형 추락방망 또는 덮개 등(이하 이 조에서 "난간 등"이라 한다)의 방호조치를 충분한 강도를 가진 구조로 튼튼하게 설치 • 어두운 장소에서도 알아볼 수 있도록 개구부임을 표시해야 하며, 수직형 추락방망은 「산업표준화법」 제12조에 따른 한국산업표준에서 정하는 성능기준에 적합한 것을 사용	제43조

구분	판단기준	근거
2. 개구부 등의 방호조치	• 난간 등을 설치하는 것이 매우 곤란하거나 작업의 필요상 임시로 난간 등을 해체하여야 하는 경우 제42조제2항 각 호의 기준에 맞는 안전방망을 설치. 다만, 안전방망을 설치하기 곤란한 경우에는 근로자에게 안전대를 착용하도록 조치	제43조
3. 안전대의 부착 설비 등	• 높이 2m 이상의 장소에서 근로자에게 안전대를 착용시킨 경우 안전대를 안전하게 걸어 사용할 수 있는 설비 등을 설치 • 안전대 부착설비로 지지로프 등을 설치하는 경우에는 처지거나 풀리는 것을 방지하기 위하여 필요한 조치 • 안전대 및 부속설비의 이상 유무를 작업을 시작하기 전에 점검	제44조
4. 지붕 위에서의 위험방지	• 슬레이트, 선라이트(sunlight) 등 강도가 약한 재료로 덮은 지붕 위에서 작업을 할 때에 발이 빠지는 등 근로자가 위험해질 우려가 있는 경우 • 폭 30cm 이상의 발판을 설치하거나 안전방망을 치는 등 위험을 방지하기 위하여 필요한 조치	제45조
5. 승강설비의 설치	• 높이 또는 깊이가 2m를 초과하는 장소에서 작업하는 경우 • 근로자가 안전하게 승강하기 위한 건설작업용 리프트 등의 설비를 설치. 다만, 승강설비를 설치하는 것이 작업의 성질상 곤란한 경우 제외	제46조
6. 구명장구 등	• 수상 또는 선박건조 작업에 종사하는 근로자가 물에 빠지는 등 위험의 우려가 있는 경우 • 그 장소에 구명을 위한 배 또는 구명장구(救命裝具)의 비치 등 구명을 위하여 필요한 조치	제47조
7. 울타리의 설치	• 근로자에게 작업 중 또는 통행 시 전락(轉落)으로 인하여 근로자가 화상·질식 등의 위험에 처할 우려가 있는 케틀(kettle), 호퍼(hopper), 피트(pit) 등이 있는 경우 • 필요한 장소에 높이 90cm 이상의 울타리를 설치	제48조
8. 조명의 유지	• 근로자가 높이 2m 이상에서 작업을 하는 경우 • 그 작업을 안전하게 하는 데에 필요한 조명을 유지	제49조

(2) 붕괴 등에 의한 위험방지

구분	판단기준	근거
1. 붕괴·낙하에 의한 위험방지	• 지반의 붕괴, 구축물의 붕괴 또는 토석의 낙하 등에 의하여 근로자가 위험해질 우려가 있는 경우 • 위험을 방지하기 위하여 다음 각 호의 조치를 해야 함. 　- 지반은 안전한 경사로 하고 낙하의 위험이 있는 토석을 제거하거나, 옹벽, 흙막이 지보공 등을 설치할 것 　- 지반의 붕괴 또는 토석의 낙하 원인이 되는 빗물이나 지하수 등을 배제할 것 　- 갱내의 낙반·측벽(側壁) 붕괴의 위험이 있는 경우에는 지보공을 설치하고 부석을 제거하는 등 필요한 조치를 할 것 • 구축물 또는 이와 유사한 시설물에 대하여	제50조

구분	판단기준	근거
1. 붕괴 · 낙하에 의한 위험방지	• 자중(自重), 적재하중, 적설, 풍압(風壓), 지진이나 진동 및 충격 등에 의하여 전도 · 폭발하거나 무너지는 등의 위험을 예방하기 위하여 다음 각 호의 조치를 해야 함. – 설계도서에 따라 시공했는지 확인 – 건설공사 시방서(示方書)에 따라 시공했는지 확인 –「건축물의 구조기준 등에 관한 규칙」에 따른 구조기준을 준수했는지 확인	제50조
3. 구축물 또는 이와 유사한 시설물 등의 안전성평가	• 구축물 또는 이와 유사한 시설물이 다음 각 호의 어느 하나에 해당하는 경우 – 구축물 또는 이와 유사한 시설물의 인근에서 굴착 · 항타 작업 등으로 침하 · 균열 등이 발생하여 붕괴의 위험이 예상될 경우 – 구축물 또는 이와 유사한 시설물에 지진, 동해(凍害), 부동침하(不同沈下) 등으로 균열 · 비틀림 등이 발생하였을 경우 – 구조물, 건축물, 그 밖의 시설물이 그 자체의 무게 · 적설 · 풍압 또는 그 밖에 부가되는 하중 등으로 붕괴 등의 위험이 있을 경우 – 화재 등으로 구축물 또는 이와 유사한 시설물의 내력(耐力)이 심하게 저하되었을 경우 – 오랜 기간 사용하지 아니하던 구축물 또는 이와 유사한 시설물을 재사용하게 되어 안전성을 검토하여야 하는 경우 – 그 밖의 잠재위험이 예상될 경우 • 안전진단 등 안전성 평가를 하여 근로자에게 미칠 위험성을 미리 제거	제52조
4. 계측장치의 설치 등	• 터널 등의 건설작업을 할 때에 붕괴 등에 의하여 근로자가 위험해질 우려가 있는 경우 • 법 제42조제1항제3호에 따른 경우에 작성하는 유해위험 방지계획서 심사 시 계측시공을 지시받은 경우 • 그에 필요한 계측장치 등을 설치하여 위험을 방지하기 위한 조치	제53조

4 비계

(1) 재료 및 구조 등

구분	조치기준	근거
1. 비계의 재료	• 비계의 재료로 변형 · 부식 또는 심하게 손상된 것을 사용해서는 아니 됨. • 강관비계(鋼管飛階)의 재료로「산업표준화법」에 따른 한국산업표준에서 정하는 기준 이상의 것을 사용	제54조
2. 작업발판의 최대적재하중	• 비계의 구조 및 재료에 따라 작업발판의 최대적재하중을 정하고, 이를 초과하여 실어서는 아니 됨. • 달비계(곤돌라의 달비계는 제외한다)의 최대 적재하중을 정하는 경우 그 안전계수는 다음 각 호와 같음. – 달기 와이어로프 및 달기 강선의 안전계수 : 10 이상 – 달기 체인 및 달기 훅의 안전계수 : 5 이상 – 달기 강대와 달비계의 하부 및 상부 지점의 안전계수 : 강재(鋼材)의 경우 2.5 이상, 목재의 경우 5 이상	제55조

구분	조치기준	근거
2. 작업발판의 최대적재하중	• 안전계수는 와이어로프 등의 절단하중 값을 그 와이어로프 등에 걸리는 하중의 최대값으로 나눈 값을 말함	제55조
3. 작업발판의 구조	• 비계(달비계, 달대비계 및 말비계는 제외한다)의 높이가 2m 이상인 작업장소에 다음 각 호의 기준에 맞는 작업발판을 설치 − 발판재료는 작업할 때의 하중을 견딜 수 있도록 견고한 것으로 할 것. 다만, 외줄비계의 경우에는 고용노동부장관이 별도로 정하는 기준에 따름 − 작업발판의 폭은 40cm 이상으로 하고, 발판재료 간의 틈은 3cm 이하로 할 것. 이 경우 그 틈 사이로 물체 등이 떨어질 우려가 있는 곳에는 출입금지 등의 조치를 하여야 함. − 선박 및 보트 건조작업의 경우 선박블록 또는 엔진실 등의 좁은 작업공간에 작업발판을 설치하기 위하여 필요하면 작업발판의 폭을 30cm 이상으로 할 수 있고, 걸침비계의 경우 강관기둥 때문에 발판재료 간의 틈을 3cm 이하로 유지하기 곤란하면 5cm 이하로 할 수 있음. − 추락의 위험이 있는 장소에는 안전난간을 설치할 것. 다만, 작업의 성질상 안전난간을 설치하는 것이 곤란한 경우, 작업의 필요상 임시로 안전난간을 해체할 때에 안전방망을 설치하거나 근로자로 하여금 안전대를 사용하도록 하는 등 추락위험 방지조치를 한 경우에는 예외 − 작업발판의 지지물은 하중에 의하여 파괴될 우려가 없는 것을 사용할 것 − 작업발판재료는 뒤집히거나 떨어지지 않도록 둘 이상의 지지물에 연결하거나 고정시킬 것 − 작업발판을 작업에 따라 이동시킬 경우에는 위험방지에 필요한 조치를 할 것	제56조

(2) 조립·해체 및 점검 등

구분	조치기준	근거
1. 비계 등의 조립·해체 및 변경	• 달비계 또는 높이 5m 이상의 비계를 조립·해체하거나 변경하는 작업을 하는 경우 다음 각 호의 사항을 준수 − 근로자가 관리감독자의 지휘에 따라 작업하도록 할 것 − 조립·해체 또는 변경의 시기·범위 및 절차를 그 작업에 종사하는 근로자에게 주지시킬 것 − 조립·해체 또는 변경 작업구역에는 해당 작업에 종사하는 근로자가 아닌 사람의 출입을 금지하고 그 내용을 보기 쉬운 장소에 게시할 것 − 비, 눈, 그 밖의 기상상태의 불안정으로 날씨가 몹시 나쁜 경우에는 그 작업을 중지시킬 것 − 비계재료의 연결·해체작업을 하는 경우에는 폭 20cm 이상의 발판을 설치하고 근로자로 하여금 안전대를 사용하도록 하는 등 추락을 방지하기 위한 조치를 할 것 − 재료·기구 또는 공구 등을 올리거나 내리는 경우에는 근로자가 달줄 또는 달포대 등을 사용하게 할 것 • 강관비계 또는 통나무비계를 조립하는 경우 쌍줄로 하여야 함. 다만, 별도의 작업발판을 설치할 수 있는 시설을 갖춘 경우에는 외줄로 할 수 있음.	제57조

구분	조치기준	근거

2. 비계의 점검 및 보수	• 비, 눈, 그 밖의 기상상태의 악화로 작업을 중지시킨 후 또는 비계를 조립·해체하거나 변경한 후에 그 비계에서 작업을 하는 경우
	• 해당 작업을 시작하기 전에 다음 각 호의 사항을 점검하고, 이상을 발견하면 즉시 보수하여야 함.
	  − 발판 재료의 손상 여부 및 부착 또는 걸림 상태
	  − 해당 비계의 연결부 또는 접속부의 풀림 상태
	  − 연결 재료 및 연결 철물의 손상 또는 부식 상태
	  − 손잡이의 탈락 여부
	  − 기둥의 침하, 변형, 변위(變位) 또는 흔들림 상태
	  − 로프의 부착 상태 및 매단 장치의 흔들림 상태
		제58조

(3) 강관비계 및 강관틀비계

① 사업주는 강관비계를 조립하는 경우에 다음 각 호의 사항을 준수하여야 한다(안전보건규칙 제59조).

> 1. 비계기둥에는 미끄러지거나 침하하는 것을 방지하기 위하여 밑받침철물을 사용하거나 깔판·받침목 등을 사용하여 밑둥잡이를 설치하는 등의 조치를 할 것
> 2. 강관의 접속부 또는 교차부(交叉部)는 적합한 부속철물을 사용하여 접속하거나 단단히 묶을 것
> 3. 교차 가새로 보강할 것
> 4. 외줄비계·쌍줄비계 또는 돌출비계에 대해서는 다음 각 목에서 정하는 바에 따라 벽이음 및 버팀을 설치할 것. 다만, 창틀의 부착 또는 벽면의 완성 등의 작업을 위하여 벽이음 또는 버팀을 제거하는 경우, 그 밖에 작업의 필요상 부득이한 경우로서 해당 벽이음 또는 버팀 대신 비계기둥 또는 띠장에 사재(斜材)를 설치하는 등 비계가 넘어지는 것을 방지하기 위한 조치를 한 경우에는 그러하지 아니하다.
>   가. 강관비계의 조립 간격은 [별표 5] 기준에 적합하도록 할 것
>   나. 강관·통나무 등의 재료를 사용하여 견고한 것으로 할 것
>   다. 인장재(引張材)와 압축재로 구성된 경우에는 인장재와 압축재의 간격을 1m 이내로 할 것
> 5. 가공전로(架空電路)에 근접하여 비계를 설치하는 경우에는 가공전로를 이설(移設)하거나 가공전로에 절연용 방호구를 장착하는 등 가공전로와의 접촉을 방지하기 위한 조치를 할 것

🏛 [안전보건규칙 별표 5] 강관비계의 조립간격(제59조제4호 관련)

강관비계의 종류	조립간격(단위 : m)	
	수직방향	수평방향
단관비계	5	5
틀비계(높이가 5m미만인 것은 제외한다)	6	8

② 사업주는 강관을 사용하여 비계를 구성하는 경우 다음 각 호의 사항을 준수하여야 한다(안전보건규칙 제60조).

> 1. 비계기둥의 간격은 띠장 방향에서는 1.85m 이하, 장선(長線) 방향에서는 1.5m 이하로 할 것. 다만, 선박 및 보트 건조작업의 경우 안전성에 대한 구조검토를 실시하고 조립도를 작성하면 띠장 방향 및 장선 방향으로 각각 2.7m 이하로 할 수 있다.
> 2. 띠장 간격은 2.0m 이하로 할 것. 다만, 작업의 성질상 이를 준수하기가 곤란하여 쌍기둥틀 등에 의하여 해당 부분을 보강한 경우에는 그러하지 아니하다.
> 3. 비계기둥의 제일 윗부분으로부터 31m되는 지점 밑부분의 비계기둥은 2개의 강관으로 묶어 세울 것. 다만, 브라켓(bracket) 등으로 보강하여 2개의 강관으로 묶을 경우 이상의 강도가 유지되는 경우에는 그러하지 아니하다.
> 4. 비계기둥 간의 적재하중은 400kg을 초과하지 않도록 할 것

③ 사업주는 바깥지름 및 두께가 같거나 유사하면서 강도가 다른 강관을 같은 사업장에서 사용하는 경우 강관에 색 또는 기호를 표시하는 등 강관의 강도를 알아볼 수 있는 조치를 하여야 한다(안전보건규칙 제61조).

④ 사업주는 강관틀비계를 조립하여 사용하는 경우 다음 각 호의 사항을 준수하여야 한다(안전보건규칙 제62조).

> 1. 비계기둥의 밑둥에는 밑받침 철물을 사용하여야 하며, 밑받침에 고저차(高低差)가 있는 경우에는 조절형 밑받침철물을 사용하여 각각의 강관틀비계가 항상 수평 및 수직을 유지하도록 할 것
> 2. 높이가 20m를 초과하거나 중량물의 적재를 수반하는 작업을 할 경우에는 주틀 간의 간격을 1.8m 이하로 할 것
> 3. 주틀 간에 교차 가새를 설치하고 최상층 및 5층 이내마다 수평재를 설치할 것
> 4. 수직 방향으로 6m, 수평 방향으로 8m 이내마다 벽이음을 할 것
> 5. 길이가 띠장 방향으로 4m 이하이고 높이가 10m를 초과하는 경우에는 10m 이내마다 띠장 방향으로 버팀기둥을 설치할 것

(4) 달비계, 달대비계 및 걸침비계

① 사업주는 달비계를 설치하는 경우에 다음 각 호의 사항을 준수하여야 한다(안전보건규칙 제63조).

> 1. 다음 각 목의 어느 하나에 해당하는 와이어로프를 달비계에 사용해서는 아니 된다.
>   가. 이음매가 있는 것
>   나. 와이어로프의 한 꼬임[(스트랜드(strand)를 말한다. 이하 같다)]에서 끊어진 소선(素線)[필러(pillar)선은 제외한다)]의 수가 10% 이상(비자전로프의 경우에는 끊어진 소선의 수가 와이어로프 호칭지름의 6배 길이 이내에서 4개 이상이거나 호칭지름 30배 길이 이내에서 8개 이상)인 것
>   다. 지름의 감소가 공칭지름의 7%를 초과하는 것
>   라. 꼬인 것
>   마. 심하게 변형되거나 부식된 것
>   바. 열과 전기충격에 의해 손상된 것

> 2. 다음 각 목의 어느 하나에 해당하는 달기 체인을 달비계에 사용해서는 아니 된다.
>   가. 달기 체인의 길이가 달기 체인이 제조된 때의 길이의 5%를 초과한 것
>   나. 링의 단면지름이 달기 체인이 제조된 때의 해당 링의 지름의 10%를 초과하여 감소한 것
>   다. 균열이 있거나 심하게 변형된 것
> 3. 다음 각 목의 어느 하나에 해당하는 섬유로프 또는 섬유벨트를 달비계에 사용해서는 아니 된다.
>   가. 꼬임이 끊어진 것
>   나. 심하게 손상되거나 부식된 것
> 4. 달기 강선 및 달기 강대는 심하게 손상·변형 또는 부식된 것을 사용하지 않도록 할 것
> 5. 달기 와이어로프, 달기 체인, 달기 강선, 달기 강대 또는 달기 섬유로프는 한쪽 끝을 비계의 보 등에, 다른 쪽 끝을 내민 보, 앵커볼트 또는 건축물의 보 등에 각각 풀리지 않도록 설치할 것
> 6. 작업발판은 폭을 40cm 이상으로 하고 틈새가 없도록 할 것
> 7. 작업발판의 재료는 뒤집히거나 떨어지지 않도록 비계의 보 등에 연결하거나 고정시킬 것
> 8. 비계가 흔들리거나 뒤집히는 것을 방지하기 위하여 비계의 보·작업발판 등에 버팀을 설치하는 등 필요한 조치를 할 것
> 9. 선반 비계에서는 보의 접속부 및 교차부를 철선·이음철물 등을 사용하여 확실하게 접속시키거나 단단하게 연결시킬 것
> 10. 근로자의 추락 위험을 방지하기 위하여 다음 각 목의 조치를 할 것
>   가. 달비계에 구명줄을 설치할 것
>   나. 근로자에게 안전대를 착용하도록 하고 근로자가 착용한 안전줄을 달비계의 구명줄에 체결하도록 할 것
>   다. 달비계에 안전난간을 설치할 수 있는 구조에는 달비계에 안전난간을 설치할 것

② 사업주는 달비계에서 근로자에게 작업을 시키는 경우에 작업을 시작하기 전에 그 달비계에 대하여 제58조 각 호의 사항을 점검하고 이상을 발견하면 즉시 보수하여야 한다(안전보건규칙 제64조).

③ 사업주는 달대비계를 조립하여 사용하는 경우 하중에 충분히 견딜 수 있도록 조치하여야 한다(안전보건규칙 제65조). 달대비계는 철골에 달아매어 설치하는 형태의 비계를 말하며, 상하이동이 불가능하다. 사업주는 달비계 또는 달대비계 위에서 높은 디딤판, 사다리 등을 사용하여 근로자에게 작업을 시켜서는 아니 된다(안전보건규칙 제66조).

④ 사업주는 선박 및 보트 건조작업에서 걸침비계를 설치하는 경우에는 다음 각 호의 사항을 준수하여야 한다(안전보건규칙 제66조의2).

> 1. 지지점이 되는 매달림부재의 고정부는 구조물로부터 이탈되지 않도록 견고히 고정할 것
> 2. 비계재료 간에는 서로 움직임, 뒤집힘 등이 없어야 하고, 재료가 분리되지 않도록 철물 또는 철선으로 충분히 결속할 것. 다만, 작업발판 밑부분에 띠장 및 장선으로 사용되는 수평부재 간의 결속은 철선을 사용하지 않을 것
> 3. 매달림부재의 안전율은 4 이상일 것
> 4. 작업발판에는 구조검토에 따라 설계한 최대적재하중을 초과하여 적재하여서는 아니 되며, 그 작업에 종사하는 근로자에게 최대적재하중을 충분히 알릴 것

(5) 말비계 및 이동식비계

① 사업주는 말비계를 조립하여 사용하는 경우에 다음 각 호의 사항을 준수하여야 한다(안전보건규칙 제67조).

> 1. 지주부재(支柱部材)의 하단에는 미끄럼 방지장치를 하고, 근로자가 양측 끝부분에 올라서서 작업하지 않도록 할 것
> 2. 지주부재와 수평면의 기울기를 75° 이하로 하고, 지주부재와 지주부재 사이를 고정시키는 보조부재를 설치할 것
> 3. 말비계의 높이가 2m를 초과하는 경우에는 작업발판의 폭을 40cm 이상으로 할 것

② 사업주는 이동식비계를 조립하여 작업을 하는 경우에는 다음 각 호의 사항을 준수하여야 한다(안전보건규칙 제68조). 이동식비계는 필요한 위치로 자유로이 이동하여 작업을 할 수 있는 작업대를 말한다.

> 1. 이동식비계의 바퀴에는 뜻밖의 갑작스러운 이동 또는 전도를 방지하기 위하여 브레이크 · 쐐기 등으로 바퀴를 고정시킨 다음 비계의 일부를 견고한 시설물에 고정하거나 아웃트리거(outrigger)를 설치하는 등 필요한 조치를 할 것
> 2. 승강용사다리는 견고하게 설치할 것
> 3. 비계의 최상부에서 작업을 하는 경우에는 안전난간을 설치할 것
> 4. 작업발판은 항상 수평을 유지하고 작업발판 위에서 안전난간을 딛고 작업을 하거나 받침대 또는 사다리를 사용하여 작업하지 않도록 할 것
> 5. 작업발판의 최대적재하중은 250kg을 초과하지 않도록 할 것

③ 이동식비계는 위치를 옮기기 위해 근로자를 탑승한 채 이동을 하다가 미끄러져 추락하거나 아웃트리거를 고정하지 않은 채 작업을 하던 중 추락, 내려오던 중 추락, 비계의 이동 중 충돌사고의 위험이 있다.

(6) 시스템 비계

① 사업주는 시스템 비계를 사용하여 비계를 구성하는 경우에 다음 각 호의 사항을 준수하여야 한다(안전보건규칙 제69조). 시스템비계란 고소작업에서 작업자가 작업장소에 접근하여 작업할 수 있도록 수직재, 수평재, 가새재 등 각각의 부재를 조립하여 사용하는 작업대를 지지하는 가설 구조물을 말한다.

> 1. 수직재 · 수평재 · 가새재를 견고하게 연결하는 구조가 되도록 할 것
> 2. 비계 밑단의 수직재와 받침철물은 밀착되도록 설치하고, 수직재와 받침철물의 연결부의 겹침 길이는 받침철물 전체 길이의 1/3 이상이 되도록 할 것
> 3. 수평재는 수직재와 직각으로 설치하여야 하며, 체결 후 흔들림이 없도록 견고하게 설치할 것
> 4. 수직재와 수직재의 연결철물은 이탈되지 않도록 견고한 구조로 할 것
> 5. 벽 연결재의 설치간격은 제조사가 정한 기준에 따라 설치할 것.

② 사업주는 시스템 비계를 조립 작업하는 경우 다음 각 호의 사항을 준수하여야 한다(안전보건규칙 제70조). 시스템비계는 조립 및 설치·해체가 신속하고 작업발판과 안전난간이 동시에 설치되어 추락사고 등을 방지할 수 있다.

> 1. 비계 기둥의 밑둥에는 밑받침 철물을 사용하여야 하며, 밑받침에 고저차가 있는 경우에는 조절형 밑받침 철물을 사용하여 시스템 비계가 항상 수평 및 수직을 유지하도록 할 것
> 2. 경사진 바닥에 설치하는 경우에는 피벗형 받침 철물 또는 쐐기 등을 사용하여 밑받침 철물의 바닥면이 수평을 유지하도록 할 것
> 3. 가공전로에 근접하여 비계를 설치하는 경우에는 가공전로를 이설하거나 가공전로에 절연용 방호구를 설치하는 등 가공전로와의 접촉을 방지하기 위하여 필요한 조치를 할 것
> 4. 비계 내에서 근로자가 상하 또는 좌우로 이동하는 경우에는 반드시 지정된 통로를 이용하도록 주지시킬 것
> 5. 비계 작업 근로자는 같은 수직면상의 위와 아래 동시 작업을 금지할 것
> 6. 작업발판에는 제조사가 정한 최대적재하중을 초과하여 적재해서는 아니 되며, 최대적재하중이 표기된 표지판을 부착하고 근로자에게 주지시키도록 할 것

5 기계·기구 및 그 밖의 설비에 의한 위험 예방

(1) 기계 등의 일반기준

구분	조치기준	근거

1. 탑승의 제한	• 크레인을 사용하여 근로자를 운반하거나 근로자를 달아 올린 상태에서 작업에 종사시켜서는 아니 됨. 다만, 다음 각 호의 조치를 한 경우 그러하지 아니함.
	  – 탑승설비가 뒤집히거나 떨어지지 않도록 필요한 조치를 할 것
	  – 안전대나 구명줄을 설치하고, 안전난간을 설치할 수 있는 구조인 경우에는 안전난간을 설치할 것
	  – 탑승설비를 하강시킬 때에는 동력하강방법으로 할 것
	• 이동식 크레인을 사용하여 근로자를 운반하거나 근로자를 달아 올린 상태에서 작업에 종사시켜서는 아니 됨.
	• 내부에 비상정지장치·조작스위치 등 탑승조작장치가 설치되어 있지 아니한 리프트의 운반구에 근로자를 탑승시켜서는 아니 됨. 다만, 리프트의 수리·조정 및 점검 등의 작업을 하는 경우로서 추락할 위험이 없도록 조치를 한 경우에는 그러하지 아니함.
	• 자동차정비용 리프트의 운반구에 근로자를 탑승시켜서는 아니 됨. 다만, 자동차정비용 리프트의 수리·조정 및 점검 등의 작업을 할 때에 그 작업에 종사하는 근로자가 위험해질 우려가 없도록 조치한 경우에는 그러하지 아니함.
	• 곤돌라의 운반구에 근로자를 탑승시켜서는 아니 됨. 다만, 추락 위험을 방지하기 위하여 다음 각 호의 조치를 한 경우에는 그러하지 아니함.
	  – 운반구가 뒤집히거나 떨어지지 않도록 필요한 조치를 할 것
	  – 안전대나 구명줄을 설치하고, 안전난간을 설치할 수 있는 구조인 경우이면 안전난간을 설치할 것
		제86조

구분	조치기준	근거
1. 탑승의 제한	• 소형화물용 엘리베이터에 근로자를 탑승시켜서는 아니 됨. 다만, 엘리베이터의 수리·조정 및 점검 등의 작업을 하는 경우 예외 • 차량계 하역운반기계(화물자동차는 제외한다)를 사용하여 작업을 하는 경우 승차석이 아닌 위치에 근로자를 탑승시켜서는 아니 됨. 다만, 추락 등의 위험을 방지하기 위한 조치를 한 경우 예외 • 화물자동차 적재함에 근로자를 탑승시켜서는 아니 됨. 다만, 화물자동차에 울 등을 설치하여 추락을 방지하는 조치를 한 경우 예외 • 운전 중인 컨베이어 등에 근로자를 탑승시켜서는 아니 됨. 다만, 근로자를 운반할 수 있는 구조를 갖춘 컨베이어 등으로서 추락·접촉 등에 의한 위험을 방지할 수 있는 조치를 한 경우 예외 • 이삿짐운반용 리프트 운반구에 근로자를 탑승시켜서는 아니 됨. 다만, 수리·조정 및 점검 등의 작업을 할 때에 근로자가 추락할 위험이 없도록 조치한 경우 예외 • 전조등, 제동등, 후미등, 후사경 또는 제동장치가 정상적으로 작동되지 아니하는 이륜자동차에 근로자를 탑승시켜서는 아니 됨.	제86조
2. 원동기, 회전축 등의 위험 방지	• 기계의 원동기·회전축·기어·풀리·플라이휠·벨트 및 체인 등 근로자에게 위험을 미칠 우려가 있는 부위에는 덮개·울·슬리브 및 건널다리 등을 설치하여야 함. • 회전축·기어·풀리 및 플라이휠 등에 부속하는 키·핀 등의 기계요소는 묻힘형으로 하거나 해당 부위에 덮개를 설치하여야 함. • 벨트의 이음 부분에는 돌출된 고정구 사용금지 • 건널다리에는 안전난간 및 미끄러지지 않는 구조의 발판 설치 • 연삭기 또는 평삭기의 테이블, 형삭기 램 등의 행정끝이 근로자에게 위험을 미칠 우려가 있는 경우에 해당 부위에 덮개 또는 울 등을 설치 • 선반 등으로부터 돌출하여 회전하고 있는 가공물이 근로자에게 위험을 미칠 우려가 있는 경우에 덮개 또는 울 등을 설치 • 원심기에는 덮개를 설치하여야 함 • 분쇄기·파쇄기·마쇄기·미분기·혼합기 및 혼화기 등(이하 "분쇄기등"이라 한다)을 가동하거나 원료가 흩날리거나 하여 근로자가 위험해질 우려가 있는 경우 해당 부위에 덮개를 설치 • 분쇄기등의 개구부로부터 가동 부분에 접촉함으로써 위해(危害)를 입을 우려가 있는 경우 덮개 또는 울 등을 설치 • 종이·천·비닐 및 와이어로프 등의 감김통 등에 의하여 근로자가 위험해질 우려가 있는 부위에 덮개 또는 울 등을 설치 • 압력용기 및 공기압축기 등(이하 "압력용기등"이라 한다) 에 부속하는 원동기·축이음·벨트·풀리의 회전 부위 등 근로자가 위험에 처할 우려가 있는 부위에 덮개 또는 울 등을 설치	제87조
3. 기계의 동력 차단장치	• 동력으로 작동되는 기계에는 스위치·클러치 및 벨트이동장치 등 동력차단장치를 설치. 다만, 연속하여 집단을 이루는 기계로서 공통의 동력차단장치가 있거나 공정 도중에 인력에 의한 원재료의 공급과 인출 등이 필요 없는 경우 예외 • 절단·인발·압축·꼬임·타발 또는 굽힘 등의 가공을 하는 기계에 설치하되, 근로자가 작업위치를 이동하지 않고 조작할 수 있는 위치에 설치	제88조

구분	조치기준	근거
3. 기계의 동력 차단장치	• 동력차단장치는 조작이 쉽고 접촉 또는 진동 등에 의하여 갑자기 기계가 움직일 우려가 없어야 함. • 사용 중인 기계·기구 등의 클러치·브레이크, 그 밖에 제어를 위하여 필요한 부위의 기능을 항상 유효한 상태로 유지해야 함.	제88조
4. 운전 시작 전 확인	• 기계의 운전을 시작할 때 근로자에게 위험을 미칠 우려가 있으면 근로자 배치 및 교육, 작업방법, 방호조치 등 필요한 사항을 미리 확인한 후 필요한 조치 • 일정한 신호방법과 해당 근로자에게 신호할 사람을 정하고, 이를 그 근로자에게 신호하도록 하여야 함.	제89조
5. 날아오는 가공물 등에 의한 위험의 방지	• 가공물 등이 절단되거나 절삭편(切削片)이 날아오는 등 근로자가 위험해질 우려가 있는 기계에 덮개 또는 울 등을 설치 • 다만, 해당 작업의 성질상 덮개 또는 울 등을 설치하기가 매우 곤란하여 근로자에게 보호구를 사용하도록 한 경우는 예외	제90조
6. 고장난 기계의 정비 등	• 기계 또는 방호장치의 결함 발견 시 반드시 정비 후 사용 • 정비 완료 시까지 기계 및 방호장치 등을 사용금지	제91조
7. 정비 등의 작업 시 운전정지 등	• 공작기계, 수송기계·건설기계 등의 정비·청소·급유·검사·수리·교체 또는 조정작업 또는 그 밖에 이와 유사한 작업을 할 때 근로자에게 위험을 미칠 우려가 있는 때에는 해당 기계의 운전을 정지하여야 함. 다만, 덮개가 설치되어 있는 등 기계의 구조상 근로자가 위험해질 우려가 없는 경우에는 예외 • 기계의 운전을 정지한 경우에 다른 사람이 그 기계를 운전하는 것을 방지하기 위하여 기동장치에 잠금장치를 하고, 그 열쇠를 별도 관리하거나 표지판을 설치하는 등의 조치를 하여야 함. • 작업하는 과정에서 적절하지 아니한 작업방법으로 인하여 기계가 갑자기 가동될 우려가 있는 경우 작업지휘자를 배치하는 등 필요한 조치 • 기계·기구 및 설비 등의 내부에 압축된 기체 또는 액체 등이 방출되어 근로자에게 위험을 미칠 우려가 있는 경우에 압축된 기체 또는 액체 등을 미리 방출시키는 등 위험방지를 위하여 필요한 조치를 하여야 함.	제92조
8. 방호장치의 해체 금지	• 위험한 기계·기구·설비에 설치한 방호장치를 해체하거나 사용을 정지해서는 아니 됨. 다만, 방호장치의 수리·조정 및 교체 등의 작업 시는 그러하지 아니함. • 수리·조정 및 교체 완료 후 즉시 방호조치가 정상적인 기능을 발휘할 수 있도록 하여야 함.	제93조
9. 작업모 등의 착용	• 동력 기계 등에 말릴 우려가 있는 경우 알맞은 작업모 또는 작업복을 착용	제94조
10. 장갑의 사용 금지	• 날·공작물 또는 축이 회전하는 기계를 취급하는 경우 그 근로자의 손에 밀착이 잘되는 가죽 장갑 등과 같이 손이 말려 들어갈 위험이 있는 장갑은 사용 금지	제95조
11. 작업도구 등의 목적 외 사용금지 등	• 기계·기구·설비 및 수공구 등을 제조 당시의 목적 외의 용도로 사용하도록 해서는 아니 됨. • 레버풀러(lever puller) 또는 체인블록(chain block)을 사용하는 경우 다음 각 호의 사항을 준수 – 정격하중을 초과하여 사용하지 말 것	제96조

구분	조치기준	근거
11. 작업도구 등의 목적 외 사용금지 등	− 레버풀러 작업 중 훅이 빠져 튕길 우려가 있을 경우에는 훅을 대상물에 직접 걸지 말고 피벗클램프(pivot clamp)나 러그(lug)를 연결하여 사용할 것 − 레버풀러의 레버에 파이프 등을 끼워서 사용하지 말 것 − 체인블록의 상부 훅(top hook)은 인양하중에 충분히 견디는 강도를 갖고, 정확히 지탱될 수 있는 곳에 걸어서 사용할 것 − 훅의 입구(hook mouth) 간격이 제조자가 제공하는 제품사양서 기준으로 10% 이상 벌어진 것은 폐기할 것 − 체인블록은 체인의 꼬임과 헝클어지지 않도록 할 것 − 체인과 훅은 변형, 파손, 부식, 마모(磨耗)되거나 균열된 것을 사용하지 않도록 조치할 것 − 제167조 각 호의 사항을 준수할 것	제96조
12. 볼트·너트의 풀림 방지	• 기계에 부속하는 볼트·너트가 적정하게 조여져 있는지 여부를 수시로 확인	제97조
13. 제한속도의 지정 등	• 차량계 하역운반기계, 차량계 건설기계(최대제한속도가 시속 10km 이하인 것은 제외한다)를 사용하여 작업을 하는 경우 미리 작업장소의 지형 및 지반 상태 등에 적합한 제한속도를 정하고, 운전자로 하여금 준수 • 궤도작업차량을 사용하는 작업, 입환기로 입환작업을 하는 경우에 작업에 적합한 제한속도를 정하고, 운전자로 하여금 준수하도록 조치	제98조
14. 운전위치 이탈 시의 조치	• 차량계 하역운반기계 등, 차량계 건설기계의 운전자가 운전 위치를 이탈하는 경우 해당 운전자에게 다음 각 호의 사항을 준수 − 포크, 버킷, 디퍼 등의 장치를 가장 낮은 위치 또는 지면에 내려 둘 것 − 원동기를 정지시키고 브레이크를 확실히 거는 등 갑작스러운 주행이나 이탈을 방지하기 위한 조치를 할 것 − 운전석을 이탈하는 경우에는 시동키를 운전대에서 분리시킬 것. 다만, 운전석에 잠금장치를 하는 등 운전자가 아닌 사람이 운전하지 못하도록 조치한 경우에는 그러하지 아니함. • 차량계 하역운반기계 등, 차량계 건설기계의 운전자는 운전위치에서 이탈하는 경우 제1항 각 호의 조치를 하여야 함	제99조

(2) 공작기계

구분	조치기준	근거
1. 띠톱기계의 덮개 등	• 띠톱기계(목재가공용 띠톱기계는 제외한다)의 절단에 필요한 톱날 부위 외의 위험한 톱날 부위에 덮개 또는 울 등을 설치	제100조
2. 원형톱기계의 톱날접촉예방장치	• 원형톱기계(목재가공용 둥근톱기계는 제외한다)에는 톱날접촉예방장치를 설치	제101조
3. 탑승의 금지	• 운전 중인 평삭기의 테이블 또는 수직선반 등의 테이블에 근로자를 탑승시켜서는 아니 됨. • 다만, 테이블에 탑승한 근로자 또는 배치된 근로자가 즉시 기계를 정지할 수 있도록 하는 등 우려되는 위험을 방지하기 위하여 필요한 조치를 한 경우 예외	제102조

(3) 프레스 및 전단기

구분	조치기준	근거
1. 프레스 등의 위험 방지	• 프레스 또는 전단기(이하 "프레스 등"이라 한다)를 사용하여 작업하는 근로자의 신체 일부가 위험한계에 들어가지 않도록 해당 부위에 덮개를 설치하는 등 필요한 방호 조치. 다만, 슬라이드 또는 칼날에 의한 위험을 방지하는 구조로 되어 있는 프레스 등에 대해서는 그러하지 아니 함. • 프레스 등의 종류, 압력능력, 분당 행정의 수, 행정의 길이 및 작업방법에 상응하는 성능(양수조작식 안전장치 및 감응식 안전장치의 경우에는 프레스 등의 정지성능에 상응하는 성능)을 갖는 방호장치를 설치하는 등 필요한 조치 • 행정의 전환스위치, 방호장치의 전환스위치 등을 부착한 프레스 등에 대하여 해당 전환스위치 등을 항상 유효한 상태로 유지하여야 함. • 해당 방호장치의 성능을 유지하여야 하며, 발 스위치를 사용함으로써 방호장치를 사용하지 아니할 우려가 있는 경우에 발 스위치를 제거하는 등 필요한 조치. 다만, 제1항의 조치를 한 경우에는 발 스위치를 제거하지 아니할 수 있음.	제103조
2. 금형조정작업의 위험 방지	• 프레스 등의 금형을 부착·해체 또는 조정하는 작업을 할 때에 해당 작업에 종사하는 근로자의 신체가 위험한계 내에 있는 경우 슬라이드가 갑자기 작동함으로써 근로자에게 발생할 우려가 있는 위험을 방지하기 위하여 안전블록을 사용하는 등 필요한 조치	제104조

(4) 목재가공용 기계

구분	조치기준	근거
1. 원형톱기계의 반발예방장치	• 목재가공용 둥근톱기계[(가로 절단용 둥근톱기계 및 반발(反撥)에 의하여 근로자에게 위험을 미칠 우려가 없는 것은 제외한다)]에 분할날 등 반발예방장치를 설치	제105조
2. 둥근톱기계의 톱날접촉예방장치	• 목재가공용 둥근톱기계(휴대용 둥근톱을 포함하되, 원목제재용 둥근톱기계 및 자동이송장치를 부착한 둥근톱기계를 제외한다)에는 톱날접촉예방장치를 설치	제106조
3. 띠톱기계의 덮개	• 목재가공용 띠톱기계의 절단에 필요한 톱날 부위 외의 위험한 톱날 부위에 덮개 또는 울 등을 설치	제107조
4. 띠톱기계의 날접촉예방장치 등	• 목재가공용 띠톱기계에서 스파이크가 붙어 있는 이송롤러 또는 요철형 이송롤러에 날접촉예방장치 또는 덮개를 설치 • 다만, 스파이크가 붙어 있는 이송롤러 또는 요철형 이송롤러에 급정지장치가 설치되어 있는 경우에는 그러하지 아니 함.	제108조
5. 대패기계의 날접촉예방장치	• 작업대상물이 수동으로 공급되는 동력식 수동대패기계에 날접촉예방장치를 설치	제109조
6. 모떼기기계의 날접촉예방장치	• 모떼기기계(자동이송장치를 부착한 것은 제외한다)에 날접촉예방장치를 설치 • 다만, 작업의 성질상 날접촉예방장치를 설치하는 것이 곤란하여 해당 근로자에게 적절한 작업공구 등을 사용하도록 한 경우에는 그러하지 아니 함.	제110조

(5) 원심기 및 분쇄기 등

구분	조치기준	근거
1. 운전의 정지	• 원심기 또는 분쇄기 등으로부터 내용물을 꺼내거나 원심기 또는 분쇄기 등의 정비·청소·검사·수리 또는 그 밖에 이와 유사한 작업을 하는 경우에 그 기계의 운전을 정지 • 다만, 내용물을 자동으로 꺼내는 구조이거나 그 기계의 운전 중에 정비·청소·검사·수리 또는 그 밖에 이와 유사한 작업을 하여야 하는 경우로서 안전한 보조기구를 사용하거나 위험한 부위에 필요한 방호 조치를 한 경우 예외	제111조
2. 최고 사용회전수의 초과 사용 금지	• 원심기의 최고사용회전수를 초과하여 사용 금지	제112조
3. 폭발성 물질 등의 취급 시 조치	• 폭발성 물질, 유기과산화물을 취급하거나 분진이 발생할 우려가 있는 작업을 하는 경우 폭발 등에 의한 산업재해를 예방하기 위하여 제225조제1호의 행위를 제한하는 등 필요한 조치	제113조

(6) 고속회전체

구분	조치기준	근거
1. 회전시험 중의 위험 방지	• 고속회전체[(터빈로터·원심분리기의 버킷 등의 회전체로서 원주속도(圓周速度)가 초당 25m를 초과하는 것으로 한정한다. 이하 이 조에서 같다)]의 회전시험을 하는 경우 고속회전체의 파괴로 인한 위험을 방지하기 위하여 전용의 견고한 시설물의 내부 또는 견고한 장벽 등으로 격리된 장소에서 하여야 함. • 다만, 고속회전체(제115조에 따른 고속회전체는 제외한다)의 회전시험으로서 시험설비에 견고한 덮개를 설치하는 등 그 고속회전체의 파괴에 의한 위험을 방지하기 위하여 필요한 조치를 한 경우에는 예외	제114조
2. 비파괴검사의 실시	• 고속회전체(회전축의 중량이 1톤을 초과하고 원주속도가 초 당 120m 이상인 것으로 한정한다)의 회전시험을 하는 경우 미리 회전축의 재질 및 형상 등에 상응하는 종류의 비파괴 검사를 해서 결함 유무를 확인하여야 함.	제115조

(7) 보일러 등

구분	조치기준	근거
1. 압력방출장치	• 보일러의 안전한 가동을 위하여 보일러 규격에 맞는 압력방출장치를 1개 또는 2개 이상 설치하고 최고사용압력(설계압력 또는 최고허용압력을 말한다. 이하 같다) 이하에서 작동되도록 하여야 함. 다만, 압력방출장치가 2개 이상 설치된 경우에는 최고사용압력 이하에서 1개가 작동되고, 다른 압력 방출장치는 최고사용압력 1.05배 이하에서 작동되도록 부착	제116조

구분	조치기준	근거
1. 압력방출장치	• 압력방출장치는 매년 1회 이상 「국가표준기본법」 제14조제3항에 따라 산업통상자원부장관의 지정을 받은 국가교정업무 전담기관(이하 "국가교정기관"이라 한다)에서 교정을 받은 압력계를 이용하여 설정압력에서 압력방출장치가 적정하게 작동하는지를 검사한 후 납으로 봉인하여 사용. 다만, 영 제43조에 따른 공정안전보고서 제출 대상으로서 고용노동부장관이 실시하는 공정안전보고서 이행상태 평가결과가 우수한 사업장은 압력방출장치에 대하여 4년마다 1회 이상 설정압력에서 압력방출장치가 적정하게 작동하는지를 검사하여야 함.	제116조
2. 압력제한 스위치	• 보일러의 과열을 방지하기 위하여 최고사용압력과 상용압력 사이에서 보일러의 버너 연소를 차단할 수 있도록 압력제한스위치를 부착하여 사용	제117조
3. 고저수위 조절장치	• 고저수위(高低水位) 조절장치의 동작 상태를 작업자가 쉽게 감시하도록 하기 위하여 고저 수위지점을 알리는 경보등·경보음장치 등을 설치하여야 하며, 자동으로 급수되거나 단수되도록 설치	제118조
4. 폭발위험의 방지	• 보일러의 폭발 사고를 예방하기 위하여 압력방출장치, 압력제한스위치, 고저수위 조절장치, 화염 검출기 등의 기능이 정상적으로 작동될 수 있도록 유지·관리	제119조
5. 최고사용압력의 표시 등	• 압력용기등을 식별할 수 있도록 하기 위하여 그 압력용기등의 최고사용압력, 제조연월일, 제조회사명 등이 지워지지 않도록 각인(刻印) 표시된 것을 사용	제120조

(8) 사출성형기 등

구분	조치기준	근거
1. 사출성형기 등의 방호장치	• 사출성형기·주형조형기 및 형단조기(프레스등은 제외한다) 등에 근로자의 신체 일부가 말려 들어갈 우려가 있는 경우 게이트가드(gate guard) 또는 양수조작식 등에 의한 방호장치, 그 밖에 필요한 방호 조치를 하여야 함 • 게이트가드는 닫지 아니하면 기계가 작동되지 아니하는 연동구조(連動構造)여야 함. • 기계의 히터 등의 가열 부위 또는 감전 우려가 있는 부위에는 방호덮개를 설치하는 등 필요한 안전조치를 하여야 함.	제121조
2. 연삭숫돌의 덮개 등	• 회전 중인 연삭숫돌(지름이 5cm 이상인 것으로 한정한다)이 근로자에게 위험을 미칠 우려가 있는 경우에 그 부위에 덮개를 설치 • 연삭숫돌을 사용하는 작업의 경우 작업을 시작하기 전에는 1분 이상, 연삭숫돌을 교체한 후에는 3분 이상 시험운전을 하고 해당 기계에 이상이 있는지를 확인 • 시험운전에 사용하는 연삭숫돌은 작업시작 전에 결함이 있는지를 확인한 후 사용 • 연삭숫돌의 최고 사용회전속도를 초과하여 사용하도록 해서는 아니 됨. • 측면을 사용하는 것을 목적으로 하지 않는 연삭숫돌을 사용하는 경우 측면을 사용하도록 해서는 아니 됨.	제122조

구분	조치기준	근거
3. 롤러기의 울 등 설치	• 합판·종이·천 및 금속박 등을 통과시키는 롤러기로서 근로자가 위험해질 우려가 있는 부위에는 울 또는 가이드롤러(guide roller) 등을 설치	제123조
4. 직기의 북이탈방지장치	• 북(shuttle)이 부착되어 있는 직기(織機)에 북이탈방지장치를 설치	제124조
5. 신선기의 인발블록의 덮개 등	• 신선기의 인발블록(drawing block) 또는 꼬는 기계의 케이지(cage)로서 근로자가 위험해질 우려가 있는 경우 해당 부위에 덮개 또는 울 등을 설치	제125조
6. 버프연마기의 덮개	• 버프연마기(천 또는 코르크 등을 사용하는 버프연마기는 제외한다)의 연마에 필요한 부위를 제외하고는 덮개를 설치	제126조
7. 선풍기 등에 의한 위험의 방지	• 선풍기·송풍기 등의 회전날개에 의하여 근로자가 위험해질 우려가 있는 경우 해당 부위에 망 또는 울 등을 설치	제127조
8. 포장기계의 덮개 등	• 종이상자·자루 등의 포장기 또는 충진기 등의 작동 부분이 근로자를 위험하게 할 우려가 있는 경우 덮개 설치 등 필요한 조치	제128조
9. 정련기계에 의한 위험 방지	• 정련기(精練機)를 이용한 작업에 관하여는 제111조를 준용. 이 경우 제111조 중 원심기는 정련기로 봄. • 정련기의 배출구 뚜껑 등을 여는 경우에 내통(內筒)의 회전이 정지되었는지와 내부의 압력과 온도가 근로자를 위험하게 할 우려가 없는지를 미리 확인	제129조
10. 식품분쇄기의 덮개 등	• 식품 등을 손으로 직접 넣어 분쇄하는 기계의 작동 부분이 근로자를 위험하게 할 우려가 있는 경우 식품 등을 분쇄기에 넣거나 꺼내는 데에 필요한 부위를 제외하고는 덮개를 설치하고, 분쇄물투입용 보조기구를 사용하도록 하는 등 근로자의 손 등이 말려 들어가지 않도록 필요한 조치	제130조
11. 농업용기계에 의한 덮개 등	• 농업용기계를 이용하여 작업을 하는 경우에 「농업기계화 촉진법 시행규칙」 제18조의5(제18조의9제2항으로 개정 필요)에 따른 안전장치를 갖춘 기계를 사용	제131조

(9) 양중기

구분	조치기준	근거
I. 총칙		
1. 양중기	• 크레인(호이스트를 포함한다) • 이동식 크레인 • 리프트(이삿짐운반용 리프트의 경우에는 적재하중 0.1톤 이상인 것으로 한정한다) • 곤돌라 • 승강기	제132조
2. 정격하중의 표시	양중기 및 달기구를 사용하여 작업하는 운전자 또는 작업자가 보기 쉬운 곳에 해당 기계의 정격하중, 운전속도, 경고표시 등을 부착. 다만, 달기구는 정격하중만 표시	제133조

구분	조치기준	근거
3. 방호조치의 조정	다음 각 호의 양중기에 과부하방지장치, 권과방지장치, 비상정지장치 및 제동장치, 그 밖의 방호장치[(승강기의 파이널 리미트 스위치(final limit switch), 속도조절기, 출입문 인터 록(inter lock) 등을 말한다]가 정상적으로 작동될 수 있도록 미리 조정 • 크레인 • 이동식 크레인 • 리프트 • 곤돌라 • 승강기	제134조
4. 과부하장치의 제한 등	양중기에 적재하중을 초과하는 하중을 걸어서 사용금지	제135조
Ⅱ. 크레인		
1. 안전밸브의 조정	• 유압을 동력으로 사용하는 크레인의 과도한 압력상승을 방지하기 위한 안전밸브에 대하여 정격하중(지브 크레인은 최대의 정격하중으로 한다)을 건 때의 압력 이하로 작동되도록 조정 • 하중시험 또는 안전도시험을 하는 경우 예외	제136조
2. 해치장치의 사용	• 훅걸이용 와이어로프 등이 훅으로부터 벗겨지는 것을 방지하기 위한 장치(이하 "해지장치"라 한다)를 구비한 크레인을 사용 • 크레인을 사용하여 짐을 운반하는 경우에는 해지장치를 사용	제137조
3. 경사각의 제한	지브 크레인을 사용하여 작업을 하는 경우에 크레인 명세서에 적혀 있는 지브의 경사각(인양하중이 3톤 미만인 지브 크레인의 경우에는 제조한 자가 지정한 지브의 경사각)의 범위에서 사용	제138조
4. 크레인의 수리 등의 작업	갠트리 크레인 등과 같이 작업장 바닥에 고정된 레일을 따라 주행하는 크레인의 새들(saddle) 돌출부와 주변 구조물 사이의 안전공간이 40cm 이상 되도록 바닥에 표시를 하는 등 안전공간을 확보	제139조
5. 폭풍에 의한 이탈방지	순간풍속이 초당 30m를 초과하는 바람이 불어올 우려가 있는 경우 옥외에 설치되어 있는 주행 크레인에 대하여 이탈방지장치를 작동시키는 등 이탈방지를 위한 조치	제140조
6. 조립 등의 작업 시 조치사항	• 작업순서를 정하고 그 순서에 따라 작업을 할 것 • 작업을 할 구역에 관계 근로자가 아닌 사람의 출입을 금지하고 그 취지를 보기 쉬운 곳에 표시할 것 • 비, 눈, 그 밖에 기상상태의 불안정으로 날씨가 몹시 나쁜 경우에는 그 작업을 중지시킬 것 • 작업장소는 안전한 작업이 이루어질 수 있도록 충분한 공간을 확보하고 장애물이 없도록 할 것 • 들어 올리거나 내리는 기자재는 균형을 유지하면서 작업을 하도록 할 것 • 크레인의 성능, 사용조건 등에 따라 충분한 응력(應力)을 갖는 구조로 기초를 설치하고 침하 등이 일어나지 않도록 할 것 • 규격품인 조립용 볼트를 사용하고 대칭되는 곳을 차례로 결합하고 분해할 것	제141조

구분	조치기준	근거

7. 타워크레인의 지지	• 타워크레인을 자립고(自立高) 이상의 높이로 설치하는 경우 건축물 등의 벽체에 지지(제1항)
	• 지지할 벽체가 없는 등 부득이한 경우에는 와이어로프에 의하여 지지
	• 사업주는 타워크레인을 벽체에 지지하는 경우 다음 각 호의 사항을 준수(제2항)
	  – 「산업안전보건법 시행규칙」 제110조제1항제2호에 따른 서면심사에 관한 서류(「건설기계관리법」 제18조에 따른 형식승인 서류를 포함한다) 또는 제조사의 설치작업 설명서 등에 따라 설치할 것
	  – 제1호의 서면심사 서류 등이 없거나 명확하지 아니한 경우에는 「국가기술자격법」에 따른 건축구조·건설기계·기계안전·건설안전기술사 또는 건설안전분야 산업안전지도사의 확인을 받아 설치하거나 기종별·모델별 공인된 표준방법으로 설치할 것
	  – 콘크리트 구조물에 고정시키는 경우에는 매립이나 관통 또는 이와 같은 수준 이상의 방법으로 충분히 지지되도록 할 것
	  – 건축 중인 시설물에 지지하는 경우에는 그 시설물의 구조적 안정성에 영향이 없도록 할 것
	• 타워크레인을 와이어로프로 지지하는 경우 다음 각 호의 사항을 준수
	  – 제2항제1호 또는 제2호의 조치를 취할 것
	  – 와이어로프를 고정하기 위한 전용 지지프레임을 사용할 것
	  – 와이어로프 설치각도는 수평면에서 60° 이내로 하되, 지지점은 4개소 이상으로 하고, 같은 각도로 설치할 것
	  – 와이어로프와 그 고정부위는 충분한 강도와 장력을 갖도록 설치하고, 와이어로프를 클립·샤클(shackle, 연결고리) 등의 고정기구를 사용하여 견고하게 고정시켜 풀리지 아니하도록 하며, 사용 중에는 충분한 강도와 장력을 유지하도록 할 것. 이 경우 클립·샤클 등의 고정기구는 한국산업표준제품이나 한국산업표준이 없는 제품의 경우에는 이에 준하는 규격을 갖춘 제품이어야 한다.
	  – 와이어로프가 가공전선(架空電線)에 근접하지 않도록 할 것
		제142조

8. 폭풍 등으로 인한 이상 유무 점검	순간풍속이 초당 30m를 초과하는 바람이 불거나 중진(中震) 이상 진도의 지진이 있은 후에 옥외에 설치되어 있는 양중기를 사용하여 작업을 하는 경우에는 미리 기계 각 부위에 이상이 있는지를 점검	제143조
9. 건설물 등과의 사이 통로	• 주행 크레인 또는 선회 크레인과 건설물 또는 설비와의 사이에 통로를 설치하는 경우 그 폭을 0.6m 이상으로 하여야 함. 다만, 그 통로 중 건설물의 기둥에 접촉하는 부분에 대해서는 0.4m 이상으로 함 • 통로 또는 주행궤도 상에서 정비·보수·점검 등의 작업을 하는 경우 그 작업에 종사하는 근로자가 주행하는 크레인에 접촉될 우려가 없도록 크레인의 운전을 정지시키는 등 필요한 안전조치	제144조

10. 건설물 등의 벽체와 통로의 간격 등	• 사업주는 다음 각 호의 간격을 0.3m 이하로 하여야 함. 다만, 근로자가 추락할 위험이 없는 경우에는 그 간격을 0.3m 이하로 유지하지 아니할 수 있음.
	  – 크레인의 운전실 또는 운전대를 통하는 통로의 끝과 건설물 등의 벽체의 간격
	  – 크레인 거더(girder)의 통로 끝과 크레인 거더의 간격
	  – 크레인 거더의 통로로 통하는 통로의 끝과 건설물 등의 벽체의 간격
		제145조

구분	조치기준	근거
11. 크레인 작업 시의 조치사항	• 크레인을 사용하여 작업을 하는 경우 다음 각 호의 조치를 준수하고, 그 작업에 종사하는 관계 근로자가 그 조치를 준수 　- 인양할 하물(荷物)을 바닥에서 끌어당기거나 밀어내는 작업을 하지 아니할 것 　- 유류드럼이나 가스통 등 운반 도중에 떨어져 폭발하거나 누출될 가능성이 있는 위험물 용기는 보관함(또는 보관고)에 담아 안전하게 매달아 운반할 것 　- 고정된 물체를 직접 분리·제거하는 작업을 하지 아니할 것 　- 미리 근로자의 출입을 통제하여 인양 중인 하물이 작업자의 머리 위로 통과하지 않도록 할 것 　- 인양할 하물이 보이지 아니하는 경우에는 어떠한 동작도 하지 아니할 것 (신호하는 사람에 의하여 작업을 하는 경우는 제외한다) • 조종석이 설치되지 아니한 크레인에 대하여 다음 각 호의 조치를 해야 함. 　- 고용노동부장관이 고시하는 크레인의 제작기준과 안전기준에 맞는 무선원격제어기 또는 펜던트 스위치를 설치·사용할 것 　- 무선원격제어기 또는 펜던트 스위치를 취급하는 근로자에게는 작동요령 등 안전조작에 관한 사항을 충분히 주지시킬 것 • 타워크레인을 사용하여 작업을 하는 경우 타워크레인마다 근로자와 조종 작업을 하는 사람 간에 신호업무를 담당하는 사람을 각각 두어야 함.	제146조
Ⅲ. 이동식 크레인		
1. 설계기준의 준수	이동식 크레인을 사용하는 경우에 그 이동식 크레인이 넘어지거나 그 이동식 크레인의 구조부분을 구성하는 강재 등이 변형되거나 부러지는 일 등을 방지하기 위하여 해당 이동식 크레인의 설계기준(제조자가 제공하는 사용설명서)을 준수	제147조
2. 안전밸브의 조정	• 유압을 동력으로 사용하는 이동식 크레인의 과도한 압력상승을 방지하기 위한 안전밸브에 대하여 최대의 정격하중을 건 때의 압력 이하로 작동되도록 조정 • 하중시험 또는 안전도시험을 실시할 때에 시험하중에 맞는 압력으로 작동될 수 있도록 조정한 경우에는 예외	제148조
3. 해지장치의 사용	이동식 크레인을 사용하여 하물을 운반하는 경우에는 해지장치를 사용	제149조
4. 경사각의 제한	이동식 크레인을 사용하여 작업을 하는 경우 이동식 크레인 명세서에 적혀 있는 지브의 경사각(인양하중이 3톤 미만인 이동식 크레인의 경우에는 제조한 자가 지정한 지브의 경사각)의 범위에서 사용	제150조
Ⅳ. 리프트		
1. 권과방지 등	리프트(자동차정비용 리프트는 제외한다. 이하 이 관에서 같다)의 운반구 이탈 등의 위험을 방지하기 위하여 권과방지장치, 과부하방지장치, 비상정지장치 등을 설치하는 등 필요한 조치	제151조
2. 무인작동의 제한	• 운반구의 내부에만 탑승조작장치가 설치되어 있는 리프트를 사람이 탑승하지 아니한 상태로 작동금지 • 리프트 조작반(盤)에 잠금장치를 설치하는 등 관계 근로자가 아닌 사람이 리프트를 임의로 조작함으로써 발생하는 위험을 방지하기 위하여 필요한 조치	제152조

구분	조치기준	근거
3. 피트 청소 시의 조치	• 리프트의 피트 등의 바닥을 청소하는 경우 운반구의 낙하에 의한 근로자의 위험을 방지하기 위하여 다음 각 호의 조치 　- 승강로에 각재 또는 원목 등을 걸칠 것 　- 제1호에 따라 걸친 각재(角材) 또는 원목 위에 운반구를 놓고 역회전방지기가 붙은 브레이크를 사용하여 구동모터 또는 윈치(winch)를 확실하게 제동해 둘 것	제153조
4. 붕괴 등의 방지	• 지반침하, 불량한 자재사용 또는 헐거운 결선(結線) 등으로 리프트가 붕괴되거나 넘어지지 않도록 필요한 조치 • 순간풍속이 초당 35m를 초과하는 바람이 불어올 우려가 있는 경우 건설작업용 리프트(지하에 설치되어 있는 것은 제외한다)에 대하여 받침의 수를 증가시키는 등 그 붕괴 등을 방지하기 위한 조치	제154조
5. 운반구의 정지위치	리프트 운반구를 주행로 위에 달아 올린 상태로 정지시켜 두어서는 아니 됨.	제155조
6. 조립 등의 작업	• 리프트의 설치·조립·수리·점검 또는 해체 작업을 하는 경우 다음 각 호의 조치를 해야 함(제1항). 　- 작업을 지휘하는 사람을 선임하여 그 사람의 지휘하에 작업을 실시할 것 　- 작업을 할 구역에 관계 근로자가 아닌 사람의 출입을 금지하고 그 취지를 보기 쉬운 장소에 표시할 것 　- 비, 눈, 그 밖에 기상상태의 불안정으로 날씨가 몹시 나쁜 경우에는 그 작업을 중지시킬 것 • 제1항제1호의 작업을 지휘하는 사람에게 다음 각 호의 사항을 이행하도록 해야 함(제2항). 　- 작업방법과 근로자의 배치를 결정하고 해당 작업을 지휘하는 일 　- 재료의 결함 유무 또는 기구 및 공구의 기능을 점검하고 불량품을 제거하는 일 　- 작업 중 안전대 등 보호구의 착용 상황을 감시하는 일	제156조
7. 이삿짐운반용 리프트 운전방법의 주지	이삿짐운반용 리프트를 사용하는 근로자에게 운전방법 및 고장이 났을 경우의 조치방법을 주지시켜야 함.	제157조
8. 이삿짐운반용 리프트 전도의 방지	• 이삿짐운반용 리프트를 사용하는 작업을 하는 경우 이삿짐운반용 리프트의 전도를 방지하기 위하여 다음 각 호를 준수 　- 아웃트리거가 정해진 작동위치 또는 최대전개위치에 있지 않은 경우(아웃트리거 발이 닿지 않는 경우를 포함한다)에는 사다리 붐 조립체를 펼친 상태에서 화물 운반작업을 하지 않을 것 　- 사다리 붐 조립체를 펼친 상태에서 이삿짐 운반용 리프트를 이동시키지 않을 것 　- 지반의 부동침하 방지 조치를 할 것	제158조
9. 화물의 낙하방지	이삿짐 운반용 리프트 운반구로부터 화물이 빠지거나 떨어지지 않도록 다음 각 호의 낙하방지 조치 • 화물을 적재 시 하중이 한쪽으로 치우치지 않도록 할 것 • 적재화물이 떨어질 우려가 있는 경우에는 화물에 로프를 거는 등 낙하 방지 조치를 할 것	제159조

구분	조치기준	근거
V. 곤돌라		
1. 운전방법 등의 주지	곤돌라의 운전방법 또는 고장이 났을 때의 처치방법을 그 곤돌라를 사용하는 근로자에게 주지시켜야 함.	제160조
V. 승강기		
1. 폭풍에 의한 무너짐 방지	순간풍속이 초당 35m를 초과하는 바람이 불어 올 우려가 있는 경우 옥외에 설치되어 있는 승강기에 대하여 받침의 수를 증가시키는 등 승강기가 무너지는 것을 방지하기 위한 조치	제161조

2. 조립 등의 작업	• 사업장에 승강기의 설치 · 조립 · 수리 · 점검 또는 해체 작업을 하는 경우 다음 각 호의 조치(제1항)
	  − 작업을 지휘하는 사람을 선임하여 그 사람의 지휘하에 작업을 실시할 것
	  − 작업을 할 구역에 관계 근로자가 아닌 사람의 출입을 금지하고 그 취지를 보기 쉬운 장소에 표시할 것
	  − 비, 눈, 그 밖에 기상상태의 불안정으로 날씨가 몹시 나쁜 경우에는 그 작업을 중지시킬 것
	• 제1항제1호의 작업을 지휘하는 사람에게 다음 각 호의 사항을 이행하도록 하여야 함(제2항)
	  − 작업방법과 근로자의 배치를 결정하고 해당 작업을 지휘하는 일
	  − 재료의 결함 유무 또는 기구 및 공구의 기능을 점검하고 불량품을 제거하는 일
	  − 작업 중 안전대 등 보호구의 착용 상황을 감시하는 일
		제162조

Ⅵ. 양중기의 와이어로프 등		

1. 와이어로프 등 달기구의 안전계수	• 양중기의 와이어로프 등 달기구의 안전계수(달기구 절단하중의 값을 그 달기구에 걸리는 하중의 최대값으로 나눈 값을 말한다)가 다음 각 호의 구분에 따른 기준에 맞지 아니한 경우에는 이를 사용금지
	  − 근로자가 탑승하는 운반구를 지지하는 달기와이어로프 또는 달기체인의 경우 : 10 이상
	  − 화물의 하중을 직접 지지하는 달기와이어로프 또는 달기체인의 경우 : 5 이상
	  − 훅, 샤클, 클램프, 리프팅 빔의 경우 : 3 이상
	  − 그 밖의 경우 : 4 이상
	• 달기구의 경우 최대허용하중 등의 표식이 견고하게 붙어 있는 것을 사용
		제163조

2. 고리걸이 훅 등의 안전계수	양중기의 달기 와이어로프 또는 달기 체인과 일체형인 고리걸이 훅 또는 샤클의 안전계수(훅 또는 샤클의 절단하중 값을 각각 그 훅 또는 샤클에 걸리는 하중의 최대값으로 나눈 값을 말한다)가 사용되는 달기 와이어로프 또는 달기체인의 안전계수와 같은 값 이상의 것을 사용	제164조
3. 와이어로프의 절단방법 등	• 와이어로프를 절단하여 양중(揚重) 작업용구를 제작하는 경우 반드시 기계적인 방법으로 절단하여야 하며, 가스용단(溶斷) 등 열에 의한 방법으로 절단금지 • 아크(arc), 화염, 고온부 접촉 등으로 인하여 열영향을 받은 와이어로프를 사용금지	제165조

구분	조치기준	근거
4. 이음매가 있는 와이어로프 등의 사용금지	와이어로프의 사용에 관하여는 제63조제1항제1호를 준용. 이 경우 "달비계"는 "양중기"로 봄.	제166조
5. 늘어난 달기체인 등의 사용금지	달기체인 사용에 관하여는 제63조제1항제2호를 준용. 이 경우 "달비계"는 "양중기"로 봄.	제167조
6. 변형되어 있는 훅·샤클 등의 사용금지 등	• 훅·샤클·클램프 및 링 등의 철구로서 변형되어 있는 것 또는 균열이 있는 것을 크레인 또는 이동식 크레인의 고리걸이용구로 사용 • 중량물을 운반하기 위해 제작하는 지그, 훅의 구조를 운반 중 주변 구조물과의 충돌로 슬링이 이탈되지 않도록 하여야 함. • 안전성 시험을 거쳐 안전율이 3 이상 확보된 중량물 취급용구를 구매하여 사용하거나 자체 제작한 중량물 취급용구에 대하여 비파괴시험을 하여야 함.	제168조
7. 꼬임이 끊어진 섬유로프 등의 사용금지	섬유로프 사용에 관하여는 제63조제2항제9호를 준용. 이 경우 "달비계"는 "양중기"로 봄.	제169조
8. 링 등의 구비	• 엔드리스(endless)가 아닌 와이어로프 또는 달기 체인에 대하여 그 양단에 훅·샤클·링 또는 고리를 구비한 것이 아니면 크레인 또는 이동식 크레인의 고리걸이용구로 사용금지 • 제1항에 따른 고리는 꼬아넣기[(아이 스플라이스(eye splice)를 말한다. 이하 같다)], 압축멈춤 또는 이러한 것과 같은 정도 이상의 힘을 유지하는 방법으로 제작된 것이어야 함. 이 경우 꼬아넣기는 와이어로프의 모든 꼬임을 3회 이상 끼워 짠 후 각각의 꼬임의 소선 절반을 잘라내고 남은 소선을 다시 2회 이상(모든 꼬임을 4회 이상 끼워 짠 경우에는 1회 이상) 끼워 짜야 함.	제170조

(10) 차량계 운반하역기계 등

구분	조치기준	근거
I. 총칙		
1. 전도 등의 방지	• 차량계 하역운반기계 등을 사용하는 작업을 할 때에 그 기계가 넘어지거나 굴러떨어짐으로써 근로자에게 위험을 미칠 우려가 있는 경우에는 그 기계를 유도하는 사람(이하 "유도자"라 한다)을 배치하고 지반의 부동침하의 방지 및 갓길 붕괴를 방지하기 위한 조치	제171조
2. 접촉의 방지	• 차량계 하역운반기계 등을 사용하여 작업을 하는 경우에 하역 또는 운반 중인 화물이나 그 차량계 하역운반기계 등에 접촉되어 근로자가 위험해질 우려가 있는 장소에는 근로자를 출입금지. 다만, 제39조에 따른 작업지휘자 또는 유도자를 배치하고 그 차량계 하역운반기계 등을 유도하는 경우 예외 • 하역운반기계 등의 운전자는 제1항 단서의 작업지휘자 또는 유도자가 유도하는 대로 따라야 함	제172조

구분	조치기준	근거
3. 화물적재 시의 조치	• 차량계 하역운반기계 등에 화물을 적재하는 경우에 다음 각 호의 사항을 준수 　- 하중이 한쪽으로 치우치지 않도록 적재할 것 　- 구내운반차 또는 화물자동차의 경우 화물의 붕괴 또는 낙하에 의한 위험을 방지하기 위하여 화물에 로프를 거는 등 필요한 조치를 할 것 　- 운전자의 시야를 가리지 않도록 화물을 적재할 것 • 제1항의 화물을 적재하는 경우에는 최대적재량을 초과해서는 아니 됨.	제173조
4. 차량계 하역운반기계 등의 이송	• 차량계 하역운반기계 등을 이송하기 위하여 자주(自走) 또는 견인에 의하여 화물자동차에 싣거나 내리는 작업을 할 때에 발판·성토 등을 사용하는 경우에는 해당 차량계 하역운반기계 등의 전도 또는 전락에 의한 위험을 방지하기 위하여 다음 각 호의 사항을 준수 　- 싣거나 내리는 작업은 평탄하고 견고한 장소에서 할 것 　- 발판을 사용하는 경우에는 충분한 길이·폭 및 강도를 가진 것을 사용하고 적당한 경사를 유지하기 위하여 견고하게 설치할 것 　- 가설대 등을 사용하는 경우에는 충분한 폭 및 강도와 적당한 경사를 확보할 것 　- 지정 운전자의 성명·연락처 등을 보기 쉬운 곳에 표시하고 지정 운전자 외에는 운전하지 않도록 할 것	제174조
5. 주용도 외의 사용 제한	• 차량계 하역운반기계 등을 화물의 적재·하역 등 주된 용도에만 사용. 다만, 근로자가 위험해질 우려가 없는 경우에는 그러하지 아니함.	제175조
6. 수리 등의 작업 시 조치	• 차량계 하역운반기계 등의 수리 또는 부속장치의 장착 및 해체작업을 하는 경우 해당 작업의 지휘자를 지정하여 다음 각 호의 사항을 준수하도록 하여야 함. 　- 작업순서를 결정하고 작업을 지휘할 것 　- 제20조 각 호 외의 부분 단서의 안전지주 또는 안전블록 등의 사용상황 등을 점검할 것	제176조
7. 싣거나 내리는 작업	• 차량계 하역운반기계 등에 단위화물의 무게가 100kg 이상인 화물을 싣는 작업(로프 걸이 작업 및 덮개 덮기 작업을 포함한다. 이하 같다) 또는 내리는 작업(로프 풀기 작업 또는 덮개 벗기기 작업을 포함한다. 이하 같다)을 하는 경우에 해당 작업의 지휘자에게 다음 각 호의 사항을 준수 　- 작업순서 및 그 순서마다의 작업방법을 정하고 작업을 지휘할 것 　- 기구와 공구를 점검하고 불량품을 제거할 것 　- 해당 작업을 하는 장소에 관계 근로자가 아닌 사람이 출입하는 것을 금지할 것 　- 로프 풀기 작업 또는 덮개 벗기기 작업은 적재함의 화물이 떨어질 위험이 없음을 확인한 후에 하도록 할 것	제177조
8. 허용하중 초과 등의 제한	• 지게차의 허용하중(지게차의 구조, 재료 및 포크·램 등 화물을 적재하는 장치에 적재하는 화물의 중심위치에 따라 실을 수 있는 최대하중을 말한다)을 초과하여 사용해서는 아니 되며, 안전한 운행을 위한 유지·관리 및 그 밖의 사항에 대하여 해당 지게차를 제조한 자가 제공하는 제품설명서에서 정한 기준을 준수 • 구내운반차, 화물자동차를 사용할 때에는 그 최대적재량을 초과금지	제178조

구분	조치기준	근거
II. 지게차		
1. 전조등 등의 설치	• 전조등, 후미등을 갖추지 않은 지게차 사용을 금함. 다만, 작업을 안전하게 수행하기 위하여 필요한 조명이 확보되어 있는 장소에서 사용은 예외 • 충돌할 위험이 있는 경우 후진경보기와 경광등을 설치하거나 후방감지기 설치	제179조
2. 헤드가드	• 헤드가드가 없는 지게차 사용을 금함. 다만, 화물의 낙하에 의하여 운전자에게 위험을 미칠 우려가 없는 경우 예외 • 강도는 최대하중의 2배 값(4톤이 넘는 값에 대하여는 4톤으로 함)의 등분포정하중에 견딜 수 있는 것일 것 • 상부틀의 각 개구의 폭 또는 길이가 16cm 미만일 것 • 운전자가 앉아서 조작하거나 서서 조작하는 지게차의 헤드가 산업표준화법 제12조에 다른 한국산업표준에서 정하는 높이 이상일 것	제180조
3. 백레스트	• 백레스트를 갖추지 않은 지게차 사용을 금함. • 다만, 마스트 후방에서 화물이 낙하함으로써 근로자가 위험해질 우려가 없는 경우 예외	제181조

4. 팔레트 등	• 지게차에 의한 하역운반작업용 팔레트 또는 스키드는 다음 각 호에 해당하는 것을 사용해야 함.
	  – 적재하는 화물의 중량에 따른 충분한 강도를 가질 것
	  – 심한 손상·변형 또는 부식이 없을 것
		제182조

5. 좌석 안전띠의 착용	• 앉아서 조작하는 방식의 지게차 운전자에게 안전띠를 착용하도록 해야 함. • 지게차를 운전하는 근로자는 좌석 안전띠를 착용	제183조
III. 구내운반차		

1. 제동장치 등	• 구내운반차(작업장 내 운반을 주목적으로 한 차량) 사용 시 다음 사항 준수
	  – 유효한 제동장치 갖출 것
	  – 경음기 갖출 것
	  – 운전자석이 차 실내에 있는 경우 좌우에 한 개씩 방향지시기 갖출 것
	  – 전조등 및 후미등 갖출 것. 다만, 작업을 안전하게 하기 위하여 필요한 조명이 있는 장소에서 사용하는 구내운반차에 대해서는 그러하지 아니함.
	  – 구내운반차가 후진 중에 주변의 근로자 또는 차량계 하역운반기계 등과 충돌할 위험이 있는 경우에는 구내운반차에 후진경보등과 경광등을 설치할 것
		제184조

2. 연결장치	• 구내운반차에 피견인차를 연결하는 경우에는 적합한 연결장치를 사용	제185조

구분	조치기준	근거
IV. 고소작업대		
1. 고소작업대 설치 등의 조치	• 고소작업대를 설치하는 경우에는 다음 각 호에 해당하는 것을 설치하여야 함. 　– 작업대를 와이어로프 또는 체인으로 올리거나 내릴 경우에는 와이어로프 또는 체인이 끊어져 작업대가 떨어지지 아니하는 구조여야 하며, 와이어로프 또는 체인의 안전율은 5 이상일 것 　– 작업대를 유압에 의해 올리거나 내릴 경우에는 작업대를 일정한 위치에 유지할 수 있는 장치를 갖추고 압력의 이상저하를 방지할 수 있는 구조일 것 　– 권과방지장치를 갖추거나 압력의 이상상승을 방지할 수 있는 구조일 것 　– 붐의 최대 지면경사각을 초과 운전하여 전도되지 않도록 할 것 　– 작업대에 정격하중(안전율 5 이상)을 표시할 것 　– 작업대에 끼임·충돌 등 재해를 예방하기 위한 가드 또는 과상승방지장치를 설치할 것 　– 조작반의 스위치는 눈으로 확인할 수 있도록 명칭 및 방향 표시를 유지할 것 • 고소작업대를 설치하는 경우에는 다음 각 호의 사항을 준수 　– 바닥과 고소작업대는 가능하면 수평을 유지하도록 할 것 　– 갑작스러운 이동을 방지하기 위하여 아웃트리거 또는 브레이크 등을 확실히 사용할 것 • 고소작업대를 이동하는 경우에는 다음 각 호의 사항을 준수 　– 작업대를 가장 낮게 내릴 것 　– 작업대를 올린 상태에서 작업자를 태우고 이동하지 말 것. 다만, 이동 중 전도 등의 위험예방을 위하여 유도하는 사람을 배치하고 짧은 구간을 이동하는 경우에는 그러하지 아니함. 　– 이동통로의 요철상태 또는 장애물의 유무 등을 확인할 것 • 고소작업대를 사용하는 경우에는 다음 각 호의 사항을 준수 　– 작업자가 안전모·안전대 등의 보호구를 착용하도록 할 것 　– 관계자가 아닌 사람이 작업구역에 들어오는 것을 방지하기 위하여 필요한 조치를 할 것 　– 안전한 작업을 위하여 적정수준의 조도를 유지할 것 　– 전로(電路)에 근접하여 작업을 하는 경우에는 작업감시자를 배치하는 등 감전사고를 방지하기 위하여 필요한 조치를 할 것 　– 작업대를 정기적으로 점검하고 붐·작업대 등 각 부위의 이상 유무를 확인할 것 　– 전환스위치는 다른 물체를 이용하여 고정하지 말 것 　– 작업대는 정격하중을 초과하여 물건을 싣거나 탑승하지 말 것 　– 작업대의 붐대를 상승시킨 상태에서 탑승자는 작업대를 벗어나지 말 것. 다만, 작업대에 안전대 부착설비를 설치하고 안전대를 연결하였을 때에는 그러하지 아니함.	제186조

구분	조치기준	근거
V. 화물자동차		
1. 승강설비	• 바닥으로부터 짐 윗면과의 높이가 2m 이상인 화물자동차에 짐을 싣는 작업 또는 내리는 작업을 하는 때에는 바닥과 적재함의 짐 윗면 간을 안전하게 오르내리기 위한 설비를 설치하여야 함.	제187조
2. 꼬임이 끊어진 섬유로프 등의 사용 금지	• 다음 각 호의 1에 해당하는 섬유로프 등을 화물자동차의 짐걸이로 사용하여서는 아니 됨. – 꼬임이 끊어진 것 – 심하게 손상 또는 부식된 것	제188조
3. 섬유로프 등의 점검	• 섬유로프 등을 짐걸이에 사용 시 작업 시작 전 다음 각 호의 조치를 취할 것 – 작업순서 및 순서마다의 작업방법을 정하고 작업을 직접지휘하는 일 – 기구, 공구를 점검하고 불량품을 제거하는 일 – 해당 작업을 하는 장소에 관계 근로자가 아닌 사람의 출입금지 – 로프 풀기 작업 및 덮개 벗기기 작업을 하는 경우에는 적재 함의 화물에 낙하 위험이 없음을 확인한 후 작업의 착수 지시 • 로프 이상 유무를 점검하고 이상 시 즉시 교체	제189조
4. 화물중간에서 빼내기 금지	• 화물을 내리는 작업 시 화물의 중간에서 빼내도록 해서는 아니 됨.	제190조

(11) 컨베이어

구분	조치기준	근거
1. 이탈 등의 방지	• 컨베이어, 이송용 롤러 등(이하 "컨베이어 등"이라 한다)을 사용하는 경우에는 정전·전압강하 등에 따른 화물 또는 운반구의 이탈 및 역주행을 방지하는 장치 • 무동력상태 또는 수평상태로만 사용하여 근로자가 위험해질 우려가 없는 경우에는 예외	제191조
2. 비상정지장치	• 컨베이어 등에 해당 근로자의 신체의 일부가 말려드는 등 근로자가 위험해질 우려가 있는 경우 및 비상시에는 즉시 컨베이어 등의 운전을 정지시킬 수 있는 장치를 설치 • 무동력상태로만 사용하여 근로자가 위험해질 우려가 없는 경우에는 예외	제192조
3. 낙하물에 의한 위험방지	컨베이어등으로부터 화물이 떨어져 근로자가 위험해질 우려가 있는 경우에는 해당 컨베이어등에 덮개 또는 울을 설치하는 등 낙하 방지를 위한 조치	제193조
4. 트롤리 컨베이어	트롤리 컨베이어(trolley conveyor)를 사용하는 경우에는 트롤리와 체인·행거(hanger)가 쉽게 벗겨지지 않도록 서로 확실하게 연결하여 사용하여야 함.	제194조
5. 통행 등의 제한 등	• 운전 중인 컨베이어 등의 위로 근로자를 넘어가도록 하는 경우에는 위험을 방지하기 위하여 건널다리를 설치하는 등 필요한 조치 • 동일선상에 구간별로 설치된 컨베이어에 중량물을 운반하는 경우에는 중량물 충돌에 대비한 스토퍼를 설치하거나 작업자 출입을 금지	제195조

(12) 건설기계 등

구분	조치기준	근거
I. 총칙		
1. 차량계 건설기계의 정의	• "차량계 건설기계"란 동력원을 사용하여 특정되지 아니한 장소로 스스로 이동할 수 있는 건설기계로서 [별표 6]에서 정한 기계 • 불도저 건설기계, 모터그레이더, 스크레이퍼, 크레인형 굴착기계, 굴착기, 항타기 및 항발기, 천공용건설기계, 지반압밀침하용 건설기계, 지반다짐용 건설기계, 준설용 건설기계, 콘크리트 펌프카, 덤프트럭, 콘크리트 믹서트럭, 도로포장용 건설기계, 골재채취 및 살포용 건설기계	제196조
2. 전조등의 설치	차량계 건설기계에 전조등을 구비. 다만, 작업을 안전하게 수행하기 위하여 필요한 조명이 있는 장소에서 사용하는 경우에는 예외	제197조
3. 낙하물 보호구조	토사 등이 떨어질 우려가 있는 등 위험한 장소에서 차량계 건설기계[불도저, 트랙터, 굴착기, 로더(loader ; 흙 따위를 퍼올리는 데 쓰는 기계), 스크레이퍼(scraper ; 흙을 절삭운반하거나 펴 고르는 등의 작업을 하는 토공기계), 덤프트럭, 모터그레이더(moter grader ; 땅을 고르는 기계), 롤러(roller ; 지반다짐용 건설기계), 천공기, 항타기, 항발기로 한정한다]를 사용하는 경우에는 해당 차량계 건설기계에 견고한 헤드가드를 구비	제198조
4. 전도 등의 방지	차량계 건설기계를 사용하여 작업할 때에 그 기계가 넘어지거나 굴러 떨어짐으로써 근로자가 위험해질 우려가 있는 경우에는 유도하는 사람을 배치하고 지반의 부동침하 방지, 갓길의 붕괴 방지 및 도로 폭의 유지 등 필요한 조치	제199조
5. 접촉방지	차량계 건설기계를 사용하여 작업을 하는 경우에는 운전 중인 해당 차량계 건설기계에 접촉되어 근로자가 부딪칠 위험이 있는 장소에 근로자를 출입금지. 유도자를 배치하고 해당 차량계 건설기계를 유도하는 경우에는 예외	제200조
6. 차량용 건설기계의 이송	• 차량계 건설기계를 이송하기 위해 자주 또는 견인에 의해 화물자동차 등에 싣거나 내리는 작업을 할 때에 발판·성토 등을 사용하는 경우에는 해당 차량계 건설기계의 전도 또는 전락에 의한 위험을 방지하기 위해 다음 각 호의 사항을 준수 – 싣거나 내리는 작업은 평탄하고 견고한 장소에서 할 것 – 발판을 사용하는 경우에는 충분한 길이·폭 및 강도를 가진 것을 사용하고 적당한 경사를 유지하기 위하여 견고하게 설치할 것 – 자루·가설대 등을 사용하는 경우에는 충분한 폭 및 강도와 적당한 경사를 확보할 것	제201조
7. 승차석 외의 탑승금지	차량계 건설기계를 사용하여 작업을 하는 경우 승차석이 아닌 위치에 근로자를 탑승금지	제202조
8. 안전도 등의 금지	차량계 건설기계를 사용하여 작업을 하는 경우 그 차량계 건설기계가 넘어지거나 붕괴될 위험 또는 붐·암 등 작업장치가 파괴될 위험을 방지하기 위하여 그 기계의 구조 및 사용상 안전도 및 최대사용하중을 준수	제203조
9. 주용도 외의 사용제한	차량계 건설기계를 그 기계의 주된 용도에만 사용. 다만, 근로자가 위험해질 우려가 없는 경우에는 예외	제204조

구분	조치기준	근거
10. 붐 등의 강하에 의한 위험방지	차량계 건설기계의 붐·암 등을 올리고 그 밑에서 수리·점검작업 등을 하는 경우 붐·암 등이 갑자기 내려옴으로써 발생하는 위험을 방지하기 위하여 해당 작업에 종사하는 근로자에게 안전지지대 또는 안전블록 등을 사용	제205조
11. 수리 등의 작업 시 조치	• 차량계 건설기계의 수리나 부속장치의 장착 및 제거작업을 하는 경우 그 작업을 지휘하는 사람을 지정하여 다음 각 호의 사항을 준수 – 작업순서를 결정하고 작업을 지휘할 것 – 제205조의 안전지주 또는 안전블록 등의 사용상황 등을 점검할 것	제206조
II. 항타기 및 항발기		
1. 조립·해체 시 점검사항	• 항타기 또는 항발기를 조립하거나 해체하는 경우 다음 각 호의 사항을 점검 – 항타기 또는 항발기에 사용하는 권상기에 쐐기장치 또는 역회전방지용 브레이크를 부착할 것 – 항타기 또는 항발기의 권상기가 들리거나 미끄러지면 흔들리지 않도록 할 것 – 그 밖에 조립해체에 필요한 사항은 제조사에서 정한 설치·해체 작업 설명서에 따를 것 • 항타기 또는 항발기를 조립하거나 해체하는 경우 다음 각 호의 사항을 점검 – 본체 연결부의 풀림 또는 손상의 유무 – 권상용 와이어로프·드럼 및 도르래의 부착상태의 이상 유무 – 권상장치의 브레이크 및 쐐기장치 기능의 이상 유무 – 권상기의 설치상태의 이상 유무 – 리더(leader)의 버팀방법 및 고정상태의 이상 유무 – 본체·부속장치 및 부속품의 강도가 적합한지 여부 – 본체·부속장치 및 부속품에 심한 손상·마모·변형 또는 부식이 있는지 여부	제207조
2. 강도 등	• 동력을 사용하는 항타기 및 항발기(불특정장소에서 사용하는 자주식은 제외한다)의 본체·부속장치 및 부속품은 다음 각 호에 해당하는 것을 사용 – 적합한 강도를 가질 것 – 심한 손상·마모·변형 또는 부식이 없을 것	제208조
3. 무너짐의 방지	• 동력을 사용하는 항타기 또는 항발기에 대하여 무너짐을 방지하기 위하여 다음 각 호의 사항을 준수 – 연약한 지반에 설치하는 경우에는 아웃트리거 받침 등 지지구조물의 침하를 방지하기 유지하여 깔판·받침목 등을 사용할 것 – 시설 또는 가설물 등에 설치하는 경우에는 그 내력을 확인하고 내력이 부족하면 그 내력을 보강할 것 – 아웃트리거·받침 등 지지구조물이 미끄러질 우려가 있는 경우에는 말뚝 또는 쐐기 등을 사용하여 해당 지지구조물을 고정시킬 것 – 궤도 또는 차로 이동하는 항타기 또는 항발기에 대해서는 불시에 이동하는 것을 방지하기 위하여 레일 클램프(rail clamp) 및 쐐기 등으로 고정시킬 것	제209조

구분	조치기준	근거
3. 무너짐의 방지	• 상단부분은 버팀대 · 버팀줄로 고정하여 안정시키고, 그 하단부분은 견고한 버팀 · 말뚝 또는 철골 등으로 고정시킬 것	제209조
4. 이음매가 있는 권상용 와이어로프의 사용금지	항타기 또는 항발기의 권상용 와이어로프로 제63조제1항제1호 각 목에 해당하는 것의 사용금지	제210조
5. 권상용 와이어로프의 안전계수	항타기 또는 항발기의 권상용 와이어로프의 안전계수가 5 이상이 아니면 이를 사용금지	제211조
6. 권상용 와이어로프의 길이 등	• 항타기 또는 항발기에 권상용 와이어로프를 사용하는 경우에 다음 각 호의 사항을 준수 – 권상용 와이어로프는 추 또는 해머가 최저의 위치에 있을 때 또는 널말뚝을 빼내기 시작할 때를 기준으로 권상장치의 드럼에 적어도 2회 감기고 남을 수 있는 충분한 길이일 것 – 권상용 와이어로프는 권상장치의 드럼에 클램프 · 클립 등을 사용하여 견고하게 고정할 것 – 항타기의 권상용 와이어로프에서 추 · 해머 등과의 연결은 클램프 · 클립 등을 사용하여 견고하게 할 것 – 제2호 및 제3호의 클램프 · 클립 등은 한국산업표준 제품이거나 한국산업표준이 없는 제품의 경우에는 이에 준하는 규격을 갖춘 제품을 사용할 것	제212조
7. 널말뚝 등과의 연결	항발기의 권상용 와이어로프 · 도르래 등은 충분한 강도가 있는 샤클 · 고정철물 등을 사용하여 말뚝·널말뚝 등과 연결	제213조
8. 도르래의 부착 등	• 항타기나 항발기에 도르래나 도르래 뭉치를 부착하는 경우에는 부착부가 받는 하중에 의하여 파괴될 우려가 없는 브라켓 · 샤클 및 와이어로프 등으로 견고하게 부착 • 항타기 또는 항발기의 권상장치의 드럼축과 권상장치로부터 첫 번째 도르래의 축 간의 거리를 권상장치 드럼폭의 15배 이상 • 제2항의 도르래는 권상장치의 드럼 중심을 지나야 하며 축과 수직면상에 있어야 함. • 항타기나 항발기의 구조상 권상용 와이어로프가 꼬일 우려가 없는 경우에는 제2항과 제3항을 적용하지 아니 함.	제216조
9. 사용 시의 조치 등	• 압축공기를 동력원으로 하는 항타기나 항발기를 사용하는 경우에는 다음 각 호의 사항을 준수 – 해머의 운동에 의하여 공기호스와 해머의 접속부가 파손되거나 벗겨지는 것을 방지하기 위하여 그 접속부가 아닌 부위를 선정하여 공기호스를 해머에 고정시킬 것 – 공기를 차단하는 장치를 해머의 운전자가 쉽게 조작할 수 있는 위치에 설치할 것 • 항타기나 항발기의 권상장치의 드럼에 권상용 와이어로프가 꼬인 경우에는 와이어로프에 하중을 걸어서는 아니 됨. • 항타기나 항발기의 권상장치에 하중을 건 상태로 정지하여 두는 경우에는 쐐기장치 또는 역회전방지용 브레이크를 사용하여 제동하는 등 확실하게 정지	제217조

구분	조치기준	근거
10. 말뚝 등을 끌어올릴 경우의 조치	항타기를 사용하여 말뚝 및 널말뚝 등을 끌어올리는 경우에는 그 훅 부분이 드럼 또는 도르래의 바로 아래에 위치하도록 하여 끌어올려야 함.	제218조
11. 항타기 등의 이동	두 개의 지주 등으로 지지하는 항타기 또는 항발기를 이동시키는 경우에는 이들 각 부위를 당김으로 인하여 항타기 또는 항발기가 넘어지는 것을 방지하기 위하여 반대측에서 윈치로 장력와이어로프를 사용하여 확실히 제동	제220조
12. 가스배관 등의 손상방지	항타기를 사용하여 작업할 때에 가스배관·지중전선로 및 그 밖의 지하공작물의 손상으로 근로자가 위험에 처할 우려가 있는 경우에는 미리 작업장소에 가스배관·지중전선로 등이 있는지를 조사하여 이전 설치나 매달기 보호 등의 조치	제221조

III. 굴착기

구분	조치기준	근거
1. 충돌위험 방지조치	• 굴착기에 사람이 부딪히는 것을 방지하기 위해 후사경과 후방 영상표시장치 등 굴착기를 운전하는 사람이 좌우 및 후방을 확인할 수 있는 장치를 굴착기에 구비 • 굴착기로 작업을 하기 전 후사경과 후방 영상표시장치 등의 부착상태와 작동 여부를 확인	제221조의 2
2. 좌석 안전띠의 착용	• 굴착기를 운전하는 사람이 좌석안전띠를 착용하도록 해야 함. • 굴착기를 운전하는 사람은 좌석안전띠를 착용해야 함.	제221조의 3
3. 잠금장치의 체결	굴착기 퀵커플러(quick coupler)에 버킷, 브레이커(breaker), 클램셸(clamshell) 등 작업장치(이하 "작업장치"라 한다)를 장착 또는 교환하는 경우에는 안전핀 등 잠금장치를 체결하고 이를 확인	제221조의 4
4. 인양작업 시 조치	• 다음 각 호의 사항을 모두 갖춘 굴착기의 경우에는 굴착기를 사용하여 화물 인양작업 - 굴착기의 퀵커플러 또는 작업장치에 달기구(훅, 걸쇠 등을 말한다)가 부착되어 있는 등 인양작업이 가능하도록 제작된 기계일 것 - 굴착기 제조사에서 정한 정격하중이 확인되는 굴착기를 사용할 것 - 달기구에 해지장치가 사용되는 등 작업 중 인양물의 낙하 우려가 없을 것 • 굴착기를 사용하여 인양작업을 하는 경우에는 다음 각 호의 사항을 준수 - 굴착기 제조사에서 정한 작업설명서에 따라 인양할 것 - 사람을 지정하여 인양작업을 신호하게 할 것 - 인양물과 근로자가 접촉할 우려가 있는 장소에 근로자의 출입을 금지시킬 것 - 지반의 침하 우려가 없고 평평한 장소에서 작업할 것 - 인양 대상 화물의 무게는 정격하중을 넘지 않을 것 • 굴착기를 이용한 인양작업 시 와이어로프 등 달기구의 사용에 관해서는 제163조부터 제170조까지의 규정(제166조, 제167조 및 제169조에 따라 준용되는 경우를 포함한다)을 준용. 이 경우 "양중기" 또는 "크레인"은 "굴착기"로 봄.	제221조의 5

03 보건조치

1 보건조치와 건강장해

(1) 보건조치의 정의와 조치대상

① 보건조치는 **근로자의 과로나 스트레스, 유해한 작업환경뿐만 아니라 화학물질, 유기용제 등에 의한 건강장해를 예방하기 위한 대책**을 말한다. 보건조치는 근로자의 유해물질이나 유해한 작업환경 등에 의한 생명과 건강의 악화를 방지하기 위한 재해예방조치를 의미한다.

② 산업안전보건법 제39조 및 「안전보건기준에 관한 규칙」에서는 사업주에게 보건조치를 하도록 규정하고 있다. 사업주가 해야 할 보건조치의 대상물질은 근로자의 건강을 위하여 광범위하게 인정해야 한다.

(2) 보건조치기준과 벌칙적용

① 산업안전보건법 제39조의 위반사례는 ⅰ) 산소결핍으로 인한 질식사고, ⅱ) 화학물질에 의한 중독사고, ⅲ) 유해물질의 장기노출에 의한 직업병, ⅳ) 근골격계질환으로 구분할 수 있다. 그 외에 보건업무에 종사하는 자의 전염병의 감염사고도 직업특성에 따라 나타날 수 있다.

② 사업주는 근로자의 건강장해를 예방하기 위하여 유해요인을 점검하고 위험성을 평가하여 안전보건규칙에 따른 보건조치를 해야 한다. 산업안전보건법에 따른 유형별 보건조치기준을 몇 가지 소개하면 다음과 같다.

사고유형	보건조치기준	법적 근거
화학물질중독	국소배기장치의 성능	안전보건규칙 제429조
	긴급차단장치의 설치	안전보건규칙 제435조
	호흡용보호구의 지급	안전보건규칙 제450조
질식 (산소결핍)	밀폐공간 보건작업 프로그램의 수립·시행 의무	안전보건규칙 제619조
	작업장 환기	안전보건규칙 제620조
	감시인 배치	안전보건규칙 제623조
근골격계질환	유해요인조사, 작업환경개선, 예방프로그램 시행	안전보건규칙 제657조 및 제659조, 제662조

2 보건조치기준과 준수의무

(1) 보건조치대상과 준수의무

① 사업주가 작업환경에 따른 보건조치를 하여야 할 사항은 건강장해를 예방하는 것이다. 사업주는 다음 각 호의 어느 하나에 해당하는 건강장해를 예방하기 위하여 필요한 조치(이하 "보건조치"라 한다)를 하여야 한다(산안법 제39제1항).

1. 원재료·가스·증기·분진·흄(fume, 열이나 화학반응에 의하여 형성된 고체증가가 응축 되어 생긴 미세입자를 말한다)·미스트(mist, 공기 중에 떠다니는 작은 액체방울을 말한다)·산소결핍·병원체 등에 의한 건강장해
2. 방사선·유해광선·고온·저온·초음파·소음·진동·이상기압 등에 의한 건강장해
3. 사업장에서 배출되는 기체·액체 또는 찌꺼기 등에 의한 건강장해
4. 계측감시(計測監視), 컴퓨터 단말기 조작, 정밀공작(精密工作) 등의 작업에 의한 건강 장해
5. 단순반복작업 또는 인체에 과도한 부담을 주는 작업에 의한 건강장해
6. 환기·채광·조명·보온·방습·청결 등의 적정기준을 유지하지 아니하여 발생하는 건강장해
7. 폭염·한파에 장시간 작업함에 따라 발생하는 건강장해

② 제1항에 따라 사업주가 하여야 할 보건조치에 관한 구체적인 사항은 고용노동부령으로 정한다(산안법 제39제2항). 사업주가 하여야 할 보건조치사항은 「산업안전보건기준에 관한 규칙(이하 "안전보건규칙"이라 한다.)」에 구체적으로 규정되어 있다.

③ 근로자는 제38조 및 제39조에 따라 사업주가 한 조치로서 고용노동부령이 정하는 조치사항을 지켜야 한다(산안법 제40조). 근로자가 안전조치 및 보건조치의 사항을 준수하지 아니한 경우에는 과태료를 부과한다(산안법 제175조제6항제3호).

(2) 환기장치

구분	조치기준	법적 근거
후드	• 사업주는 인체에 해로운 분진, 흄(fume, 열이나 화학반응에 의하여 형성된 고체증기가 응축되어 생긴 미세입자), 미스트(mist, 공기 중에 떠다니는 작은 액체방울), 증기 또는 가스 상태의 물질(이하 "분진 등"이라 한다)을 배출하기 위하여 설치하는 국소배기장치의 후드가 다음 각 호의 기준에 맞도록 하여야 함. — 유해물질이 발생하는 곳마다 설치할 것 — 유해인자의 발생형태와 비중, 작업방법 등을 고려하여 해당 분진 등의 발산원(發散源)을 제어할 수 있는 구조로 설치할 것 — 후드(hood) 형식은 가능하면 포위식 또는 부스식 후드를 설치할 것 — 외부식 또는 리시버식 후드는 해당 분진등의 발산원에 가장 가까운 위치에 설치할 것	안전보건규칙 제72조
덕트	• 사업주는 분진 등을 배출하기 위하여 설치하는 국소배기장치(이동식은 제외한다)의 덕트(duct)가 다음 각 호의 기준에 맞도록 하여야 함. — 가능하면 길이는 짧게 하고 굴곡부의 수는 적게 할 것 — 접속부의 안쪽은 돌출된 부분이 없도록 할 것 — 청소구를 설치하는 등 청소하기 쉬운 구조로 할 것 — 덕트 내부에 오염물질이 쌓이지 않도록 이송속도를 유지할 것 — 연결 부위 등은 외부 공기가 들어오지 않도록 할 것	안전보건규칙 제73조
배풍기	• 사업주는 국소배기장치에 공기정화장치를 설치하는 경우 정화 후의 공기가 통하는 위치에 배풍기(排風機)를 설치하여야 함.	안전보건규칙 제74조

구분	조치기준	법적 근거
배풍기	• 다만, 빨아들여진 물질로 인하여 폭발할 우려가 없고 배풍기의 날개가 부식될 우려가 없는 경우에는 정화 전의 공기가 통하는 위치에 배풍기를 설치할 수 있음.	안전보건규칙 제74조
배기구	• 분진 등을 배출하기 위하여 설치하는 국소배기장치(공기정화장치가 설치된 이동식 국소배기장치는 제외한다)의 배기구를 직접 외부로 향하도록 개방하여 실외에 설치하는 등 배출되는 분진 등이 작업장으로 재유입되지 않는 구조로 하여야 함.	안전보건규칙 제75조
배기의 처리	• 사업주는 분진 등을 배출하는 장치나 설비에는 그 분진 등으로 인하여 근로자의 건강에 장해가 발생하지 않도록 흡수 · 연소 · 집진(集塵) 또는 그 밖의 적절한 방식에 의한 공기정화장치를 설치하여야 함.	안전보건규칙 제76조
전체환기 장치	• 사업주는 분진 등을 배출하기 위하여 설치하는 전체환기장치가 다음 각 호의 기준에 맞도록 하여야 함. – 송풍기 또는 배풍기(덕트를 사용하는 경우에는 그 덕트의 흡입구를 말한다)는 가능하면 해당 분진 등의 발산원에 가장 가까운 위치에 설치할 것 – 송풍기 또는 배풍기는 직접 외부로 향하도록 개방하여 실외에 설치하는 등 배출되는 분진 등이 작업장으로 재유입되지 않는 구조로 할 것	안전보건규칙 제77조
환기장치의 가동	• 사업주는 분진 등을 배출하기 위하여 국소배기장치나 전체환기장치를 설치한 경우 그 분진 등에 관한 작업을 하는 동안 국소배기장치나 전체환기장치를 가동하여야 함. • 사업주는 국소배기장치나 전체환기장치를 설치한 경우 조정판을 설치하여 환기를 방해하는 기류를 없애는 등 그 장치를 충분히 가동하기 위하여 필요한 조치를 하여야 함.	안전보건규칙 제78조

(3) 휴게시설 등

구분	조치기준	법적 근거
휴게시설	• 사업주는 근로자들이 신체적 피로와 정신적 스트레스를 해소할 수 있도록 휴식시간에 이용할 수 있는 휴게시설을 갖추어야 함. • 사업주는 제1항에 따른 휴게시설을 인체에 해로운 분진 등을 발산하는 장소나 유해물질을 취급하는 장소와 격리된 곳에 설치하여야 한다. 다만, 갱내 등 작업장소의 여건상 격리된 장소에 휴게시설을 갖출 수 없는 경우에는 그러하지 아니함.	안전보건규칙 제79조
세척시설 등	• 사업주는 근로자로 하여금 다음 각 호의 어느 하나에 해당하는 업무에 상시적으로 종사하도록 하는 경우 근로자가 접근하기 쉬운 장소에 세면 · 목욕시설, 탈의 및 세탁시설을 설치하고 필요한 용품과 용구를 갖추어 두어야 함. – 환경미화 업무 – 음식물쓰레기 · 분뇨 등 오물의 수거 · 처리 업무 – 폐기물 · 재활용품의 선별 · 처리 업무 – 그 밖에 미생물로 인하여 신체 또는 피복이 오염될 우려가 있는 업무	안전보건규칙 제79조의2

구분	조치기준	법적 근거
의자의 비치	• 사업주는 지속적으로 서서 일하는 근로자가 작업 중 때때로 앉을 수 있는 기회가 있으면 해당 근로자가 이용할 수 있도록 의자를 갖추어 두어야 함.	안전보건규칙 제80조
수면장소 등의 설치	• 사업주는 야간에 작업하는 근로자에게 수면을 취하도록 할 필요가 있는 경우에는 적당한 수면을 취할 수 있는 장소를 남녀 각각 구분하여 설치하여야 함. • 사업주는 제1항의 장소에 침구(寢具)와 그 밖에 필요한 용품을 갖추어 두고 청소·세탁 및 소독 등을 정기적으로 하여야 함.	안전보건규칙 제81조
구급용구	• 사업주는 부상자의 응급처치에 필요한 다음 각 호의 구급 용구를 갖추어 두고, 그 장소와 사용방법을 근로자에게 알려야 함. - 붕대재료·탈지면·핀셋 및 반창고 - 외상(外傷)용 소독약 - 지혈대·부목 및 들것 - 화상약(고열물체를 취급하는 작업장이나 그 밖에 화상의 우려가 있는 작업장에만 해당한다) • 제1항에 따른 구급용구를 관리하는 사람을 지정하여 언제든지 사용할 수 있도록 청결하게 유지하여야 함.	안전보건규칙 제82조

(4) 잔재물 등의 조치기준

구분	조치기준	법적 근거
가스 등의 발산 억제 조치	• 사업주는 가스·증기·미스트·흄 또는 분진 등(이하 "가스 등"이라 한다)이 발산되는 실내작업장에 대하여 근로자의 건강장해가 발생하지 않도록 해당 가스등의 공기 중 발산을 억제하는 설비나 발산원을 밀폐하는 설비 또는 국소배기장치나 전체환기장치를 설치하는 등 필요한 조치를 하여야 함.	안전보건규칙 제83조
공기의 부피와 환기	• 사업주는 근로자가 가스등에 노출되는 작업을 수행하는 실내작업장에 대하여 공기의 부피와 환기를 다음 각 호의 기준에 맞도록 하여야 함. - 바닥으로부터 4m 이상 높이의 공간을 제외한 나머지 공간의 공기의 부피는 근로자 1명당 10cm^3 이상이 되도록 할 것 - 직접 외부를 향하여 개방할 수 있는 창을 설치하고 그 면적은 바닥면적의 1/20 이상으로 할 것(근로자의 보건을 위하여 충분한 환기를 할 수 있는 설비를 설치한 경우는 제외한다) - 기온이 10℃ 이하인 상태에서 환기를 하는 경우에는 근로자가 매초 1m 이상의 기류에 닿지 않도록 할 것	안전보건규칙 제84조
잔재물 등의 처리	• 사업주는 인체에 해로운 기체, 액체 또는 잔재물 등(이하 "잔재물 등"이라 한다)을 근로자의 건강에 장해가 발생하지 않도록 중화·침전·여과 또는 그 밖의 적절한 방법으로 처리하여야 함. • 사업주는 병원체에 의하여 오염된 기체나 잔재물 등에 대하여 해당 병원체로 인하여 근로자의 건강에 장해가 발생하지 않도록 소독·살균 또는 그 밖의 적절한 방법으로 처리하여야 함. • 사업주는 제1항 및 제2항에 따른 기체나 잔재물 등을 위탁하여 처리하는 경우에는 그 기체나 잔재물 등의 주요 성분, 오염인자의 종류와 그 유해·위험성 등에 대한 정보를 위탁처리자에게 제공하여야 함.	안전보건규칙 제85조

3 허가대상물질 및 석면의 건강장해

(1) 허가대상물질의 관리기준

① 사업주는 허가대상 유해물질(베릴륨 및 석면은 제외한다)을 제조하거나 사용하는 경우에 다음 각 호의 사항을 준수하여야 한다(안전보건규칙 제453조제1항).

> 1. 허가대상 유해물질을 제조하거나 사용하는 장소는 다른 작업장소와 격리시키고 작업장소의 바닥과 벽은 불침투성의 재료로 하되, 물청소로 할 수 있는 구조로 하는 등 해당 물질을 제거하기 쉬운 구조로 할 것
> 2. 원재료의 공급·이송 또는 운반은 해당 작업에 종사하는 근로자의 신체에 그 물질이 직접 닿지 않는 방법으로 할 것
> 3. 반응조(batch reactor)는 발열반응 또는 가열을 동반하는 반응에 의하여 교반기(攪拌機) 등의 덮개 부분으로부터 가스나 증기가 새지 않도록 개스킷 등으로 접합부를 밀폐시킬 것
> 4. 가동 중인 선별기 또는 진공여과기의 내부를 점검할 필요가 있는 경우에는 밀폐된 상태에서 내부를 점검할 수 있는 구조로 할 것
> 5. 분말 상태의 허가대상 유해물질을 근로자가 직접 사용하는 경우에는 그 물질을 습기가 있는 상태로 사용하거나 격리실에서 원격조작하거나 분진이 흩날리지 않는 방법을 사용하도록 할 것

② 사업주는 근로자가 허가대상 유해물질(베릴륨 및 석면은 제외한다)을 제조·사용하는 경우에 다음 각 호의 사항에 관한 작업수칙을 정하고, 이를 해당 작업근로자에게 알려야 한다(안전보건규칙 제462조).

> 1. 밸브·콕 등(허가대상 유해물질을 제조하거나 사용하는 설비에 원재료를 공급하는 경우 또는 그 설비로부터 제품 등을 추출하는 경우에 사용되는 것만 해당한다)의 조작
> 2. 냉각장치, 가열장치, 교반장치 및 압축장치의 조작
> 3. 계측장치와 제어장치의 감시·조정
> 4. 안전밸브, 긴급 차단장치, 자동경보장치 및 그 밖의 안전장치의 조정
> 5. 뚜껑·플랜지·밸브 및 콕 등 접합부가 새는지 점검
> 6. 시료의 채취 및 해당 작업에 사용된 기구 등의 처리
> 7. 이상 상황이 발생한 경우의 응급조치
> 8. 보호구의 사용·점검·보관 및 청소
> 9. 허가대상 유해물질을 용기에 넣거나 꺼내는 작업 또는 반응조 등에 투입하는 작업
> 10. 그 밖에 허가대상 유해물질이 새지 않도록 하는 조치

(2) 석면의 해제·제거작업 등

구분	조치기준	법적 근거
유지관리	건축물이나 설비의 천장재, 벽체 재료 및 보온재의 손상, 노후화 등으로 인한 석면분진의 예방	안전보건규칙 제487조
일반석면조사	건축물·설비를 철거하거나 해체하려는 경우 소유주 또는 임차인 등은 석면 함유 여부를 육안, 설계도서, 자재이력 등 적절한 방법으로 조사	안전보건규칙 제488조제1항

구분	조치기준	법적 근거
석면해체·제거작업 계획수립	일반석면조사 또는 기관석면조사 결과를 확인한 후 석면의 해체·제거작업의 절차와 방법, 석면 흩날림방지 및 폐기방법, 근로자보호조치 등 계획을 수립하여 작업을 수행	안전보건규칙 제489조제1항
개인보호구의 지급·착용	방진마스크, 고글형 보호안경(눈 부분이 노출될 경우에 한함), 신체를 감싸는 보호복, 보호장갑 및 보호신발	안전보건규칙 제491조제1항
위생설비의 설치 등	석면해체·제거작업장과 연결되거나 인접한 장소에 평상시 탈의실, 샤워실 및 작업복 탈의실 등의 위생설비를 설치, 필요한 용품 및 용구를 갖추어 두어야 함.	안전보건규칙 제494조제1항
잔재물의 흩날림 방지	석면을 함유한 잔재물을 습식으로 청소, 고성능필터를 장착한 진공청소기를 사용하는 등 석면분진의 흩날림을 방지	안전보건규칙 제497조제1항

4 온도·습도에 의한 건강장해의 예방

(1) 용어의 정의

1. "고열"이란 열에 의하여 근로자에게 열경련·열탈진 또는 열사병 등의 건강장해를 유발할 수 있는 더운 온도를 말한다.
2. "한랭"이란 냉각원(冷却源)에 의하여 근로자에게 동상 등의 건강장해를 유발할 수 있는 차가운 온도를 말한다.
3. "다습"이란 습기로 인하여 근로자에게 피부질환 등의 건강장해를 유발할 수 있는 습한 상태를 말한다.
4. "폭염"이란 근로자에게 열경련·열탈진 또는 열사병 등의 건강장해를 유발할 수 있는 더운 온도의 기상현상을 말한다.

(2) 작업관리 등

구분	조치기준	법적 근거
온열질환 예방 및 발생에 대한 조치	• 근로자를 새로 배치할 경우 고열에 순응하도록 고열작업시간을 매일 단계적으로 증가시키는 필요한 조치를 할 것 • 근로자가 온도·습도를 쉽게 알 수 있도록 온도계 등의 기기를 작업장소에 상시 비치할 것	안전보건규칙 제562조제1항
한랭장해 예방조치	• 혈액순환을 원활히 하기 위한 운동지도를 할 것 • 적절한 지방과 비타민 섭취를 위한 영양지도를 할 것 • 체온 유지를 위하여 더운물을 준비할 것 • 젖은 작업복 등은 즉시 갈아입도록 할 것	안전보건규칙 제563조
휴식 등	• 고열·한랭·다습작업을 하는 경우에는 적절하게 휴식하도록 하는 등 근로자 건강장해를 예방하기 위하여 필요한 조치 • 근로자가 옥외장소에서 폭염작업을 하는 경우에는 다음 각 호의 어느 하나에 해당하는 조치 　- 작업시간대의 조정 또는 이에 준하는 조치 　- 적절한 휴식시간의 부여	안전보건규칙 제566조제1항 내지 제3항

구분	조치기준	법적 근거
휴식 등	• 폭염특보의 기준이 되는 체감온도 33℃ 이상인 작업장소에서 폭염작업을 하는 경우에는 매 2시간 이내에 20분 이상의 휴식을 부여. 다만, 개인용 냉방 또는 통풍장치를 지급·가동하거나 개인용 보냉장구를 지급·착용하게 하는 등으로 근로자의 체온상승을 줄일 수 있는 조치를 한 경우 예외	안전보건규칙 제566조제1항 내지 제3항

5 근골격계부담작업

(1) 근골격계질환의 정의와 위험요소

① 근골격계질환이란 반복적인 동작, 부적절한 작업자세, 무리한 힘의 사용, 날카로운 면과의 신체접촉, 진동 및 온도 등의 요인에 의하여 발생하는 건강장해로서 목, 어깨, 허리, 팔·다리의 신경·근육 및 그 주변 신체조직 등에 나타나는 질환을 말한다(안전보건규칙 제656조제2호).

② 사업주는 산업안전보건법 제39조제1항에 따라 단순반복작업 또는 인체부담작업에 의한 건강장해를 예방하는 보건조치를 해야 한다. 이 경우 건강장해로서 근골격계질환은 직업적 위험요소에 기인하여 발생하기 때문에 원인을 규명하여 예방조치를 해야 한다.

③ **근골격계질환의 위험요인**은 ⅰ) 작업자세, ⅱ) 소요되는 힘, ⅲ) 동작속도, ⅳ) 반복정도, ⅴ) 중량물의 무게와 취급시간, ⅵ) 취급물품의 특성 등에 따라 다양하게 나타난다. 또한 노동강도는 육체의 피로와 근육의 긴장, 무리한 신체부담을 주어 건강장해를 유발한다.

④ **근골격계질환을 유발하는 3대 위험요소**는 무리한 힘과 반복성, 부적합한 자세를 들 수 있다. 그러나 근골격계질환을 유발하는 요소는 다양하며, 근로자의 작업조건, 작업시간, 중량물취급, 작업도구 등에 따라 다양한 질병을 유발한다.

(2) 유해요인조사 및 개선 등

1) 근골격계질환의 예방의무 및 위험요인조사

① 사업주는 단순반복작업 또는 인체에 과도한 부담을 주는 작업에 의한 건강장해 예방을 위해 필요한 조치를 취해야 한다(산안법 제39조제1항제5호). 사업주의 구체적인 예방의무의 내용은 「안전보건규칙」 제12장 제656조부터 제669조까지에서 상세히 규정하고 있다.

② 사업주는 근로자가 근골격계부담작업을 하는 경우에 **3년마다** ⅰ) **작업장 상황**, ⅱ) **작업조건**, ⅲ) **작업과 관련된 근골격계질환 징후와 증상 유무 등의 사항에 대한 유해요인조사**를 하여야 한다. 다만, 신설되는 사업장의 경우에는 신설일부터 1년 이내에 최초의 유해요인조사를 하여야 한다(안전보건규칙 제657조제1항).

③ 또한 사업주는 ⅰ) 임시건강진단 등에 의하여 근골격계질환자가 발생한 경우(다만, 근골격계부담작업이 아닌 작업에서 발생한 경우를 포함한다), ⅱ) 근골격계질환으로 업무상질병으로 인정받은 경우, ⅲ) 근골격계부담작업에 해당하는 새로운 작업·설비를 도입한 경우, ⅳ) 근골격계부담작업에 해당하는 업무의 양과 작업공정 등 작업환경을 변경한 경우에 해당하는

사유가 발생하였을 경우에 제1항에도 불구하고 지체 없이 유해요인조사를 하여야 한다(안전보건규칙 제657조 제2항).

④ 사업주는 유해요인조사에 근로자 대표 또는 해당 작업 근로자를 참여시켜야 한다(안전보건규칙 제657조제3항).

⑤ 사업주는 유해요인을 조사하는 경우에 근로자와의 면담, 증상 설문조사, 인간공학적 측면을 고려한 조사 등 적절한 방법으로 하여야 한다(안전보건규칙 제658조). 재해요인조사표에는 ⅰ) 조사개요, ⅱ) 작업장 상황조사, ⅲ) 작업조건조사(인간공학적 측면을 고려한 조사)를 실시한다. 작업장 상황조사는 작업설비, 작업량, 작업속도, 업무변화에 대하여 변화 유무와 기간을 표시하면 된다.

⑥ 사업주는 유해요인조사 결과 근골격계질환이 발생할 우려가 있는 경우에 인간공학적으로 설계된 인력작업 보조설비 및 편의설비를 설치하는 등 작업환경 개선에 필요한 조치를 하여야 한다(안전보건규칙 제659조).

⑦ 근로자는 근골격계부담작업으로 인하여 ⅰ) 운동범위 축소, 쥐는 힘의 저하 등의 징후가 나타날 경우 그 사실을 사업주에게 통지하여야 하며, 사업주는 근로자에 대하여 의학적 조치를 취하고, ⅱ) 필요한 경우 안전보건규칙 제659조에 따른 작업환경개선 등 적절한 조치를 해야 한다(안전보건규칙 제660조).

⑧ 사업주는 근골격계부담작업에 근로자를 종사하도록 하는 때에는 ⅰ) 근골격계부담작업의 유해요인, ⅱ) 근골격계질환의 징후 및 증상, ⅲ) 근골격계질환 발생 시 대처요령, ⅳ) 올바른 작업자세 및 작업도구, ⅴ) 작업시설의 올바른 사용방법, ⅵ) 그 밖에 근골격계질환 예방에 필요한 사항 및 유해요인조사와 그 결과, 조사 방법 등을 근로자에게 널리 알려주어야 한다(안전보건규칙 제661조).

⑨ 또한 근골격계질환으로 ⅰ) 요양결정을 받은 근로자가 연간 10명 이상 발생한 사업장, ⅱ) 5명 이상 발생한 사업장으로서 발생비율이 그 사업장 근로자 수의 10% 이상인 사업장, ⅲ) 근골격계질환 예방과 관련하여 노사 간의 이견이 지속되어 고용노동부장관이 필요하다고 인정하여 수립·시행을 명령한 사업장에 해당하는 사업주는 노사협의를 거쳐 근골격계질환 예방관리 프로그램을 수립·시행하여야 한다(안전보건규칙 제662조).

(3) 근골격계부담작업의 범위

① 사업주의 근골격계질환 예방의무의 전제가 되는 근골격계부담작업의 범위 및 유해요인조사 방법에 대해서는 산업안전보건법 제39조제1항제5호, 「안전보건기준에 관한 규칙」 제658조제1호 단서의 규정에 의하여 고용노동부장관이 정하여 고시하도록 규정(이하에서는 "근골격계고시"라고 한다)하고 있다.

📖 근골격계질환의 작업조건과 작업내용

작업조건	작업내용
불편한 작업자세	1일 총 2시간 이상 손을 머리 위 또는 팔꿈치를 어깨 위로 올리는 작업
	1일 총 2시간 이상 목을 지지대 없이 또는 자세를 바꿀 수 없는 상태에서 30° 이상 굽히고 수행하는 작업
불편한 작업자세	1일 총 2시간 이상 허리를 지지대 없이 또는 자세를 바꿀 수 없는 상태에서 30° 이상 굽히고 수행하는 작업
	1일 총 2시간 이상 쪼그린 자세 또는 무릎을 꿇고 수행하는 작업
손에 부하가 큰 작업	1일 총 2시간 이상 지지물 없이 물건을 손가락으로 집거나 손가락으로 잡고 수행하는 작업
	1일 총 2시간 이상 지지물 없이 물건을 한 손으로 잡거나 힘을 쓰는 작업
반복작업이 많은 작업	1일 총 2시간 이상 목, 어깨, 팔꿈치, 손목, 손 등을 수 초 동안 변화 없거나 극히 적은 변동으로 같은 동작을 반복하는 작업
	1일 총 4시간 이상 심하게 키보드를 사용하는 작업
반복적인 충격작업	1일 2시간 이상, 시간당 10회 이상, 손을 망치처럼 사용하는 작업
	1일 2시간 이상, 시간당 10회 이상, 무릎을 망치처럼 사용하는 작업
중량물을 자주 인양하는 작업	중량물 인양작업
	인양 빈도가 높은 작업
	불편한 자세의 인양작업
손과 팔의 진동 부하작업	임팩트 렌치, 치핑해머, 잭 해머 등과 같은 충격공구를 사용하는 작업
	진동수치가 높은 특정 공구를 사용하는 작업
	그라인더, 연마기, 실우 등 진동수치가 보통 수준인 수공구를 사용하는 작업

② 근골격계작업에 관한 고시 제2조에서는 작업에서 단기간작업 또는 간헐적인 작업, 하루, 4시간 또는 2시간에 대하여 규정하고 있다. 여기서 "단기간 작업"이란 2개월 이내에 종료되는 1회성 작업(제1호)을 말하며, "간헐적인 작업"은 연간 총 작업일수가 60일을 초과하지 않는 작업(제2호)을 말한다.

③ 또한 "하루"란 「근로기준법」 제2조제1항제7호에 따른 1일 소정근로시간과 1일 연장근로시간 동안 근로자가 수행하는 총 작업시간을 말한다(제3호). "4시간 이상" 또는 "2시간 이상"은 제3호에 따른 "하루" 중 근로자가 제3조 각 호에 해당하는 근골격계부담작업을 실제로 수행한 시간을 합산한 시간을 말한다(제4호).

제2장 출·제·예·상·문·제

01 산업안전보건법 제38조(안전조치)와 「산업안전보건기준에 관한 규칙(이하 "안전보건규칙"이라 한다)」의 적용관계에 대한 설명 중 옳지 않은 것은? (의견이 다른 경우 판례에 의함)

① 안전보건규칙은 산업안전보건과 시행령에서 위임한 사항과 사업주 및 근로자가 준수해야 할 안전보건기준 및 기술에 관한 사항을 정한 것이다.
② 안전보건규칙은 산업안전보건법 제5조, 제16조, 제37조부터 제40조 등의 수권에 따라 그 위임의 한계 내에서 정립되어 그에 대한 보충적 기능을 하며, 상위법령과 결합하여 대외적 구속력이 있는 법규명령의 효력을 갖는다.
③ 산업안전보건법 제38조(안전조치) 및 제39조(보건조치), 제63조(도급인의 안전조치 및 보건조치)는 안전보건규칙에 의하여 안전보건조치위반죄의 구성 여부를 판단한다.
④ 산업안전보건법 제167조(안전조치위반죄)와 형법 제268조(업무상과실치사상죄)가 경합되면 상상적 경합범 관계에 있어 전체적으로 하나의 형이 선고되어야 한다.
⑤ 도급을 준 회사의 현장소장은 안전보건총괄책임자로서 안전보건규칙에 철근지지대의 설치 개수 및 설치순서 등 작업방법을 정하지 않으므로 안전조치위반죄는 무죄로 보아 업무상과실치사죄는 적용하지 아니한다.

> **해설** 산업안전보건법과 안전보건규칙의 적용관계
> 안전보건규칙은 산업안전보건법 제5조, 제16조, 제37조부터 제40조 등의 수권에 따라 그 위임의 한계 내에서 정립되어 그에 대한 보충적 기능을 하며, 상위법령과 결합하여 대외적 구속력이 있는 법규명령의 효력을 갖는다(헌재 1998. 5. 28, 96헌가1). 도급을 준 회사의 현장소장은 안전보건총괄책임자로서 안전보건규칙에 철근지지대의 설치개수 및 설치순서 등 작업방법을 정하지 아니하여 하도급근로자가 사망한 사고에 대하여 안전조치위반죄는 무죄로 판단하였다 하더라도 현장에 직원을 배치하고 지시감독을 한 이상 **업무상과실치사죄는 면할 수 없다**(대판 2014. 5. 29. 2014도3542).

02 크레인을 사용하여 작업을 하는 경우 사업주가 조치해야 할 사항에 해당되지 않은 것은?

① 인양할 하물을 바닥에서 끌어당기거나 밀어내는 작업을 하지 말 것
② 운반도중에 떨어져 폭발하거나 누출될 가능성이 있는 위험물 용기는 보관함에 담아 안전하게 매달아 운반할 것
③ 공정된 물체를 직접 분리·제거하는 작업을 하지 아니할 것
④ 미리 근로자의 출입을 통제하여 인양 중인 하물이 작업자의 머리 위로 통과하지 않도록 할 것
⑤ 타워크레인으로 콘크리트를 담은 호퍼를 양중하는 작업 시 단독작업을 하지 말 것

정답 | 01. ⑤ 02. ⑤

> **해설** 크레인 작업 시 조치사항
> 타워크레인으로 콘크리트를 담은 호퍼(콘크리트 버킷 또는 시멘트버킷)를 양중하여 타설하는 작업를 금지하고 있지 않으나, 타설과정에서 낙하, 편하중에 의한 근로자 충격 등 사고예방을 위한 필요한 조치를 하여야 한다(산업안전과-533, 2020. 2. 7.). 이 경우 **단독작업을 금지하는 명시적인 규정이 없다.**

03 안전보건규칙에 의한 추락방지에 대한 설명 중 옳지 않은 것은?

① 사업주는 근로자가 추락하거나 넘어질 위험이 있는 장소에서 작업을 할 때에는 비계를 조립하는 등의 방법으로 작업발판을 설치하여야 한다.
② 아파트단지 내에서 3.5m 높이의 이동식 사다리에 올라 나뭇가지 절단작업을 하던 중 중심을 잃고 추락하여 사망한 경비원의 사고는 안전모의 착용 및 안전보건교육 등을 해왔다면 산업안전보건법에 위반되지 않는다.
③ 작업발판을 설치하기 곤란한 경우에는 추락방호망을 설치하여야 한다.
④ 작업발판이나 추락방호망을 설치할 수 없는 경우에는 안전대를 착용하도록 해야 한다.
⑤ 추락방호망은 작업면으로부터 1m의 아래 지점에 충분한 강도를 가진 구조로 설치해야 한다.

> **해설** 안전보건규칙에 의한 추락방지
> 아파트단지 내에서 3.5m 높이의 이동식 사다리에 올라 나뭇가지 절단작업을 하던 중 중심을 잃고 추락하여 사망한 경비원의 사고는 안전모의 착용 및 안전보건교육 등을 해왔다면 산업안전보건법에 위반되지 않는다(서울서부지판 2017. 7. 12, 2016고단2650). 추락방호망의 설치위치는 가능하면 **작업면으로부터 가까운 지점에 설치**하여야 하며, 작업면으로부터 망의 설치지점까지의 수직거리는 10m를 초과하지 아니하여야 한다.
>
> **참고** 안전보건규칙 제48조제2항

04 사업주가 추락에 의한 위험방지를 위해 해야 할 조치 중 옳지 않은 것은?

① 기계·설비·선박블록 등에서 작업을 할 때에 근로자가 위험해질 우려가 있는 경우 비계를 조립하는 등의 방법으로 작업발판을 설치하여야 한다.
② 작업발판 및 통로의 끝이나 개구부로서 근로자가 추락할 위험이 있는 장소에는 안전난간, 울타리, 수직형 추락방망 또는 덮개 등의 방호조치를 튼튼하게 설치하여야 한다.
③ 추락할 위험이 있는 높이 2m 이상의 장소에서 근로자에게 안전대를 착용시킨 경우 안전대를 걸어 사용할 수 있는 설비를 갖추어야 한다.
④ 슬레이트, 선라이트 등 강도가 약한 재료로 덮은 지붕 위에서 작업을 할 때에 발이 빠지는 등 근로자가 위험해질 우려가 있는 경우 폭 30cm 이상의 작업발판을 설치해야 한다.
⑤ 근로자가 화상·질식 등의 위험에 처할 우려가 있는 피트 등이 있는 경우 허리가 넘어가지 않도록 70cm 이상의 울타리를 설치하여야 한다.

> **해설** 추락에 의한 위험방지조치
> 사업주는 근로자에게 작업 중 또는 통행 시 전락으로 인하여 근로자가 화상·질식 등의 위험에 처할 우려가 있는 케틀(kettle), 호퍼(hopper), 피트(pit) 등이 있는 경우 그 위험을 방지하기 위하여 필요한 장소에 높이 **90cm 이상의 울타리를 설치**하여야 한다. 상기 문제는 안전보건규칙 제42조 내지 제48조로서 안전보건규칙도 출제범위에 해당된다.
>
> **참고** 안전보건규칙 제48조

05 유해물질을 취급하는 경우 사업주가 조치해야 할 설비기준의 특례규정에 해당되지 않는 것은?

① 근로자가 실내 작업장에서 관리대상 유해물질을 취급하는 업무에 종사하는 경우 가스·증기 또는 분진의 발산원을 밀폐하는 설비 또는 국소배기장치를 설치하여야 한다.
② 실내에서 관리대상 유해물질 취급업무를 임시로 하는 경우 밀폐설비나 국소배기장치를 설치하지 아니할 수 있다.
③ 유기화합물 취급특별장소에서 근로자가 유기화합물 취급업무를 임시로 하는 경우 보호구를 착용하는 대신 밀폐설비나 국소배기장치를 설치하지 아니할 수 있다.
④ 근로자가 전체환기장치가 설치되어 있는 실내 작업장에서 단시간 동안 관리대상 유해물질을 취급하는 경우 밀폐설비나 국소배기장치를 설치하지 아니할 수 있다.
⑤ 실내 작업장의 벽·바닥 또는 천장에 대하여 관리대상 유해물질 취급업무를 수행할 때 관리대상 유해물질의 발산면적이 넓어 설비를 설치하기 곤란한 경우 밀폐설비나 국소배기장치를 설치하지 아니할 수 있다.

> **해설** 유해물질 취급 시 조치해야 할 설비기준의 특례규정
> 관리대상 유해물질을 취급하는 경우 밀폐설비나 국소배기장치를 설치해야 한다. 그러나 밀폐설비나 국소배기장치를 설치하는 것이 장소의 면적이나 노출시간, 경제성의 측면에서 비효율적인 경우 특례를 정해 완화하고 있다. 이 경우 임시작업, 단시간작업, 국소배기장치의 설비특례, 격리된 작업장의 특례, 대체설비의 설치특례, 유기화합물의 설비특례를 학습해야 한다. 상기 문제에서 사업주는 유기화합물을 취급하는 특별장소에서 근로자가 유기화합물 취급업무를 임시로 하는 경우로서 **전체 환기장치를 설치한 경우** 밀폐설비나 국소배기장치를 설치하지 아니할 수 있다.
>
> **참고** 안전보건규칙 제423조제2항

정답 | 05. ③

06 차량계 하역운반기계 중 지게차의 사용과 안전기준에 대한 설명으로 옳지 않은 것은?

① 사업주는 지게차의 허용하중을 초과하여 사용해서는 아니 되며, 안전한 운행을 위한 유지·관리 및 그 밖의 사항에 대하여 제품사용설명서에서 정한 기준을 준수하여야 한다.
② 지게차는 포크, 램 등 하물을 적재하는 장치 및 이것으로 승강시키는 마스트를 구비한 하역자동차를 말한다.
③ 사업주는 최대하중 2배 값의 등분포 정하중에 견딜 수 있는 적합한 헤드가드를 갖추지 아니한 지게차를 사용해서는 아니 된다.
④ 사업주는 마스트 후방에서 화물이 낙하할 우려가 없더라도 반드시 백레스트를 갖추어야 한다.
⑤ 팔레트는 적재하는 화물의 중량에 따른 충분한 한도를 가져야 하므로 금속재나 플라스틱제를 사용할 수 있다.

> **해설** 지게차의 사용과 안전기준
> 사업주는 백레스트를 갖추지 아니한 지게차를 사용해서는 아니 된다. 다만, 마스트의 후방에서 화물이 낙하함으로써 **근로자가 위험해질 우려가 없는 경우에는 그러하지 아니하다.** 건설기계장비 중 지게차의 안전사고가 가장 많이 발생한다. 그래서 2018년에도 출제된 문제이다.
>
> **참고** 안전보건규칙 제181조

07 이상기압에 의한 건강장해를 예방하기 위해 설비 등의 조치사항이 아닌 것은?

① 근로자가 고압작업에 종사하는 경우 작업실의 공기부피가 1인당 4cm³ 이상이 되도록 해야 한다.
② 고압작업자에게 기압을 낮추기 위한 기압조절실의 배기관은 내경 53mm 이하로 하여야 한다.
③ 사업주는 공기를 작업실 내로 보내는 밸브나 콕을 외부에 설치하는 경우 이를 조작하는 사람에게 휴대용압력계를 지니도록 해야 한다.
④ 작업실로 불어 넣는 공기압축기의 공기나 냉각장치를 통과한 공기의 온도가 비정상적으로 상승할 경우에는 운전자등에게 이를 신속히 알릴 수 있는 자동경보장치를 설치해야 한다.
⑤ 사업주는 10kg/cm² 이상인 호흡용 공기통의 공기를 잠수 작업자에게 보내는 경우에 2단 이상의 감압방식에 의한 압력조정기를 사용하도록 하여야 한다.

> **해설** 이상기압에 의한 건강장해를 예방하기 위해 설비 등의 조치사
> 사업주는 공기를 작업실로 보내는 밸브나 콕을 외부에 설치하는 경우에 그 장소에 작업실 내의 압력을 표시하는 압력계를 함께 설치해야 한다. 그러나 **밸브나 콕을 내부에 설치하는 경우**에 이를 조작하는 사람에게 휴대용압력계를 지니도록 해야 한다.
>
> **참고** 안전보건규칙 제527조제1항, 제527조제2항

정답 | 06. ④ 07. ③

08 사업주는 근로자가 밀폐공간에서 작업을 하는 경우 작업프로그램을 수립하고 시행하여야 한다. 여기에 포함되지 않는 것은?

① 사업장 내 밀폐공간의 위치파악 및 관리방안
② 질식·중독 등을 일으킬 수 있는 유해·위험요인의 파악 및 관리방안
③ 안전보건교육 및 훈련
④ 그 밖에 밀폐공간 작업 근로자의 건강장해 예방에 관한 사항
⑤ 밀폐공간작업에서 근로자의 입장 및 퇴장 시 인원점검

[해설] 밀폐공간작업프로그램 수립·시행
사업주는 근로자가 밀폐공간에서 작업을 하는 경우 그 장소에 근로자를 입장시킬 때와 퇴장시킬 때마다 인원을 점검해야 한다. 상기 문제에서 인원의 점검에 관한 사항은 사업주가 해야 할 작업 시의 보건조치 기준이지만 **밀폐공간작업의 프로그램에 포함되지 않는다.**

[참고] 안전보건규칙 제621조

09 근골격계부담작업의 건강장해를 예방하기 위한 사업주의 조치사항으로 옳지 않은 것은?

① 3년마다 설비·작업공정 등 작업장 상황에 대한 유해요인조사를 하여야 한다.
② 임시건강진단 등에서 근골격계질환자가 발생한 경우 1개월 이내에 유해요인조사를 하여야 한다.
③ 유해요인조사결과 근골격계질환의 발생우려가 있는 경우 인간공학적으로 설계된 인력작업 보조설비 및 편의설비를 설치하는 등 작업환경개선에 필요한 조치를 하여야 한다.
④ 노동조합의 대표자가 유해요인조사결과를 요청한 경우 설명회를 개최하여야 한다.
⑤ 근골격계예방프로그램을 수립하여 시행할 경우 노사협의를 거쳐야 한다.

[해설] 근골격계부담작업의 건강장해 예방
사업주는 **근로자대표의 요구가 있으면** 법에 따른 임시건강진단 등을 통하여 근골격계질환자가 발생하였거나 근로자가 근골격계질환으로 업무상질병을 인정받은 경우 설명회를 개최하여 유해요인조사결과를 작업하는 근로자에게 알려야 한다.

정답 | 08. ⑤ 09. ④

제3장 작업중지권 및 고객응대근로자

01 작업중지권의 보장

1 작업중지권의 보장과 조치사항

(1) 작업중지권의 정의
① 작업중지권이란 **산업재해가 발생할 급박한 위험이나 중대재해가 발생하였을 때 작업을 중지하고 대피하는 것**을 말한다.
② 사업주는 산업재해가 발생할 급박한 위험이 있을 때에는 즉시 작업을 중지시키고 근로자를 작업장소에서 대피시키는 등 안전과 보건에 관하여 필요한 조치를 하여야 한다(산안법 제51조).

(2) 작업중지권의 법적 성질
① 작업중지권의 유형은 **사업주의 작업중지권, 근로자의 작업중지권, 고용노동부장관의 작업중지권**으로 구분된다. 사업주의 작업중지권은 산업안전보건법 제51조에 의하면 의무본위의 입법형태로 규정하고 있다. 그러나 반대해석을 하여 근로자를 보호하기 위해 행사하는 권한으로 본다. 사업주는 안전보건관리(총괄)책임자 등 안전보건관계자에게 위임하여 작업중지권을 행사할 수 있다.
② 근로자의 작업중지권은 산업재해가 발생할 급박한 위험이 있는 경우 등 위급한 상황에서 자신의 생명과 건강을 보호하기 위하여 행사하는 권리로 해석된다.
③ 고용노동부장관에 의한 작업중지권은 산업안전보건법 제53조에서 사용중지, 기계·설비 등의 관련 작업중지 이외에 같은 법 제55조에서 중대재해의 발생 시 작업중지를 할 수 있다. 고용노동부장관의 작업중지권은 명령적 행정행위로서 권한의 성질을 지닌다.

2 근로자의 작업중지권

(1) 근로자의 작업중지권과 보장
① 근로자는 **산업재해가 발생할 급박한 위험이 있을 때에는 작업을 중지하고 대피할 수 있다**(산안법 제52조제1항).

② 급박한 순간에 사업주의 승인을 받아 작업을 중지할 만큼 시간적인 여유가 없다면 근로자에게 위급한 상황에 따라 즉시 작업을 중지하고 피난을 할 수 있도록 권리를 보장할 필요가 있다.

③ 여기서 "산업재해가 발생할 급박한 위험이 있을 때"란 사고발생 전 또는 사고발생 시를 모두 포함하는 의미로 해석된다. 이 경우 급박한 위험은 사고발생의 결과를 의미하는 것이 아니라, 사고예방조치를 해야 할 정도의 발생 가능성이 있으면 족하다고 본다.

(2) 불리한 처우의 금지

1) 해고 등 불리한 처우의 금지

① 사업주는 산업재해가 발생할 급박한 위험이 있다고 근로자가 믿을 만한 합리적인 이유가 있을 때에는 제1항에 따라 작업을 중지하고 대피한 근로자에 대하여 해고나 그 밖의 불리한 처우를 해서는 아니 된다(산안법 제52조제4항).

② 본조는 강행규정이지만 형사처벌 또는 행정제재의 규정이 명시되어 있지 않다. 산업안전보건법 제52조에 따라 해고 등을 금지하고 있는 한 부당해고 등의 구제신청에 따라 원직복귀 또는 합의하여 종결할 수 있다.

2) 작업중지기간과 임금청구권

① 근로자는 산업재해 발생의 급박한 위험이나 중대재해가 발생한 경우 즉시 작업을 중지하고 대피할 수 있다. 작업의 중지는 대피와 위험요소를 제거하는 데 필요한 시간을 말한다.

② 사업장 또는 작업장의 재해발생을 이유로 근로자가 작업중지를 한 시간은 경영상의 위험책임으로 보아야 한다. 근로자는 작업 중단기간이라도 특별한 규정이 없는 한 사업주에게 근로시간에 갈음하여 통상임금을 청구할 수 있다.

3 사업주와 고용노동부장관의 작업중지

(1) 사업주에 의한 작업중지

구분	작업중지 사유	근거
1. 사고방지를 위한 작업중지	비·눈·바람 또는 그 밖의 기상상태의 불안정으로 인하여 근로자가 위험해질 우려가 있는 경우에 작업을 중지	안전보건규칙 제37조제1항
	순간풍속이 초당 10m를 초과하는 경우 타워크레인의 설치·수리·점검 또는 해체 작업을 중지하여야 하며, 순간풍속이 초당 15m를 초과하는 경우에는 타워크레인의 운전작업을 중지	안전보건규칙 제37조제2항
	폭발이나 화재에 의한 산업재해발생의 급박한 위험이 있는 경우에는 즉시 작업을 중지	안전보건규칙 제279조제1항

구분	작업중지 사유	근거
1. 사고방지를 위한 작업중지	인화성 가스가 발생할 우려가 있는 지하작업장에서 작업하는 경우(제350조에 따른 터널 등의 건설작업의 경우는 제외한다) 또는 가스도관에서 가스가 발산될 위험이 있는 장소에서 굴착작업(해당 작업이 이루어지는 장소 및 그와 근접한 장소에서 이루어지는 지반의 굴삭 또는 이에 수반한 토석의 운반 등의 작업을 말한다)을 하는 경우 가스의 농도가 인화하한계 값의 25% 이상으로 밝혀진 경우 작업을 중지	안전보건규칙 제296조제1항
	벼락이 떨어질 우려가 있는 경우에는 화약 또는 폭약의 장전 작업을 중지하고 근로자들을 안전한 장소로 대피	안전보건규칙 제349조제1항
	터널건설작업을 할 때에 낙반·출수(出水) 등에 의하여 산업재해가 발생할 급박한 위험이 있는 경우에는 즉시 작업을 중지	안전보건규칙 제360조제1항
	풍속, 강우량, 강설량에 따른 철골작업의 중지	안전보건규칙 제383조
	기상상태의 불안정으로 날씨가 나쁜 경우 해체작업을 중지	안전보건규칙 제384조
2. 유해물질 등의 사고방지를 위한 작업중지	근로자가 관리대상 유해물질에 의한 중독이 발생할 우려가 있을 경우에 즉시 작업을 중지	안전보건규칙 제438조제1항
	작업을 중지한 경우에 관리대상 유해물질에 의하여 오염되거나 새어 나온 것이 제거될 때까지 관계자가 아닌 사람의 출입을 금지	안전보건규칙 제438조제2항
3. 질식·화재·폭발 등에 대비한 작업중지	송기설비의 고장이나 그 밖의 사고로 인하여 고압작업자에게 건강장해가 발생할 우려가 있는 경우에 즉시 고압작업자를 외부로 대피	안전보건규칙 제554조제1항
	근로자가 밀폐공간에서 작업을 하는 경우에 산소결핍이나 유해가스로 인한 질식·화재·폭발 등의 우려가 있으면 즉시 작업을 중단시키고 해당 근로자를 대피	안전보건규칙 제639조제1항

(2) 고용노동부장관의 시정조치 및 작업중지명령 등

1) 기계·설비 등의 사용중지 및 시정조치

① 고용노동부장관은 사업주가 사업장의 건설물 또는 그 부속건설물 및 기계·기구·설비·원재료(이하 "기계·설비 등"이라 한다)에 대하여 안전 및 보건에 관하여 고용노동부령으로 정하는 필요한 조치를 하지 아니하여 **근로자에게 현저한 유해·위험이 초래될 우려가 있다고 판단될 때**에는 해당 기계·설비 등에 대하여 사용중지·대체·제거 또는 시설의 개선, 그 밖에 안전 및 보건에 관하여 고용노동부령으로 정하는 필요한 조치(이하 "시정조치"라 한다)를 명할 수 있다(산안법 제53조제1항).

② 여기에서 고용노동부령으로 정하는 필요한 조치란 다음 각 호의 어느 하나에 해당하는 조치를 말한다(산안법 시행규칙 제63조).

> 1. 안전보건규칙에서 건설물 또는 그 부속건설물·기계·기구·설비·원재료에 대하여 정하는 안전조치 또는 보건조치
> 2. 법 제87조에 따른 안전인증대상기계 등의 사용금지

3. 법 제92조에 따른 자율안전확인대상기계 등의 사용금지
4. 법 제95조에 따른 안전검사기계 등의 사용금지
5. 법 제99조제2항에 따른 안전검사기계 등의 사용금지
6. 법 제117조제21항에 따른 제조 등 금지물질의 사용금지
7. 법 제118조제1항에 따른 허가대상물질에 대한 허가의 취득

2) 작업의 전부 또는 일부 중지

① 고용노동부장관은 사업주가 **해당 기계·설비 등에 대한 시정조치 명령을 이행하지 아니하여 유해·위험 상태가 해소 또는 개선되지 아니하거나, 근로자에 대한 유해·위험이 현저히 높아질 우려가 있는 경우**에는 해당 기계·설비 등과 관련된 작업의 전부 또는 일부의 중지를 명할 수 있다(산안법 제53조제3항).

② 고용노동부장관은 법 제52조제3항에 따라 작업의 전부 또는 일부 중지를 명하려는 경우에는 작업중지명령서 또는 고용노동부장관이 정하는 표지(이하 "작업중지명령서 등"이라 한다)를 발부하거나 부착할 수 있다(산안법 시행규칙 제65조제1항).

3) 작업의 중지명령 및 해제요청

① 사용중지 명령 또는 제3항에 따른 작업중지 명령을 받은 사업주는 그 시정조치를 완료한 경우에는 고용노동부장관에게 제1항에 따른 사용중지 또는 제3항에 따른 작업중지의 해제를 요청할 수 있다(산안법 제53조제4항).

② 고용노동부장관은 제4항에 따른 해제요청에 대하여 **시정조치가 완료되었다고 판단될 때**에는 제1항에 따른 사용중지 또는 제3항에 따른 작업중지를 해제하여야 한다(산안법 제53조제5항).

(3) 중대재해의 발생 및 조치사항

1) 중대재해의 발생 시 사업주의 조치

① 사업주는 중대재해가 발생하였을 때에는 즉시 해당 작업을 중지시키고 근로자를 작업장소에서 대피시키는 등 안전 및 보건에 관하여 필요한 조치를 하여야 한다(산안법 제54조제1항).

② 사업주는 **중대재해가 발생한 사실을 알게 된 경우**에는 고용노동부령으로 정하는 바에 따라 **지체 없이 고용노동부장관에게 보고**하여야 한다. 다만, 천재지변 등 부득이한 사유가 발생한 경우에는 그 사유가 소멸되면 지체 없이 보고하여야 한다(산안법 제54조제2항).

구분	시행방법	근거
사용중지명령	1. 사용중지를 명하는 경우에는 사용중지명령서 또는 고용노동부장관이 정하는 표지(이하 "사용중지명령서 등"이라 한다)를 발부하거나 부착	시행규칙 제64조제1항
	2. 사용중지명령서 등을 받은 경우에는 관계 근로자에게 해당 사항을 알림	시행규칙 제64조제2항

구분	시행방법	근거
사용중지명령	3. 사용중지명령서를 받은 사업주는 발부받은 때부터 그 개선이 완료되어 고용노동부장관이 사용중지명령을 해제할 때까지 해당 건물 또는 기계·기구·설비·원재료를 사용금지	시행규칙 제64조제3항
	4. 발부되거나 부착된 사용중지명령서 등을 해당 건설물 또는 그 부속건설물 및 기계·기구·설비·원재료로부터 임의로 제거하거나 훼손금지	시행규칙 제64조제4항
	5. 지방노동관서의 장은 사용중지를 해제하는 경우에는 그 내용을 사업주에게 고지	시행규칙 제64조제5항
시정조치명령	1. 시정조치 명령을 받은 사업주는 해당 기계·설비 등에 대하여 시정조치를 완료할 때까지 시정조치 명령 사항을 사업장 내에 근로자가 쉽게 볼 수 있는 장소에 게시	산안법 제53조제2항
	2. 이 법 위반으로 고용노동부장관의 시정조치 명령을 받은 사업주는 해당 내용을 시정할 때까지의 위반 장소 또는 사내 게시판 등에 게시	시행규칙 제66조

③ 사업주는 중대재해가 발생한 사실을 알게 된 경우에는 법 제54조제2항에 따라 지체 없이 다음 각 호의 사항을 사업장 소재지를 관할하는 지방노동관서의 장에게 전화·팩스 또는 그 밖에 적절한 방법으로 보고하여야 한다(산안법 시행규칙 제67조).

> 1. 발생개요 및 피해상황
> 2. 조치 및 전망
> 3. 그 밖의 중요한 사항

2) 중대재해 발생 시 고용노동부장관의 작업중지

구분	작업중지	근거
작업중지명령	1. 중대재해가 발생하였을 때 다음 각 호의 어느 하나에 해당하는 작업으로 인하여 해당 사업장에 산업재해가 다시 발생할 급박한 위험이 있다고 판단되는 경우에는 그 작업의 중지를 명할 수 있음 - 중대재해가 발생한 해당 작업 - 중대재해가 발생한 작업과 동일한 작업	법 제55조제1항
	2. 작업중지를 명하는 경우에는 별지 제28호 서식에 따른 작업중지 명령서를 발부	시행규칙 제68조
	3. 토사·구축물의 붕괴, 화재·폭발, 유해하거나 위험한 물질의 누출 등으로 인하여 중대재해가 발생하여 그 재해가 발생한 장소 주변으로 산업재해가 확산될 수 있다고 판단되는 등 불가피한 경우에는 해당 사업장의 작업을 중지	법 제55조제2항
작업중지명령의 해제요청 등	1. 사업주가 작업중지의 해제를 요청한 경우에는 작업중지 해제에 관한 전문가 등으로 구성된 심의위원회의 심의를 거쳐 고용노동부령으로 정하는 바에 따라 작업중지를 해제	법 제55조제3항

구분	작업중지	근거
작업중지명령의 해제요청 등	2. 사업주가 작업중지의 해제를 요청할 경우에는 작업중지 해제신청서를 작성하여 사업장의 소재지를 관할하는 지방노동관서의 장에게 제출	시행규칙 제69조제1항
	3. 사업주가 작업중지명령 해제신청서를 제출하는 경우에는 미리 유해·위험요인 개선내용에 대하여 중대재해가 발생한 해당 작업 근로자의 의견을 들어야 함.	시행규칙 제69조제2항
	4. 작업중지명령 해제를 요청받은 경우에는 근로감독관으로 하여금 안전·보건을 위하여 필요한 조치를 확인하도록 하고, 천재지변 등 불가피한 경우를 제외하고 해제요청일 다음 날부터 4일 이내(토요일과 공휴일을 포함하되, 토요일과 공휴일이 연속하는 경우에는 3일까지만 포함한다)에 법 제55조제3항에 따른 작업중지해제 심의위원회(이하 "심의위원회"라 한다)를 개최하여 심의한 후 해당 조치가 완료되었다고 판단될 경우에 즉시 작업중지명령을 해제	시행규칙 제69조제3항
작업중지해제 심의위원회	1. 작업중지 해제의 요청 절차 및 방법, 심의위원회의 구성·운영, 그 밖에 필요한 사항은 고용노동부령으로 정함.	법 제55조제4항
	2. 심의위원회는 지방노동관서의 장, 공단 소속 전문가 및 해당 사업장과 이해관계가 없는 외부전문가 등을 포함하여 4명 이상으로 구성	시행규칙 제70조제1항
	3. 심의위원회가 작업중지명령 대상 유해·위험업무에 대한 안전보건조치가 충분히 개선되었다고 심의·의결하는 경우에는 즉시 작업중지명령의 해제를 결정	시행규칙 제70조제2항
	4. 심의위원회의 구성 및 운영에 필요한 사항은 고용노동부장관이 정함.	시행규칙 제70조제3항

3) 중대재해 발생원인의 조사

① 고용노동부장관은 중대재해가 발생하였을 때에는 그 원인규명 또는 예방대책 수립을 위하여 그 발생원인을 조사할 수 있다(산안법 제56조제1항). **중대재해 원인조사를 하는 때에는 현장을 방문하여 조사**를 하여야 하며, 재해조사에 필요한 안전보건 관련 서류 및 목격자의 진술 등을 확보하도록 노력해야 한다. 이 경우 중대재해 발생의 원인이 사업주의 법 위반에 기인하는 것인지 여부 등을 조사해야 한다(산안법 시행규칙 제71조).

② 고용노동부장관은 중대재해가 발생한 사업장의 사업주에게 안전보건개선계획의 수립·시행, 그 밖에 필요한 조치를 명할 수 있다(산안법 제56조제2항).

③ 누구든지 중대재해 발생 현장을 훼손하거나 제1항에 따른 고용노동부장관의 원인조사를 방해해서는 아니 된다(산안법 제56조제3항). 사고현장은 사고원인의 규명 및 재발방지를 위하여 보존하여야 하며, 이를 훼손하여서는 아니 된다. 이 경우 훼손을 하는 행위자는 누구든지 산업안전보건법 제56조제3항에 의하여 1년 이하의 징역 또는 1천만원 이하의 벌금에 처한다(산안법 제170조제2호).

02 고객응대근로자의 건강장해예방

1 고객응대근로자의 건강장해

(1) 고객응대근로자의 정의와 건강장해예방

1) 고객응대근로자의 정의
   ① 고객응대근로자는 **주로 직접 대면 또는 전화, 인터넷 등 정보통신기술 등의 방법으로 고객을 상대하는 자**로서, 다른 말로 "감정노동자"라고도 한다.
   ② 고객응대근로자는 면대면 또는 유무선으로 불특정 타인(public)이나 다수의 고객을 상대하는 직무환경에 의하여 상대방의 폭언·폭행에 노출되기 쉽다. 그 결과 고객응대근로자는 정신질환 문제뿐만 아니라 근골격계질환, 스트레스 등 건강장해가 나타나고 있다.

2) 고객의 폭언 등에 의한 건강장해의 예방
   ① 사업주는 주로 고객을 직접 대면하거나 「정보통신망 이용촉진 및 정보보호 등에 관한 법률」에 따른 정보통신망을 통하여 상대하면서 상품을 판매하거나 서비스를 제공하는 업무에 종사하는 근로자(이하 "고객응대근로자"라 한다)에 대하여 **고객의 폭언, 폭행, 그 밖에 적정 범위를 벗어난 신체적·정신적 고통을 유발하는 행위**(이하 "폭언 등"이라 한다)로 인한 건강장해를 예방하기 위하여 고용노동부령으로 정하는 바에 따라 필요한 조치를 하여야 한다(산안법 제41조제1항).
   ② 사업주는 법 제41조제1항에 따라 건강장해를 예방하기 위하여 다음 각 호의 조치를 하여야 한다(산안법 시행규칙 제41조).

   > 1. 법 제41조제1항에 따른 폭언등을 하지 아니하도록 요청하는 문구 게시 또는 음성안내
   > 2. 고객과의 문제상황 발생 시 대처방법 등을 포함하는 고객응대업무 매뉴얼 마련
   > 3. 제2호에 따른 고객응대업무 매뉴얼의 내용 및 건강장해 예방 관리 교육 실시
   > 4. 그 밖에 법 제41조제1항에 따른 고객응대근로자의 건강장해 예방을 위하여 필요한 조치

(2) 폭언 및 폭행의 의미

① 고객응대근로자에 대한 고객의 폭언이나 폭행 등의 행위가 적정범위를 벗어나면 건강장해를 예방하기 위한 조치를 해야 한다. 따라서 사업주는 폭언이나 폭행의 수준, 행태를 불문하고 고객응대근로자의 건강장해를 예방하기 위하여 사전적 예방조치를 해야 한다.
② 여기서 **폭언**은 언어적인 방법으로 욕설, 모욕, 괴롭힘 등의 행위 이외에 성적 수치심, 굴욕감을 느끼게 하는 행위를 말한다. **폭력**은 신체적인 공격행위 등 불법적인 방법으로 행사되는 물리적 강제력을 말한다.
③ 그러나 산업안전보건법 제41조는 물리적 강제력만을 의미하는 것이 아니라 근로자에게 고통이나 스트레스를 주어 건강장해를 유발할 수 있는 행위를 의미한다. 폭력은 물리적·신체적 폭행

(assault)만을 의미하는 것이 아니라 인간의 존엄성과 가치, 노동 인격을 저해 또는 훼손하는 모든 행위를 포함한다.

2 건강장해의 예방과 사업주의 조치사항

(1) 고객응대근로자의 보호조치

1) 고객응대근로자의 보호조치

① 고객 등의 폭언 등으로부터 근로자를 보호하기 위해서는 근로환경에 대하여 **일정기간마다 실태조사를 실시**해야 한다. 또한 고객응대근로자를 보호하기 위하여 보호센터나 고충처리 전담부서를 설치하여 운영하는 등 조치사항을 마련할 필요가 있다.

② 사업주는 근로자가 고객 등의 폭언, 폭력, 괴롭힘 등으로 인하여 건강장해가 발생한 경우에는 업무의 전환, 휴식시간의 연장 등 필요한 조치를 하여야 한다.

2) 직무스트레스와 건강장해의 예방

① 근로자가 고객응대업무로 인하여 정신적 스트레스를 받은 결과 질병이 발생한 경우에는 「산업재해보상보험법」 제37조에 의한 업무상 재해로 보아 산재보험급여를 인정한다.

② 직무스트레스는 직무의 수행 과정에서 발생하게 되는 스트레스를 말한다. 근로자의 스트레스는 불안장애, 전신피로, 불면증 또는 수면장애, 우울증, 불안전한 행동장애가 나타나거나, 고혈압 또는 당뇨병 등 기존 질환이 악화되어 뇌질환이나 심장질환을 유발할 수 있다.

(2) 건강장해와 사업주의 조치사항

1) 업무의 일시중단 및 전환 등 조치사항

① 사업주는 고객의 폭언 등으로 인하여 **고객응대근로자에게 건강장해가 발생하거나 발생할 현저한 우려가 있는 경우**에는 업무의 일시적 중단 또는 전환 등 대통령령으로 정하는 필요한 조치를 하여야 한다(산안법 제41조제2항).

② 법 제41조제2항에서 "업무의 일시적 중단 또는 전환 등 대통령령으로 정하는 조치"란 다음 각호의 조치 중 필요한 조치를 말한다(산안법 시행령 제41조).

> 1. 업무의 일시적 중단 또는 전환
> 2. 「근로기준법」 제54조제1항에 따른 휴게시간의 연장
> 3. 법 제41조제1항에 따른 폭언 등으로 인한 건강장해 관련 치료 및 상담 지원
> 4. 관할 수사기관 또는 법원에 증거물·증거서류를 제출하는 등 법 제41조제1항에 따른 고객응대근로자 등이 같은 항에 따른 폭언 등으로 인하여 고소, 고발 또는 손해배상 청구 등을 하는 데 필요한 지원

2) 불리한 처우의 금지
　① 고객응대근로자는 사업주에게 제2항에 따른 조치를 요구할 수 있고 사업주는 고객응대근로자의 요구를 이유로 해고, 그 밖에 불리한 처우를 하여서는 아니 된다(산안법 제41조제3항).
　② 근로자에 대한 보호조치는 일시적인 한도에서 업무를 정지하거나 배치전환을 하는 것을 의미한다. 따라서 근로자에 대한 업무정지가 지나치게 장기간 실시되거나 배치전환으로 인하여 임금이나 수당을 낮추는 등 불리한 처우를 하여서는 아니 된다.

3) 과태료 또는 벌칙의 적용
　① 산업안전보건법 제41조제2항에 의하여 고객응대근로자의 보호를 위한 적절한 조치를 하지 아니한 자에 대하여는 1천만원 이하의 과태료에 처한다(산안법 제175조제4항제3호).
　② 또한 산업안전보건법 제41조제3항에 의하여 고객응대근로자를 해고, 그 밖에 불리한 처우를 한 자에 대하여는 1년 이하의 징역 또는 1천만원 이하의 벌금에 처한다(산안법 제170조제1호).

제3장 출·제·예·상·문·제

01 작업중지권의 유형별 행사방법에 대한 설명으로 옳지 않은 것은?

① 근로자는 산업재해가 발생할 급박한 위험이 있거나 중대재해가 발생한 경우 작업을 중지시키고 동료 근로자를 대피시킬 수 있다.
② 굴삭기를 이용하여 경사면의 절토작업을 하던 중 토사가 무너질 우려가 있는 경우 그 아래에서 작업을 하는 근로자는 즉시 대피하여야 한다.
③ 명예산업안전감독관은 산업재해 발생의 급박한 위험이 있는 경우 작업을 중지시키거나 근로자를 즉시 대피시킬 수 없다.
④ 사업주는 순간풍속이 초당 10m를 초과하는 경우 타워크레인의 설치·수리·점검 또는 해체작업을 중지하여야 한다.
⑤ 고용노동부장관은 사업주가 기계·기구 등에 대한 시정조치명령을 이행하지 아니하여 유해·위험상태가 해소 또는 개선되지 않으면 그 작업의 전부 또는 일부의 중지를 명할 수 있다.

> **해설** 작업중지권의 유형별 행사방법
> ① 근로자는 산업재해가 발생할 급박한 위험이 있는 경우 대피할 수 있으나, 중대재해가 발생한 경우 작업중지권의 행사에 대해서는 명시 규정이 없다. **중대재해가 발생한 경우에는 사업주가 작업중지를 시키고 안전보건조치**를 해야 한다.
>
> **참고** 산업안전보건법 제52조제1항, 제54조제2항

02 고객응대근로자의 건강장해를 예방하기 위한 보호조치를 설명한 것이다. 옳지 않은 것은?

① 사업주는 주로 고객을 직접 대면하거나 정보통신망을 통하여 상대하면서 상품을 판매하거나 서비스를 제공하는 업무에 종사하는 근로자를 보호해야 한다.
② 사업주는 고객의 폭언, 폭행, 그 밖에 적정범위를 벗어난 신체적·정신적 고통을 유발하는 행위로 인한 건강장해를 예방하기 위하여 필요한 조치를 하여야 한다.
③ 고객응대근로자는 폭언 등에 대하여 고소·고발을 할 수 있으나, 사업주는 근로자의 피해에 따른 손해배상청구에 간여할 수 없다.
④ 고객응대근로자에게 건강장해를 발생하거나 발생할 현저한 우려가 있는 경우에는 업무의 일시적 중단 또는 전환 등 필요한 조치를 하여야 한다.
⑤ 사업주는 고객응대근로자의 요구를 이유로 해고, 그 밖에 불리한 처우를 하여서는 아니 된다.

> **해설** 고객응대근로자의 건강장해를 예방하기 위한 보호조치
> 고객응대근로자는 일명 "감정노동자"라고 한다. 사업주는 관할 수사기관 또는 법원에 증거물·증거서류를 제출하는 등 고객응대근로자의 건강장해를 이유로 고소·고발 또는 **손해배상청구 등을 하는 데 필요한 지원**을 할 수 있다.

정답 | 01. ① 02. ③

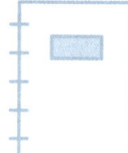
NOTE

PART 03

안전보건관리

CONTENTS

CHAPTER 01 | 안전보건교육
CHAPTER 02 | 도급사업의 안전보건관리
CHAPTER 03 | 유해·위험기계 등의 안전보건조치

산업안전지도사
산업보건지도사

제 1 장 안전보건교육

01 안전보건교육의 대상자와 실시내용

1 안전보건교육의 정의와 대상자

(1) 안전보건교육의 정의

1) 안전보건교육의 정의
   ① 안전보건교육이란 재해예방조치 및 관리감독에 관한 지식 및 작업방법 등 업무능력을 향상시키기 위한 행위를 말한다.
   ② 안전보건교육은 산업안전보건법 제29조부터 제32조에서 규정하고, 구체적인 내용은 산업안전보건법 시행규칙에서 교육시간과 교육내용을 정하고 있다. 안전보건교육은 ⅰ) 시기에 따라 정기교육과 보수교육, ⅱ) 업무내용에 따라 채용 시 교육과 작업내용 변경 시 교육, 특별교육, 건설업 기초안전교육, ⅲ) 교육방법에 따라 집체교육과 인터넷교육으로 구분된다.

2) 안전보건교육의 필요성
   ① 안전보건교육은 ⅰ) 근로자의 유해·위험한 작업특성, ⅱ) 안전의식, ⅲ) 작업방법 및 작업도구의 취급요령, ⅳ) 위험방지를 위한 예방활동, ⅴ) 직업병 예방 등 다양한 전문지식이 필요하다. 안전보건교육은 산업안전보건법, 산업심리학, 안전관리론, 안전공학 등 종합적인 교육을 해야 한다.
   ② 산업재해는 특히 ⅰ) 50명 미만의 중소기업에서 산업재해의 발생률이 매우 높으며, ⅱ) 건설업과 서비스업 등은 인력수급 문제가 심화되면서 미숙련자, 고령자, 외국인 근로자 등 산업재해의 고위험계층이 증가하고, ⅲ) 이직률의 증가, 고용 형태의 복잡화 등으로 안전보건교육의 질적 변화가 필요한 실정이다.

(2) 안전보건교육의 대상자

① 산업안전보건법 제29조에 따른 사업장 내 안전보건교육은 일반적으로 모든 사업장에 종사하는 근로자를 대상으로 한다. 다만, 산업안전보건법 시행령 제2조제1항에서 법의 일부를 적용하지 아니하기로 정한 [별표 1]에 해당하는 경우에는 안전보건교육을 받지 아니할 수 있다.

구분	적용제외사업
제1호	「광산안전법」 적용 사업(광업 중 광물의 채광·채굴·선광 또는 제련 등의 공정으로 한정하며, 제조공정은 제외한다)
제2호	「원자력안전법」 적용 사업(발전업 중 원자력 발전설비를 이용하여 전기를 생산하는 사업장으로 한정한다)
제3호	「항공안전법」 적용 사업(항공기, 우주선 및 부품 제조업과 창고 및 운송관련 서비스업, 여행사 및 기타 여행보조 서비스업 중 항공 관련 사업은 각각 제외한다)
제4호	「선박안전법」 적용 사업(선박 및 보트 건조업은 제외한다)

② 근로자가 종사하는 업종에서 작업환경의 유해·위험성이 없거나 적은 업종으로서, 산업안전보건법 시행령 제2조제1항[별표 1]에 따라 다음 각 호의 사업은 안전보건교육이 면제된다. 그러나 근로자가 유해·위험한 작업을 수행할 경우 특별안전보건교육을 받아야 한다.

1. 소프트웨어 개발 및 공급업
2. 컴퓨터 프로그래밍, 시스템 통합 및 관리업
3. 영상·오디오물 제공 서비스업
4. 정보서비스업
5. 금융 및 보험업
6. 기타 전문서비스업
7. 건축기술, 엔지니어링 및 기타 과학기술 서비스업
8. 기타 전문, 과학 및 기술 서비스업(사진 처리업은 제외한다)
9. 사업지원 서비스업
10. 사회복지 서비스업

③ 산업안전보건법에 의한 상시근로자 수가 50명 미만을 사용하는 사업으로서 다음 각 호의 사업은 안전보건교육을 면제하고 있다.

1. 농업
2. 어업
3. 환경 정화 및 복원업
4. 소매업(자동차 제외)
5. 영화, 비디오물, 방송프로그램 제작 및 배급업
6. 녹음시설 운영업
7. 라디오 방송업 및 텔레비전 방송업
8. 부동산업(부동산 관리업은 제외한다)
9. 임대업(부동산 제외)
10. 연구개발업
11. 보건업(병원은 제외한다)
12. 예술, 스포츠 및 여가관련 서비스업
13. 협회 및 단체
14. 기타 개인 서비스업(세탁업은 제외한다)

④ 안전보건교육은 사업의 성격이나 사업장의 작업환경을 고려하여 안전보건교육을 면제한다. 따라서 ⅰ) 공공행정(행정사무종사자에 한함), 국방 및 사회보장 행정, ⅱ) 교육 서비스업(청소년 수련시설 운영업은 제외한다), ⅲ) 국제 및 외국기관에 대하여는 안전보건교육을 면제한다. 다만, 공공행정에 수반되는 업무라 하더라도 근로조건 또는 근로 형태가 행정업무와 현저히 다르고 그러한 부문이 어느 정도의 규모에 해당하면 주된 부문과 비교하여 적용 여부를 판단해야 한다.

⑤ 상시근로자 수가 5명 미만인 사업장에 대하여는 안전보건교육이 면제된다. 그러나 유해하거나 위험한 작업에 근로자를 채용하거나 그 작업내용을 변경하는 경우에는 5명 미만의 사업장이라도 특별교육을 실시해야 한다.

2 안전보건교육의 실시내용

(1) 안전보건교육의 실시와 교육내용

1) 근로자에 대한 안전보건교육

① 사업주는 소속 근로자에게 고용노동부령으로 정하는 바에 따라 정기적으로 안전보건교육(산안법 제29조제1항), 근로자를 채용할 때와 작업내용을 변경할 때에는 그 근로자에게 고용노동부령으로 정하는 바에 따라 해당 작업에 필요한 안전보건교육을 하여야 한다. 다만, 제31조에 따른 안전보건교육을 이수한 건설 일용근로자를 채용하는 경우에는 그러하지 아니하다(산안법 제29조제2항).

② 사업주는 근로자를 유해하거나 위험한 작업에 채용하거나 그 작업으로 작업내용을 변경할 때에는 제2항에 따른 안전보건교육 외에 고용노동부령으로 정하는 바에 따라 유해하거나 위험한 작업에 필요한 안전보건교육을 추가로 하여야 한다(산안법 제29조제3항).

2) 교육시간 및 교육내용

① 사업주가 근로자에 대하여 실시해야 하는 교육시간은 [별표 4]와 같고, 교육내용은 [별표 5]와 같다. 유해하거나 위험한 작업에 필요한 안전보건교육(이하 "특별교육"이라 한다)을 실시할 때에는 해당 근로자에 대하여 법 제29조제2항에 따라 채용할 때 해야 하는 교육(이하 "채용 시 교육"이라 한다) 및 작업내용을 변경할 때 해야 하는 교육(이하 "작업내용 변경 시 교육"이라 한다)을 실시한 것으로 본다(산안법 시행규칙 제26조제1항).

[시행규칙 별표 4] 안전보건관련 교육과정별 교육시간(제26조제1항 관련)

교육과정	교육대상		교육시간
가. 정기교육	사무직 종사 근로자		매 반기 6시간 이상
	그 밖의 근로자	판매업무에 직접 종사하는 근로자	매 반기 6시간 이상
		판매업무에 직접 종사하는 근로자 외의 근로자	매 반기 12시간 이상
나. 채용 시 교육	일용근로자 및 근로계약기간이 1주일 이하인 기간제근로자		1시간 이상
	근로계약기간이 1주일 초과 1개월 이하인 기간제근로자		4시간 이상
	그 밖의 근로자		8시간 이상
다. 작업내용 변경 시 교육	일용근로자 및 근로계약기간이 1주일 이하인 기간제근로자		1시간 이상
	그 밖의 근로자		2시간 이상
라. 특별교육	1) 일용근로자 및 근로계약기간이 1주일 이하인 기간제근로자 : [별표 5] 제1호라목(제39호는 제외한다)에 해당하는 작업에 종사하는 근로자에 한정한다.		2시간 이상
	2) 일용근로자 및 근로계약기간이 기간제근로자 : [별표 5] 제1호라목 제39호에 해당하는 작업에 종사하는 근로자에 한정한다.		8시간 이상
	3) 일용근로자 및 근로계약기간이 1주일 이하인 기간제근로자를 제외한 근로자 : [별표 5] 제1호라목에 해당하는 작업에 종사하는 근로자에 한정한다.		• 16시간 이상(최초 작업에 종사하기 전 4시간 이상 실시하고, 12시간은 3개월 이내에서 분할하여 실시 가능) • 단기간 작업 또는 간헐적 작업인 경우에는 2시간 이상
마. 건설업 기초 안전·보건 교육	건설 일용근로자		4시간 이상

② 상시근로자 50인 미만의 도매업과 숙박 및 음식점업은 [별표 4]의 가목부터 라목까지(정기교육·채용 시의 교육·교육내용 변경 시의 교육·특별교육)의 규정에도 불구하고 해당 교육과정별 교육시간의 1/2 이상을 실시해야 한다.

③ 근로자(관리감독자의 지위에 있는 사람은 제외한다)가 「화학물질관리법 시행규칙」 제37조제4항에 따른 유해화학물질 안전교육을 받은 경우에는 그 시간만큼 가목에 따른 해당 분기의 정기교육을 받은 것으로 본다.

(2) 교육과정 및 강사의 자격

1) 안전보건교육과정

① 공단은 산업안전보건법 시행규칙 제26조제1항 및 제29조제1항에 따른 근로자 안전보건교육 및 안전보건관리책임자 등에 대한 직무교육의 질적 수준 향상을 위하여 다음 각 호의 교육과정을 설치·운영할 수 있다(교육규정 제24조제1항).

> 1. 규칙 제26조제3항제2호에 따른 강사요원 교육과정
> 2. 업종 또는 전문분야별 특성에 맞는 전문화 교육과정
> 3. 관리감독자를 대상으로 하는 우편통신교육과정 및 인터넷 원격교육과정
> 4. 강사 직무능력 향상교육

② 공단 외의 직무교육기관의 장은 제1항제2호의 **전문화교육과정**과 제1항제3호의 **관리감독자 통신교육과정**을 설치·운영할 수 있다(교육규정 제24조제2항). 직무교육기관의 장은 업종별 특성에 맞는 안전·보건관리업무의 전문성 제고를 위해 위험기계·기구, 작업공정 및 안전·보건관리업무 분야별로 과정을 개발·운영하여야 한다(교육규정 제25조).

2) 교육강사의 자격

① 사업주가 법 제29조제1항부터 제3항까지의 규정에 따라 안전보건교육을 자체적으로 실시할 경우에 교육을 실시할 수 있는 사람은 다음 각 호의 어느 하나에 해당하는 사람으로 한다(산안법 시행규칙 제26조제3항).

> 1. 다음 각 목의 어느 하나에 해당하는 사람
>   가. 법 제15조제1항에 따른 안전보건관리책임자
>   나. 법 제16조제1항에 따른 관리감독자
>   다. 법 제17조제1항에 따른 안전관리자(안전관리전문기관에서 안전관리자의 위탁업무를 수행하는 사람을 포함한다)
>   라. 법 제18조제1항에 따른 보건관리자(보건관리전문기관에서 보건관리자의 위탁 업무를 수행하는 사람을 포함한다)
>   마. 법 제19조제1항에 따른 안전보건관리담당자(안전관리전문기관 및 보건관리전문기관에서 안전보건관리담당자의 위탁 업무를 수행하는 사람을 포함한다)
>   바. 법 제22조제1항에 따른 산업보건의
> 2. 공단에서 실시하는 해당 분야의 강사요원 교육과정을 이수한 사람
> 3. 법 제142조에 따른 산업안전지도사 또는 산업보건지도사(이하 "지도사"라 한다)
> 4. 산업안전보건에 관하여 학식과 경험이 있는 사람으로서 고용노동부장관이 정하는 기준에 해당하는 사람

② 상기규칙 제4호에서 "산업안전보건에 관하여 학식과 경험이 있는 사람"이란 안전보건교육규정 제6조(근로자 안전보건교육 강사 기준)에 따라 [별표 1]에서 다음과 같이 명시한 사람을 말한다.

> 1. 안전보건교육기관 및 직무교육기관의 강사와 같은 등급 이상의 자격을 가진 사람
> 2. 사업주, 법인의 대표자, 대표이사 및 안전보건 관련 이사
> 3. 「중대재해 처벌 등에 관한 법률 시행령」제4조제2호에 따른 안전·보건에 관한 업무를 총괄·관리하는 전담 조직에 소속된 사람으로서 안전·보건에 관한 업무 경력이 있는 사람. 이 경우 이 사람은 소속되어 있는 조직이 안전·보건에 관한 업무를 총괄·관리하는 모든 사업장을 대상으로 교육할 수 있다.
> 4. 사업장 내에서 이루어지는 작업에 3년 이상 근무한 경력이 있는 사람으로 사업주가 강사로서 적정하다고 인정하는 사람
> 5. 다음 각 목의 어느 하나에 해당하는 사람으로서 실무경험을 보유한 사람
>   가. 법 제21조제1항에 따른 안전관리전문기관과 보건관리전문기관, 법 제74조에 따른 재해예방전문지도기관 및 제120조에 따른 석면조사기관의 종사자로서 실무경력이 3년 이상인 사람
>   나. 소방공무원 및 응급구조사 국가자격 취득자로서 실무경력이 3년 이상인 사람
>   다. 근골격계질환 예방 전문가(물리치료사 또는 작업치료사 국가면허 취득자, 1급 생활스포츠지도사 국가자격 취득자) 또는 직무스트레스 예방 전문가(임상심리사, 정신보건 임상심리사 등 정신보건 관련 국가면허 또는 국가자격·학위 취득자)
>   라. 「의료법」 제75조 또는 제7조에 따라 의사 또는 간호사 자격을 가진 사람
>   마. 「공인노무사법」 제3조에 따라 공인노무사 자격을 가진 사람
>   바. 「변호사법」 제4조에 따라 변호사 자격이 있는 사람
>   사. 한국교통안전관리공단에서 교통안전관리 실무경력이 3년 이상인 사람
>   아. 보건복지부에서 실시하는 자살예방 생명지킴이(게이트키퍼) 강사양성 교육과정 이수자 또는 보고듣고말하기 강사양성 교육과정 이수자

(3) 안전보건교육의 면제

1) 안전보건교육의 전부 또는 일부 면제

① 사업주는 다음 각 호의 어느 하나에 해당하는 경우에는 같은 항에 따른 안전보건 교육의 전부 또는 일부를 하지 아니할 수 있다(산안법 제30조제1항).

> 1. 사업장의 산업재해 발생 정도가 고용노동부령으로 정하는 기준에 해당하는 경우
> 2. 근로자가 제11조제3호에 따른 시설에서 건강관리에 관한 교육 등 고용노동부령이 정하는 교육을 이수한 경우
> 3. 관리감독자가 산업안전 및 보건 업무의 전문성 제고를 위한 교육 등 고용노동부령으로 정하는 교육을 이수한 경우

② 해당 근로자가 채용하거나 변경된 작업에 경험이 있는 등 고용노동부령으로 정하는 경우에는 안전보건교육의 전부 또는 일부를 하지 아니할 수 있다(산안법 제30조제2항).

2) 정기교육의 면제
① 전년도에 산업재해가 발생하지 않은 사업장의 사업주의 경우 법 제29조제1항에 따른 근로자 정기교육(이하 "근로자 정기교육"이라 한다)을 그 다음 연도에 한정하여 [별표 4]에서 정한 **실시기준 시간의 50/100까지의 범위에서 면제**할 수 있다(산안법 시행규칙 제27조제1항).

② 안전관리자 및 보건관리자를 선임할 의무가 없는 사업장의 사업주가 법 제11조제3호에 따라 노무를 제공하는 자의 건강 유지·증진을 위하여 설치된 근로자건강센터(이하 "근로자건강센터"라 한다)에서 실시하는 안전보건교육, 건강상담, 건강관리 프로그램 등 근로자 건강관리 활동에 해당하는 사업장의 근로자를 참여하게 한 경우에는 해당 시간을 제26조제1항에 따른 교육 중 해당 반기(관리감독자의 지위에 있는 사람의 경우 해당 연도)의 근로자 정기교육 시간에서 면제할 수 있다. 사업주는 해당 사업장의 근로자가 근로자 건강센터에서 실시하는 건강관리 활동에 참여한 사실을 입증할 수 있는 서류를 갖추어야 한다(산안법 시행규칙 제27조제2항).

③ 법 제30조제1항제2호에 따라 근로자가 다음 각 호의 구분에 따른 교육을 이수한 경우에는 해당 교육을 이수한 시간을 정기교육, 채용 시 교육 또는 특별교육의 교육시간에서 면제할 수 있다.

> 1. 「원자력안전법 시행령」 제148조제1항에 따른 방사선작업종사자 정기교육, 「항만안전특별법 시행령」 제5조제1항제2호에 따른 정기안전교육 또는 「화학물질관리법 시행규칙」 제37조제4항에 따른 유해화학물질 안전교육을 받은 경우 : [별표 4] 제1호가목의 근로자 정기교육시간(관리감독자의 지위에 있는 사람의 경우 [별표 4] 제1호의2가목의 관리감독자 정기교육시간을 말한다)에서 면제
> 2. 「항만안전특별법 시행령」 제5조제1항제1호에 따른 신규안전교육을 받은 경우 : [별표 4] 제1호나목의 근로자 채용 시 교육시간(관리감독자의 지위에 있는 사람의 경우 [별표 4] 제1호의2나목의 관리감독자 채용 시 교육시간을 말한다)에서 면제
> 3. [별표 5] 제1호라목제33호의 작업에 종사하는 근로자가 「원자력안전법 시행규칙」 제138조제1항제2호에 따른 방사선작업종사자 신규교육 중 직장교육을 받은 경우 : [별표 4] 제1호라목의 근로자 특별교육시간(관리감독자의 지위에 있는 사람의 경우 [별표 4] 제1호의2라목의 관리감독자 특별교육시간을 말한다)에서 면제

④ 관리감독자가 다음 각 호 중 어느 하나에 해당하는 교육을 이수한 경우 [별표 4] 제1호의2가목의 관리감독자 정기교육시간을 면제할 수 있다(산안법 시행규칙 제27조제4항).

> 1. 법 제32조제1항 각 호 외의 부분 본문에 따라 직무교육기관에서 실시한 전문화교육
> 2. 법 제32조제1항 각 호 외의 부분 본문에 따라 직무교육기관에서 실시한 인터넷 원격교육
> 3. 법 제32조제1항 각 호 외의 부분 본문에 따라 공단에서 실시한 안전보건관리담당자 양성교육
> 4. 법 제98조제1항제2호에 따른 검사원 성능검사 교육
> 5. 그 밖에 고용노동부장관이 근로자 정기교육 면제대상으로 인정하는 교육

3) 채용·변경 시 및 특별교육의 면제

> 1. 「통계법」 제22조에 따라 통계청장이 고시한 한국표준산업분류의 세분류 중 같은 종류의 업종에 6개월 이상 근무한 경험이 있는 근로자를 이직 후 1년 이내에 채용하는 경우 : [별표 4]에서 정한 채용 시 교육시간의 50/100 이상
> 2. [별표 5]의 특별교육 대상 작업에 6개월 이상 근무한 경험이 있는 근로자가 다음 각 목의 어느 하나에 해당하는 경우 : [별표 4]에서 정한 특별교육 시간의 50/100 이상
>   가. 근로자가 이직 후 1년 이내에 채용되어 이직 전과 동일한 특별교육 대상 작업에 종사하는 경우
>   나. 근로자가 같은 사업장 내 다른 작업에 배치된 후 1년 이내에 배치 전과 동일한 특별교육 대상 작업에 종사하는 경우
> 3. 채용 시 교육 또는 특별교육을 이수한 근로자가 같은 도급인의 사업장 내에서 이전에 하던 업무와 동일한 업무에 종사하는 경우 : 소속 사업장의 변경에도 불구하고 해당 근로자에 대한 채용 시 교육 또는 특별교육 면제
> 4. 그 밖에 고용노동부장관이 채용 시 교육 또는 특별교육 면제 대상으로 인정하는 교육

📖 교육대상별 면제조건 및 면제시간

대상교육	면제조건	면제시간
안전보건교육	안전보건교육 전문기관을 통한 교육실시한 경우	교육이수시간
정기교육	무재해운동 등 재해예방사업 관련 교육실시한 경우	교육실시시간
	안전·보건관리자 선임 의무가 없는 사업장의 근로자가 근로자 건강센터에서 실시하는 안전보건교육, 건강상담, 건강관리 프로그램 등 참여한 경우	참여시간
	안전체험 교육장에서 체험교육을 실시한 경우	교육이수시간
	전년도 산업재해 미발생 사업장의 당해 연도 근로자 정기교육	교육시간 50%
	고용노동부장관이 정하는 교육(검사원 성능검사교육, 전문화 교육, 인터넷 원격교육 등)을 이수한 경우	교육이수시간
채용 시 교육	한국표준산업분류의 세분류 중 같은 업종에 6개월 이상 근무 경력이 있는 근로자에 대한 채용 시 교육을 실시한 경우	채용 시의 교육시간 50%
	고용노동부장이 실시하는 4시간 이상의 안전보건교육을 이수한 일용직 근로자를 신규 채용하는 경우	교육 이수일부터 2년간 채용 시의 교육시간
	채용 시 교육을 이수한 근로자가 같은 도급인의 사업장 내에서 이전에 하던 업무와 동일한 업무에 종사하는 경우	채용 시 교육시간 면제
특별안전 보건교육	특별안전보건교육 대상 작업에 6개월 이상 근무 경험이 있는 근로자에 대해 • 이직 후 1년 이내 신규 채용되어 이직 전과 동일한 특별교육 대상 작업에 종사하는 경우 • 근로자가 같은 사업장 내 다른 작업에 배치된 후 1년 이내에 배치 전과 동일한 특별안전보건교육 대상 작업에 종사하는 경우	특별교육시간 50%
	특별안전보건교육을 이수한 근로자가 같은 도급인의 사업장 내에서 이전에 하던 업무와 동일한 업무에 종사하는 경우	특별안전보건 교육 면제

02 안전보건교육의 종류와 실시방법

1 안전보건교육의 종류별 내용 · 시간

(1) 정기안전보건교육

1) 정기안전보건교육의 정의

① 정기안전보건교육은 **미리 정해진 일정에 따라 계속적으로 실시하는 교육**을 말한다. 정기안전보건교육은 근로자와 관리감독자를 대상으로 실시하며, 안전보건총괄책임자와 안전 · 보건관리자를 제외하고 있다.

② 정기교육은 해당 사업장의 **사무직 종사 근로자, 사무직 종사 근로자 외의 근로자, 관리감독자의 지위에 있는 사람을 대상**으로 정기적으로 실시하여야 하는 교육을 말한다(교육규정 제2조제1항 제1호가목).

2) 정기안전보건교육과정 및 교육시간

① 사업주는 소속 근로자에게 고용노동부령으로 정하는 바에 따라 정기적으로 안전보건교육을 실시해야 한다(산안법 제29조제1항). 산업안전보건법 제29조제1항부터 제3항까지의 규정에 따라 사업주가 근로자에 대하여 실시해야 하는 교육시간은 [별표 4]와 같다(산안법 시행규칙 제26조제1항).

[시행규칙 별표 4] 정기안전보건교육 대상 및 교육시간

교육대상		교육시간
사무직 종사 근로자		매 반기 6시간 이상
사무직 종사 근로자 외의 근로자	판매업무에 직접 종사하는 근로자	매 반기 6시간 이상
	판매업무에 직접 종사하는 근로자 외의 근로자	매 반기 12시간 이상
관리감독자의 지위에 있는 사람		연간 16시간 이상

② **사무직 종사자**는 공장 또는 공사현장과 같은 구역에 있지 아니한 사무실에서 서무 · 인사 · 경리 · 설계 등의 사무 업무에 종사하는 근로자를 말하며, 사무직 근로자만을 사용하는 사업(사업장이 분리된 경우로서 사무직 근로자만을 사용하는 사업장을 포함)은 산업안전보건법 시행령 제2조 [별표 1]에 의하여 법 제29조(안전보건교육)를 적용받지 아니한다.

3) 정기안전보건교육의 내용

① 정기적인 안전보건교육은 일반근로자와 관리감독자로 구분하여 실시하며, 교육내용은 다음과 같다. 산업안전보건법 시행규칙 제26조제1항에서는 근로자에 대하여 실시하여야 하는 정기안전보건교육의 내용을 [별표 5]와 같이 규정하고 있다.

㉠ 근로자 정기교육

교육내용
1. 산업안전 및 산업재해 예방에 관한 사항(화재·폭발 사고 발생 시 대피에 관한 사항을 포함한다)
2. 산업보건 및 건강장해 예방에 관한 사항(폭염·한파작업으로 인한 건강장해 발생 시 응급조치에 관한 사항을 포함한다)
3. 위험성평가에 관한 사항
4. 건강증진 및 질병 예방에 관한 사항
5. 유해·위험 작업환경 관리에 관한 사항
6. 산업안전보건법령 및 산업재해보상보험 제도에 관한 사항
7. 직무스트레스 예방 및 관리에 관한 사항
8. 직장 내 괴롭힘, 고객의 폭언 등으로 인한 건강장해 예방 및 관리에 관한 사항

㉡ 관리감독자 정기교육

교육내용
1. 산업안전 및 산업재해 예방에 관한 사항(화재·폭발 사고 발생 시 대피에 관한 사항을 포함한다)
2. 산업보건 및 건강장해 예방에 관한 사항(폭염·한파작업으로 인한 건강장해 발생 시 응급조치에 관한 사항을 포함한다)
3. 위험성평가에 관한 사항
4. 유해·위험 작업환경 관리에 관한 사항
5. 산업안전보건법령 및 산업재해보상보험 제도에 관한 사항
6. 직무스트레스의 예방 및 관리에 관한 사항
7. 직장 내 괴롭힘, 고객의 폭언 등으로 인한 건강장해 예방 및 관리에 관한 사항
8. 작업공정의 유해·위험과 재해 예방대책에 관한 사항
9. 사업장 내 안전보건관리체제 및 안전·보건조치 현황에 관한 사항
10. 표준안전 작업방법 결정 및 지도·감독 요령에 관한 사항
11. 현장근로자와의 의사소통능력 및 강의능력 등 안전보건교육 능력 배양에 관한 사항
12. 비상시 또는 재해 발생 시 긴급조치에 관한 사항
13. 그 밖의 관리감독자의 직무에 관한 사항

② 노동조합의 단체행동 참여, 연차휴가의 사용, 기타의 사유로 사업장에서 정한 일시에 불참한 근로자에 대하여 추가로 정기안전보건교육을 실시하여야 한다(안정 68307 - 195, 2001. 03. 22.).

(2) 채용 시 및 작업내용 변경 시 안전보건교육

1) 채용 시 및 작업내용 변경 시 안전보건 교육대상 및 시간

① 채용 시 교육이란 **해당 사업장에 채용한 근로자를 대상으로 직무배치 전 실시하여야 하는 교육**을 말한다(교육규정 제2조제1항제1호나목). 사업주는 산업안전보건법 시행령 [별표 1]에 따른 적용제외에 해당되지 않는 한 모든 근로자에 대하여 채용 시 안전보건교육을 실시하여야 한다.

② 작업내용 변경 시 교육이란 해당 사업장의 근로자가 기존에 수행하던 작업내용과 다른 작업을 수행하게 될 경우 변경된 작업을 수행하기 전 실시하여야 하는 교육을 말한다(교육규정 제2조제1항제1호다목).

③ 사업주는 근로자를 채용(건설 일용근로자는 제외한다)할 때와 작업내용을 변경할 때에는 그 근로자에 대하여 고용노동부령으로 정하는 바에 따라 해당 업무에 필요한 안전보건교육을 하여야 한다(산안법 제29조제2항). 사업주가 근로자에 대하여 실시하여야 하는 교육시간은 [별표 4]에서 다음과 같이 규정하고 있다(산안법 시행규칙 제26조제1항).

[시행규칙 별표 4] 채용 시 및 작업내용 변경 시 교육 대상 및 교육시간

교육과정	교육대상	교육시간
채용 시의 교육	일용근로자 및 근로계약기간이 1주일 이하인 기간제근로자	1시간 이상
	근로계약기간이 1주일 초과 1개월 이하인 기간제근로자	4시간 이상
	그 밖의 근로자	8시간 이상
작업내용 변경 시의 교육	일용근로자 및 근로계약기간이 1주일 이하인 기간제근로자	1시간 이상
	그 밖의 근로자	2시간 이상

2) 채용 시와 작업내용 변경 시 안전보건교육내용

① 근로자를 채용하거나 작업내용을 변경하는 경우 안전보건교육은 산업안전보건법 시행규칙 제26조제1항 [별표 5]에서 다음과 같이 규정하고 있다.

㉠ 근로자 채용 시 교육 및 작업내용 변경 시 교육

교육내용
1. 산업안전 및 산업재해 예방에 관한 사항(화재ㆍ폭발 사고 발생 시 대피에 관한 사항을 포함한다)
2. 산업보건 및 건강장해 예방에 관한 사항
3. 위험성평가에 관한 사항
4. 산업안전보건법령 및 산업재해보상보험 제도에 관한 사항
5. 직무스트레스 예방 및 관리에 관한 사항
6. 직장 내 괴롭힘, 고객의 폭언 등으로 인한 건강장해 예방 및 관리에 관한 사항
7. 기계ㆍ기구의 위험성과 작업의 순서 및 동선에 관한 사항
8. 작업 개시 전 점검에 관한 사항
9. 정리정돈 및 청소에 관한 사항
10. 사고 발생 시 긴급조치에 관한 사항
11. 물질안전보건자료에 관한 사항

㉡ 관리감독자 채용 시 교육 및 작업내용 변경 시 교육

교육내용
1. 산업안전 및 산업재해 예방에 관한 사항(화재ㆍ폭발 사고 발생 시 대피에 관한 사항을 포함한다)
2. 산업보건 및 건강장해 예방에 관한 사항
3. 위험성평가에 관한 사항
4. 산업안전보건법령 및 산업재해보상보험 제도에 관한 사항
5. 직무스트레스의 예방 및 관리에 관한 사항
6. 직장 내 괴롭힘, 고객의 폭언 등으로 인한 건강장해 예방 및 관리에 관한 사항
7. 기계ㆍ기구의 위험성과 작업의 순서 및 동선에 관한 사항
8. 작업 개시 전 점검에 관한 사항

교육내용
9. 물질안전보건자료에 관한 사항 10. 사업장 내 안전보건관리체제 및 안전·보건조치 현황에 관한 사항 11. 표준안전 작업방법 결정 및 지도·감독 요령에 관한 사항 12. 비상시 또는 재해 발생 시 긴급조치에 관한 사항 13. 그 밖의 관리감독자의 직무에 관한 사항

② **변경 시 안전보건교육은 종전의 업무 또는 작업의 내용이 현재의 업무 또는 작업내용과 서로 달라 작업방법, 안전보건조치의 기준 등 교육이 필요한 경우에 실시한다.** 작업내용의 전부 또는 일부가 유사하다고 하여 변경 시 교육을 생략하여서는 아니 된다.

(3) 특별안전보건교육

1) 특별안전보건교육의 정의

① 특별안전보건교육은 사업주(법 제77조에 따른 특수형태근로종사자로부터 노무를 제공받은 자를 포함한다. 이하 이 조 및 제3조를 포함한다)가 시행규칙 [별표 5] 제1호라목에 해당하는 작업에 근로자를 사용하거나 **특수형태근로종사자를 배치하기 전 또는 작업내용을 변경할 때 실시하는 교육**을 말한다(안전보건교육규정 제2조제1항제1호라목).

② 사업장 내에 단기간의 지원업무 및 생산물의 수시변동이 발생한 경우라도 해당 작업이 특별교육 대상 작업에 속하는 경우 해당 교육을 해야 한다. 안전보건교육의 면제사업장에서 일시적으로 유해·위험한 작업을 하는 경우라도 특별안전교육을 실시해야 한다.

2) 특별안전보건교육시간

① 산업안전보건법 제29조제3항에 따른 유해하거나 위험한 작업에 필요한 안전보건교육을 실시하여야 한다. 이 경우 특별교육의 교육시간은 [별표 4]에서 규정하고 있다. 특별교육은 정규직 근로자, 비정규직 일용근로자, 특수형태근로종사자에게도 실시해야 한다.

[시행규칙 별표 4] 특별안전보건교육 대상 및 교육시간

교육대상	교육시간
일용근로자 및 근로계약기간이 1주일 이하인 기간제근로자 : [별표 5] 제1호라목(제39호는 제외한다)에 해당하는 작업에 종사하는 근로자에 한정한다.	2시간 이상
일용근로자 및 근로계약기간이 1주일 이하인 기간제근로자 : [별표 5] 제1호라목제39호에 해당하는 작업에 종사하는 근로자에 한정한다.	8시간 이상
일용근로자 및 근로계약기간이 1주일 이하인 기간제근로자를 제외한 근로자 : [별표 5] 제1호라목에 해당하는 작업에 종사하는 근로자에 한정한다.	• 16시간 이상(최초 작업에 종사하기 전 4시간 이상 실시하고 12시간은 3개월 이내에서 분할하여 실시가능) • 단기간 작업 또는 간헐적 작업인 경우에는 2시간 이상

② 특별교육을 실시한 경우에는 채용 시 교육, 작업내용 변경 시 교육을 실시한 것으로 본다(산안법 시행규칙 제26조제1항 단서).

③ 특별교육 대상자는 유해·위험작업에 종사하는 자로서 산업안전보건법 시행규칙 제26조제1항 [별표 4] 제1호라목에 해당하는 자를 말한다. 따라서 ⅰ) 고압실 내 작업, ⅱ) 아세틸렌 용접장치 또는 가스집합 용접장치를 사용하는 금속의 용접·용단 또는 가열작업, ⅲ) 밀폐된 장소나 습한 장소에서 하는 용접작업 등 40개 직종의 일용근로자뿐만 아니라, ⅳ) 일용근로자를 제외한 상용근로자, 정규직 근로자에게도 적용된다.

④ "**단기간 작업**"이란 2개월 이내에 종료되는 1회성 작업을 말하며(교육규정 제2조제1항제7호), "**간헐적 작업**"이란 연간 총 작업일수가 60일을 초과하지 않는 작업을 말한다(교육규정 제2조제1항 제8호).

3) 특별안전보건교육의 내용

① 고용노동부는 산업안전보건법 시행규칙 제26조제1항 [별표 5] 라목에서 특별안전보건교육의 내용을 규정하고 있다. 특별안전보건교육은 해당 작업을 처음 시작하기 전에 한번 받으면 유효하다. 따라서 지원업무가 종료된 후 원소속으로 복귀하는 경우 종전의 유해위험작업에 대한 특별교육을 다시 실시할 의무는 없다(안정 68301-1045, 2000. 10. 05.).

② 특별안전교육의 내용은 [별표 5] 라목에서 고압실 내 작업, 아세틸렌 용접장치 또는 가스집합 용접장치를 사용하는 금속의 용접·용단작업 등의 작업 등 39개의 작업명을 정하고 있다.

(4) 건설업 기초안전보건교육

1) 건설업 기초안전보건교육

① 건설업의 사업주는 건설 일용근로자를 채용할 때에는 그 근로자로 하여금 제33조에 따른 안전보건교육기관이 실시하는 안전보건교육을 이수하도록 하여야 한다. 다만, 건설 근로자가 그 사업주에게 채용되기 전에 안전보건교육을 이수한 경우에는 그러하지 아니하다(산안법 제31조제1항).

② 사업주가 법 제31조제1항에 위반하여 건설 일용근로자를 채용할 때 기초안전보건교육을 이수하도록 하지 않은 경우 고용노동부장관은 교육대상자 1명당 10만원 내지 50만원의 과태료를 부과할 수 있다(산안법 시행령 제119조). 건설업 기초안전·보건교육의 실시에 필요한 비용은 사업주가 부담해야 한다.

2) 건설업 기초안전·보건교육 시간·내용 및 방법 등

① 제1항 본문에 따른 안전보건교육의 시간·내용 및 방법, 그 밖에 필요한 사항은 고용노동부령으로 정한다(산안법 제31조제2항). 법 제31조제1항에 따라 일용근로자를 채용할 때 실시하는 안전보건교육(이하 "건설업 기초안전보건교육"이라 한다)의 교육시간은 [별표 4]에 따르고, 교육내용은 [별표 5]에 따른다(산안법 시행규칙 제28조제1항).

🏛 **[시행규칙 별표 5] 건설업 기초안전보건교육에 대한 내용 및 교육시간**

교육대상	교육시간
건설공사의 종류(건축 · 토목 등) 및 시공 절차	1시간
산업재해 유형별 위험요인 및 안전보건조치	2시간
안전보건관리체제 현황 및 산업안전보건 관련 근로자 권리 · 의무	1시간

② 건설업 기초안전보건교육을 하기 위하여 등록한 기관(이하 "건설업 기초안전 · 보건교육기관"이라 한다)이 건설업 기초교육을 할 때에는 [별표 5]의 교육내용에 적합한 교육교재를 사용하여야 하고, 영 [별표 11]의 인력기준에 적합한 사람을 배치하여야 한다(산안법 시행규칙 제28조제2항).

(5) 안전보건관리책임자 등 직무교육

1) 안전보건관리책임자 등에 대한 직무교육

① 사업주(제5호의 경우는 같은 호 각 목에 따른 기관의 장을 말한다)는 다음 각 호에 해당하는 사람에게 제33조에 따른 안전보건교육기관에서 직무와 관련한 안전보건교육을 이수하도록 하여야 한다. 다만, 다음 각 호에 해당하는 사람이 다른 법령에 따라 안전 및 보건에 관한 교육을 받는 등 고용노동부령으로 정하는 경우에는 안전보건교육의 전부 또는 일부를 하지 아니할 수 있다(산안법 제32조 제1항).

> 1. 안전보건관리책임자
> 2. 안전관리자
> 3. 보건관리자
> 4. 안전보건관리담당자
> 5. 다음 각 목의 기관에서 안전과 보건에 관련된 업무에 종사하는 사람
>   가. 안전관리전문기관
>   나. 보건관리전문기관
>   다. 제74조에 따라 지정받은 건설재해예방전문지도기관
>   라. 제96조에 따라 지정받은 안전검사기관
>   마. 제100조에 따라 지정받은 자율안전검사기관
>   바. 제120조에 따라 지정받은 석면조사기관

② 제1항 각 호 외의 부분 본문에 따른 안전보건교육의 시간 · 내용 및 방법, 그 밖에 필요한 사항은 고용노동부령으로 정한다(산안법 제32조제2항).

2) 신규교육 및 보수교육

① 법 제32조제1항 각 호 외의 부분 본문에 따라 다음 각 호의 어느 하나에 해당하는 사람은 ⅰ) 해당 직위에 선임(위촉의 경우를 포함한다, 이하 같다)되거나 채용된 후 3개월(보건관리가 의사인 경우는 1년) 이내에 직무를 수행하는 데 필요한 신규교육을 받아야 하며, ⅱ) 신규교육을 이수한 후 매 2년이 되는 날을 기준으로 전후 6개월 사이에 고용노동부장관이 실시하는 안전보건에

관한 보수교육을 받아야 한다(산안법 시행규칙 제29조제1항).

> 1. 법 제15조제1항에 다른 안전보건관리책임자
> 2. 법 제17조제1항에 따른 안전관리자
> 3. 법 제18조제1항에 따른 보건관리자
> 4. 법 제19조제1항에 다른 안전보건관리담당자
> 5. 법 제21조제1항에 따른 안전관리전문기관 또는 보건관리전문기관에서 안전관리자 또는 보건관리자의 위탁업무를 수행하는 사람
> 6. 법 제74조제1항에 다른 건설재해예방전문기관에서 지도업무를 수행하는 사람
> 7. 법 제96조제1항에 따라 지정받은 안전검사기관에서 검사업무를 수행하는 사람
> 8. 법 제100조제1항에 따라 지정받은 자율안전검사관에서 검사업무를 수행하는 사람
> 9. 법 제120조제1항에 따른 석면조사기관에서 석면조사 업무를 수행하는 사람

② 제1항에 따른 신규교육 및 보수교육(이하 "직무교육"이라 한다)의 교육시간은 [별표 4]와 같다(산안법 시행규칙 제29조제2항).

[시행규칙 별표 4] 안전보건관리책임자 등에 대한 교육(제29조제2항 관련)

교육대상	교육시간	
	신규교육	보수교육
가. 안전보건관리책임자	6시간 이상	6시간 이상
나. 안전관리자, 안전관리전문기관의 종사자	34시간 이상	24시간 이상
다. 보건관리자, 보건관리전문기관의 종사자	34시간 이상	24시간 이상
라. 재해예방 전문지도기관의 종사자	34시간 이상	24시간 이상
마. 석면조사기관의 종사자	34시간 이상	24시간 이상
바. 안전보건관리담당자	–	8시간 이상
사. 안전검사기관, 자율안전검사기관의 종사	34시간 이상	24시간 이상

③ 안전보건관리책임자 및 안전관리자, 보건관리자, 안전보건관리담당자, 안전보건전문기관에 종사하는 자 등은 안전관리 및 보건관리에 관한 전문지식의 배양을 위하여 직무와 관련된 교육을 이수하여야 한다. 안전보건관리책임자 등은 안전보건교육기관에서 [별표 5]에 관한 교육을 받아야 한다(산안법 시행규칙 제29조제2항).

④ [별표 5]에서는 안전보건관리책임자. 안전관리자 및 안전관리전문기관 종사자, 보건관리자 및 보건관리전문기관 종사자, 건설재해예방전문지도기관 종사자, 석면조사기관 종사자, 안전보건관리담당자, 안전검사기관 및 자율안전검사전문기관 종사자에 대하여 신규과정 및 보수과정의 교육내용을 규정하고 있다. 다만, 안전보건관리담당자는 신규과정이 없다.

3) 신규교육 및 보수교육의 면제

구 분	교육 면제 대상자	근 거
신규교육	• 법 제19조제1항에 따른 안전보건관리담당자 • 영 [별표 4] 제6호에 해당하는 사람 • 영 [별표 4] 제7호에 해당하는 사람	시행규칙 제30조제1항
보수교육	• 영 [별표 4] 제8호 각 목의 어느 하나에 해당하는 사람 • 「기업활동 규제완화에 관한 특별조치법」 제30조제3항제4호 또는 제5호에 따라 안전관리자로 채용된 것으로 보는 사람 • 보건관리자로서 영 [별표 6] 제2호 또는 제3호에 해당하는 사람이 해당 법령에 따른 교육기관에서 제29조제2항의 교육내용 중 고용노동부장관이 정하는 내용이 포함된 교육을 이수하고 해당 교육기관에서 발행하는 확인서를 제출하는 경우 면제	시행규칙 제30조제2항

	• 보수를 받아야 할 기간 내에 다음 각 호의 어느 하나에 해당하는 요건을 갖춘 경우
	  – 「고등교육법」에 따른 해당 분야 석사학위 이상을 취득한 경우
	  – 「국가기술자격법」에 따른 해당 분야 기술사를 취득한 경우
		교육규정
		제20조제1항

(6) 안전관리담당자 및 건설업 안전관리자 양성교육

1) 안전관리담당자 양성교육

① 안전관리담당자의 경우에는 고용노동부장관이 지정하는 교육기관에서 교육을 이수하고 시험에 합격한 경우에 안전보건관리담당자의 자격을 인정한다. 중소기업의 안전관리담당자는 전문자격을 소지하지 않은 경우에도 소정의 교육을 이수한 경우에는 안전보건관리의 업무를 수행할 수 있다.

② 공단은 영 제24조에 따른 안전보건관리담당자를 양성하기 위한 교육(이하 "안전보건관리담당자 양성교육"이라 한다)과정을 설치 · 운영하여야 한다(교육규정 제23조의5제1항). 이 경우 안전보건관리담당자 양성교육은 [별표 7]과 같이 한다(교육규정 제23조의5제2항).

[교육규정 별표 7] 안전보건관리담당자 교육내용 및 교육시간(제23조의5 관련)

교육내용	교육시간
안전보건관리담당자의 업무	10시간
산업안전보건법 주요내용	3시간
재해사례 및 안전보건자료 활용방법 등	3시간

2) 건설업 안전관리자 양성교육

① 공단은 건설업 안전관리자 양성교육과정을 개설 · 운영하여야 한다(교육규정 제23조의6제1항). 건설업 안전관리자 양성교육의 내용 및 시간은 [별표 8]과 같이 한다(교육규정 제23조의6제2항).

🏛 **[교육규정 별표 8]** 건설업 안전관리자 양성교육 내용 및 교육시간(제23조의6 관련)

교육내용	교육시간
산업안전보건법령, 「중대재해처벌 등에 관한 법률」에 관한 사항	4시간
산업안전보건에 관한 사항	25시간
위험성평가에 관한 사항	4시간
안전보건교육에 관한 사항	2시간
건설안전기술에 관한 사항	42시간
그 밖에 안전관리자의 직무에 관한 사항	7시간
합계	84시간

② 건설업안전관리자 양성교육은 집체교육 및 인터넷 원격교육을 병행하여 실시할 수 있다. 인터넷 원격교육은 다음 각 호의 사항을 준수하여야 한다(교육규정 제23조의6제3항).

> 1. 제5조 각 호의 사항을 따를 것
> 2. 총 교육시간의 2/3 범위 내에서 실시할 것

(7) 검사원의 성능검사교육

1) 검사원의 성능검사교육

① 검사원은 유해・위험한 기계 등에 대한 안전성을 검사하는 자로서, 성능검사 이외에 필요한 경우 정밀검사를 실시할 수 있다.

② 고용노동부장관은 사업장에서 유해・위험기계 등의 안전에 관한 성능검사 업무를 담당하는 사람의 인력수급 등을 고려하여 필요하다고 인정하면 공단이나 해당 분야 전문기관으로 하여금 성능검사교육을 실시하게 할 수 있다. 검사원의 성능검사에 필요한 교육시간은 [별표 4]와 같다.

🏛 **[시행규칙 별표 4]** 검사원 성능검사교육(시행규칙 제13조제2항 관련)

교육과정	교육대상	교육시간
성능검사 교육	-	28시간 이상

③ 검사원은 프레스, 크레인, 리프트, 곤돌라 등의 건설기계, 원심기, 사출성형기 등에 대한 성능검사에 필요한 직무능력을 보유하고 이를 향상시키기 위한 교육이 필요하다. 검사원의 교육 내용에 대하여는 [별표 5]에 규정하고 있다.

④ 검사원의 성능검사교육의 내용(관계법령, 구조 및 특징, 검사기준, 방호장치, 사용방법, 실습 및 체크리스트 작성요령, 위험검출훈련, 검사원 직무)을 실시하며, 설비명은 다음과 같다.

> 1. 프레스 및 전단기 2. 크레인
> 3. 리프트 4. 곤돌라
> 5. 국소배기장치 6. 원심기
> 7. 롤러기 8. 사출성형기

9. 고소작업대
10. 컨베이어
11. 산업용로봇
12. 압력용기
13. 혼합기
14. 파쇄기 또는 분쇄기

2) 교육수강신청 등

① 성능검사교육을 실시할 수 있는 교육기관은 다음 각 호의 법인 또는 기관이어야 한다(교육규정 제22조).

1. 공단
2. 「업무위탁기관의 지정 등에 관한 고시」 제3조제4항제2호에 따른 요건을 갖추어 고용노동부장관에게 등록한 위탁교육기관

② 직무교육위탁기관은 교육대상자가 제출한 직무교육 수강신청서 및 교육희망시기를 고려하여 교육일정 등을 수립·변경하여야 한다. 직무교육기관이 교육을 실시할 때 교육시간 및 내용, 적합한 강사의 배치, 교육방법(집체교육, 현장교육, 인터넷 원격교육)을 준수하여야 한다.

(8) 물질안전보건교육자료의 교육

1) 교육시간

① 물질안전보건교육은 산업안전보건법 시행규칙 제169조제1항에서 사업주에게 물질안전보건자료대상물질을 제조·사용·운반 또는 저장하는 작업에 근로자를 배치하게 된 경우 등에 대하여 [별표 5]에 해당되는 내용을 근로자에게 교육하도록 규정하고 있다.
② 물질안전보건교육을 받은 근로자에 대해서는 해당 교육 시간만큼 법 제29조에 따른 안전·보건교육을 실시한 것으로 본다.

2) 교육내용

① 사업주는 유해성·위험성이 유사한 물질안전보건자료대상물질을 그룹별로 분류하여 교육할 수 있으며, 교육내용은 다음과 같다.
② 물질안전보건교육은 취급물질의 독성, 화재 또는 폭발 등 유해위험성이 높은 작업이므로 교육이 필요하다.

[시행규칙 별표 5] 물질안전보건자료에 관한 교육(제169조제1항 관련)

교육내용
• 대상 화학물질의 명칭(또는 제품명) • 물리적 위험성 및 건강 유해성 • 취급상의 주의사항 • 적절한 보호구 • 응급조치 요령 및 사고시 대처방법 • 물질안전보건자료 및 경고표지를 이해하는 방법

(9) 특수형태근로종사자의 안전보건교육

1) 특수형태근로종사자의 교육시간

① 특수형태근로종사자로부터 노무를 제공받는 자가 법 제77조제2항에 따라 특수형태근로종사자에 대하여 실시해야 하는 안전 및 보건에 관한 교육시간은 [별표 4]와 같고, 교육내용은 [별표 5]와 같다(산안법 시행규칙 제95조제1항).

🏛 **[시행규칙 별표 4] 특수형태근로종사자에 대한 안전보건교육**(제95조제1항 관련)

교육과정	교육시간
최초 노무제공 시 교육	2시간 이상(단기간 작업 또는 간헐적 작업에 노무를 제공하는 경우에는 1시간 이상 실시하고, 특별교육을 실시한 경우는 면제)
특별교육	16시간 이상(최초 작업에 종사하기 전 4시간 이상 실시하고 12시간은 3개월 이내에서 분할하여 실시 가능)
	단기간 작업 또는 간헐적 작업인 경우에는 2시간 이상

② 특수형태근로종사자로부터 노무를 제공받는 자가 제1항에 따른 교육을 자체적으로 실시할 경우 교육을 실시할 수 있는 사람은 제26조제3항 각 호의 어느 하나에 해당하는 사람으로 한다(산안법 시행규칙 제95조제2항).

> 1. 안전보건관리책임자, 관리감독자, 안전관리자, 보건관리자, 안전보건관리담당자, 산업보건의
> 2. 공단에서 실시하는 해당 분야의 강사요원 교육과정을 이수한 사람
> 3. 산업안전지도사 또는 산업보건지도사
> 4. 산업안전보건에 관하여 학식과 경험이 있는 사람으로서 공인노무사, 변호사 등

③ 특수형태근로종사자로부터 노무를 제공받는 자는 제1항에 다른 안전보건교육을 안전보건교육기관에 위탁할 수 있다(산안법 시행규칙 제95조제3항).

2) 특수형태근로종사자에 대한 교육내용

① 특수형태근로종사자에 대한 교육은 **노무를 제공하기 전에 실시하는 최초 노무제공 시 교육과 유해하거나 위험한 작업을 수행하는 경우 실시하는 특별교육으로 구분**하여 안전보건교육을 실시해야 한다.

② 최초 노무제공 시 교육이란 특수형태근로종사자로부터 노무를 제공받는 자가 노무를 제공하는 특수형태근로종사자를 대상으로 작업배치 전 실시하여야 하는 교육을 말한다(안전보건규정 제2조제1항마목). 특수형태근로종사자의 교육내용은 [별표 5]에서 규정하고 있다.

🏛 **[시행규칙 별표 5] 특수형태근로종사자에 대한 안전보건교육**(제95조제1항 관련)

㉠ 최초 노무제공 시 교육

최초 노무제공 교육내용
아래의 내용 중 특수형태근로종사자의 직무에 적합한 내용을 교육해야 한다.
• 산업안전 및 산업재해 예방에 관한 사항(화재·폭발 사고 발생 시 대피에 관한 사항을 포함한다)

최초 노무제공 교육내용
• 산업보건 및 건강장해 예방에 관한 사항 • 건강증진 및 질병 예방에 관한 사항 • 유해ㆍ위험 작업환경 관리에 관한 사항 • 산업안전보건법령 및 산업재해보상보험 제도에 관한 사항 • 직무스트레스 예방 및 관리에 관한 사항 • 직장 내 괴롭힘, 고객의 폭언 등으로 인한 건강장해 예방 및 관리에 관한 사항 • 기계ㆍ기구의 위험성과 작업의 순서 및 동선에 관한 사항 • 작업 개시 전 점검에 관한 사항 • 정리정돈 및 청소에 관한 사항 • 사고 발생 시 긴급조치에 관한 사항 • 물질안전보건자료에 관한 사항 • 교통안전 및 운전안전에 관한 사항 • 보호구 착용에 대한 사항

　　ⓒ 특별교육 대상 작업별 교육 : 제1호라목과 같다.
③ 제1항에 따른 교육을 실시하기 위한 교육방법과 그 밖에 교육에 필요한 사항은 고용노동부장관이 정하여 고시한다(산안법 시행규칙 제95조제4항).
④ 특수형태근로종사자가 최초로 노무를 제공하거나 변경된 작업내용에 경험이 있는 경우 같은 업종에 6개월 이상 근무한 자에 대하여는 최초 노무제공 시 또는 특별교육시간의 50/100 이상을 실시해야 한다.
⑤ 특수형태근로종사자가 같은 종류의 업종에 1년 이내에 복귀하거나 같은 사업장 내 1년 이내에 배치 전과 동일한 특별교육 대상 작업에 종사하는 경우 50% 범위 내에서 특별교육을 면제받을 수 있다.

2 안전보건교육의 실시방법

(1) 안전보건교육의 종류

① 교육의 종류는 집체교육, 현장교육, 인터넷 원격교육으로 구분할 수 있다.

교육의 종류		교육의 정의
교육형태	집체교육	교육전용시설 또는 그 밖에 교육을 실시하기에 적합한 시설(생산시설 또는 근무장소 제외)에서 실시하는 교육
	현장교육	산업체의 생산시설 또는 근무 장소에서 실시하는 교육
	인터넷 원격교육	전산망을 이용하여 교육실시자가 원격지에 있는 근로자에게 실시하는 교육
	비대면 실시간교육	비대면으로 실시간으로 실시하는 교육
	우편통신교육	(관리감독자 정기교육에 한정한다)
교육주관	자체교육	사업주가 자체적으로 강사를 구성하여 실시하는 교육
	위탁교육	교육전문기관으로 등록한 기관에 위탁하여 실시

② 또한 교육을 주관하는 사람에 따라 자체교육, 위탁교육을 구분할 수 있다. 자체교육을 실시할 경우에는 근로자 안전보건교육 강사기준에 적합한 자로 해야 한다. 위탁교육은 영 [별표 8]에 다른 안전보건교육기관의 강사기준에 적합한 자에 해당해야 한다.

(2) 교육방법

① 직무교육을 실시하기 위한 집체교육, 현장교육, 인터넷 원격교육 등의 교육방법, 직무교육 기관의 관리, 그 밖에 교육에 필요한 사항은 고용노동부장관이 고시한다(산안법 시행규칙 제29조제3항).

② 사업주는 교육을 실시할 때에는 적합한 교육교재와 적절한 교육장비를 갖추고 집체교육, 현장교육, 인터넷 원격교육 중 어느 하나에 해당하는 교육을 실시할 수 있다. 다만, 인터넷 원격교육을 실시할 경우 ⅰ) 관리감독자의 정기교육은 해당 연도 총 교육시간의 1/2 범위 이상, ⅱ) 특별교육은 총 교육시간의 2/3 범위 이상을 집체교육 또는 현장교육으로 하여야 한다(교육규정 제3조제1항).

③ 사업주가 현장교육을 실시할 때에는 다음 각 호에 해당하는 요건을 갖추어야 한다(교육규정 제3조제2항).

> 1. 안전보건관리책임자, 안전관리자, 보건관리자, 안전보건관리담당자 등 안전보건관계자 또는 관리감독자의 주관
> 2. 교육실시 사실을 확인할 수 있는 보고서 또는 일지의 작성

④ 사업주가 인터넷 원격교육을 실시할 때에는 다음 각 호에 해당하는 요건을 갖추어야 한다(교육규정 제3조제3항).

> 1. 규칙 [별표 8] 소정의 교육시간에 상당하는 분량의 자료 제공(게시된 자료의 1시간 학습 분량은 10프레임 이상 또는 200자 원고지 20매로 하되, 사진 또는 그림 1장은 200자 원고지 1/2매로 본다. 다만, 동영상 자료는 실제 상영시간을 적용한다)
> 2. [별표 2]의 인터넷 원격교육 기준을 따를 것

제1장 출·제·예·상·문·제

01 상시근로자 수가 50명 미만으로서 안전보건교육을 면제받는 사업이 아닌 것은?
① 농업, 어업
② 환경정화 및 복원업
③ 공공행정의 현업종사자
④ 부동산업(부동산관리업은 제외한다)
⑤ 협회 및 단체

> **해설** 상시근로자 수가 50명 미만으로서 안전보건교육을 면제받는 사업
> 농업, 어업, 환경정화 및 복원업, 소매업(자동차 제외), 영화, 비디오물, 방송프로그램 제작 및 배급업, 부동산업(부동산관리업은 제외한다), 협회 및 단체 등은 안전보건교육이 면제된다. 그러나 유해하거나 위험한 작업에 근로자를 채용하거나 작업으로 변경하는 경우에는 특별안전보건교육을 실시해야 한다. **공공행정의 현업종사자는 안전보건교육을 받아야 한다.**
>
> **참고** 산업안전보건법 시행령 [별표 1]

02 안전보건교육기관에서 직무교육 대상자 중 전부 또는 일부를 면제받을 수 있는 사람이 아닌 자는?
① 안전보건관리책임자
② 안전관리자
③ 보건관리자
④ 관리감독자
⑤ 석면조사기관의 종사자

> **해설** 직무교육 대상자 중 전부 또는 일부를 면제받을 수 있는 사람
> 사업주는 안전보건교육기관에서 직무와 관련된 안전보건교육을 이수하도록 하여야 한다. 다만, **안전보건관리책임자, 안전관리자, 보건관리자, 안전보건관리담당자, 안전전문기관 및 보건관리기관의 종사자, 건설재해예방전문기관 및 안전검사기관의 종사자, 자율안전기관 및 석면검사기관의 종사자**가 다른 법령에 의하여 안전보건에 관한 교육을 받은 경우에는 그 내용의 전부 또는 일부를 면제할 수 있다.

정답 | 01. ③ 02. ④

03 신규교육과 보수교육을 모두 받아야 하는 안전보건교육의 대상자에 해당하지 않는 사람은?

① 안전보건관리책임자
② 안전관리자, 안전관리전문기관의 종사자
③ 보건관리자, 보건관리전문기관의 종사자
④ 안전보건관리담당자
⑤ 안전검사기간, 자율안전검사기관의 종사자

해설 신규교육과 보수교육을 모두 받아야 하는 안전보건교육의 대상자
안전보건관리담당자는 고용노동부장관이 지정하는 교육기관에서 교육을 이수하고 시험에 합격한 경우에 인정된다. 중소기업의 안전보건관리담당자는 전문자격을 소지하지 않은 경우에도 소정의 교육을 이수한 경우에 인정되며, **신규교육을 별도로 받을 필요가 없다.**

04 안전보건관련 교육과정별 교육시간에 대한 설명 중 옳지 않은 것은?

① 판매업무에 종사하는 근로자는 매 반기 6시간 이상 정기교육을 받아야 한다.
② 일용직 및 근로계약기간이 1개월 이하인 기간제근로자는 1시간 이상 채용 시 교육을 받아야 한다.
③ 일용직 근로자 및 근로계약기간이 1주일 이하인 기간제근로자는 작업내용의 변경 시 교육을 받을 필요가 없다.
④ 일용직 근로자 및 근로계약기간이 1주일 이하인 기간제근로자는 유해위험작업의 종류에 따라 2시간 이상 또는 8시간 이상 특별교육을 받아야 한다.
⑤ 일용근로자 및 근로계약기간이 1주일 이상인 기간제근로자는 16시간 이상 특별교육을 받아야 한다.

해설 안전보건관련 교육과정별 교육시간
일용직 근로자 및 근로계약기간이 1주일 이하인 기간제근로자도 **작업내용의 변경 시 교육을 받아야 한다.** 기간이 짧다는 이유만으로 변경시 교육을 생략할 수 없다.

참고 산업안전보건법 시행규칙 [별표 4]

05 관리감독자의 교육내용 중 옳지 않은 것은?

① 산업보건 및 산업재해 예방에 관한 사항
② 위험성평가에 관한 교육
③ 직무스트레스의 예방 및 관리에 관한 사항
④ 물질안전보건자료에 관한 사항
⑤ 산업재해원인조사 및 대책에 관한 사항

해설 관리감독자의 교육내용
산업재해의 원인조사 및 대책에 관한 사항은 **안전관리자의 업무에 관한 사항**이다. 상기의 내용은 관리감독자의 채용 시 또는 작업내용의 변경 시에도 실시해야 한다.

참고 산업안전보건법 시행규칙 [별표 5]

06 특별안전보건교육에 대한 설명 중 옳지 않은 것은?

① 특별안전보건교육은 근로자가 유해위험한 작업에 종사하기 전에 해당 작업과 관련된 작업방법, 취급물질, 안전보건에 관하여 실시한다.
② 안전보건교육의 면제사업장에서 일시적으로 유해위험한 작업을 하는 경우라도 특별교육을 받아야 한다.
③ 일용근로자 및 1주일 이하의 기간제근로자라도 특별안전보건교육을 받아야 한다.
④ 아세틸렌 용접장치 또는 가스집합 용접장치를 사용하는 금속의 용접·용단 또는 가열작업을 하는 일용근로자는 특별안전보건교육을 받아야 한다.
⑤ 비계의 조립·해체 또는 변경작업을 하는 경우에는 특별안전보건교육을 받아야 한다.

해설 특별안전보건교육
일용근로자 및 1주일 이하의 기간제근로자는 **특별안전보건교육의 대상에서 제외한다**. 일용근로자라도 고압 실내 작업, 아세틸렌 용접장치 또는 가스집합 용접장치를 사용하는 금속의 용접·용단 또는 가열작업 등 39개 직업의 일용근로자는 특별안전보건교육을 받아야 한다.

참고 산업안전보건법 시행규칙 [별표 5]

07 근로자와 관리감독자의 정기안전보건교육 중 공통사항이 아닌 것은?

① 산업보건 및 건강장해 예방에 관한 사항
② 작업공정의 유해·위험과 재해 예방대책에 관한 사항
③ 산업재해보상보험 제도에 관한 사항
④ 직무스트레스의 예방 및 관리에 관한 사항
⑤ 산업안전보건법령 및 일반관리에 관한 사항

해설 근로자와 관리감독자의 정기안전보건교육 중 공통사항
근로자와 관리감독자는 정기안전보건교육을 받아야 한다. 근로자의 정기안전보건교육은 8개 항목에 해당하고, 관리감독자의 정기안전보건교육은 13개 항목이다. 공통사항이 아닌 사항은 근로자의 경우 1개 항목이고, 관리감독자의 경우 6개 항목이 서로 다르다. 문제의 경우 **다른 항목은 "작업공정의 유해·위험요인과 재해예방대책에 관한 사항"이다.**

참고 산업안전보건법 시행규칙 [별표 5]

정답 | 06. ③ 07. ②

08 산업안전보건교육의 면제대상에 대한 설명으로 옳지 않은 것은?

① 광산안전법·원자력안전법·항공안전법·선박안전법의 적용을 받는 경우에는 안전보건교육을 면제한다.
② 작업환경의 유해·위험성이 없거나 적은 소프트웨어 개발 및 공급업, 금융 및 보험업은 안전보건교육이 면제된다.
③ 농업·어업, 환경정화 및 복원업, 영화제작 및 배급업으로서 상시 50명 미만인 사업장은 안전보건교육이 면제된다.
④ 공공행정(행정사무종사자에 한함), 국방 및 사무보장 행정, 교육서비스업(청소년 수련시설 운영업은 제외한다)은 안전보건교육을 면제한다.
⑤ 상시 5명 미만의 사업장은 유해하거나 위험한 작업을 하더라도 안전보건교육을 면제된다.

> **해설** 산업안전보건교육의 면제대상
> 상시 5명 미만의 사업장에 대하여는 안전보건교육을 면제한다. 그러나 유해하거나 위험한 작업에 근로자를 채용하거나 그 작업으로 작업내용을 변경하는 경우에는 **특별교육을 실시해야 한다**.
>
> **참고** 산업안전보건법 시행령 [별표 1], 시행규칙 제27조

09 특수형태근로종사자의 안전보건교육으로 옳지 않은 것은?

① 특수형태근로종사자는 최초로 노무를 제공할 경우, 건설기계장비에 따라 특별교육을 받아야 한다.
② 특수형태근로종사자에 대한 교육은 노무를 제공받는 자가 자체적으로 교육을 실시할 수 있다.
③ 자체교육을 하는 경우 안전보건관리책임자, 관리감독자, 안전관리자, 보건관리자는 자격기준에 해당되나, 공인노무사와 변호사는 인정할 수 없다.
④ 최초 노무제공 시 교육은 특수형태근로종사자를 직무 배치 전에 실시해야 한다.
⑤ 특수형태근로종사자가 같은 종류의 업종에 1년 이내에 복귀하는 경우에는 50% 범위 내에서 특별안전교육을 면제받을 수 있다.

> **해설** 특수형태근로종사자의 안전보건교육
> 특수형태근로종사자는 최초 노무제공 시 안전보건교육 2시간 이상(특별안전보건교육을 받은 경우는 면제한다)을 받아야 한다. 이 경우 특별안전보건교육은 16시간, 단기간 작업 시 또는 간헐적 작업인 경우 특별교육은 2시간 이상이어야 한다. **공인노무사와 변호사, 산업안전지도사와 산업보건지도사도 강사의 자격에 해당**된다.

정답 | 08. ⑤ 09. ③

제2장 도급사업의 안전보건관리

01 도급사업의 위험관리책임

1 도급의 제한

(1) 도급의 정의와 산업안전보건책임

1) 도급의 정의와 도급관계

① 도급이란 **당사자의 일방(수급인)이 어느 일을 완성할 것을 약정하고, 상대방(도급인)이 그 일의 결과에 대하여 보수를 지급할 것을 약정하는 계약**을 말한다(민법 제664조).

② 도급이란 **명칭에 관계없이 물건의 제조·건설·수리 또는 서비스의 제공, 그 밖의 업무를 타인에게 맡기는 계약**을 말한다(산안법 제2조제6호).

2) 도급당사자의 유형

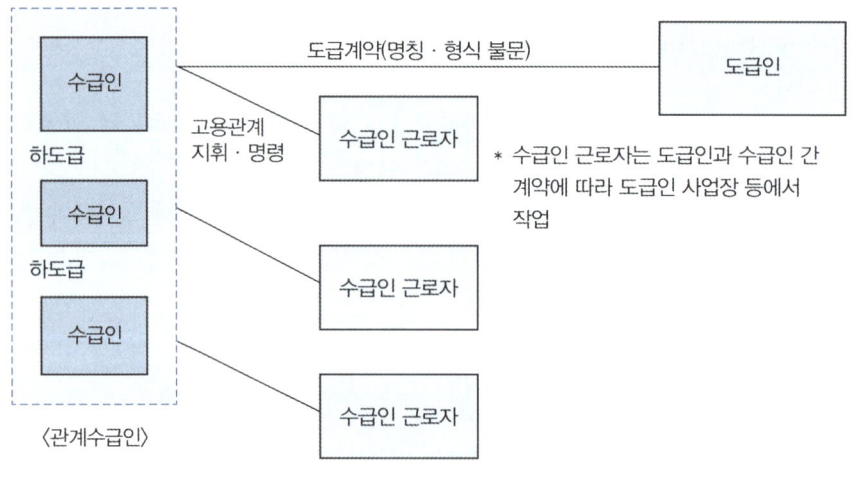

| 도급당사자의 유형 |

① **도급인**이란 물건의 제조·건설·수리 또는 서비스의 제공, 그 밖의 업무를 도급하는 사업주를 말한다. 다만, 건설공사발주자는 제외한다(산안법 제2조제7호).

② **수급인**이란 물건의 제조·건설·수리 또는 서비스의 제공, 그 밖의 업무를 도급받은 사업주를 말한다(산안법 제2조제8호).
③ **관계수급인**이란 도급이 여러 단계에 걸쳐 체결된 경우에 각 단계별로 도급받은 사업주 전부를 말한다(산안법 제2조제9호).

(2) 사업장 내 도급금지와 승인신청방법

1) 사업장 내 도급금지와 예외

① 사업주는 근로자의 안전과 보건에 유해하거나 위험한 작업으로서 다음 각 호의 어느 하나에 해당하는 작업을 도급하여 **자신의 사업장**에서 수급인의 근로자가 그 작업을 하도록 해서는 아니 된다(산안법 제58조제1항).

> 1. 도금사업
> 2. 수은, 납 또는 카드뮴을 제련, 주입, 가공 및 가열하는 작업
> 3. 제118조 제1항에 따른 허가대상물질을 제조하거나 사용하는 작업

② 사업주는 다음 각 호의 어느 하나에 해당하는 경우에는 제1항 각 호에 따른 작업을 도급하여 자신의 사업장에서 수급인의 근로자가 그 작업을 하도록 할 수 있다(산안법 제58조제2항).

> 1. 일시·간헐적으로 하는 작업을 도급하는 경우
> 2. 수급인이 보유한 기술이 사업주(수급인에게 도급을 한 도급인으로서의 사업주를 말한다)의 사업 운영에 필수 불가결한 경우로서 고용노동부장관의 승인을 받은 경우

2) 도급대상작업의 승인과 안전보건평가

① **도급대상작업의 승인 여부**는 ⅰ) 산업재해예방계획, ⅱ) 작업방식, ⅲ) 설비 및 장비의 구비조건, ⅳ) 유해물질의 유해성 및 사용량, ⅴ) 위험한 물질이나 유해한 물질에 해당하는지 등을 고려해야 한다.
② **안전보건평가**는 근로자의 건강 및 생명을 보호하기 위하여 작업의 유해·위험성을 평가하고 유해물질의 노출을 방지하기 위해 사전에 실시하는 것을 말한다.
③ 사업주는 제2항제2호에 따라 고용노동부장관의 승인을 받으려는 경우에는 **고용노동부령으로 정하는 바에 따라 고용노동부장관이 실시하는 안전 및 보건에 관한 평가를 받아야 한다**(산안법 제58조제3항). **이 경우 제2항제2호에 따른 승인의 유효기간은 3년의 범위에서 정한다**(산안법 제58조제4항).
④ 고용노동부장관은 유효기간이 만료되는 경우에 사업주가 유효기간의 연장을 신청하면 승인의 유효기간이 만료되는 날의 다음 날부터 3년의 범위에서 고용노동부령으로 정하는 바에 따라 그 기간의 연장을 승인할 수 있다. 이 경우 사업주는 제3항에 따른 안전 및 보건에 관한 평가를 받아야 한다(산안법 제58조제5항).

⑤ 사업주는 연장승인을 받으려는 경우에는 고용노동부장관이 고시하는 기관을 통하여 안전 및 보건에 관한 평가를 받아야 한다(산안법 시행규칙 제74조제1항). 제1항의 안전 및 보건에 관한 평가에 관한 내용은 [별표 12]와 같다(산안법 시행규칙 제74조제2항).

[시행규칙 별표 12] 안전 및 보건에 관한 평가의 내용(제74조제2항 및 제78조제4항 관련)

종류	평가항목

종합평가	1. 작업조건 및 작업방법에 대한 평가
	2. 유해·위험요인에 대한 측정 및 분석
	  가. 기계·기구 또는 그 밖의 설비에 의한 위험성
	  나. 폭발성·물반응성·자기반응성·자기발열성 물질, 자연발화성 액체·고체 및 인화성 액체 등에 의한 위험성
	  다. 전기·열 또는 그 밖의 에너지에 의한 위험성
	  라. 추락, 붕괴, 낙하, 비래 등으로 인한 위험성
	  마. 그 밖에 기계·기구·설비·장치·구축물·시설물·원재료 및 공정 등에 의한 위험성
	  바. 제30조에 따른 허가 대상 유해물질, 고용노동부령으로 정하는 관리 대상 유해물질 및 온도·습도·환기·소음·진동·분진, 유해광선 등의 유해성 또는 위험성
	3. 보호구, 안전·보건장비 및 작업환경 개선시설의 적정성
	4. 유해물질의 사용·보관·저장, 물질안전보건자료의 작성, 근로자 교육 및 경고 표시 부착의 적정성
	  가. 화학물질 안전보건 정보의 제공
	  나. 수급인 안전보건교육 지원에 관한 사항
	  다. 화학물질 경고표시 부착에 관한 사항 등
	5. 수급인의 안전보건관리 능력의 적정성
	  가. 안전보건관리체제(안전·보건관리자, 안전보건관리담당자, 관리감독자 선임관계 등)
	  나. 건강검진 현황(신규자는 배치 전 건강진단 실시 여부 확인 등)
	  다. 특별안전보건교육 실시 여부 등
	6. 그 밖에 작업환경 및 근로자 건강 유지·증진 등 보건관리의 개선을 위하여 필요한 사항

안전평가	종합평가 항목 중 제1호의 사항, 제2호가목부터 마목까지의 사항, 제3호 중 안전 관련 사항, 제5호의 사항
보건평가	종합평가 항목 중 제1호의 사항, 제2호바목의 사항, 제3호 중 보건 관련 사항, 제4호·제5호 및 제6호의 사항

※ 비고 : 세부 평가항목별로 평가 내용을 작성하고, 최종 의견('적정', '조건부 적정', '부적정' 등)을 첨부해야 한다.

⑥ 사업주는 제2항제2호 또는 제5항에 따라 승인을 받은 사항 중 고용노동부령으로 정하는 사항을 변경하려는 경우에는 고용노동부령으로 정하는 바에 따라 변경에 대한 승인을 받아야 한다(산안법 제58조제6항). 여기서 "고용노동부령으로 정하는 사항"이란 다음 각 호의 어느 하나에 해당하는 사항을 말한다(산안법 시행규칙 제76조).

> 1. 도급공정
> 2. 도급공정 사용 최대 유해화학 물질량
> 3. 도급기간(3년 미만으로 승인을 받은 자가 승인일로부터 3년 내에서 연장하는 경우에만 해당한다)

  3) 도급승인 등의 절차·방법 및 취소
    ① 고용노동부장관은 승인, 연장승인 또는 변경승인을 받은 자가 제8항에 따른 기준에 미달하게 된 경우에는 승인, 연장승인 또는 변경승인을 취소하여야 한다(산안법 제58조제7항).
    ② 법 제58조제2항제2호에 따른 승인, 같은 조 제5항 또는 제6항에 따른 연장승인 또는 변경승인을 받으려는 자는 도급승인 신청서, 연장신청서 및 변경신청서에 다음 각 호의 서류를 첨부하여 관할 지방고용노동관서의 장에게 제출해야 한다(산안법 시행규칙 제75조제1항).

> 1. 도급대상 작업의 공정 관련 서류 일체(기계·설비의 종류 및 운전조건, 유해·위험물질의 종류·사용량, 유해·위험요인의 발생 실태 및 종사 근로자 수 등에 관한 사항을 포함하여야 한다)
> 2. 도급작업 안전보건관리계획서(안전작업절차, 도급 시 안전·보건관리 및 도급작업에 대한 안전·보건시설 등에 관한 사항이 포함되어야 한다)
> 3. 제74조에 따른 안전 및 보건에 관한 평가 결과(다만, 법 제58조제6항의 도급 승인변경은 해당되지 않는다)

    ③ 고용노동부장관은 법 제58조제2항제2호에 따른 승인, 같은 조 제5항 또는 제6항에 따른 연장승인, 또는 변경승인을 받은 자가 다음 각 호의 어느 하나에 해당하는 경우에는 승인을 취소해야 한다(산안법 시행규칙 제77조).

> 1. 제75조제2항의 도급승인 기준에 미달하게 된 때
> 2. 거짓 또는 부정한 방법으로 승인, 연장승인, 변경승인을 받은 경우
> 3. 법 제58조제5항 및 제6항에 따른 연장승인 및 변경승인을 받지 아니하고 사업을 계속한 경우

(3) 도급승인 대상작업의 안전보건평가와 도급의 승인신청
  1) 도급승인 대상작업의 안전보건평가
    ① 사업주는 자신의 사업장에서 안전 및 보건에 유해하거나 위험한 작업 중 대통령령으로 정하는 작업을 도급하려는 경우에는 고용노동부장관의 승인을 받아야 한다. 이 경우 사업주는 고용노동부령으로 정하는 바에 따라 안전 및 보건에 관한 평가를 받아야 한다(산안법 제59조제1항).
    ② 여기에서 "대통령령으로 정하는 작업"이란 다음 각 호의 어느 하나에 해당하는 작업을 말한다(산안법 시행령 제51조).

> 1. 중량비율 1% 이상의 황산, 불화수소, 질산, 염화수소를 취급하는 설비를 개조·분해·해체·철거하는 작업 또는 해당 설비의 내부에서 이루어지는 작업. 다만, 도급인이 해당 화학물질을 모두 제거한 후 증빙자료를 첨부하여 고용노동부장관에게 신고한 경우는 제외한다.
> 2. 그 밖에 유해하거나 위험한 작업으로서 「산업재해보상보험법」 제8조제1항에 따른 산업재해보상보험 및 예방심의위원회(이하 "산업재해보상보험 및 예방심의회"라 한다)의 심의를 거쳐 고용노동부장관이 정하는 사업

③ 제1항에 따른 승인에 관하여는 제58조제4항부터 제8항까지의 규정을 준용한다(산안법 제59조제2항). 따라서 ⅰ) 고용노동부장관으로부터 도급의 승인을 받은 경우 유효기간은 3년의 범위 내로 하고, 유효기간이 만료된 경우에는 3년의 범위에서 연장승인을 받을 수 있으며, ⅱ) 고용노동부령이 정하는 사항을 변경하려는 경우에는 변경에 대한 승인을 받아야 하며, ⅲ) 기준에 미달하는 경우에는 승인, 연장승인 또는 변경승인을 취소할 수 있다.

2) 도급승인 등의 신청

① 도급승인은 유해·위험한 작업으로 위험을 초래할 우려가 있는 경우에 일정한 기준을 충족할 때 허용하는 규제방식을 말한다. 도급인의 신청에도 불구하고 유해·위험성이 높아 도급을 주는 것이 부적합한 경우에는 승인을 거부할 수 있다.

② 법 제59조에 따른 유해하거나 위험한 작업의 도급에 대한 승인, 연장승인 또는 변경승인을 받으려는 자는 도급승인신청서, 연장신청서 및 변경신청서에 다음 각 호의 서류를 첨부하여 관할 지방노동관서의 장에게 제출해야 한다(산안법 시행규칙 제78조제1항).

> 1. 도급대상 작업의 공정 관련 서류 일체(기계·설비의 종류 및 운전조건, 유해·위험물질의 종류·사용량, 유해·위험요인의 발생 실태 및 종사 근로자 수 등에 관한 사항을 포함하여야 한다)
> 2. 도급작업 안전보건관리계획서(안전작업절차, 도급 시 안전·보건관리 및 도급작업에 대한 안전·보건시설 등에 관한 사항이 포함되어야 한다)
> 3. 안전 및 보건에 관한 평가 결과(다만, 변경승인은 해당되지 않는다)

(4) 하도급 금지 및 적격수급인의 선정의무

1) 도급의 승인 시 하도급 금지

① 산업안전보건법 제58조제2항제2호에 따른 승인, 같은 조 제5항 또는 제6항(제59조제2항에 따라 준용되는 경우를 포함한다)에 따른 연장승인 또는 변경승인 및 제59조제1항에 따른 승인을 받은 작업을 도급받은 수급인은 그 작업을 하도급할 수 없다(산안법 제60조).

② 유해·위험한 작업은 원칙적으로 사업장 내에서 도급이 금지되며, **일시·간헐적인 작업 등의 일정한 사유에 대해서만 예외적으로 승인**을 받는 등 제한이 따른다. 따라서 소사장제, 위탁, 용역 등의 명칭이나 각종 형태의 사업방식을 불문하고 일체 하도급이 금지된다.

2) 적격수급인 선정의무

① 사업주는 산업재해 예방을 위한 조치를 할 수 있는 능력을 갖춘 사업주에게 도급하여야 한다 (산안법 제61조). 산업재해 다발사업체, 산업재해 은폐업체 또는 중대재해의 발생업체 등 안전보건조치를 제대로 하지 아니하는 수급인에게 도급을 금지하도록 하는 취지이다.

② 사업주는 적격수급인을 선정하기 위하여 ⅰ) 안전보건교육, ⅱ) 위험성평가, ⅲ) 안전보건협의체의 구성·운영, ⅳ) 안전보건점검, ⅴ) 안전보건정보 제공, ⅵ) 작업환경, ⅶ) 안전보건조치 이행, ⅷ) 산업재해 발생현황의 제출 등 안전보건활동을 이행 조건으로 하는 도급계약서를 작성할 수 있다. 적격수급인의 선정의무에 따른 도급계약의 체결사항은 다음과 같다.

📖 적격수급인과 도급계약 시 체결사항

구분	세부내용
1. 안전보건교육	• 수급인이 행하는 근로자의 안전보건 교육에 필요한 장소의 제공, 자료의 제공 등 • 수급인이 교육강사, 기자재 등의 요청 시 협조
2. 위험성평가	• 도급인은 위험성평가 결과를 수급인에게 제공 • 위험성평가 방법 교육 실시
3. 안전보건 협의체 구성·운영	• 수급인의 사업주 전원으로 구성하는 안전보건 협의체 구성·운영 사항 • 작업의 시작시간, 작업 또는 작업장의 연락방법, 재해발생 위험 시의 대피방법 등의 사항 • 매월 1회 이상 정기적으로 회의 개최
4. 안전보건 점검	• 2개월 또는 분기에 1회 이상 합동안전·보건점검 실시 • 도급인의 사업주는 순회점검을 2일 또는 1주일에 1회 이상 실시 • 순회점검 결과 사업주의 시정요구가 있을 시 이에 따를 것
5. 안전보건 정보제공	• 도급인은 위험물질 및 관리대상 유해물질을 제조·사용·운반·저장하는 화학설비 및 그 부속설비의 개조·분해·내부 작업에 관해서는 다음의 안전보건에 관한 정보를 작업 시작 전까지 제공 – 화학설비 및 그 부속설비에서 제조·사용·운반 또는 저장하는 위험물질 및 관리대상 유해물질의 명칭과 해당 유해성·위험성 – 화학설비 및 부속설비의 개조·분해·내부작업에 대한 안전보건상의 주의사항 – 위험물질 및 관리대상 물질의 유출 등 사고가 발생한 경우 필요한 조치의 내용 • 도급인은 위험물질 및 관리대상 유해물질을 제조·사용·운반·저장하는 화학설비 및 그 부속설비의 개조·분해·내부 작업에 관해서는 다음의 안전보건에 관한 정보를 작업 시작 전까지 제공 – 화학설비 및 그 부속설비에서 제조·사용·운반 또는 저장하는 위험물질 및 관리대상 유해물질의 명칭과 해당 유해성·위험성 – 화학설비 및 부속설비의 개조·분해·내부작업에 대한 안전보건상의 주의사항 – 위험물질 및 관리대상 물질의 유출 등 사고가 발생한 경우 필요한 조치의 내용

구분	세부내용
5. 안전보건 정보제공	• 수급인이 도급받은 작업을 하도급 시 제공받은 문서의 사본을 하수급인에게 제공 • 정보제공자는 제공된 정보에 따라 필요한 조치를 받고 있는지 확인
6. 작업환경	• 수급인에게 위생시설을 제공하거나 자신의 위생시설을 이용할 수 있도록 협조 • 쾌적한 작업환경에서 업무를 수행할 수 있도록 노력
7. 안전보건조치 이행	• 법 또는 법에 따른 명령을 위반 시 그 위반행위를 시정하도록 필요한 조치 • 산업안전보건위원회 또는 노사협의체가 심의·의결 또는 결정한 사항을 성실하게 이행
8. 산업재해 현황 제출	• 수급인은 사업장 정보, 수급인의 근로자 수 및 재해 현황을 도급인에게 제출 및 협조

2 도급사업에서의 안전·보건 조치

(1) 도급인의 안전조치 및 보건조치

1) 도급인의 사업장과 안전보건조치

① 도급인은 **관계수급인 근로자가 도급인의 사업장에서 작업을 하는 경우**에 자신의 근로자와 관계수급인의 근로자의 산업재해를 예방하기 위하여 안전 및 보건시설의 설치 등 필요한 안전조치 및 보건조치를 하여야 한다. 다만, 보호구 착용의 지시 등 관계수급인 근로자의 작업행동에 관한 직접적인 조치는 제외한다(산안법 제63조).

② 여기에서 "도급인의 사업장"이란 ⅰ) 도급인이 관계수급인의 근로자와 함께 작업을 하는 **공동사업장**, ⅱ) 수급인의 근로자가 단독으로 작업하는 도급인의 지정사업장을 말한다. 도급인의 **지정사업장**은 ⅰ) 도급인의 지배관리 등 영향범위에 있는지, ⅱ) 도급의 유형, 사업의 목적에 상관없이 안전보건조치의 관련성이 있는지, ⅲ) 작업공정이나 자재·재료의 가공 등 도급사업과 밀접성이 있는지를 고려하여 판단해야 한다.

2) 도급인의 안전·보건조치위반과 안전관리책임

① **도급인의 안전보건조치의무**는 ⅰ) 동일한 장소에서 사업의 전부 또는 일부를 도급에 의하여 하는지, ⅱ) 도급인의 지정된 장소인지, ⅲ) 도급인이 지배관리하는 영향력의 범위에 해당하는지, ⅳ) 도급인의 공사나 작업과정과 밀접한 관련성이 있는지, ⅴ) 재해자가 도급인의 근로자와 혼재된 상태에서 작업을 하였는지 등에 의하여 판단해야 한다.

② 도급인이 안전조치 및 보건조치를 하지 아니한 경우에는 산업안전보건법 제169조제1호에 의하여 3년 이하의 징역 또는 3천만원 이하의 벌금에 처한다. 기본 범죄를 전제로 근로자가 사망한 경우에는 가중처벌을 위해 산업안전보건법 제167조가 적용되어 7년 이하의 징역 또는 1억원 이하의 벌금에 처한다(같은 취지 : 대판 2007. 11. 29, 2006도7733).

(2) 도급에 따른 산업재해 예방조치

1) 도급인의 산업재해예방조치

① 도급인은 관계수급인 근로자가 도급인의 사업장에서 작업을 하는 경우에 **다음 각 호의 사항을 이행**하여야 한다(산안법 제64조제1항). 수급인이 사용하는 근로자에 대해서도 산업재해예방의무를 명시한 것이다.

> 1. 도급인과 관계수급인을 구성원으로 하는 안전 및 보건에 관한 협의체 구성 및 운영
> 2. 작업장 순회점검
> 3. 관계수급인이 근로자에게 하는 제29조제1항부터 제3항까지의 규정에 따른 안전보건교육을 위한 장소 및 자료의 제공 등 지원
> 4. 관계수급인이 근로자에게 하는 제29조제3항에 따른 안전보건교육의 실시 확인
> 5. 다음 각 목의 어느 하나의 경우에 대비한 경보체계 운영과 대피방법 등 훈련
>   가. 작업 장소에서 발파작업을 하는 경우
>   나. 작업 장소에서 화재·폭발, 토사·구축물 등의 붕괴 또는 지진 등이 발생한 경우
> 6. 위생시설 등 고용노동부령으로 정하는 시설의 설치 등을 위하여 필요한 장소의 제공 또는 도급인이 설치한 위생시설 이용의 협조
> 7. 위생시설 등 고용노동부령으로 정한 시설의 설치 등을 위하여 필요한 장소의 제공 또는 도급인이 설치한 위생시설 이용의 협조
> 8. 제7호에 따른 확인 결과 관계수급인 등의 작업 혼재로 인하여 화재·폭발 등 대통령령으로 정하는 위험이 발생할 우려가 있는 경우 관계수급인 등의 작업시기·내용 등의 조정

② 도급인은 산업재해예방조치를 하지 않은 경우 산업안전보건책임을 져야 한다. 종전에는 산업재해가 발생하면 수급인만 처벌하였으나, 산업안전보건법을 개정(2019. 1. 15.)하여 도급인에 대하여도 동일하게 벌칙을 적용한다.

2) 안전보건협의체의 구성 및 운영

① 산업안전보건법 제64조제1항제1호에 따른 안전 및 보건에 관한 협의체(이하 이 조에서 '협의체'라 한다)는 도급인 및 그의 수급인 전원으로 구성해야 한다(산안법 시행규칙 제79조제1항). 도급사업의 공동사업장 또는 지정사업장에서 발생할 수 있는 재해에 대비하기 위한 것으로 "**사업주협의체**"라고도 한다.

② 협의체는 ⅰ) 작업의 시작시간, ⅱ) 작업 또는 작업장 간의 연락 방법, ⅲ) 재해발생 위험이 있는 경우 대피 방법, ⅳ) 작업장에서의 법 제36조에 따른 위험성평가의 실시에 관한 사항, ⅴ) 사업주와 수급인 또는 수급인 상호 간의 연락 방법 및 작업공정의 조정의 사항을 협의해야 한다(산안법 시행규칙 제79조제2항).

③ 협의체는 **매월 1회 이상 정기적으로 회의를 개최**하고 그 결과를 기록·보존해야 한다(산안법 시행규칙 제79조제3항). 따라서 도급인은 산업안전보건법 제64조제 1항의 각 호에 관한 사항을 이행하는 동시에 제1호에 의한 협의체의 회의 결과를 기록·보존하여야 한다.

3) 도급사업 시의 순회점검 등

① 도급인은 법 제64조제1항제2호에 따른 **작업장 순회점검**을 다음 각 호의 구분에 따라 실시해야 한다(산안법 시행규칙 제80조제1항).

> 1. 다음 각 목의 사업 : 2일에 1회 이상
>   가. 건설업
>   나. 제조업
>   다. 토사석 광업
>   라. 서적, 잡지 및 기타 인쇄물 출판업
>   마. 음악 및 기타 오디오물 출판업
>   바. 금속 및 비금속 원료 재생업
> 2. 제1호 각 목의 사업을 제외한 사업 : 1주일에 1회 이상

② 관계수급인은 제1항에 따라 도급인이 실시하는 순회점검을 거부·방해 또는 기피하여서는 안 되며, 점검 결과 도급인의 시정요구가 있으면 이에 따라야 한다(산안법 시행규칙 제80조제2항). 도급인은 법 제64조제1항제3호에 따라 관계수급인이 실시하는 근로자의 안전·보건교육에 필요한 장소 및 자료의 제공 등을 요청받은 경우 협조해야 한다(산안법 시행규칙 제80조제3항).

4) 위생시설 등의 설치

① 법 제64조제1항제6호에서 "고용노동부령이 정하는 시설"이란 ⅰ) 휴게시설, ⅱ) 세면·목욕시설, ⅲ) 세탁시설, ⅳ) 탈의시설, ⅴ) 수면시설을 말한다(산안법 시행규칙 제81조제1항). 도급인이 제1항에 따른 시설을 설치하는 경우에는 해당 시설에 대해 안전보건규칙에서 정하는 기준을 준수해야 한다(산안법 시행규칙 제81조제2항).

② 도급을 하는 경우 법 제64조제1항제6호에 따라 수급인에게 위생시설을 설치하는 장소를 제공하거나 자신의 이용시설을 이용할 수 있도록 하는 등 적절한 협조를 하지 않는 자에 대하여 500만원 이하의 벌금에 처한다(산안법 제172조).

5) 도급사업의 합동안전·보건점검

① 도급인은 고용노동부령으로 정하는 바에 따라 자신의 근로자 및 관계수급인 근로자와 함께 **정기적으로 또는 수시로 작업장의 안전과 보건에 관한 점검**을 하여야 한다(산안법 제64조제2항). 도급인이 작업장의 안전 및 보건에 관한 점검을 할 때에는 다음 각 호의 사람으로 점검반을 구성해야 한다(산안법 시행규칙 제82조제1항).

> 1. 도급인(같은 사업 내에 지역을 달리하는 사업장이 있는 경우에는 그 사업장의 안전보건관리책임자)
> 2. 관계수급인(같은 사업 내에 지역을 달리하는 사업장이 있는 경우에는 그 사업장의 안전보건관리책임자)

3. 도급인 및 관계수급인의 근로자 각 1명(관계수급인의 근로자의 경우에는 해당 공정에만 해당한다)

② 산업재해의 예방을 위한 산업안전보건법 제64조제2항에 따른 정기 안전·보건 점검의 실시 횟수는 다음 각 호의 구분과 같다(산안법 시행규칙 제82조제2항).

　　1. 다음 각 목의 사업 : 2개월에 1회 이상
　　　가. 건설업
　　　나. 선박 및 보트 건조업
　　2. 제1호의 사업을 제외한 사업 : 분기에 1회 이상

③ 도급인은 관계수급인 근로자가 도급인 사업장에서 작업을 하는 경우 산업안전보건법 제64조제1항에 의한 산업재해 예방조치를 하여야 하며, 자신의 근로자와 관계수급인 근로자가 함께 정기적으로 또는 수시로 작업장 안전 및 보건에 관한 점검을 하여야 한다. 이 규정을 위반한 자에 대하여는 500만원 이하의 벌금에 처한다(산안법 제172조).

(3) 도급인의 안전 및 보건에 관한 정보제공

1) 수급인에 대한 정보제공

① 다음 각 호의 작업을 도급하는 자는 그 작업을 수행하는 수급인 근로자의 산업재해를 예방하기 위하여 고용노동부령으로 정하는 바에 따라 **해당 작업시작 전에 수급인에게 안전 및 보건에 관한 정보를 문서로 제공**하여야 한다(산안법 제65조 제1항).

　　1. 폭발성·발화성·인화성·독성 등의 유해성·위험성이 있는 화학물질 중 고용노동부령으로 정하는 화학물질 또는 그 화학물질을 함유한 혼합물을 제조·사용·운반 또는 저장하는 반응기·증류탑·배관 또는 저장탱크로서 고용노동부령으로 정하는 설비를 개조·분해·해체 또는 철거하는 작업
　　2. 제1호에 따른 설비의 내부에서 이루어지는 작업
　　3. 질식 또는 붕괴의 위험이 있는 작업으로서 대통령령으로 정하는 작업

② 법 제65조제1항 각 호의 어느 하나에 해당하는 작업을 도급하는 자는 다음 각 호의 사항을 적은 문서(전자문서를 포함한다. 이하 이 조에서 같다)를 해당 도급작업이 시작되기 전까지 수급인에게 제공해야 한다(산안법 시행규칙 제83조제1항).

　　1. 안전보건규칙 [별표 7]에 따른 화학설비 및 그 부속설비에서 제조·사용·운반 또는 저장하는 위험물질 및 관리대상 유해물질의 명칭과 그 유해성·위험성
　　2. 안전·보건상 유해하거나 위험한 작업에 대한 안전·보건상의 주의사항
　　3. 안전·보건상 유해하거나 위험한 물질의 유출 등 사고가 발생한 경우에 필요한 조치의 내용

③ 수급인이 도급받은 작업을 하도급하는 경우에는 제1항에 따라 제공받은 문서의 사본을 해당 **하도급 작업이 시작되기 전까지 하수급인에게 제공**해야 한다(산안법 시행규칙 제83조제2항). 도급인이 제1항에 따라 안전 및 보건에 관한 정보를 해당 작업 시작 전까지 제공하지 아니한 경우에는 수급인이 정보제공을 요청할 수 있다(산안법 제65조제2항).

2) 조치사항의 확인 및 도급작업의 거부

① 도급인은 수급인이 제1항에 따라 제공받은 안전 및 보건에 관한 정보에 따라 필요한 안전조치 및 보건조치를 하였는지를 확인하여야 한다(산안법 제65조제3항). 도급하는 작업에 대한 정보를 제공한 자는 수급인이 사용하는 근로자가 제공된 정보에 따라 필요한 조치를 받고 있는지 확인해야 한다. 이 경우 확인을 위하여 필요한 때에는 해당 조치와 관련된 기록 등 자료의 제출을 수급인에게 요청할 수 있다(산안법 시행규칙 제83조제3항).

② 수급인은 제2항에 따른 요청에도 불구하고 **도급인이 정보를 제공하지 아니하는 경우**에는 해당 도급작업을 하지 아니할 수 있다. 이 경우 수급인은 계약의 이행 지체에 따른 책임을 지지 아니한다(산안법 제65조제4항).

3) 화학물질의 정보제공 등

① 법 제65조제1항제1호에서 "고용노동부령으로 정하는 화학물질 또는 그 화학물질을 함유한 혼합물"이란 안전보건규칙 [별표 1] 및 [별표 12]에 따른 위험물질 및 관리대상 유해물질을 말한다(산안법 시행규칙 제84조제1항). 또한 법 제65조제1항제1호에서 "고용노동부령으로 정하는 설비"란 안전보건규칙 [별표 7]에 따른 화학설비 및 그 부속설비를 말한다(산안법 시행규칙 제84조제2항).

② 법 제65조제1항제3호에서 "대통령령으로 정하는 작업"이란 다음 각 호의 작업을 말한다(산안법 시행령 제54조). 이 규정은 질식 또는 붕괴의 위험이 있는 장소의 작업에 대하여 산업재해를 예방하고자 하는 취지이다.

> 1. 산소결핍, 유해가스 등으로 인한 질식의 위험이 있는 장소로서 고용노동부령이 정하는 장소에서 이루어지는 작업
> 2. 토사·구축물·인공구조물 등의 붕괴 우려가 있는 장소에서 이루어지는 작업

③ 영 제55조제1호에서 "고용노동부령을 정하는 장소에서 이루어지는 작업"이란 안전보건규칙 [별표 18]에 따른 밀폐공간에서 하는 작업을 말한다(산안법 시행규칙 제85조). 따라서 유해인자의 유해성·위험성 분류기준에 해당하는 유해물질이 있는 밀폐공간은 질식의 위험성이 있는 장소에 해당된다.

(4) 도급인의 관계수급인에 대한 시정조치

1) 도급인의 관계수급인에 대한 시정조치

① 도급인은 관계수급인 근로자가 도급인의 사업장에서 작업을 하는 경우에 관계수급인 또는 관계수급인 근로자가 도급받은 작업과 관련하여 이 법 또는 이 법에 따른 명령을 위반하면 **관계수급인에게 그 위반행위를 시정하도록 필요한 조치**를 할 수 있다. 이 경우 관계수급인은 정당한 사유가 없으면 그 조치에 따라야 한다(산안법 제66조제1항).

② 도급인은 제65조제1항 각 호의 작업을 도급하는 경우에 수급인 또는 수급인 근로자가 도급받은 작업과 관련하여 이 법 또는 이 법에 따른 명령을 위반하면 수급인에게 그 위반행위를 시정하도록 필요한 조치를 할 수 있다. 이 경우 수급인은 정당한 사유가 없으면 그 조치에 따라야 한다(산안법 제66조제2항).

2) 명령위반의 시정조치와 준수의무

① 산업안전보건법 제66조에 따른 도급인은 수급인 또는 수급인의 근로자가 해당 작업과 관련하여 이 법 또는 이 법에 따른 명령을 위반한 경우에 그 위반행위를 시정하도록 필요한 조치를 하거나 시정조치를 요구할 수 있다.

② 수급인사업주 또는 수급인의 근로자가 시정요구에 대하여 따르지 않는 경우 500만원의 과태료를 부과한다(산안법 제175조제5항제1호).

3 건설공사발주자 등의 산업재해 예방

(1) 건설공사발주자의 재해예방책임

1) 건설공사발주자의 산업재해 예방조치

① 건설공사발주자의 안전보건대장

㉠ 건설공사발주자란 **건설공사를 도급하는 자로서 건설공사의 시공을 주도하여 총괄·관리하지 아니하는 자**를 말한다. 다만, 도급받은 건설공사를 다시 도급하는 자는 제외한다(산안법 제2조제10호).

㉡ 안전보건대장은 건설공사의 산업재해를 예방하기 위하여 **계획·설계·시공의 단계에서 유해위험요인을 발굴해 제거하거나 감소시키는 등 유해위험관리의 대상, 방법, 절차를 작성한 문서**를 말한다. 여기서 건설공사란 다음 각 목의 어느 하나에 해당하는 공사를 말한다(산안법 제2조제11호).

> 가. 「건설산업기본법」 제2조제4호에 따른 건설공사
> 나. 「전기공사업법」 제2조제1호에 따른 전기공사
> 다. 「정보통신공사업법」 제2조제2호에 따른 정보통신공사
> 라. 「소방시설공사업법」에 따른 소방시설공사
> 마. 「국가유산수리 등에 관한 법률」에 따른 국가유산수리공사

ⓒ 대통령령으로 정하는 건설공사의 건설공사발주자는 산업재해예방을 위하여 건설공사의 계획·설계 및 시공단계에서 다음 각 호의 구분에 따른 조치를 하여야 한다(산안법 제67조 제1항).

> 1. 건설공사 계획단계 : 해당 건설공사에서 중점적으로 관리해야 할 유해·위험요인과 이의 감소방안을 포함한 기본안전보건대장을 작성할 것
> 2. 건설공사 설계단계 : 제1호에 따른 기본안전보건대장을 설계자에게 제공하고, 설계자로 하여금 유해·위험요인의 감소방안을 포함한 설계안전보건대장을 작성하게 하고 이를 확인할 것
> 3. 건설공사 시공단계 : 건설공사발주자로부터 건설공사를 최초로 도급받은 수급인에게 제2호에 따른 설계안전보건대장을 제공하고, 그 수급인으로 하여금 이를 반영하여 안전한 작업을 위한 공사안전보건대장을 작성하게 하고 그 이행 여부를 확인할 것

ⓔ 산업안전보건법 제67조제1항제3호에서 "**최초로 도급받은 수급인**"이란 표현은 소위 "원수급인"를 의미한다. 설계안전보건대장의 작성자는 하도급업체인 수급인을 의미하는 것이 아니라고 해석된다.

ⓜ 여기에서 "대통령령으로 정하는 건설공사"란 총공사금액이 50억원 이상인 공사를 말한다(산안법 시행령 제55조). 이 경우 총공사금액이란 발주자가 하나의 건설공사를 완성하기 위하여 발주한 공사금액의 합을 말하며, 시간적·장소적으로 분리된 건설공사를 일정기간 총액으로 계약한 공사는 **개별공사 금액이 50억원 이상인 경우에 한하여 적용**한다(건설고시규정 제3조). 법 제67조 제1항의 각 호에 따른 대장에 포함되어야 할 구체적인 내용은 고용노동부령으로 정한다(산안법 제67조제2항).

ⓗ 건설공사발주자는 대통령령으로 정하는 안전보건 분야의 전문가에게 같은 항 각 호에 따른 대장에 기재된 내용의 적정성 등을 확인받아야 한다(산안법 제67조제2항). 여기서 대통령령으로 정하는 안전보건 분야 전문가란 다음 각 호의 사람을 말한다(산안법 시행령 제55조의2).

> 1. 법 제143조제1항에 따른 건설안전 분야의 산업안전지도사 자격을 가진 사람
> 2. 「국가기술자격법」에 따른 건설안전기술사 자격을 가진 사람
> 3. 「국가기술자격법」에 따른 건설안전기사 자격을 취득한 후 건설안전 분야에서 3년 이상의 실무경력이 있는 사람
> 4. 「국가기술자격법」에 따른 건설안전산업기사 자격을 취득한 후 건설안전 분야에서 5년 이상의 실무경력이 있는 사람

② 기본안전보건대장

ⓐ 기본안전보건대장은 해당 건설공사의 계획단계에서 산업재해를 예방하기 위하여 유해·위험요인의 관리 및 감소방안을 작성하는 문서를 말한다.

ⓑ 법 제67조제1항제1호에 따른 기본안전보건대장에는 다음 각 호의 사항이 포함되어야 한다(산안법 시행규칙 제86조제1항).

> 1. 건설공사 계획단계에서 예상되는 공사내용, 공사규모 등 공사개요
> 2. 공사현장 제반 정보
> 3. 건설공사에 설치·사용 예정인 구조물, 기계·기구 등 고용노동부장관이 정하여 고시하는 유해·위험요인과 그에 대한 안전조치 및 위험성 감소방안
> 4. 산업재해 예방을 위한 건설공사발주자의 법령상 주요 의무사항 및 이에 대한 확인

③ 설계안전보건대장

　㉠ 설계안전보건대장은 **기본안전보건대장을 기초로 건설공사의 설계단계에서 유해·위험요인의 감소방안을 반영하도록 설계자가 작성하고 건설공사발주자가 확인하는 문서를** 말한다.

　㉡ 법 제67조제1항제2호에 따른 설계안전보건대장에는 다음 각 호의 사항이 포함되어야 한다. 다만 「건설기술진흥법」 시행령 제75조의2에 따른 설계 안전 검토보고서를 작성한 경우에는 제1호 및 제2호를 포함하지 않을 수 있다(산안법 시행규칙 제86조제2항).

> 1. 안전한 작업을 위한 적정 공사기간 및 공사금액 산출서
> 2. 공사 중 발생할 수 있는 주요 유해·위험요인 및 시공단계에서 고려해야 할 유해·위험요인 감소방안
> 3. 삭제 〈2024. 6. 28〉
> 4. 삭제 〈2024. 6. 28〉
> 5. 법 제72조에 따른 산업안전보건관리비의 산출내역서
> 6. 삭제 〈2024. 6. 28〉

④ 공사안전보건대장

　㉠ 공사안전보건대장이란 **기본안전대장과 설계안전대장을 기초로 건설공사의 시공단계에서 유해·위험요인을 반영해 감소대책에 따라 이행하도록 시공자가 작성하는 문서를** 말한다.

　㉡ **하나의 건설공사를 두 개 이상으로 분리하여 발주하는 경우에는 발주자, 설계자 또는 수급인은 안전보건대장을 각각 작성하여야 한다.** 이 경우 건설공사를 분리하여 발주하더라도 설계자 또는 수급인이 같은 때에는 안전보건대장을 통합하여 작성할 수 있다(건설고시 규정 제5조).

　㉢ 산업안전보건법 제67제1항제3호에 따른 공사안전보건대장에 포함하여 이행 여부를 확인해야 할 사항은 다음 각 호와 같다(산안법 시행규칙 제86조제3항).

> 1. 설계안전보건대장의 위험성평가 내용이 반영된 공사 중 안전보건 조치 이행계획
> 2. 법 제42조에 따른 유해·위험방지계획서의 심사 및 확인 결과에 대한 조치내용
> 3. 고용노동부장관이 정하여 고시하는 건설공사용 기계·기구의 안전성 확보를 위한 배치 및 이동계획
> 4. 법 제73조제1항에 따른 건설공사의 산업재해예방 지도를 위한 계약 여부, 지도결과 및 조치내용

㉣ 기본안전보건대장, 설계안전보건대장 및 공사안전보건대장의 작성과 공사안전 보건대장의 이행 여부 확인 방법 및 절차 등에 관하여 필요한 사항은 고용노동부장관이 정하여 고시한다(산안법 시행규칙 제86조제4항).

㉤ 발주자는 수급인이 설계안전보건대장 및 공사안전보건대장에 따라 산업재해 예방조치를 이행하였는지 여부를 **공사시작 후 매 3월마다 1회 이상 확인**하여야 한다. 다만, **3개월 이내에 공사가 종료되는 경우**에는 종료 전에 확인하여야 한다(건설고시규정 제8조제2항).

2) 기계·기구 등 건설공사도급인의 안전조치

① 건설공사 도급인은 자신의 사업장에서 타워크레인 등 대통령령으로 정하는 **기계·기구 또는 설비 등이 설치되어 있거나 작동하고 있는 경우 또는 이를 설치·해체·조립하는 등의 작업이 이루어지고 있는 경우**에는 필요한 안전조치 및 보건조치를 하여야 한다(산안법 제76조).

② 법 제76조에서 "타워크레인 등 대통령령으로 정하는 기계·기구 또는 설비 등"이란 다음 각 호의 어느 하나에 해당하는 사람을 말한다(산안법 시행령 제66조).

> 1. 타워크레인
> 2. 건설용 리프트
> 3. 항타기(해머나 동력을 사용하여 말뚝을 박는 기계) 및 항발기(박힌 말뚝을 빼내는 기계)

③ 법 제76조에 따른 건설공사도급인은 영 제66조에 따른 기계·기구 또는 설비가 설치되어 있거나 작동하고 있는 경우 이를 설치·해체·조립하는 등의 작업을 하는 경우에는 다음 각 호의 사항을 확인 또는 조치해야 한다(산안법 시행규칙 제94조).

> 1. 작업시작 전 기계기구 등을 소유 또는 대여하는 자와 합동으로 안전점검 실시
> 2. 작업을 수행하는 사업주의 작업계획서 작성 및 이행 여부 확인(영 제66조제1항제1호 및 제3호에 한함)
> 3. 작업자가 법 제140조에서 정한 자격면허 경험 또는 기능을 가지고 있는지 여부 확인(영 제66조제1호 및 제3호에 한함)
> 4. 그 밖에 해당 기계·기구 또는 설비 등에 대하여 안전보건규칙에서 정하고 있는 안전 보건조치
> 5. 기계·기구 등의 결함, 작업방법과 절차 미준수, 강풍 등 이상 환경으로 인하여 작업 수행 시 현저한 위험이 예상되는 경우 작업중지 조치

(2) 공사기간의 단축 및 공법변경의 금지

1) 공사기간의 단축금지

① 건설공사발주자 또는 건설공사도급인(건설공사발주자로부터 해당 건설공사를 최초로 도급 받은 수급인 또는 건설공사의 시공을 주도하여 총괄·관리하는 자를 말한다. 이하 이 절에서 같다)은 **설계도서 등에 따라 산정된 공사기간**을 단축해서는 아니 된다(산안법 제69조제1항).

② **설계도서**란 발주자가 제시한 설계도면, 시공기준을 정한 시방서, 표준명세서, 특기명세서, 현장설명서 및 질문회답서 등을 총칭한다. 설계도서에는 사용목적과 설계내용, 공사기간, 공사

방법 등을 포함하고 있다. 본 조를 위반하여 공사기간을 단축한 경우에는 산업안전보건법 제171조제1호에 의하여 1천만원 이하의 벌금에 처한다.

2) 공법변경의 금지

① 건설공사발주자 또는 건설공사도급인은 공사비를 줄이기 위하여 **위험성이 있는 공법을 사용하거나 정당한 사유 없이 정해진 공법을 변경**해서는 아니 된다(산안법 제69조제2항). 최초로 설계된 시공방법이 아니라 공사비를 줄이고자 중도에 공법을 변경하는 경우 초래되는 위험성을 줄이고자 하는 취지이다.

② 건설공사의 발주자나 공사도급인이 공법변경의 금지에 위반한 경우에는 제69조제2항에 의하여 1천만원 이하의 벌금에 처한다(산안법 제171조제1호).

4 공사기간의 연장과 설계변경의 요청

(1) 공사기간의 연장

1) 공사기간의 연장 요청사유

① 건설공사발주자는 다음 각 호의 어느 하나에 해당하는 사유로 공사가 지연되어 해당 건설공사도급인이 산업재해 예방을 위하여 공사기간 연장을 요청하는 경우 특별한 사유가 없으면 공사기간을 연장하여야 한다(산안법 제70조제1항).

> 1. 태풍·홍수 등 악천후, 전쟁·사변, 지진, 화재, 전염병, 폭동, 그 밖에 계약 당사자가 통제할 수 없는 사태의 발생 등 불가항력의 사유가 있는 경우
> 2. 건설공사발주자에게 책임이 있는 사유로 착공이 지연되거나 시공이 중단된 경우

② 건설공사의 관계수급인은 제1항제1호에 해당하는 사유 또는 건설공사도급인에게 책임이 있는 사유로 착공이 지연되거나 시공이 중단되어 해당 건설공사가 지연된 경우에 산업재해 예방을 위하여 건설공사도급인에게 공사기간의 연장을 요청할 수 있다. 이 경우 건설공사도급인은 특별한 사유가 없으면 공사기간을 연장하거나 건설공사발주자에게 그 기간의 연장을 요청하여야 한다(산안법 제70조 제2항).

2) 공사기간 연장요청의 서류 및 기간

① 건설공사도급인이 법 제70조제1항에 따라 공사기간 연장을 요청하려면 같은 항 각 호의 사유가 종료된 날부터 10일이 되는 날까지 '공사기간 연장요청서'에 다음 각 호의 서류를 첨부하여 건설공사발주자에게 제출해야 한다. 다만, 해당 공사기간의 연장 사유가 그 건설공사의 계약기간 만료 후에도 지속될 것으로 예상되는 경우에는 그 계약기간 만료 전에 건설공사발주자에게 공사기간 연장을 요청할 예정임을 통지하고 그 **사유가 종료된 날부터 10일이 되는 날까지 공사기간 연장을 요청**할 수 있다(산안법 시행규칙 제87조제1항).

> 1. 공사기간 연장 요청사유 및 그에 따른 공사 지연사실을 증명할 수 있는 서류
> 2. 공사기간 연장 요청기간 산정근거 및 공사지연에 따른 공정관리변경에 관한 서류

② 건설공사의 관계수급인이 공사기간 연장을 요청하려면 같은 항의 사유가 종료된 날부터 10일이 되는 날까지 공사기간 연장요청서에 제1항 각 호의 서류를 첨부하여 건설공사도급인에게 제출하여야 한다. 다만, 해당 공사기간의 연장사유가 그 건설공사의 계약기간 만료 후에도 지속될 것으로 예상되는 경우에는 그 계약기간 만료 전에 건설공사도급인에게 공사기간 연장을 요청할 예정임을 통지하고 그 사유가 종료된 날부터 10일이 되는 날까지 공사기간 연장을 요청할 수 있다(산안법 시행규칙 제87조제2항).

③ 건설공사도급인은 **요청을 받은 날부터 30일 이내**에 공사기간 연장조치를 하거나 10일 이내에 건설공사발주자에게 그 기간의 연장을 요청해야 한다(산안법 제87조제3항).

④ 건설공사도급인은 요청을 받은 날부터 30일 이내에 공사기간 연장조치를 해야 한다. 다만, 남은 공사기간 내에 공사를 마칠 수 있다고 인정되는 경우에는 그 사유와 그 사유를 증명하는 서류를 첨부하여 건설공사도급인에게 통보하여야 한다(산안법 시행규칙 제87조제4항).

⑤ 공사기간의 연장요청을 받은 건설공사도급인은 건설공사발주자로부터 공사기간 연장조치에 대한 결과를 통보받은 날부터 5일 이내에 관계수급인에게 그 결과를 통보해야 한다(산안법 시행규칙 제87조제5항).

(2) 설계변경의 요청

1) 설계변경의 요청 및 전문가의 의견

① 건설공사도급인은 해당 건설공사 중에 대통령령으로 정하는 **가설구조물의 붕괴 등으로 산업재해가 발생할 위험**이 있다고 판단되면 건축·토목 분야의 전문가 등 대통령령이 정하는 전문가의 의견을 들어 건설공사발주자에게 해당 건설공사의 설계변경을 요청할 수 있다. 다만, 건설공사발주자가 설계를 포함하여 발주한 경우에는 그러하지 아니하다(산안법 제71조제1항).

② 산업안전보건법 제71조제1항 본문에서 "대통령령으로 정하는 가설구조물"이란 다음 각 호의 어느 하나에 해당하는 것을 말한다(산안법 시행령 제58조제1항).

> 1. 높이 31m 이상인 비계(飛階)
> 2. 작업발판 일체형 거푸집 또는 높이 6m 이상인 거푸집 동바리[타설된 콘크리트가 일정강도에 이르기까지 하중 등을 지지하기 위하여 설치하는 부재(部材)]
> 3. 터널의 지보공(支保工, 무너지지 않도록 지지하는 구조물) 또는 높이 2m 이상인 흙막이 지보공
> 4. 동력을 이용하여 움직이는 가설구조물

③ 산업안전보건법 제71조제1항 본문에서 "건축·토목 분야의 전문가 등 대통령령으로 정하는 전문가"란 공단 또는 다음 각 호의 어느 하나에 해당하는 사람으로서 해당 건설공사도급인 또는 관계수급인에게 고용되지 않은 사람을 말한다(산안법 시행령 제58조제2항).

1. 「국가기술자격법」에 따른 건축구조기술사(토목공사 및 제1항제3호의 구조물은 제외한다)
2. 「국가기술자격법」에 따른 토목구조기술사(토목공사로 한정한다)
3. 「국가기술자격법」에 따른 토질및기초기술사(제1항제3호의 구조물로 한정한다)
4. 「국가기술자격법」에 따른 건설기계기술사(제1항제4호의 구조물로 한정한다)

2) 설계변경의 요청방법 등

① 산업안전보건법 제42조제4항 후단에 따라 고용노동부장관으로부터 **공사중지** 또는 유해위험방지계획서의 **변경명령**을 받은 건설공사도급인은 설계변경이 필요한 경우 건설공사발주자에게 설계변경을 요청할 수 있다(산안법 제71조제2항).

② 건설공사의 관계수급인은 가설구조물의 붕괴 등으로 산업재해가 발생할 우려가 있다고 판단되면 전문가의 의견을 들어 건설공사도급인에게 해당 건설공사의 설계변경을 요청할 수 있다. 이 경우 건설공사도급인은 그 요청받은 내용이 기술적으로 적용이 불가능한 명백한 경우가 아니면 이를 반영하여 해당 건설공사의 설계를 변경하거나 건설공사발주자에게 설계변경을 요청하여야 한다(산안법 제71조제3항).

③ 제1항부터 제3항까지의 규정에 따른 설계변경의 요청 절차 방법, 그 밖에 필요한 사항은 고용노동부령으로 정한다. 이 경우 미리 국토교통부장관과 협의하여야 한다(산안법 제71조제5항).

④ 법 제71조제1항에 따라 건설공사도급인이 설계변경을 요청할 때에는 별지 제36호 서식의「건설공사 설계변경 요청서」에 다음 각 호의 서류를 첨부하여 건설공사 발주자에게 제출해야 한다(산안법 시행규칙 제88조제1항).

1. 설계변경 요청 대상 공사의 도면
2. 당초 설계의 문제점 및 변경요청 이유서
3. 가설구조물의 구조계산서 등 당초 설계의 안전성에 관한 전문가의 검토 의견서 및 그 전문가(전문가가 공단인 경우는 제외한다)의 자격증 사본
4. 그 밖에 재해발생의 위험이 높아 설계변경이 필요함을 증명할 수 있는 서류

⑤ 건설공사도급인이 법 제71조제2항에 따라 설계변경을 요청할 때에는 '건설공사 설계변경 요청서'에 다음 각 호의 서류를 첨부하여 건설공사발주자에게 제출해야 한다(산안법 시행규칙 제88조제2항).

1. 제42조제4항에 따른 유해·위험방지계획서 심사결과 통지서
2. 법 제42조제4항에 따라 지방노동관서의 장이 명령한 공사착공 중지명령 또는 계획변경명령 등의 내용
3. 제1항제1호·제2호 및 제4호의 서류

⑥ 법 제71조제3항에 따라 관계수급인이 설계변경을 요청할 때에는 별지 제36호 서식의 건설공사 설계변경 요청서에 제1항 각 호의 서류를 첨부하여 건설공사도급인에게 제출해야 한다(산안법 시행규칙 제88조제3항).

⑦ 설계변경을 요청받은 건설공사도급인은 ⅰ) **설계변경 요청서를 받은 날부터 30일 이내**에 설계를 변경한 후 '건설공사 설계변경 승인 통지서'를 건설공사의 관계수급인에게 통보하거나, ⅱ) **설계변경 요청서를 받은 날부터 10일 이내**에 '건설공사 설계변경 요청서'에 제1항 각 호의 서류를 첨부하여 건설공사 발주자에게 제출해야 한다(산안법 시행규칙 제88조제4항).

3) 설계변경의 요청과 반영 여부의 통보

① 제1항부터 제3항까지의 규정에 따라 설계변경 요청을 받은 건설공사발주자는 그 요청받은 내용이 기술적으로 적용이 불가능한 명백한 경우가 아니면 이를 반영하여 설계를 변경하여야 한다(산안법 제71조제4항).

② 설계변경의 요청 절차·방법, 그 밖에 필요한 사항은 고용노동부령으로 정한다. 이 경우 국토교통부장관과 협의하여야 한다(산안법 제71조제5항). 법 제71조제1항에 따라 건설공사도급인이 설계변경을 요청할 때에는 건설공사 설계변경 요청서에 다음 각 호의 서류를 첨부하여 건설공사발주자에게 제출해야 한다(산안법 시행규칙 제88조제1항).

> 1. 설계변경 요청 대상 공사의 도면
> 2. 당초 설계의 문제점과 변경요청의 이유서
> 3. 가설구조물의 구조계산서 등 당초 설계의 안전성에 관한 전문가의 검토의견서 및 그 전문가(전문가가 공단인 경우는 제외한다)의 자격증 사본
> 4. 그 밖에 재해발생의 위험이 높아 설계변경이 필요함을 증명하는 서류

③ 건설공사도급인이 법 제71조제2항에 따라 설계변경을 요청할 때에는 '건설공사 설계변경 요청서'에 다음 각 호의 서류를 첨부하여 건설공사발주자에게 제출해야 한다(산안법 시행규칙 제88조제2항).

> 1. 제42조제4항에 따른 유해·위험방지계획서 심사결과 통지서
> 2. 법 제42조제4항에 따라 지방노동관서의 장이 명령한 공사착공 중지명령 또는 계획변경명령 등의 내용
> 3. 제1항제1호·제2호 및 제4호의 서류

02 산업안전보건관리비

1 산업안전보건관리비의 정의와 계상의무

(1) 산업안전보건관리비의 정의

1) 산업안전보건관리비의 정의와 성질
   ① 산업안전보건관리비는 건설업 · 선박건조 · 수리업 등 유해 · 위험업종에서 도급 금액 또는 공사 금액 중 일정금액을 안전보건관리에 사용하도록 정한 비용을 말한다.
   ② 산업안전보건법 제72조에서는 산업안전보건관리비의 사용목적과 계상방법, 집행기준, 전용 금지, 사용명세서의 작성 및 보존에 대하여 규정하고 있다. 산업안전보건관리비는 사업장 및 본사 안전전담부서에서 산업재해의 예방을 위하여 사용하는 비용을 의미한다.

2) 건설기술진흥법에 의한 안전관리비와의 비교
   ① 산업안전보건법에서는 근로자의 건강과 생명을 보호하기 위하여 산업재해를 예방하기 위한 목적으로 산업안전보건관리비를 계상하여 사용하도록 하고 있다. 이러한 산업안전보건관리비는 근로자의 생명침해에 따른 인적 손실을 방지하기 위한 비용이라고 할 수 있다.
   ② 건설기술진흥법에는 안전관리비가 명시되어 있다. 이 경우 안전관리비란 공사 등을 진행함에 있어 안전을 위해 사용되는 비용을 말한다. 안전관리비는 산업안전보건관리비와 달리 건설공사로 인한 각종 안전사고, 구조물의 붕괴방지, 통행 시설 등 물적 손실을 방지하기 위하여 사용한다는 점에서 차이가 있다.

항목	사용기준
1. 안전관리계획의 검토비용	안전관리계획 작성비용, 안전관리계획 검토비용
2. 안전점검비용	정기안전점검비용, 초기안전점검비용
3. 발파 · 굴착 등의 건설공사로 인한 주변 건축물 등의 피해방지 대책비용	지하매설물 보호조치비용, 발파 · 진동 · 소음으로 인한 주변지역 피해방지 대책비용, 지하수 차단 등으로 인한 주변 지역 피해방지 대책비용, 기타 발주자가 안전관리를 위하여 필요하다고 판단되는 비용
4. 공사장 주변의 통행안전 및 교통소통을 위한 안전시설의 설치 및 유지관리 비용	PE드럼, PE펜스, 울타리, 경광등, 차선규제봉, 주의표지판, 차선분리대 등
5. 공사 시행 중 구조적 안전성 확보 비용	계측장비의 설치 및 운영비용, 폐쇄회로 텔레비전의 설치 및 운영비용, 가설구조물 안전성 검토 확보를 위해 관계전문가에게 확인을 받는 데 필요한 비용

(2) 산업안전보건관리비의 계상의무

1) 산업안전보건관리비의 계상대상

① **건설공사발주자**가 도급계약을 체결하거나 **건설공사의 시공을 주도하여 총괄·관리하는 자**(건설공사발주자로부터 건설공사를 최초로 도급받은 수급인은 제외한다)가 건설공사 사업계획을 수립할 때에는 고용노동부장관이 정하여 고시하는 바에 따라 산업재해예방을 위하여 사용하는 비용(이하 "산업안전보건관리비"라 한다)을 도급금액 또는 사업비에 계상하여야 한다(산안법 제72조제1항).

② 건설공사도급인은 법 제72조제1항에 따라 도급금액 또는 사업비에 계상(計上)된 산업안전보건관리비를 그가 사용하는 근로자와 그의 관계수급인에게 해당 사업의 위험도를 고려하여 적정하게 산업안전보건관리비를 사용하게 할 수 있다(산안법 시행규칙 제89조제1항).

③ 법 제72조제3항에 따라 해당 건설공사도급인은 고용노동부장관이 정하는 바에 따라 해당 건설공사를 위하여 계상된 산업안전보건관리비를 그가 사용하는 근로자와 그의 수급인이 사용하는 근로자의 산업재해 및 건강장해 예방에 사용하고, 그 **사용명세서를 매월**(공사가 1개월 이내에 종료되는 사업의 경우에는 해당 공사 종료 시를 말한다) **작성하고 건설공사 종료 후 1년간 보존**해야 한다(산안법 시행규칙 제89조제2항).

⑤ 고용노동부장관은 「건설업 산업안전보건관리비 계상 및 사용기준(고용노동부고시 제2024-53호. 2024. 9. 19.)」을 정하여 시행한다. 따라서 ⅰ) **일반공사는 총공사금액을 기준으로 적용**하고, ⅱ) **전기공사 또는 정보통신공사가 단가계약에 의하여 공사를 하는 경우에는 총계약금액을 기준으로 적용**한다.

⑥ 산업안전보건관리비를 계상하는 경우 공사금액은 「산업재해보상보험법」 제6조에 따라 「산업재해보상보험법」의 적용을 받는 공사 중 **총공사금액 2천만원 이상인 공사에 대하여 적용**한다. 다만, 단가계약에 의하여 행하는 공사에 대하여는 총계약금액을 기준으로 적용한다(산업안전보건관리비 고시 제3조).

2) 산업안전보건관리비의 계상기준

① 건설공사발주자(이하 "발주자"라 한다)와 건설공사의 시공을 주도하여 총괄·관리하는 자(이하 "자기공사자"라 한다)는 산업안전보건관리비를 다음 각 호와 같이 계상하여야 한다. 다만, **발주자가 재료를 제공하거나 물품이 완제품의 형태로 제작 또는 납품되어 설치되는 경우**에 해당 재료비 또는 완제품의 가액을 대상액에 포함시킬 경우의 산업안전보건관리비는 해당 재료비 또는 완제품의 가액을 포함시키지 않은 대상액을 기준으로 계상한 산업안전보건관리비의 1.2배를 초과할 수 없다(산업안전보건관리비 고시 제4조제1항).

> 1. 대상액이 5억원 미만 또는 50억원 이상일 경우에는 대상액에 [별표 1]에서 정한 비율을 곱한 금액
> 2. 대상액이 5억원 이상 50억원 미만일 때에는 대상액에 [별표 1]에서 정한 비율을 곱한 금액에 기초액을 합한 금액

🏛 **[산업안전보건관리비 고시 별표 1]** 공사종류 및 규모별 산업안전보건관리비 계상기준표

공사종류 \ 구분	대상액 5억원 미만인 경우 적용 비율(%)	대상액 5억원 이상 50억원 미만 비율(%)	대상액 5억원 이상 50억원 미만 기초액	대상액 50억원 이상인 경우 적용 비율(%)	영 별표5에 따른 보건관리자 선임 대상 건설공사의 적용 비율(%)
건축공사	3.11%	2.28%	4,325,000원	2.37%	2.64%
토목공사	3.15%	2.53%	3,300,000원	2.60%	2.73%
중건설공사	3.64%	3.05%	2.975,000원	3.11%	3.39%
특수건설공사	2.07%	1.59%	2,450,000원	1.64%	1.78%

② 산업안전보건관리비의 계상기준은 최소한을 정한 것인바, 도급계약 시 산업안전보건법에서 정한 기준 이상으로 계상하였더라도 법 위반이 아니다. 따라서 산업안전보건법에서 정한 기준을 초과하여 계상요율 이상으로 산업안전보건관리비를 계상한 것은 설계변경 등 대상액의 변동에 의한 조정계상(차액환수)의 대상이 아니다(건설산재예방과 – 131, 2012. 01. 13.).

3) 건설공사의 종류와 산업안전보건관리비의 조정계상

① 산업안전보건관리비 고시기준 [별표 1]의 공사의 종류는 [별표 5]의 건설공사의 종류 예시표에 따른다. 다만, 하나의 사업장 내에 건설공사 종류가 둘 이상인 경우(분리발주한 경우를 제외한다)에는 공사금액이 가장 큰 공사 종류를 적용한다(산업안전보건관리비 고시 제4조제4항).

② 발주자 또는 자기공사자는 설계변경 등으로 대상액의 변동이 있는 경우에 지체 없이 안전관리비를 조정 계상하여야 한다(산업안전보건관리비 고시 제4조제5항). 특수계약공사에 대하여는 다음과 같이 계상한다.

> 1. 총괄공사 계약 후 예산편성에 따라 차수별 공사를 하는 경우 : 총괄공사에 대한 산업안전보건관리비를 계상하여야 하고, 차수별 계상금액은 차수별 계약 시 발주자와 시공자의 계약에 따른다.
> 2. 여러 종류의 공사를 발주하는 경우 : 주된 공사에 해당하는 요율을 적용하여 산업안전관리비를 계상한다.
> 3. 턴키(Tunkey) 계약공사의 경우 : 공사원가 명세서상의 총 공사원가상의 비목 등을 검토하여 산업안전관리비 계상에 필요한 대상액을 파악하여 계상한다.

📄 **행정 해석**

1. 두 개 이상의 공사를 같이 함에 따라 공법변경 등으로 공사의 비중이 변경된 경우에는 비중이 높은 공사를 기준으로 재조정한다. : 산업안전팀 – 3253, 2007. 07. 04.
2. 고압 및 저압공사가 혼재된 전기공사는 위험성이 높은 고압공사를 기준으로 산업안전보건관리비를 계상하여야 한다. : 건설산재예방과 – 2977, 2012. 09. 04.
3. 공사착공 후 관급자재비의 변경 등으로 총공사금액에 변경이 생긴 경우에 산업안전보건관리비는 재산정하여야 한다. : 산안(건안) 68307 – 56, 2001. 01. 18.
4. 발주자가 설계 당시 착오로 건설공사의 종류를 제대로 적용하지 않아 산업안전보건관리비가 부족하게 계상된 경우 재계상하여야 한다. : 산안(건안) 68307 – 10342, 2001. 07. 23.

2 산업안전보건비의 사용기준 등

(1) 산업안전보건관리비의 사용

1) 산업안전보건관리비의 사용내역 등

① 고용노동부장관은 산업안전보건관리비의 효율적인 사용을 위하여 다음 각 호의 사항을 정할 수 있다(산안법 제72조제2항).

> 1. 사업의 규모별·종류별 계상기준
> 2. 건설공사의 진척정도에 따른 사용비율 등 기준
> 3. 그 밖에 산업안전보건관리비의 사용에 필요한 사항

② 수급인 또는 자기공사자는 산업안전보건관리비를 다음 각 호의 항목별 사용기준에 따라 건설사업장에서 근무하는 **근로자의 산업재해 및 건강장해 예방을 위한 목적으로만 사용**하여야 한다(산업안전보건관리비 고시 제7조제1항).

> **1. 안전관리자·보건관리자의 임금 등**
> 가. 법 제17조제3항 및 법 제18조제3항에 따라 안전관리 또는 보건관리업무만을 전담하는 안전관리자 또는 보건관리자의 임금과 출장비 전액(지방노동관서에 선임보고를 한 날부터 발생한 비용을 말한다)
> 나. 안전관리 또는 보건관리 업무를 전담하지 않는 안전관리자 또는 보건관리자의 임금과 출장비의 각각 1/2에 해당하는 비용(지방노동관서에 선임보고를 한 날부터 발생한 비용을 말한다)
> 다. 안전관리자를 선임한 건설공사 현장에서 산업재해 예방 업무만을 수행하는 작업지휘자, 유도자, 신호자 등의 임금 전액
> 라. [별표 1의2]에 해당하는 작업을 직접 지휘감독하는 직·조·반장 등 관리감독자의 직위에 있는 자가 영 제15조제1항에서 정하는 업무를 수행하는 경우에 지급하는 업무수당(임금의 1/10 이내)
>
> **2. 안전시설비 등**
> 가. 산업재해 예방을 위한 안전난간, 추락방호망, 안전대 부착설비, 방호장치(기계·기구와 방호장치가 일체로 제작된 경우, 방호장치 부분의 가액에 한함) 등 안전시설의 구입·임대 및 설치 등을 위해 소요되는 비용
> 나. 「산업재해예방시설자금 융자금 지원사업 및 보조금 지급사업 운영규정(고용노동부고시)」 제2조제12호에 따른 "스마트안전장비 지원사업" 및 「건설기술진흥법」 제62조의3에 따른 스마트 안전장비 구입·임대 비용. 다만, 제4조에 따라 계상된 안전보건관리비 총액의 2/10를 초과할 수 없다.
> 다. 용접 작업 등 화재 위험작업 시 사용하는 소화기의 구입·임대비용
>
> **3. 보호구 등**
> 가. 영 제74조제1항제3호 및 제77조제1항제3호에 따른 보호구의 구입·수리·관리 등에 소요되는 비용

나. 근로자가 가목에 따른 보호구를 직접 구매·사용하여 합리적인 범위 내에서 보전하는 비용
다. 제1호가목부터 다목까지의 규정에 따른 안전관리자 등의 업무용 피복, 기기 등을 구입하기 위한 비용
라. 제1호가목에 따른 안전관리자 및 보건관리자가 안전보건 점검 등을 목적으로 건설공사 현장에서 사용하는 차량의 유류비·수리비·보험료

4. 안전보건진단비 등
가. 법 제42조에 따른 유해위험방지계획서의 작성 등에 소요되는 비용
나. 법 제47조에 따른 안전보건진단에 소요되는 비용
다. 법 제125조에 따른 작업환경 측정에 소요되는 비용
라. 그 밖에 산업재해예방을 위해 법에서 지정한 전문기관 등에서 실시하는 진단, 검사, 지도 등에 소요되는 비용

5. 안전보건교육비 등
가. 법 제29조부터 제31조까지의 규정에 따라 실시하는 의무교육이나 이에 준하여 실시하는 교육을 위해 건설공사 현장의 교육장소 설치·운영 등에 소요되는 비용
나. 가목 이외 산업재해 예방이 주된 목적인 교육을 실시하기 위해 소요되는 비용
다. 안전보건관리책임자, 안전관리자, 보건관리자가 업무수행을 위해 필요한 정보를 취득하기 위한 목적으로 도서, 정기간행물을 구입하는 데 소요되는 비용
라. 건설공사 현장에서 안전기원제 등 산업재해 예방을 기원하는 행사를 개최하기 위해 소요되는 비용. 다만, 행사의 방법, 소요된 비용 등을 고려하여 사회통념에 적합한 행사에 한한다.
마. 건설공사 현장의 유해·위험요인을 제보하거나 개선방안을 제안한 근로자를 격려하기 위해 지급하는 비용

6. 근로자 건강장해예방비 등
가. 법·영·규칙에서 규정하거나 그에 준하여 필요로 하는 각종 근로자의 건강장해 예방에 필요한 비용
나. 중대재해 목격으로 발생한 정신질환을 치료하기 위해 소요되는 비용
다. 「감염병의 예방 및 관리에 관한 법률」 제2조제1호에 따른 감염병의 확산 방지를 위한 마스크, 손소독제, 체온계 구입비용 및 감염병병원체 검사를 위해 소요되는 비용
라. 법 제128조의2 등에 따른 휴게시설을 갖춘 경우 온도, 조명 설치·관리기준을 준수하기 위해 소요되는 비용
바. 온열·한랭질환으로부터 근로자건강장해를 예방하기 위한 임시휴게시설 설치·해체·임대비용 및 냉·난방기기의 임대비용

7. 법 제73조 및 제74조에 따른 건설재해예방전문지도기관의 지도에 대한 대가로 자기공사자가 지급하는 비용
8. 「중대재해처벌 등에 관한 법률 시행령」 제4조제2호나목에 해당하는 건설사업자가 아닌 자가 운영하는 사업에서 안전보건 업무를 총괄·관리하는 3명 이상으로 구성된 본사 전담조직에 소속된 근로자의 임금 및 업무수행 출장비 전액. 다만, 제4조에 따라 계상된 산업안전보건관리비 총액의 1/20을 초과할 수 없다.

9. 법 제36조에 따른 위험성평가 또는 「중대재해 처벌 등에 관한 법률 시행령」 제4조제3호에 따라 유해·위험요인 개선을 위해 필요하다고 판단하여 법 제24조의 산업안전보건위원회 또는 법 제75조의 노사협의체에서 사용하기로 결정한 사항을 이행하기 위한 비용(산업안전보건위원회 또는 노사협의체가 없는 경우에는 근로자의 의견을 들어 법 제64조에 따른 안전보건에 관한 협의체에서 결정할 사항을 이행하기 위한 비용을 말한다). 다만, 제4조에 따라 계상된 산업안전보건관리비 총액의 15/100를 초과할 수 없다.

 [산업안전보건관리비 고시 별표 1의2] 관리감독자 안전보건업무 수행 시 수당지급 작업

지급대상	수당지급대상 작업
직장 및 반장 등 관리감독자	1. 건설용 리프트·곤돌라를 이용한 작업 2. 콘크리트 파쇄기를 사용하여 행하는 파쇄작업 (2m 이상인 구축물 파쇄에 한정한다) 3. 굴착 깊이가 2m 이상인 지반의 굴착작업 4. 흙막이지보공의 보강, 동바리 설치 또는 해체작업 5. 터널 안에서의 굴착작업, 터널거푸집의 조립 또는 콘크리트 작업 6. 굴착면의 깊이가 2m 이상인 암석 굴착작업 7. 거푸집지보공의 조립 또는 해체작업 8. 비계의 조립, 해체 또는 변경작업 9. 건축물의 골조, 교량의 상부구조 또는 탑의 금속제의 부재에 의하여 구성되는 것(5m 이상에 한정한다)의 조립, 해체 또는 변경작업 10. 콘크리트 공작물(높이 2m 이상에 한정한다)의 해체 또는 파괴 작업 11. 전압이 75V 이상인 정전 및 활선작업 12. 맨홀작업, 산소결핍장소에서의 작업 13. 도로에 인접하여 관로, 케이블 등을 매설하거나 철거하는 작업 14. 전주 또는 통신주에서의 케이블 공중가설작업

행정 해석

1. 현장에서 산업안전관리비로 정당하게 구입한 장비는 당해 현장소유로서 공사종료 후 발주자에게 반납을 해야 하는 것은 아니다. : 산안(건안) 68307-10641, 2001. 12. 31.
2. 안전전담부서의 명칭이 고용노동부의 예시내용과 일치하지 않더라도 해당 부서가 건설현장의 안전관리자의 자격을 갖춘 자 1인을 포함하여 전담직원 3인 이상인 안전만을 전담하는 과·파트 등의 조직을 갖추었을 경우에는 안전보건관리비를 본사에서 이용할 수 있다. : 산안(건안) 68307-247, 2000. 03. 23.
3. CCTV가 공사목적물의 품질확보 또는 건설장비 자체의 안전운행 감시, 공사 진척상황 확인 등의 목적이 아닌 근로자의 안전작업 수행 여부의 확인 및 관리감독을 목적으로 설치한 것이라면 산업안전보건관리비로 사용이 가능하나, CCTV 감시원에 대한 인건비는 기존의 인원이 병행하여 업무수행이 가능하므로 산업안전보건관리비에서 사용할 수 없다. : 안전보건정책과-2409, 2010. 11. 24.

4. 음주측정기가 음주한 근로자들이 작업현장에서 일을 하게 됨으로써 안전사고 등의 발생이 우려되어 사전에 음주측정을 실시하여 과음을 한 경우 작업을 하지 못하도록 함으로써 재해예방 효과를 위한 차원에서 사용된다면 산업안전보건관리비로 사용이 가능하며, 고소작업에 영향을 미치는 강한 바람을 사전에 예측하여 작업수행 여부를 판단하여 강풍으로 인한 재해를 예방하기 위한 목적으로 사용된다면 풍속계 구입비용도 산업안전보건관리비로 사용이 가능하다. : 산안(건안) 68307-10090, 2001. 03. 20.

2) 사용명세서의 작성 및 보존

① 건설공사도급인은 산업안전보건관리비를 제2항에 정하는 바에 따라 사용하고 고용노동부령으로 정하는 바에 따라 그 사용명세서를 작성하여 보존하여야 한다(산안법 제72조제3항). 법 제72조제3항에 따른 건설공사도급인은 법 제72조제1항에 따라 도급금액 또는 사업비에 계상된 산업안전보건관리비의 범위에서 그의 관계수급인에게 해당 사업의 위험도를 고려하여 적정하게 산업안전보건관리비를 지급하여 사용하게 할 수 있다(산안법 시행규칙 제91조제1항).

② 법 제72조제3항에 따른 건설공사도급인은 고용노동부장관이 정하는 바에 따라 해당 건설공사를 위하여 계상된 산업안전보건관리비를 그가 사용하는 근로자와 그의 관계수급인이 사용하는 근로자의 산업재해 및 건강장해 예방에 사용하고 그 사용명세서를 매월(공사가 1개월 이내에 종료되는 사업의 경우에는 해당 공사 종료 시) 작성하고 공사 종료 후 1년간 보존하여야 한다(산안법 시행규칙 제91조제2항).

(2) 산업안전보건관리비의 사용과 제한

1) 목적 이외의 사용금지

① 건설공사도급인 또는 제4항에 따른 선박의 건조 또는 수리를 최초로 도급받은 수급인은 산업안전보건관리비를 산업재해 예방 외의 목적으로 사용해서는 아니 된다(산안법 제72조제5항). 이 규정은 도급금액 또는 사업비 중 일정금액을 안전관리자 인건비·안전시설비·기술지도비 등 도급금액에 계상된 산업안전보건관리비를 오직 산업재해 예방목적으로만 사용하게 함으로써, 산업재해를 예방하고 쾌적한 작업환경을 조성하여 근로자의 안전과 보건을 유지·증진하기 위한 것이다(대판 2015. 10. 29. 2015다214691, 214707).

② 발주자는 도급인 또는 수급인이 법제72조제2항에 위반하여 다른 목적으로 사용하거나 사용하지 않은 안전관리비에 대하여 이를 계약금액에서 감액조정하거나 반환을 요구할 수 있다(산업안전보건관리비 고시 제8조).

2) 건설업 기초안전교육에 소요되는 비용

① 산업안전보건법 제64조제1항제3호에서는 "관계수급인이 근로자에게 하는 제29조 제1항부터 제3항까지의 규정에 따른 안전·보건교육을 위한 장소 및 자료의 제공 등 지원"을 하도록 규정하고 있다.

② **건설업기초교육에 소요되는 비용**은 「건설업 산업안전보건관리비 계상 및 사용기준(고용노동부고시)」 제7조제1항제5호에 따라 사용이 가능하며, 이 경우 교육에 소요되는 교육비·출장비·수당(수당은 교육에 소요되는 시간의 임금을 초과할 수 없음)은 교육장까지의 이동거리, 소요시간 등을 고려하여 결정하고, 수급인의 안전보건교육에 사용하는 비용도 협의체 또는 산업안전보건위원회의 회의 등에서 협의하여 결정할 수 있다.

3) 도급인 및 자기공사자의 사용금지 및 사용기준

① 산업안전보건관리비 고시 제7조제1항에도 불구하고 도급인 및 자기공사자는 다음 각 호의 어느 하나에 해당하는 경우에는 산업안전보건관리비를 사용할 수 없다. 다만, 제1항제2호나목 및 다목, 제1항제6호나목부터 마목, 제1항제9호의 경우에는 그러하지 아니하다(산업안전보건관리비 고시 제7조제2항).

> 1. 「(계약예규)예정가격작성기준」 제19조제3항 중 각 호(단, 제14호는 제외한다)에 해당되는 비용
> 2. 다른 법령에서 의무사항으로 규정한 사항을 이행하는 데 필요한 비용
> 3. 근로자 재해예방 외의 목적이 있는 시설·장비나 물건 등을 사용하기 위해 소요되는 비용
> 4. 환경관리, 민원 또는 수방대비 등 다른 목적이 포함된 경우

② 도급인 및 자기공사자는 [별표 3]에서 정한 공사진척에 따른 산업안전보건관리비 사용기준을 준수하여야 한다. 다만, 건설공사발주자는 건설공사의 특성 등을 고려하여 사용기준을 달리 정할 수 있다(산업안전보건관리비 고시 제7조제3항).

[산업안전보건관리비 고시 별표 3] 공사진척에 따른 산업안전보건관리비 사용기준

공정률	50% 이상 70% 미만	70% 이상 90% 미만	90% 이상
사용기준	50% 이상	70% 이상	90% 이상

※ 공정률은 기성공정률을 기준으로 한다.

③ 도급인 및 자기공사자는 도급금액 또는 사업비에 계상된 산업안전보건관리비의 범위에서 그의 관계수급인에게 해당 사업의 위험도를 고려하여 적정하게 산업안전보건관리비를 지급하여 사용하게 할 수 있다(산업안전보건관리비 고시 제7조제5항).

03 건설재해예방전문지도기관

1 재해예방전문지도기관의 정의와 지도기준

(1) 건설재해예방전문지도기관의 정의

1) 건설재해예방전문지도기관의 정의
   ① 건설재해예방전문지도기관이란 **산업재해를 예방하기 위하여 중소기업의 기술지도 등 재해예방 지도를 위한 전문기관으로 지정을 받은 자**를 말한다. 이 기관은 건설업에 대한 안전관리를 지도하는 전문기관을 의미한다.
   ② 건설재해예방전문기관은 건설안전에 필요한 전문인력을 갖추고 종류(건설공사, 전기공사, 통신공사)와 규모에 따라 분야별 기술지도 등을 할 수 있다. 안전보건관리조직을 갖출 수 없는 소규모 건설공사의 경우에는 산업안전보건법 제73조에 따라 의무적으로 건설재해예방전문기관에 위탁하여 지도를 받아야 한다.

2) 건설재해예방전문기관과 지도업무의 성격
   ① 건설재해예방전문기관은 건설공사로 인한 산업재해를 예방하기 위하여 산업안전보건법 제74조에 의한 **법정 요건을 갖추어 설립된 개인 또는 법인**을 말한다. 건설재해예방전문기관은 고용노동부령으로 정하는 요건에 따라 고용노동부장관의 지정을 받아 설립하며, 지도감독의 대상이 된다.
   ② 건설재해예방전문기관은 산업안전보건법 제73조에 따라 대통령령으로 정하는 건설공사에 대하여 건설재해예방을 위한 기술지도를 할 수 있다. 건설재해예방 기관의 지도업무는 법률에 의해 강제되는 성격을 지니나, 이는 당사자 간의 계약업무에 의하여 이루어지는 사인행위에 해당된다.

(2) 건설재해예방전문지도기관의 지도대상과 지도기준

1) 건설재해예방지도대상 건설공사도급인
   ① 대통령령으로 정하는 건설공사도급인은 해당 건설공사를 하는 동안에 법 제74조에 따라 지정받은 전문기관(이하 "건설재해예방전문지도기관"이라 한다)에서 건설재해 예방을 위한 지도를 받아야 한다(산안법 제73조제1항).
   ② 여기에서 "대통령령으로 정하는 건설공사도급인"이란 **공사금액 1억원 이상 120억원**(「건설산업기본법 시행령」 [별표 1]의 종합공사를 시공하는 건설 업종란 제1호에 따른 토목공사업에 속하는 공사는 150억원) 미만인 공사를 하는 자와 「건축법」 제11조에 따른 건축허가의 대상이 되는 공사를 하는 자를 말한다. 다만, 다음 각 호의 어느 하나에 해당하는 공사를 하는 자는 제외한다(산안법 시행령 제59조).

> 1. 공사기간이 1개월 미만인 공사
> 2. 육지와 연결되지 아니한 섬 지역(제주특별자치도는 제외한다)에서 이루어지는 공사
> 3. 사업주가 [별표 4]에 따른 안전관리자의 자격을 가진 사람을 선임(같은 광역지방자치단체의 구역 내에서 같은 사업주가 시공하는 셋 이하의 공사에 대하여 공동으로 안전관리자의 자격을 가진 사람 1명을 선임한 경우를 포함한다)하여 제18조제1항 각 호에 따른 안전관리자의 업무만을 전담하도록 하는 공사.
> 4. 법 제42조제1항에 따라 유해·위험방지계획서를 제출하여야 하는 공사

2) 건설재해예방의 지도기준

① 건설재해예방전문지도기관의 지도업무의 내용, 지도대상, 지도대상 분야, 지도의 수행방법, 그 밖에 필요한 사항은 대통령령으로 정한다(산안법 제73조제2항). 여기에서 건설재해예방전문지도기관(이하 "건설재해예방전문지도기관"이라 한다)의 지도업무, 지도대상 분야, 지도의 수행방법, 그 밖에 필요한 사항은 [별표 18]과 같다(산안법 시행령 제60조).

② 지도기준에는 기술지도 횟수(공사시작 후 15일 이내마다 1회 실시. 1인당 최대 4회, 월 80회로 한다), 기술지도한계 및 지도지역, 지도업무내용, 기술지도 관련서류의 보존에 대하여 규정하고 있다. 그러나 안전관리자를 선임한 경우에는 별도의 건설재해예방기술지도를 받지 않아도 된다.

2 건설재해예방전문지도기관의 지정요건 및 평가

(1) 건설재해예방전문지도기관의 지정 및 취소

① 법 제74조제2항에 따라 건설재해예방전문지도기관으로 지정받을 수 있는 자는 다음 각 호의 어느 하나에 해당하는 자로서 [별표 19]에 따른 인력·시설 및 장비를 갖춘 자로 한다(산안법 시행령 제61조).

> 1. 법 제145조에 따라 등록한 산업안전지도사(전기안전 또는 건설안전 분야의 산업안전 지도사만 해당한다)
> 2. 건설산업재해 예방 업무를 하려는 법인

[시행령 별표 19] 건설재해예방전문지도기관의 인력·시설 및 장비기준(제61조 관련)

> 1. 건설공사지도 분야(「전기공사업법」 및 「정보통신공사업법」에 따른 전기공사 및 정보통신공사는 제외한다)
>   가. 법 제145조제1항에 따라 등록된 산업안전지도사의 경우
>   1) 지도인력기준 : 법 제145조제1항에 따라 등록한 산업안전지도사(건설안전분야)
>   2) 시설기준 : 사무실(장비실을 포함한다)

3) 장비기준 : 나목의 장비기준과 같음
나. 건설 산업재해예방 업무를 하려는 법인의 경우

지도인력기준	시설기준	장비기준
○ 다음에 해당하는 인원 1) 산업안전지도사(건설 분야) 또는 건설안전기술사 1명 이상 2) 다음의 기술인력 중 2명 이상 　가) 건설안전산업기사 이상의 자격을 취득한 후 건설안전 실무경력이 건설안전기사 이상의 자격은 5년, 건설안전산업기사 자격은 7년 이상인 사람 　나) 토목ㆍ건축산업기사 이상의 자격을 취득한 후 건설 실무경력이 토목ㆍ건축기사 이상의 자격은 5년, 토목ㆍ건축산업기사 자격은 7년 이상이고 제17조에 따른 안전관리자의 자격을 갖춘 사람 3) 다음의 기술인력 중 2명 이상 　가) 건설안전산업기사 이상의 자격을 취득한 후 건설안전 실무경력이 건설안전기사 이상의 자격은 1년, 건설안전산업기사 자격은 3년 이상인 사람 　나) 토목ㆍ건축산업기사 이상의 자격을 취득한 후 건설 실무경력이 토목ㆍ건축기사 이상의 자격은 1년, 토목ㆍ건축산업기사 자격은 3년 이상이고 제17조에 따른 안전관리자의 자격을 갖춘 사람 4) 제17조에 따른 안전관리자의 자격(별표 4 제1호부터 제5호까지의 어느 하나에 해당하는 자격을 갖춘 사람만 해당한다)을 갖춘 후 건설안전 실무경력이 2년 이상인 사람 1명 이상	사무실 (장비실 포함)	지도인력 2명당 다음의 장비 각 1대 이상(지도인력이 홀수인 경우 지도인력 인원을 2로 나눈 나머지인 1명도 다음의 장비를 갖추어야 한다) 1) 가스농도측정기 2) 산소농도측정기 3) 접지저항측정기 4) 절연저항측정기 5) 조도계

※ 비고 : 지도인력기준란 3)과 4)를 합한 인력 수는 1)과 2)를 합한 인력의 3배를 초과할 수 없다.

2. 「전기공사업법」, 「정보통신공사업법」 및 「소방시설공사업법」에 따른 전기공사, 정보통신공사 및 소방시설공사 지도 분야
　가. 법 제145조제1항에 따라 등록한 산업안전지도사의 경우
　　1) 지도인력기준 : 법 제145조제1항에 따라 등록한 산업안전지도사(전기안전 또는 건설안전 분야)
　　2) 시설기준 : 사무실(장비실을 포함한다)
　　3) 장비기준 : 나목의 장비기준과 같음

나. 건설 산업재해 예방 업무를 하려는 법인의 경우

지도인력기준	시설기준	장비기준
○ 다음에 해당하는 인원 1) 다음의 기술인력 중 1명 이상 　가) 산업안전지도사(건설 또는 전기 분야), 건설안전기술사 또는 전기안전기술사 　나) 건설안전·산업안전기사 자격을 취득한 후 건설안전 실무경력이 9년 이상인 사람 2) 다음의 기술인력 중 2명 이상 　가) 건설안전·산업안전산업기사 이상의 자격을 취득한 후 건설안전 실무경력이 건설안전·산업안전기사 이상의 자격은 5년, 건설안전·산업안전산업기사 자격은 7년 이상인 사람 　나) 토목·건축·전기·전기공사 또는 정보통신산업기사 이상의 자격을 취득한 후 건설 실무경력이 토목·건축·전기·전기공사 또는 정보통신기사 이상의 자격은 5년, 토목·건축·전기·전기공사 또는 정보통신산업기사 자격은 7년 이상이고 제17조에 따른 안전관리자의 자격을 갖춘 사람 3) 다음의 기술인력 중 2명 이상 　가) 건설안전·산업안전산업기사 이상의 자격을 취득한 후 건설안전 실무경력이 건설안전·산업안전기사 이상의 자격은 1년, 건설안전·산업안전산업기사 자격은 3년 이상인 사람 　나) 토목·건축·전기·전기공사 또는 정보통신산업기사 이상의 자격을 취득한 후 건설 실무경력이 토목·건축·전기·전기공사 또는 정보통신기사 이상의 자격은 1년, 토목·건축·전기·전기공사 또는 정보통신산업기사 자격은 3년 이상이고 제17조에 따른 안전관리자의 자격을 갖춘 사람 4) 제17조에 따른 안전관리자의 자격(별표 4 제1호부터 제5호까지의 어느 하나에 해당하는 자격을 갖춘 사람만 해당한다)을 갖춘 후 건설안전 실무경력이 2년 이상인 사람 1명 이상	사무실 (장비실 포함)	지도인력 2명당 다음의 장비 각 1대 이상(지도인력이 홀수인 경우 지도인력 인원을 2로 나눈 나머지인 1명도 다음의 장비를 갖추어야 한다) 1) 가스농도측정기 2) 산소농도측정기 3) 고압경보기 4) 검전기 5) 조도계 6) 접지저항측정기 7) 절연저항측정기

※ 비고 : 지도인력기준란 3)과 4)를 합한 인력의 수는 1)과 2)를 합한 인력의 수의 3배를 초과할 수 없다.

② 건설재해예방전문지도기관으로 지정받으려는 자는 건설재해예방전문지도기관 지정신청서(전자문서로 된 신청서는 포함한다)에 다음 각 호의 서류를 첨부하여 지방고용노동청장에게 제출(전자문서는 포함한다)해야 한다(산안법 시행규칙 제90조제1항).

> 1. 정관(산업안전지도사인 경우에는 제238조에 따른 등록증을 말한다)
> 2. [별표 19]에 따른 인력기준에 해당하는 사람의 자격과 채용을 증명할 수 있는 자격증(국가기술자격증은 제외한다), 경력증명서 및 재직증명서 등의 서류
> 3. 건물임대차계약서 사본이나 그 밖에 사무실 보유를 증명할 수 있는 서류와 시설·장비명세서

③ 신청서를 제출받은 지방고용노동청장은 「전자정부법」 제36조제1항에 따른 행정 정보의 공동이용을 통하여 **법인등기사항증명서 및 국가기술자격증을 확인**해야 한다. 이 경우 신청인이 국가기술자격증의 확인에 동의하지 아니하는 경우에는 그 사본을 첨부하도록 해야 한다(산안법 시행규칙 제90조제2항).

④ 건설재해예방전문지도기관에 관하여는 제21조제4항 및 제5항을 준용한다(산안법 제74조제4항). 따라서 법 제74조제4항에 따라 준용되는 법 제21조제4항제5호에서 "대통령령으로 정하는 사유"란 다음 각 호의 경우를 말한다(산안법 시행령 제62조제3항).

> 1. 지도업무 관련 서류를 거짓으로 작성한 경우
> 2. 정당한 사유 없이 지도업무를 거부한 경우
> 3. 지도업무를 게을리하거나 지도업무에 차질을 일으킨 경우
> 4. [별표 18]에 따른 지도업무의 내용, 지도대상 분야 또는 지도의 수행방법을 위반한 경우
> 5. 지도를 실시하고 그 결과를 고용노동부장관이 정하는 전산시스템에 3회 이상 입력하지 않은 경우
> 6. 지도업무와 관련된 비치서류를 보존하지 않은 경우
> 7. 법에 따른 관계공무원의 지도·감독을 거부·방해 또는 기피한 경우

(2) 건설재해예방전문지도기관의 평가 및 지도·감독

1) 건설재해예방전문기관의 평가

① 고용노동부장관은 건설재해예방전문지도기관에 대하여 평가하고 그 결과를 공개할 수 있다. 이 경우 평가의 기준, 방법 및 결과의 공개에 필요한 사항은 고용노동부령으로 정한다(산안법 제74조제3항). 공단이 건설재해예방전문지도기관을 평가하는 기준은 다음 각 호와 같다(산안법 시행규칙 제91조제1항).

> 1. 인력·시설 및 장비의 보유 수준과 그에 대한 관리능력
> 2. 유해위험요인의 평가·분석 충실성 및 사업장의 재해발생 현황 등 기술지도 업무 수행능력
> 3. 기술지도 대상 사업장의 만족도

② 공단은 건설재해예방전문기관을 평가하기 위하여 필요한 경우 자료의 제출을 요구할 수 있고, 평가는 서면조사 및 방문조사의 방법으로 실시한다.

③ 공단은 건설재해예방전문기관을 평가를 실시한 경우 그 평가결과를 서면으로 통보해야 하며, 평가결과를 통보받은 건설재해예방전문기관은 **통보받은 날부터 7일 이내**에 서면으로 공단에 이의신청을 할 수 있다.

2) 건설재해예방전문지도기관의 지도·감독 등

① 산업안전보건법시행규칙 제22조에서는 고용노동부장관 또는 지방고용노동청장이 안전관리전문기관 또는 보건관리전문기관에 대하여 지도·감독을 하도록 규정하고 있다. 지도·감독에 필요한 사항은 고용노동부장관이 정한다.

② 관할 지방고용노동청장은 관할 건설재해예방전문기관에 대하여 인력·시설 및 장비기준 등 지정요건과 사업장관리카드 확인 등을 통한 업무수행 상황을 연 1회 이상 점검하여 위탁업무가 효율적으로 이루어지도록 지도·감독해야 한다.

제2장 출·제·예·상·문·제

01 유해·위험작업의 도급금지에 대한 설명으로 옳지 않은 것은?

① 도금사업, 수은, 납 또는 카드뮴을 제련, 주입, 가공 및 가열하는 작업은 도급인 자신의 사업장에서 수급인의 근로자가 그 작업을 하도록 하여서는 아니 된다.
② 유해·위험 작업은 동일사업장 내에서 도급을 할 수 없지만, 고용노동부장관의 승인을 받으면 예외적으로 하도급이 가능하다.
③ 일시·간헐적으로 하는 작업을 도급하는 경우, 수급인이 보유한 기술이 사업주의 사업운영에 필수불가결한 경우로서 고용노동부장관의 승인을 받은 경우에는 도급이 가능하다.
④ 고용노동부장관의 승인은 3년의 범위 내에서 유효하며, 연장도 가능하다.
⑤ 도급인은 유해·위험한 작업을 하도급 주기 위해서는 사전에 "안전 및 보건에 관한 평가"를 받아야 한다.

[해설] 유해·위험작업의 도급금지
사업주는 유해·위험한 도급대상작업을 **동일한 사업장 내에서 도급 또는 하도급을 줄 수 없다**. 사업주는 유해·위험한 작업을 도급 주려는 경우에는 사전에 "안전 및 보건에 관한 평가"를 받아야 한다. 그러나 하도급은 금지되므로 고용노동부장관에게 승인신청을 할 수 없다.

[참고] 산업안전보건법 제58조제1항, 제58조제3항

02 도급사업에서의 안전·보건조치에 대한 설명으로 옳지 않은 것은?

① 도급인의 안전보건조치대상은 도급인이 관계수급인의 근로자와 함께 작업을 하는 공동사업장과 수급인의 근로자가 단독으로 작업하는 지정작업장을 의미한다.
② 도급인은 공동사업장에서 관계수급인의 근로자가 보호구를 착용하지 않은 것을 발견하면 사고방지를 위하여 즉시 시정지시를 할 수 있다.
③ 사업주가 정수기, 냉장고 등 생활용품이나 기계 등을 제조·판매 및 임대 등을 영위하면서 설치·이전·해체·수리 등의 서비스를 제공하는 경우 계약 명칭을 불문하고 도급으로 보아 안전보건조치를 해야 한다.
④ 도급인은 관계수급인과 안전 및 보건에 관한 협의체를 구성하고, 위험성평가 등을 실시해야 한다.
⑤ 도급사업의 경우 건설공사발주자는 공사의 계획·설계·시공 시에 안전보건대장을 작성하고 이행 여부를 확인해야 한다.

정답 | 01. ② 02. ②

해설 도급사업에서의 안전·보건조치

도급인은 관계수급인 근로자가 도급인의 사업장에서 작업을 하는 경우에 자신의 근로자와 관계수급인의 근로자의 산업재해를 예방하기 위하여 안전 및 보건시설의 설치 등 필요한 안전조치 및 보건조치를 하여야 한다. 다만, 보호구 착용의 지시 등 관계수급인 근로자의 작업행동에 관한 직접적인 조치는 제외한다. 따라서 **도급인은 관계수급인 근로자에 대하여 보호구의 착용 등 직접 시정지시를 해서는 아니 된다.** 여기서 관계수급인이란 도급계약이 여러 단계에 걸쳐 체결된 경우에 각 단계별로 도급받은 수급인 전부를 말한다.

참고 산업안전보건법 제63조

03 건설공사발주자가 해야 할 안전보건대장에 대한 설명 중 옳지 않은 것은?

① 건설공사발주자란 건설공사를 도급하는 자로서 도급받은 건설공사를 다시 도급하는 자는 제외한다.
② 건설공사발주자는 공사의 계획단계에서 기본안전보건대장을 작성하되, 유해위험요인과 이의 감소방안을 반영해야 한다.
③ 건설공사발주자는 설계안전보건대장에 산업안전보건관리비의 구체적인 산출내역을 작성하도록 하고, 설계안전보건대장 작성책임자(설계자)를 확인하여야 한다.
④ 공사안전보건대장은 유해위험방지계획서의 심사 및 확인결과에 대한 조치내용을 반영해야 한다.
⑤ 안전보건대장의 형식적인 작성 등 부실한 운영을 예방하기 위하여 산업안전지도사 또는 건설안전기술사만이 적정성을 확인할 수 있다.

해설 건설공사발주자가 해야 할 안전보건대장

안전보건대장이 기재내용 및 적정성을 확인하기 위하여 **대통령령으로 정하는 안전보건분야 전문가를 정하고 있다.** 이 경우 안전보건전문가는 건설분야 산업안전지도사, 건설안전기술사, 건설안전기사의 자격을 취득한 후 건설안전분야에서 3년 이상 실무경력이 있는 자, 건설안전산업기사의 자격을 취득한 후 건설안전분야에서 5년 이상의 실무경력이 있는 자를 말한다.

참고 산업안전보건법 제67조, 시행령 제55조의2

04 기계·기구 등에 대한 건설공사도급인의 안전조치에 대한 설명 중 옳지 않은 것은?

① 작업시작 전 기계기구 등을 소유 또는 대여하는 자아 합동으로 안전점검 실시
② 작업을 수행하는 사업주의 작업계획서 작성 및 이행 여부 확인
③ 작업자가 자격면허경험 또는 기능을 가지고 있는지 여부 확인
④ 그 밖에 해당 기계·기구 또는 설비 등에 대하여 안전보건규칙에서 정하고 있는 안전보건조치
⑤ 안전작업 특수계약조건의 계약서 작성 여부 확인

해설 기계·기구 등에 대한 건설공사도급인의 안전조치

안전작업 특수계약조건은 공기업에서 발주공사를 하는 경우 작성하는 문서를 말하며, **산업안전보건법에서 인정하는 법정 서류에 해당되지 않는다.** 산업안전보건법 제76조는 타워크레인 등 대통령령으로 정하는 기계·기구 또는 설비에 대하여 안전보건조치를 규정하고 있다. 건설공사도급인은 산업안전보건법 시행규칙 제94조제5호에 따라 "기계·기구 등의 결함, 작업방법과 절차 미준수, 강풍 등 이상환경으로 인하여 작업수행 시 현저한 위험이 예상되는 경우 작업중지조치"를 하도록 규정하고 있다.

참고 산업안전보건법 제76조, 시행규칙 제94조제5호

05 건설공사발주자와 도급인의 공사기간 연장에 대한 설명 중 옳지 않은 것은?

① 태풍홍수 등 악천후, 전쟁사변, 지진. 화재, 전염병, 폭동, 그 밖의 계약 당시 통제할 수 없는 사태의 발생 등 불가항력적인 사유가 있는 사유가 있는 경우 건설공사도급인은 공사기간의 연장을 요청할 수 있다.
② 건설공사발주자는 연장요청사유에 대하여 불가항력적인 사유가 없는 한 연장신청을 거부할 수 없다.
③ 건설공사도급인은 공사기간의 연장을 요청하려면 공사기간 연장요청서를 건설공사발주자에게 제출해야 한다.
④ 해당공사가 공사기간 만료 후에도 지속될 것으로 예상되는 경우에는 그 계약기간 만료 전에 건설공사발주자에게 공사기간 연장을 요청할 예정임을 통지해야 한다.
⑤ 건설공사발주자에게 책임이 있는 사유로 착공이 지연되거나 시공이 중단된 경우에는 관계수급인은 도급인에게 연장요청을 할 필요 없이 도급인이 사실확인을 하여 건설공사발주자에게 연장요청을 해야 한다.

해설 건설공사발주자와 도급인의 공사기간 연장

건설공사발주자에게 책임이 있는 사유로 착공이 지연되거나 시공이 중단된 경우에는 **관계수급인은 도급인에게 10일 이내 연장요청**을 하고, 건설공사도급인이 건설공사발주자에게 30일 이내에 연장요청을 해야 한다.

참고 산업안전보건법 제70조, 시행규칙 제87조

정답 | 05. ⑤

06 건설업 등 산업안전보건관리비의 계상 및 사용에 관한 설명 중 옳지 않은 것은?

① 건설공사발주자가 도급계약을 체결하거나 건설공사도급인이 건설공사 사업계획을 수립할 때에는 산업안전보건관리비를 도급금액 또한 사업비에 계상하여야 한다.
② 산업안전보건관리비를 계상하는 경우 공사금액은 산업재해보상보험법의 적용을 받는 공사 중 총공사금액 2천만원 이상인 공사에 대하여 적용한다.
③ 분리 발주된 공사는 도급금액을 합산한 후 총공사금액을 기준으로 안전보건관리비를 계상해야 한다.
④ 산업안전보건관리비는 공사규모가 5억원 이상 50억원 미만인 경우에는 적용비율과 기초액을 합산하여 계상하여야 한다.
⑤ 공사에 필요한 자재 및 기구 등을 발주자가 직접 제공한 관급자재는 계상 대상에 포함된다.

> **해설** 건설업 등 산업안전보건관리비의 계상 및 사용
> 분리 발주된 공사는 도급금액을 합산한 후 총공사금액을 적용하는 것이 아니라, **각 개별공사의 공사금액이 2천만원 이상인 공사에 적용**한다. 따라서 건축공사 2억원, 토목공사 1억원, 전기공사 5천만원, 정보통신공사 1천만원이라면, 개별공사금액이 2천만원 이하인 정보통신공사는 산업안전보건관리비의 계상대상이 되지 않는다.
>
> **참고** 건설업 산업안전보건관리비 계상 및 사용기준 제3조

07 노무를 제공하는 자에 대한 각종 보호의무를 열거한 것이다. 옳지 않은 것은?

① 정부는 노무를 제공하는 자의 안전 및 건강의 보호증진에 관한 사항을 성실히 이행할 책무를 진다.
② 고용노동부장관은 노무를 제공하는 자의 건강증진을 위한 시설을 설치·운영할 수 있다.
③ 노무를 제공한 자에 대하여도 이 법에 의한 안전보건교육을 실시해야 한다.
④ 사업주가 특수형태근로종사자로부터 노무를 제공받는 경우에도 안전보건조치 의무가 있다.
⑤ 음식점에서 이동통신단말장치를 이용하여 배달서비스를 제공하는 경우에는 음식점 주인이 이륜자동차를 사용하여 배달하는 자의 안전보건조치를 해야 한다.

> **해설** 노무를 제공하는 자에 대한 각종 보호의무
> 이동통신단말장치로 물건의 수거·배달 등을 중개하는 자는 그 중개를 통하여 「자동차관리법」 제3조 제1항제5호에 따른 **이륜자동차로 물건을 수거·배달하는 자**의 산업재해예방을 위하여 필요한 안전조치 및 보건조치를 하여야 한다.
>
> **참고** 산업안전보건법 제78조

제3장 유해·위험기계 등의 안전보건조치

01 기계·기구의 방호조치

1 방호조치의 대상과 기준

(1) 방호조치의 정의와 대상

1) 유해·위험방호조치의 정의

① 유해·위험한 기계·기구로부터 근로자를 보호하고 사고의 발생을 예방하기 위해서는 정보의 수집, 제품의 생산 및 제공, 사용, 양도 등의 각종 단계에서 엄격히 제한하거나 금지하는 등 종합적인 방호조치가 필요하다. 방호조치는 「위험기계·기구의 방호조치기준(2020. 1. 15, 고용노동부고시 제2020-38호)」으로 정해 시행하고 있다.

② 여기서 "방호조치"란 위험기계·기구의 위험장소 또는 부위에 근로자가 통상적인 방법으로는 접근하지 못하도록 하는 제한조치를 말하며, 방호망·방책·덮개 또는 각종 방호장치 등을 설치하는 것을 포함한다(방호조치기준 제3조제1호).

명칭	정의
기계	• 동력을 사용하여 움직이거나 일을 하는 장치를 하며, 기계를 나타내는 단위로는 대, 조, 틀을 사용 • 다수의 부품으로 구성되며, 일정한 상대운동에 의하여 유용한 일을 하는 동력 장치를 말함. (예 공작기계, 전달장치, 압축기계, 기관차) • 기계는 원동기, 작업기, 전달장치라는 구성요건을 갖추어야 함.
원동기	• 수력·풍력·증기·전기·석유·석탄 등 여러 형태의 에너지를 유효한 기계적 에너지로 바꾸는 것
작업기	• 원동기로부터 공급한 에너지를 기계적인 일로 바꾸는 것이므로 공작기계·방적기계·직물기계·인쇄기계·압축기계·압연기계 외에 기관차나 자동차를 비롯한 여러 가지 운동기계들이 포함
전달 장치	• 동력과 작업기의 중간에서 동력·운동 등을 전달하는 기계
기구	• 역학적인 운동이나 작용을 하도록 구성하고 있는 기계나 도구의 내부 구성을 말함. • 기계 등의 상대운동에 적합하도록 여러 가지 부품으로 구성되며, 동력의 공급 없이 그 자체로 작동할 수 없음.
기기	• 스스로 작동하지 못하는 장치나 도구(예 사진기, 측정기)

2) 양도 · 대여 · 설치 · 사용 등의 금지
① **누구든지** 동력(動力)으로 작동하는 기계 · 기구로서 대통령령으로 정하는 것은 고용노동부령으로 정하는 유해 · 위험 방지를 위한 방호조치를 하지 아니하고는 **양도 · 대여 · 설치 또는 사용에 제공하거나, 양도 · 대여의 목적으로 진열**하여서는 아니 된다(산안법 제80조제1항).
② 사용이란 '사용에의 제공'을 뜻하는 것으로 보아 도급인이 승강기를 수급인에게 사용하도록 한 경우도 산업안전보건법 제80조제1항에 따른 방호조치를 해야 할 의무를 부담한다(대판 2006. 1. 12. 2004도8875).

(2) 기계 · 기구의 유형 및 방호조치의 내용
1) 방호조치 대상 기계 · 기구
① 양도 · 대여 · 설치 또는 사용에 제공하거나, 양도 · 대여를 목적으로 진열되는 기계 기구는 주로 동력을 이용하는 것을 말한다. 법 제80조제1항에서 "대통령령으로 정하는 것"이란 [별표 20]에 따른 기계 · 기구를 말한다(산안법 시행령 제70조).

> 🏛 **[시행령 별표 20]** 유해 · 위험 방지를 위한 방호조치가 필요한 기계 · 기구(제70조 관련)

> 1. 예초기
> 2. 원심기
> 3. 공기압축기
> 4. 금속절단기
> 5. 지게차
> 6. 포장기계(진공포장기, 래핑기로 한정한다)

② 법 제80조제1항에 따라 영 제70조 및 [별표 20]의 기계 · 기구에 설치해야 할 방호장치는 다음 각 호와 같다(산안법 시행규칙 제98조제1항). 고속회전, 고압력 등에 의한 재해예방을 위하여 기계 · 기구를 정해 방호장치를 하도록 명시한 것이다.

> 1. 영 [별표 20] 제1호에 따른 예초기 : 날접촉 예방장치
> 2. 영 [별표 20] 제2호에 따른 원심기 : 회전체 접촉 예방장치
> 3. 영 [별표 20] 제3호에 따른 공기압축기 : 압력방출장치
> 4. 영 [별표 20] 제4호에 따른 금속절단기 : 날접촉 예방장치
> 5. 영 [별표 20] 제5호에 따른 지게차 : 헤드 가드, 백레스트(backrest), 전조등, 후미등, 안전벨트
> 6. 영 [별표 20] 제6호에 따른 포장기계 : 구동부 방호 연동장치

용어	의미	근거
예초기 날접촉 예방장치	예초기의 절단날 또는 비산물로부터 작업자를 보호하기 위해 설치하는 보호덮개 등의 장치	방호조치기준 제3조제1호
회전체 접촉 예방장치	원심기의 케이싱 또는 하우징 내부의 회전통 등에 작업자의 신체 일부가 접촉되는 것을 방지하기 위해 설치하는 덮개 등의 장치	방호조치기준 제3조제2호

용어	의미	근거
압력방출장치	공기압축기에 부속된 압력용기의 과도한 압력상승을 방지하기 위하여 설치하는 안전밸브, 언로드밸브 등의 장치	방호조치기준 제3조제3호
금속절단기 날접촉 예방장치	띠톱, 둥근톱 등 금속절단기의 절단날 또는 비산물로부터 작업자를 보호하기 위하여 설치하는 장치	방호조치기준 제3조제4호
헤드가드	지게차를 이용한 작업 중에 위쪽으로부터 떨어지는 물건에 의한 위험을 방지하기 위하여 운전자의 머리 위쪽에 설치하는 덮개	방호조치기준 제3조제 5호).
백레스트	지게차를 이용한 작업 중에 마스트를 뒤로 기울일 때 화물이 마스트 방향으로 떨어지는 것을 방지하기 위해 설치하는 짐받이 틀	방호조치기준 제3조제5호
구동부 방호 연동장치	진공포장기, 래핑기의 구동부에 설치되는 방호장치 등이 개방되었을 때 기계의 작동이 정지되도록 하거나 방호장치가 닫힌 상태에서만 기계가 작동되도록 상호 연결시키는 것	방호조치기준 제3조제6호

2) 방호조치의 방법

① 누구든지 동력으로 작동하는 기계·기구로서 다음 각 호의 어느 하나에 해당하는 것은 고용노동부령으로 정하는 방호조치를 하지 아니하고는 양도, 대여, 설치 또는 사용에 제공하거나 양도·대여의 목적으로 진열해서는 아니 된다(산안법 제80조제2항).

> 1. 작동 부분에 돌기 부분이 있는 것
> 2. 동력전달 부분 또는 속도 조절 부분이 있는 것
> 3. 회전기계에 물체 등이 말려 들어갈 부분이 있는 것

② 사업주는 제1항 및 제2항에 따른 방호조치가 정상적인 기능을 발휘할 수 있도록 방호조치와 관련되는 장치를 상시적으로 점검하여 정비하여야 한다(산안법 제80조제3항).

③ 법 제80조제2항에서 "고용노동부령으로 정하는 방호조치"란 다음 각 호의 방호 조치를 말한다(산안법 시행규칙 제98조제2항).

> 1. 작동 부분의 돌기부분은 묻힘형으로 하거나 덮개를 부착할 것
> 2. 동력전달부분 및 속도조절부분에는 덮개를 부착하거나 방호망을 설치할 것
> 3. 회전기계의 물림점(롤러나 톱니바퀴 등 반대 방향의 두 회전체에 물려 들어가는 위험점)에는 덮개 또는 울을 설치할 것
> 4. 제1항 각 호에 따른 방호장치를 설치할 것

④ 방호조치에 필요한 사항은 고용노동부장관이 정하여 고시한다(산안법 시행규칙 제98조제3항). 위험기계·방호조치기준(이하에서는 "방호조치기준"이라 한다)은 고용노동부고시(2020. 1. 15, 제2020-38호)로 정하고 있다.

⑤ 방호장치 등은 사용에 따라 항상 성능이 유지되도록 하여야 하며, 이탈 또는 변형되지 않도록 견고히 설치하되, 주유 및 이상 유무 점검 등 일상적인 업무에 지장이 없도록 설치하여야 한다(방호조치기준 제4조제2항).

명칭	방호조치 대상	안전조치 대상	안전인증 대상	자율안전확인 대상	안전검사 대상
크레인	○	○	○	×	○
지게차	○	○	×	×	×
분쇄기	×	×	×	○	×
컨베이어	×	×	×	○	○
콤팩터	×	×	×	×	×
절단기	○	×	×	×	×
살포기계	×	×	×	×	×
롤러	×	○	○	○	○
굴삭기	×	○	×	×	×
리프트(화물용)	○	○	○	×	○

3) 방호조치 해체 등에 필요한 조치

① 사업주와 근로자는 **방호조치를 해체하려는 경우** 고용노동부령으로 정하는 경우에는 필요한 안전조치 및 보건조치를 하여야 한다(산안법 제80조제4항). 법 제80조제4항에 따른 "고용노동부령으로 정하는 경우"란 다음 각 호의 경우를 말하며, 그에 필요한 안전조치 및 보건조치는 다음 각 호에 따른다(산안법 시행규칙 제99조제1항).

> 1. 방호조치를 해체하려는 경우 : 사업주의 허가를 받아 해체할 것
> 2. 방호조치를 해체한 후 그 사유가 소멸된 경우 : 지체 없이 원상으로 회복시킬 것
> 3. 방호조치의 기능이 상실된 것을 발견한 경우 : 지체 없이 사업주에게 신고할 것

② 사업주는 제1항제3호에 따른 신고가 있으면 **즉시 수리, 보수 및 작업 중지 등 적절한 조치**를 해야 한다(산안법 시행규칙 제99조제2항). 여기서 수리란 고장난 기계・기구 등을 고쳐서 정상적으로 사용할 수 있도록 하는 것을 말한다. 또한 보수란 기계・기구 등에 요구되는 기능 또는 성능을 계속하여 발휘할 수 있도록 점검하고, 필요에 따라서 수리, 수정 또는 개량하는 것을 말한다.

2 기계 · 기구 등의 대여와 타워크레인의 설치 · 해체업

(1) 기계 · 기구 등의 대여당사자와 조치사항

1) 기계 · 기구 등의 대여자 등의 조치

① 대통령령으로 정하는 **기계 · 기구 · 설비 또는 건축물 등을 타인에게 대여하거나 대여받는 자**는 필요한 안전조치 및 보건조치를 하여야 한다(산안법 제81조). 여기서 "대통령령으로 정하는 기계 · 기구 · 설비 및 건축물 등"이란 [별표 21]을 말한다(산안법 시행령 제71조). 설비란 산업재해를 예방하기 위하여 제품이나 구조물 또는 기계 등이 갖추어야 하는 기기나 장비, 시설을 말한다.

[시행령 별표 21] 대여자 등이 안전조치 등을 해야 하는 기계 · 기구 · 설비 및 건축물 등
(제71조 관련)

1. 사무실 및 공장용 건축물
2. 이동식 크레인
3. 타워크레인
4. 불도저
5. 모터 그레이더
6. 로더
7. 스크레이퍼
8. 스크레이퍼 도저
9. 파워 셔블
10. 드래그라인
11. 클램셸
12. 버킷굴삭기
13. 트렌치
14. 항타기
15. 항발기
16. 어스드릴
17. 천공기
18. 어스오거
19. 페이퍼드레인머신
20. 리프트
21. 지게차
22. 롤러기
23. 콘크리트 펌프
24. 고소작업대
25. 그 밖에 산업재해보상보험 및 예방심의위원회 심의를 거쳐 고용노동부장관이 정하여 고시하는 기계, 기구, 설비 및 건축물 등

② 법 제81조에 따라 영 제71조 및 영 [별표 21]의 기계·기구·설비 및 건축물 등(이하 "기계 등"이라 한다)을 **타인에게 대여하는 자가 해야 할 유해·위험 방지 조치**는 다음 각 호와 같다(산안법 시행규칙 제100조).

> 1. 해당 기계 등을 미리 점검하고 이상을 발견한 때에는 즉시 보수하거나 그 밖에 필요한 정비를 할 것
> 2. 해당 기계 등을 대여받은 자에게 다음 각 목의 사항을 적은 서면을 발급할 것
>   가. 해당 기계 등의 성능 및 방호조치의 내용
>   나. 해당 기계 등의 특성 및 사용 시의 주의사항
>   다. 해당 기계 등의 수리·보수 및 점검 내역과 주요 부품의 제조일
>   라. 해당 기계 등의 정밀진단 및 수리 후 안전점검 내역, 주요 안전부품의 교환이력 및 제조일
> 3. 사용을 위하여 설치·해체 작업(기계 등을 높이는 작업을 포함한다. 이하 같다)이 필요한 기계 등을 대여하는 경우로서 해당 기계 등의 설치·해체 작업을 다른 설치·해체 업자에게 위탁하는 경우에는 다음 각 목의 사항을 준수할 것
>   가. 설치·해체업자가 기계 등의 설치·해체에 필요한 법령상 자격을 갖추고 있는지와 설치·해체에 필요한 장비를 갖추고 있는지를 확인할 것
>   나. 설치·해체업자에게 제2호 각 목의 사항을 적은 서면을 발급하고, 해당 내용을 주지시킬 것
>   다. 설치·해체업자가 설치·해체 작업 시 안전보건규칙에 따른 산업안전보건기준을 준수하고 있는지를 확인할 것
> 4. 해당 기계 등을 대여받은 자에게 제3호 가목 및 다목에 따른 확인 결과를 알릴 것

2) 기계 등을 대여받은 자의 조치

① 법 제81조에 따라 **기계 등을 대여받는 자는 그가 사용하는 근로자가 아닌 사람에게 해당 기계 등을 조작하도록 하는 경우**에는 다음 각 호의 조치를 해야 한다. 다만, 해당 기계 등을 구입할 목적으로 기종(機種)의 선정 등을 위하여 일시적으로 대여받는 경우에는 그렇지 않다(산안법 시행규칙 제101조제1항).

> 1. 해당 기계 등을 조작하는 사람이 관계 법령에서 정하는 자격이나 기능을 가진 사람인지 확인할 것
> 2. 해당 기계 등을 조작하는 사람에게 다음 각 목의 사항을 주지시킬 것
>   가. 작업의 내용
>   나. 지휘계통
>   다. 연락·신호 등의 방법
>   라. 운행경로, 제한속도, 그 밖에 해당 기계 등의 운행에 관한 사항
>   마. 그 밖에 해당 기계 등의 조작에 따른 산업재해를 방지하기 위하여 필요한 사항

② **타워크레인을 대여받은 자**는 다음 각 호의 조치를 해야 한다(산안법 시행규칙 제101조제2항). 타워크레인의 사용에 따른 충돌사고의 방지 등을 위하여 대여받는 자에게도 중복적인 재해예방 조치의무를 명시한 것이다.

> 1. 타워크레인을 사용하는 작업 중에 타워크레인 장비 간 또는 타워크레인과 인접 구조물 간 충돌 위험이 있으면 충돌방지장치를 설치하는 등 충돌방지를 위하여 필요한 조치를 할 것
> 2. 타워크레인 설치·해체 작업이 이루어지는 동안 작업과정 전반(全般)을 영상으로 기록하여 대여기간 동안 보관할 것

③ 해당 기계 등을 대여하는 자가 제100조제2호 각 목의 사항을 적은 서면을 발급하지 않는 경우 해당 기계 등을 대여받은 자는 해당 사항에 대한 정보제공을 요구할 수 있다(산안법 시행규칙 제101조제3항).

④ 기계 등을 대여받은 자가 기계 등을 대여한 자에게 반환하는 경우에는 해당 기계 등의 수리·보수 및 점검 내역과 부품교체 사항 등이 있는 경우 해당 사항에 대한 정보를 제공해야 한다(산안법 시행규칙 제101조제4항).

3) 기계 등을 조작하는 자의 의무

① 제101조에 따른 기계 등을 조작하는 사람은 같은 조 제1항제2호 각 목에 규정된 사항을 지켜야 한다(산안법 시행규칙 제102조).

② 기계 등을 조작하는 사람은 관계법령에 의한 자격이나 기능을 가진 사람으로서 ⅰ) 작업의 내용, ⅱ) 지휘계통, ⅲ) 연락신호 등의 방법, 운행경로, 제한속도, 그 밖에 해당 기계 등의 운행에 관한 사항, ⅳ) 그 밖에 해당 기계 등의 조작에 따른 산업재해를 예방하기 위하여 필요한 사항을 준수하여야 한다.

4) 기타 대여사항의 기록 및 조치의무

① **기계 등을 대여하는 자는** 해당 기계 등의 대여에 관한 사항을 기록·보존하여야 한다(산안법 시행규칙 제103조). 기계·기구의 대여에 따른 관리사항, 대여기계의 종류와 연한, 사고 시의 재해건수를 파악하기 위하여 기록하고 보존하도록 한 것이다.

② 공용으로 사용하는 공장건축물로서 다음 각 호의 어느 하나의 장치가 설치된 것을 대여하는 자는 해당 건축물을 대여받은 자가 2명 이상인 경우로서 다음 각 호의 어느 하나의 장치의 전부 또는 일부를 공용으로 사용하는 경우에는 그 공용 부분의 기능이 유효하게 작동되도록 하기 위하여 점검·보수 등 필요한 조치를 해야 한다(산안법 시행규칙 제104조).

> 1. 국소 배기장치
> 2. 전체 환기장치
> 3. 배기처리장치

③ **건축물을 대여받은 자는** ⅰ) 국소 배기장치, 소음방지를 위한 칸막이벽, 그 밖에 산업재해 예방을 위하여 필요한 설비의 설치에 관하여 해당 설비의 설치에 수반된 건축물의 변경승인, ⅱ) 해당 설비의 설치공사에 필요한 시설의 이용 등 편의 제공을 건축물을 대여한 자에게 요구할 수 있다. 이 경우 건축물을 대여한 자는 특별한 사정이 없으면 이에 따라야 한다(산안법 시행규칙 제105조).

(2) 타워크레인 설치·해체업의 등록 등

1) 타워크레인 설치·해체업의 등록기준

① **타워크레인을 설치·해체하려는 자**는 대통령령으로 정하는 바에 따라 인력·시설 및 장비 등의 요건을 갖추어 고용노동부장관에게 등록하여야 한다. 등록한 사항 중 대통령령으로 정하는 중요한 사항을 변경할 때에도 또한 같다(산안법 제82조제1항).

② 법 제82조제1항 전단에 따라 타워크레인을 설치하거나 해체하려는 자가 갖추어야 하는 인력·시설 및 장비의 기준은 [별표 22]와 같다(산안법 시행령 제72조제1항).

> 🏛 **[시행령 별표 22] 타워크레인 설치·해체업을 등록하려는 자의 인력·시설 및 장비기준**
> (제72조제1항 관련)
>
> 1. 인력기준 : 다음 각 목의 어느 하나에 해당하는 사람 4명을 보유할 것
>   가. 「국가기술자격법」에 따른 타워크레인 설치·해체기능사의 자격을 가진 사람
>   나. 법 제140조제2항에 따라 지정된 타워크레인 설치·해체작업 교육기관에서 지정된 교육을 이수하고 수료시험에 합격한 사람으로서 합격 후 5년이 지나지 않은 사람
>   다. 법 제140조제2항에 따라 지정된 타워크레인 설치·해체작업 교육기관에서 보수교육을 이수한 후 5년이 지나지 않은 사람
>   라. 「국가기술자격법」에 따른 판금제관기능사 또는 비계기능사 자격을 가진 사람(2025년 12월 31까지 해당 자격을 취득한 자로 한정한다)
> 2. 시설기준 : 사무실
> 3. 장비기준
>   가. 렌치류(토크렌치, 해머렌치 및 전동임팩트렌치 등 볼트, 너트, 나사 등을 죄거나 푸는 공구)
>   나. 드릴링머신(회전축에 드릴을 달아 구멍을 뚫는 기계)
>   다. 버니어캘리퍼스(자로 재기 힘든 물체의 두께, 지름 따위를 재는 기계)
>   라. 트랜싯(각도를 측정하는 기기로 같은 수준의 기능 및 성능을 갖춘 측량기기를 갖춘 경우도 인정한다)
>   마. 체인블록 및 레버블록(체인 또는 레버를 이용하여 중량물을 달아 올리거나 수직·수평·경사로 이동시키는 데 사용하는 기구)
>   바. 전기테스터기
>   사. 송수신기

③ 법 제82조제1항 후단에 따른 "대통령령으로 정하는 중요한 사항"이란 ⅰ) 업체의 명칭(상호), ⅱ) 업체의 소재지, ⅲ) 대표자의 성명, ⅳ) 업체의 보유인력의 사항을 말한다(산안법 시행령 제72조제2항).

2) 타워크레인 설치·해체업의 등록절차

① 사업주는 제1항에 따라 등록한 자로 하여금 타워크레인을 설치하거나 해체하는 작업을 하도록 하여야 한다(산안법 제82조제2항). 제1항에 따른 등록 절차, 그 밖에 필요한 사항은 고용노동부령으로 정한다(산안법 제82조제3항).

② 타워크레인 설치·해체업을 등록하려는 자는 설치·해체업 등록신청서에 다음 각 호의 서류를 첨부하여 주된 사무소의 소재지를 관할하는 지방노동관서의 장에게 제출해야 한다(산안법 시행규칙 제106조제1항).

> 1. 영 [별표 22]에 따른 인력기준에 해당하는 사람의 자격과 채용을 증명할 수 있는 서류
> 2. 건물임대차계약서 사본이나 그 밖에 사무실의 보유를 증명할 수 있는 서류와 시설·장비명세서

③ 제1항에 따른 신청서를 제출받은 지방고용노동관서의 장은 「전자정부법」 제36조제1항에 따른 행정정보의 공동이용을 통하여 다음 각 호의 서류를 확인해야 한다. 다만, 제2호의 서류의 경우 신청인이 그 확인에 동의하지 않으면 해당 서류를 첨부하도록 해야 한다(산안법 시행규칙 제106조제2항).

> 1. 법인인 경우 : 법인등기사항증명서
> 2. 개인인 경우 : 사업자등록증명

④ 지방노동관서의 장은 타워크레인 설치·해체업 등록신청서를 접수하였을 때에 영 [별표 22]의 기준에 적합하면 그 등록신청서가 접수된 날부터 20일 이내에 등록신청서를 발급해야 한다(산안법 시행규칙 제106조제3항).

3) 타워크레인 설치·해체업의 등록취소

① 타워크레인 설치·해체업자가 다음 각 호의 어느 하나에 해당할 때에는 **지정을 취소하거나 6개월 이내의 기간을 정하여 그 업무의 정지**를 명할 수 있다. 다만, 제1호 및 제2호에 해당할 때에는 그 지정을 취소하여야 한다.

> 1. 거짓이나 그 밖의 부정한 방법으로 지정을 받은 경우
> 2. 업무정지 기간 중에 업무를 수행한 경우
> 3. 제1항에 의한 지정요건을 충족하지 못한 경우
> 4. 지정받은 사항에 위반하여 업무를 수행한 경우
> 5. 그 밖에 대통령령을 정하는 사유에 해당하는 경우

② 법 제82조제4항에 따라 준용되는 법 제21조제4항제5호에서 "대통령령으로 정하는 사유에 해당하는 경우"란 다음 각 호의 어느 하나에 해당하는 경우를 말한다(산안법 시행령 제73조).

> 1. 법 제38조에 따른 안전조치를 준수하지 않아 벌금형의 선고 또는 금고 이상의 형의 선고를 받은 경우
> 2. 법에 따르는 관계 공무원의 지도·감독을 거부·방해·기피한 경우

02 기계 · 기구 등의 안전인증

1 안전인증의 정의와 대상

(1) 안전인증의 정의

1) 안전인증의 정의

① 안전인증이란 **사업장에서 사용하는 기계 · 기구 등에 대하여 안전성을 믿고 사용할 수 있도록 시험과 검증을 하여 공적기관이 증명하는 행위**를 말한다. 안전인증은 제품의 성능에 결함이 있거나 기준에 미달되어 산업재해의 발생 가능성이 있기에 이를 사전에 예방하고자 방호장치의 품질을 확보하기 위하여 안전인증을 받도록 한 것이다.

② 유해 · 위험한 기계 · 기구는 안전인증을 받지 아니하면 **제조하거나 수입, 설치 및 이전 등을 할 수 없다.** 산업안전보건법에서는 안전인증기준, 안전인증의 대상 및 표시, 안전인증의 취소, 제조 등의 금지, 안전인증기관을 정하여 규제하고 있다.

안전인증의 종류	내용
의무인증	국가가 지정한 인증기관으로 의한 공적인증을 받는 것
자율안전확인	사업주가 스스로 자신의 제품에 대한 안전성으로 확인하고 신고하는 것
임의인증	의무대상이 아닌 제품에 대하여 S-Mark 인증을 받는 것

2) 안전인증기준

① 고용노동부장관은 유해하거나 위험한 기계 · 기구 · 설비 및 방호장치 · 보호구(이하 "유해 · 위험한 기계 · 기구 · 설비 등"이라 한다)의 안전성을 평가하기 위하여 그 안전에 관한 성능과 제조자의 기술능력 및 생산체계 등에 관한 안전인증 기준(이하 "안전인증기준"이라 한다)을 정하여 고시하여야 한다(산안법 제83조 제1항).

② 안전인증기준은 유해 · 위험기계등의 종류별, 규격 및 형식별로 정할 수 있다(산안법 제83조제2항). 기계 · 기구 등은 모든 대상을 포함하는 것이 아니라, 종류별 규격이나 형식에 따라 유해 · 위험성을 고려하여 안전인증의 대상이 되는지를 판단해야 한다.

3) 보호구의 자율안전확인

① 산업안전보건법 제83조제1항과 같은 법 시행령 제75조제1항제3호에 규정한 보호구에 대하여 「보호구 안전인증 고시(2023. 12. 18. 제2023-64호)」를 정하고 있다. 고시기준에서는 ⅰ) 안전모, ⅱ) 보안경, ⅲ) 보안면, ⅳ) 잠수기에 대한 정의와 성능기준 및 시험방법을 규정하고 있다.

② 안전모의 경우 시험방법은 전처리, 착용높이측정, 내관통성시험, 충격흡수성시험, 난연성시험, 턱끈풀림시험, 측면변형시험을 해야 한다. 안전모의 각부의 명칭은 다음과 같다.

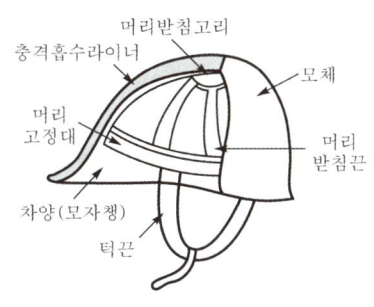

명칭		재료
모체		합성수지 또는 금속 (금속은 낙하 및 비래 방지용)
착장체	머리받침끈	합성수지, 합성섬유, 면 또는 가죽
	머리고정대	
	머리받침고리	
턱끈		발포스티로폼 또는 이것과 동등 이상의 충격흡수성능을 보유한 재료
모자챙(차양)		합성수지, 합성섬유, 면 또는 가죽

▮ 안전모의 구조 ▮

📖 안전모의 종류와 재질

종류(기호)	사용 구분	모체의 재질	비고
A	물체의 낙하 및 비래에 의한 위험을 방지 또는 경감시키기 위한 것	합성수지 금속	
AB	물체의 낙하 또는 비래 및 추락에 의한 위험을 방지 또는 경감시키기 위한 것	합성수지	
AE	물체의 낙하 및 비래에 의한 위험을 방지 또는 경감하고, 머리부위 감전에 의한 위험을 방지하기 위한 것	합성수지	내전압성
ABE	물체의 낙하 또는 비래 및 추락에 의한 위험을 방지 또는 경감하고, 머리부위 감전에 의한 위험을 방지하기 위한 것	합성수지	내전압성

(2) 안전인증의 신청대상

1) 안전인증의 신청대상기계등

① 유해·위험한 기계·기구·설비 등 중 근로자의 안전 및 보건에 위해를 미칠 수 있다고 인정되어 대통령령으로 정하는 것(이하 "안전인증대상기계 등"이라 한다)을 **제조하거나 수입하는 자**(고용노동부령으로 정하는 안전인증대상기계 등을 설치·이전하거나 주요 구조부분을 변경하는 자를 포함한다. 이하 이 조 및 제85조부터 제87조까지의 규정에서 같다)는 안전인증대상기계 등이 안전인증기준에 맞는지에 대하여 고용노동부장관이 실시하는 안전인증을 받아야 한다(산안법 제84조제1항).

② 산업안전보건법 제84조제1항에서 "대통령령으로 정하는 것"이란 다음 각 호의 어느 하나에 해당하는 것을 말한다(산안법 시행령 제74조제1항).

> 1. 다음 각 목에 해당하는 기계·기구 및 설비
>   가. 프레스
>   나. 전단기(剪斷機) 및 절곡기(折曲機)
>   다. 크레인
>   라. 리프트

마. 압력용기
　　　바. 롤러기
　　　사. 사출성형기(射出成形機)
　　　아. 고소(高所) 작업대
　　　자. 곤돌라
　2. 다음 각 목에 해당하는 방호장치
　　　가. 프레스 및 전단기 방호장치
　　　나. 양중기용(揚重機用) 과부하방지장치
　　　다. 보일러 압력방출용 안전밸브
　　　라. 압력용기 압력방출용 안전밸브
　　　마. 압력용기 압력방출용 파열판
　　　바. 절연용 방호구 및 활선작업용(活線作業用) 기구
　　　사. 방폭구조(防爆構造) 전기기계·기구 및 부품
　　　아. 추락·낙하 및 붕괴 등의 위험방지 및 보호에 필요한 가설기자재로서 고용노동부 장관이 정하여 고시하는 것
　　　자. 충돌·협착 등의 위험방지에 필요한 산업용 로봇 방호장치로서 고용노동부장관이 정하여 고시하는 것
　3. 다음 각 목에 해당하는 보호구
　　　가. 추락 및 감전 위험방지용 안전모
　　　나. 안전화
　　　다. 안전장갑
　　　라. 방진마스크
　　　마. 방독마스크
　　　바. 송기(送氣)마스크
　　　사. 전동식 호흡보호구
　　　아. 보호복
　　　자. 안전대
　　　차. 차광(遮光) 및 비산물(飛散物) 위험방지용 보안경
　　　카. 용접용 보안면
　　　타. 방음용 귀마개 또는 귀덮개

③ **안전인증의 대상**은 총 21종으로서 방호장치는 프레스 및 전단기 방호장치 등 9종이고, 보호구는 안전모(A형) 등 총 12종에 해당된다. 제품 사용상의 위험성으로 인해 안전성을 확보하기 위하여 의무안전인증으로 추가된 품목은 방호장치로서 압력용기 방력방출용 파열판이 있으며, 전동식 호흡보호구가 있다.

④ **자율안전확인신고의 대상**은 총 12종으로서 ⅰ) 아세틸렌용접장치 및 가스집합용접장치용 안전기 등 8종이며, ⅱ) 보호구는 범용으로 사용하는 안전모 A형 등 4종이 해당된다.

⑤ 또한 법 제84조제1항에서 "고용노동부령으로 정하는 안전인증대상기계 등"이란 다음 각 호의 기계 및 설비를 말한다(산안법 시행규칙 제107조). 따라서 기존의 공장을 다른 곳에 신설하면서 기계·기구를 분리 또는 해체하지 않고 원형대로 이전을 하더라도 안전인증을 받아야 한다.

> 1. 설치·이전하는 경우 안전인증을 받아야 하는 기계
>   가. 크레인
>   나. 리프트
>   다. 곤돌라
> 2. 주요 구조부분을 변경하는 경우 안전인증을 받아야 하는 기계 및 설비
>   가. 프레스
>   나. 전단기 및 절곡기(折曲機)
>   다. 크레인
>   라. 리프트
>   마. 압력용기
>   바. 롤러기
>   사. 사출성형기(射出成形機)
>   아. 고소(高所)작업대
>   자. 곤돌라

2) 안전인증대상의 규격과 형식

① 안전인증의 대상이 되는 기계기구 및 설비 등에 대하여는 의무적으로 안전인증을 받지 아니하면 사용이나 대여 및 양도 등을 할 수 없다. 안전인증대상 기계·기구가 다양하고, 설비까지 인증대상에 포함되는 점을 고려할 때, 분류기준을 정해 시행할 필요가 있다.

② 안전인증대상기계 등의 세부적인 종류, 규격 및 형식은 고용노동부장관이 정하여 고시한다(산안법 시행령 제74조제2항). 이동식 크레인 및 고소작업대 등 위험기계·기구에 의한 산업재해를 예방하고자 「위험기계·기구 안전인증고시(2020. 1. 15. 제2020-41호)」를 정하고 있다(이하에서는 "위험안전인증고시"라 한다).

③ 고용노동부장관은 법 제84조제1항과 산업안전보건법 시행령 제74조제1항제2호에 따른 「방호장치의 안전인증고시(2020. 1. 15. 고용노동부고시 제2020-33호)」를 정하고 있다. 이 고시에서는 **프레스, 전단기 및 절곡기, 리프트, 크레인, 압력용기, 롤러기, 사출성형기, 고소작업대, 곤돌라, 기계톱** 등을 정하고 있다. 고용노동부장관은 안전인증대상 기계·기구 등의 세부적인 종류, 규격 및 형식은 31가지로 구분하여 정한다.

④ 안전인증대상기계 등이 아닌 유해·위험기계 등을 제조하거나 수입하는 자가 유해·위험기계 등의 안전에 관한 성능 등을 평가받으려면 고용노동부장관에게 안전인증을 신청할 수 있다. 이 경우 고용노동부장관은 안전인증기준에 따라 안전인증을 할 수 있다(산안법 제84조제3항).

(3) 안전인증의 신청과 면제

1) 안전인증의 신청

① 안전인증의 신청부터 종결까지 업무처리 절차는 법률로 정하고 있다. 안전인증체계는 ⅰ) 도면, 사용방법 설명서 및 사용상의 주의사항 등이 제대로 갖추어져 있는지를 확인하는 **서면심사**, ⅱ) 사업장을 방문하여 제품안전시스템이 생산 및 사후관리에 걸쳐 적합하게 운영되는지를 확인하는 사업장 방문심사인 **기술능력 및 생산체계심사**, ⅲ) 매년 1회 이상 업장을 방문하여 인증 후 제품안전시스템을 적절하게 운영하고 있는지를 확인하고 필요한 경우 제품을 확인하는 **사후관리**가 있다.

② 안전인증(이하 "안전인증"이라 한다)을 받으려는 자는 심사종류별로 안전인증 신청서에 [별표 13]의 서류를 첨부하여 안전인증 업무를 위탁받은 기관(이하 "안전인증기관"이라 한다)에 제출(전자적 방법에 의한 제출을 포함한다)해야 한다. 이 경우 외국에서 유해하거나 위험한 기계·기구·설비 및 방호장치·보호구(이하 "유해·위험기계 등"이라 한다)를 제조하는 자는 국내에 거주하는 자를 대리인으로 선정하여 안전인증을 신청하게 할 수 있다(산안법 시행규칙 제108조제1항).

[시행규칙 별표 13] 안전인증을 위한 심사종류별 제출서류(제108조제1항 관련)

심사종류	법 제84조제1항 및 제3항에 따른 기계·기구 및 설비	법 제84조제1항 및 제3항에 따른 방호장치·보호구
예비심사	1. 인증대상 제품의 용도·기능에 관한 자료 2. 제품설명서 3. 제품의 외관도 및 배치도	왼쪽란과 같음
서면심사	다음 각 호의 서류 각 2부 1. 사업자등록증 사본 2. 수입을 증명할 수 있는 서류(수입하는 경우로 한정한다) 3. 대리인임을 증명하는 서류(제108조제1항 후단에 해당하는 경우로 한정한다) 4. 기계·기구 및 설비의 명세서 및 사용방법 설명서 5. 기계·기구 및 설비를 구성하는 부품 목록이 포함된 조립도 6. 기계·기구 및 설비에 포함된 방호장치 명세서 및 방호장치와 관련된 도면 7. 기계·기구 및 설비에 포함된 부품·재료 및 동체 등의 강도계산서와 관련된 도면(고용노동부장관이 정하여 고시하는 것만 해당한다)	다음 각 호의 서류 각 2부 1. 사업자등록증 사본 2. 수입을 증명할 수 있는 서류(수입하는 경우로 한정한다) 3. 대리인임을 증명하는 서류(제108조제1항 후단에 해당하는 경우로 한정한다) 4. 방호장치 및 보호구의 명세서 및 사용방법 설명서 5. 방호장치 및 보호구의 조립도·부품도·회로도와 관련된 도면 6. 방호장치 및 보호구의 앞면·옆면 사진 및 주요 부품 사진

심사종류		법 제84조제1항 및 제3항에 따른 기계·기구 및 설비	법 제84조제1항 및 제3항에 따른 방호장치·보호구
기술능력및 생산체계 심사		다음 각 호의 내용을 포함한 서류 1부 1. 품질경영시스템의 수립 및 이행 방법 2. 구매한 제품의 안전성 확인 절차 및 내용 3. 공정 생산·관리 및 제품 출하 전후의 사후 관리 절차 및 내용 4. 생산 및 서비스 제공에 대한 보완시스템 절차 5. 부품 및 제품의 식별관리체계 및 제품의 보존방법 6. 제품 생산 공정의 모니터링, 측정시험장치 및 장비의 관리방법 7. 공정상의 데이터 분석방법 및 문제점 발생 시 시정 및 예방에 필요한 조치방법 8. 부적합품 발생 시 처리 절차	왼쪽란과 같음
제품 심사	개별 제품 심사	다음 각 호의 서류 각 1부 1. 서면심사결과 통지서 2. 기계·기구 및 설비에 포함된 재료의 시험성적서 3. 기계·기구 및 설비의 배치도(설치되는 경우만 해당한다) 4. 크레인 지지용 구조물의 안전성을 증명할 수 있는 서류(구조물에 지지되는 경우만 해당하며, 정격하중 10톤 미만인 경우는 제외한다)	해당 없음
	형식별 제품 심사	다음 각 호의 서류 각 1부 1. 서면심사결과 통지서 2. 기술능력 및 생산체계 심사결과 통지서 3. 기계·기구 및 설비에 포함된 재료의 시험성적서	다음 각 호의 서류 각 1부 1. 서면심사결과 통지서 2. 기술능력 및 생산체계 심사결과 통지서(제110조 제1항제3호의 경우는 제외한다) 3. 방호장치 및 보호구에 포함된 재료의 시험성적서

③ 고용노동부고시(2020. 1. 15, 제2020-40호)은 「안전인증·자율안전확인신고의 절차에 관한 고시(이하에서는 "안전인증절차고시"라 한다)」에서는 산업안전보건법 제83조부터 제92조까지, 산업안전보건법 시행령 제74조 및 제77조, 산업안전보건법 시행규칙 제107조부터 제123조까지의 규정에 따른 안전인증과 자율안전확인의 신고 등과 관련하여 위임된 사항과 그 시행에 필요한 사항을 규정하고 있다.

④ 안전인증을 신청하는 경우에는 고용노동부장관이 정하여 고시하는 바에 따라 안전인증심사에 필요한 시료(試料)를 제출해야 한다(산안법 시행규칙 제108조제2항). 여기에서 "시료"란 영 제74조(안전인증대상기계·기구 등) 제1항제2호(프레스 및 전단기 등)와 제3호(보호구)에 따른 방호장치 및 보호구의 안전인증을 받기 위해 제출하는 제품을 말한다(안전인증절차 고시 제3조제1항제1호).

⑤ 안전인증신청서를 제출받은 안전인증기관은 「전자정부법」 제36조제1항에 따른 행정정보의 공동이용을 통하여 사업자등록증을 확인해야 한다. 다만, 신청인이 확인에 동의하지 않은 경우에는 해당 서류를 첨부하도록 해야 한다(산안법 시행규칙 제108조제3항). 이 경우 인증심사에 필요한 제출 시료의 수는 다음과 같다.

[안전인증절차 고시 별표 3] 안전인증 신청 시 제출 시료의 수(제4조제1항 관련)

1. 시행령 제74조제1항제2호의 방호장치 관련 제출 시료

구분	제출 시료 수량
절연용 방호구 및 활선작업용 기구	5개
파열판, 프레스 및 전단기(광전자식 방호장치에 한함)	3개
가설기자재	각 3개(시험 항목별)
방폭용 전기·기계 등 기타 방호장치	1개

2. 시행령 제74조제1항제3호 보호구 관련 제출 시료

구분	종류별 제출 시료 수량
안전모	① 낙하·비래 및 추락방지용(AB) : 25개 ② 낙하·비래 및 감전방지용(AE) : 10개 ③ 낙하·비래, 추락 및 감전방지용(ABE) : 25개
안전대	① 벨트식 : 5개 ② 안전그네식 : 8개
안전화	8개
보안경	14개
안전장갑	① 내전압용 : 5개 ② 유기화합물용 : 8개
용접용 보안면	14개
방진마스크	① 분리식 : 안면부 20개(여과재 별도 30개 추가) ② 안면부 여과식 : 50개
방독마스크	안면부 20개(정화통 또는 여과재 별도 30개 추가)
귀마개(귀덮개)	10개
송기마스크	5개
전동식 호흡보호구	① 방진용 : 완성품 20개(여과재 별도 30개 추가) ② 방독용 : 완성품 20개(정화통 또는 여과재 별도 30개 추가) ③ 후드 및 보안면용 : 완성품 20개(정화통 또는 여과재 별도 30개 추가)
보호복	8개

2) 안전인증의 심사
① 유해·위험기계등이 안전인증기준(이하 "안전인증기준"이라 한다)에 적합한지를 확인하기 위하여 안전인증기관이 하는 심사는 다음 각 호와 같다(산안법 시행규칙 제110조제1항).

> 1. 예비심사 : 기계 및 방호장치·보호구가 유해·위험기계 등인지를 확인하는 심사(법 제84조제3항에 따라 안전인증을 신청한 경우만 해당한다)
> 2. 서면심사 : 유해·위험기계 등의 종류별 또는 형식별로 설계도면 등 유해·위험기계 등의 제품기술과 관련된 문서가 안전인증기준에 적합한지에 대한 심사
> 3. 기술능력 및 생산체계심사 : 유해·위험기계 등의 안전성능을 지속적으로 유지·보증하기 위하여 사업장에서 갖추어야 할 기술능력과 생산체계가 안전인증기준에 적합한지에 대한 심사. 다만, 다음 각 목의 어느 하나에 해당하는 경우에는 기술능력 및 생산체계 심사를 생략한다.
>   가. 영 제74조제1항제2호 및 제3호에 따른 방호장치 및 보호구를 고용노동부장관이 정하여 고시하는 수량 이하로 수입하는 경우
>   나. 제4호가목의 개별 제품심사를 하는 경우
>   다. 안전인증(제4호나목의 형식별 제품심사를 하여 안전인증을 받은 경우로 한정한다)을 받은 후 같은 공정에서 제조되는 같은 종류의 안전인증대상기계 등에 대하여 안전인증을 하는 경우
> 4. 제품심사 : 유해·위험기계 등이 서면심사 내용과 일치하는지 여부와 유해·위험기계 등의 안전에 관한 성능이 안전인증기준에 적합한지 여부에 대한 심사. 다만, 다음 각 목의 심사는 유해·위험기계 등급별로 고용노동부장관이 정하여 고시하는 기준에 따라 어느 하나만을 받는다.
>   가. 개별 제품심사 : 서면심사 결과가 안전인증기준에 적합할 경우에 유해·위험기계 등 모두에 대하여 하는 심사(안전인증을 받으려는 자가 서면심사와 개별 제품심사를 동시에 할 것을 요청하는 경우 병행하여 할 수 있다)
>   나. 형식별 제품심사 : 서면심사와 기술능력 및 생산체계 심사 결과가 안전인증기준에 적합할 경우에 유해·위험기계등의 형식별로 표본을 추출하여 하는 심사(안전인증을 받으려는 자가 서면심사, 기술능력 및 생산체계 심사와 형식별 제품심사를 동시에 할 것을 요청하는 경우 병행하여 할 수 있다)

② 유해·위험기계 등의 종류별 또는 형식별 심사의 절차 및 방법은 고용노동부장관이 정하여 고시한다(산안법 시행규칙 제110조제2항). 이 경우 심사를 위해 ⅰ) 기계·기구 등을 구성하는 부품·재료 및 완성품 등의 개별부품도, 구조·강도계산서 등의 검토를 위해 필요한 상세도, ⅱ) 전기부품의 경우 전기회로도 등 전기관련 도면, ⅲ) 유압·공압 부품의 경우 회로도 등 관련 도면을 제출받게 된다.

③ 안전인증기관은 제108조제1항에 따라 안전인증신청서를 제출받으면 다음 각 호에서 정한 심사 종류별 기간 내에 심사하여야 한다. 다만, 제품심사의 경우 처리 기간 내에 심사를 끝낼 수 없는 부득이한 사유가 있을 때에는 15일의 범위에서 심사기간을 연장할 수 있다(산안법 시행규칙 제110조제3항).

1. 예비심사 : 7일
2. 서면심사 : 15일(외국에서 제조한 경우는 30일)
3. 기술능력 및 생산체계 심사 : 30일(외국에서 제조한 경우는 45일)
4. 제품심사
   가. 개별 제품심사 : 15일
   나. 형식별 제품심사 : 30일(영 제74조제1항제2호사목의 방호장치와 같은 항 제3호가 목부터 아목까지의 보호구는 60일)

심사종류별 내용 · 시기 및 기간

심사종류		심사내용	심사시기	심사기간
예비심사		의무안전인증대상기계·기구 등이 아닌 대상품이 안전인증 대상에 적합한지 여부(임의 안전인증만 해당)	서면심사 실시 전	7일
서면심사		안전인증대상기계·기구 등의 종류별 또는 형식별로 설계도면 등 기술문서가 안전인증기준에 적합한지 여부	안전인증대상 기계·기구 등 생산 전	15일(외국제품 30일)
기술능력 · 생산체계심사		안전인증대상기계·기구 등의 안전성능을 지속적으로 유지·보증하기 위하여 사업장의 기술능력과 생산체계가 안전인증기준과 적합한지 여부	서면심사 합격 후 형식별제품 심사 실시 전	30일 (외국제품 45일)
제품 심사	형식별 제품 심사	안전인증대상기계·기구 등의 안전에 관한 성능이 안전인증기준에 적합한지 여부를 형식별로 심사	안전인증대상 기계·기구등을 생산하여 출고하기 전	① 방폭구조 전기기계기구 및 부품, 안전모, 안전화, 안전장갑, 방진마스크, 방독마스크, 송기마스크, 전동식 호흡보호구, 보호복 : 60일 ② ①을 제외한 나머지 의무안전인증대상 기계기구 : 30일
	개별 제품 심사	안전인증대상기계·기구 등의 안전에 관한 성능이 안전인증기준에 적합한지 여부를 개별 제품별로 심사	① 최초 설치 또는 이전 설치를 완료한 때 ② 생산과정 또는 생산 완료 후 출고 전	15일
확인심사		제조자가 안전인증을 받을 당시 서면심사 내용 및 기술능력·생산체계를 지속적으로 유지하고 제품을 생산하고 있는지 여부 등을 심사	① 의무안전인증 매년 실시 ② 임의인증대상의 경우는 2년마다 실시	

※ 제품심사의 경우에 한해 부득이한 사유가 있을 경우 15일의 범위에서 심사기간 연장 가능

④ 안전인증기관은 제3항에 따른 심사가 끝나면 안전인증을 신청한 자에게 심사결과통지서를 발급해야 한다. 이 경우 해당 심사 결과가 모두 적합한 경우에는 안전인증서를 함께 발급해야 한다(산안법 시행규칙 제110조제4항).

⑤ 안전인증기관은 안전인증대상기계 등이 **특수한 구조 또는 재료로 제조되어 안전인증기준의 일부를 적용하기 곤란할 경우** 해당 제품이 안전인증기준과 같은 수준 이상의 안전에 관한 성능을 보유한 것으로 인정(안전인증을 신청한 자의 요청이 있거나 필요하다고 판단되는 경우를 포함한다)되면 「산업표준화법」 제12조에 따른 한국산업표준 또는 관련 국제규격 등을 참고하여 안전인증기준의 일부를 생략하거나 추가하여 제1항제2호 또는 제4호에 따른 심사를 할 수 있다(산안법 시행규칙 제110조제5항).

(4) 안전인증의 면제와 인증기준의 확인 등

1) 안전인증의 면제대상과 면제신청

① 고용노동부장관은 다음 각 호의 어느 하나에 해당하는 경우에는 고용노동부령이 정하는 바에 따라 제1항에 따른 안전인증의 전부 또는 일부를 면제할 수 있다(산안법 제84조제2항).

> 1. 연구·개발을 목적으로 제조·수입하거나 수출을 목적으로 제조하는 경우
> 2. 고용노동부장관이 정하여 고시하는 외국의 안전인증기관에서 인증을 받은 경우
> 3. 다른 법령에서 안전성에 관한 검사나 인증을 받은 경우

② 이 경우 제2호에서 "고용노동부장관이 정하여 고시하는 외국의 안전인증기관에서 인증을 받은 경우"란 고용노동부 고시(2020. 1. 15. 제2020-40호)에 규정한 공인인증기관으로서 국제시험기관인정협력체(ILAC) 또는 아시아태평양시험기관인정협력체(APLAC)에 가입한 인정기구로부터 시험기관 또는 검사기관으로 공인을 받은 기관을 말한다(안전인증절차 고시 제4호 나목).

③ 산업안전보건법 제84조제1항에 따른 안전인증대상기계 등(이하 "안전인증대상기계 등"이라 한다)이 다음 각 호의 어느 하나에 해당하는 경우 법 제84조제1항에 따른 안전인증을 전부 면제한다(산안법 시행규칙 제109조제1항).

> 1. 연구·개발을 목적으로 제조·수입하거나 수출을 목적으로 제조하는 경우
> 2. 「건설기계관리법」 제13조제1항제1호부터 제3호까지에 따른 검사를 받은 경우 또는 같은 법 제18조에 따른 형식승인을 받거나 같은 조에 따른 형식신고를 한 경우
> 3. 「고압가스 안전관리법」 제17조제1항에 따른 검사를 받은 경우
> 4. 「광산보안법」 제9조에 따른 검사 중 광업시설의 설치공사 또는 변경공사가 완료된 때에 받는 검사를 받은 경우
> 5. 「방위사업법」 제28조제1항에 따른 품질보증을 받은 경우
> 6. 「선박안전법」 제7조에 따른 검사를 받은 경우
> 7. 「에너지이용 합리화법」 제39조제1항 및 제2항에 따른 검사를 받은 경우
> 8. 「원자력안전법」 제16조제1항에 따른 검사를 받은 경우

> 9. 「위험물안전관리법」 제8조제1항 또는 제20조제2항에 따른 검사를 받은 경우
> 10. 「전기사업법」 제63조에 따른 검사를 받은 경우
> 11. 「항만법」 제26조제1항제1호・제2호 및 제4호에 따른 검사를 받은 경우
> 12. 「화재예방, 소방시설설치・유지 및 안전관리에 관한 법률」 제36조제1항에 따른 형식승인을 받은 경우

④ 안전인증대상기계 등이 다음 각 호의 어느 하나에 해당하는 인증 또는 시험을 받았거나 그 일부 항목이 법 제83조제1항에 따른 안전인증기준(이하 "안전인증기준"이라 한다)과 같은 수준 이상인 것으로 인정되는 경우에는 해당 인증 또는 시험이나 그 일부 항목에 한하여 법 제84조제1항에 따라 안전인증을 면제한다(산안법 시행규칙 제109조제2항).

> 1. 고용노동부장관이 정하여 고시하는 외국의 안전인증기관에서 인증을 받은 경우
> 2. 국제전기기술위원회(IEC)의 국제방폭전기기계・기구 상호인정제도(IECEx Scheme)에 따라 인증을 받은 경우
> 3. 「국가표준기본법」에 따른 시험・검사기관에서 실시하는 시험을 받은 경우
> 4. 「산업표준화법」 제15조에 따른 인증을 받은 경우
> 5. 「전기용품 및 생활용품 안전관리법」 제5조에 따른 안전인증을 받은 경우

2) 면제신청서와 면제확인서

① 법 제84조제2항제1호에 따라 안전인증이 면제되는 안전인증대상기계 등을 제조하거나 수입하는 자는 **해당 공산품의 출고 또는 통관 전에** 안전인증 면제신청서에 다음 각 호의 서류를 첨부하여 안전인증기관에 제출해야 한다(산안법 시행규칙 제109조제3항). 이 경우 신청서에 제품현황과 신청부문에 관한 사항을 기재하여야 한다.

> 1. 제품 및 용도설명서
> 2. 연구・개발을 목적으로 사용되는 것임을 증명하는 서류

② 안전인증기관은 안전인증 면제신청을 받으면 이를 확인하고 안전인증 면제확인서를 발급해야 한다(산안법 시행규칙 제109조제4항). 확인서에는 ⅰ) **신청인의 사업장명**, ⅱ) **사업장관리번호**, ⅲ) **사업자등록번호**, ⅳ) **대표자 성명**, ⅴ) **소재지를 기록**하여야 한다. 또한 면제사항에 대하여 면제확인번호, 인증번호, 안전인증대상 기계・기구명, 형식(규격)과 용량(등급)을 기록하고, 면제내용에는 면제항목과 면제 사유, 안전인증 면제 유효기간을 정해야 한다.

3) 안전인증기준의 확인점검

① 고용노동부장관은 제1항 및 제3항에 따른 안전인증(이하 "안전인증"이라 한다)을 받은 자가 안전인증 기준을 지키고 있는지를 **3년 이하의 범위에서 고용노동부령으로 정하는 주기마다 확인**하여야 한다. 다만, 제2항에 따라 안전인증의 일부를 면제받은 경우에는 고용노동부령으로 정하는 바에 따라 확인의 전부 또는 일부를 생략할 수 있다(산안법 제84조제4항).

② 안전인증기관은 법 제84조제4항에 따라 안전인증을 받은 자에 대하여 다음 각 호의 사항을 확인해야 한다(산안법 시행규칙 제111조제1항).

> 1. 안전인증서에 적힌 제조 사업장에서 해당 유해·위험기계 등을 생산하고 있는지 여부
> 2. 안전인증을 받은 유해·위험기계 등이 안전인증기준에 적합한지 여부(이 경우 심사 종류 및 방법은 제110조제1항제4호를 준용한다)
> 3. 제조자가 안전인증을 받을 당시의 기술능력·생산체계를 지속적으로 유지하고 있는지 여부
> 4. 유해·위험기계 등이 서면심사 내용과 같은 수준 이상의 재료 및 부품을 사용하고 있는지 여부

③ 법 제84조제4항에 따라 안전인증기관은 안전인증을 받은 자가 안전인증기준을 지키고 있는지를 **2년에 1회 이상 확인**해야 한다. 다만, 다음 각 호에 모두 해당하는 경우에는 **3년에 1회 확인**할 수 있다(산안법 시행규칙 제111조제2항).

> 1. 최근 3년 동안 법 제86조제1항에 따라 안전인증이 취소되거나 안전인증 표시의 사용금지 또는 개선명령을 받은 사실이 없는 경우
> 2. 최근 2회의 확인 결과 기술능력 및 생산체계가 고용노동부장관이 정하는 기준 이상인 경우

4) 안전인증 제품의 자료의 제출 등

① 고용노동부장관은 근로자의 안전·보건에 필요하다고 인정하는 경우 안전인증대상기계 등을 제조·수입 또는 판매하는 자에게 고용노동부령으로 정하는 바에 따라 해당 안전인증대상기계 등의 제조·수입·판매에 관한 자료를 공단에 제출하게 할 수 있다(산안법 제84조제6항).

② 지방고용노동관서의 장은 법 제84조제6항에 따라 안전인증대상기계 등을 제조·수입 또는 판매하는 자에게 자료의 제출을 요구할 때에는 10일 이상의 기간을 정하여 문서로 요구하되, 부득이한 사유가 있을 때에는 신청을 받아 30일의 범위에서 그 기간을 연장할 수 있다(산안법 시행규칙 제113조).

2 안전인증대상기계 등의 성능평가

(1) 안전인증대상기계 등의 인증

① 안전인증대상의 기계·기구·설비는 종류도 다양하고, 심사항목도 각기 다르다. 그래서 고용노동부장관은 안전인증기준, 안전인증의 신청·방법 및 절차 등 필요한 사항은 고시 기준으로 정하고 있다.

② 일반적으로 제품 생산지가 다르면 사용부품, 재질, 생산설비, 제조 및 품질관리 방법이 다른 것이 통례이므로 각각 인증을 받아야 한다.

③ 기술능력 및 생산체계 심사는 생산현장의 특성을 반영하는 것으로 제조공장의 주소지가 다르다면 기술능력 및 생산체계 심사는 각각 받아야 한다. 다만, **동일한 제조도면, 동등 부품 및 재질을 사용한 경우**에는 서면심사가 면제될 것으로 판단되고, 동일한 국가에서 동일제품을 제조공장이

다른 곳에서 생산한 경우 기술능력 및 생산체계심사의 신청 시 소재지를 구분·표기하여 신청해야 한다.

(2) 안전인증대상의 방호장치기준

① 안전인증대상의 기계·기구·설비에 대한 「방호장치 안전인증(2020. 1. 15. 고용노동부 고시 제2020-33호)」에 따른다. 이 고시는 산업안전보건법 제84조제1항과 산업안전보건법 시행령 제74조제1항제2호에 따른 방호장치의 안전인증기준을 규정함을 목적으로 한다.

② **안전인증대상이 되는 방호장치의 고시기준**은 기계·기구 등의 유형에 따라 ⅰ) 프레스 또는 전단기 방호장치, ⅱ) 양중기용 과부하장치, ⅲ) 보일러 또는 압력용기 압력방출용 안전밸브, ⅳ) 압력용기 압력방출용 파열판, ⅴ) 절연용 보호구 및 활선작업용 기구(절연덮개, 선로호스, 절연매트, 절연담요, 절연봉) 등에 대하여 안전인증 기준을 정하고 있다.

(3) 전기·기계기구 등 방폭구조 및 부품

① **방폭구조는 전기기계·기구 등에 대하여 감전, 가스폭발, 화재, 증기 및 가스, 발화, 분진 침입이나 분진폭발에 의한 안전사고를 예방하기 위하여 방호조치를 하는 것**을 말한다. 이러한 방호조치는 안전밸브나 파열판을 부착하는 방법, 차폐시설이나 방호 설비를 설치하는 방법 등 다양하다.

② 방폭구조는 일정한 상황에서 안전성을 유지하도록 성능수준을 갖추어야 한다. 성능수준에 미달하는 전기기계·기구 등의 제품은 사용이나 판매를 규제해야 한다.

③ **방폭구조의 종류**는 대상·용도·방법에 따라 다음과 같이 구분할 수 있다. 전기기기의 방폭구조는 내압, 협극, 유입, 안전 증대, 본질안전, 특수 방폭구조 등을 충족하여야 한다.

구분	방폭구조의 개념
내압방폭구조	대상 폭발성가스에 대하여 점화능력을 가진 전기불꽃 또는 고온부위에 대하여 기기 내부에서 폭발성가스의 폭발이 발생하여도 그 기기가 그 폭발압력에 견디거나 주위의 폭발성가스에 의해 파급하지 않도록 되어 있는 구조
압력방폭구조	용기 내부에 공기, 질소, 탄산가스 등의 보호가스를 대기압 이상으로 봉입(封入)하여 당해 용기 내부에 가연성 가스 또는 증기가 침입하지 못하도록 한 구조
안전증방폭구조	제품이나 장비의 내부 또는 외부에서 고온이나 불꽃에 의해 발화로 폭발하는 것을 방지하기 위해 안전도를 증가시킨 구조
유입방폭구조	가연성가스, 증기, 분진 등이 존재하여 폭발의 우려가 있는 경우에 전기설비의 안전을 도모하기 위해 전기기계기구의 전기불꽃 또는 아크를 발생하는 부분을 기름 속에 수용하고, 기름 면 위에 존재하는 폭발성가스에 인화될 우려가 없도록 되어 있는 구조
본질안전방폭구조	위험한 장소에서 사용되는 전기회로(전기기기의 내부 회로 및 외부 배선의 회로)에서 정상 시 및 사고 시에 발생하는 전기불꽃 또는 열이 폭발성가스에 점화되지 않는 것으로 점화시험 등에 의해 확인된 구조
비점화방폭구조	정상동작 시 주변의 폭발성가스 또는 증기에 의해 점화시키지 않고 점화 가능한 고장이 생기지 않는 구조
몰드방폭구조	불꽃이나 열 등에 의하여 폭발·점화하지 않도록 부품 등을 고체상태의 수지 속에 메워 넣고 굳힌 방법의 구조

구분	방폭구조의 개념
충전방폭구조	폭발성가스 등에 의하여 폭발·발화되는 것을 방지하기 위하여 틈새 또는 빈 공간을 충전재로 채워서 방지하는 구조
분진방폭구조	틈새, 접합면 등으로 분진이 용기 내에 침입하지 않도록 한 구조
방진방폭구조	분진폭발을 예방하기 위해서는 분진의 모양, 크기, 형태, 재질의 성질 등에 고려한 방진구조

④ **방폭기기 안전인증 시 적용 시험 항목**은 방폭 구조별로 고용노동부고시로 정하며, 시험 항목으로 정리하면 다음과 같다.

방폭구조	시험항목
공통	구조검사, 온도시험, 충격시험, 낙하시험, 인장시험, 열충격시험, 열안전시험, 회전력시험
내압방폭구조	폭발강도시험(수압시험), 폭발인화시험
압력방폭구조	내부압력유지시험, 보호장치동작시험
안전증방폭구조	트래킹시험, 용기보호등급시험(IP), 보호장치동작시험, 절연성능시험
유입방폭구조	발화시험, 절연성능시험, 개폐시험, 보호장치 동작시험
본질안전방폭구조	불꽃점화시험, 절연성능시험, 트래킹시험, 보호장치 동작시험
비점화방폭구조	내열시험, 차단시험, 밀봉시험, 내전압시험, 노화시험, 과압시험, 절연성능시험
몰드방폭구조	수분함유량시험, 열주기시험, 방전시험, 내전압시험, 절연내력시험
충전방폭구조	충전재시험, 내전압시험, 용기보호등급시험(IP), 압력시험
분진방폭구조	기계적 강도시험, 방진시험, 토크시험, 온도시험, 열충격시험
방진방폭구조	방진시험, 온도시험

3 안전인증의 표시 및 취소 등

(1) 안전인증의 표시 및 취소

1) 안전인증의 표시 등

① 안전인증의 대상은 **기계기구, 방호장치, 보호구로 구분**된다. 사업주는 자기 사업장에 해당 인증대상기계 등이 있으면 안전인증을 받은 것인지 반드시 확인해야 한다.

② 안전인증을 받은 자는 안전인증을 받은 유해·위험 등이나 이를 담은 용기 또는 포장에 고용노동부령으로 정하는 바에 따라 안전인증의 표시(이하 "안전인증표시"라 한다)를 하여야 한다(산안법 제85조제1항).

③ 안전인증을 받은 유해·위험기계 등이 아닌 것은 안전인증표시 또는 이와 유사한 표시를 하거나 안전인증에 관한 광고를 해서는 아니 된다(산안법 제85조제2항). **안전인증을 받은 유해·위험기계 등을 제조·수입·양도·대여하는 자는 안전인증표시를 임의로 변경하거나 제거하여서는 아니 된다**(산안법 제85조제3항).

④ 고용노동부장관은 다음 각 호의 어느 하나에 해당하면 안전인증표시나 이와 유사한 표시를 제거할 것을 명하여야 한다(산안법 제85조제4항).

> 1. 제2항을 위반하여 안전인증 표시나 이와 유사한 표시를 한 경우
> 2. 제86조제1항에 따라 안전인증이 취소되거나 안전인증 표시의 사용 금지 명령을 받은 경우

⑤ 법 제85조 제1항에 따른 안전인증의 표시 중 안전인증대상기계 등의 안전인증의 표시 및 표시방법은 [별표 14]와 같다(산안법 시행규칙 제114조제1항). 이 경우 안전인증은 대한민국 정부에 의한 국가표시(korean standard)의 일종으로 표시기준과 표시방법을 정한 것으로 국가표준 기본법령에 따른다.

⑥ 안전인증을 받은 자는 안전인증표시(KCs)를 제품의 알아보기 쉬운 곳에 붙여야 한다. 다만, 제품의 크기, 구조 등으로 인하여 제품에 직접 표시하는 것이 불가능한 경우 제품을 담은 용기 또는 포장 등에 이를 붙일 수 있다.

🏛 **[시행규칙 별표 14] 안전인증 및 자율안전확인의 표시 및 표시방법**(제114조제1항 및 제121조 관련)

1. 표시

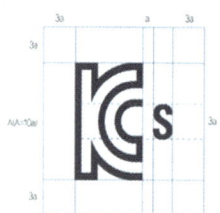

2. 표시방법
   가. 표시는 「국가표준기본법」 시행령 제15조의7제1항에 따른 표시기준 및 방법에 따른다.
   나. 표시를 하는 경우 인체에 상해를 입힐 우려가 있는 재질이나 표면이 거친 재질을 사용해서는 안 된다.

⑦ 법 제85조제1항에 따른 안전인증의 표시 중 법 제84조제3항에 따른 안전인증대상기계 등이 아닌 유해·위험기계 등의 안전인증의 표시 및 표시방법은 [별표 15]와 같다(산안법 시행규칙 제114조제2항).

🏛 **[시행규칙 별표 15]** 안전인증대상기계등이 아닌 유해·위험기계등의 안전인증의 표시 및 표시방법
(제114조제2항 관련)

1. 표시

 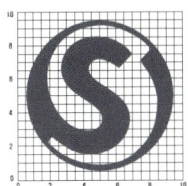

2. 표시방법
  가. 표시의 크기는 유해·위험기계 등의 크기에 따라 조정할 수 있다.
  나. 표시의 표상을 명백히 하기 위하여 필요한 경우에는 표시 주위에 한글·영문 등의 글자로 필요한 사항을 덧붙여 적을 수 있다.
  다. 표시는 유해·위험기계 등이나 이를 담은 용기 또는 포장지의 적당한 곳에 붙이거나 인쇄하거나 새기는 등의 방법으로 해야 한다.
  라. 표시는 테두리와 문자를 파란색, 그 밖의 부분을 흰색으로 표현하는 것을 원칙으로 하되, 안전인증표시의 바탕색 등을 고려하여 테두리와 문자를 흰색, 그 밖의 부분을 파란색으로 표현할 수 있다. 이 경우 파란색의 색도는 2.5PB 4/10으로, 흰색의 색도는 N9.5로 한다[색도기준은 한국산업표준(KS)에 따른 색의 3속성에 의한 표시방법(KS A 0062)에 따른다].
  마. 표시를 하는 경우에 인체에 상해를 입힐 우려가 있는 재질이나 표면이 거친 재질을 사용해서는 안 된다.

2) 안전인증의 취소 등
  ① 고용노동부장관은 안전인증을 받은 자가 다음 **각 호의 어느 하나에 해당하면 안전인증을 취소**하거나 6개월 이내의 기간을 정하여 안전인증표시의 사용을 금지하거나 안전인증기준에 맞게 개선하도록 명할 수 있다. 다만, 제1호의 경우에는 안전인증을 취소하여야 한다(산안법 제86조제1항).

  > 1. 거짓이나 그 밖의 부정한 방법으로 안전인증을 받은 경우
  > 2. 안전인증을 받은 유해·위험기계 등의 안전에 관한 성능 등이 안전인증 기준에 맞지 아니하게 된 경우
  > 3. 정당한 사유 없이 제84조제4항에 따른 확인을 거부, 기피 또는 방해하는 경우

  ② 고용노동부장관은 안전인증을 취소한 경우에는 고용노동부령으로 정하는 바에 따라 그 사실을 관보에 공고하여야 한다(산안법 제86조제2항). 안전인증이 취소된 자는 **안전인증이 취소된 날부터 1년 이내**에는 같은 규격과 형식의 유해·위험기계 등에 대하여 안전인증을 신청할 수 없다(산안법 제86조제3항).
  ③ 지방고용 노동관서의 장은 법 제86조제1항에 따라 안전인증을 취소한 경우에는 고용노동부장관에게 보고해야 한다(산안법 시행규칙 제115조제1항).

④ 고용노동부장관은 법 제86조제1항에 따라 **안전인증을 취소한 경우에는 안전인증을 취소한 날부터 30일 이내**에 다음 각 호의 사항을 관보와「신문 등의 진흥에 관한 법률」제9조제1항에 따라 그 보급지역을 전국으로 하여 등록한 일반 일간신문 또는 인터넷 등에 공고해야 한다(산안법 시행규칙 제115조제2항).

> 1. 유해 · 위험한 기계 · 기구 · 설비 등의 명칭 및 형식번호
> 2. 안전인증번호
> 3. 제조자(수입자) 및 대표자
> 4. 사업장 소재지
> 5. 취소 일자 및 취소사유

(2) 제조 등의 금지 및 수거 · 파기 명령

1) 안전인증대상기계 등의 제조 등의 금지 등

① 누구든지 다음 각 호의 어느 하나에 해당하는 안전인증대상기계 등을 제조 · 수입 · 양도 · 대여 · 사용하거나 양도 · 대여의 목적으로 진열할 수 없다(산안법 제87조제1항).

② 고용노동부장관은 제1항을 위반하여 안전인증대상기계 등을 제조 · 수입 · 양도 · 대여하는 자에게 고용노동부령으로 정하는 바에 따라 그 안전인증대상기계 · 기구 등을 수거하거나 파기할 것을 명할 수 있다(산안법 제87조제2항).

> 1. 제84조제1항에 따른 안전인증을 받지 아니한 경우(같은 조 제2항에 따라 안전인증이 전부 면제되는 경우는 제외한다)
> 2. 안전인증기준에 맞지 아니하게 된 경우
> 3. 제86조제1항에 따라 안전인증이 취소되거나 안전인증표시의 사용금지 명령을 받은 경우

2) 기계 · 기구 등의 수거 · 파기 명령

① 지방고용노동관서의 장은 법 제87조제2항에 따른 수거 · 파기명령을 할 때에는 그 사유와 이행에 필요한 기간을 정하여 제조 · 수입 · 양도 · 대여하는 자에게 알려야 한다(산안법 시행규칙 제116조제1항).

② 지방고용노동관서의 장은 제1항에 따른 수거 · 파기명령을 받은 자가 **그 제품을 구성하는 부분품을 교체하여 결함을 개선하는 등 안전인증기준의 부적합 사유를 해소할 수 있는 경우**에는 해당 부분품에 대해서만 수거 · 파기할 것을 명령할 수 있다(산안법 시행규칙 제116조제2항).

③ 수거 · 파기명령을 받은 자가 명령에 따른 필요한 조치를 이행하면 그 결과를 관할 지방고용노동관서의 장에게 보고해야 한다(산안법 시행규칙 제116조제3항).

4 자율안전확인

(1) 자율안전확인

1) 자율안전확인의 정의

① 자율안전확인신고란 **생산기술이 보편화되어 제품의 시험만으로 안전관리가 가능한 제품과 기계 · 기구의 위험도를 고려하여 자율안전확인 신고대상으로 선정해 신고하는 행위**를 말한다.

② 여기서 신고란 법률에 의한 자율안전기준을 충족한다는 사실에 대하여 서면으로 작성한 서류를 제출하는 행위를 말한다. 실무에서는 신고 대신 "보고"라는 용어로 사용하기도 한다.

2) 자율안전확인의 신고자와 면제 사유

① 안전인증대상기계 등이 아닌 유해 · 위험기계 등으로서 대통령령으로 정하는 것(이하 "자율안전확인대상 기계 · 기구 등"이라 한다)을 제조하거나 수입하는 자는 자율안전확인대상기계 등의 안전에 관한 성능이 고용노동부장관이 정하여 고시하는 안전기준(이하 "자율안전기준"이라 한다)에 맞는지 확인(이하 "자율안전 확인"이라 한다)하여 고용노동부장관에게 신고(신고한 사항을 변경하는 경우를 포함한다)하여야 한다. 다만, 다음 각 호의 어느 하나에 해당하는 경우에는 신고를 면제할 수 있다(산안법 제89조제1항).

> 1. 연구 · 개발을 목적으로 제조 · 수입하거나 수출을 목적으로 제조하는 경우
> 2. 제84조제3항에 따른 안전인증을 받은 경우(제86조제1항에 따라 안전인증이 취소되거나 안전인증표시의 사용 금지 명령을 받은 경우는 제외한다)
> 3. 다른 법령에 따라 안전성에 관한 검사나 인증을 받은 경우로서 고용노동부령으로 정하는 경우

② 법 제89조제1항제3호의 "고용노동부령으로 정하는 경우"란 다음 각 호의 어느 하나에 해당하는 경우를 말한다(산안법 시행규칙 제119조).

> 1. 「농업기계화 촉진법」 제9조에 따른 검정을 받은 경우
> 2. 「산업표준화법」 제15조에 따른 인증을 받은 경우
> 3. 「전기용품 및 생활용품 안전관리법」 제5조 및 제8조에 따른 안전인증 및 안전검사를 받은 경우
> 4. 국제전기기술위원회(IEC)의 국제방폭전기기계 · 기구 상호인정제도(IECEx Scheme)에 따라 인증을 받은 경우

③ 고용노동부장관은 제1항 각 호의 부분 본문에 따른 신고를 받은 경우 그 내용을 검토하여 이 법에 적합하면 신고를 수리하여야 한다(산안법 제89조제2항). 제1항 각 호 외의 부분 본문에 따라 신고를 한 자는 자율안전확인대상기계 등이 자율안전기준에 맞는 것임을 증명하는 서류를 보존하여야 한다(산안법 제89조제3항).

(2) 자율안전확인대상과 신고

① 자율안전확인대상으로 인정을 받을 수 있는 기계·기구·설비 등은 매우 다양하다. 산업안전보건법 제89조제1항 각 호 외의 부분 본문에서 "대통령령으로 정하는 것"이란 다음 각 호의 어느 하나에 해당하는 것을 말한다(산안법 시행령 제77 조제1항).

> 1. 다음 각 목의 어느 하나에 해당하는 기계·기구 및 설비
>   가. 연삭기 또는 연마기. 이 경우 휴대형은 제외한다.
>   나. 산업용 로봇
>   다. 혼합기
>   라. 파쇄기 또는 분쇄기
>   마. 식품가공용 기계(파쇄·절단·혼합·제면기만 해당한다)
>   바. 컨베이어
>   사. 자동차정비용 리프트
>   아. 공작기계(선반, 드릴기, 평삭·형삭기, 밀링만 해당한다)
>   자. 고정형 목재가공용 기계(둥근톱, 대패, 루타기, 띠톱, 모떼기 기계만 해당한다)
>   차. 인쇄기
> 2. 다음 각 목의 어느 하나에 해당하는 방호장치
>   가. 아세틸렌 용접장치용 또는 가스집합 용접장치용 안전기
>   나. 교류아크 용접기용 자동전격방지기
>   다. 롤러기 급정지장치
>   라. 연삭기 덮개
>   마. 목재 가공용 둥근톱 반발 예방장치와 날 접촉 예방장치
>   바. 동력식 수동대패용 칼날 접촉 방지장치
>   사. 추락·낙하 및 붕괴 등의 위험 방지 및 보호에 필요한 가설기자재(제74조제1항제2호아목의 가설기자재는 제외한다)로서 고용노동부장관이 정하여 고시하는 것
> 3. 다음 각 목의 어느 하나에 해당하는 보호구
>   가. 안전모(제74조제1항제3호가목의 안전모는 제외한다)
>   나. 보안경(제74조제1항제3호차목의 보안경은 제외한다)
>   다. 보안면(제74조제1항제3호카목의 보안면은 제외한다)

② 자율안전확인대상기계 등의 세부적인 종류, 규격 및 형식은 고용노동부장관이 정하여 고시한다(산안법 시행령 제77조제2항). 산업안전보건법 제89조제1항 및 산업안전보건법 시행령 제77조제1항제2호에 따른 「**방호장치 자율안전기준**(2022. 8. 30. 고용노동부고시 제2022-70호)」로 정하고 있다.

③ 제1항 각 호 외의 부분 본문에 따른 신고의 방법 및 절차, 그 밖에 필요한 사항은 고용노동부령으로 정한다(산안법 제89조제4항). 자율안전확인신고 등에 대하여는 「**안전인증, 자율안전확인신고의 절차에 관한 고시**(2022. 8. 30. 고용노동부고시 제2022-69호)」에서 자세히 규정하고 있다. 여기에는 기계기구설비와 보호구에 대하여 구벽 및 형식별 적용범위에 대한 20가지 유형을 명시하고 있다.

④ 법 제89조제1항에 따라 신고해야 하는 자는 같은 규정에 따른 자율안전확인대상기계 등(이하 "자율안전확인대상기계 등"이라 한다)을 출고하거나 수입하기 전에 자율안전확인 신고서에 다음 각 호의 서류를 첨부하여 공단에 제출(전자문서에 의한 제출을 포함한다)해야 한다(산안법 시행규칙 제120조제1항).

> 1. 제품의 설명서
> 2. 자율안전확인대상 기계·기구 등의 자율안전기준을 충족함을 증명하는 서류

⑤ 공단은 제1항에 따른 신고서를 제출받은 경우 「전자정부법」 제36조제2항에 따른 행정정보의 공동이용을 통하여 다음 각 호의 어느 하나에 해당하는 서류를 확인해야 한다. 다만, 제2호의 서류에 대해서는 신청인이 확인에 동의하지 아니하는 경우에는 해당 서류를 첨부하도록 해야 한다(산안법 시행규칙 제120조제2항). 이 경우 자율안전확인의 방법은 제조자가 스스로 **제품별 인증기준(자율안전기준) 및 절차에 따라 제품을 제작·시험**하고 기술문서 작성 후 인증마크를 부착하여야 한다.

> 1. 법인인 경우 : 법인등기사항증명서
> 2. 개인인 경우 : 사업자등록증명

(3) 자율안전확인표시 및 사용금지

1) 자율안전확인의 표시 등

① 제89조제1항 각 호 외의 부분 본문에 따라 신고를 한 자는 자율안전확인대상기계 등이나 이를 담은 용기 또는 포장에 고용노동부령으로 정하는 바에 따라 자율안전확인의 표시(이하 "자율안전확인표시"라 한다)를 하여야 한다(산안법 제90조제1항).

② 제89조제1항 각 호 외의 부분 본문에 따라 신고된 자율안전확인대상기계 등이 아닌 것은 자율안전확인표시 또는 이와 유사한 표시를 하거나 자율안전확인에 관한 광고를 해서는 아니 된다(산안법 제90조제2항).

③ 제89조제1항 각 호 외의 부분 본문에 따라 신고된 자율안전확인대상기계 등을 제조·수입·양도·대여하는 자는 자율안전확인표시를 임의로 변경하거나 제거하여서는 아니 된다(산안법 제90조제3항). 고용노동부장관은 다음 각 호의 어느 하나에 해당하는 경우에는 자율안전확인표시나 이와 유사한 표시를 제거할 것을 명하여야 한다(산안법 제90조제4항).

> 1. 제2항을 위반하여 자율안전확인표시나 이와 유사한 표시를 한 경우
> 2. 거짓이나 그 밖의 부정한 방법으로 제89조제1항에 따른 신고를 한 경우
> 3. 제91조제1항에 따라 자율안전확인표시의 사용 금지 명령을 받은 경우

📖 안전인증·자율안전확인 및 안전검사의 비교

구분	안전인증	자율안전확인·신고	안전검사
의무주체	국내제조자 및 국내로 수출하는 외국제조자	제조 및 수입하는 자	기계·설비를 사용하는 사업주
대상	위험기계·기구·설비 및 방호장치·보호구	안전인증대상 외의 위험기계·기구·설비 및 방호장치·보호구	위험기계·설비
실시시기	제조·설치·유통단계		사용단계
내용	기계·기구 등의 성능 및 품질관리시스템을 인증기준에 따라 정부 위탁기관에서 확인	기계·기구 등의 성능이 인증기준에 적합한 지 여부를 제조자가 확인하여 확인기관에 신고	정부 위탁기관이 기계·기구의 안전성을 확인(노사자율검사프로그램에 따라 검사를 실시하는 경우 안전검사 면제)
정기확인	연 1회 정기확인	없음	검사주기(1~2년) 도래 시 재검사 실시
표시	안전인증표시	자율안전확인표시	없음
제조·수입·양도·대여·설치·사용금지	안전인증 미실시 또는 인증이 취소된 제품	자율안전확인·신고를 하지 않은 제품	안전검사 미실시 또는 불합격제품(사용만 금지)
개선·수거·파기 명령	인증을 받지 않았거나, 인증이 취소된 경우	신고를 하지 않았거나, 안전기준에 부적합한 경우	없음
취소 등	인증취소·표시사용금지·허위·부정한 방법으로 인증받았거나, 인증기준에 부적합한 경우 등	표시사용금지·자율안전확인 기준에 부적합한 경우	없음

2) 자율안전확인표시의 사용금지 등

① 고용노동부장관은 제89조제1항 각 호 외의 부분 본문에 따라 신고된 자율안전확인대상기계 등의 안전에 관한 성능이 자율안전기준에 맞지 아니하게 된 경우에는 같은 항 각 호 외의 부분 본문에 따라 신고한 자에게 **6개월 이내의 기간을 정하여 자율안전확인표시의 사용을 금지**하거나 자율안전기준에 맞게 개선하도록 명할 수 있다(산안법 제91조제1항).

② 지방고용노동관서의 장은 법 제91조제1항에 따라 자율안전확인표시의 사용을 금지한 경우에는 이를 고용노동부장관에게 보고해야 한다(산안법 시행규칙 제122조제1항). 고용노동부장관은 제1항에 따라 자율안전확인표시의 사용을 금지한 때에는 그 사실을 관보에 공고하여야 한다(산안법 제91조제2항).

③ 고용노동부장관은 법 제91조제3항에 따라 자율안전확인표시 사용을 **금지한 날부터 30일 이내**에 다음 각 호의 사항을 관보나 인터넷 등에 공고해야 한다(산안법 시행규칙 제122조제2항).

> 1. 자율안전확인대상 기계 · 기구 등의 명칭 및 형식번호
> 2. 자율안전확인번호
> 3. 제조자(수입자)
> 4. 사업장 소재지
> 5. 사용금지 기간 및 사용금지 사유

(4) 제조 등의 금지와 수거 · 파기 등

1) 자율안전확인대상기계 등의 제조 등의 금지와 수거 · 파기

① 누구든지 다음 각 호의 어느 하나에 해당하는 자율안전확인대상기계 등을 제조 · 수입 · 양도 · 대여 · 사용하거나 양도 · 대여의 목적으로 진열할 수 없다(산안법 제92조제1항).

> 1. 제89조제1항 각 호 외의 부분 본문에 따른 신고를 하지 아니한 경우(같은 항 각 호 외의 부분 단서에 따라 신고가 면제되는 경우는 제외한다)
> 2. 거짓이나 그 밖의 부정한 방법으로 제89조제1항 각 호 외의 부분 본문에 따른 신고를 한 경우
> 3. 자율안전확인대상기계등의 안전에 관한 성능이 자율안전기준에 맞지 아니한 경우
> 4. 제91조제1항에 따라 자율안전확인표시의 사용 금지명령을 받은 경우

② 고용노동부장관은 제1항을 위반하여 자율안전확인대상기계 등을 제조 · 수입 · 양도 · 대여하는 자에게 고용노동부령으로 정하는 바에 따라 그 자율안전확인대상기계 등을 수거하거나 파기할 것을 명할 수 있다(산안법 제92조제2항).

2) 위반에 대한 조치

① 지방노동관서의 장은 자율안전확인대상기계 등의 제조 · 수입하는 자가 자율안전 확인신고를 하지 아니한 경우에는 즉시 범죄인지 보고 후 수사에 착수 및 제조 또는 수입을 중지하는 행정조치를 병행하고, 필요시 법 제92조제2항에 따른 수거 · 파기 명령(1,000만원 이하의 벌금)을 할 수 있다.

② 자율안전확인 신고를 한 자가 자율안전확인표시를 하지 않은 경우(법 제90조제1항 위반)에는 즉시 표시토록 행정조치하고 불이행 시 500만원 이하의 과태료 부과한다(산안법 시행령 제119조).

03 안전검사

1 유해 · 위험기계 등의 안전검사

(1) 안전검사의 정의와 대상기계 등

1) 안전검사의 정의
   ① 안전검사란 **유해 · 위험한 기계 · 기구 등을 사용하는 경우에 안전성을 확보하기 위하여 이상상태를 확인하는 행위**를 말한다. 안전검사는 유해 · 위험한 기계 · 기구 등을 사용하는 경우 오작동의 우려, 부품고장 등에 대하여 공인된 검사기관으로 하여금 검사를 실시함으로서 안전사고를 예방하고자 하는 취지이다.
   ② 유해하거나 위험한 기계 · 기구 · 설비로서 대통령령으로 정하는 것(이하 "안전검사대상기계 등"이라 한다)을 사용하는 사업주(근로자를 사용하지 아니하고 사업을 하는 자를 포함한다. 이하 이 조, 제94조, 제95조 및 제98조에서 같다)는 안전검사대상기계 등의 안전에 관한 성능이 고용노동부장관이 정하여 고시하는 검사기준에 맞는지에 대하여 고용노동부장관이 실시하는 검사(이하 "안전검사"라 한다)를 받아야 한다. 이 경우 안전검사대상기계 등을 사용하는 사업주와 소유자가 다른 경우에는 안전검사대상기계 등의 소유자가 안전검사를 받아야 한다(산안법 제93조제1항).

2) 안전검사의 대상기계 등
   ① 안전검사를 받아야 하는 기계 등은 대부분 유해 · 위험성이 높아 안전사고를 유발할 수 있다. 법 제93조제1항 전단에서 "대통령령으로 정하는 것"이란 다음 각 호의 어느 하나에 해당하는 것을 말한다(산안법 시행령 제78조제1항).

   1. 프레스
   2. 전단기
   3. 크레인(정격 하중이 2톤 미만인 것은 제외한다)
   4. 리프트
   5. 압력용기
   6. 곤돌라
   7. 국소 배기장치(이동식은 제외한다)
   8. 원심기(산업용만 해당한다)
   9. 롤러기(밀폐형 구조는 제외한다)
   10. 사출성형기[형체결력(型締結力) 294킬로뉴턴(KN) 미만은 제외한다]
   11. 고소작업대[「자동차관리법」 제3조제3호 또는 제4호에 따른 화물자동차 또는 특수자동차에 탑재한 고소작업대(高所作業臺)로 한정한다]
   12. 컨베이어
   13. 산업용 로봇

```
14. 혼합기
15. 파쇄기 또는 분쇄기
```

② 법 제93조제1항에 따른 안전검사기계 등의 세부적인 종류, 규격 및 형식은 고용노동부장관이 정하여 고시한다(산안법 시행령 제78조제2항).「안전검사 절차에 관한 고시(2023. 12. 18. 고용노동부고시 제2023-65호)」에서는 프레스, 전단기, 크레인, 혼합기 등 13가지 기계 등을 안전검사대상으로 정하고 있다.

(2) 안전검사의 신청 및 면제

① 법 제93조제1항에 따라 안전검사를 받아야 하는 자는 안전검사 신청서를 제126조에 따른 **검사주기 만료일 30일 전**에 영 제116조제2항에 따라 안전검사 업무를 위탁받은 기관(이하 "안전검사기관"이라 한다)에 제출(전자문서에 의한 제출을 포함한다)해야 한다(산안법 시행규칙 제124조제1항).

② 안전검사 신청을 받은 안전검사기관은 **검사주기 만료 전후 각각 30일 이내**에 해당 기계·기구 및 설비별로 안전검사를 해야 한다. 이 경우 해당 검사기관 이내에 검사에 합격한 경우에는 검사주기 만료일에 안전검사를 받은 것으로 본다(산안법 시행규칙 제124조제2항).

③ 산업안전보건법 제93조제1항에도 불구하고 안전검사대상기계 등이 다른 법령에 따라 고용노동부령으로 정하는 경우에는 **안전검사를 면제**할 수 있다(산안법 제93조제2항). 법 제93조제2항에서 "고용노동부령으로 정하는 경우"란 다음 각 호의 어느 하나에 해당하는 경우를 말한다(산안법 시행규칙 제125조).

```
1. 「건설기계관리법」제13조제1항제1호·제2호 및 제4호에 따른 검사를 받은 경우(안전검사 주기에 해당하는 시기의 검사로 한정한다)
2. 「고압가스 안전관리법」제17조제2항에 따른 검사를 받은 경우
3. 「광산보안법」제9조에 따른 검사 중 광업시설의 설치·변경공사 완료 후 일정한 기간이 경과한 경우마다 받는 검사를 받은 경우
4. 「선박안전법」제8조부터 제12조까지의 규정에 따른 검사를 받은 경우
5. 「에너지이용 합리화법」제39조제4항에 따른 검사를 받은 경우
6. 「원자력안전법」제22조제1항에 따른 검사를 받은 경우
7. 「위험물안전관리법」제18조에 따른 정기점검 또는 정기검사를 받은 경우
8. 「전기사업법」제65조에 따른 검사를 받은 경우
9. 「항만법」제26조제1항제3호에 따른 검사를 받은 경우
10. 「화재예방, 소방시설 설치유지 및 안전관리에 관한 법률」제25조제1항에 따른 자체 점검 등을 받은 경우
11. 「화학물질관리법」제24조제3항 본문에 따른 정기검사를 받은 경우
```

(3) 안전검사합격의 표시 및 검사주기 등

① 안전검사의 신청, 검사주기 및 합격의 표시방법, 그 밖에 필요한 사항은 고용노동부령으로 정한다. 이 경우 검사주기는 안전검사대상기계 등의 종류, 사용연한(使用年限) 및 위험성을 고려하여 정한다(산안법 제93조제3항).

② 법 제93조제3항에 따른 안전검사대상기계 등의 검사 주기는 다음 각 호와 같다(산안법 시행규칙 제126조제1항).

> 1. 크레인(이동식 크레인은 제외한다), 리프트(이삿짐운반용 리프트는 제외한다) 및 곤돌라 : 사업장에 설치가 끝난 날부터 3년 이내에 최초 안전검사를 실시하되, 그 이후부터 2년마다(건설현장에서 사용하는 것은 최초로 설치한 날부터 6개월마다)
> 2. 이동식 크레인, 이삿짐운반용 리프트 및 고소작업대 : 「자동차관리법」 제8조에 따른 신규등록 이후 3년 이내에 최초 안전검사를 실시하되, 그 이후부터 2년마다
> 3. 프레스, 전단기, 압력용기, 국소 배기장치, 원심기, 롤러기, 사출성형기, 컨베이어 및 산업용 로봇 : 사업장에 설치가 끝난 날부터 3년 이내에 최초 안전검사를 실시하되, 그 이후부터 2년마다(공정안전보고서를 제출하여 확인을 받은 압력용기는 4년마다)

안전검사대상	검사주기	안전검사대상	검사주기
① 프레스	2년	⑦ 곤돌라	건설현장 6개월 제조업 등 2년
② 전단기	2년	⑧ 국소배기장치	2년
③ 크레인	건설현장 6개월 제조업 등 2년	⑨ 원심기	2년
④ 리프트	건설현장 6개월 제조업 등 2년	⑩ 사출성형기	2년
⑤ 압력용기	2년 (PSM 제출 확인 시 4년)	⑪ 컨베이어 및 산업용 로봇	2년
⑥ 롤러기	2년		

③ 법 제93조제3항에 따른 안전검사 합격표시 및 표시방법은 [별표 16]와 같다(산안법 시행규칙 제126조제2항).

🏛 **[시행규칙 별표 16]** 안전검사 합격표시 및 표시방법(제126조제2항 및 제127조 관련)

1. 합격표시

안전검사합격증명서	
① 안전검사대상기계명	
② 신청인	
③ 형식번(기)호(설치장소)	
④ 합격번호	
⑤ 검사유효기간	
⑥ 검사기관(실시기관)	○○○○○○ (직인) 검 사 원 : ○ ○ ○

고 용 노 동 부 장 관 [직인생략]

2. 표시방법

가. ② 신청인은 사용자의 명칭 등의 상호명을 기입한다.

나. ③ 형식번호는 검사대상 유해·위해기계를 특정 짓는 형식번호나 기호 등을 기입하며, 설치장소는 필요한 경우 기입한다.

다. ④ 합격번호는 안전검사기관이 아래와 같이 부여한 번호를 적는다.

□□	-	□□	□□	-	□	-	□□□□
㉠ 합격연도		㉡ 검사기관	㉢ 지역(시·도)		㉣ 안전검사대상품		㉤ 일련번호

㉠ 합격연도 : 해당 연도의 끝 두 자리 수(예시 : 2015 → 15, 2016 → 16)

㉡ 검사기관별 구분(A, B, C, D, ……)

㉢ 지역(시·도)은 해당 번호를 적는다.

지역명	번호	지역명	번호	지역명	번호	지역명	번호
서울특별시	02	광주광역시	62	강원도	33	경상남도	55
부산광역시	51	대전광역시	42	충청북도	43	전라북도	63
대구광역시	53	울산광역시	52	충청남도	41	전라남도	61
인천광역시	32	세종시	44	경상북도	54	제주도	64
		경기도	31				

㉣ 안전검사대상품 : 검사대상품의 종류 및 표시부호

번호	종류	표시부호
1	프레스	A
2	전단기	B
3	크레인	C
4	리프트	D
5	압력용기	E
6	곤돌라	F
7	국소배기장치	G
8	원심기	H
9	롤러기	I
10	사출성형기	J
11	화물자동차 또는 특수자동차에 탑재한 고소작업대	K
12	컨베이어	L
13	산업용 로봇	M
14	혼합기	N
15	파쇄기 또는 분쇄기	O

　　　　ⓓ 일련번호 : 각 실시기관별 합격 일련번호 4자리
　　라. ⑤ 유효기간은 합격 연·월·일과 효력만료 연·월·일을 기입한다.
　　마. 합격표시의 규격은 가로 90mm 이상, 세로 60mm 이상의 장방형 또는 직경 70mm 이상의 원형으로 하며, 필요시 안전검사 대상 유해·위험기계 등에 따라 조정할 수 있다.
　　바. 합격표시는 유해·위험기계 등에 부착·인쇄 등의 방법으로 표시하며 쉽게 내용을 알아볼 수 있으며 지워지거나 떨어지지 아니하도록 표시하여야 한다.
　　사. 검사연도 등에 따라 색상을 다르게 할 수 있다.

④ 고용노동부장관은 제93조제1항에 따라 안전검사에 합격한 사업주에게 고용노동부령으로 정하는 바에 따라 안전검사 합격증명서를 발급하여야 한다(산안법 제94조제1항). 안전검사 합격증명서를 발급받은 사업주는 그 증명서를 안전검사대상기계 등에 부착하여야 한다(산안법 제94조제2항). 안전검사에 합격한 것임을 나타내는 표시를 하지 않은 경우 **위반회수에 따라 1대당 50만원 내지 500만원 이하의 과태료**가 부과된다(산안법 시행령 제119조).

⑤ 사업주는 다음 각 호의 어느 하나에 해당하는 안전검사대상기계 등을 사용해서는 아니 된다(산안법 제95조).

> 1. 안전검사를 받지 아니한 안전검사대상기계 등(제93조제2항에 따라 안전검사가 면제되는 경우는 제외한다)
> 2. 안전검사에 불합격한 안전검사대상기계 등

(4) 안전검사기관의 지정 및 취소 등

① 고용노동부장관은 안전검사 업무를 위탁받아 수행할 기관을 지정할 수 있다(산안법 제96조제1항). 안전검사기관(이하 "안전검사기관"이라 한다)으로 지정받을 수 있는 자는 다음 각 호의 어느 하나에 해당하는 자로 한다(산안법 시행령 제79조).

> 1. 공단
> 2. 다음 각 목의 어느 하나에 해당하는 기관으로서 [별표 24]에 따른 인력·시설 및 장비를 갖춘 기관
> 　가. 산업안전·보건 또는 산업재해 예방을 목적으로 설립된 비영리법인
> 　나. 기계 및 설비 등의 인증·검사, 생산기술의 연구개발·교육·평가 등의 업무를 목적으로 설립된 「공공기관의 운영에 관한 법률」에 따른 공공기관

② 안전검사기관으로 지정을 받으려는 자는 대통령령이 정하는 인력·시설 및 장비 등의 요건을 갖추어 고용노동부장관에게 신청하여야 한다(산안법 제96조제2항). 안전검사기관으로 지정을 받으려는 자는 ⅰ) 고용노동부령이 정하는 바에 따라 안전검사기관 지정신청서를 고용노동부장관에게 제출하여야 하며, ⅱ) 지정받은 사항을 변경하려면 변경신청서를 제출해야 한다.

③ 고용노동부장관은 지정받은 안전검사기관(이하 "안전검사기관"이라 한다)에 대하여 평가하고 그 결과를 공개할 수 있다. 이 경우 평가의 기준방법 및 결과의 공개에 필요한 사항은 고용노동부령으로 정한다(산안법 제96조제3항). 안전검사기관의 평가기준은 다음 각 호와 같다(산안법 시행규

칙 제129조제1항).

> 1. 인력시설 및 장비의 보유 여부와 관리능력
> 2. 안전검사 업무수행능력
> 3. 안전검사 업무를 위탁한 사업주의 만족도

④ 안전검사기관에 대하여 지정신청 절차, 그 밖에 필요한 사항은 고용노동부령으로 정한다(산안법 제96조제4항). 안전전문기관으로 지정을 받으려는 자는 안전 전문기관 지정신청서에 다음 각 호의 서류를 첨부하여 고용노동부장관에게 제출(전문문서에 의한 제출을 포함한다)해야 한다(산안법 시행규칙 제128조제1항).

> 1. 정관(법인인 경우만 해당한다)
> 2. 영 [별표 24]에 따른 인력기준을 갖추었음을 증명할 수 있는 자격증(국가기술자격증은 제외한다), 졸업증명서, 경력증명서 및 재직증명서 등 서류
> 3. 영 [별표 24]에 따른 시설·장비기준을 갖추었음을 증명할 수 있는 서류와 시설·장비명세서
> 4. 최초 1년간의 사업계획서

⑤ 안전검사기관에 관하여는 제21조제4항 및 제5항을 준용한다(산안법 제96조제5항). 따라서 안전검사기관의 지정취소사유로서 "대통령령으로 정하는 사유에 해당하는 경우"란 다음 각 호의 경우를 말한다(산안법 시행령 제80조).

> 1. 안전검사 관련 서류를 거짓으로 작성한 경우
> 2. 정당한 사유 없이 안전검사 업무를 거부한 경우
> 3. 안전검사업무를 게을리 하거나 차질을 일으킨 경우
> 4. 안전검사·확인의 방법 및 절차를 위반한 경우
> 5. 법에 따른 관계공무원의 지도·감독을 거부·방해 또는 기피한 경우

2 자율검사프로그램

(1) 자율검사의 정의

① 자율검사프로그램이란 **사업주가 안전검사대상 기계·기구 및 설비에 대해 검사프로그램을 정하고 검사기관의 인정을 받아 자체적으로 안전검사를 실시하는 행위**를 말한다.

② 제93조제1항에도 불구하고 ⅰ) 같은 항에 따라 안전검사를 받아야 하는 사업주가 근로자대표와 협의(근로자를 사용하지 아니하는 경우는 제외한다)하여 같은 항에 따른 검사기준, 같은 조 제3항에 따른 검사주기 등을 충족하는 검사프로그램(이하 "자율검사프로그램"이라 한다)을 정하고, ⅱ) 고용노동부장관의 인정을 받아 다음 각 호의 어느 하나에 해당하는 사람으로부터 자율검사프로그램에 따라 **안전검사대상기계 등에 대하여 안전에 관한 성능검사**(이하 "자율검사"라 한다)를 받으면 안전검사를 받은 것으로 본다(산안법 제98조제1항).

1. 고용노동부령으로 정하는 안전에 관한 성능과 관련된 자격 및 경험을 가진 사람
2. 고용노동부령으로 정하는 바에 따라 안전에 관한 성능검사 교육을 이수하고 해당 분야의 실무경험이 있는 사람

③ 법 제98조제1항제1호 및 제2호에서 "고용노동부령으로 정하는 안전에 관한 성능검사와 관련된 자격 및 경험을 가진 사람" 및 "고용노동부령으로 정하는 바에 따라 안전에 관한 성능검사 교육을 이수하고 해당 분야의 실무경험이 있는 사람"(이하 "검사원"이라 한다)이란 다음 각 호의 어느 하나에 해당하는 사람을 말한다(산안법 시행규칙 제130조).

1. 「국가기술자격법」에 따른 기계·전기·전자·화공 또는 산업안전 분야에서 기사 이상의 자격을 취득한 후 해당 분야의 실무경력이 3년 이상인 사람
2. 「국가기술자격법」에 따른 기계·전기·전자·화공 또는 산업안전 분야에서 산업기사 이상의 자격을 취득한 후 해당 분야의 실무경력이 5년 이상인 사람
3. 「국가기술자격법」에 따른 기계·전기·전자·화공 또는 산업안전 분야에서 기능사 이상의 자격을 취득한 후 해당 분야의 실무경력이 7년 이상인 사람
4. 「고등교육법」 제2조에 따른 학교 중 수업연한이 4년인 학교(같은 법 및 다른 법령에 따라 이와 같은 수준 이상의 학력이 인정되는 학교를 포함한다)에서 기계·전기·전자·화공 또는 산업안전 분야의 관련 학과를 졸업한 후 해당 분야의 실무경력이 3년 이상인 사람
5. 「고등교육법」에 따른 학교 중 제4호에 따른 학교 외의 학교(같은 법 및 다른 법령에 따라 이와 같은 수준 이상의 학력이 인정되는 학교를 포함한다)에서 기계·전기·전자·화공 또는 산업안전 분야의 관련 학과를 졸업한 후 해당 분야의 실무경력이 5년 이상인 사람
6. 「초·중등교육법」에 따른 고등학교·고등기술학교에서 기계·전기 또는 전자·화공 관련 학과를 졸업한 후 해당 분야의 실무경력이 7년 이상인 사람
7. 법 제98조제1항에 따른 자율검사프로그램(이하 "자율검사프로그램"이라 한다)에 따라 안전에 관한 성능검사 교육을 이수한 후 해당 분야의 실무경력이 1년 이상인 사람

④ 자율검사프로그램의 유효기간은 3년으로 한다(산안법 제98조제2항). 사업주는 자율안전검사를 받은 경우에는 그 결과를 기록하여 보존하여야 한다(산안법 제98조제3항). 자율안전검사를 받으려는 사업주는 제100조에 따라 지정받은 검사기관(이하 "자율안전검사기관"이라 한다)에 자율안전검사를 위탁할 수 있다(산안법 제98조제4항). 이 경우 ⅰ) 자율검사프로그램에 포함되어야 할 내용, ⅱ) 자율검사프로그램의 인정요건, ⅲ) 인정방법 및 절차, ⅳ) 그 밖에 필요한 사항은 고용노동부령으로 정한다(산안법 제98조제5항).

(2) 자율검사프로그램의 내용 및 인정·취소 등

1) 성능검사교육 등

① 고용노동부장관은 법 제98조에 따라 사업장에서 안전검사대상기계 등의 안전에 관한 성능검사 업무를 담당하는 사람의 인력수급 등을 고려하여 필요하다고 인정하면 공단이나 해당 분야 전문기관으로 하여금 성능검사 교육을 실시하게 할 수 있다(산안법 시행규칙 제131조제1항).

② 법 제98조제1항제2호에 따른 성능검사 교육의 교육시간은 [별표 4]와 같고, 교육내용은 [별표 5]와 같다(산안법 시행규칙 제131조제2항). 이 경우 ⅰ) 검사원의 성능교육은 [별표 4]에서 28시간으로 정하고 있고, ⅱ) 교육내용은 [별표 5]에서 프레스 및 전단기, 크레인, 리프트, 곤돌라, 국소배기장치, 원심기, 롤러기, 사출성형기, 고소작업대, 컨베이어, 산업용 로봇으로 정하고 있다.

2) 자율검사프로그램의 인정 등

① 사업주가 법 제98조제1항에 따라 자율검사프로그램을 인정받기 위해서는 다음 각 호의 요건을 모두 충족해야 한다. 다만, 법 제98조제4항에 따른 검사기관(이하 "자율안전검사기관"이라 한다)에 위탁한 경우에는 제1호 및 제2호를 충족한 것으로 본다(산안법 시행규칙 제132조제1항).

> 1. 검사원을 고용하고 있을 것
> 2. 고용노동부장관이 정하여 고시하는 바에 따라 검사를 할 수 있는 장비를 갖추고 이를 유지·관리할 수 있을 것
> 3. 제126조에 따른 검사 주기의 1/2에 해당하는 주기(영 제78조제1항제3호의 크레인 중 건설현장 외에서 사용하는 크레인의 경우에는 6개월)마다 검사를 할 것
> 4. 자율검사프로그램의 검사기준이 법 제93조제1항에 따라 고용노동부장관이 정하여 고시하는 검사기준(이하 "안전검사기준"이라 한다)을 충족할 것

② 안전검사에 관하여는 고용노동부에서는 「안전검사절차에 관한 고시(2023. 12. 18. 고용노동부고시 제2023-65호)」를 시행하고 있다. 따라서 산업안전보건법 시행규칙 제132조제1항제2호에 따라 사업주가 자율검사프로그램을 인정받기 위해 보유하여야 할 검사장비는 [별표 2]와 같다. 다만, 사업주가 안전검사 대상품을 2종 이상 보유하고 있어 해당 기종별 보유 검사장비가 중복되는 경우 중복 검사장비는 1대만 보유할 수 있다(안전검사절차 고시 제5조제1항).

[고시 별표 2] 자율검사프로그램 인정에 필요한 검사장비 보유기준(제5조제1항 관련)

유해·위험기계명	장비보유기준	
공통	1. 접지저항측정기	2. 절연저항측정기
프레스 및 전단기	1. 회전속도측정기	2. 진동측정기
크레인, 리프트	1. 라인스피드미터	2. 만능회로시험기
압력용기 화학설비 및 그 부속설비	1. 비파괴시험장비 3. 가스탐지기	2. 가스농도측정기 4. 초음파두께측정기

유해·위험기계명	장비보유기준
곤돌라	1. 만능회로시험기
국소배기장치	1. 스모크테스터 2. 청음기 또는 청음봉 3. 표면온도계 또는 초자온도계 4. 정압프로브가 달린 열선풍속계 5. 회전속도측정기
원심기	1. 회전속도측정기
롤러기, 사출성형기	1. 만능회로시험기
건조설비 및 그 부속설비	1. 풍속계 2. 분진측정기 3. 가스탐지기

③ 사업주는 제1항에 따라 고용노동부장관이 정하여 고시하는 검사장비를 다음 각 호와 같이 관리하여야 한다(안전검사절차 고시 제5조제2항).

> 1. 검사장비의 이력카드를 작성하고 장비의 점검·수리 등의 현황을 기록할 것
> 2. 검사장비는 교정주기와 방법을 설정하고 관리할 것
> 3. 검사장비는 수시 또는 정기적으로 점검을 실시할 것
> 4. 검사원은 검사장비의 조작·사용 방법을 숙지할 것

3) 자율검사프로그램의 인정신청

① 자율검사프로그램에는 다음 각 호의 내용이 포함되어야 한다(산안법 시행규칙 제132조제2항). 법 제98조제1항에 따라 자율검사프로그램을 인정받으려는 자는 자율검사프로그램 인정신청서에 제2항 각 호의 내용이 포함된 자율검사프로그램을 확인할 수 있는 서류 2부를 첨부하여 제출해야 한다(산안법 시행규칙 제132조 제3항).

> 1. 안전검사대상기계 등의 보유 현황
> 2. 검사원 보유 현황과 검사를 할 수 있는 장비 및 장비 관리방법(자율안전검사기관에 위탁한 경우에는 위탁을 증명할 수 있는 서류를 제출한다)
> 3. 안전검사대상기계 등의 검사 주기 및 검사기준
> 4. 향후 2년간 안전검사대상기계 등의 검사수행계획
> 5. 과거 2년간 자율검사프로그램 수행 실적(재신청의 경우만 해당한다)

② 자율검사프로그램 인정신청서를 제출받은 공단은 「전자정부법」 제36조제1항에 따른 행정정보의 공동이용을 통하여 다음 각 호의 어느 하나에 해당하는 서류를 확인해야 한다. 다만, 제2호의 서류에 대해서는 신청인이 확인에 동의하지 아니하는 경우에는 해당 서류를 첨부하도록 해야 한다(산안법 시행규칙 제132조제4항).

> 1. 법인인 경우 : 법인등기사항증명서
> 2. 개인인 경우 : 사업자등록증명

③ 공단은 사업주가 제출한 자율검사프로그램의 내용 중 검사장비 보유·관리능력 및 검사원 현황 등은 사업장을 방문하여 직접 확인하여야 한다. 다만, 법 제98조 제4항에 따라 자율안전검사기관에 전부 위탁하는 경우 최초 심사에 한정하여 생략할 수 있다(안전검사절차 고시 제6조제1항).

④ 공단은 사업주가 제출한 자율검사프로그램을 검토한 결과 자체적으로 실시한 안전검사 내용에 대하여 의문사항이 발견되는 경우에는 **안전검사대상기계 등의 사용현장을 방문하여 직접 확인**하여야 한다(동 고시 제6조제2항). 공단은 소속 검사인력 중 안전검사에 충분한 지식과 경험을 가진 자로 하여금 심사업무를 수행하게 하여야 한다(동 고시 제6조제3항).

⑤ 공단은 제3항에 따라 자율검사프로그램 인정신청서를 제출받은 경우에는 15일 이내에 인정여부를 결정한다(산안법 시행규칙 제132조제5항). 공단은 신청받은 자율검사프로그램을 인정하는 경우에는 자율검사프로그램 인정서에 인정증명 도장을 찍은 자율검사프로그램 1부를 첨부하여 신청자에게 발급해야 한다(산안법 시행규칙 제132조제6항).

🏛 **[고시 별표 3] 자율검사프로그램 인정필 표시방법**(제7조 관련)

1. 표시

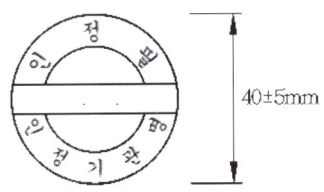

2. 표시방법
   ※ 자율검사프로그램 서류의 고무인 하단에는 공단에서 정한 자율검사프로그램 인정번호를 기재한다.

4) 자율검사프로그램의 인정취소 및 사용금지 등

① 고용노동부장관은 자율검사프로그램의 인정을 받은 자가 다음 각 호의 어느 하나에 해당하는 경우에는 자율검사프로그램의 인정을 취소하거나 인정받은 자율 검사프로그램의 내용에 따라 검사를 하도록 하는 등 시정을 명할 수 있다. 다만, 제1호의 경우에는 인정을 취소하여야 한다(산안법 제99조제1항).

> 1. 거짓이나 그 밖의 부정한 방법으로 자율검사프로그램을 인정받은 경우
> 2. 자율검사프로그램을 인정받고도 검사를 하지 아니한 경우
> 3. 인정받은 자율검사프로그램의 내용에 따라 검사를 하지 아니한 경우
> 4. 제98조제2항 각 호의 어느 하나에 해당하는 사람 또는 지정검사기관이 검사를 하지 아니한 경우

② 사업주는 제1항에 따라 자율검사프로그램의 인정이 취소된 안전검사대상기계 등을 사용해서는 아니 된다(산안법 제99조제2항). 만약 자율검사프로그램의 인정이 취소된 안전검사대상기계 등을 사용한 경우에는 위반회수에 따라 1대당 300만원 내지 1,000만원 이하의 과태료가 부과된다(산안법 시행령 제119조).

(3) 자율안전검사기관의 지정신청 및 평가

1) 자율안전검사기관의 지정신청 등

① 자율안전검사기관이 되려는 자는 대통령령이 정하는 인력·시설 및 장비 등의 요건을 갖추어 고용노동부장관의 지정을 받아야 한다(산안법 제100조제1항). 법 제100조제1항에 따른 자율안전검사기관(이하 "자율안전검사기관"이라 한다)으로 지정을 받으려는 자는 [별표 25]에 따른 인력·시설 및 장비를 갖추어야 한다(산안법 시행령 제82조). 여기에서는 공통사항과 개별기준을 구분하고 있으며, 이러한 기준을 모두 충족해야 한다.

② 자율안전검사기관의 지정절차, 그 밖에 필요한 사항은 고용노동부령으로 정한다(산안법 제100조제3항). 자율안전검사기관으로 지정받으려는 자는 자율안전검사기관 지정신청서에 다음 각 호의 서류를 첨부하여 지정받으려는 검사기관의 주된 사무소의 소재지를 관할하는 지방고용노동청장에게 제출(전자문서에 의한 제출을 포함한다)해야 한다(산안법 시행규칙 제133조제1항).

> 1. 정관
> 2. 영 [별표 25]에 따른 인력기준에 해당하는 사람의 자격과 채용을 증명할 수 있는 자격증(국가기술자격증은 제외한다), 졸업증명서, 경력증명서 및 재직증명서 등의 서류
> 3. 건물임대차계약서 사본 등 사무실의 보유를 증명할 수 있는 서류와 시설·장비명세서
> 4. 최초 1년간의 사업계획서

③ 제1항에 따른 신청서를 제출받은 지방고용노동청장은 「전자정부법」 제36조제1항에 따른 행정정보의 공동이용을 통하여 법인등기사항증명서 및 국가기술자격증을 확인해야 한다. 다만, 신청인이 국가기술자격증의 확인에 동의하지 아니하는 경우에는 그 사본을 첨부하도록 해야 한다(산안법 시행규칙 제133조제2항).

2) 자율안전검사기관의 평가

① 고용노동부장관은 자율안전검사기관에 대하여 평가하고 그 결과를 공개할 수 있다. 이 경우 평가의 기준방법 및 결과의 공개에 필요한 사항은 고용노동부령으로 정한다(산안법 제100조제2항). 자율안전검사기관을 평가하는 기준은 다음 각 호와 같다(산안법 시행규칙 제134조제1항).

> 1. 인력·시설 및 장비의 보유 수준과 그에 관한 관리능력
> 2. 자율검사프로그램의 충실성을 포함한 안전검사 업무 수행능력
> 3. 안전검사 업무를 위탁한 사업장의 만족도

② 자율안전검사기관에 대한 평가방법 및 평가결과의 공개에 관한 사항은 제17조제2항부터 제8항까지의 규정을 준용한다(산안법 시행규칙 제134조제2항). 따라서 공단은 자율안전검사기관에 대한 평가를 위하여 필요한 경우 ⅰ) 자료의 제출을 요구할 수 있고, ⅱ) 서면조사 및 방문조사의 방법으로 평가할 수 있으며, ⅲ) 평가결과를 서면으로 통보하여야 하고, ⅳ) 평가대상기관은 평가결과에 대하여 **통보를 받은 날부터 7일 이내에 서면으로 공단에 이의신청**을 할 수 있다.

3) 자율안전검사기관의 지정취소 등

① 자율안전검사기관에 관하여는 제21조제4항 및 제5항을 준용한다(산안법 제100조제4항). 따라서 고용노동부장관은 자율안전검사기관이 다음 각 호의 어느 하나에 해당할 때에는 그 지정을 취소하거나 6개월 이내의 기간을 정하여 그 업무의 정지를 명할 수 있다. 다만, 제1호 또는 제2호에 해당할 때에는 그 지정을 취소하여야 한다. 이 경우 지정이 취소된 자는 지정이 취소된 날부터 2년 이내에는 지정검사기관으로 지정받을 수 없다.

> 1. 거짓이나 그 밖의 부정한 방법으로 지정을 받은 경우
> 2. 업무정지 기간 중에 업무를 수행한 경우
> 3. 지정 요건을 충족하지 못한 경우
> 4. 지정받은 사항을 위반하여 업무를 수행한 경우
> 5. 그 밖에 대통령령으로 정하는 사유에 해당하는 경우

② 법 제100조제4항에 따라 준용되는 법 제21조제4항을 준용하는 경우 제5호에서 "그 밖에 대통령령으로 정하는 사유"란 다음 각 호와 같다(산안법 시행령 제82조).

> 1. 검사 관련 서류를 거짓으로 작성한 경우
> 2. 정당한 사유 없이 검사업무의 수탁을 거부한 경우
> 3. 검사업무를 하지 않고 위탁 수수료를 받은 경우
> 4. 검사 항목을 생략하거나 검사방법을 준수하지 않은 경우
> 5. 검사 결과의 판정기준을 준수하지 않거나 검사 결과에 따른 안전조치 의견을 제시하지 않은 경우

제3장 출·제·예·상·문·제

01 사업주가 유해·위험방지를 위하여 기계·기구 등에 대한 방호조치를 하는 경우 옳지 않은 것은?

① 누구든지 동력으로 작동하는 기계·기구로서 대통령령으로 정하는 것은 유해·위험방지를 위한 방호조치를 하지 아니하고는 양도·대여·설치 또는 사용에 제공할 수 없다.
② 방호조치란 기계·기구의 위험장소 또는 부위에 근로자가 통상적으로 접근하지 못하도록 하는 제한조치를 말한다.
③ 예초기, 원심기, 공기압축기 등은 기계 등에 대하여 날 접촉예방장치, 회전체 접촉장치, 압력방출장치를 방호조치를 하여야 한다.
④ 기계·기구의 작동부분에 돌기부분이 있는 경우에는 방호조치를 해야 한다.
⑤ 관계수급인이 방호조치를 해체하려는 경우에는 그 사유, 일시, 기계·기구의 명칭을 도급인에게 통보하여야 한다.

해설 유해·위험방지를 위한 기계·기구 등에 대한 방호조치
근로자가 방호조치를 해체하려는 경우에는 산업안전보건법 시행규칙 제99조제1항제1호에 따라 사업주의 허가를 받아야 한다. 그러나 **도급인과 수급인에 대한 방호조치를 해체에 대하여는 명시적인 근거가 없다.**

참고 산업안전보건법 시행규칙 제99조제1항제1호

02 대여자의 유해·위험 방지조치로서 타인에게 기계 등을 대여하는 자가 해당 기계 등을 대여받은 자에게 서면으로 발급해야 할 사항을 모두 고른 것은?

ㄱ. 해당 기계 등의 성능 및 방호조치의 내용
ㄴ. 해당 기계 등의 특성 및 사용 시의 주의사항
ㄷ. 해당 기계 등의 수리·보수 및 점검 내역과 주요 부품의 제조일
ㄹ. 해당 기계 등의 정밀진단 및 수리 후 안전점검 내역, 주요 안전부품의 교환이력 및 제조일

① ㄱ, ㄹ
② ㄴ, ㄷ
③ ㄷ, ㄹ
④ ㄱ, ㄴ, ㄷ
⑤ ㄱ, ㄴ, ㄷ, ㄹ

정답 | 01. ⑤ 02. ⑤

> **해설** 기계 등의 대여자가 대여받은 자에게 서면으로 발급해야 할 사항
> 기계 등 대여자의 유해 · 위험 방지조치로서 타인에게 기계 등을 대여하는 자가 해당 기계 등을 대여받은 자에게 서면으로 발급해야 할 사항은 산업안전보건법 시행규칙 제100조제2호에 명시한 사항으로 질문의 **보기 내용은 모두 대여자가 서면으로 제시할 사항에 포함**된다.
>
> **참고** 산업안전보건법 시행규칙 제100조제2호

03 기계 · 기구 등의 대여자가 해야 할 안전조치에 대한 설명 중 옳지 않은 것은?

① 이동식 크레인 이외에 사무실 및 공장용 건축물도 대여 시 안전조치를 해야 한다.
② 기계 · 기구 · 설비를 대여하는 자는 해당 기계 등을 미리 점검하고 이상을 발견한 때에는 즉시 보수하여야 한다.
③ 해당 기계 등의 성능 및 방호조치를 대여자가 서면으로 작성해 대여받은 자에게 발급해야 한다.
④ 해당 기계 등을 조작하는 사람이 관계법령에서 정하는 자격이나 기능을 가진 사람인지 확인하여야 한다.
⑤ 사용을 위하여 설치 · 해체작업이 필요한 기계 등을 대여하는 경우에는 설치 · 해체업자에게 위탁할 수 있다.

> **해설** 기계 · 기구 등의 대여자가 해야 할 안전조치
> 해당 기계 등을 조작하는 사람이 관계법령에서 정하는 자격이나 기능을 가진 사람인지 확인하는 업무는 **대여를 받은 자의 의무사항**이다.
>
> **참고** 산업안전보건법 시행규칙 제101조제1항제1호

04 기계 · 기구에 대한 방호조치, 안전인증, 안전검사의 대상을 올바르게 표기한 것은?

명칭	방호조치대상	안전인증대상	안전검사대상
크레인	○	○	○
지게차	○	×	○
분쇄기	×	○	×
절단기	○	×	○
굴삭기	×	×	○
리프트(화물용)	○	○	○

① 크레인 – 지게차　　② 크레인 – 리프트
③ 분쇄기 – 절단기　　④ 절단기 – 굴삭기
⑤ 분쇄기 – 굴삭기

정답 | 03. ④　04. ②

> **해설** 방호조치, 안전인증, 안전검사의 대상
> **크레인과 리프트(화물용 제외)**는 방호조치대상, 안전인증대상, 안전검사대상에 해당된다. **지게차**는 방호조치대상에 해당되고, **분쇄기**는 해당 사항이 없다. **절단기**는 방호조치대상이 해당하나, **굴삭기**는 해당 사항이 없다.

05 안전인증대상 기계 · 기구에 대한 설명 중 옳지 않은 것은?

① 안전인증이란 사업장에서 사용하는 기계 · 기구 등에 대하여 안전성을 믿고 사용할 수 있도록 시험과 검증을 하여 공적 기관이 증명하는 것을 말한다.
② 프레스와 전단기에 대하여는 방호장치, 압력용기에는 압력방출용 안전밸브를 설치해야 한다.
③ 안전모, 안전화, 안전장갑 등 보호구도 안전인증을 받아야 한다.
④ 프레스, 전단기의 일부 구조부분을 변경하는 경우 안전보건공단에 안정인증을 신청하여야 한다.
⑤ 안전인증기관은 안전인증을 받은 자가 안전인증의 기준을 지키고 있는지 2년에 1회 이상 확인해야 한다.

> **해설** 안전인증대상 기계 · 기구
> 프레스, 전단기, 절곡기 등 고용노동부령으로 정하는 기계 및 설비에 대하여 주요 구조부분을 변경하는 경우에는 안전인증을 받아야 한다. 이 경우 안전인증은 **안전인증기관에 인증신청서를 제출**하여야 한다.
>
> **참고** 산업안전보건법 시행규칙 제107조

06 유해 · 위험한 기계 등을 제조하거나 수입하는 자가 신고하는 자율안전확인대상에 해당하지 않는 것은?

① 연삭기 및 연마기(휴대용은 제외한다)
② 전단기 및 절곡기
③ 산업용 로봇
④ 파쇄기 및 분쇄기
⑤ 컨베이어

> **해설** 유해 · 위험한 기계 등을 제조하거나 수입하는 자가 신고하는 자율안전확인대상
> 전단기 및 절곡기는 사업주가 스스로 신고해야 할 자율안전확인대상이 아니라 **안전인증대상에 해당한다.** 유해하거나 위험한 기계 등은 안전성을 믿고 사용할 수 있는지에 대한 성능시험을 거쳐 합격하여 제조하거나 수입할 수 있다.
>
> **참고** 산업안전보건법 시행령 제77조

정답 | 05. ④ 06. ②

07 안전인증의 표시 및 취소에 관한 설명 중 옳지 않은 것은?

① 유해·위험한 기계·기구는 안전인증을 받지 아니하면 제조하거나 수입, 설치 및 이전 등을 할 수 없다.
② 안전인증의 신청대상은 기계·기구 및 설비, 방호장치, 보호구로 분류하여 시행한다.
③ 방호장치, 과부하장치, 안전밸브, 파열판에 대하여도 시험과 검증을 하여 안전인증을 해야 한다.
④ 타워크레인의 경우 기존에 설치한 것과 동일한 재질과 규격의 마스트는 길이만 연장된 경우라도 안전인증을 다시 받아야 한다.
⑤ 프레스, 크레인, 리프트, 고소작업대, 곤돌라 등은 주요구조부를 안전인증을 받아야 한다.

해설 안전인증의 표시 및 취소
타워크레인의 경우 기존에 설치한 마스트와 **동일한 재질과 규격의 마스트로서 길이만 연장될 경우에는 주요구조부가 변경된 경우라고 할 수 없다.** 그러나 최초 안전인증을 받은 이후 다른 규격(재질, 두께, 길이, 넓이 등)의 마스트로 전체를 교체하는 경우에는 주요구조부 변경에 해당되어 안전인증을 다시 받아야 한다.

참고 산업안전과-007. 2005. 3. 7.

08 안전검사의 대상 및 검사주기에 대한 설명 중 옳지 않은 것은?

① 프레스 전단기, 크레인(정격하중이 2톤 미만인 것은 제외한다)은 안전검사의 대상이다.
② 크레인을 제조업에서 사용하는 경우 검사주기는 2년이며, 건설업에서 사용하는 경우 6개월이다.
③ 밀폐형 롤러기를 사용하는 경우 개방하여 안전검사를 해야 하며, 2년마다 검사를 해야 한다.
④ 원심기(산업용만 해당된다)는 2년마다 안전검사를 해야 한다.
⑤ 곤돌라는 건설현장에서 사용하는 경우 6개월마다 안전검사를 받아야 한다.

해설 안전검사의 대상 및 검사주기
롤러기(**밀폐형 롤러기는 제외한다**)는 안전검사의 대상이며, 2년마다 안전검사를 실시해야 한다.

참고 산업안전보건법 시행규칙 제126조

정답 | 07. ④ 08. ③

09 자율검사프로그램에 대한 설명으로 옳지 않은 것은?

① 사업주가 안전검사대상 기계기구 및 설비에 대한 검사프로그램을 정하고 검사기관의 인정을 받아 자체적으로 안전검사를 해야 한다.
② 고용노동부는 유해·위험기계 등에 대하여 의무적 안전검사를 대신하여 사업주와 협의하여 자율안전검사프로그램을 실시한다.
③ 사업주는 근로자 대표와 협의하여 검사기준, 검사주기 등을 충족하는 검사프로그램을 정하고 고용노동부장관의 인정을 받아야 한다.
④ 분야별 실무경력이 3년 이상인 사람이면 안전에 대한 성능검사의 자격을 인정한다.
⑤ 자율검사프로그램의 기간은 3년으로 한다.

해설 자율검사프로그램
자율안전검사프로그램에 따라 안전검사대상기계 등에 대하여 안전에 대한 성능검사를 받으면 안전검사를 한 것으로 본다. 이 경우 고용노동부령으로 정하는 안전에 대한 성능과 관련된 자격 및 경험을 가진 사람, 고용노동부령으로 정하는 바에 따라 **안전에 관한 성능검사교육을 이수하고 해당 분야의 실무경력이 있는 사람**이어야 한다. 자격은 「국가기술자격법」에 따른 자격 및 실무경력이 3년 이상인 사람을 말한다.

참고 산업안전보건법 제98조제1항

정답 | 09. ④

PART

04

작업환경관리

CONTENTS

CHAPTER 01 | 유해위험물질의 체계적 관리
CHAPTER 02 | 근로자의 보건관리

산업안전지도사
산업보건지도사

제 1 장 유해위험물질의 체계적 관리

01 유해인자의 분류 및 신규화학물질의 조사

1 유해인자의 분류 및 관리

(1) 유해인자의 정의와 종류

1) 유해인자의 정의
   ① 유해인자란 발암성 물질 등 근로자에게 해로운 건강장해를 유발하는 원인이나 조건이 되는 요소를 말한다. 유해인자는 유해물질의 종류가 다양하고 유해성을 규명하지 못한 경우가 많아 그 특성 등 연구결과에 따라 유해인자로 지정되고 있다.
   ② 유해인자는 발암인자뿐만 아니라 각종 질병을 유발하는 유해성 요소를 포함한다. 화학물질, 유해한 가스나 증기 등 유해인자의 종류는 다양하며, 어떠한 물질에 독성이 포함되어 있는지 밝혀지지 않은 물질이 많다.

2) 유해인자의 종류와 노출방지
   ① 유해인자는 건강장해를 유발하는 원인에 따라 다양하게 분류한다. 근로자의 건강장해를 예방하기 위해서는 ⅰ) 원재료, 분진이나 가스 등에 노출되었는지, ⅱ) 유해요인이 생물학적 인자·화학적 인자 또는 물리적 인자에 의해 발생하였는지를 구분해야 한다.
   ② 유해인자는 취급하는 물품이나 원재료, 작업환경 등에서 다양하게 원인을 찾아 분류할 수 있기 때문에 일률적으로 분류하거나 그 범위를 한정할 수 없다. 따라서 「산업안전보건기준에 관한 규칙」과 산업안전보건법령에서 정한 보건조치의 대상이 대부분 여기에 해당되며, 유해인자의 종류를 대략 정리하면 다음과 같다.

📖 유해인자의 분류방법

대분류	중분류	유해인자
물리적 인자		소음, 진동(전신진동, 국소진동), 고열, 방사선(자외선 등)
화학적 인자	유기화학물	유기용제류
	중금속류	납함유 페인트, 시멘트(6가크롬)
	특정 화학물질 및 입자상 물질	콘크리트 분진, 산화철 분진, 산화규소, 석면, 목 분진, 디젤 분진, 용접 흄, 아스팔트 흄

대분류	중분류	유해인자
생물학적 인자		세균, 바이러스 등

3) 유해인자별 건강장해

① 소음의 유해성

소음의 정의	자신이 원하지 않는 소리(unwanted sound)로서 주관적인 입장에서 표현하는 것
건강장해	청력손실, 수면방해, 피로증가, 소화불량, 근육긴장, 두통, 불안, 심장박동의 증가로 신체기능의 장해와 노출정도에 따라 난청 및 이명 등의 건강장해를 유발
작업환경측정의 대상	작업장에서 8시간 시간가중평균 80db 이상의 소음수준에 해당되면 작업환경측정을 해야 함.
특수건강진단의 대상	강렬한 소음작업 및 충격소음작업에서 발생하는 소음에 대하여는 특수건강진단을 실시해야 함.
노출기준	「화학물질 및 물리적 인자의 노출기준(2020. 1. 14. 고용노동부고시 제2020-48호)」

② 진동의 유해성

진동의 정의	진동은 어떤 물체가 외력에 의하여 평형상태에 있는 위치에서 전후, 좌우 또는 상하로 흔들리는 것
전신진동 및 건강장해	• 전신진동은 몸 전체에 진동이 전해지는 것 • 운동지각·불쾌감·불안·동통을 유발 • 심한 진동에 장기간 노출되면 작업자의 척추와 말초신경계에 심각한 영향 • 장기간 노출 시 ⅰ) 요통 및 척추질환이 증가하며, ⅱ) 특히 추체(척추뼈 몸통)와 디스크의 원발성 퇴행이 수반됨
국소진동 및 건강장해	• 국소진동은 동력공구를 사용할 때 손·팔·어깨에 해당하는 상지에 전달되는 것 • 국소진동에 노출 시 ⅰ) 중추신경계의 기능장해로서 머리가 무겁고 땀을 많이 흘리며, ⅱ) 두통이나 수면장해, 건망증, 초조감, 우울감, 피로감, 정서불안 등을 유발 • 손이나 팔을 통해 노출되면 손가락이 저리고 아프며, 말초신경 혹은 감각신경에 장해를 유발

③ 고열의 유해성

고열의 정의	체온이 비정상적으로 높아진 상태를 의미. 37℃의 체온을 넘으면 고온에서는 외부로 열을 방출하지 못해 건강장해를 유발
고열장해의 유형	• 고열의 건강장해는 열쇠약·열경련·열피로·열사병·열성발진이 있음. • 열쇠약은 고열작업장에서 일하는 작업자의 만성적인 건강장해를 의미 • 열경련은 전형적인 고열증세로서 주로 고온에서 심한 육체작업을 할 때 나타나며, 근육경련, 현기증, 이명, 두통, 구토를 유발 • 열피로는 땀을 많이 흘려 염분과 수분손실이 많을 때 발생하는 고열장해로서 "열탈진"이라고 하며, 심한 갈증, 피로감, 현기증, 식욕감퇴, 두통, 구역, 구토, 의식불명, 말초순환부진 등을 유발 • 열사병은 고습환경에 폭로될 때 갑자기 발생하는 체온조절장애를 말함.
노출기준	「화학물질 및 물리적 인자의 노출기준(2020. 1. 14. 고용노동부고시 제2020-48호)」

④ 방사선의 유해성

방사선의 정의	방사선물질이 붕괴하면서 방출하는 파동 또는 입자의 흐름을 말하며, 이온화방사선(전리방사선)과 비이온화방사선(비전리방사선)으로 구분
이온화방사선	어떤 물질에 외부에서 강한 에너지를 가하게 되면 불안해지면서 주위에 있던 전자가 튀어나오는 것
비이온화방사선	비이온화방사선(비전리방사선)은 이온화를 일으킬 정도가 아니지만, 안정된 바닥 상태의 전자를 만드는 에너지를 가진 방사선
방사선의 건강장해	노출정도에 따라 ⅰ) 피부암, ⅱ) 눈의 손상, ⅲ) 면역기능의 저하, ⅳ) 피부 노화 등의 건강장해를 유발

⑤ 유기용제의 유해성

📖 유기용제의 종류와 관련 질병

유기용제의 종류	노출시 발병하는 질병
벤젠	재생불량성 질병, 백혈병, 골수이형성증후군, 악성림프종
톨루엔, 크실렌 등 복합유기용제	독성뇌병증(만성유기용제중독)
노말헥산	다발성신경염
이황화탄소	중추신경장애, 말초신경장애, 정신질환
트리클로로에틸렌	스티븐존슨증후군, 뇌신경질환
디메틸포름아미드, 디메틸아세테이드	독성간염
아크릴아미드	백반증
페놀, 하이드로퀴논	백반증
벤조피렌, 폴리아로마틱하이드로카본, 4-아미노비 페닐, 2-나프틸아민, 베니딘, DAB(4-dim Ethlaminoazobenzene), 3-메톡시-4아미노아벤 젠, 4-아미노아벤젠	방광암 등의 암

⑥ 분진의 유해성

분진의 정의	미세한 입자형태의 물질로서 유기성분진과 무기성분진으로 구분
분진의 건강장해	• 분진은 그 성분에 따라 다양한 유해인자를 지님. • 콘크리트 분진은 ⅰ) 주로 산화규소의 결정체를 함유한 발암물질로서, ⅱ) 규폐증, 폐암, 신장장해, 폐기능장해를 유발 • 산화규소의 분진은 폐에 침입을 하면 규폐증 및 폐암을 유발 • 광물성 분진으로 인한 진폐증은 폐결핵, 기흉, 폐기종, 결핵성 늑막염, 폐성심(폐심장증), 만성 속발성 기관지확장증, 만성 속발성 기관지염 등 합병증을 유발

⑦ 유해가스

유해가스의 정의	사람의 건강을 해치는 자극성이나 질식성을 지니는 성분의 기체로서 ⅰ) 자극제, ⅱ) 단순 질식제, ⅲ) 화학적 질식제로 분류
유해가스의 건강장해	• 노출 시 ⅰ) 고농도의 특정 조건에서는 하기도의 급성폐렴을 유발하거나, ⅱ) 질소산화물, 오존, 포스겐 등은 적은 농도에서도 세기관지염 또는 급성폐포질환을 유발 • 일산화탄소는 무색무취로 노출 시 경고증상이 없어 가스중독에 의해 사망하는 사례 • 높은 농도에 지속적으로 노출되면 중추신경계 손상, 경련, 심혈관 불안증, 호흡근육 기능저하, 혼수 및 사망

⑧ 중금속류의 유해성

📖 중금속중독의 증상과 건강장해

중금속류	노출 시 나타나는 증상	건강장해
납	근육약화, 산통, 쇠약, 변비, 두통, 안면창백, 기억상실, 불면증, 식욕부진, 체중감소, 빈혈, 손목마비, 손처짐 등	뇌손상, 발작, 시각손상, 사망
수은	통증, 구토, 토혈, 설사(혈변), 식욕부진, 불면증, 손가락 떨림, 신기능부전, 궤양, 구내 염 등	신장장해로 인한 요독증, 폐렴, 언어장해, 청각장해, 정신장해, 사망
카드뮴	호흡곤란, 기침, 객혈, 씩씩거림, 식욕부진, 오심, 폐렴, 복통과 설사, 흉통, 폐부종 등	폐기종, 세뇨관이 괴저, 빈혈증, 관상혈관 효과, 간손상, 골연화증
크롬	알레르기반응, 천식, 비중격천공, 궤양, 축 농증 등	비강암, 폐암
비소	피부의 색소침착, 복통, 구토, 설사, 신장장해로 인한 무뇨증, 각질화, 손톱 및 모발의 위축성 결손, 빈혈 등	피부암, 말초신경장해, 심혈관계 및 간장장해, 사망
망간	감정장해, 신경근육의 불안정성, 손떨림, 가면형 얼굴, 등	파킨슨증후군
아연	피부, 점막, 호흡기 증상, 감기증상	점막 및 피부손상

(2) 유해인자의 분류와 관리

① 고용노동부장관은 고용노동부령으로 정하는 바에 따라 근로자에게 건강장해를 일으키는 화학물질 및 물리적 인자 등(이하 "유해인자"라 한다)의 **유해성·위험성 분류기준**을 마련하여야 한다(산안법 제104조). 근로자에게 건강장해를 일으키는 유해인자 등의 유해성·위험성 분류기준은 [별표 18]과 같다(산안법 시행규칙 제141조).

🏛 **[시행규칙 별표 18]** 유해인자의 분류기준(제141조 관련)

1. **화학물질의 분류기준**
   가. 물리적 위험성 분류기준
      1) 폭발성 물질 : 자체의 화학반응에 따라 주위환경에 손상을 줄 수 있는 정도의 온도·압력 및 속도를 가진 가스를 발생시키는 고체·액체 또는 혼합물
      2) 인화성 가스 : 20℃, 표준압력(101.3kPa)에서 공기와 혼합하여 인화되는 범위에 있는 가스와 54℃ 이하 공기 중에서 자연발화하는 가스를 말한다(혼합물을 포함한다).
      3) 인화성 액체 : 표준압력(101.3kPa)에서 인화점이 93℃ 이하인 액체
      4) 인화성 고체 : 쉽게 연소되거나 마찰에 의하여 화재를 일으키거나 촉진할 수 있는 물질
      5) 에어로졸 : 재충전이 불가능한 금속·유리 또는 플라스틱 용기에 압축가스·액화가스 또는 용해가스를 충전하고 내용물을 가스에 현탁시킨 고체나 액상입자로, 액상 또는 가스상에서 폼·페이스트·분말상으로 배출되는 분사장치를 갖춘 것
      6) 물반응성 물질 : 물과 상호작용을 하여 자연발화되거나 인화성 가스를 발생시키는 고체·액체 또는 혼합물
      7) 산화성 가스 : 일반적으로 산소를 공급함으로써 공기보다 다른 물질의 연소를 더 잘 일으키거나 촉진하는 가스
      8) 산화성 액체 : 그 자체로는 연소하지 않더라도, 일반적으로 산소를 발생시켜 다른 물질을 연소시키거나 연소를 촉진하는 액체
      9) 산화성 고체 : 그 자체로는 연소하지 않더라도 일반적으로 산소를 발생시켜 다른 물질을 연소시키거나 연소를 촉진하는 고체
      10) 고압가스 : 20℃, 200kPa 이상의 압력하에서 용기에 충전되어 있는 가스 또는 냉동액화가스 형태로 용기에 충전되어 있는 가스(압축가스, 액화가스, 냉동액화가스, 용해가스로 구분한다)
      11) 자기반응성 물질 : 열적(熱的)인 면에서 불안정하여 산소가 공급되지 않아도 강렬하게 발열·분해하기 쉬운 액체·고체 또는 혼합물
      12) 자연발화성 액체 : 적은 양으로도 공기와 접촉하여 5분 안에 발화할 수 있는 액체
      13) 자연발화성 고체 : 적은 양으로도 공기와 접촉하여 5분 안에 발화할 수 있는 고체
      14) 자기발열성 물질 : 주위의 에너지 공급 없이 공기와 반응하여 스스로 발열하는 물질(자기발화성 물질은 제외한다)
      15) 유기과산화물 : 2가의 -O-O- 구조를 가지고 1개 또는 2개의 수소 원자가 유기라디칼에 의하여 치환된 과산화수소의 유도체를 포함한 액체 또는 고체 유기물질
      16) 금속 부식성 물질 : 화학적인 작용으로 금속에 손상 또는 부식을 일으키는 물질
   나. 건강 및 환경 유해성 분류기준
      1) 급성 독성 물질 : 입 또는 피부를 통하여 1회 투여 또는 24시간 이내에 여러 차례로 나누어 투여하거나 호흡기를 통하여 4시간 동안 흡입하는 경우 유해한 영향을 일으키는 물질
      2) 피부 부식성 또는 자극성 물질 : 접촉 시 피부조직을 파괴하거나 자극을 일으키는 물질(피부 부식성 물질 및 피부 자극성 물질로 구분한다)
      3) 심한 눈 손상성 또는 자극성 물질 : 접촉 시 눈 조직의 손상 또는 시력의 저하 등을 일으키는 물질(눈 손상성 물질 및 눈 자극성 물질로 구분한다)
      4) 호흡기 과민성 물질 : 호흡기를 통하여 흡입되는 경우 기도에 과민반응을 일으키는 물질

5) 피부 과민성 물질 : 피부에 접촉되는 경우 피부 알레르기 반응을 일으키는 물질
6) 발암성 물질 : 암을 일으키거나 그 발생을 증가시키는 물질
7) 생식세포 변이원성 물질 : 자손에게 유전될 수 있는 사람의 생식세포에 돌연변이를 일으킬 수 있는 물질
8) 생식독성 물질 : 생식기능, 생식능력 또는 태아의 발생·발육에 유해한 영향을 주는 물질
9) 특정 표적장기 독성 물질(1회 노출) : 1회 노출로 특정 표적장기 또는 전신에 독성을 일으키는 물질
10) 특정 표적장기 독성 물질(반복 노출) : 반복적인 노출로 특정 표적장기 또는 전신에 독성을 일으키는 물질
11) 흡인 유해성 물질 : 액체 또는 고체 화학물질이 입이나 코를 통하여 직접적으로 또는 구토로 인하여 간접적으로, 기관 및 더 깊은 호흡기관으로 유입되어 화학적 폐렴, 다양한 폐 손상이나 사망과 같은 심각한 급성 영향을 일으키는 물질
12) 수생 환경 유해성 물질 : 단기간 또는 장기간의 노출로 수생생물에 유해한 영향을 일으키는 물질
13) 오존층 유해성 물질 : 「오존층 보호를 위한 특정물질의 제조규제 등에 관한 법률」 제2조제1호에 따른 특정물질

2. **물리적 인자의 분류기준**
   가. 소음 : 소음성난청을 유발할 수 있는 85dB(A) 이상의 시끄러운 소리
   나. 진동 : 착암기, 손망치 등의 공구를 사용함으로써 발생되는 백랍병·레이노 현상·말초순환장애 등의 국소 진동 및 차량 등을 이용함으로써 발생되는 관절통·디스크·소화장애 등의 전신 진동
   다. 방사선 : 직접·간접으로 공기 또는 세포를 전리하는 능력을 가진 알파선·베타선·감마선·엑스선·중성자선 등의 전자파나 입자선
   라. 이상기압 : 게이지 압력이 cm²당 1kg 초과 또는 미만인 기압
   마. 이상기온 : 고열·한랭·다습으로 인하여 열사병·동상·피부질환 등을 일으킬 수 있는 기온

3. **생물학적 인자의 분류기준**
   가. 혈액매개 감염인자 : 인간면역결핍바이러스, B형·C형간염바이러스, 매독바이러스 등 혈액을 매개로 다른 사람에게 전염되어 질병을 유발하는 인자
   나. 공기매개 감염인자 : 결핵·수두·홍역 등 공기 또는 비말감염 등을 매개로 호흡기를 통하여 전염되는 인자
   다. 곤충 및 동물매개 감염인자 : 쯔쯔가무시증, 렙토스피라증, 유행성출혈열 등 동물의 배설물 등에 의하여 전염되는 인자 및 탄저병, 브루셀라병 등 가축 또는 야생동물로부터 사람에게 감염되는 인자

※ 비고 : 제1호에 따른 화학물질의 분류기준 중 가목에 따른 물리적 위험성 분류기준별 세부 구분기준과 나목에 따른 건강 및 환경 유해성 분류기준의 단일물질 분류기준별 세부 구분기준 및 혼합물질의 분류기준은 고용노동부장관이 정하여 고시한다.

② 고용노동부장관은 유해인자가 근로자의 건강에 미치는 유해성·위험성을 평가하고 그 결과를 관보 등에 공표할 수 있다(산안법 제105조제1항). 법 제105조제1항에 따른 유해성·위험성평가의 대상이 되는 유해인자의 선정기준은 다음 각 호와 같다(산안법 시행규칙 제142조제1항).

> 1. 제143조제1항 각 호로 분류하기 위하여 유해성·위험성 평가가 필요한 유해인자
> 2. 노출 시 변이원성(變異原性, 유전적인 돌연변이를 일으키는 물리적·화학적 성질), 흡입독성, 생식독성(生殖毒性, 생물체의 생식에 해를 끼치는 약물 등의 독성), 발암성 등 근로자의 건강장해 발생이 의심되는 유해인자
> 3. 그 밖에 사회적 물의를 일으키는 등 유해성·위험성 평가가 필요한 유해인자

③ 유해·위험성을 평가하기 위해서는 유해인자의 노출실태를 분석하기 위한 대상 물질의 시료채취, 분석방법 등을 결정하여야 한다. 고용노동부장관은 제1항에 따라 선정된 유해인자에 대한 유해성·위험성평가를 실시할 때에는 다음 각 호의 사항을 고려하여야 한다(산안법 시행규칙 제142조제2항).

> 1. 독성시험자료등을 통한 유해성·위험성 확인
> 2. 화학물질의 노출이 인체에 미치는 영향
> 3. 화학물질의 노출수준

④ 고용노동부장관은 제1항에 따른 평가 결과 등을 고려하여 고용노동부령으로 정하는 바에 따라 유해성·위험성 수준별로 유해인자를 구분하여 관리하여야 한다(산안법 제105조제2항). 고용노동부장관은 법 제105조제2항에 따른 유해성·위험성평가 결과 등을 고려하여 다음 각 호의 물질 또는 인자로 정하여 관리해야 한다(산안법 시행규칙 제143조제1항).

> 1. 법 제106조에 따른 노출기준(이하 "노출기준"이라 한다) 설정 대상 유해인자
> 2. 법 제107조제1항에 따른 허용기준(이하 "허용기준"이라 한다) 설정 대상 유해인자
> 3. 법 제117조에 따른 제조 등 금지물질
> 4. 법 제118조에 따른 제조 등 허가물질
> 5. 제186조제1항에 따른 작업환경측정 대상 유해인자
> 6. [별표 22] 제1호부터 제3호까지의 규정에 따른 특수건강진단 대상 유해인자
> 7. 안전보건규칙 제420조제1호에 따른 관리대상 유해물질

⑤ 고용노동부장관은 제1항에 따른 자의 관리에 필요한 자료를 확보하기 위하여 ⅰ) 유해인자의 취급량·노출량, ⅱ) 취급 근로자 수, ⅲ) 취급 공정 등을 주기적으로 조사할 수 있다(산안법 시행규칙 제143조제2항). 제1항에 따른 ⅰ) 유해성·위험성평가 대상 유해인자의 선정기준, ⅱ) 유해성·위험성평가의 방법, ⅲ) 그 밖에 필요한 사항은 고용노동부령으로 정한다(산안법 제105조제3항).

📖 유해인자의 분류기준 요약

유해인자별	분류	분류기준
화학물질의 분류기준※ (29종)	• 물리적 위험성(16종) – 폭발성물질, 인화성가스, 인화성액체, 인화성고체, 인화성에어로졸, 물반응성물질, 산화성가스, 산화성액체, 산화성고체, 고압가스, 자기반응성물질, 자연발화성액체, 자연발화성고체, 자기발열성물질, 유기과산화물, 금속부식성물질 • 건강·환경 유해성(13종) – 급성독성, 피부부식성 또는 자극성, 심한 눈 손상 또는 자극성, 호흡기과민성, 피부과민성, 발암성, 생식세포변이원성, 생식독성, 특정표적장기독성(1회 노출), 특정표적 장기독성(반복 노출), 흡인유해성, 수생환경유해성, 오존층 유해물질	[별표18] 내용 참조
물리적인자 (5종)	소음, 진동, 방사선, 이상기압, 이상기온	
생물학적인자 (3종)	혈액매개 감염인자, 공기매개 감염인자, 곤충 및 동물매개 감염인자	

※ 화학물질의 물리적 위험성, 건강·환경 유해성의 분류기준별 세부 구분기준은 「화학물질의 분류·표시 및 물질안전보건자료에 관한 기준」에서 정함.

⑥ 고용노동부장관은 제105조제1항에 따른 유해성·위험성평가 결과 등 고용노동부령이 정하는 사항을 고려하여 유해인자의 노출기준을 정하여 고시하여야 한다(산안법 제106조). 고용노동부장관이 노출기준을 정하는 경우에는 다음 각 호의 사항을 고려해야 한다(산안법 시행규칙 제144조).

> 1. 해당 유해인자에 따른 건강장해에 관한 연구·실태조사의 결과
> 2. 해당 유해인자의 유해성·위험성의 평가 결과
> 3. 해당 유해인자의 노출기준 적용에 관한 기술적 타당성

⑦ 사업주는 발암성 물질 등 근로자에게 중대한 건강장해를 유발할 우려가 있는 유해인자로서 대통령령으로 정하는 유해인자는 작업장 내의 그 노출 농도를 고용 노동부령으로 정하는 허용기준 이하로 유지하여야 한다. 다만, 다음 각 호의 어느 하나에 해당하는 경우에는 그러하지 아니하다(산안법 제107조제1항).

> 1. 유해인자를 취급하거나 정화·배출하는 시설 및 설비의 설치나 개선이 현존하는 기술로 가능하지 아니한 경우
> 2. 천재지변 등으로 시설과 설비에 중대한 결함이 발생한 경우
> 3. 고용노동부령으로 정하는 임시 작업과 단시간 작업의 경우
> 4. 그 밖에 대통령령으로 정하는 경우

⑧ 법 제107조제1항 각 호 외의 부분 본문에서 "대통령령으로 정하는 유해인자"란 [별표 26] 각 호에 따른 유해인자를 말한다(산안법 시행령 제84조).

[시행령 별표 26] 유해인자 허용기준 이하 유지 대상 유해인자(제84조 관련)

1. 6가크롬[18540-29-9] 화합물(Chromium VI compounds)
2. 납[7439-92-1] 및 그 무기화합물(Lead and its inorganic compounds)
3. 니켈[7440-02-0] 화합물(불용성 무기화합물로 한정한다)(Nickel and its insoluble inorganic compounds)
4. 니켈카르보닐(Nickel carbonyl; 13463-39-3)
5. 디메틸포름아미드(Dimethylformamide; 68-12-2)
6. 디클로로메탄(Dichloromethane; 75-09-2)
7. 1,2-디클로로프로판(1,2-Dichloropropane; 78-87-5)
8. 망간[7439-96-5] 및 그 무기화합물(Manganese and its inorganic compounds)
9. 메탄올(Methanol; 67-56-1)
10. 메틸렌 비스(페닐 이소시아네이트)(Methylene bis(phenyl isocyanate); 101-68-8 등)
11. 베릴륨[7440-41-7] 및 그 화합물(Beryllium and its compounds)
12. 벤젠(Benzene; 71-43-2)
13. 1,3-부타디엔(1,3-Butadiene; 106-99-0)
14. 2-브로모프로판(2-Bromopropane; 75-26-3)
15. 브롬화 메틸(Methyl bromide; 74-83-9)
16. 산화에틸렌(Ethylene oxide; 75-21-8)
17. 석면(제조·사용하는 경우만 해당한다)(Asbestos; 1332-21-4 등)
18. 수은[7439-97-6] 및 그 무기화합물(Mercury and its inorganic compounds)
19. 스티렌(Styrene; 100-42-5)
20. 시클로헥사논(Cyclohexanone; 108-94-1)
21. 아닐린(Aniline; 62-53-3)
22. 아크릴로니트릴(Acrylonitrile; 107-13-1)
23. 암모니아(Ammonia; 7664-41-7 등)
24. 염소(Chlorine; 7782-50-5)
25. 염화비닐(Vinyl chloride; 75-01-4)
26. 이황화탄소(Carbon disulfide; 75-15-0)
27. 일산화탄소(Carbon monoxide; 630-08-0)
28. 카드뮴[7440-43-9] 및 그 화합물(Cadmium and its compounds)
29. 코발트[7440-48-4] 및 그 무기화합물(Cobalt and its inorganic compounds)
30. 콜타르피치[65996-93-2] 휘발물(Coal tar pitch volatiles)
31. 톨루엔(Toluene; 108-88-3)
32. 톨루엔-2,4-디이소시아네이트(Toluene-2,4-diisocyanate; 584-84-9 등)
33. 톨루엔-2,6-디이소시아네이트(Toluene-2,6-diisocyanate; 91-08-7 등)
34. 트리클로로메탄(Trichloromethane; 67-66-3)
35. 트리클로로에틸렌(Trichloroethylene; 79-01-6)
36. 포름알데히드(Formaldehyde; 50-00-0)
37. n-헥산(n-Hexane; 110-54-3)
38. 황산(Sulfuric acid; 7664-93-9)

⑨ 법 제107조제1항 각 호 외의 부분 본문에서 "고용노동부령으로 정하는 허용기준"이란 [별표 19]와 같다(산안법 시행규칙 제145조제1항).

[시행령 별표 19] 유해인자별 노출농도의 허용기준(제145조제1항 관련)

유해인자		허용기준			
		시간가중평균값 (TWA)		단시간 노출값(STEL)	
		ppm	mg/m³	ppm	mg/m³
1. 6가크롬[18540-29-9] 화합물 (Chromium VI compounds)	불용성		0.01		
	수용성		0.05		
2. 납[7439-92-1] 및 그 무기화합물 (Lead and its inorganic compounds)			0.05		
3. 니켈[7440-02-0] 화합물(불용성 무기화합물로 한정한다) (Nickel and its insoluble inorganic compounds)			0.2		
4. 니켈카르보닐(Nickel carbonyl; 13463-39-3)		0.001			
5. 디메틸포름아미드(Dimethylformamide; 68-12-2)		10			
6. 디클로로메탄(Dichloromethane; 75-09-2)		50			
7. 1,2-디클로로프로판 (1,2-Dichloropropane; 78-87-5)		10		110	
8. 망간[7439-96-5] 및 그 무기화합물 (Manganese and its inorganic compounds)			1		
9. 메탄올(Methanol; 67-56-1)		200		250	
10. 메틸렌 비스(페닐 이소시아네이트) (Methylene bis(phenyl isocyanate); 101-68-8 등)		0.005			
11. 베릴륨[7440-41-7] 및 그 화합물 (Beryllium and its compounds)			0.002		0.01
12. 벤젠(Benzene; 71-43-2)		0.5		2.5	
13. 1,3-부타디엔(1,3-Butadiene; 106-99-0)		2		10	
14. 2-브로모프로판(2-Bromopropane; 75-26-3)		1			
15. 브롬화 메틸(Methyl bromide; 74-83-9)		1			
16. 산화에틸렌(Ethylene oxide; 75-21-8)		1			
17. 석면(제조·사용하는 경우만 해당한다) (Asbestos; 1332-21-4 등)			0.1개/cm		
18. 수은[7439-97-6] 및 그 무기화합물 (Mercury and its inorganic compounds)			0.025		
19. 스티렌(Styrene; 100-42-5)		20		40	
20. 시클로헥사논(Cyclohexanone; 108-94-1)		25		50	
21. 아닐린(Aniline; 62-53-3)		2			

유해인자	허용기준			
	시간가중평균값 (TWA)		단시간 노출값(STEL)	
	ppm	mg/m³	ppm	mg/m³
22. 아크릴로니트릴(Acrylonitrile; 107-13-1)	2			
23. 암모니아(Ammonia; 7664-41-7 등)	25		35	
24. 염소(Chlorine; 7782-50-5)	0.5		1	
25. 염화비닐(Vinyl chloride; 75-01-4)	1			
26. 이황화탄소(Carbon disulfide; 75-15-0)	1			
27. 일산화탄소(Carbon monoxide; 630-08-0)	30		200	
28. 카드뮴[7440-43-9] 및 그 화합물 (Cadmium and its compounds)		0.01 (호흡성 분진인 경우 0.002)		
29. 코발트[7440-48-4] 및 그 무기화합물 (Cobalt and its inorganic compounds)		0.02		
30. 콜타르피치[65996-93-2] 휘발물 (Coal tar pitch volatiles)		0.2		
31. 톨루엔(Toluene; 108-88-3)	50		150	
32. 톨루엔-2,4-디이소시아네이트 (Toluene-2,4-diisocyanate; 584-84-9 등)	0.005		0.02	
33. 톨루엔-2,6-디이소시아네이트 (Toluene-2,6-diisocyanate; 91-08-7 등)	0.005		0.02	
34. 트리클로로메탄(Trichloromethane; 67-66-3)	10			
35. 트리클로로에틸렌(Trichloroethylene; 79-01-6)	10		25	
36. 포름알데히드(Formaldehyde; 50-00-0)	0.3			
37. n-헥산(n-Hexane; 110-54-3)	50			
38. 황산(Sulfuric acid; 7664-93-9)		0.2		0.6

※ 비고
1. "시간가중평균값(TWA, Time-Weighted Average)"이란 1일 8시간 작업을 기준으로 한 평균노출농도로서 산출공식은 다음과 같다.

   $$TWA\ 환산값 = \frac{C_1 \cdot T_1 + C_1 \cdot T_1 + \cdots\cdots + C_n \cdot T_n}{8}$$

   주) C : 유해인자의 측정농도(단위 : ppm, mg/m³ 또는 개/cm³)
   　　T : 유해인자의 발생시간(단위 : 시간)
2. "단시간 노출값(STEL, Short-Term Exposure Limit)"이란 15분 간의 시간가중평균값으로서 노출농도가 시간가중평균값을 초과하고 단시간 노출값 이하인 경우에는 ① 1회 노출 지속시간이 15분 미만이어야 하고, ② 이러한 상태가 1일 4회 이하로 발생해야 하며, ③ 각 회의 간격은 60분 이상이어야 한다.
3. "등"이란 해당 화학물질에 이성질체 등 동일 속성을 가지는 2개 이상의 화합물이 존재할 수 있는 경우를 말한다.

⑩ 법 제107조제1항제3호에서 "고용노동부령으로 정하는 임시작업과 단시간작업"이란 안전보건규칙 제420조제8호에 따른 임시작업과 같은 조 제9호에 따른 단시간 작업을 말한다. 이 경우 "관리대상 유해물질"은 "허용기준 설정 대상 유해인자"로 본다(산안법 시행규칙 제146조).

2 신규화학물질의 유해성·위험성 조사

(1) 신규화학물질의 조사와 제외 화학물질

① 고용노동부장관은 근로자의 건강장해를 유발할 수 있는 화학물질 중 기존 화학물질에 대해서는 각종 독성 등 유해·위험성을 평가하고 분류하여 관리한다. 그러나 새로운 화학물질이 출현하는 경우 화학물질의 성분이 어떠한 건강장해가 있는지 인과관계를 입증하기도 쉽지 않다.

② 대통령령으로 정하는 화학물질 외의 화학물질(이하 "신규화학물질"이라 한다)을 제조하거나 수입하려는 자(이하 "신규화학물질 제조자 등"이라 한다)는 신규화학물질에 의한 근로자의 건강장해를 예방하기 위하여 고용노동부령으로 정하는 바에 따라 그 **신규화학물질의 유해성·위험성을 조사**하고 그 조사보고서를 고용노동부장관에게 제출하여야 한다. 다만, 다음 각 호의 어느 하나에 해당하는 경우에는 그러하지 아니하다(산안법 제108조제1항).

> 1. 일반 소비자의 생활용으로 제공하기 위하여 신규화학물질을 수입하는 경우로서 고용노동부령으로 정하는 경우
> 2. 신규화학물질의 수입량이 소량이거나 그 밖에 위해(危害)의 정도가 적다고 인정되는 경우로서 고용노동부령으로 정하는 경우

③ 상기의 규정에도 불구하고 유해성·위험성 조사 제외 화학물질에 대하여는 대통령령으로 정하고 있다. 따라서 법 제108조제1항 각 호 외의 부분 본문에서 "대통령령으로 정하는 화학물질"이란 다음 각 호의 어느 하나에 해당하는 화학물질을 말한다(산안법 시행령 제85조).

> 1. 원소
> 2. 천연으로 산출된 화학물질
> 3. 「건강기능식품에 관한 법률」 제3조제1호에 따른 건강기능식품
> 4. 「군수품관리법」 제2조 및 「방위사업법」 제3조제2호에 따른 군수품(「군수품관리법」 제3조에 따른 통상품(通常品)은 제외한다)
> 5. 「농약관리법」 제2조제1호·제3호에 따른 농약과 원제
> 6. 「마약류 관리에 관한 법률」 제2조제1호에 따른 마약류
> 7. 「비료관리법」 제2조제1호에 따른 비료
> 8. 「사료관리법」 제2조제1호에 따른 사료
> 9. 「생활화학제품 및 살생물제의 안전관리에 관한 법률」 제3조제7호·제8호에 따른 살생물물질과 살생물제품
> 10. 「식품위생법」 제2조제1호·제2호에 따른 식품 및 식품첨가물
> 11. 「약사법」 제2조제4호·제7호에 따른 의약품 및 의약외품

12. 「원자력안전법」 제2조제5호에 따른 방사성 물질
13. 「위생용품 관리법」 제2조제1호에 따른 위생용품
14. 「의료기기법」 제2조제1항에 따른 의료기기
15. 「총포·도검·화약류 등의 안전관리에 관한 법률」 제2조제3항에 따른 화약류
16. 「화장품법」 제2조제1호에 따른 화장품과 화장품에 사용하는 원료
17. 법 제108조제3항에 따라 고용노동부장관이 명칭, 유해성·위험성, 근로자의 건강 장해 예방을 위한 조치 사항 및 연간 제조량·수입량을 공표한 물질로서 공표된 연간 제조량·수입량 이하로 제조하거나 수입한 물질
18. 고용노동부장관이 환경부장관과 협의하여 고시하는 화학물질 목록에 기록되어 있는 물질

(2) 유해성·위험성 조사와 보고

1) 신규화학물질의 유해성·위험성 조사와 제외

구분	의무주체	내용
신규화학물질의 유해성·위험성 조사	신규화학물질 제조자 등	제1항 각 호 외의 부분 본문에 따라 유해성·위험성을 조사한 결과 해당 신규화학물질에 의한 근로자의 건강장해를 예방하기 위하여 필요한 조치를 하여야 하는 경우 이를 즉시 시행
	고용노동부장관	• 신규화학물질의 명칭, 유해성·위험성, 근로자의 건강장해 예방을 위한 조치 사항 등을 공표하고 관계 부처에 통보 • 신규화학물질 제조자 등에게 시설·설비를 설치·정비하고 보호구를 갖추어 두는 등의 조치를 하도록 명령
	신규화학물질 제조자 등	신규화학물질을 양도하거나 제공하는 경우에는 근로자의 건강장해 예방을 위하여 조치하여야 할 사항을 기록한 서류를 함께 제공
	신규화학물질의 제조·수입자	• 제조하거나 수입하려는 날 30일(연간 제조하거나 수입하려는 양이 100kg 이상 1톤 미만인 경우에는 14일) 전까지 • 신규화학물질 유해성·위험성 조사보고서(이하 "유해성·위험성 조사보고서"라 한다)에 [별표 20]에 따른 서류를 첨부하여 고용노동부장관에게 제출 • 「화학물질의 등록 및 평가 등에 관한 법률」 제10조에 따라 환경부장관에게 등록한 경우 대체 인정
일반소비자 생활용 신규화학물질의 유해성·위험성 조사 제외	신규화학물질의 제조·수입자	• 해당 신규화학물질이 완성된 제품으로서 국내에서 가공하지 아니하는 경우 • 해당 신규화학물질의 포장 또는 용기를 국내에서 변경하지 아니하거나 국내에서 포장하거나 용기에 담지 아니하는 경우 • 해당 신규화학물질이 직접 소비자에게 제공되고 국내의 사업장에서 사용되지 아니하는 경우
소량 신규화학물질의 유해성·위험성 조사 제외	신규화학물질의 제조·수입	• 신규화학물질의 수입량이 소량이어서 유해성·위험성 조사보고서를 제출하지 아니하는 경우란 신규화학물질의 연간 수입량이 100kg 미만인 경우로서 고용노동부장관의 확인을 받은 경우를 말함. • 그 사유가 발생한 날부터 30일 이내에 유해성·위험성 조사보고서를 고용노동부장관에게 제출

구분	의무주체	내용
그 밖의 신규화학물질의 유해성·위험성 조사 제외	신규화학물질의 제조·수입자	• 제조하거나 수입하려는 신규화학물질이 시험·연구를 위하여 사용되는 경우 • 신규화학물질을 전량 수출하기 위하여 연간 10톤 이하로 제조하거나 수입하는 경우 • 신규화학물질이 아닌 화학물질로만 구성된 고분자화합물로서 고용노동부장관이 정하여 고시하는 경우
확인의 면제	신규화학물질 제조자 등	「화학물질의 등록 및 평가 등에 관한 법률」 제11조에 따라 환경부장관으로부터 화학물질의 등록 면제 확인을 통지받은 경우
확인 및 결과 통보	고용노동부장관	신청서가 제출된 경우에는 이를 지체 없이 확인한 후 접수된 날부터 20일 이내에 그 결과를 해당 신청인에게 통보
신규화학물질의 명칭 등의 공표	고용노동부장관	• 신규화학물질 제조자 등이 유해성·위험성 조사보고서를 제출한 경우 • 환경부장관으로부터 신규화학물질 등록자료 및 유해성심사 결과를 제공받은 경우 • 지체 없이 검토를 완료한 후 그 신규화학물질의 명칭, 유해성·위험성, 조치사항 및 연간 제조량·수입량을 관보 또는 「신문 등의 진흥에 관한 법률」 제9조제1항에 따라 그 보급지역을 전국으로 하여 등록한 일간신문 등에 공표하고 관계 부처에 통보

2) 중대한 건강장해와 유해성·위험성 조사

① 고용노동부장관은 근로자의 건강장해를 예방하기 위하여 필요하다고 인정할 때에는 고용노동부령으로 정하는 바에 따라 **암 또는 그 밖에 중대한 건강장해를 일으킬 우려가 있는 화학물질을 제조·수입하는 자 또는 사용하는 사업주**에게 해당 화학물질의 유해성·위험성 조사와 그 결과의 제출 또는 제105조제1항에 따른 유해성·위험성 평가에 필요한 자료의 제출을 명할 수 있다(산안법 제109조제1항).

② 화학물질의 유해성·위험성조사 결과의 제출을 명령받은 자는 화학물질의 유해성·위험성 조사결과서에 다음 각 호의 서류 및 자료를 첨부하여 **명령을 받은 날부터 45일 이내**에 고용노동부장관에게 제출해야 한다. 다만, 고용노동부장관은 독성시험 성적에 관한 서류의 경우 해당 화학물질의 시험에 상당한 시일이 소요되는 등 기한 내에 제출할 수 없는 부득이한 사유가 있을 때에는 30일의 범위에서 제출기한을 연장할 수 있다(산안법 시행규칙 제155조제1항).

> 1. 해당 화학물질의 안전·보건에 관한 자료
> 2. 해당 화학물질의 독성시험 성적서
> 3. 해당 화학물질의 제조 또는 사용·취급방법을 기록한 서류 및 제조 또는 사용 공정도(工程圖)
> 4. 그 밖에 해당 화학물질의 유해성·유험성과 관련된 서류 및 자료

③ 법 제109조제1항에 따라 법 제105조제1항에 따른 유해성·위험성 평가에 필요한 자료의 제출 명령을 받은 사람은 명령을 받은 날부터 45일 이내에 해당 자료를 고용노동부장관에게 제출해야 한다(산안법 시행규칙 제155조제2항).

④ 화학물질의 유해성·위험성 조사명령을 받은 자는 유해성·위험성 조사 결과 해당 화학물질로 인한 근로자의 건강장해가 우려되는 경우 근로자의 건강장해를 예방하기 위하여 시설·설비의 설치 또는 개선 등 필요한 조치를 하여야 한다(산안법 제109조제2항).

⑤ 고용노동부장관은 제1항에 따라 제출된 조사 결과 및 자료를 검토하여 근로자의 건강장해를 예방하기 위하여 필요하다고 인정하는 경우에는 해당 화학물질을 제105조제2항에 따라 구분하여 관리하거나 해당 화학물질을 제조·수입한 자 또는 사용하는 사업주에게 **근로자의 건강장해 예방을 위한 시설·설비의 설치 또는 개선 등 필요한 조치**를 하도록 명할 수 있다(산안법 제109조제3항).

02 물질안전보건자료

1 물질안전보건자료의 정의 및 작성

(1) 물질안전보건자료의 정의와 제출

1) 물질안전보건자료의 정의

① 물질안전보건자료(MSDS; Material Safety Data Sheets)란 **화학물질 및 화학물질을 함유한 혼합물을 관리하기 위하여 해당물질의 특성과 유해성 등에 관한 정보를 분류하여 기재한 것**을 말한다.

② 정부는 건강장해를 예방하기 위하여 각종 화학물질의 독성, 화학물질의 종류와 취급요령 등에 관한 물질안전보건자료를 기재하여 사업주와 근로자가 알 수 있도록 정보를 제공할 필요가 있다.

2) 물질안전보건자료의 작성 및 제출

① 화학물질 및 화학물질을 함유한 혼합물로서 제104조에 따른 분류기준에 해당하는 것(대통령령으로 정하는 것은 제외한다. 이하 "물질안전보건자료 대상물질"이라 한다)을 제조하거나 수입하려는 자는 다음 각 호의 사항을 적은 자료(이하 "물질안전보건자료"라 한다)를 고용노동부령으로 정하는 방법에 따라 작성하여 고용노동부장관에게 제출하여야 한다. 이 경우 고용노동부장관은 고용노동부령으로 물질안전보건자료의 기재 사항이나 작성방법을 정할 때 「화학물질관리법」 및 「화학물질의 등록 및 평가에 관한 법률」과 관련된 사항에 대하여는 환경부장관과 협의하여야 한다(산안법 제110조제1항).

> 1. 제품명
> 2. 물질안전보건자료 대상물질을 구성하는 화학물질 중 제104조에 따른 분류기준에 해당하는 화학물질의 명칭 및 함유량
> 3. 안전 및 보건상의 취급 주의 사항

> 4. 건강 및 환경에 대한 유해성, 물리적 위험성
> 5. 물리·화학적 특성 등 고용노동부령이 정하는 사항

② 법 제110조제1항에 따른 물질안전보건자료 대상물질을 제조·수입하려는 자가 물질안전보건자료를 작성하는 경우에는 그 물질안전보건자료의 신뢰성이 확보될 수 있도록 **인용된 자료의 출처**를 함께 적어야 한다(산안법 시행규칙 제156조제1항).

③ 법 제110조제1항제5호에서 "고용노동부령으로 정하는 사항"이란 다음 각 호의 사항을 말한다(산안법 시행규칙 제156조제2항).

> 1. 물리·화학적 특성
> 2. 독성에 관한 정보
> 3. 폭발·화재 시의 대처 방법
> 4. 응급조치 요령
> 5. 그 밖에 고용노동부장관이 정하는 사항

④ 화학물질이라도 **특별법에 의해 관리되거나 작업공정에서 근로자가 노출될 가능성이 적거나 위해의 정도가 낮은 경우에는 물질안전보건자료의 대상에서 제외**할 필요가 있다. 법 제110조제1항 각 호 외의 부분 전단에서 "대통령령으로 정하는 것"이란 다음 각 호의 어느 하나에 해당하는 것을 말한다(산안법 시행령 제86조).

> 1. 「건강기능식품에 관한 법률」 제3조제1호에 따른 건강기능식품
> 2. 「농약관리법」 제2조제1호에 따른 농약
> 3. 「마약류 관리에 관한 법률」에 따른 마약 및 향정신성의약품
> 4. 「비료관리법」 제2조제1호에 따른 비료
> 5. 「사료관리법」 제2조제1호에 따른 사료
> 6. 「생활주변방사선 안전관리법」 제2조제1호에 따른 원료물질
> 7. 「생활화학제품 및 살생물제의 안전관리에 관한 법률」 제3조제4호 및 제8호에 따른 안전확인대상 생활화학제품 및 살생물제품 중 일반소비자의 생활용으로 제공되는 제품
> 8. 「식품위생법」 제2조제1호 및 제2호에 따른 식품 및 식품첨가물
> 9. 「약사법」 제2조제4호 및 제2호에 따른 의약품 및 의약외품
> 10. 「원자력안전법」 제2조제5호에 따른 방사성물질
> 11. 「위생용품 관리법」 제2조제1호에 따른 위생용품
> 12. 「의료기기법」 제2조제1항에 따른 의료기기
> 13. 「총포·도검·화약류 등의 안전관리에 관한 법률」 제2조제3항에 따른 화약류
> 14. 「폐기물관리법」 제2조제1호에 따른 폐기물
> 15. 「화장품법」 제2조제1호에 따른 화장품
> 16. 제1호부터 제15호까지 외의 화학물질 또는 혼합물로서 일반 소비자의 생활용으로 제공되는 것(일반 소비자의 생활용으로 제공되는 화학물질 또는 혼합물이 사업장 내에서 취급되는 경우를 포함한다)

17. 고용노동부장관이 정하여 고시하는 연구·개발용 화학물질 또는 화학제품. 이 경우 법 제110조제1항부터 제3항까지의 규정에 따른 자료의 제출만 제외한다.
18. 그 밖에 고용노동부장관이 독성·폭발성 등으로 인한 위해의 정도가 적다고 인정하여 고시하는 화학물질 등

⑤ 물질안전보건자료 대상물질을 제조하거나 수입하려는 자는 물질안전보건자료 대상물질을 구성하는 화학물질 중 제104조에 따른 분류기준에 해당하지 아니하는 화학물질의 명칭 및 함유량을 고용노동부장관에게 별도로 제출하여야 한다. 다만, 다음 각 호의 어느 하나에 해당하는 경우는 그러하지 아니하다(산안법 제110조제2항).

1. 제1항에 따라 제출된 물질안전보건자료에 이 항 각 호 외의 부분 본문에 따른 화학물질의 명칭 및 함유량이 전부 포함된 경우
2. 물질안전보건자료 대상물질을 수입하려는 자가 물질안전보건자료 대상물질을 국외에서 제조하여 우리나라로 수출하려는 자(이하 "국외제조자"라 한다)로부터 물질안전보건자료에 적힌 화학물질 외에는 제104조에 따른 분류기준에 해당하는 화학물질이 없음을 확인하는 내용의 서류를 받아 제출한 경우

⑥ 물질안전보건자료 대상물질을 제조하거나 수입한 자는 제1항 각 호에 따른 사항 중 고용노동부령으로 정하는 사항이 변경된 경우 그 변경 사항을 반영한 물질안전보건자료를 고용노동부장관에게 제출하여야 한다(산안법 제110조제3항).

(2) 물질안전보건자료 등의 제출

① 물질안전보건자료 및 화학물질의 명칭 및 함유량에 관한 자료(같은 항 제2호에 따라 물질안전보건자료에 적힌 화학물질 외에는 법 제104조에 따른 분류기준에 해당하는 화학물질이 없음을 확인하는 경우에는 화학물질 확인서류를 말한다)는 물질안전보건자료 대상물질을 제조하거나 수입하기 전에 공단에 제출해야 한다(산안법 시행규칙 제157조제1항).
② 물질안전보건자료를 공단에 제출하는 경우에는 ⅰ) 공단이 구축하여 운영하는 물질안전보건자료 제출, ⅱ) 비공개 정보 승인시스템(이하 "물질안전보건자료 시스템"이라 한다)을 통한 전자적 방법으로 제출해야 한다. 다만, 물질안전보건자료 시스템이 정상적으로 운영되지 않거나 신청인이 물질안전보건자료 시스템을 이용할 수 없는 부득이한 사유가 있는 경우에는 전자적 기록매체에 수록하여 우편으로 제출(제161조 및 제163조에 따라 물질안전보건자료 시스템을 통하여 신청 또는 자료를 제출하는 경우에도 같다)할 수 있다(산안법 시행규칙 제157조제2항).
③ 고용노동부장관은 환경부장관이 「화학물질의 등록 및 평가 등에 관한 법률 시행 규칙」 제35조의2에 따른 화학물질안전정보의 제공 범위에 대한 승인을 위하여 필요하다고 요청하는 경우에는 물질안전보건자료 시스템의 자료 중 해당 화학물질과 관련된 자료를 열람하게 할 수 있다(산안법 시행규칙 제158조).

④ 법 제110조제3항에서 "고용노동부장관이 정하는 사항"이란 다음 각 호의 사항을 말한다(산안법 시행규칙 제159조제1항).

> 1. 제품명(구성성분의 명칭 및 함유량의 변경이 없는 경우에 한한다)
> 2. 물질안전보건자료 대상물질을 구성하는 화학물질 중 제141조에 따른 분류기준에 해당하는 화학물질의 명칭 및 함유량(제품명의 변경 없이 구성성분의 명칭 및 함유량만 변경된 경우에 한한다)
> 3. 건강 및 환경에 대한 유해성, 물리적 위험성

⑤ 물질안전보건자료 대상물질을 제조하거나 수입하는 자는 제1항의 변경사항을 반영한 물질안전보건자료를 지체 없이 공단에 제출해야 한다(산안법 시행규칙 제159조제2항).

2 물질안전보건자료의 정보제공

(1) 물질안전보건자료의 정보제공 등

1) 물질안전보건자료의 정보제공

① 물질안전보건자료 대상물질을 양도하거나 제공하는 자는 이를 양도받거나 제공받는 자에게 물질안전보건자료를 제공하여야 한다(산안법 제111조제1항).

② 물질안전보건자료 대상물질을 **제조하거나 수입한 자**는 이를 양도받거나 제공받은 자에게 제110조제3항에 따라 변경된 물질안전보건자료를 제공하여야 한다(산안법 제111조제2항). 물질안전보건자료 대상물질을 양도하거나 제공한 자(물질안전보건자료 대상물질을 제조하거나 수입한 자는 제외한다)는 제110조제3항에 따른 물질안전보건자료를 제공받은 경우 이를 물질안전보건자료 대상물질을 양도받거나 제공받은 자에게 제공하여야 한다(산안법 제111조제3항).

2) 물질안전보건자료의 제공 방법

① 물질안전보건자료를 제공하는 경우에는 물질안전보건자료 시스템 제출 시 부여된 번호를 해당 물질안전보건자료에 반영하여 물질안전보건자료 대상물질과 함께 제공하거나 그 밖에 고용노동부장관이 정하여 고시한 바에 따라 제공해야 한다(산안법 시행규칙 제160조제1항).

② 동일한 상대방에게 같은 물질안전보건자료 대상물질을 2회 이상 계속하여 양도 또는 제공하는 경우에는 해당 물질안전보건자료 대상물질에 대한 물질안전보건자료의 변경이 없으면 추가로 물질안전보건자료를 제공하지 않을 수 있다. 다만, 상대방이 물질안전보건자료의 제공을 요청한 경우에는 그렇지 않다(산안법 시행규칙 제160조제2항).

(2) 물질안전보건자료의 일부 비공개 승인

1) 물질안전보건자료의 일부 비공개 승인 등

구분	주요 내용
일부 비공개의 승인	1. 영업비밀과 관련되어 같은 항 제2호에 따른 화학물질의 명칭 및 함유량을 물질안전보건자료에 적지 아니하려는 자 2. 고용노동부령으로 정하는 바에 따라 고용노동부장관에게 신청하여 승인을 받아 해당 화학물질의 명칭 및 함유량을 대체할 수 있는 명칭 및 함유량(이하 "대체자료"라 한다)으로 명시 가능 3. 근로자에게 중대한 건강장해를 초래할 우려가 있는 화학물질로서 「산업재해보상보험법」 제8조제1항에 따른 산업재해보상보험 및 예방심의위원회의 심의를 거쳐 고용노동부장관이 고시하는 것은 제외 4. 고용노동부장관은 승인 신청을 받은 경우 ⅰ) 고용노동부령으로 정하는 바에 따라 화학물질의 명칭 및 함유량의 대체 필요성, ⅱ) 대체자료의 적합성 및 물질안전보건자료의 적정성 등을 검토하여 승인 여부를 결정하고 신청인에게 그 결과를 통보

비공개 승인 또는 연장승인을 위한 제출서류 및 제출시기	1. 물질안전보건자료에 화학물질의 명칭 및 함유량을 대체할 수 있는 명칭 및 함유량(이하 "대체자료"라고 한다)으로 승인을 신청하려는 자
	2. 물질안전보건자료 대상물질을 제조하거나 수입하기 전에 물질안전보건자료 대상물질을 통하여 물질안전보건자료 비공개 승인신청서에 다음 각 호의 정보를 기재하거나 첨부하여 공단에 제출
	  1) 대체자료를 적으려는 화학물질의 명칭 및 함유량이 부정경쟁 방지 및 영업비밀 보호에 관한 법률 제2조제2호에 따른 영업비밀에 해당함을 입증하는 자료로서 고용노동부장관이 정하여 고시하는 자료
	  2) 대체자료
	  3) 대체자료로 적으려는 화학물질의 명칭 및 함유량, 건강 및 환경에 대한 유해성, 물리적 위험성 경보
	  4) 물질안전보건자료
	  5) 법 제104조에 따른 분류기준에 해당하지 않는 화학물질의 명칭 및 함유량
	  6) 그 밖에 화학물질의 명칭 및 함유량을 대체자료로 적도록 승인하기 위해 필요한 정보로서 고용노동부장관이 정하여 고시하는 서류
	3. 고용노동부장관이 정하여 고시하는 연구·개발용 화학물질 또는 화학제품에 대한 물질안전보건자료에 화학물질의 명칭 및 함유량을 대체자료로 적기 위해 승인을 신청하려는 자는 제1항제1호 및 제6호의 자료를 생략하여 제출
	4. 연장승인 신청을 하려는 자는 유효기간이 만료되기 30일 전까지 물질안전보건자료 시스템을 통하여 물질안전보건자료 비공개 연장승인 신청서에 제1항 각 호에 서류를 첨부하여 공단에 제출

승인의 유효기간과 연장승인	1. 고용노동부장관은 비공개승인에 관한 기준을 「산업재해보상보험법」 제8조 제1항에 따른 산업재해보상보험 및 예방심의위원회의 심의를 거쳐 정함. 2. 유효기간이 만료되는 경우에도 계속하여 대체자료로 적으려는 자가 그 유효기간의 연장승인을 신청하면 유효기간이 만료되는 다음 날부터 5년 단위로 그 기간을 계속하여 연장승인 3. 승인 또는 연장승인에 관한 결과에 대하여 고용노동부령으로 정하는 바에 따라 고용노동부장관에게 이의신청 가능 4. 이의신청에 대하여 고용노동부령으로 정하는 바에 따라 승인 또는 연장승인 여부를 결정하고 그 결과를 신청인에게 통보

구분	주요 내용
승인 또는 연장승인의 취소	1. 거짓이나 그 밖의 부정한 방법으로 제1항, 제5항 또는 제7항에 따른 승인 또는 연장승인을 받은 경우 2. 제1항, 제5항 또는 제7항에 따른 승인 또는 연장승인을 받은 화학물질이 제1항 단서에 따른 화학물질에 해당하게 된 경우

2) 비공개 승인 및 연장승인 심사의 기준, 절차 및 방법 등

① 공단은 승인 신청 또는 연장승인 신청을 받은 날부터 1개월 이내에 승인 여부를 결정하여 그 결과를 신청인에게 통보해야 한다(산안법 시행규칙 제162조제1항). 공단은 부득이한 사유로 제1항에 따른 기간 이내에 승인 여부를 결정할 수 없을 때에는 **10일의 범위 내에서 통보 기한을 연장**할 수 있다. 이 경우 연장 사실 및 연장 사유를 신청인에게 지체 없이 알려야 한다(산안법 시행규칙 제162조제2항).

② 공단은 승인 신청을 받은 날부터 2주 이내에 승인 여부를 결정하여 그 결과를 신청인에게 통보해야 한다(산안법 시행규칙 제162조제3항).

③ 공단은 승인 여부 결정에 필요한 경우에는 신청인에게 제161조제1항 각 호의 사항(제3항의 경우 제161조제2항에 따라 제출된 자료를 말한다)에 따른 자료의 수정·보완을 요청할 수 있다. 이 경우 수정 또는 보완을 요청한 날부터 그에 따른 자료를 제출한 날까지의 기간은 통보 기간에 산입하지 않는다(산안법 시행규칙 제162조제4항).

④ 승인 또는 연장승인 여부 결정에 필요한 화학물질 명칭 및 함유량의 대체 필요성, 대체자료의 적합성에 대한 판단기준 및 물질안전보건자료의 적정성에 대한 승인기준 등은 고용노동부장관이 정하여 고시한다(산안법 시행규칙 제162조제5항).

⑤ 승인 또는 연장 승인된 물질안전보건자료를 법 제111조제1항에 따라 제공받은 자가 물질안전보건자료 대상물질을 혼합하는 방법으로 제조하려는 경우에는 그 제공받은 물질안전보건자료에 기재된 대체자료를 연계하여 사용할 수 있다. 다만, 혼합하는 방법이 아닌 화학적 조성(組成)을 변경하는 등 새로운 화학물질을 제조하는 경우에는 그렇지 않다(산안법 시행규칙 제162조제7항).

3) 이의신청의 절차 및 비공개 승인 심사 등

① 비공개 승인 결과를 통보받은 신청인은 그 결과에 이의가 있는 경우 **해당 통보를 받은 날부터 30일 이내**에 물질안전보건자료 시스템을 통하여 이의신청서를 공단에 제출해야 한다(산안법 시행규칙 제163조제1항).

② 공단은 제1항에 따른 이의신청이 있는 경우 신청을 받은 날부터 20일 이내에 제162조제5항에서 정한 승인기준에 따라 승인 여부를 다시 결정하여 그 결과를 신청인에게 통보해야 한다. 이 경우 승인 여부를 다시 결정하기 위하여 필요한 경우에는 외부 전문가의 의견을 들을 수 있다(산안법 시행규칙 제163조제2항). 승인 결과를 통보받은 신청인은 고용노동부장관이 정하여 고시하는 바에 따라 물질안전보건자료에 그 결과를 반영해야 한다(산안법 시행규칙 제163조제3항).

4) 중대한 건강장해의 발생과 정보제공의 요구

① 다음 각 호의 어느 하나에 해당하는 자는 근로자의 안전 및 보건을 유지하거나 직업성 질환 발생 원인을 규명하기 위하여 근로자에게 중대한 건강장해가 발생하는 등 고용노동부령으로 정하는 경우에는 물질안전보건자료 대상물질을 제조하거나 수입한 자에게 제1항에 따라 대체자료로 적힌 화학물질의 명칭 및 함유량 정보를 제공할 것을 요구할 수 있다. 이 경우 정보제공을 요구받은 자는 고용노동부장관이 정하여 고시하는 바에 따라 정보를 제공하여야 한다(산안법 제112조제10항).

> 1. 근로자를 진료하는 「의료법」 제2조에 따른 의사
> 2. 보건관리자 및 보건관리전문기관
> 3. 산업보건의
> 4. 근로자대표
> 5. 제165조제2항제38호에 따라 제141조제1항에 따른 역학조사(疫學調査) 실시 업무를 위탁받은 기관
> 6. 「산업재해보상보험법」 제38조에 따른 업무상질병판정위원회

② 여기서 근로자에게 중대한 건강장해가 발생한 경우란 다음 각 호의 어느 하나에 해당하는 경우를 말한다(산안법 시행규칙 제165조).

> 1. 법 제112호제10항제1호 및 제3호에 해당하는 자가 물질안전보건자료 대상물질로 인하여 발생한 직업성 질환에 대한 근로자의 치료를 위하여 필요하다고 판단하는 경우
> 2. 법 제112호제10항제2호에서 제4호까지의 규정에 해당하는 자 또는 기관이 물질안전보건자료 대상물질로 인하여 근로자에게 직업성 질환 등 중대한 건강상의 장해가 발생할 경우가 있다고 판단하는 경우
> 3. 법 제112호제10항제4호에서 제6호까지의 규정에 해당하는 자 또는 기관(제6호의 경우 위원회를 말한다)이 근로자에게 발생한 직업성 질환의 원인 규명을 위해 필요하다고 판단하는 경우

(3) 국외제조자가 선임한 자와 정보제출

1) 국외제조자가 선임한 자에 의한 정보제출 등

① 국외제조자는 고용노동부령으로 정하는 요건을 갖춘 자를 선임하여 물질안전보건자료 대상물질을 수입하는 자를 갈음하여 다음 각 호에 해당하는 업무를 수행하도록 할 수 있다(산안법 제113조제1항).

> 1. 제110조제1항 또는 제3항에 따른 물질안전보건자료의 작성·제출
> 2. 제110조제2항 본문에 따른 화학물질의 명칭 및 함유량 또는 같은 항 제2호에 따른 확인서류의 제출
> 3. 제112조제1항에 따른 대체자료 기재 승인, 같은 조 제5항에 따른 유효기간 연장 승인 또는 같은 조 제6항에 따른 이의 신청

② 제1항에 따라 선임된 자는 고용노동부장관에게 제110조제1항 또는 제3항에 따른 물질안전보건자료를 제출하는 경우 그 물질안전보건자료를 해당 물질안전보건자료 대상물질을 수입하는 자에게 제공하여야 한다(산안법 제113조제2항). 제1항에 따라 선임된 자는 고용노동부령으로 정하는 바에 따라 국외제조자에 의하여 선임되거나 해임된 사실을 고용노동부장관에게 신고하여야 한다(산안법 제113조제3항).

2) 선임요건 및 신고절차 등

① 법 제113조제1항 각 호 외의 부분에서 "고용노동부령으로 정하는 요건을 갖춘 자"란 다음 각 호의 어느 하나의 요건을 갖춘 자를 말한다(산안법 시행규칙 제166조제1항).

> 1. 대한민국 국민
> 2. 대한민국 안에 주소(법인인 경우에는 그 소재지를 말한다)를 가진 자

② 법 제113조제3항에 따라 국외제조자에 의하여 선임되거나 해임된 사실을 신고를 하려는 자는 선임서 또는 해임서에 다음 각 호의 서류를 첨부하여 관할 지방고용노동관서의 장에게 제출해야 한다(산안법 시행규칙 제166조제2항).

> 1. 제1항 각 호의 요건을 증명하는 서류
> 2. 선임계약서 사본 등 선임 또는 해임 여부를 증명하는 서류

③ 신고를 받은 지방고용노동관서의 장은 「전자정부법」 제36조제1항에 따른 행정정보의 공동이용을 통하여 사업자등록증을 확인해야 한다. 다만, 신청인이 사업자등록증의 확인에 동의하지 않은 경우에는 해당 서류를 첨부하게 해야 한다(산안법 시행규칙 제166조제3항). 지방고용노동관서의 장은 제2항에 따라 신고를 받은 날부터 **7일 이내에 신고증을 발급**해야 한다(산안법 시행규칙 제166조제4항).

④ 국외제조자 또는 그에 의하여 선임된 자는 물질안전보건자료 대상물질의 수입자에게 신고증 사본을 제공해야 한다(산안법 시행규칙 제166조제5항).

3 물질안전보건자료의 게시 및 경고표시 등

(1) 물질안전보건자료의 게시 및 교육

1) 물질안전보건자료의 게시 및 관리

① 물질안전보건자료 대상물질을 취급하려는 사업주는 제110조제1항 또는 제3항에 따라 작성하였거나 제111조제1항부터 제3항까지의 규정에 따라 제공을 받은 물질안전보건자료를 고용노동부령으로 정하는 바에 따라 물질안전보건자료 대상물질을 취급하는 작업장 내에 이를 취급하는 근로자가 쉽게 볼 수 있는 장소에 게시하거나 갖추어 두어야 한다(산안법 제114조제1항).

② 법 제114조제1항에 따라 선임된 자가 물질안전보건자료 대상물질을 취급하는 사업주는 다음 각 호의 어느 하나에 해당하는 장소 또는 전산장비에 항상 물질안전보건자료를 게시하거나 갖추어 두는 것을 말한다. 다만, 제3호에 다른 장비에 게시하거나 갖추어 두는 경우에는 고용노동부장관이 정하는 조치를 해야 한다(산안법 시행규칙 제167조제1항).

> 1. 물질안전보건자료 대상물질을 취급하는 작업공정이 있는 장소
> 2. 작업장 내 근로자가 가장 쉽게 보기 쉬운 장소
> 3. 근로자가 작업 중 쉽게 접근할 수 있는 장소에 설치한 전산장비

③ 건설공사, 안전보건규칙 제420조제8호에 따른 임시작업 또는 같은 조 제9호에 따른 단시간 작업에 대하여는 법 제114조제2항에 따른 물질안전보건자료 대상물질의 관리 요령으로 대신 게시하거나 갖추어 둘 수 있다. 다만, 근로자가 물질안전보건자료의 게시를 요청하는 경우에는 제1항에 따라 게시해야 한다(산안법 시행규칙 제167조제2항).

④ 사업주는 물질안전보건자료 대상물질을 취급하는 작업공정별로 고용노동부령으로 정하는 바에 따라 물질안전보건자료 대상물질의 관리요령을 게시하여야 한다(산안법 제114조제2항). 작업공정별 관리 요령에 포함되어야 할 사항은 다음 각 호와 같다(산안법 시행규칙 제168조제1항).

> 1. 제품명
> 2. 건강 및 환경에 대한 유해성, 물리적 위험성
> 3. 안전 및 보건상의 취급주의 사항
> 4. 적절한 보호구
> 5. 응급조치 요령 및 사고 시 대처방법

⑤ 작업공정별 관리 요령을 작성할 때에는 법 제114조제1항에 따른 물질안전보건자료에 적힌 내용을 참고해야 한다(산안법 시행규칙 제168조제2항). 작업공정별 관리 요령은 유해성·위험성이 유사한 물질안전보건자료 대상물질의 그룹별로 작성하여 게시할 수 있다(산안법 시행규칙 제168조제3항).

2) 물질안전보건자료의 교육 및 기록의 보존

① 제1항에 따른 사업주는 물질안전보건자료 대상물질을 취급하는 근로자의 안전 및 보건을 위하여 고용노동부령으로 정하는 바에 따라 해당 근로자를 교육하는 등 적절한 조치를 하여야 한다(산안법 제114조제3항).

② 사업주는 다음 각 호의 어느 하나에 해당하는 경우에는 작업장에서 취급하는 물질안전보건자료 대상물질의 물질안전보건자료에서 [별표 5]에 해당되는 내용을 근로자에게 교육해야 한다. 이 경우 교육받은 근로자에 대해서는 해당 교육 시간만큼 법 제29조에 따른 안전·보건교육을 실시한 것으로 본다(산안법 시행규칙 제169조제1항).

> 1. 물질안전보건자료 대상물질을 제조·사용·운반 또는 저장하는 작업에 근로자를 배치하게 된 경우
> 2. 새로운 물질안전보건자료 대상물질이 도입된 경우
> 3. 유해성·위험성 정보가 변경된 경우

③ 사업주는 제1항에 따른 교육을 하는 경우에 유해성·위험성이 유사한 물질안전보건자료 대상물질을 그룹별로 분류하여 교육할 수 있다(산안법 시행규칙 제169조제2항). 사업주는 제1항에 따른 교육을 실시하였을 때에는 교육시간 및 내용 등을 기록하여 보존해야 한다(산안법 시행규칙 제169조제3항).

(2) 물질안전보건자료 대상의 경고표시 등

1) 물질안전보건자료 대상물질 용기 등의 경고 표시

① 물질안전보건자료 대상물질을 양도하거나 제공하는 자는 고용노동부령으로 정하는 방법에 따라 이를 **담은 용기 및 포장에 경고표시**를 하여야 한다. 다만, 용기 및 포장에 담는 방법 외의 방법으로 물질안전보건자료 대상물질을 양도하거나 제공하는 경우에는 고용노동부장관이 정하여 고시한 바에 따라 경고표시 기재 항목을 적은 자료를 제공하여야 한다(산안법 제115조제1항).

② 사업주는 사업장에서 사용하는 물질안전보건자료 대상물질을 담은 용기에 고용 노동부령으로 정하는 방법에 따라 경고표시를 하여야 한다. 다만, 용기에 이미 경고표시가 되어 있는 등 고용노동부령으로 정하는 경우에는 그러하지 아니하다(산안법 제115조제2항).

2) 경고표시 방법 및 기재항목

① 물질안전보건자료 대상물질을 양도하거나 제공하는 자 또는 이를 사업장에서 취급하는 사업주가 법 제115조제1항 및 제2항에 따른 경고표시를 하는 경우에는 물질안전보건자료 대상물질 단위로 경고표지를 작성하여 물질안전보건자료 대상물질을 담은 **용기 및 포장에 붙이거나 인쇄**하는 등 유해·위험정보가 명확히 나타나도록 해야 한다. 다만, 다음 각 호의 어느 하나에 해당하는 표시를 한 경우에는 경고 표시를 한 것으로 본다(산안법 시행규칙 제170조제1항).

> 1. 「고압가스 안전관리법」 제11조의2에 따른 용기 등의 표시
> 2. 「위험물 선박운송 및 저장 규칙」 제6조제1항 및 제26조제1항에 따른 표시(같은 규칙 제26조 제1항에 따라 해양수산부장관이 고시하는 수입물품에 대한 표시는 최초의 사용사업장으로 반입되기 전까지만 해당한다)
> 3. 「위험물안전관리법」 제20조제1항에 따른 위험물의 운반용기에 관한 표시
> 4. 「항공안전법 시행규칙」 제209조제6항에 따라 국토교통부장관이 고시하는 포장물의 표기(수입물품에 대한 표기는 최초의 사용사업장으로 반입되기 전까지만 해당한다)
> 5. 「화학물질관리법」 제16조에 따른 유해화학물질에 관한 표시

② 제1항 각 호 외의 부분 본문에 따른 경고표지에는 다음 각 호의 사항이 모두 포함되어야 한다(산안법 시행규칙 제170조제2항). 이 경우 경고표시는 고용노동부의 고시기준에 따라 분류문구(16가지)를 정해 당해 제품의 상태를 가장 효과적으로 나타내는 것으로서, 임의로 "자극성"을 "유해성"으로, "과민성"을 "유해성"으로 변경해서는 아니 된다(같은 취지 : 산보 68343-362, 2001. 06. 05.).

> 1. 명칭 : 제품명
> 2. 그림문자 : 화학물질의 분류에 따라 유해·위험의 내용을 나타내는 그림
> 3. 신호어 : 유해·위험의 심각성 정도에 따라 표시하는 "위험" 또는 "경고" 문구
> 4. 유해·위험 문구 : 화학물질의 분류에 따라 유해·위험을 알리는 문구
> 5. 예방조치 문구 : 화학물질에 노출되거나 부적절한 저장·취급 등으로 발생하는 유해·위험을 방지하기 위하여 알리는 주요 유의사항
> 6. 공급자 정보 : 물질안전보건자료 대상물질의 제조자 또는 공급자의 이름 및 전화번호 등

③ 제1항과 제2항에 따른 경고표지의 규격, 그림문자, 신호어, 유해·위험 문구, 예방조치 문구, 그 밖의 경고표시의 방법 등에 관하여 필요한 사항은 고용노동부 장관이 정하여 고시한다(산안법 시행규칙 제170조제3항).

④ 여기에서 "고용노동부장관이 정하는 고시"란 「화학물질의 분류·표시 및 물질안전보건자료에 관한 기준(고용노동부고시 제2025-50호, 2025. 8. 6.)」을 말하며, 이하에서는 "화학물질표시기준"이라고 한다. 이 고시기준에서는 ⅰ) 경고표시의 부착, ⅱ) 경고표시의 작성방법, ⅲ) 경고표시의 기재항목과 작성방법, ⅳ) 양식과 규격, ⅴ) 색상과 위치 등에 대하여 구체적으로 규정하고 있다.

[고시 별표 1] 화학물질의 분류 및 세부항목(제4조 관련)

유해성 구분	분류항목	세부항목	
물리적 위험성	16	1. 폭발성 물질 2. 인화성 가스 3. 인화성 에어로졸 4. 산화성 가스 5. 고압가스 6. 인화성 액체 7. 인화성 고체 8. 자기반응성 물질 및 혼합물	9. 자연발화성 액체 10. 자연발화성 고체 11. 자기발열성 물질 12. 물반응성 물질 및 혼합물 13. 산화성 액체 14. 산화성 고체 15. 유기과산화물 16. 금속부식성 물질
건강유해성	11	1. 급성독성(경구·경피·흡입) 2. 피부부식성·피부 자극성 3. 심한 눈 손상성·눈 자극성 4. 호흡기 과민성 5. 피부 과민성 6. 생식세포 변이원성	7. 발암성 8. 생식독성 9. 특정표적 장기독성(1회노출) 10. 특정표적 장기독성(반복노출) 11. 흡인유해성
환경 유해성	2	1. 수생환경 유해성(급성·만성)	2. 오존층 유해성

⑤ 물질안전보건자료 대상물질을 담은 용기에는 경고표시를 해야 하지만, 고용노동부령으로 정하는 경우에는 제외한다. 법 제115조제2항 단서에서 "고용노동부령으로 정하는 경우"란 다음 각 호의 어느 하나에 해당하는 경우를 말한다(산안법 시행규칙 제170조제4항).

> 1. 법 제115조제1항에 따라 물질안전보건자료 대상물질을 양도하거나 제공하는 자가 물질안전보건자료 대상물질을 담은 용기에 이미 경고표시를 한 경우
> 2. 근로자가 경고표시가 되어 있는 용기에서 물질안전보건자료 대상물질을 옮겨 담기 위하여 일시적으로 용기를 사용하는 경우

3) 물질안전보건자료와 관련된 자료의 제공
　① 고용노동부장관은 근로자의 안전 및 보건 유지를 위하여 필요하면 물질안전보건자료와 관련된 자료를 근로자 및 사업주에게 제공할 수 있다(산안법 제116조).
　② 고용노동부장관 및 공단은 법 제116조에 따라 근로자나 사업주에게 물질안전보건자료와 관련된 자료를 제공하기 위하여 필요하다고 인정하는 경우에는 물질안보건자료 대상물질을 제조하거나 수입하는 자에게 물질안전보건자료와 관련한 자료를 요청할 수 있다(산안법 시행규칙 제171조).

03 유해·위험물질의 제조 등 금지

1 유해·위험물질의 정의와 독성

(1) 유해·위험물질의 정의

1) 유해·위험물질의 정의
　① 유해·위험물질은 **근로자의 건강을 침해하여 질병을 유발하거나 악화시키는 해로운 물질**을 말한다. 유해·위험물질은 근로자가 작업장 내에 존재하는 유해·위험물질에 노출되면 그 성분에 따라 직업병이나 암을 유발하기 때문에 제조 및 사용 등을 엄격히 규제할 필요가 있다.
　② 근로자는 각종 제품을 생산하거나 원료를 취급하는 과정에서 유해·위험물질에 노출되어 발병하거나 건강이 악화되기도 한다. 특히 화학물질은 건강에 미치는 영향이 완전히 평가된 것보다 아직 독성정보가 밝혀지지 않은 경우가 많다.

2) 유해·위험물질의 독성과 건강장해
　① 화학물질뿐만 아니라 분진, 용기용제 등의 유해·위험물질은 근로자의 건강을 악화시키고 질병을 유발한다. 유해·위험물질에의 노출은 호흡기, 피부, 소화기에 의하여 체내에 침투한다.

② 노출되는 화학물질의 농도에 따라 독성이 증가하며, 근로자가 화학물질에 낮은 농도로 장기간 노출되면 <u>만성중독</u>을 일으킨다. 낮은 농도에서는 독성작용이 없는 화학물질도 높은 농도에서는 <u>급성중독</u>을 일으킨다. 이 외에 노출시간, 개인의 감수성, 작업강도, 기상조건에 따라 근로자에게 큰 영향을 준다.

③ 유해물질에 노출된 경우에는 업무와 질병 간의 인과관계를 입증하면 직업병으로 인정받을 수 있다. 이러한 유해·화학물질은 산업안전보건법에 의하여 ⅰ) 신규화학물질은 유해·위험성을 조사하여 보고하여야 하며, ⅱ) 그 외에 지정된 화학물질은 안전보건관리대상물질(MSDS)로 관리한다.

(2) 유해·위험물질의 분류와 규제

1) 표적장기와 신경장해의 유해·위험물질

① 유해·위험물질은 우리 신체의 간, 신장과 방광, 조혈기관 등의 장기를 표적으로 기능을 저하시키거나 괴사를 일으켜 질병을 유발한다. 지방족할로겐화 탄화수소로서 사염화탄소는 간의 지방소엽성 괴사를 일으키는 대표적인 유해·위험물질이다.

② 유해·위험물질은 신경계통으로서 말초신경계와 중추신경계에 영향을 미친다. 말초신경계는 ⅰ) 운동신경과 감각신경에 장해를 초래하며, ⅱ) 운동신경계는 손과 발의 사지의 말단부에 근력을 약화시키고, 심한 경우 수근하수증, 족하수증을 초래한다.

③ 유해물질에 의한 ⅰ) 중추신경장해는 원인물질에 따라 다양하나 개인차가 있고, ⅱ) 기억력 변화, ⅱ) 우울증·불안, ⅲ) 파킨슨증후군, ⅳ) 반응속도의 지연, ⅴ) 지식수준의 저하 등 다양한 증상을 나타낸다.

2) 발암물질의 유해성

① 최근까지 인체에 우발적으로 암을 발생시킨 발암물질의 수는 22종으로 알려져 있으며, 동물실험에서 증명된 발암물질의 수는 약 1,500종에 달하고 있다. 발암물질은 외인성(外因性) 발암물질과 내인성 발암물질로 나눌 수 있다. 외인성 발암물질의 90% 이상이 자연환경의 화학물질로 밝혀져 있다.

📖 **작업자별 화학물질의 유해성**

작업자	화학물질	영향을 받는 장기
절연체작업자, 선반건조공, 건설작업자, 광부	석면	폐, 흉막
염직물생산공, 페인트제조공, 염색공, 고무제품 생산공	아우라민, 벤지딘, 2-나프틸아민, 마젠타, 4-아미노비페닐	방광
염색공, 페인트공, 구두공	벤젠	골수
공정관리자, 크롬생산공, 용접공	크롬	비강, 폐, 인두

작업자	화학물질	영향을 받는 장기
콜타르 및 피치생산공, 석탄가스작업자, 가스제조공	콜타르, 피치, 기타 석탄 연소물	폐, 인두, 피부, 방광
제련공, 전기분해공	니켈	부비동, 폐
플라스틱작업자	염화비닐	간

② ILO 협약 제139호 제3조에서는 "이 협약을 비준하는 각 회원국은 근로자들이 발암성 물질이나 약품에 노출되지 않도록 보호하기 위한 조치를 명시하여야 하며, 적절한 기록체계를 설립하여야 한다"고 규정하고 있다.

2 유해 · 위험물질의 제조금지와 허가

(1) 유해 · 위험물질의 제조 등 금지

1) 유해 · 위험물질의 제조금지와 유해성

① 누구든지 다음 각 호의 어느 하나에 해당하는 물질로서 대통령령으로 정하는 물질(이하 "제조 등 금지물질"이라 한다)을 **제조 · 수입 · 양도 · 제공 또는 사용**해서는 아니 된다(산안법 제117조 제1항).

> 1. 직업성 암을 유발하는 것으로 확인되어 근로자의 건강에 특히 해롭다고 인정되는 물질
> 2. 제105조제1항에 따라 유해성 · 위험성이 평가된 유해인자나 제109조에 따라 유해성 위험성이 조사된 화학물질 중 근로자에게 중대한 영향을 일으킬 우려가 있는 물질

② 고용노동부장관은 제2항제1호에 따른 승인을 받은 자가 같은 호에 따른 승인요건에 적합하지 아니하게 된 경우에는 승인을 취소하여야 한다(산안법 제117조제3항).

2) 제조 등의 금지물질과 유해성

① 법 제117조제1항에서 "대통령령으로 정하는 물질"이란 다음 각 호의 물질을 말한다(산안법 시행령 제87조). 이 규정은 직업병을 유발하는 유해물질의 노출과 작업환경으로부터 근로자의 건강을 보호하고자 유해물질의 제조 · 수입 · 양도 · 제공 또는 사용을 금지하고자 하는 취지이다.

> 1. β-나프틸아민[91-59-8]과 그 염(β-Naphthylamine and its salts)
> 2. 4-니트로디페닐[92-93-3]과 그 염(4-Nitrodiphenyl and its salts)
> 3. 백연[1319-46-6]을 함유한 페인트(함유된 중량의 비율이 2% 이하인 것은 제외한다)
> 4. 벤젠[71-43-2]을 함유하는 고무풀(함유된 중량의 비율이 5% 이하인 것은 제외한다)
> 5. 석면(Asbestos; 1332-21-4 등)
> 6. 폴리클로리네이티드 터페닐(Polychlorinated terphenyls; 61788-33-8 등)

> 7. 황린(黃燐)[12185-10-3] 성냥(Yellow phosphorus match)
> 8. 제1호 및 제2호, 제5호 및 제6호의 어느 하나에 해당하는 물질을 함유한 혼합물(함유된 중량의 비율이 1% 이하인 것은 제외한다)
> 9. 「화학물질관리법」 제2조제5호에 따른 금지물질(같은 법 제3조제1항제1호부터 제12호까지의 규정에 해당하는 화학물질은 제외한다)
> 10. 그 밖에 보건상 해로운 물질로서 산업재해보상보험 및 예방심의위원회의 심의를 거쳐 고용노동부장관이 정하는 유해물질

② 누구든지 함유된 석면의 중량이 제품 중량의 1%를 초과하는 석면함유제품을 제조·수입·양도·제공 또는 사용하여서는 안 된다(석면사용등금지 고시 제2조). 고용노동부장관은 「석면함유제품의 제조·수입·양도·제공 또는 사용금지에 관한 고시(고용노동부고시 제2020-14호, 2020.1.6.)」를 정하고 있다(2025.4.11. 폐지).

3) 시험·연구 등의 사용승인

① 유해물질의 제조 등을 금지함에도 불구하고 독성시험 등 시험·연구를 위한 목적을 허용할 필요가 있다. 제1항에도 불구하고 시험·연구 또는 검사 목적의 경우로서 다음 각 호의 어느 하나에 해당하는 경우에는 제조 등 금지물질을 제조·수입·양도·제공 또는 사용할 수 있다(산안법 제117조제2항).

> 1. 제조·수입 또는 사용을 위하여 고용노동부령으로 정하는 요건을 갖추어 고용노동부장관의 승인을 받은 경우
> 2. 「화학물질관리법」 제18조제1항 단서에 따른 금지물질의 판매 허가를 받은 자가 같은 항 단서에 따라 판매 허가를 받은 자나 제1호에 따라 사용승인을 받은 자에게 제조 등 금지물질을 양도 또는 제공하는 경우

② 여기에서 시험·연구란 유해물질의 독성실험, 혈액독성실험, 동물실험, 작용부위에 미치는 영향 등에 대하여 실험을 하거나 연구를 하는 것을 말한다. 법 제117조제2항제1호에 따라 제조 등 금지물질의 제조·수입 또는 사용승인을 받으려는 자는 신청서에 다음 각 호의 서류를 첨부하여 관할 지방고용노동관서의 장에게 제출해야 한다(산안법 시행규칙 제172조제1항).

> 1. 시험·연구계획서(제조·수입·사용의 목적·양 등에 관한 사항이 포함되어야 한다)
> 2. 산업보건 관련 조치를 위한 시설·장치의 명칭·구조·성능 등에 관한 서류
> 3. 해당 시험·연구실(작업장)의 전체 작업공정도, 각 공정별로 취급하는 물질의 종류· 취급량 및 공정별 종사 근로자 수에 관한 서류

③ 지방고용노동관서의 장은 제1항에 따라 제조·수입 또는 사용 승인신청서가 접수된 경우에는 다음 각 호의 사항을 심사하여 신청서가 접수된 날부터 20일 이내에 승인서를 신청인에게 발급하거나 불승인 사실을 알려야 한다. 다만, 수입 승인은 해당 물질에 대하여 사용승인을 했거나 사용승인을 하는 경우에만 할 수 있다(산안법 시행규칙 제172조제2항).

> 1. 제1항에 따른 신청서 및 첨부서류의 내용이 적정한지 여부
> 2. 제조·사용설비 등이 안전보건규칙 제33조 및 제499조부터 제511조까지의 규정에 적합한지 여부
> 3. 수입하려는 물질이 사용승인을 받은 물질과 같은지 여부, 사용승인 받은 양을 초과하는지 여부, 그 밖에 사용승인 신청 내용과 일치하는지 여부(수입승인의 경우에만 해당한다)

(2) 유해·위험물질 제조 등의 허가

1) 제조 등의 허가

① 황린 등 유해물질의 제조 등은 원칙적으로 금지한다. 그러나 산업용으로 부득이 제조 및 사용이 필요한 경우에는 허가를 받아야 한다.

② 제117조제1항 각 호의 어느 하나에 해당하는 물질로서 대체물질이 개발되지 아니한 물질 등 대통령령으로 정하는 물질(이하 "허가대상물질"이라 한다)을 제조하거나 사용하려는 자는 고용노동부장관의 허가를 받아야 한다. 허가받은 사항을 변경할 때에도 또한 같다(산안법 제118조제1항).

③ 허가대상물질의 제조·사용설비, 작업방법, 그 밖의 허가기준은 고용노동부령으로 정한다(산안법 제118조제2항). 따라서 제1항에 따라 허가를 받은 자(이하 "허가대상물질 제조·사용자"라 한다)는 그 제조·사용설비를 제2항에 따른 허가기준에 적합하도록 유지하여야 하며, 그 기준에 적합한 작업방법으로 허가대상물질을 제조·사용하여야 한다(산안법 제118조제3항).

④ 고용노동부장관은 허가대상물질 제조·사용자의 제조·사용설비 또는 작업방법이 제2항에 따른 허가기준에 적합하지 아니하다고 인정될 때에는 그 기준에 적합하도록 제조·사용설비를 수리·개조 또는 이전하도록 하거나 그 기준에 적합한 작업 방법으로 그 물질을 제조·사용하도록 명할 수 있다(산안법 제118조제4항).

2) 허가대상유해물질

① 법 제118조제1항 전단에서 "대체물질이 개발되지 아니한 물질 중 대통령령으로 정하는 물질"이란 다음 각 호의 물질을 말한다(산안법 시행령 제88조). 이러한 유해물질은 원칙적으로 제조 등이 금지되나, 허가를 받아서 제조 및 사용이 가능하다.

> 1. α-나프틸아민[134-32-7] 및 그 염(α-naphthylamine and its salts)
> 2. 디아니시딘[119-90-4] 및 그 염(Dianisidine and its salts)
> 3. 디클로로벤지딘[91-94-1] 및 그 염(Dichlorobenzidine and its salts)
> 4. 베릴륨(Beryllium; 7440-41-7)
> 5. 벤조트리클로라이드(Benzotrichloride; 98-07-7)
> 6. 비소[7440-38-2] 및 그 무기화합물(Arsenic and its inorganic compounds)
> 7. 염화비닐(Vinyl chloride; 75-01-4)

> 8. 콜타르피치[65996-93-2] 휘발물(Coal tar pitch volatiles)
> 9. 크롬광 가공(열을 가하여 소성 처리하는 경우만 해당한다)(Chromite ore processing)
> 10. 크롬산 아연(Zinc chromates; 13530-65-9 등)
> 11. o-톨리딘[119-93-7] 및 그 염(o-Tolidine and its salts)
> 12. 황화니켈류(Nickel sulfides; 12035-72-2, 16812-54-7)
> 13. 제1호부터 제12호까지의 어느 하나에 해당하는 물질(제5호는 제외한다)을 함유한 혼합물(함유된 중량의 비율이 1% 이하인 것은 제외한다)
> 14. 제5호의 물질을 함유한 혼합물(함유된 중량의 비율이 0.5% 이하인 것은 제외한다)
> 15. 그 밖에 보건상 해로운 물질로서 고용노동부장관이 산업재해보상보험 및 예방심의위원회의 심의를 거쳐 정하는 유해물질

② 상기 규정에서 열거한 유해물질은 제품생산의 공정에 종사하는 근로자에게 심각한 건강장해를 초래할 수 있다. 특히 콜타르 등 유해물질은 발암성을 지니므로, 제조 및 사용 등에 대하여 엄격한 규제가 필요하다.

3) 제조 등 허가의 신청 및 심사

① 법 제118조제1항에 따른 유해물질(이하 "허가대상물질"이라 한다)의 제조허가 또는 사용허가를 받으려는 자는 제조·사용 허가신청서에 다음 각 호의 서류를 첨부하여 관할 지방고용노동관서의 장에게 제출해야 한다(산안법 시행규칙 제173조제1항).

> 1. 사업계획서(제조·사용의 목적·양 등에 관한 사항이 포함되어야 한다)
> 2. 산업보건 관련 조치를 위한 시설·장치의 명칭·구조·성능 등에 관한 서류
> 3. 해당 사업장의 전체 작업공정도, 각 공정별로 취급하는 물질의 종류·취급량 및 공정별 종사 근로자 수에 관한 서류

② 지방고용노동관서의 장은 제1항에 따라 제조·사용 허가신청서가 접수되면 다음 각 호의 사항을 심사하여 신청서가 접수된 날부터 20일 이내에 허가증을 신청인에게 발급하거나 불허가 사실을 알려야 한다(산안법 시행규칙 제173조제2항).

> 1. 제1항에 따른 신청서 및 첨부서류의 내용이 적정한지 여부
> 2. 제조·사용설비 등이 안전보건규칙 제33조, 제35조제1항(같은 규칙 별표 2 제16호 및 제17호에 해당하는 경우로 한정한다) 및 같은 규칙 제453조부터 제486조까지의 규정에 적합한지 여부
> 3. 그 밖에 법 또는 이 법에 따른 명령의 이행에 관한 사항

③ 지방고용노동관서의 장은 제2항에 따라 제조·사용 허가신청서를 심사하기 위하여 필요한 경우 공단에 신청서 및 첨부서류의 검토 등을 요청할 수 있다(산안법 시행규칙 제173조제3항). 공단은 제3항에 따라 요청을 받은 경우에는 요청받은 날부터 10일 이내에 그 결과를 지방고용노동관서의 장에게 보고해야 한다(산안법 시행규칙 제173조제4항).

4) 허가의 취소 등

① 고용노동부장관은 허가대상물질 제조·사용자가 다음 각 호의 어느 하나에 해당하면 그 허가를 취소하거나 6개월 이내의 기간을 정하여 영업을 정지하게 할 수 있다. 다만, 제1호에 해당할 때에는 그 허가를 취소하여야 한다(산안법 제118조 제5항).

> 1. 거짓이나 그 밖의 부정한 방법으로 허가를 받은 경우
> 2. 제2항에 따른 허가기준에 맞지 아니하게 된 경우
> 3. 제3항을 위반한 경우
> 4. 제4항에 따른 명령을 위반한 경우
> 5. 자체검사 결과 이상을 발견하고도 즉시 보수 및 필요한 조치를 하지 아니한 경우

② 지방고용노동관서의 장은 법 제118조제5항에 따라 허가의 취소 또는 영업의 정지를 명한 경우에는 해당 사업장을 관할하는 특별시장·특별자치도지사·시장·군수·구청장(자치구의 구청장을 말한다. 이하 같다)에게 통보해야 한다(산안법 시행규칙 제174조).

04 석면조사 및 해체·제거

1 석면의 유해성과 조사

(1) 석면의 정의와 유해성

1) 석면의 정의와 유해성

① 석면이란 **섬유상으로 마그네슘이 많이 함유된 함수규산염(含水硅酸鹽)의 광물**을 말한다. 석면은 자연계에 존재하는 섬유상의 광물성 규산염을 총칭해서 부르는 말이다.

② 석면의 종류는 **각섬석 계통과 사문석 계통**으로 구분하며, 백석면을 제외하고 모두 각섬석 계통에 해당된다. 석면은 불연성·내열성·단열성·내산성 및 내알칼리성·내마모성·내전기 전도성 등이 뛰어나다.

③ 석면은 석면시멘트, 바닥타일, 지붕 열차단 펠트, 슬레이트 등 건축자재와 석면 방직제로 사용된다. 또한 분무용 단열재, 격리벽 라이닝, 내연기관의 조인트실링, 자동차 브레이크의 패드, 건축물자재, 방화복, 화학약품 등 약 5,000종 이상의 제품에 사용된다.

2) 석면의 유해성과 건강장해

① 석면 중 ⅰ) 청석면은 가장 강한 발암물질로 알려져 있으며, ⅱ) 백석면은 지금도 수입이 되고 있다. 우리나라는 석면의 유해성을 이유로 1997년부터 청석면과 갈석면의 수입·사용을 금지하여 왔으나, 백석면은 아직도 규제 없이 수입이 되고 있다.

② 백석면을 포함한 모든 종류의 석면은 유해하여 **폐질환의 원인**이 된다. 석면은 일반물질과 달리 폐 내로 흡입되면 ⅰ) **석면폐증(asbestosis)**, ⅱ) **불량한 폐암(lung cancer)**, ⅲ) **악성중피종**

(mesothelioma), ⅳ) 후두암, ⅴ) 난소암, ⅵ) 미만성 흉막비후를 유발한다.
③ 그 외에 알려진 건강장해로는 ⅰ) 폐기종, ⅱ) 장관계 암인 위암과 소장암, 대장암, 직장암, ⅲ) 유방암, 췌장암, 인후두암 등의 암 발생을 비롯하여 ⅳ) 기관지 확장증, 기관지염, 폐렴, 무기폐, 늑막염 등의 비악성 질환이 있다.
④ **석면의 잠복기**는 5~30년에 이르는 만큼 과거 직업과 작업환경, 취급 원재료 등을 조사하여 발병 여부를 판단하여야 한다. 석면폐의 진단은 ⅰ) 일반 흉부방사선 검사 또는 고해상 단층 촬영으로 할 수 있으며, ⅱ) 폐암과 악성중피종도 흉부방사선 검사로 진단할 수 있다.

(2) 석면조사

1) 석면조사 및 결과의 기록·보존

① 건축물이나 설비를 철거하거나 해체하려는 경우에 **해당 건축물이나 설비의 소유주 또는 임차인 등**(이하 "건축물이나 설비의 소유주 등"이라 한다)은 다음 각 호의 사항을 고용노동부령으로 정하는 바에 따라 조사(이하 "일반석면조사"라 한다)한 후 그 결과를 기록·보존하여야 한다(산안법 제119조제1항).

> 1. 해당 건축물이나 설비에 석면이 함유되어 있는지 여부
> 2. 해당 건축물이나 설비 중 석면이 함유된 자재의 종류, 위치

② 제1항에 따른 건축물이나 설비 중 대통령령으로 정하는 규모 이상의 건축물이나 설비의 소유주 등은 제120조에 따라 지정받은 기관(이하 "석면조사기관"이라 한다)에 다음 각 호의 사항을 조사(이하 "기관석면조사"라 한다)하도록 한 후 그 **결과를 기록·보존**하여야 한다. 다만, 석면 함유 여부가 명백한 경우 등 대통령령으로 정하는 사유에 해당하여 고용노동부령으로 정하는 절차에 따라 확인을 받은 경우에는 기관석면조사를 생략할 수 있다(산안법 제119조제2항).

> 1. 제1항 각 호의 사항
> 2. 해당 건축물이나 설비에 함유된 석면의 종류 및 함유량

2) 석면조사의 생략 등 확인절차

① 법 제119조제2항 각 호 외의 부분 단서에 따라 건축물이나 설비의 소유주 또는 임차인 등(이하 "건축물·설비 소유주등"이라 한다)이 **석면조사의 생략 대상 건축물이나 설비**에 대하여 확인을 받으려는 경우에는 영 제89조제2항 각 호의 사유에 해당함을 증명할 수 있는 서류를 첨부하여 석면 조사의 생략 등 확인신청서에 석면이 함유되어 있지 않음 또는 석면이 1%(무게 퍼센트) 초과하여 함유되어 있음을 표시하여 관할 지방고용노동관서의 장에게 제출해야 한다(산안법 시행규칙 제175조제1항).

② **석면조사의 생략 대상을 입증**하기 위해서는 ⅰ) 석면이 함유되어 있지 않은 경우에는 ㉠ 석면조사기관의 확인서, ㉡ 설계도서(석면함유 여부를 알 수 있는 경우), ㉢ 건축자재 목록, ㉣ 건축물 안팎 및 자재 사진, ㉤ 자재 성분 분석표(생산회사 발급) 등 증명자료를 첨부하여야 하

며, ⅱ) 석면이 1% 초과하여 함유되어 있다고 인정하는 경우에는 공사계약서(자체공사인 경우에는 공사계획서)를 첨부하여야 한다.

3) 다른 법률에 의한 석면조사

① 건축물·설비소유주 등이 「석면안전관리법」 등 다른 법률에 따라 건축물이나 설비에 대한 석면조사를 실시한 경우에는 고용노동부령으로 정하는 바에 따라 일반석면조사 또는 기관석면조사를 실시한 것으로 본다(산안법 제119조제3항).

② 법 제119조제3항에 따라 건축물·설비소유주 등이 「석면안전관리법」에 따른 석면조사를 실시한 경우에는 석면조사의 생략 등 확인신청서에 「석면안전관리법」에 따른 석면조사를 하였음을 표시하고 그 석면조사 결과서를 첨부하여 관할 지방고용노동관서의 장에게 제출해야 한다. 다만, 「석면안전관리법 시행규칙」 제26조에 따라 건축물 석면조사결과를 관계 행정기관의 장에게 제출한 경우에는 석면조사의 생략 등 확인신청서를 제출하지 않을 수 있다(산안법 시행규칙 제175조제2항).

4) 기관석면조사대상

① 법 제119조제2항 각 호외의 부분 본문에서 "대통령령으로 정하는 규모 이상"이란 다음 각 호의 어느 하나에 해당하는 경우를 말한다(산안법 시행령 제89조제1항).

> 1. 건축물(제2호에 따른 주택은 제외한다. 이하 이 호에서 같다)의 연면적 합계가 50m² 이상이면서, 그 건축물의 철거·해체하려는 부분의 면적 합계가 50m² 이상인 경우
> 2. 주택(「건축법 시행령」 제2조제12호에 따른 부속건축물을 포함한다. 이하 이 조에서 같다)의 연면적 합계가 200m² 이상이면서, 그 주택의 철거·해체하려는 부분의 면적 합계가 200m² 이상인 경우
> 3. 설비의 철거·해체하려는 부분에 다음 각 목의 어느 하나에 해당하는 자재(물질을 포함한다. 이하 같다)를 사용한 면적의 합이 15m² 이상 또는 그 부피의 합이 1m³ 이상인 경우
>   가. 단열재
>   나. 보온재
>   다. 분무재
>   라. 내화피복재(內火被覆材)
>   마. 개스킷(Gasket; 누설방지재)
>   바. 패킹재(Packing material; 틈막이재)
>   사. 실링wo(Sealing material; 액상 메움재)
>   아. 그 밖에 가목부터 사목까지의 자재와 유사한 용도로 사용되는 자재로서 고용노동부장관이 정하여 고시하는 자재
> 4. 파이프 길이의 합이 80m 이상이면서, 그 파이프의 철거·해체하려는 부분의 보온재로 사용된 길이의 합이 80m 이상인 경우

② 법 제119조제2항 각 호 외의 부분 단서에서 "석면함유 여부가 명백한 경우 등 대통령령으로 정하는 사유"란 다음 각 호의 어느 하나에 해당하는 경우를 말한다(산안법 시행령 제89조제2항).

> 1. 건축물이나 설비의 철거·해체 부분에 사용된 자재가 설계도서, 자재 이력 등 관련 자료를 통해 석면을 함유하고 있지 않음이 명백하다고 인정되는 경우
> 2. 건축물이나 설비의 철거·해체 부분에 석면이 중량비율 1%를 초과하여 함유된 자재를 사용하였음이 명백하다고 인정되는 경우

5) 석면조사의 불이행과 이행명령

① 고용노동부장관은 건축물·설비소유주 등이 일반석면조사 또는 기관석면조사를 하지 아니하고 건축물이나 설비를 철거하거나 해체하는 경우에는 다음 각 호의 조치를 명할 수 있다(산안법 제119조제4항).

> 1. 해당 건축물·설비소유주 등에 대한 일반석면조사 또는 기관석면조사의 이행 명령
> 2. 해당 건축물이나 설비를 철거하거나 해체하는 자에 대하여 제1호에 따른 이행 명령의 결과를 보고받을 때까지의 작업중지 명령

② 기관석면조사를 하지 아니하고 건축물 또는 설비를 철거하거나 해체한 자(법 제119조제4항 위반)에게는 즉시 철거·해체작업 중지 및 과태료(5,000만원)를 부과하고, 석면조사를 실시토록 시정조치를 한다. 건축물·설비소유주 등이 이행명령 또는 작업중지명령을 위반하는 경우(법 제119조제4항 위반)에는 3년 이하의 징역 또는 3,000만원 이하의 벌금에 처한다(산안법 제169조제2호).

6) 석면조사방법 등

① 기관석면조사의 방법, 그 밖에 필요한 사항은 고용노동부령으로 정한다(산안법 제119조제5항). 법 제119조제2항에 따른 석면조사방법은 다음 각 호와 같다(산안법 시행규칙 제176조제1항).

> 1. 건축도면, 설비제작도면 또는 사용자재의 이력 등을 통하여 석면 함유 여부에 대한 예비조사를 할 것
> 2. 건축물이나 설비의 해체·제거할 자재 등에 대하여 성질과 상태가 다른 부분들을 각각 구분할 것
> 3. 시료채취는 제2호에 따라 구분된 부분들 각각에 대하여 그 크기를 고려하여 채취 수를 달리하여 조사를 할 것

② 제1항제2호에 따라 구분된 부분들 각각에서 ⅰ) 크기를 고려하여 1개만 고형시료를 채취·분석하는 경우에는 그 1개의 결과를 기준으로 해당 부분의 석면 함유 여부를 판정하여야 하며, ⅱ) 2개 이상의 고형시료를 채취·분석하는 경우에는 석면 함유율이 가장 높은 결과를 기준으로 해당 부분의 석면 함유 여부를 판정해야 한다(산안법 시행규칙 제176조제2항).

2 석면조사기관의 지정

(1) 석면조사기관의 지정 및 교육

1) 석면조사기관의 지정요건

① 석면조사기관이 되려는 자는 대통령령으로 정하는 **인력·시설 및 장비 등의 요건**을 갖추어 고용노동부장관의 지정을 받아야 한다(산안법 제120조제1항).

② 석면조사기관으로 지정받을 수 있는 자는 다음 각 호의 어느 하나에 해당하는 자로서 [별표 27]에 따른 인력·시설 및 장비를 갖추고, 법 제120조제3항에 따라 고용노동부장관이 실시하는 석면조사능력 확인에서 적합 판정을 받은 자로 한정한다(산안법 시행령 제90조).

> 1. 국가 또는 지방자치단체의 소속 기관
> 2. 「의료법」에 따른 종합병원 또는 병원
> 3. 「고등교육법」 제2조제1호부터 제6호까지의 규정에 따른 대학 또는 그 부속기관
> 4. 석면조사 업무를 하려는 법인

2) 석면조사기관의 지정신청 등

① 석면조사기관으로 지정받으려는 자는 석면조사기관 지정신청서에 다음 각 호의 서류를 첨부하여 주된 사무소의 소재지를 관할하는 지방고용노동청장에게 제출해야 한다(산안법 시행규칙 제177조제1항).

> 1. 정관
> 2. 정관을 갈음할 수 있는 서류(법인이 아닌 경우에만 해당한다)
> 3. 법인등기사항증명서를 갈음할 수 있는 서류(법인이 아닌 경우에만 해당한다)
> 4. [별표 27]에 따른 인력기준에 해당하는 사람의 자격과 채용을 증명할 수 있는 자격증 (국가기술자격증은 제외한다), 경력증명서 및 재직증명서 등의 서류
> 5. 건물임대차계약서 사본이나 그 밖에 사무실의 보유를 증명할 수 있는 서류와 시설·장비명세서
> 6. 최근 1년 이내의 석면조사능력 평가의 적합판정서

② 제1항에 따른 신청서를 제출받은 관할 지방고용노동청장은 「전자정부법」 제36조제1항에 따른 행정정보의 공동이용을 통하여 법인등기사항증명서(법인인 경우만 해당한다) 및 국가기술자격증을 확인해야 한다. 다만, 신청인이 국가기술자격증의 확인에 동의하지 않는 경우에는 그 사본을 첨부하도록 해야 한다(산안법 시행규칙 제177조제2항).

(2) 석면조사기관의 평가 및 취소

1) 석면조사기관의 평가

① 고용노동부장관은 석면조사기관에 대하여 평가하고 그 결과를 공개(제2항에 따른 석면조사능력의 확인 결과를 포함한다)할 수 있다. 이 경우 평가의 기준·방법 및 결과의 공개에 필요

한 사항은 고용노동부령으로 정한다(산안법 제120조제3항). 공단이 법 제120조제3항에 따라 석면조사기관을 평가하는 기준은 다음 각 호와 같다(산안법 시행규칙 178조제1항).

> 1. 인력·시설 및 장비의 보유 수준과 그에 대한 관리능력
> 2. 석면조사, 석면농도측정 및 시료분석의 신뢰도 등을 포함한 업무 수행능력
> 3. 석면조사 및 석면농도측정 대상 사업장의 만족도

② 석면조사는 건축물이나 설비를 해체·제거하는 경우에 건강장해를 예방하고자 유해성이 있는지 사전에 조사하여 평가하는 것을 말한다. 제1항에 따른 석면조사기관에 대한 평가 방법 및 평가 결과의 공개에 관하여는 제17조제2항부터 제8항까지의 규정을 준용한다(산안법 시행규칙 178조제2항).

2) 석면조사기관의 지정취소 등

① 석면조사기관이 다음 각 호의 어느 하나에 해당할 때에는 그 지정을 취소하거나 6개월 이내의 기간을 정하여 그 업무의 정지를 명할 수 있다. 다만, 제1호 또는 제2호에 해당될 때에는 그 지정을 취소하여야 한다. 이 경우 취소된 자는 지정이 취소된 날로부터 2년 이내에는 석면조사기관으로 지정을 받을 수 없다(산안법 제120조제5항).

> 1. 거짓이나 그 밖의 부정한 방법으로 지정을 받은 경우
> 2. 업무정지 기간 중에 업무를 수행한 경우
> 3. 지정요건을 충족하지 못한 경우
> 4. 지정받은 사항을 위반하여 업무를 수행한 경우
> 5. 그 밖에 대통령령으로 정하는 사유에 해당하는 경우

② 법 제120조제5항에 따라 준용되는 법 제21조제4항제5호에서 "대통령령으로 정하는 사유에 해당하는 경우"란 다음 각 호의 경우를 말한다(산안법 시행령 제91조).

> 1. 법 제119조제2항의 기관석면조사 또는 법 제124조제1항의 공기 중 석면농도 관련 서류를 거짓으로 작성한 경우
> 2. 정당한 사유 없이 석면조사 업무를 거부한 경우
> 3. 제90조에 따른 인력기준에 해당하지 않는 사람에게 석면조사 업무를 수행하게 한 경우
> 4. 법 제119조제5항에 따라 고용노동부령으로 정하는 조사 방법과 그 밖에 필요한 사항을 위반한 경우
> 5. 법 제120조제2항에 따라 고용노동부장관이 실시하는 석면조사기관의 석면조사능력 확인을 받지 아니하거나 부적합 판정을 받은 경우
> 6. 법 제124조제2항에 따른 자격을 갖추지 않은 자에게 석면농도를 측정하게 한 경우
> 7. 법 제124조제2항에 따른 석면농도 측정방법을 위반한 경우
> 8. 법에 따른 관계 공무원의 지도·감독 업무를 거부·방해 또는 기피한 경우

3 석면 해체·제거업자

(1) 석면 해체·제거업의 등록

1) 석면해체·제거업의 등록요건

① 석면해체·제거를 업으로 하려는 자는 대통령령으로 정하는 인력·시설 및 장비를 갖추어 고용노동부장관에게 등록하여야 한다(산안법 제121조제1항). 석면해체·제거업자로 등록하려는 자는 [별표 28]에 따른 인력·시설 및 장비를 갖추어야 한다(산안법 시행령 제92조).

> **[시행령 별표 28]** 석면해체·제거업자의 인력·시설 및 장비기준(제92조 관련)
>
> 1. **인력기준**
>   가. 「국가기술자격법」에 따른 산업안전산업기사, 건설안전산업기사, 산업위생관리산업기사, 대기환경산업기사 또는 폐기물처리산업기사 이상의 자격을 취득한 후 석면해체·제거작업 방법, 보호구 착용 방법 등에 관하여 고용노동부장관이 정하여 고시하는 교육(이하 "석면해체·제거 관리자교육"이라 한다)을 이수하고 석면해체·제거 관련 업무를 전담하는 사람 1명 이상
>   나. 다음의 어느 하나에 해당하는 자격 또는 실무경력을 갖춘 후 석면해체·제거 관리자교육을 이수하고 석면해체·제거 관련 업무를 전담하는 사람 1명 이상
>   1) 「건설기술 진흥법」에 따른 토목·건축 분야 건설기술인
>   2) 「국가기술자격법」에 따른 토목·건축 분야의 기술자격
>   3) 토목·건축 분야 2년 이상의 실무경력
> 2. **시설기준** : 사무실
> 3. **장비기준**
>   가. 고성능필터(HEPA 필터)가 장착된 음압기(陰壓機; 작업장 내의 기압을 인위적으로 떨어뜨리는 장비)
>   나. 음압기록장치
>   다. 고성능필터(HEPA 필터)가 장착된 진공청소기
>   라. 위생설비(평상복 탈의실, 샤워실 및 작업복 탈의실이 설치된 설비)
>   마. 송기마스크 또는 전동식 호흡보호구[전동식 방진마스크(전면형 특등급만 해당한다), 전동식 후드 또는 전동식 보안면(분진·미스트·흄에 대한 용도로 안면부 누설률이 0.05% 이하인 특등급에만 해당한다)]
>   바. 습윤장치(濕潤裝置)

※ 비고 : 제1호가목에 해당하는 인력이 2명 이상인 경우에는 같은 호 나목에 해당하는 인력을 갖추지 않을 수 있다.

② 산업안전보건법 시행령 [별표 28] 제1호의 인력기준 중 가목과 나목의 "고용노동부장관이 정하는 교육"이란 [별표 1]의 "석면해체·제거 관리자과정 교육"을 말한다(석면교육규정 제2조제1항).

🏛 [규정 별표 1] 석면해체 · 제거 관리자과정 교육

과목	시간 이론	시간 실습	단원편성
계 (18시간)	10	8	
1. 석면의 특성과 위험성	2	–	• 석면 개요 • 석면에 의한 건강장해
2. 석면관련법령 및 제도	2	–	• 석면 관련 규정 및 제도
3. 석면해체 · 제거 작업방법	4	–	• 석면해체 · 제거작업 개요 • 석면해체 · 제거작업 절차 • 석면해체 · 제거작업 전 조치 • 석면해체 · 제거작업 방법
4. 보호구 착용방법	–	2	• 호흡기의 해부학적 구조의 이해 • 호흡기 보호구 선정 및 착용방법
5. 석면해체 · 제거 근로자 관리사항	2	2	• 위생설비의 설치 방법 • 석면해체 · 제거작업장 청소 및 처리방법
6. 석면해체 · 제거 작업 실습	–	4	• 분무된 석면의 해체 · 제거작업 실습 • 석면함유 보온재 또는 내화피복재 해체 · 제거작업 실습 • 석면함유 천장재, 바닥재, 벽체 해체 · 제거작업 실습 • 석면함유 지붕재 해체 · 제거작업 실습 • 석면함유 개스킷 등 그 밖의 해체 · 제거작업 실습

2) 석면해체 · 제거업의 등록신청 등

① 법 제121조제1항에 따라 석면해체 · 제거업자로 등록하려는 자는 석면해체 · 제거업 등록신청서에 다음 각 호의 서류를 첨부하여 주된 사무소의 소재지를 관할하는 지방노동관서의 장에게 제출해야 한다(산안법 시행규칙 제179조제1항).

> 1. [별표 28]에 따른 인력기준에 해당하는 사람의 자격과 채용을 증명할 수 있는 서류
> 2. 건물임대차계약서 사본이나 그 밖에 사무실의 보유를 증명할 수 있는 서류와 시설 · 장비명세서

② 제1항에 따른 신청서를 제출받은 지방고용노동관서의 장은 「전자정부법」 제36조제1항에 따른 행정정보의 공동이용을 통하여 다음 각 호의 서류를 확인해야 한다. 다만, 제2호의 서류의 경우 신청인이 그 확인에 동의하지 않으면 해당 서류를 첨부하도록 해야 한다(산안법 시행규칙 제179조제2항).

> 1. 법인인 경우 : 법인등기사항증명서
> 2. 개인인 경우 : 사업자등록증명

③ 지방고용노동관서의 장은 제1항에 따라 석면해체·제거업자 등록신청서를 접수한 경우 영 [별표 28]의 기준에 적합하면 그 등록신청서가 접수된 날부터 20일 이내에 석면해체·제거업자 등록증을 신청인에게 발급해야 한다(산안법 시행규칙 제179조제3항).

3) 석면해체·제거작업의 안전성 평가

① 고용노동부장관은 제1항에 따라 등록한 자(이하 "석면해체·제거업자"라 한다)의 석면해체·제거작업의 안전성을 고용노동부령으로 정하는 바에 따라 평가하고 그 결과를 공개할 수 있다. 이 경우 평가의 기준·방법 및 결과의 공개에 필요한 사항은 고용노동부령으로 정한다(산안법 제121조제2항).

② 법 제121조제2항에 따른 석면해체·제거작업의 안전성의 평가기준은 다음 각 호와 같다(산안법 시행규칙 제180조제1항).

> 1. 석면해체·제거작업 기준의 준수 여부
> 2. 장비의 성능
> 3. 보유인력의 교육이수, 능력개발, 전산화 정도 및 그 밖에 필요한 사항

(2) 석면의 해체 및 제거작업

1) 석면의 해체·제거작업의 신고와 대상

① 기관석면조사 대상인 건축물이나 설비에 대통령령으로 정하는 함유량과 면적 이상의 석면이 함유되어 있는 경우 해당 건축물·설비소유주 등은 **석면해체·제거업자로 하여금 그 석면을 해체·제거**하도록 하여야 한다. 다만, 건축물·설비소유주 등이 인력·장비 등에서 석면해체·제거업자와 동등한 능력을 갖추고 있는 경우 등 대통령령으로 정하는 사유에 해당할 경우에는 스스로 석면을 해체·제거할 수 있다(산안법 제122조제1항).

② 그러나 석면조사기관에 의한 석면조사대상이 아니면 석면해체·제거업자를 통해 작업해야 할 필요가 없다(산업보건과-3512, 2009. 09. 02.). 제1항에 따른 석면해체·제거는 해당 건축물이나 설비에 대하여 기관석면조사를 실시한 기관이 해서는 아니 된다(산안법 제122조제2항).

③ 법 제122조제1항 본문에서 "대통령령으로 정하는 함유량과 면적 이상의 석면이 함유되어 있는 경우"란 다음 각 호의 어느 하나에 해당하는 경우를 말한다(산안법 시행령 제94조제1항).

> 1. 철거·해체하려는 벽체재료, 바닥재, 천장재 및 지붕재 등의 자재에 석면이 중량비율 1%를 초과하여 함유되어 있고 그 자재의 면적의 합이 50m² 이상인 경우
> 2. 석면이 중량비율 1%를 초과하여 함유된 분무재 또는 내화피복재를 사용한 경우
> 3. 석면이 중량비율 1%를 초과하여 함유된 제89조제1항제3호 각 목의 어느 하나(다목 및 라목은 제외한다)에 해당하는 자재의 면적의 합이 15m² 이상 또는 그 부피의 합이 1m³ 이상인 경우
> 4. 파이프에 사용된 보온재에서 석면이 중량비율 1%를 초과하여 함유되어 있고, 그 보온재 길이의 합이 80m 이상인 경우

④ 석면해체・제거업자(제1항 단서의 경우에는 건축물・설비소유주 등을 말한다. 이하 제124조에서 같다)는 제1항에 따른 석면해체・제거작업을 하기 전에 고용노동부령으로 정하는 바에 따라 고용노동부장관에게 신고하고, 제1항에 따른 석면 해체・제거작업에 관한 서류를 보존하여야 한다(산안법 제122조제3항).

⑤ 석면해체・제거업자는 법 제122조제3항에 따라 석면해체・제거작업 시작 7일 전까지 석면 해체・제거작업 신고서에 다음 각 호의 서류를 첨부하여 해당 석면 해체・제거작업 장소의 소재지를 관할하는 지방고용노동관서의 장에게 제출해야 한다. 법 제122조제1항 단서에 따라 석면해체・제거작업을 스스로 하려는 자는 영 제94조제2항에서 정한 등록에 필요한 인력, 시설 및 장비를 갖추고 있음을 증명하는 서류를 제출해야 한다(산안법 시행규칙 제181조제1항).

> 1. 공사계약서 사본
> 2. 석면해체・제거 작업계획서(석면 흩날림방지 및 폐기물 처리방법을 포함한다)
> 3. 석면조사결과서

⑥ 고용노동부장관은 지방고용노동관서의 장이 **석면해체・제거작업 신고서 또는 변경 신고서를 제출받은 때**에는 그 내용을 해당 석면해체・제거작업 대상 건축물 등의 소재지를 관할하는 시장・군수・구청장에게 전자적 방법 등으로 제공할 수 있다(산안법 시행규칙 제181조제5항).

2) 석면해체・제거 작업 시 준수사항

① 석면이 함유된 건축물이나 설비를 철거하거나 해체하는 자는 고용노동부령으로 정하는 석면해체・제거의 작업기준을 준수하여야 한다(산안법 제123조제1항).

② 근로자는 석면이 함유된 건축물이나 설비를 철거하거나 해체하는 자가 제1항의 작업기준에 따라 근로자에게 한 조치로서 고용노동부령으로 정하는 조치 사항을 준수하여야 한다(산안법 제123조제2항).

③ 석면해체・제거업자는 제122조제1항에 따른 **석면해체・제거작업이 완료된 후 해당 작업장의 공기 중 석면농도**가 고용노동부령으로 정하는 기준 이하가 되도록 하고, 그 증명자료를 고용노동부장관에게 제출하여야 한다(산안법 제124조제1항). 법 제124조제1항에서 "고용노동부령으로 정하는 기준"이란 1cm³당 0.01개를 말한다(산안법 시행규칙 제182조).

④ 석면해체・제거업자는 법 제124조제1항에 따라 석면해체・제거작업이 완료된 후에는 석면농도 측정결과 보고서에 해당 기관이 작성한 석면농도 측정결과표를 첨부하여 지체 없이 석면농도 기준의 준수 여부에 대한 증명자료를 관할 지방고용노동관서의 장에게 제출(전자문서를 통한 제출을 포함한다)해야 한다(산안법 시행규칙 제183조).

3) 석면농도의 측정자격자와 측정방법

① 공기 중 석면농도를 측정할 수 있는 자의 자격 및 측정방법에 관한 사항은 고용노동부령으로 정한다(산안법 제124조제2항). 공기 중 석면농도를 측정할 수 있는 자는 다음 각 호의 어느 하나에 해당하는 자격을 가진 사람으로 한다(산안법 시행규칙 제184조).

> 1. 법 제120조제1항에 따른 석면조사기관에 소속된 산업위생관리산업기사 또는 대기환경산업기사 이상의 자격을 가진 사람
> 2. 법 제126조제1항에 따른 작업환경측정기관에 소속된 산업위생관리산업기사 이상의 자격을 가진 사람

② 공기 중의 석면은 **위상차현미경**(PCM; Phase Contrast Microscope)을 사용하여 분석한다. 공기 중 석면의 분석은 매우 정교하고 까다로운 과정이며, 섬유상의 물질과 석면을 구분하기 어렵다는 한계를 지닌다. 법 제124조제2항에 따른 석면농도의 측정방법은 다음 각 호와 같다(산안법 시행규칙 제185조제1항).

> 1. 석면해체·제거작업장 내의 작업이 완료된 상태를 확인한 후 공기가 건조한 상태에서 측정할 것
> 2. 작업장 내에 침전된 분진을 흩날린 후 측정할 것
> 3. 시료채취기를 작업이 이루어진 장소에 고정하여 공기 중 입자상물질을 채취하는 지역시료채취 방법으로 측정할 것

③ 제1항에 따른 측정방법의 구체적인 사항, 그 밖의 시료채취 수, 분석방법 등에 관하여 필요한 사항은 고용노동부장관이 정하여 고시한다(산안법 시행규칙 제185조제2항). 각각의 균질부분에 대하여 석면함유 여부를 판정하는 경우에는 다음의 표에서 정한 기준에 따라 시료수를 채취하여야 한다(석면조사평가 고시 제5조제1항).

📖 **균질부분의 종류 및 크기별 최소 시료채취 수**

종류	크기※	최소 시료채취 수
분무재 또는 내화피복재	100m² 미만	3
	100m² 이상 500m² 미만	5
	500m² 이상	7
보온재	2m 미만 또는 1m² 미만	1
	2m 이상 또는 1m² 이상	3
그 밖의 물질	–	1

※ 균질부분 각각에 대한 크기를 의미하는 것으로 균질부분의 종류별 합을 의미하는 것이 아님(동일 물질이라 하더라도 색상과 질감이 다르고, 같은 시기에 만들어지지 않은 경우 별개의 균질부분으로 구분).

제1장 출·제·예·상·문·제

01 유해인자의 분류와 관리에 대한 설명 중 옳지 않은 것은?

① 유해인자란 발암성물질 등 근로자에게 해로운 건강장해를 유발하는 원인이나 조건이 되는 요소를 말한다.
② 1일 8시간 작업을 기준으로 85dB 이상의 소음이 발생하는 작업, 강력한 소음작업 및 충격소음 작업에서 발생하는 소음은 소음측정의 대상이 되는 물리적 유해인자이다.
③ 유기용제는 다른 물질을 녹이는 용해능력을 지닌 유기화합물로서, 유해인자 분류기준상 화학물질의 분류기준에 해당된다.
④ 크롬은 단독 또는 그 화합물로서 결합하여 인체에 해로운 독성을 나타내며, 호흡기를 통해서만 인체에 흡수되므로 마스크를 이용하는 것이 가장 유용하다.
⑤ 고용노동부장관은 근로자에게 건강장해를 일으키는 화학물질 및 물리적 인자 등 유해성·위험성 분류기준을 마련하되, 건강 및 환경유해성 분류기준도 포함해야 한다.

> **해설** 유해인자의 분류와 관리
> 크롬은 단독 또는 그 화합물로서 결합하여 인체에 해로운 독성을 나타내며, 호흡기를 통해서만 인체에 흡수되므로 마스크를 이용하는 것이 가장 유용하다. **크롬의 노출경로는 호흡기, 피부, 위장관을 통해서 인체에 흡수되며,** 흡입된 비용해성 형태는 폐에 잔존한다. 크롬은 2가크롬, 3가크롬, 6가크롬이 있으며, 용접과정에서 발생하는 6가크롬에 의하여 천식, 비강암이나 폐암을 유발할 수 있다.

02 신규화학물질의 유해성 및 위험성 조사에 대한 설명 중 옳지 않은 것은?

① 신규화학물질을 제조하거나 수입하려는 자는 근로자의 건강장해를 예방하기 위하여 고용노동부령이 정하는 바에 따라 신규화학물질의 유해성 및 위험성을 조사하고 그 조사보고서를 고용노동부장관에게 제출하여야 한다.
② 신규화학물질의 수입량이 소량이거나 그 밖의 위해의 정도가 적다고 인정되는 경우에는 유해성 및 위험성 조사를 하지 않을 수 있다.
③ 원소, 천연으로 산출된 화학물질은 유해성 및 위험성 조사대상에서 제외된다.
④ 「원자력 안전법」 제2조제5호에 의한 방사선 물질은 유해성 및 위험성 조사대상에서 제외한다.
⑤ 고용노동부장관은 고시하는 화학물질에 대한 근로자의 건강장해 예방을 위한 조치사항을 환경부장관에게 통보하고 유해성 및 위험성 조사를 생략할 수 있다.

정답 | 01. ④ 02. ⑤

> **해설** 신규화학물질의 유해성 및 위험성 조사
> 고용노동부장관은 **환경부장관과 협의**하여 고시하는 화학물질 목록에 기록하는 물질에 대하여 유해성 및 위험성 조사를 하지 아니할 수 있다.
>
> **참고** 산업안전보건법 제108조

03 다음은 물질안전보건자료(MSDS)의 일부 비공개승인에 관한 설명 중 옳지 않은 것은?

① 화학물질의 명칭 및 함유량을 물질안전보건자료에 적지 않으려는 자는 고용노동부장관에게 신청하여 승인을 받아야 한다.
② 승인을 신청하는 경우 해당 화학물질의 명칭 및 함유량을 대체할 수 있는 대체자료로 적을 수 있다.
③ 승인의 유효기간은 5년으로 하며, 고용노동부장관은 계속하여 연장승인을 할 수 있다.
④ 고용노동부장관은 승인 또는 연장승인된 화학물질이 중대한 건강상의 장해가 발생할 우려가 있다고 판단되는 경우 화학물질의 명칭 및 함유량을 공개할 수 있다.
⑤ 산업안전보건공단은 비공개승인 신청 또는 연장승인 신청을 받은 날부터 1개월 이내에 승인 여부를 결정하여 그 결과를 신청인에게 통보하여야 한다.

> **해설** 물질안전보건자료(MSDS)의 일부 비공개승인
> 고용노동부장관은 승인 또는 연장승인된 화학물질로 인하여 근로자에게 중대한 직업성 질환 등 중대한 건강상의 장해가 발생할 우려가 있다고 판단되는 경우에는 승인 또는 연장승인을 취소할 수 있다. **상기 문제는 공개대상이 아니라 취소사유에 해당된다.**
>
> **참고** 산업안전보건법 제112조

04 화학물질의 유해성·위험성 조사결과의 제출을 명령받은 자는 화학물질의 유해성·위험성 조사결과서에 첨부하여 제출하여야 할 서류를 모두 고르시오.

ㄱ. 해당 화학물질의 안전·보건에 관한 자료
ㄴ. 해당 물질의 독성시험 성적서
ㄷ. 해당 화학물질의 제조 또는 사용취급방법을 기록한 서류 및 제조 또는 사용공정도
ㄹ. 안전 및 보건상의 취급주의
ㅁ. 그 밖에 해당 화학물질의 유해성 위험성과 관련된 서류 및 자료

① ㄱ, ㄴ
② ㄱ, ㄹ, ㅁ
③ ㄱ, ㄴ, ㄹ
④ ㄴ, ㄷ, ㄹ, ㅁ
⑤ ㄱ, ㄴ, ㄷ, ㅁ

정답 | 03. ④ 04. ⑤

해설 화학물질의 유해성·위험성 조사결과서에 첨부하여 제출하여야 할 서류
고용노동부장관은 중대한 건강장해를 예방하기 위하여 필요하다고 인정할 때에는 고용노동부령으로 정하는 바에 따라 암 또는 그 밖에 중대한 건강장해를 일으킬 우려가 있는 화학물질을 제조·수입하는 자 또는 사용하는 사업주에게 해당 화학물질의 유해성·위험성 조사와 그 결과의 제출 또는 법 제105조제1항에 따른 유해성·위험성 평가에 필요한 자료의 제출을 명할 수 있다. **안전 및 보건상의 취급주의는 물질안전보건자료의 기재사항을 작성 시 명시해야 할 사항이다.**

참고 산업안전보건법 시행규칙 제155조제1항

05 석면조사에 대한 설명 중 옳지 않은 것은?

① 건축물이나 설비를 철거하거나 해체하려는 소유주나 임차인 등은 석면이 포함되어 있는지를 조사하여 그 기록을 보존하여야 한다.
② 석면이 포함되어 있지 않은 경우에는 이를 증명할 수 있는 설계도서 사본, 건축자재의 목록·사진·성분분석표, 건축물 안팎의 사진 등의 서류를 제출하고 기관석면조사를 생략할 수 있다.
③ 석면안전관리법에 따른 석면조사를 실시한 경우에는 석면조사의 생략 중 확인신청서에 석면조사를 하였음을 표시하고 그 석면조사결과서를 첨부하여 지방노동관서의 장에게 제출하여야 한다.
④ 기관석면조사의 대상은 건축물, 주택, 설비의 철거·해체하려는 부분, 파이프의 보온재를 사용한 경우로서 일정한 면적, 부피, 길이를 기준으로 해당 여부를 판단한다.
⑤ 기관석면조사는 지방노동관서의 장에게 신고를 하면 예비조사를 생략하고 실시할 수 있다.

해설 석면조사
기관석면조사의 방법, 그 밖의 필요한 사항은 고용노동부령으로 정한다. 따라서 **건축도면, 설비제작도면 또는 사용자재의 이력 등을 통하여 함유 여부에 대한 예비조사를 하여야 한다.** 건축물이나 설비의 해체·제거할 자재 등에 대하여 성질과 상태가 다른 부분들을 구분하여야 한다. 시료채취는 구분된 부분들 각각에 대하여 그 크기를 고려하여 채취 수를 달리하여 조사하여야 한다.

참고 산업안전보건법 시행규칙 제175조

정답 | 05. ⑤

06 제조·수입·양도·제공 또는 사용이 금지되는 유해위험물질에 대한 설명 중 옳지 않은 것은?

① 직업성 암을 유발하는 것으로 확인되어 근로자의 건강에 특히 해롭다고 인정되는 물질은 제조·수입·양도·제공 또는 사용이 금지된다.
② 유해위험성이 조사된 화학물질 중 근로자에게 중대한 영향을 일으킬 우려가 있는 물질은 금지된다.
③ 백연을 포함한 페인트, 벤젠을 5% 이상 포함하는 고무풀은 제조·수입·양도·제공 등을 할 수 없다.
④ 유해물질의 제조 등을 금지하나, 그 함유량이 5% 미만인 경우에는 시험 연구의 목적으로 허용될 수 있다.
⑤ 누구든지 함유된 석면의 중량이 1%를 초과하는 석면제품은 사용하여서는 아니된다.

해설 제조·수입·양도·제공 또는 사용이 금지되는 유해위험물질
유해물질은 제조 등을 금지하나 시험연구의 목적으로 사용하는 것은 허용된다. 이 경우 **함유량의 제한이 없으나**, ⅰ) 시험연구계획서, ⅱ) 산업보건 관련 조치를 위한 시설·장치의 명칭·구조·성능 등에 관한 서류, ⅲ) 해당 시험연구실의 전체 작업공정도, 각 공정별로 취급하는 물질의 종류·취급량 및 공정별 종사 근로자수에 관한 서류를 지방노동관서에 제출하여 승인을 받아야 한다.

참고 산업안전보건법 제117조 및 시행령 제87조

07 석면의 해체·제거업자의 자격요건에 대한 설명으로 옳지 않은 것은?

① 석면해체·제거업을 하려는 자는 대통령령으로 정하는 인력·시설 및 장비를 갖추어 노동부장관에게 등록하여야 한다.
② 토목·건축 분야 기술사, 건설안전산업기사, 산업위생산업기사, 대기환경 산업기사 등 전문인력을 갖추어야 한다.
③ 석면해체·제거작업에 필요한 장비를 상시 보유해야 하지만, 최소한 장비를 1년 이상 임대하는 것도 인정된다.
④ 건축물·설비소유주 등이 인력·장비 등에서 석면해체·제거업자와 동등한 능력을 갖추고 있는 경우 스스로 석면을 해체·제거할 수 있다.
⑤ 석면해체·제거작업의 석면함유제품을 일단 해체한 경우 재부착의 작업은 인테리어 업체도 작업을 할 수 있다.

해설 석면의 해체·제거업자의 자격요건
석면해체뿐만 아니라 **석면함유제품을 재부착하는 경우에도 석면업체가 해야 한다.** 석면은 발암물질이므로 취급을 엄격히 제한한다.

참고 산업안전보건법 제121조

제 2 장 근로자의 보건관리

01 근로환경의 개선

1 작업환경측정

(1) 작업환경측정의 정의

① 작업환경측정이란 **근로자의 건강장해를 예방하기 위하여 작업장의 유해물질 및 오염도를 측정하여 평가하는 행위**를 말한다. 작업환경의 측정은 근로자의 작업장에서 발생하는 각종 유해물질의 종류와 농도를 조사하고, 작업 중 노출강도 및 노출빈도, 유해성의 정도를 평가하는 과정을 의미한다.

② 사업주는 작업환경의 실태를 파악하기 위하여 사업장의 측정계획을 수립하고 시료를 채취하여 분석·평가를 하여야 한다. 여기에서 측정이란 작업장에 존재하는 유해인자를 여러 가지 방법으로 포집하여 정성적 또는 정량적으로 분석함으로써 노출된 실제 값을 밝히는 일련의 과정을 말한다.

③ **측정의 방법**은 ⅰ) 시료채취, ⅱ) 운반 및 보관, ⅲ) 시료의 전 처리, ⅳ) 기기분석, ⅴ) 결과분석 및 해석의 방법으로 진행된다.

(2) 작업환경측정 및 측정자격자 등

1) 작업환경측정과 대상작업장

① 사업주는 유해인자로부터 근로자의 건강을 보호하고 쾌적한 작업환경을 조성하기 위하여 인체에 해로운 작업을 하는 작업장으로서 고용노동부령으로 정하는 작업장에 대하여 고용노동부령으로 정하는 자격을 가진 자로 하여금 작업환경측정을 하도록 하여야 한다(산안법 제125조제1항).

② 법 제125조제1항에서 "**고용노동부령으로 정하는 자격을 가진 자**"란 그 사업장에 소속된 사람으로서 산업위생관리산업기사 이상의 자격을 가진 사람을 말한다(산안법 시행규칙 제187조).

③ 법 제125조제1항에서 "고용노동부령으로 정하는 작업장"이란 [별표 21]의 작업환경측정 대상 유해인자에 노출되는 근로자가 있는 작업장을 말한다. 다만, 다음 각 호의 어느 하나에 해당하는 경우에는 작업환경측정을 하지 않을 수 있다(산안법 시행규칙 제186조제1항).

> 1. 안전보건규칙 제420조제1호에 따른 관리대상유해물질의 허용소비량을 초과하지 아니하는 작업장(그 관리대상유해물질에 관한 작업환경측정만 해당한다)
> 2. 안전보건규칙 제420조제8호에 따른 임시 작업 및 같은 조 제9호에 따른 단시간 작업을 하는 작업장(고용노동부장관이 정하여 고시하는 물질을 취급하는 작업을 하는 경우는 제외한다)
> 3. 안전보건규칙 제605조제2호에 따른 분진작업의 적용 제외 작업장(분진에 관한 작업환경측정만 해당한다)
> 4. 그 밖에 작업환경측정 대상 유해인자의 노출수준이 노출기준에 비하여 현저히 낮은 경우로서 고용노동부장관이 정하여 고시하는 작업장

④ [별표 21] **작업환경측정 대상 유해인자**는 ⅰ) 화학적 인자로서 유기화합물(114종), 금속류(24종), 산 및 알칼리류(17종), 가스 상태 물질류(15종), 영 제88조에 따른 허가 대상 유해물질(12종), 금속가공유[Metal working fluids(MWFs), 1종], ⅱ) 물리적 인자(2종), ⅲ) 분진(7종), ⅳ) 그 밖에 고용노동부장관이 정하여 고시하는 인체에 해로운 유해인자로 구분된다.

⑤ 안전보건진단기관이 안전보건진단을 실시하는 경우에 작업장의 유해인자 전체에 대하여 고용노동부장관이 정하는 방법에 따라 작업환경을 측정하였을 때에는 사업주는 법 제125조에 따라 해당 측정주기에 실시해야 할 해당 작업장의 작업 환경측정을 하지 않을 수 있다(산안법 시행규칙 제186조제2항).

⑥ 시행규칙 제186조제1항제4호에서 "작업환경측정 대상 유해인자의 노출수준이 노출기준에 비하여 현저히 낮은 경우로서 고용노동부장관이 정하여 고시하는 작업장"이란 「석유 및 석유 대체연료 사업법 시행령」 제2조제3호에 따른 주유소를 말한다. 다만, 다음 각 호의 어느 하나에 해당하는 경우에는 1개월 이내에 측정을 실시하여야 한다(작업환경측정 고시 제4조의2).

> 1. 근로자 건강진단 실시결과 직업병유소견자 또는 직업성질병자가 발생한 경우
> 2. 근로자대표가 요구하는 경우로서 산업위생전문가가 필요하다고 판단한 경우
> 3. 그 밖에 지방고용노동관서장이 필요하다고 인정하여 명령한 경우

2) 도급인의 작업환경측정자와 위탁 등

① 도급인의 사업장에서 관계수급인 또는 관계수급인의 근로자가 작업을 하는 경우에는 도급인이 제1항에 따른 자격을 가진 자로 하여금 작업환경측정을 하도록 하여야 한다(산안법 제125조 제2항).

② 그러나 사업주(제2항에 따른 도급인을 포함한다. 이하 이 조 및 제127조에서 같다)는 제1항에 따른 작업환경측정을 제126조에 따라 지정받은 기관(이하 "작업환경측정기관"이라 한다)에 위탁할 수 있다. 이 경우 필요한 때에는 작업환경측정 중 시료의 분석만을 위탁할 수 있다(산안법 제125조제3항).

③ 사업주는 근로자대표(관계수급인의 근로자대표를 포함한다. 이하 이 조에서 같다)가 요구하면 **작업환경측정 시 근로자대표를 참석**시켜야 한다(산안법 제125조 제4항). 작업환경의 측정은 근로자를 참석시켜 측정과정 및 결과를 신뢰할 수 있도록 해야 한다.

(3) 작업환경측정 결과의 보고와 설명회의 개최

1) 작업환경측정 결과의 보고

구분	주체	내용
작업환경 측정기한 및 연장	사업주	• 작업환경측정 결과를 기록하여 보존하고 고용노동부령으로 정하는 바에 따라 고용노동부장관에게 보고 • 작업환경측정기관이 작업환경측정을 한 후 그 결과를 고용노동부령으로 정하는 바에 따라 고용노동부장관에게 제출한 경우에는 작업환경측정 결과를 보고한 것으로 간주 • 측정을 완료한 날부터 30일 이내에 작업환경측정 결과표 2부를 작성 • 작업환경측정을 한 경우에는 작업환경측정 결과보고서에 작업환경측정 결과표를 첨부 • 시료채취방법으로 시료채취(이하 이 조에서 "시료채취"라 한다)를 마친 날부터 30일 이내에 관할 지방고용노동관서의 장에게 제출 • 30일 이내에 보고하는 것이 어려운 사업장의 사업주는 그 사실을 증명하여 관할 지방고용노동관서의 장에게 신고하면 30일의 범위에서 제출기간을 연장
	작업환경 측정기관	• 시료채취를 마친 날부터 30일 이내에 작업환경측정 결과표를 전자적 방법으로 지방고용노동관서의 장에게 제출 • 시료분석 및 평가에 상당한 시간이 걸려 시료채취를 마친 날부터 30일 이내에 보고하는 것이 어려운 경우 30일 내에서 연장 가능
노출기준의 초과 시 개선 계획서 제출	사업주	• 노출기준을 초과한 작업공정이 있는 경우에는 ⅰ) 해당 시설·설비의 설치·개선 또는 건강진단의 실시 등 적절한 조치를 하고, ⅱ) 시료채취를 마친 날부터 60일 이내에 해당 작업공정의 개선을 증명할 수 있는 서류 또는 개선계획을 관할 지방고용 노동관서의 장에게 제출 • 작업환경측정 결과보고서에 개선계획서 또는 개선을 증명할 수 있는 서류를 첨부하여 제출

2) 근로자에 대한 통지 및 설명회의 개최

주체	내용

사업주	• 작업환경측정 결과를 해당 작업장의 근로자(관계수급인 및 관계수급인 근로자를 포함한다. 이하 이 항, 제127조 및 제175조제5항제15호에서 같다)에게 알려야 하며, 그 결과에 따라 근로자의 건강을 보호하기 위하여 해당 시설·설비의 설치·개선 또는 건강진단의 실시 등의 조치하여야 함.
	• 작업환경측정 결과를 다음 각 호의 어느 하나에 해당하는 방법(전자적 방법을 포함한다)으로 해당 사업장 근로자에게 통지
	  - 사업장 내의 게시판에 부착하는 방법
	  - 사보에 게재하는 방법
	  - 자체 정례조회 시 집합교육에 의한 방법
	  - 그 밖에 해당 근로자들이 작업환경측정 결과를 알 수 있는 방법
	• 산업안전보건위원회 또는 근로자대표가 작업환경측정 결과에 대한 설명회 개최를 요구한 경우에는 측정기관으로부터 결과를 통보받은 날로부터 10일 이내에 설명회를 실시

주체	내용
사업주	• 해당 사업장 근로자의 건강관리를 위하여 특수건강진단기관 등에서 작업환경측정 결과를 요청할 때에는 이에 협조 • 근로자대표가 작업환경측정 결과나 평가내용의 통지를 요청하는 경우에는 성실히 응하여야 함.
사업주 및 작업환경 측정 기관	• 산업안전보건위원회 또는 근로자대표가 요구하면 작업환경측정 결과에 대한 설명회 등을 개최하여야 함. : 사업주 • 작업환경측정을 위탁하여 실시한 경우에는 작업환경측정기관에 작업환경측정 결과에 대하여 설명 : 작업환경측정기관

(4) 작업환경측정방법 및 횟수

1) 작업환경의 측정방법 등

① 제1항 및 제2항에 따른 **작업환경측정의 방법·횟수, 그 밖에 필요한 사항**은 고용 노동부령으로 정한다(산안법 제125조제8항). 따라서 사업주가 법 제125조제1항에 따른 작업환경측정을 할 때에는 다음 각 호의 사항을 지켜야 한다(산안법 시행규칙 제189조제1항).

> 1. 작업환경측정을 하기 전에 예비조사를 할 것
> 2. 작업이 정상적으로 이루어져 작업시간과 유해인자에 대한 근로자의 노출 정도를 정확히 평가할 수 있을 때 실시할 것
> 3. 모든 측정은 개인시료 채취방법으로 하되, 개인시료 채취방법이 곤란한 경우에는 지역시료 채취방법으로 실시할 것. 이 경우 그 사유를 별지 제83호서식의 작업환경측정 결과표에 분명하게 밝혀야 한다.
> 4. 법 제125조제3항에 따라 작업환경측정기관에 위탁하여 실시하는 경우에는 해당 작업환경측정기관에 공정별 작업내용, 화학물질의 사용실태 및 물질안전보건자료 등 작업환경측정에 필요한 정보를 제공할 것

② 사업장 위탁측정기관(이하 "사업장 위탁측정기관"이라 한다)이 측정을 실시할 경우에 사업주는 측정실시 소요기간에 대하여 예비조사 결과에 따라 사업장 위탁측정기관과 협의·결정하여야 한다(작업환경측정고시 제4조제3항). 사업주는 **근로자대표 또는 해당 작업공정을 수행하는 근로자가 요구하면** 제1항제1호에 따른 **예비조사에 참석**시켜야 한다(산안법 시행규칙 제189조제2항).

③ 작업환경의 측정은 예비조사와 기초조사를 거쳐 관리대상과 작업자의 환경을 파악하고, 피폭량을 결정하기 위한 측정의 절차로 진행한다. 산업안전보건법 시행규칙 제189조제1항제1호에 따라 예비조사를 하는 경우에는 다음 각 호의 내용이 포함된 측정계획서를 작성하여야 한다(작업환경측정고시 제17조제1항).

> 1. 원재료의 투입과정부터 최종 제품 생산공정까지의 주요 공정 도식
> 2. 해당 공정별 작업내용 및 화학물질 사용실태, 그 밖에 작업방법·운전조건 등을 고려한 유해인자 노출 가능성
> 3. 측정대상 공정, 측정대상 유해인자 및 발생주기, 측정대상 공정의 종사근로자 현황
> 4. 유해인자별 측정방법 및 측정 소요기간 등 작업환경측정에 필요한 사항

④ 측정기관이 전회에 측정을 실시한 사업장으로서 공정 및 취급인자 변동이 없는 경우에는 서류상의 예비조사를 할 수 있다(작업환경측정고시 제17조제2항).

⑤ 제1항에 따른 측정방법 외에 유해인자별 세부 측정방법 등에 관하여 필요한 사항은 고용노동부장관이 정한다(산안법 시행규칙 제189조제3항). 작업환경의 측정방법으로서 작업환경측정 고시에서는 입자상물질, 가스상물질, 소음, 고열에 대하여 측정 및 분석방법, 측정위치 및 측정시간 등에 대하여 규정하고 있다.

2) 작업환경측정 횟수

① 사업주는 작업장 또는 작업공정이 신규로 가동되거나 변경되는 등으로 제186조에 따른 작업환경측정 대상 작업장이 된 경우에는 그날부터 30일 이내에 작업환경측정을 하고, 그 후 **반기에 1회 이상 정기적으로 작업환경을 측정**해야 한다. 다만, 작업환경측정 결과가 다음 각 호의 어느 하나에 해당하는 작업장 또는 작업공정은 해당 유해인자에 대하여 그 **측정일부터 3개월에 1회 이상** 작업환경측정을 해야 한다(산안법 시행규칙 제190조제1항).

> 1. [별표 21] 제1호에 해당하는 화학적 인자(고용노동부장관이 정하여 고시하는 물질만 해당한다)의 측정치가 노출기준을 초과하는 경우
> 2. [별표 21] 제1호에 해당하는 화학적 인자(고용노동부장관이 정하여 고시하는 물질은 제외한다)의 측정치가 노출기준을 2배 이상 초과하는 경우

② 제1항에도 불구하고 사업주는 **최근 1년간 작업공정에서 공정 설비의 변경, 작업 방법의 변경, 설비의 이전, 사용 화학물질의 변경 등으로 작업환경측정 결과에 영향을 주는 변화가 없는 경우**로서 다음 각 호의 어느 하나에 해당하는 경우에는 해당 유해인자에 대한 작업환경측정을 1년에 1회 이상 할 수 있다. 다만, 고용노동부장관이 정하여 고시하는 물질을 취급하는 작업공정은 그렇지 않다(산안법 시행규칙 제190조제2항).

> 1. 작업공정 내 소음의 작업환경측정 결과가 최근 2회 연속 85dB 미만인 경우
> 2. 작업공정 내 소음 외의 다른 모든 인자의 작업환경측정 결과가 최근 2회 연속 노출기준 미만인 경우

2 작업환경측정기관

(1) 작업환경측정기관의 정의와 지정

1) 작업환경측정기관의 정의

① 작업환경측정기관이란 **작업환경의 측정을 위하여 일정한 요건을 갖추어 고용노동부장관에게 등록한 자**를 말한다. 이 경우 사업주는 산업안전보건법 제125조제3항에 의하여 지정받은 작업환경측정기관에 위탁할 수 있다.

② 작업환경측정기관은 작업환경측정에 따른 시료의 분석, 측정 후 그 결과를 고용노동부장관에게 제출하여야 한다. 또한 작업환경측정기관은 작업환경측정 결과를 사업주에게 알려야 하지만, 근로자에게 직접 알려야 할 의무는 없다.

2) 작업환경측정기관의 지정요건

① 작업환경측정기관이 되려는 자는 대통령령으로 정하는 인력·시설 및 장비 등의 요건을 갖추어 고용노동부장관의 지정을 받아야 한다(산안법 제126조제1항).

② 작업환경측정기관으로 지정받으려는 자는 다음 각 호의 어느 하나에 해당하는 자로서 작업환경측정기관의 유형별로 [별표 29]에 따른 인력·시설 및 장비 등을 갖추고 고용노동부장관이 실시하는 작업환경측정기관의 측정·분석 능력 확인에서 적합 판정을 받은 자로 한다(산안법 시행령 제95조).

> 1. 국가 또는 지방자치단체의 소속기관
> 2. 「의료법」에 따른 종합병원 또는 병원
> 3. 「고등교육법」 제2조제1호부터 제6호까지의 규정에 따른 대학 또는 그 부속기관
> 4. 작업환경측정 업무를 하려는 법인
> 5. 작업환경측정 대상 사업장의 부속기관(해당 부속기관이 소속한 사업장 등 고용노동부령으로 정하는 범위로 한정하여 지정받으려는 경우로 한정한다)

🏛 [시행령 별표 29] 작업환경측정기관의 유형별 인력·시설 및 장비기준(제95조 관련)

> 1. 사업장 위탁측정기관의 경우
>   가. 인력기준
>   1) 측정대상 사업장(매 반기 동안 측정하려는 사업장을 말한다. 이하 이 목에서 같다)이 총 240개소 미만이고 그 중 5명 이상 사업장이 120개소 미만인 경우
>   가) 법 제143조제1항에 따른 산업보건지도사 자격을 가진 사람 또는 산업위생관리기술사 1명 이상
>   나) 다음의 어느 하나에 해당하는 분석을 전담하는 사람 1명 이상
>   (1) 대학 또는 이와 같은 수준 이상의 학교에서 산업보건(위생)학·환경보건(위생)학·환경공학·위생공학·약학·화학·화학공학 관련 학위를 취득한 사람(법령에 따라 이와 같은 수준 이상의 학력이 있다고 인정되는 사람을 포함한다)

(2) 대학 또는 이와 같은 수준 이상의 학교에서 화학 관련 학위(화학과 및 화학공학과 학위는 제외한다)를 취득한 사람(법령에 따라 이와 같은 수준 이상의 학력이 있다고 인정되는 사람을 포함한다) 중 분석화학(실험)을 3학점 이상 이수한 사람
　다) 산업위생관리산업기사 이상인 사람 1명 이상
2) 측정대상 사업장이 총 480개소 미만이고 그 중 5명 이상 사업장이 240개소 미만인 경우
　가) 법 제143조제1항에 따른 산업보건지도사 자격을 가진 사람 또는 산업위생관리기술사 1명 이상
　나) 다음의 어느 하나에 해당하는 분석을 전담하는 사람 1명 이상
　　(1) 대학 또는 이와 같은 수준 이상의 학교에서 산업보건(위생)학ㆍ환경보건(위생)학ㆍ환경공학ㆍ위생공학ㆍ약학ㆍ화학ㆍ화학공학 관련 학위를 취득한 사람(법령에 따라 이와 같은 수준 이상의 학력이 있다고 인정되는 사람을 포함한다)
　　(2) 대학 또는 이와 같은 수준 이상의 학교에서 화학 관련 학위(화학과 및 화학공학과 학위는 제외한다)를 취득한 사람(법령에 따라 이와 같은 수준 이상의 학력이 있다고 인정되는 사람을 포함한다) 중 분석화학(실험)을 3학점 이상 이수한 사람
　다) 산업위생관리기사 이상인 사람 1명 이상
　라) 산업위생관리산업기사 이상인 사람 2명 이상
3) 측정대상 사업장이 총 720개소 미만이고 그 중 5명 이상 사업장이 360개소 미만인 경우
　가) 법 제143조제1항에 따른 산업보건지도사 자격을 가진 사람 또는 산업위생관리기술사 1명 이상
　나) 다음의 어느 하나에 해당하는 분석을 전담하는 사람 2명 이상
　　(1) 대학 또는 이와 같은 수준 이상의 학교에서 산업보건(위생)학ㆍ환경보건(위생)학ㆍ환경공학ㆍ위생공학ㆍ약학ㆍ화학ㆍ화학공학 관련 학위를 취득한 사람(법령에 따라 이와 같은 수준 이상의 학력이 있다고 인정되는 사람을 포함한다)
　　(2) 대학 또는 이와 같은 수준 이상의 학교에서 화학 관련 학위(화학과 및 화학공학과 학위는 제외한다)를 취득한 사람(법령에 따라 이와 같은 수준 이상의 학력이 있다고 인정되는 사람을 포함한다) 중 분석화학(실험)을 3학점 이상 이수한 사람
　다) 산업위생관리기사 이상인 사람 1명 이상
　라) 산업위생관리산업기사 이상인 사람 3명 이상
4) 상시근로자 5명 이상인 측정대상 사업장이 360개소 이상인 경우에는 60개소가 추가될 때마다 3)의 인력기준 외에 산업위생관리산업기사 이상인 사람을 1명 이상 추가한다.

나. 시설기준 : 작업환경측정 준비실 및 분석실험실
다. 장비기준
　1) 화학적 인자ㆍ분진의 채취를 위한 개인용 시료채취기 세트
　2) 광전분광광도계
　3) 검지관 등 가스ㆍ증기농도 측정기 세트
　4) 저울(최소 측정단위가 0.01mg 이하이어야 한다)
　5) 소음측정기(누적소음폭로량 측정이 가능한 것이어야 한다)
　6) 건조기 및 데시케이터
　7) 순수제조기(2차 증류용), 드래프트 체임버 및 화학실험대
　8) 대기의 온도ㆍ습도ㆍ기류ㆍ고열 및 조도 등을 측정할 수 있는 기기
　9) 산소농도측정기

10) 가스크로마토그래피(GC)
11) 원자흡광광도계(AAS) 또는 유도결합 플라스마(ICP)
12) 국소배기시설 성능시험장비 : 스모크테스터, 청음기 또는 청음봉, 전열저항계, 표면온도계 또는 초자온도계, 정압 프로브가 달린 열선풍속계, 회전계(R.P.M측정기) 또는 이와 같은 수준 이상의 성능을 가진 설비
13) 분석을 할 때에 유해물질을 배출할 우려가 있는 경우 배기 또는 배액처리를 위한 설비
14) 다음 각 호의 어느 하나에 해당하는 유해인자를 측정하려는 때에는 해당 설비 또는 이와 같은 수준 이상의 성능이 있는 설비
 가) 톨루엔 디이소시아네이트(TDI) 등 이소시아네이트 화합물 : 고속액체 크로마토그래피(HPLC)
 나) 유리규산(SiO_2) : X-ray회절분석기 또는 적외선분광분석기
 다) 석면 : 위상차현미경 및 석면 분석에 필요한 부속품

2. 사업장 자체측정기관의 경우

가. 인력기준
1) 산업위생관리기사 이상의 자격을 취득한 사람 1명 또는 산업위생관리산업기사 자격을 취득한 후 산업위생 실무경력이 2년 이상인 사람 1명 이상
2) 대학 또는 이와 같은 수준 이상의 학교에서 산업보건(위생)학·환경보건(위생)학·환경공학·위생공학·약학·화학 또는 화학공학 관련 학위를 취득한 사람(법령에 따라 이와 같은 수준 이상의 학력이 있다고 인정되는 사람을 포함한다) 1명 이상(다만, 측정대상 사업장에서 실험실 분석이 필요하지 않은 유해인자만 발생하는 경우에는 제외할 수 있다)

나. 시설기준 : 작업환경측정 준비실 또는 분석실험실
다. 장비기준 : 해당 사업장이나 측정대상 사업장의 유해인자 측정·분석에 필요한 장비

※ 비고
1. 제1호다목2)·4)·6)·7)·10)·11)·13) 및 14)의 장비는 해당 기관이 법 제48조에 따른 안전보건진단기관, 법 제135조에 따른 특수건강진단기관으로 지정을 받으려고 하거나 지정을 받아 그 장비를 보유하고 있는 경우에는 분석능력 등을 고려하여 이를 공동활용할 수 있다.
2. 다음 각 목의 어느 하나에 해당하는 경우에는 작업환경측정 시 채취한 유해인자 시료의 분석을 해당 시료를 분석할 수 있는 다른 위탁측정기관 또는 유해인자별·업종별 작업환경전문연구기관에 의뢰할 수 있다.

 가. 제1호다목10) 또는 11)의 장비에 별도의 부속장치를 장착해야 분석이 가능한 유해인자의 시료를 채취하는 경우
 나. 제1호다목14)의 장비를 보유하지 않은 기관이 해당 장비로 분석이 가능한 유해인자의 시료를 채취하는 경우
 다. 그 밖에 고용노동부장관이 필요하다고 인정하여 고시하는 경우
3. 비고 제2호에 따라 분석을 의뢰할 수 있는 유해인자 시료의 종류, 분석의뢰 절차 및 그 밖에 필요한 사항은 고용노동부장관이 정하여 고시한다.

③ 고용노동부장관은 작업환경측정기관의 측정·분석 결과에 대한 정확성과 정밀도를 확보하기 위하여 **작업환경측정기관의 측정·분석능력을 확인**하고, 작업환경측정기관을 지도하거나 교육할 수 있다. 이 경우 측정·분석능력의 확인, 작업환경측정기관에 대한 교육의 방법·절차, 그 밖에 필요한 사항은 고용노동부 장관이 정하여 고시한다(산안법 제126조제2항).

④ 작업환경측정기관의 유형, 업무범위 및 지정절차, 그 밖에 필요한 사항은 고용노동부령으로 정한다(산안법 제126조제4항). 작업측정기관의 유형 및 유형별 작업 측정기관이 작업환경측정을 할 수 있는 사업장의 범위는 다음 각 호와 같다(산안법 시행규칙 제192조).

> 1. 사업장 위탁측정기관 : 위탁받은 사업장
> 2. 사업장 자체측정기관 : 그 사업장(계열회사 사업장을 포함한다) 또는 그 사업장 내에서 사업의 일부가 도급계약에 의하여 시행되는 경우에는 수급인의 사업장

(2) 작업환경측정기관의 평가와 신뢰성평가

1) 작업환경측정기관의 평가

① 고용노동부장관은 작업환경측정의 수준을 향상시키기 위하여 필요한 경우 작업 환경측정기관을 평가하고 그 결과(제2항에 따른 측정·분석능력의 확인 결과를 포함한다)를 공개할 수 있다. 이 경우 평가기준·방법 및 결과의 공개, 그 밖에 필요한 사항은 고용노동부령으로 정한다(산안법 제126조제3항).

② 공단이 법 제126조제3항에 따라 작업환경측정기관을 평가하는 기준은 다음 각 호와 같다(산안법 시행규칙 제191조제1항).

> 1. 인력·시설 및 장비의 보유 수준과 그에 대한 관리능력
> 2. 작업환경측정 및 시료분석 능력과 그 결과의 신뢰도
> 3. 작업환경측정 대상 사업장의 만족도

2) 작업환경측정 신뢰성 평가의 대상 등

① 고용노동부장관은 제125조제1항 및 제2항에 따른 작업환경측정 결과에 대하여 그 신뢰성을 평가할 수 있다(산안법 제127조제1항). 이 경우 신뢰성이란 유사한 또는 동일한 측정도구를 사용해 동일한 대상을 반복 측정했을 때 일관성 있는 결과를 얻는 것으로 말한다. 사업주와 근로자는 고용노동부장관이 제1항에 따른 신뢰성을 평가할 때에는 적극적으로 협조하여야 한다(산안법 제127조제2항).

② 공단은 다음 각 호의 어느 하나에 해당하는 경우에는 법 제127조제1항에 따른 작업환경측정 신뢰성평가(이하 "신뢰성평가"라 한다)를 할 수 있다(산안법 시행규칙 제194조제1항).

> 1. 작업환경측정 결과가 노출기준 미만인데도 직업병 유소견자가 발생한 경우
> 2. 공정설비, 작업방법 또는 사용 화학물질의 변경 등 작업 조건의 변화가 없는데도 유해인자 노출수준이 현저히 달라진 경우
> 3. 제189조에 따른 작업환경측정방법을 위반하여 작업환경측정을 한 경우 등 신뢰성평가의 필요성이 인정되는 경우

③ 공단이 신뢰성평가를 할 때에는 ⅰ) 법 제125조제5항에 따른 작업환경측정 결과와 법 제164조제4항에 따른 작업환경측정 서류를 검토하고, ⅱ) 해당 작업공정 또는 사업장에 대하여 작업환경측정을 해야 하며, ⅲ) 그 결과를 해당 사업장의 소재지를 관할하는 지방고용노동관서의 장에게 보고해야 한다(산안법 시행규칙 제194조제2항).

(3) 작업환경측정기관의 지정신청 및 취소

① 법 제126조제1항에 따른 **작업환경측정기관으로 지정받으려는 자**는 ⅰ) 같은 조 제2항에 따라 작업환경측정·분석 능력이 적합하다는 고용노동부장관의 확인을 받은 후 ⅱ) 작업환경측정기관 지정신청서에 다음 각 호의 서류를 첨부하여 측정을 하려는 지역을 관할하는 지방고용노동관서의 장에게 제출해야 한다. 다만, **사업장 부속기관의 경우**에는 작업환경측정기관으로 지정받으려는 사업장의 소재지를 관할하는 지방고용노동관서의 장에게 제출해야 한다(산안법 시행규칙 제193조제1항).

> 1. 정관
> 2. 정관을 갈음할 수 있는 서류(법인이 아닌 경우만 해당한다)
> 3. 법인등기사항증명서를 갈음할 수 있는 서류(법인이 아닌 경우만 해당한다)
> 4. 영[별표 29]에 따른 인력기준에 해당하는 사람의 자격과 채용을 증명할 수 있는 자격증(국가기술자격증은 제외한다), 경력증명서 및 재직증명서 등의 서류
> 5. 건물임대차계약서 사본이나 그 밖에 사무실의 보유를 증명할 수 있는 서류와 시설·장비명세서
> 6. 최초 1년간의 측정사업계획서(사업장 부속기관의 경우에는 측정대상 사업장의 명단 및 최종 작업환경측정 결과서 사본)

② 제1항에 따른 신청서를 제출받은 지방고용노동관서의 장은 「전자정부법」 제36조제1항에 따른 행정정보의 공동이용을 통하여 법인등기사항증명서(법인인 경우만 해당한다) 및 국가기술자격증을 확인해야 한다. 다만, 신청인이 국가기술자격증의 확인에 동의하지 아니하는 경우에는 그 사본을 첨부하도록 해야 한다(산안법 시행규칙 제193조제2항). 작업환경측정기관이 다음 각 호에 해당하는 경우에는 취소할 수 있다.

> 1. 작업환경측정 관련 서류를 거짓으로 작성한 경우
> 2. 정당한 사유 없이 작업환경측정업무를 거부한 경우
> 3. 위탁받은 작업환경측정업무에 차질을 일으킨 경우
> 4. 법 제125조제8항에 따라 고용노동부령으로 정하는 작업환경 측정방법 등을 위반한 경우
> 5. 법 제126조제2항에 따라 고용노동부장관이 실시하는 작업환경측정기관의 작업환경 측정·분석 능력 확인에서 부적합 판정을 받은 경우
> 6. 작업환경측정 업무와 관련된 비치서류를 보존하지 않은 경우
> 7. 법에 따른 관계공무원의 지도·감독을 거부·방해 또는 기피한 경우

③ 고용노동부장관은 작업장의 유해인자로부터 근로자의 건강을 보호하고 작업환경관리방법 등에 관한 전문연구를 촉진하기 위하여 유해인자별·업종별 작업환경전문연구기관을 지정하여 예산의 범위에서 필요한 지원을 할 수 있다(산안법 제128조제1항).

02 건강진단 및 건강관리

1 건강진단의 정의와 종류

(1) 건강진단의 정의와 업무적합성

1) 건강진단의 정의

① 건강진단이란 **유해인자에 노출될 가능성이 있는 근로자를 대상으로 직업병 또는 각종 질병에 대한 건강상태를 살펴보고 평가하는 검진행위**를 말한다. 근로자의 건강을 보호하기 위해서는 ⅰ) 작업관련 유해인자에 대한 사업주와 근로자의 교육, ⅱ) 건강이상의 조기발견, ⅲ) 건강이상자에 대한 정밀진단과 치료를 할 필요가 있다.

② 사업주는 **질병자나 작업관련 건강이상자를 발견**하면 1차 예방조치로서 ⅰ) 작업환경 모니터링, ⅱ) 환경공학적 관리, ⅲ) 개인보호구 등에 대한 즉각적인 평가에 착수하여야 한다. 사업주는 ⅰ) 배치 전, ⅱ) 재직기간 중 주기적으로, ⅲ) 작업전환 시 또는 퇴직 시에 건강진단을 실시하여야 한다.

2) 건강진단과 업무적합성의 평가

① 건강진단은 ⅰ) 업무량이나 업무상 노출되는 유해요인에 의하여 근로자의 건강이 악화될 수 있는지, ⅱ) 근로자가 육체적·정신적으로 해당 업무를 수행할 수 있는지, ⅲ) 어떤 상황에서 근로자의 건강상태가 동료 근로자에게 좋지 않은 영향을 미칠 수 있는지를 판단하는 중요한 자료가 된다.

② 업무적합성의 평가는 실시시기에 따라 정기평가와 수시평가로 나눌 수 있다. 이 경우 ⅰ) **정기평가**는 근로자의 건강상태가 업무수행에 지장이 없는지를 평가하는 것을 말하며, ⅱ) **수시평가**는 신규취업 또는 업무부담이나 새로운 유해인자에 노출되는 업무로 변경하는 경우에 실시하는 것을 말한다.

평가구분	업무적합성 평가기준
가	건강관리상 현재의 조건하에서 작업이 가능한 경우
나	일정한 조건(환경개선, 개인보호구의 착용, 건강진단의 주기를 앞당기는 경우 등)하에서 현재의 작업이 가능한 경우
다	건강장해가 우려되어 한시적으로 현재의 업무를 할 수 없는 경우(건강상 또는 근로조건 상의 문제를 해결한 후 작업복귀 가능)
라	건강장해의 악화 혹은 영구적인 장해의 발생이 우려되어 현재의 작업을 해서는 안 되는 경우

3) 근로자 건강진단 실시에 대한 협력

① 사업주는 법 제135조제1항에 따른 특수건강진단 또는 건강검진기본법 제3조제2호에 따른 건강검진기관(이하 "건강진단기관"이라 한다)이 근로자의 건강진단을 위하여 다음 각 호의 정보를 요청하는 경우 해당 정보를 제공하는 등 근로자의 건강진단이 원활히 실시될 수 있도록 적극 협조해야 한다(산안법 시행규칙 제195조제2항).

> 1. 근로자의 작업장소, 근로시간, 작업내용, 작업방식 등 근무환경에 관한 정보
> 2. 건강진단 결과, 작업환경측정 결과, 화학물질 사용실태, 물질안전보건자료 등 건강진단에 필요한 정보

② 근로자는 사업주가 실시하는 건강진단 및 의학적 조치에 적극 협조하여야 한다(산안법 시행규칙 제195조제2항). 건강진단기관은 사업주가 법 제129조부터 제131조까지의 규정에 따라 건강진단을 실시하기 위하여 출장 검진을 요청하는 경우에는 출장 검진을 할 수 있다(산안법 시행규칙 제195조제3항).

(2) 건강진단의 종류와 실시대상

1) 건강진단의 종류

① 건강진단의 종류는 ⅰ) **시기에 따라 일반건강진단과 수시건강진단**으로, ⅱ) **방법에 따라 특수건강진단과 배치전건강진단, 수시건강진단과 임시건강진단**으로 구분한다. 이 경우 건강진단에는 종합건강진단은 제외한다.

② 사업주는 건강진단의 실시 시기 및 대상을 기준으로 일반건강진단·특수건강진단·배치전건강진단·수시건강진단 및 임시건강진단을 실시하여야 한다.

③ 근로자의 건강진단은 개인별 건강수준과 노출수준을 고려하여 건강진단 항목을 선정하여 실시할 필요가 있다. 이 경우 ⅰ) **직업력 및 노출력 조사**, ⅱ) **과거병력 조사**, ⅲ) **자각증상조사**, ⅳ) **임상관찰**, ⅴ) **임상검사**, ⅵ) **생물학적 노출지표 검사를 실시**해야 한다.

2) 일반건강진단

① 일반건강진단은 **상시 사용하는 근로자의 건강관리를 위하여 사업주가 주기적으로 실시하는 건강진단**을 말한다. 일반건강진단은 모든 근로자를 대상으로 정기적으로 실시하는 건강진단으로서 직종을 불문한다.

② 사업주는 상시 사용하는 근로자의 건강관리를 위하여 건강진단(이하 "일반건강진단"이라 한다)을 실시하여야 한다. 다만, 사업주가 고용노동부령으로 정하는 건강진단을 실시한 경우에는 그 건강진단을 받은 근로자에 대하여 일반건강진단을 실시한 것으로 본다(산안법 제129조제1항).

③ 법 제129조제1항 단서에서 "고용노동부령으로 정하는 건강진단"이란 다음 각 호의 어느 하나에 해당하는 건강진단을 말한다(산안법 시행규칙 제196조).

1. 「국민건강보험법」에 따른 건강검진
2. 「선원법」에 따른 건강진단
3. 「진폐의 예방과 진폐근로자의 보호 등에 관한 법률」에 따른 정기검강진단
4. 「학교보건법」에 따른 건강검사
5. 「항공안전법」에 따른 신체검사
6. 그 밖에 제198조제1항에서 정한 법 제129조제1항에 따른 일반건강진단(이하 "일반건강진단"이라 한다)의 검사항목을 모두 포함하여 실시한 건강진단

④ 사업주는 제135조제1항에 따른 특수건강진단기관 또는 「건강검진기본법」 제3조 제2호에 따른 건강검진기관(이하 "건강진단기관"이라 한다)에서 일반건강진단을 실시하여야 한다(산안법 제129조제2항). 고용노동부장관은 근로자 「근로자 건강진단 실시기준(2025. 3. 31. 고용노동부고시 제2025-21호)」을 정해 시행하고 있다.

⑤ 사업주는 상시 사용하는 근로자 중 ⅰ) **사무직에 종사하는 근로자**(공장 또는 공사현장과 같은 구역에 있지 아니한 사무실에서 서무·인사·경리·판매·설계 등의 사무업무에 종사하는 근로자를 말하며, 판매업무 등에 직접 종사하는 근로자는 제외한다)에 대해서는 2년에 1회 이상, ⅱ) **그 밖의 근로자**에 대해서는 1년에 1회 이상 일반건강진단을 실시해야 한다(산안법 시행규칙 제197조제1항).

⑥ 일반건강진단을 실시하여야 할 사업주는 일반건강진단 실시 시기를 안전보건관리규정 또는 취업규칙에 규정하는 등 일반건강진단이 정기적으로 실시되도록 노력해야 한다(산안법 시행규칙 제197조제2항).

⑦ 사업주는 모든 근로자를 대상으로 일반건강진단을 실시해야 한다. 일반건강진단의 제1차 검사항목은 다음 각 호와 같다(산안법 시행규칙 제198조제1항).

1. 과거병력, 작업경력 및 자각·타각증상(시진·촉진·청진 및 문진)
2. 혈압·혈당·요당·요단백 및 빈혈검사
3. 체중·시력 및 청력
4. 흉부방사선 촬영
5. AST(SGOT) 및 ALT (SGPT), γ-GTP 및 총콜레스테롤

⑧ 제1차 검사항목 중 혈당·γ-GTP 및 총콜레스테롤 검사는 고용노동부장관이 정하는 근로자에 대하여 실시한다(산안법 시행규칙 제198조제2항). **검사 결과 질병의 확진이 곤란한 경우에는 제2차 건강진단을 받아야 하며**, 제2차 건강진단의 범위, 검사항목, 방법 및 시기 등은 고용노동부장관이 정하여 고시한다(산안법 시행규칙 제198조제3항).

⑨ 일반건강진단과 특수건강진단의 검사항목이 동일한 경우에는 중복적인 검사를 하지 아니하고 생략할 수 있다. 그러나 **특수검진과 일반검진을 실시할 경우**, 중복항목인 X-ray, 간기능검사를 1회만 실시하기 위하여 흉부 X-ray(Full PACS) 촬영 결과와 간기능검사의 결과를 일반검진기관으로부터 전달받아 판정받을 수 있는지에 대하여 별도의 기관에서 검사한 것은 인정할 수 없다.

⑩ 지방고용노동관서의 장은 근로자의 건강을 유지하기 위하여 필요하다고 인정하는 사업장의 경우 해당 사업주에게 일반건강진단 결과표를 제출하게 할 수 있다(산안법 시행규칙 제199조).

3) 특수건강진단

① 특수건강진단이란 **유해인자가 노출되는 업무에 종사하는 근로자의 직업병을 예방하거나 판정하기 위하여 사업주가 실시하는 건강진단**을 말한다.

② 사업주는 다음 각 호의 어느 하나에 해당하는 근로자의 건강관리를 위하여 건강진단(이하 "특수건강진단"이라 한다) 을 실시하여야 한다. 다만, 사업주가 고용노동부령으로 정하는 건강진단을 실시한 경우에는 그 건강진단을 받은 근로자에 대하여 해당 유해인자에 대한 특수건강진단을 실시한 것으로 본다(산안법 제130조제1항).

> 1. 고용노동부령으로 정하는 유해인자에 노출되는 업무(이하 "특수건강진단 대상업무"라 한다)에 종사하는 근로자
> 2. 제1호, 제3항 및 제131조에 따른 건강진단 실시 결과 직업병 소견이 있는 근로자로 판정받아 작업 전환을 하거나 작업장소를 변경하여 해당 판정의 원인이 된 특수건강진단 대상업무에 종사하지 아니하는 사람으로서 해당 유해인자에 대한 건강진단이 필요하다는 「의료법」 제2조에 따른 의사의 소견이 있는 근로자

③ 법 제130조제1항제1호에서 "**고용노동부령으로 정하는 유해인자**"는 [별표 22]와 같다(산안법 시행규칙 제201조). [별표 22]에서는 ⅰ) 화학적 인자로서 유기화합물(109종), 금속류(20종), 산 및 알칼리류(8종), 가스상태 물질류(14종), 영 제88조에 따른 허가 대상 유해물질(12종), ⅱ) 분진(7종), ⅲ) 물리적 인자(8종), ⅳ) 야간작업(2종)을 규정하고 있다.

④ 사업주가 "고용노동부령으로 정하는 건강진단"을 실시한 경우에는 그 건강진단을 받은 근로자에 대하여는 해당 유해인자에 대한 특수건강진단을 실시한 것으로 본다(산안법 제130조제1항 단서). 여기에서 "고용노동부령으로 정하는 건강진단"이란 다음 각 호의 어느 하나에 해당하는 건강진단을 말한다(산안법 시행규칙 제200조).

> 1. 「원자력안전법」에 따른 건강진단(방사선만 해당한다)
> 2. 「진폐의 예방과 진폐근로자의 보호 등에 관한 법률」에 따른 정기 건강진단(광물성 분 진만 해당한다)
> 3. 「진단용 방사선 발생장치의 안전관리에 관한 규칙」에 따른 건강진단(방사선만 해당한다)
> 4. 그 밖에 다른 법령에 따라 [별표 24]에서 정한 법 제130조제1항에 따른 특수건강진단(이하 "특수건강진단"이라 한다)의 검사항목을 모두 포함하여 실시한 건강진단(해당하는 유해인자만 해당한다)

⑤ 특수건강진단은 ⅰ) 업무수행과정에서 직업병의 원인이 되는 유해인자에 직접 노출되는 근로자를 대상으로 발생 가능한 질병을 사전에 예방하거나 조기에 발견하여 치료하고자 실시되는 것이므로 ⅱ) 특수건강진단의 대상, 검사항목, 검사주기 및 실시방법, 특수건강진단기관의 지정요건을 엄격히 정하고 있다.

⑥ 사업주는 제135조제1항에 따른 특수건강진단기관에서 제1항부터 제3항까지의 규정에 따른 건강진단을 실시하여야 한다(산안법 제130조제4항). 따라서 사업주는 고용노동부장관으로부터 특수건강진단기관으로 지정을 받은 기관에서 특수건강진단을 실시해야 한다. 또한 배치 전 건강진단과 수시건강진단도 전문적인 시설과 장비 등을 갖춘 특수건강진단기관에서 건강진단을 실시해야 한다.

⑦ 건강진단의 시기・주기・항목・방법 및 비용, 그 밖에 필요한 사항은 고용노동부령으로 정한다(산안법 제130조제5항). 특수건강진단은 유해업무에 종사하는 근로자에게 6개월, 1년, 2년마다 주기적으로 실시하는 건강진단이다. 연속음으로 85dB(A) 이상의 소음이 노출되는 옥내작업장의 근로자에 대하여는 특수건강진단을 실시하여야 한다(산보 68307-650, 2000. 09. 30.).

⑧ 사업주는 법 제130조제1항제1호에 해당하는 근로자에 대해서는 [별표 23]에서 특수건강진단 대상 유해인자별로 정한 시기 및 주기에 따라 특수건강진단을 실시해야 한다(산안법 시행규칙 제202조제1항).

[시행규칙 별표 23] 특수건강진단의 시기 및 주기(제202조제1항 관련)

구분	대상 유해인자	시기 (배치 후 첫 번째 특수 건강진단)	주기
1	N,N-디메틸아세트아미드 디메틸포름아미드	1개월 이내	6개월
2	벤젠	2개월 이내	6개월
3	1,1,2,2-테트라클로로에탄 사염화탄소 아크릴로니트릴 염화비닐	3개월 이내	6개월
4	석면, 면 분진	12개월 이내	12개월
5	광물성 분진 목재분진 소음 및 충격소음	12개월 이내	24개월
6	제1호부터 제5호까지의 규정의 대상 유해인자를 제외한 [별표 22]의 모든 대상 유해인자	6개월 이내	12개월

⑨ 제1항에도 불구하고 법 제125조에 따른 사업장의 작업환경측정 결과 또는 특수건강진단 실시 결과에 따라 다음 각 호의 어느 하나에 해당하는 근로자에 대해서는 다음 회에 한정하여 관련 유해인자별로 특수건강진단 주기를 1/2로 단축해야 한다(산안법 시행규칙 제202조제2항).

1. 작업환경을 측정한 결과 노출기준 이상인 작업공정에서 해당 유해인자에 노출되는 모든 근로자
2. 특수건강진단, 법 제130조제3항에 따른 수시건강진단(이하 "수시건강진단"이라 한다) 또는 법 제131조제1항에 따른 임시건강진단(이하 "임시건강진단"이라 한다)을 실시한 결과 직업병

> 유소견자가 발견된 작업공정에서 해당 유해인자에 노출되는 모든 근로자. 다만, 고용노동부장관이 정하는 특수건강진단·수시건강진단 또는 임시건강진단을 실시한 의사로부터 특수건강진단 주기를 단축하는 것이 필요하지 않다는 자문결과를 제출 받은 경우는 제외한다.
> 3. 특수건강진단 또는 임시건강진단을 실시한 결과 해당 유해인자에 대하여 특수건강진 단 실시주기를 단축해야 한다는 의사의 소견을 받은 근로자

⑩ 근로자에게 상·하반기 구분 없이 최근 1년간 유기용제(톨루엔)에 대한 작업환경측정을 한 결과 노출기준을 초과한 경우가 있을 때에는 다음 회에 한하여 주기를 단축하여 특수건강진단을 실시하여야 한다(산보 68307-797, 2000. 12. 11.).

⑪ 사업주는 법 제130조제1항제2호에 해당하는 근로자에 대해서는 직업병 유소견자 발생의 원인이 된 유해인자에 대하여 해당 근로자를 진단한 의사가 필요하다고 인정하는 시기에 특수건강진단을 실시해야 한다(산안법 시행규칙 제202조제3항).

⑫ 제1차 검사항목은 특수건강진단, 배치전건강진단 및 수시건강진단의 대상이 되는 근로자 모두에 대하여 실시한다(산안법 시행규칙 제206조제2항). 제2차 검사항목은 제1차 검사항목에 대한 검사결과 건강수준의 평가가 곤란하거나 질병이 의심되는 사람에 대하여 고용노동부장관이 정하여 고시하는 바에 따라 실시해야 한다. 다만, 건강진단 담당 의사가 해당 유해인자에 대한 근로자의 노출 정도, 병력 등을 고려하여 필요하다고 인정하면 제2차 검사항목의 일부 또는 전부에 대하여 제1차 검사항목을 검사할 때에 추가하여 실시할 수 있다(산안법 시행규칙 제206조제3항).

⑬ 다음 각 호의 어느 하나에 해당하는 경우로서 건강진단을 실시하는 의사가 해당 근로자의 건강관리 구분상 필요 없다고 판단하는 경우에는 그 사유를 기재하고 제2차 검사항목의 전부 또는 일부를 실시하지 아니할 수 있다(건강진단실시기준 제4조제3항).

> 1. 제1차 검사결과 이상소견이 기존에 가지고 있던 비직업성 질환이나 소견으로 인한 것이 명백한 경우
> 2. 제2차 검사항목 중 제1차 검사결과 신체기관의 이상소견의 원인 및 상태를 파악하는 데 불필요한 검사항목으로 판단되는 경우

⑭ 산업안전보건법 시행규칙 제214조제3항에 따라 다음 각 호의 어느 하나에 해당하는 근로자에 대해서는 제1차 검사항목을 검사할 때 제2차 검사항목의 일부 또는 전부를 추가하여 실시할 수 있다(건강진단실시기준 제4조제4항).

> 1. 전회 특수건강진단결과 직업병 유소견자나 요관찰자로 판정받은 근로자
> 2. 최근 1년간의 작업환경측정결과 노출기준 이상인 작업공정에서 해당 유해인자에 노출된 근로자
> 3. 문진이나 병력·진찰 등의 소견에서 해당 유해인자와 관련된 질병의 소견이 의심되는 근로자

⑮ 사업주가 고용노동부령으로 정하는 건강진단을 실시한 경우에는 일반건강진단을 실시한 것으로 보며, 사업주가 고용노동부령으로 정하는 유해인자에 노출되는 업무에 종사하는 근로자, 직업병 소견이 있는 근로자로 판정받아 작업 전환을 하거나 작업장소를 변경한 자로서 유해인자에 대한 건강진단이 필요하다는 의사의 소견이 있는 근로자에 대하여 검사를 생략할 수 있다.

4) 배치전건강진단

① 배치전건강진단이란 **특수건강진단 대상업무에 종사할 근로자에 대하여 배치 예정 업무에 대한 적합성 평가를 위하여 사업주가 실시하는 건강진단을 말한다.**

② 사업주는 특수건강진단 대상업무에 종사할 근로자의 배치 예정 업무에 대한 적합성 평가를 위하여 건강진단(이하 "배치전건강진단"이라 한다)을 실시하여야 한다. 다만, 고용노동부령으로 정하는 근로자에 대해서는 배치전건강진단을 실시하지 아니할 수 있다(산안법 제130조제2항).

③ 사업주는 유해한 직종의 업무로서 직업병을 유발할 우려가 있는 경우 사전에 건강상태를 파악하는 배치전건강진단을 실시해야 한다. 배치전건강진단은 근로자의 건강상태를 검진하여 질병의 이상 유무, 건강악화의 소지가 있는지를 판단하기 위하여 실시한다.

④ 법 제130조제2항 단서에서 "고용노동부령으로 정하는 근로자"란 다음 각 호의 어느 하나에 해당하는 근로자를 말한다(산안법 시행규칙 제203조). 따라서 특수건강진단을 실시한 근로자가 3개월이 경과하지 아니한 상태에서 소음부서로 변경하는 경우 배치전건강진단의 검사항목에서 동일한 검사항목에 대한 진단을 생략할 수 있다(산보 68307-83, 2000. 02. 01.).

> 1. 다른 사업장에서 해당 유해인자에 대하여 다음 각 목의 어느 하나에 해당하는 건강진단을 받고 6개월이 지나지 아니한 근로자로서 건강진단 결과를 적은 서류(이하 "건강진단개인표"라 한다) 또는 그 사본을 제출한 근로자
>   가. 법 제130조제2항에 따른 배치전건강진단(이하 "배치전건강진단"이라 한다)
>   나. 배치전건강진단의 제1차 검사항목을 포함하는 특수건강진단, 수시건강진단 또는 임시건강진단
>   다. 배치전건강진단의 제1차 검사항목 및 제2차 검사항목을 포함하는 건강진단
> 2. 해당 사업장에서 해당 유해인자에 대하여 제1호 각 목의 어느 하나에 해당하는 건강진단을 받고 6개월이 지나지 않은 근로자

⑤ 사업주는 특수건강진단대상업무에 근로자를 배치하려는 경우에는 해당 작업에 배치하기 전에 배치전건강진단을 실시하여야 하고, 특수건강진단기관에 해당 근로자가 담당할 업무나 배치하려는 작업장의 특수건강진단 대상 유해인자 등 관련 정보를 미리 알려주어야 한다(산안법 시행규칙 제204조).

5) 수시건강진단

① 수시건강진단이란 **특수건강진단 대상업무로 인하여 해당 유해인자에 의한 직업성 질환, 그 밖에 건강장해를 의심하게 하는 증상을 보이거나 의학적 소견이 있는 근로자에 대하여 사업주가 실시하는 건강진단**을 말한다.

② 사업주는 특수건강진단 대상업무에 따른 유해인자로 인한 것이라고 의심되는 건강장해 증상을 보이거나 의학적 소견이 있는 근로자 중 보건관리자 등이 사업주에게 건강진단 실시를 건의하는 등 고용노동부령으로 정하는 근로자에 대하여 건강진단(이하 "수시건강진단"이라 한다)을 실시하여야 한다(산안법 제130조제3항).

③ 법 제130조제3항에서 "고용노동부령으로 정하는 근로자"란 특수건강진단 대상 업무로 인하여 해당 유해인자로 인한 것이라고 의심되는 직업성 천식, 직업성 피부염, 그 밖에 건강장해 증상을 보이거나 의학적 소견이 있는 근로자로서 다음 각 호의 어느 하나에 해당하는 근로자를 말한다. 다만, 사업주가 직전 특수건강진단을 실시한 특수건강진단기관의 의사로부터 수시건강진단이 필요하지 않다는 소견을 받은 경우는 제외한다(산안법 시행규칙 제205조제1항).

> 1. 산업보건의, 보건관리자, 보건관리 업무를 위탁받은 기관이 필요하다고 판단하여 사업주에게 수시건강진단을 건의한 근로자
> 2. 해당 근로자나 근로자대표 또는 법 제23조에 따라 위촉된 명예산업안전감독관이 사업주에게 수시건강진단을 요청한 근로자

④ 사업주는 제1항에 해당하는 근로자에 대해서는 지체 없이 수시건강진단을 실시해야 한다(산안법 시행규칙 제205조제2항). 제1항 및 제2항에서 정한 사항 외에 수시건강진단의 실시방법, 그 밖에 필요한 사항은 고용노동부장관이 정한다(산안법 시행규칙 제205조제3항).

⑤ 고용노동부장관은 「**근로자 건강진단 실시기준**(2025. 3. 31. 고용노동부고시 제2025-21호)」 제3조에서는 수시건강진단 실시요건을 ⅰ) 산업보건의·보건관리자, ⅱ) 해당 근로자나 근로자대표 또는 명예산업안전감독관이 요청하는 경우에 실시하도록 규정하고 있다.

6) 임시건강진단

① 임시건강진단이란 **특수건강진단 대상 유해인자 또는 그 밖의 유해인자에 의한 중독이나 질병의 발생원인 등을 확인하기 위하여 노동부장관의 명령에 따라 사업주가 실시하는 건강진단**을 말한다.

② 고용노동부장관은 같은 유해인자에 노출되는 근로자들에게 유사한 질병의 증상이 발생한 경우 등 고용노동부령으로 정하는 경우에는 근로자의 건강을 보호하기 위하여 사업주에게 특정 근로자에 대한 건강진단(이하 "임시건강진단"이라 한다)의 실시나 작업전환, 그 밖에 필요한 조치를 할 것으로 명할 수 있다(산안법 제131조제1항).

③ 법 제131조제1항에서 "**고용노동부령으로 정하는 경우**"란 ⅰ) 특수건강진단 대상 유해인자 또는 그 밖의 유해인자에 의한 중독 여부, ⅱ) 질병에 걸렸는지 여부 또는 질병의 발생원인 등을 확인하기 위하여 필요하다고 인정되는 경우로 다음 각 호에 어느 하나에 해당하는 경우를 말

한다(산안법 시행규칙 제207조제1항).

> 1. 같은 부서에 근무하는 근로자 또는 같은 유해인자에 노출되는 근로자에게 유사한 질병의 자각·타각증상이 발생한 경우
> 2. 직업병 유소견자가 발생하거나 여러 명이 발생할 우려가 있는 경우
> 3. 그 밖에 지방고용노동관서의 장이 필요하다고 판단하는 경우

④ 임시건강진단의 항목, 그 밖에 필요한 사항은 고용노동부령으로 정한다(산안법 제131조제2항). 임시건강진단의 검사항목은 [별표 24]에 따른 특수건강진단의 검사항목 중 전부 또는 일부와 건강진단 담당 의사가 필요하다고 인정하는 검사항목으로 한다(산안법 시행규칙 제207조제2항).

2 건강진단의 의무와 개선조치

(1) 건강진단의 실시의무

① 사업주는 제129조부터 제131조까지의 규정에 따른 건강진단을 실시하는 경우 근로자대표가 요구하면 근로자대표를 참석시켜야 한다(산안법 제132조제1항).

② 사업주는 **산업안전보건위원회 또는 근로자대표가 요구할 때**에는 직접 또는 제129조부터 제131조까지의 규정에 따른 건강진단을 한 건강진단기관에 건강진단 결과에 대하여 설명하도록 하여야 한다. 다만, 개별 근로자의 건강진단 결과는 본인의 동의 없이 공개해서는 아니 된다(산안법 제132조제2항). 사업주는 제129조부터 제131조까지의 규정에 따른 건강진단의 결과를 근로자의 건강보호 및 유지 외의 목적으로 사용해서는 아니 된다(산안법 제132조제3항).

③ 사업주는 제129조부터 제131조까지의 규정 또는 다른 법령에 따른 건강진단의 결과 **근로자의 건강을 유지하기 위하여 필요하다고 인정**할 때에는 ⅰ) 작업장소 변경, ⅱ) 작업 전환, ⅲ) 근로시간 단축, ⅳ) 야간근로(오후 10시부터 다음 날 오전 6시까지 사이의 근로를 말한다)의 제한, ⅴ) 작업환경측정 또는 시설·설비의 설치·개선 등 고용노동부령으로 정하는 바에 따라 적절한 조치를 하여야 한다(산안법 제132조제4항).

④ 근로자는 제129조부터 제131조까지의 규정에 따라 사업주가 실시하는 건강진단을 받아야 한다. 다만, 사업주가 지정한 건강진단기관이 아닌 건강진단기관으로부터 이에 상응하는 건강진단을 받아 그 결과를 증명하는 서류를 사업주에게 제출하는 경우에는 사업주가 실시하는 건강진단을 받은 것으로 본다(산안법 제133조).

⑤ 건강진단기관은 제129조부터 제131조까지의 규정에 따른 건강진단을 실시한 때에는 고용노동부령으로 정하는 바에 따라 그 결과를 근로자 및 사업주에게 통보하고 고용노동부장관에게 보고하여야 한다(산안법 제134조제1항). 제129조제1항 단서에 따라 건강진단을 실시한 기관은 사업주가 근로자의 건강보호를 위하여 그 결과를 요청하는 경우 고용노동부령으로 정하는 바에 따라 그 결과를 사업주에게 통보하여야 한다(산안법 제134조제2항).

(2) 건강진단 및 개선조치

① 건강진단비용 및 건강진단 결과의 보고 등, 건강진단 결과의 사후조치는 산업안전보건법 제208조 내지 제208조에 규정하고 있다.

구분	주요내용
건강진단비용 등	• 일반건강진단, 특수건강진단, 배치전건강진단, 수시건강진단, 임시건강진단의 검진비용은 국민건강보험법에서 정한 기준에 따름. • 일반건강진단, 특수건강진단, 배치전건강진단, 수시건강진단, 임시건강진단을 실시하기 위하여 출장검진을 할 수 있음.
건강진단 결과의 보고 등	• 건강진단을 실시하였을 때에는 그 결과를 고용노동부장관이 정하는 건강진단개인표에 기록하고, 건강진단 실시일부터 30일 이내에 근로자에게 송부 • 건강진단기관은 건강진단을 실시한 결과 질병 유소견자가 발견된 경우에는 건강진단을 실시한 날부터 30일 이내에 해당 근로자에게 의학적 소견 및 사후관리에 필요한 사항과 업무수행의 적합성 여부(특수건강진단기관인 경우에만 해당한다)를 설명. 다만, 해당 근로자가 소속한 사업장의 의사인 보건관리자에게 이를 설명한 경우에는 제외 • 실시한 날부터 30일 이내에 각종 건강진단 결과표를 사업주에게 송부 • 특수건강진단기관은 특수건강진단·수시건강진단 또는 임시건강진단을 실시한 경우에는 건강진단을 실시한 날부터 30일 이내에 건강진단 결과표를 지방고용노동관서의 장에게 제출. 다만, 건강진단개인표 전산 입력자료를 고용노동부장관이 정하는 바에 따라 공단에 송부한 경우에는 예외
건강진단결과와 사후조치	• 사업주는 건강진단 결과표에 따라 근로자의 건강을 유지하기 위하여 필요하면 근로자에게 해당 조치 내용에 대하여 설명 • 사업주는 건강진단 결과표를 송부받은 날로부터 30일 이내에 사후관리 조치결과 보고서에 건강진단결과표, 조치의 실시를 증명할 수 있는 서류 또는 실시 계획 등을 첨부하여 관할 지방고용노동관서의 장에게 제출 • 의사가 특수건강진단 주기를 단축하는 것이 필요하지 않다는 소견을 작성할 경우에는 한국산업안전보건공단(이하 "공단"이라 한다)의 근로자 건강진단 실무지침(이하 "근로자건강진단 실무지침"이라 한다)을 참고

② 근로자의 건강진단에 대하여는 고용노동부장관이 정하는 근로자 건강진단 실시기준(2025. 3. 31. 고용노동부고시 제2025 – 21호)에 따라 시행한다.

건강관리 구분		구분내용
A		건강관리에 사후관리가 필요없는 자(건강자)
C	C1	직업성질병으로 진전될 우려가 있어 추적조사 등 관찰이 필요한 자(요관찰자)
	C2	일반질병으로 진전될 우려가 있어 추적조사 등 관찰이 필요한 자(요관찰자)
D1		직업성질병의 소견을 보여 사후관리가 필요한 자(직업병 유소견자)
D2		일반질병의 소견을 보여 사후관리가 필요한 자(일반질병 유소견자)
R		일반질병에서의 질환 의심자(제2차 건강진단 대상자)

3 건강관리카드

(1) 건강관리카드의 정의

① 건강관리카드란 **특정한 유해업무에 종사한 근로자에 대한 건강관리를 위하여 고용노동부장관의 교부하는 수첩**을 말한다. 건강관리카드는 유해물질의 의한 직업병의 발병, 잠복기간 등을 고려하여 정기적으로 건강진단을 실시하는 동시에 재직 중에 있는 자에 대하여도 발급하고 있다.

② 우리나라는 유해물질에 의해 발생하는 직업성 암 등 직업병을 조기에 발견하고, 보건조치를 위해 일정기간 이상 해당 물질의 제조 등 취급업무에 종사하는 근로자에게 건강관리카드를 발급하여 이직 및 작업 전환자에게 연 1회 무료 건강진단을 실시하고 있다.

③ 산업재해보상보험법 시행령 제34조제3항 [별표 3]과 관련하여 직업성 암의 인정 기준을 20가지로 열거하고 있으나, 산업안전보건법 제137조에서는 건강관리카드의 발급대상을 15종의 유해물질로 규정하여 서로 차이가 있다.

④ 건강관리카드 소지자의 건강진단은 ⅰ) 건강진단의 한 종류이지만 직업병의 조기진단이라는 점에서 건강진단 항목과 사후관리가 기존의 건강진단과는 다르며, ⅱ) 국민건강보험공단에서 시행하는 국민을 대상으로 하는 "일반건강진단"과 구별된다.

(2) 건강관리카드의 발급

1) 건강관리카드의 발급과 양도 등의 금지

① 고용노동부장관은 고용노동부령으로 정하는 건강장해가 발생할 우려가 있는 업무에 종사하였거나 종사하고 있는 사람 중 고용노동부령으로 정하는 요건을 갖춘 사람의 **직업병 조기발견 및 지속적인 건강관리를 위하여** 건강관리카드를 발급하여야 한다(산안법 제137조제1항).

② 건강관리카드를 발급받은 사람이 「산업재해보상보험법」 제41조에 따라 요양급여를 신청하는 경우에는 건강관리카드를 제출함으로써 해당 재해에 관한 의학적 소견을 적은 서류의 제출을 대신할 수 있다(산안법 제137조제2항). 건강관리카드를 발급받은 사람은 그 건강관리카드를 **타인에게 양도하거나 대여**해서는 아니 된다(산안법 제137조제3항).

③ 건강관리카드를 발급받은 사람 중 제1항에 따라 건강관리카드를 발급받은 업무에 종사하지 아니하는 사람은 고용노동부령으로 정하는 바에 따라 특수건강진단에 준하는 건강진단을 받을 수 있다(산안법 제137조제4항).

2) 건강관리카드의 발급대상 및 절차

① 법 제137조제1항에 따라 "고용노동부령으로 정하는 건강장해가 발생할 우려가 있는 업무" 및 고용노동부령으로 정하는 요건을 갖춘 사람"은 [별표 25]와 같다(산안법 시행규칙 제214조). 여기에서는 15개의 업무와 카드발급대상 요건을 규정하고 있다.

② 카드를 발급받으려는 사람은 공단에 발급신청을 해야 한다. 다만, 재직 중인 근로자가 사업주에게 의뢰하는 경우에는 사업주가 공단에 카드의 발급을 신청할 수 있다(산안법 시행규칙 제217조제1항). 카드의 발급을 신청하려는 사람은 건강 관리카드 발급신청서에 [별표 25]의 각 호의

어느 하나에 해당하는 사실을 증명하는 서류와 사진 1장을 첨부하여 공단에 제출(전자문서를 제출하는 것을 포함한다)해야 한다(산안법 시행규칙 제217조제2항).

③ 제2항에 따른 발급신청을 받은 공단은 제출된 서류를 확인한 후 카드발급 요건에 적합하다고 인정되는 경우에는 카드를 발급해야 한다(산안법 시행규칙 제217조제3항). 제1항 단서에 따라 카드발급을 신청한 사업주가 공단으로부터 카드를 발급받은 경우에는 지체 없이 해당 근로자에게 전달해야 한다(산안법 시행규칙 제217조제4항).

3) 건강관리카드의 재발급 등

① 카드소지자가 카드를 잃어버리거나 카드가 헐어 못쓰게 된 경우에는 즉시 건강 관리카드 재발급신청서를 공단에 제출하고 카드를 재발급받아야 한다. 카드가 훼손된 경우에는 해당 카드를 함께 제출해야 한다(산안법 시행규칙 제218조제1항). 카드를 잃어버린 사유로 재발급을 받은 사람이 잃어버린 카드를 발견한 경우에는 즉시 공단에 반환하거나 폐기해야 한다(산안법 시행규칙 제218조제2항).

② 카드소지자가 주소지를 변경한 경우에는 변경한 날부터 30일 이내에 건강관리카드 기재내용 변경신청서에 해당 카드를 첨부하여 공단에 제출해야 한다(산안법 시행규칙 제218조제3항).

(3) 건강진단과 건강관리카드의 제시 등

1) 카드소지자의 건강진단

① 법 제137조제1항에 따른 건강관리카드(이하 "카드"라 한다)를 발급받은 근로자가 카드의 발급대상 업무에서 더 이상 종사하지 아니하는 경우에는 공단 또는 특수건강진단기관에서 **실시하는 건강진단을 매년(카드 발급대상 업무에서 종사하지 아니하게 된 첫 해는 제외한다) 1회** 받을 수 있다. 다만, 카드를 발급받은 근로자(이하 "카드소지자"라 한다)가 카드의 발급대상 업무와 같은 업무에 재취업하고 있는 기간 중에는 그렇지 않다(산안법 시행규칙 제215조제1항).

② 공단은 제1항 본문에 따라 건강진단을 받는 카드소지자에게 교통비 및 식비를 지급할 수 있다(산안법 시행규칙 제215조제2항).

2) 건강관리카드의 제시와 실시결과의 통지

① 카드소지자는 건강진단을 받을 때에 해당 건강진단을 실시하는 의료기관에 카드 또는 주민등록증 등 신분을 확인할 수 있는 증명서를 제시해야 한다(산안법 시행규칙 제215조제3항). 제3항에 따른 의료기관은 건강진단을 실시한 날로부터 30일 이내에 건강관리 실시결과를 카드소지자와 공단에 송부해야 한다(산안법 시행규칙 제215조제4항).

② 제3항에 따른 의료기관은 건강진단 결과에 따라 카드소지자의 건강을 유지하기 위하여 필요하면 ⅰ) 건강상담, 직업병 확진 의뢰 안내 등 고용노동부장관이 정하는 바에 따른 조치를 하고, ⅱ) 카드소지자에게 해당 조치내용에 대하여 설명해야 한다(산안법 시행규칙 제215조제5항).

03 근로금지와 취업제한 등

1 질병자의 근로금지와 제한

(1) 질병자의 근로금지와 제한

1) 질병자의 근로금지 · 제한
   ① 사업주는 **감염병, 정신병 또는 근로로 인하여 병세가 크게 악화될 우려가 있는 질병**으로서 고용노동부령으로 정하는 질병에 걸린 자에게는 「의료법」제2조에 따른 의사의 진단에 따라 근로를 금지하거나 제한하여야 한다(산안법 제138조제1항).
   ② 사업주는 근로가 금지되거나 제한된 근로자가 건강을 회복하였을 때에는 지체 없이 근로를 할 수 있도록 하여야 한다(산안법 제138조제2항).

2) 질병자의 근로금지
   ① 법 제138조제1항에 따라 사업주는 **다음 각 호의 어느 하나에 해당하는 사람**에 대해서는 근로를 금지해야 한다(산안법 시행규칙 제220조제1항).

   > 1. 전염될 우려가 있는 질병에 걸린 사람. 다만, 전염을 예방하기 위한 조치를 한 경우에는 그러하지 아니하다.
   > 2. 조현병, 마비성 치매에 걸린 사람
   > 3. 심장 · 신장 · 폐 등의 질환이 있는 사람으로서 근로에 의하여 병세가 악화될 우려가 있는 사람
   > 4. 제1호부터 제3호까지의 규정에 준하는 질병으로서 고용노동부장관이 정하는 질병에 걸린 사람

   ② 사업주는 제1항에 따라 근로를 금지하거나 근로를 다시 시작하도록 하는 경우에는 미리 보건관리자(의사인 보건관리자만 해당한다), 산업보건의 또는 건강진단을 실시한 의사의 의견을 들어야 한다(산안법 시행규칙 제220조제2항).

3) 질병자 등의 취업제한
   ① 사업주는 ⅰ) 법 제129조부터 제130조에 따른 **건강진단결과 유기화합물 · 금속류 등의 유해물질에 중독된 사람**, ⅱ) **해당 유해물질에 중독될 우려가 있다고 의사가 인정하는 사람**, ⅲ) **진폐의 소견이 있는 사람 또는 방사선에 피폭된 사람**을 해당 유해물질 또는 방사선을 취급하거나 해당 유해물질의 분진 · 증기 또는 가스가 발산되는 업무 또는 해당 업무로 인하여 근로자의 건강을 악화시킬 우려가 있는 업무에 종사하도록 해서는 안 된다(산안법 시행규칙 제221조제1항).
   ② 사업주는 다음 각 호의 어느 하나에 해당하는 질병이 있는 근로자를 고기압 업무에 종사하도록 해서는 안 된다(산안법 시행규칙 제221조제2항).

> 1. 감압증이나 그 밖에 고기압에 의한 장해 또는 그 후유증
> 2. 결핵, 급성상기도감염, 진폐, 폐기종, 그 밖의 호흡기계의 질병
> 3. 빈혈증, 심장판막증, 관상동맥경화증, 고혈압증, 그 밖의 혈액 또는 순환기계의 질병
> 4. 정신신경증, 알코올중독, 신경통, 그 밖의 정신신경계의 질병
> 5. 메니에르씨병, 중이염, 그 밖의 이관협착을 수반하는 귀 질환
> 6. 관절염, 류마티스, 그 밖의 운동기계의 질병
> 7. 천식, 비만증, 바세도우씨병, 그 밖에 알레르기성·내분비계·물질대사 또는 영양장해 등과 관련된 질병

(2) 근로시간의 연장제한

1) 근로시간의 연장한도 및 개선조치

① 근로자의 근로시간은 근로기준법 제50조에 따라 1주간에 40시간을 초과할 수 없고, 1일 8시간을 초과할 수 없다. 다만, 근로기준법 제53조제1항에 따라 당사자 간에 합의하면 1주 간에 12시간을 한도로 근로시간을 연장할 수 있다. 이 경우 휴게시간을 제외하고 근로시간을 산정한다.

② 사업주는 유해하거나 위험한 작업으로서 높은 기압에서 하는 작업 등 대통령령으로 정하는 작업에 종사하는 근로자에게는 **1일 6시간, 1주 34시간을 초과**하여 근로하게 하여서는 아니 된다(산안법 제139조제1항).

2) 유해·위험작업의 근로시간 제한 등

① 법 제139조제1항에서 "높은 기압에서 작업하는 등 대통령령으로 정하는 작업"이란 **잠함(潛艦) 또는 잠수작업 등 높은 기압에서 하는 작업**을 말한다(산안법 시행령 제99조제1항).

② 사업주는 대통령령으로 정하는 유해하거나 위험한 작업에 종사하는 근로자에게 필요한 안전조치 및 보건조치 외에 작업과 휴식의 적정한 배분과 근로시간과 관련된 근로조건의 개선을 통하여 근로자의 건강보호를 위한 조치를 하여야 한다(산안법 제139조제2항).

③ 법 제139조제2항에서 "대통령령으로 정하는 유해하거나 위험한 작업"이란 다음 각 호의 어느 하나에 해당하는 작업을 말한다(산안법 시행령 제99조제3항).

> 1. 갱(坑) 내에서 하는 작업
> 2. 다량의 고열물체를 취급하는 작업과 현저히 덥고 뜨거운 장소에서 하는 작업
> 3. 다량의 저온물체를 취급하는 작업과 현저히 춥고 차가운 장소에서 하는 작업
> 4. 라듐 방사선이나 엑스선, 그 밖의 유해 방사선을 취급하는 작업
> 5. 유리·흙·돌·광물의 먼지가 심하게 날리는 장소에서 하는 작업
> 6. 강렬한 소음이 발생하는 장소에서 하는 작업
> 7. 착암기(바위에 구멍을 뚫는 기계) 등에 의하여 신체에 강렬한 진동을 주는 작업
> 8. 인력(人力)으로 중량물을 취급하는 작업
> 9. 납·수은·크롬·망간·카드뮴 등의 중금속 또는 이황화탄소·유기용제, 그 밖에 고용노동부령으로 정하는 특정 화학물질의 먼지·증기 또는 가스가 많이 발생하는 장소에서 하는 작업

4) 임신 중 또는 18세 미만 인자의 연장근로시간 규제
① 근로기준법 제65조에서는 유해위험작업에 대한 제한은 **임신 중이거나 산후 1년이 지나지 아니한 여성과 18세 미만자를 유해·위험한 사업에 사용하지 못한다**고 규정하고 있다. 이 규정은 여성근로자의 임신기능, 18세 미만자의 성장 시기를 고려하여 보호하고자 하는 취지이다.
② 그러나 성인근로자는 유해·위험한 작업에 한하여 산업안전보건법에서 연장근로를 금지하고 있다. 근로기준법에서 임신 중이거나 18세 미만인 자의 연장근로를 금지하는 직종은 근로기준법시행령 제40조에 위임하여 [별표 4]에서 구체적으로 규정하고 있다. 여기에서 임신 중인 여성은 13개 업무, 산후 1년이 지나지 아니한 여성은 3개 업무, 임산부가 아닌 18개 이상인 여성은 2개 업무, 18세 미만인 자는 8개 업무로 규정하고 있다.

2 유해·위험작업의 취업제한

(1) 자격 등에 의한 취업제한

1) 자격·면허 등에 의한 취업제한
① 사업주는 유해하거나 위험한 작업으로서 상당한 지식이나 숙련이 요구되는 고용 노동부령으로 정하는 작업의 경우 그 작업에 필요한 **자격·면허·경험 또는 기능을 가진 근로자가 아닌 자**에게 그 작업을 하게 하여서는 아니 된다(산안법 제140조제1항).
② 산업안전보건법 제140조에 따라 자격·면허 등에 필요한 작업의 범위를 정함으로써 ⅰ) 특정 작업 영역에 대한 취업제한에 관한 사항을 규정하고 ⅱ) 자격·면허의 취득을 위한 교육기관에 관한 사항과 교육의 내용 및 기간 방법 등에 대해서 규정하고 있다. 그 밖에도 자격·면허취득을 위한 교육과정(계획·등록·지정·수료 등)에 관한 절차법적 규율을 하고 있다.

2) 자격·면허 등이 필요한 작업의 범위
① 법 제140조제1항에 따른 작업과 그 작업에 필요한 자격·면허·경험 또는 기능은 [별표 1]과 같다(취업제한규칙 제3조제1항). 취업제한규칙과 같은 규제는 ⅰ) 위험요인을 배제 또는 최소화하기 위한 수단이나 방법을 사전에 설정하고, ⅱ) 이를 준수토록 지시·강제하는 방식의 투입기준규제라 할 수 있다.
② 취업제한의 대상작업은 산업안전보건법 제140조에 의하여 위임된 취업제한 규칙에 따르면, **유해·위험작업은 총 23종**으로 [별표 1]과 같이 ⅰ) 건설기계를 사용하여 하는 작업 등 건설업 유해·위험작업 11종, ⅱ) 가연성 가스 및 산소를 사용하여 금속을 용접·용단 또는 가열하는 작업 등 제조업 유해·위험작업 기계적·전기적·화재폭발 위험요인 등 10종, ⅲ) 기타 방사선 취급작업·수중작업 등 유해작업 2종으로 구분할 수 있다.

[취업제한규칙 별표 1] 자격·면허·경험 또는 기능이 필요한 작업 및 해당 자격·면허·경험 또는 기능(제3조제1항 관련)

작업명	작업범위	자격·면허·기능 또는 경험
1. 「고압가스 안전관리법」에 따른 압력용기 등을 취급하는 작업	자격 또는 면허를 가진 사람이 취급해야 하는 업무	「고압가스 안전관리법」에서 규정하는 자격
2. 「전기사업법」에 따른 전기설비 등을 취급하는 작업	자격 또는 면허를 가진 사람이 취급해야 하는 업무	「전기사업법」에서 규정하는 자격
2의2. 「전기안전관리법」에 따른 전기설비 등을 취급하는 작업	자격 또는 면허를 가진 사람이 취급해야 하는 업무	「전기안전관리법」에서 규정하는 자격
3. 「에너지이용 합리화법」에 따른 보일러를 취급하는 작업	자격 또는 면허를 가진 사람이 취급해야 하는 업무	「에너지이용 합리화법」에서 규정하는 자격
4. 「건설기계관리법」에 따른 건설기계를 사용하는 작업	면허를 가진 사람이 취급해야 하는 업무	「건설기계관리법」에서 규정하는 면허
4의2. 지게차[전동식으로 솔리드타이어를 부착한 것 중 도로(「도로교통법」 제2조제1호에 따른 도로를 말한다)가 아닌 장소에서만 운행하는 것을 말한다]를 사용하는 작업	지게차를 취급하는 업무	1) 「국가기술자격법」에 따른 지게차운전기능사의 자격 2) 「건설기계관리법」 제26조제4항 및 같은 법 시행규칙 제73조제2항제3호에 따라 실시하는 소형 건설기계의 조종에 관한 교육과정을 이수한 사람
5. 터널 내에서의 발파 작업	장전·결선(結線)·점화 및 불발 장약(裝藥) 처리와 이와 관련된 점검 및 처리업무	1) 「총포·도검·화약류 등의 안전관리에 관한 법률」에서 규정하는 자격 2) 「국민 평생 직업능력 개발법」에 따른 해당 분야 직업능력개발훈련 이수자 3) 관계 법령에 따라 해당 작업을 할 수 있도록 허용된 사람
6. 인화성 가스 및 산소를 사용하여 금속을 용접·용단 또는 가열하는 작업	가. 폭발분위기가 조성된 장소에서의 업무 나. 「산업안전보건기준에 관한 규칙」(이하 "안전보건규칙"이라 한다) [별표 1]에 따른 위험물질을 취급하는 밀폐된 장소에서의 업무	1) 「국가기술자격법」에 따른 전기용접기능사, 특수용접기능사 및 가스용접기능사보 이상의 자격(가스용접에 한정한다) 2) 「국가기술자격법」에 따른 금속재료산업기사, 표면처리산업기사, 주조산업기사 및 금속제련산업기사 이상의 자격 3) 「국민 평생 직업능력 개발법」에 따른 해당 분야 직업능력개발훈련 이수자
7. 폭발성·발화성 및 인화성 물질의 제조 또는 취급작업	폭발분위기가 조성된 장소에서의 폭발성·발화성·인화성 물질의 취급업무	1) 「총포·도검·화약류 등의 안전관리에 관한 법률」에서 규정하는 자격 2) 「국민 평생 직업능력 개발법」에 따른 해당 분야 직업능력개발훈련 이수자 3) 관계 법령에 따라 해당 작업을 할 수 있도록 허용된 사람

작업명	작업범위	자격·면허·기능 또는 경험
8. 방사선 취급작업	가. 원자로 운전업무 나. 핵연료물질 취급·폐기업무 다. 방사선 동위원소 취급·폐기업무 라. 방사선 발생장치 검사·촬영업무	「원자력안전법」에서 규정하는 면허
9. 고압선 정전작업 및 활선작업(活線作業)	안전보건규칙 제302조제1항 제3호다목에 따른 고압의 전로(電路)를 취급하는 업무로서 가. 정전작업(전로를 전개하여 그 지지물을 설치·해체·점검·수리 및 도장(塗裝)하는 작업) 나. 활선작업(고압 또는 특별 고압의 충전전로 또는 그 지지물을 설치·점검·수리 및 도장작업)	1) 「국가기술자격법」에 따른 전기기능사, 철도신호기능사 및 전기철도기능사 이상의 자격 2) 「초·중등교육법」에 따른 고등학교에서 전기에 관한 학과를 졸업한 사람 또는 이와 같은 수준 이상의 학력 소지자 3) 「국민 평생 직업능력 개발법」에 따른 해당 분야 직업능력개발훈련 이수자 4) 관계 법령에 따라 해당 작업을 할 수 있도록 허용된 사람
10. 철골구조물 및 배관 등을 설치하거나 해체하는 작업	철골구조물 설치·해체작업	1) 「국가기술자격법」에 따른 철골구조물기능사보 이상의 자격 2) 3개월 이상 해당 작업에 경험이 있는 사람(높이 66m 미만인 것에 한정한다)
	안전보건규칙 제256조에 따른 위험물질 등이 들어 있는 배관	1) 「국가기술자격법」에 따른 공업배관기능사보 이상 및 건축배관기능사보 이상의 자격 2) 「국민 평생 직업능력 개발법」에 따른 해당 분야 직업능력개발훈련 이수자
11. 천장크레인 조종작업(조종석이 설치되어 있는 것에 한정한다)	조종석에서의 조종작업	1) 「국가기술자격법」에 따른 천장크레인 운전기능사의 자격 2) 「국민 평생 직업능력 개발법」에 따른 해당 분야 직업능력개발훈련 이수자 3) 이 규칙에서 정하는 해당 교육기관에서 교육을 이수하고 수료시험에 합격한 사람
12. 타워크레인 조종작업(조종석이 설치되지 않은 정격하중 5톤 이상의 무인타워크레인을 포함한다)		「국가기술자격법」에 따른 타워크레인 운전기능사의 자격
13. 컨테이너크레인 조종업무(조종석이 설치되어 있는 것에 한정한다)	조종석에서의 조종작업	1) 「국가기술자격법」에 따른 컨테이너크레인운전기능사의 자격 2) 「국민 평생 직업능력 개발법」에 따른 해당 분야 직업능력개발훈련 이수자

작업명	작업범위	자격·면허·기능 또는 경험
13. 컨테이너크레인 조종업무 (조종석이 설치되어 있는 것에 한정한다)	조종석에서의 조종작업	3) 이 규칙에서 정하는 해당 교육기관에서 교육을 이수하고 수료시험에 합격한 사람 4) 관계 법령에 따라 해당 작업을 할 수 있도록 허용된 사람
14. 승강기 점검 및 보수작업		1) 「국가기술자격법」에 따른 승강기기능사의 자격 2) 「국민 평생 직업능력 개발법」에 따른 해당 분야 직업능력개발훈련 이수자 3) 이 규칙에서 정하는 해당 교육기관에서 교육을 이수하고 수료시험에 합격한 사람 4) 관계 법령에 따라 해당 작업을 할 수 있도록 허용된 사람
15. 흙막이 지보공(支保工)의 조립 및 해체작업		1) 「국가기술자격법」에 따른 거푸집기능사보 또는 비계기능사보 이상의 자격 2) 3개월 이상 해당 작업에 경험이 있는 사람(깊이 31m 미만인 작업에 한정한다) 3) 「국민 평생 직업능력 개발법」에 따른 해당 분야 직업능력개발훈련 이수자 4) 이 규칙에서 정하는 해당 교육기관에서 교육을 이수한 사람
16. 거푸집의 조립 및 해체작업		1) 「국가기술자격법」에 따른 거푸집기능사보 이상의 자격 2) 3개월 이상 해당 작업에 경험이 있는 사람(층높이가 10m 미만인 작업에 한정한다) 3) 「국민 평생 직업능력 개발법」에 따른 해당 분야 직업능력개발훈련 이수자 4) 이 규칙에서 정하는 해당 교육기관에서 교육을 이수한 사람
17. 비계의 조립 및 해체작업		1) 「국가기술자격법」에 따른 비계기능사보 이상의 자격 2) 3개월 이상 해당 작업에 경험이 있는 사람(층높이가 10m 미만인 작업에 한정한다) 3) 「국민 평생 직업능력 개발법」에 따른 해당 분야 직업능력개발훈련 이수자 4) 이 규칙에서 정하는 해당 교육기관에서 교육을 이수한 사람
18. 표면공급식 잠수장비 또는 스쿠버 잠수장비에 의해 수중에서 행하는 작업		1) 「국가기술자격법」에 따른 잠수기능사보 이상의 자격 2) 「국민 평생 직업능력 개발법」에 따른 해당 분야 직업능력개발훈련 이수자

작업명	작업범위	자격·면허·기능 또는 경험
18. 표면공급식 잠수장비 또는 스쿠버 잠수장비에 의해 수중에서 행하는 작업		3) 3개월 이상 해당 작업에 경험이 있는 사람 4) 이 규칙에서 정하는 해당 교육기관에서 교육을 이수한 사람
19. 롤러기를 사용하여 고무 또는 에보나이트 등 점성물질을 취급하는 작업		3개월 이상 해당 작업에 경험이 있는 사람
20. 양화장치(揚貨裝置) 운전작업(조종석이 설치되어 있는 것에 한정한다)		1) 「국가기술자격법」에 따른 양화장치 운전기능사보 이상의 자격 2) 「국민 평생 직업능력 개발법」에 따른 해당 분야 직업능력개발훈련 이수자 3) 이 규칙에서 정하는 해당 교육기관에서 교육을 이수하고 수료시험에 합격한 사람
21. 타워크레인 설치(타워크레인을 높이는 작업을 포함한다. 이하 같다)·해체작업		1) 「국가기술자격법」에 따른 타워크레인 설치·해체기능사의 자격 2) 「국가기술자격법」에 따른 판금제관기능사 또는 비계기능사의 자격(2025년 12월 31일까지 취득한 자격으로 한정한다) 3) 이 규칙에서 정하는 해당 교육기관에서 교육을 이수하고 수료시험에 합격한 사람으로서 다음의 어느 하나에 해당하는 사람 - 수료시험 합격 후 5년이 경과하지 않은 사람 - 이 규칙에서 정하는 해당 교육기관에서 보수교육을 이수한 후 5년이 경과하지 않은 사람
22. 이동식 크레인(카고크레인에 한정한다. 이하 같다)·고소작업대(차량탑재형에 한정한다. 이하 같다) 조종작업		1) 「국가기술자격법」에 따른 기중기운전기능사의 자격 2) 이 규칙에서 정하는 해당 교육기관에서 교육을 이수하고 수료시험에 합격한 사람

※ 비고
1. 제21호에 따른 타워크레인 설치·해체작업 자격을 이 규칙에서 정하는 해당 교육기관에서 교육을 이수하고 수료시험에 합격하여 취득한 근로자가 해당 작업을 하는 과정에서 근로자가 준수해야 할 안전보건의무를 이행하지 않아 다른 사람에게 손해를 입혀 벌금 이상의 형을 선고받고 그 형이 확정된 경우에는 같은 별표에 따른 교육(144시간)을 다시 이수하고 수료시험에 합격하기 전까지는 해당 작업에 필요한 자격을 가진 근로자로 보지 않는다.
2. 2021년 7월 15일 이전에 다음 각 목의 요건을 모두 갖춘 사람으로서 공단이 정하는 지게차 조종 관련 교육을 이수한 경우에는 제4호의2에도 불구하고 지게차를 사용하여 작업할 수 있는 자격이 있는 것으로 본다.
    가. 「도로교통법」 제80조에 따른 운전면허(같은 조 제2항제2호다목의 원동기장치자전거면허는 제외한다)를 받은 사람
    나. 3개월 이상 지게차를 사용하여 작업한 경험이 있는 사람

③ 법 제140조제1항에 따른 작업에 대한 취업제한은 [별표 1]에 규정된 해당 법령에서 정하는 경우를 제외하고는 해당 작업을 직접하는 사람에게만 적용하며, 해당 작업의 보조자에게는 적용하지 아니한다(취업제한규칙 제3조제2항).

(2) 교육기관의 지정 등

1) 자격・면허 취득자 등을 위한 교육기관

① 고용노동부장관은 **자격・면허의 취득 또는 근로자의 기능 습득을 위하여 교육기관을 지정**할 수 있다(산안법 제140조제2항). 또한 ⅰ) 제1항에 따른 자격・면허・경험・기능, ⅱ) 제2항에 따른 교육기관의 지정요건 및 지정 절차, ⅲ) 그 밖에 필요한 사항은 고용노동부령으로 정한다(산안법 제140조제3항).

② **지정교육기관의 종류**는 ⅰ) 천장크레인・컨테이너크레인, 이동식크레인 및 고소작업대 조종자격, 양화장치 운전자격 교육기관, ⅱ) 승강기 점검 및 보수자격 교육기관, ⅲ) 흙막이 지보공, 거푸집, 비계의 조립 및 해체작업 기능습득 교육기관, ⅳ) 잠수작업 기능습득 교육기관, ⅴ) 타워크레인 설치・해체자격 교육기관에 대하여 규정하고 있다.

2) 교육기관의 지정신청 등

① 지정교육기관의 지정을 받으려는 자는 교육기관 지정신청서에 다음 각 호의 서류를 첨부하여 관할 지방고용노동관서의 장에게 제출하여야 한다(취업제한규칙 제5조제1항).

> 1. 정관
> 2. [별표 1의2]에 따른 인력기준에 해당하는 사람의 자격과 채용을 증명할 수 있는 서류
> 3. 건물임대차계약서 사본이나 그 밖에 사무실의 보유를 증명할 수 있는 서류(건물등기부 등본을 통하여 사무실을 확인할 수 없는 경우만 해당한다)와 시설・설비 명세서
> 4. 최초 1년간의 교육계획서

② 신청서를 받은 관할 지방고용노동관서의 장은 「전자정부법」제36조제1항에 따른 행정정보의 공동이용을 통하여 법인등기부등본 및 건물등기부등본 등의 서류를 확인하여야 한다(동조 제2항).

③ 관할 지방고용노동관서의 장은 제1항에 따라 교육기관 지정신청서를 접수한 경우에는 지정신청서를 접수한 날부터 30일 이내에 교육기관 지정서를 발급하거나 신청을 반려하여야 한다(취업제한규칙 제5조제3항). 교육기관 지정서를 발급받은 자가 지정서를 잃어버렸거나 헐어서 못 쓰게 된 경우에는 재발급을 신청할 수 있다(취업제한규칙 제5조제4항).

④ 지정교육기관은 보유 인력・시설을 변경한 경우에는 변경일부터 20일 이내에 인력・시설 변경신고서에 그 사실을 증명하는 서류 및 교육기관 지정서를 첨부하여 관할 지방고용노동관서의 장에게 제출하여야 한다. 이 경우 관할 지방고용노동관서의 장은 신고서가 **접수된 날부터 30일 이내**에 변경된 사항을 반영하여 교육기관 지정서를 발급하거나, 제출서류에 미비한 점이 있을 경우 보완을 요청하여야 한다(취업제한규칙 제5조제5항).

3) 교육내용 및 교육계획의 수립

① 공단 또는 지정교육기관(이하 "교육기관"이라 한다)에서 법 제140조제1항에 따른 자격을 취득하거나 기능을 습득하려는 사람은 [별표 6]에 따른 교육내용 및 기간(시간)을 이수하여야 한다(취업제한규칙 제7조). [별표6]에는 천장크레인·컨테이너, 크레인 조종 자격 취득과정에서 타워크레인 설치·해체자격 취득과정까지 8개의 교육과정, 교육내용, 교육기간을 규정하고 있다.

② 교육기관이 법 제140조제1항에 따른 자격의 취득 또는 기능의 습득을 위한 교육을 실시할 때에는 [별표 6]에 따른 교육내용에 적합한 교과과목을 편성하고, 교과과목에 적합한 강사를 배치하여 교육목적을 효과적으로 달성할 수 있도록 하여야 한다(취업제한규칙 제8조제1항).

③ 제1항에 따른 교육을 실시할 때 강사 1명당 교육 인원은 ⅰ) 이론교육의 경우에는 30명 이내, ⅱ) 실기교육의 경우에는 10명 이내로 하여야 한다(취업제한규칙 제8조제2항). 교육기관은 매년도 교육계획을 수립하여 교육을 실시하여야 한다(취업제한규칙 제9조제1항). 교육계획에는 다음 각 호의 사항이 포함되어야 한다(취업제한규칙 제9조제2항).

> 1. 교육 일시 및 장소
> 2. 교육과정별 교육 대상 인원
> 3. 교육 수수료
> 4. 강사(학력 및 경력이 포함되어야 한다)
> 5. 수료시험에 관한 사항(시험위원회 구성, 출제 및 채점 기준 등이 포함되어야 한다)

3 역학조사

(1) 역학조사의 정의와 인과관계

1) 역학조사의 정의

① 역학조사란 **질병의 발생원인과 역학적 특성을 밝히는 행위**를 말한다. **어떤 건강장해 등 인과관계를 역학적으로 해석하기 위해서 하는 조사**를 의미한다. 여기에서 역학(疫學, Epidemiology)이란 자연과학적 인과관계로서 인구집단을 대상으로 질병의 분포 및 그 질병 원인 등의 규명을 통하여 질병 예방·관리에 필요한 지식 및 방법을 찾는 학문을 말한다.

② 역학은 특정인구 집단에서의 건강 관련사건이나 상태, 과정의 발생과 분포에 관한 학문으로서 그러한 과정에 영향을 주는 결정요인을 연구하고 그 지식을 적용하여 해당 건강문제를 통제하는 것을 포함한다. 여기에서 건강 관련 상태와 사건은 시간의 흐름에 따라 어떤 유기체에 있어서 일련의 변화가 이루어지는 과정을 구성하는 요소를 의미한다.

2) 역학적 인과관계의 인정

① 역학적 인과관계는 자연과학에서 인과관계의 상세한 기전이나 과정을 밝히고자 하는 것을 말하며, 과학의 미발달로 인해 규명하지 못하는 경우도 상당하다. 그러나 자연과학적으로 **인과관계를 밝히기 위하여 역학조사를 실시한다**.

② 유해인자가 질병을 유발하는지에 대한 자연과학적 인과관계를 인정하기 위해서는 몇 가지 조건을 충족해야 한다.

㉠ 첫째, 특정인자가 발병의 일정기간 전에 작용하거나 존재해야 한다. 즉 원인과 손해 사이에 시간적 속발성이 있어야 한다.

㉡ 둘째, 인자의 양이 증감하면 그 결과인 질병 발생의 빈도에도 증감이 있어야 한다. 인자의 양과 결과 사이에 '용량 – 반응관계(dose – response relationship)'이 있어야 한다. 따라서 인자가 제거되면 그 질병의 이환율이나 정도가 저하되거나 인자가 없는 집단에서는 질병의 이환율이 극히 낮아야 한다.

㉢ 셋째, 예측을 가능하게 하는 결과성이 있어야 한다. 따라서 인자에 폭로된 집단 중에 그 특정 질환에 걸릴 확률 또는 폭로된 개체가 그 질환에 걸릴 확률의 예측이 가능한 만큼 반복된 관찰에서 특정인자와 결과 사이의 관계는 일정성(특이성)을 보여야 한다.

㉣ 넷째, 인자가 원인으로서 작용하는 과정이 생물학적으로 모순 없이 설명할 수 있어야 한다.

(2) 역학조사의 참석자와 실시 절차

1) 역학조사의 대상 및 절차 등

① 고용노동부장관은 직업성 질환의 진단 및 예방, 발생 원인의 규명을 위하여 필요하다고 인정할 때에는 **근로자의 질병과 작업장의 유해요인의 상관관계에 관한 역학조사**(이하 "역학조사"라 한다)를 할 수 있다. 이 경우 사업주 또는 근로자대표, 그 밖에 고용노동부령으로 정하는 사람이 요구할 때 고용노동부령으로 정하는 바에 따라 역학조사에 참석하게 할 수 있다(산안법 제141조제1항).

② 공단은 법 제141조제1항에 따라 다음 각 호의 어느 하나에 해당하는 경우에는 역학조사를 할 수 있다(산안법 시행규칙 제222조제1항).

> 1. 법 제125조에 따른 작업환경측정 또는 법 제129조부터 제131조에 따른 건강진단의 실시 결과만으로 직업성 질환에 걸렸는지를 판단하기 곤란한 근로자의 질병에 대하여 사업주, 근로자대표, 보건관리자(보건관리전문기관을 포함한다) 또는 건강진단기관의 의사가 역학조사를 요청하는 경우
> 2. 산업재해보상보험법 제10조에 따른 근로복지공단이 고용노동부장관이 정하는 바에 따라 업무상 질병 여부의 결정을 위하여 역학조사를 요청하는 경우
> 3. 공단이 직업성 질환의 예방을 위하여 필요하다고 판단하여 제224조제1항에 따른 역학조사 평가위원회의 심의를 거친 경우
> 4. 그 밖에 직업성 질환에 걸렸는지 여부로 사회적 물의를 일으킨 질병에 대하여 작업장 내 유해요인과 연관성 규명이 필요한 경우 등으로서 지방고용노동관서의 장이 요청하는 경우

③ 제1항제1호에 따라 사업주 또는 근로자대표가 역학조사를 요청하는 경우에는 산업안전보건위원회의 의결을 거치거나 각각 상대방의 동의를 받아야 한다. 다만, 관할 지방고용노동관서의 장이 역학조사의 필요성을 인정하는 경우에는 그렇지 않다(산안법 시행규칙 제222조제2항).

2) 역학조사에의 참석 및 방해 등 금지

구분	내용
역학조사에의 참석	• 「산업재해보상보험법」 제36조제1항제1호 및 제5호에 따른 요양급여 및 유족급여를 신청한 자 또는 대리인(제222조제1항제2호에 따른 역학조사에 한한다)이 요구하면 역학조사에 참가 가능 • 공단은 역학조사 참석을 요구받은 경우 사업주, 근로자대표 또는 제1항에 해당하는 사람에게 참석시기와 장소를 통지
역학조사의 거부·방해 등 금지	• 사업주 및 근로자는 고용노동부장관이 역학조사를 실시하는 경우 적극 협조하여야 하며, 정당한 사유 없이 역학조사를 거부·방해하거나 기피해서는 아니 됨. • 역학조사에 참석한 사람은 역학조사 참석과정에서 알게 된 비밀을 누설하거나 도용해서는 아니 됨.
역학조사 및 관련 자료의 협조	• 고용노동부장관은 역학조사를 위하여 필요하면 ⅰ) 제129조부터 제131조까지의 규정에 따른 근로자의 건강진단 결과, ⅱ) 「국민건강보험법」에 따른 요양급여기록 및 건강검진 결과, ⅲ) 「고용보험법」에 따른 고용정보, ⅳ) 「암관리법」에 따른 질병정보 및 사망원인 정보 등을 관련 기관에 요청할 수 있음. • 역학조사의 방법·대상·절차, 그 밖에 필요한 사항은 고용노동부령으로 정함.

3) 역학조사평가위원회

① 공단은 역학조사 결과의 공정한 평가 및 그에 따른 근로자 건강보호방안 개발 등을 위하여 역학조사평가위원회를 설치·운영해야 한다(산안법 시행규칙 제224조 제1항).

② 역학조사평가위원회의 구성·기능 및 운영 등에 필요한 사항은 고용노동부장관이 정한다(산안법 시행규칙 제224조제2항).

제2장 출·제·예·상·문·제

01 사업주는 유해인자로부터 근로자의 건강을 보호하기 위해 작업환경측정을 해야 한다. 관련 내용 중 옳지 않은 것은?

① 소음, 분진 등 인체에 해로운 작업을 하는 경우 산업위생관리산업기사 이상의 자격을 가진 사람으로 하여금 작업환경측정을 해야 한다.
② 관리대상 유해물질의 허용소비량을 초과하지 아니 하는 작업장은 작업환경측정을 하지 아니 할 수 있다.
③ 작업환경측정의 대상 유해인자는 유기화합물, 금속류, 산 및 알칼리류, 가스상태 물질류 이외에 곡물분진도 포함한다.
④ 작업환경측정 결과 노출기준을 초과한 경우에는 작업환경측정 결과보고서에 개선계획서 또는 개선을 증명하는 서류를 첨부하여 지방노동관서의 장에게 제출하여야 한다.
⑤ 도급인은 수급인의 작업장에 대하여도 작업환경측정을 하여 해당 작업장의 관계수급인, 근로자대표에게 알려야 한다.

> **해설** 작업환경측정
> 사업주는 작업환경측정 결과를 해당 작업장의 근로자에게 알려야 한다. 이 경우 도급인은 관계수급인 및 관계수급인의 근로자에게도 알려야 한다. 도급인은 수급인의 사업장인 아닌 자신의 사업장에 대한 작업환경측정을 하여 해당 사업장에서 작업하는 수급인의 근로자에게도 그 결과를 알려주어야 한다. 이 경우 작업환경측정 결과는 근로자대표가 아닌 근로자에게 알려주어야 한다. **도급인은 수급인의 사업장에 대하여 작업환경측정을 할 의무가 없다.** 사업주는 작업환경측정 결과에 따라 근로자의 건강을 보호하기 위하여 해당 시설·설비의 설치·개선 또는 건강진단의 실시 등의 조치를 하여야 한다.
>
> **참고** 산업안전보건법 제125조제6항

02 다음 중 사업주가 취업을 제한할 수 있는 사람이 아닌 경우는?

① 감압증이나 그 밖의 고기압으로 인한 장해 또는 그 후유증이 있는 사람
② 결핵, 급성상기도 감염, 진폐, 폐기종이 있는 사람
③ 조현병, 마비성 치매에 걸린 사람
④ 정신신경증, 알콜성중독, 신경통이 있는 사람
⑤ 관절염, 류마티스 그 밖의 운동기계의 질병이 있는 사람

정답 | 01. ⑤ 02. ③

> **해설** 취업제한
> **조현병, 마비성 치매에 걸린 사람은 근로를 금지**시킬 수 있다. 조현병은 일명 정신병이라고도 한다. 정신적으로 혼란된 상태로 인하여 현실과 현실이 아닌 것을 구별하는 능력의 악화로 유발하는 뇌질환을 말한다.

03 건강진단의 종류와 시기에 대한 설명 중 옳지 않은 것은?

① 일반건강진단은 사무직의 경우 2년에 1회, 유해부서의 경우 1년에 1회 실시하여야 한다.
② 「국민건강보험법」에 의한 건강진단, 「선원법」에 의한 건강진단은 일반건강진단을 한 것으로 인정하나, 「진폐의 예방과 진폐근로자의 보호 등에 관한 법률」에 따른 정기건강진단은 특수건강진단으로 보아야 한다.
③ 공장 또는 공사현장과 같은 구역에 있는 사무실에 종사하는 근로자는 1년에 1회 이상 일반건강진단을 받아야 한다.
④ 과거병력, 작업경력 및 자각타각증상은 일반건강진단의 1차 검사항목에 해당된다.
⑤ 일반건강지단을 실시해야 할 사업주는 안전보건관리규정 또는 취업규칙에 일반건강진단의 실시시기를 규정하여야 한다.

> **해설** 건강진단의 종류와 시기
> 일반건강진단을 실시하는 경우 고용노동부령으로 정하는 건강진단은 일반건강진단을 실시한 것으로 본다. 따라서 「국민건강보험법」에 의한 건강진단, 「선원법」에 의한 건강진단은 일반건강진단을 한 것으로 인정하나, 「진폐의 예방과 진폐근로자의 보호 등에 관한 법률」에 따른 정기건강진단, 「학교보건법」에 의한 건강검사, 「항공안전법」에 의한 신체검사는 **일반건강진단을 한 것으로 인정**한다.
> **참고** 산업안전보건법 제29조

04 다음은 작업환경측정에 대한 용어이다. 빈칸에 순서대로 들어갈 적합한 단어를 고르시오.

> 작업환경측정이란 (　)를 파악하기 위하여 해당 근로자 또는 작업장에 대하여 사업주가 (　)에 대한 (　)을 수립한 후 시료를 채취하고 분석·평가하는 것을 말한다.

① 작업환경의 실태 – 유해인자 – 측정계획
② 유해인자 – 작업환경의 실태 – 실시계획
③ 작업환경의 실태 – 유해인자 – 분석계획
④ 유해인자 – 평가계획 – 작업환경의 실태
⑤ 유해인자 – 작업환경의 실태 – 조사계획

정답 | 03. ② 04. ①

해설 작업환경측정의 정의
작업환경측정이란 **작업환경의 실태**를 파악하기 위하여 해당 근로자 또는 작업장에 대하여 사업주가 **유해인자에 대한 측정계획을 수립한** 후 시료를 채취하고 분석·평가하는 것을 말한다.

참고 산업안전보건법 제2조제13호

05 건강진단을 실시한 결과 사업주가 조치해야 할 사항에 대한 설명 중 옳지 않은 것은?

① 산업안전보건위원회 또는 근로자대표가 요구할 때에는 건강진단을 실시한 건강진단기관에 건강진단결과에 대하여 설명하도록 하여야 한다.
② 개별 근로자의 건강진단결과는 본인의 동의 없이 공개해서는 아니 된다.
③ 건강진단결과 근로자의 건강을 유지하기 위하여 필요하다고 인정할 때에는 작업장소를 변경하는 조치를 할 수 있다.
④ 사업주가 지정한 건강진단기관이 아니라도 근로자가 자유로이 건강진단결과를 선택할 수 있다.
⑤ 건강진단기관이 건강진단을 실시한 때에는 그 결과를 근로자 및 사업주에게 통보하고 고용노동부장관에게 보고하여야 한다.

해설 건강진단을 실시한 결과 사업주가 조치해야 할 사항
사업주가 지정한 건강진단기관에서 건강진단을 받아야 한다. 다만, 사업주가 지정한 건강진단기관이 아닌 건강진단기관으로부터 이에 상응하는 건강진단을 받아 그 결과를 증빙하는 서류를 사업주에게 제출하는 경우에는 사업주가 실시하는 건강진단을 받은 것으로 본다.

참고 산업안전보건법 제133조

06 다음은 특수건강진단의 대상과 실시방법을 설명으로 옳지 않은 것은?

① 특수건강진단은 화학물질이나 소음 등 물리적 인자와 6개월간 야간작업(밤 12시부터 오전 5시까지의 시간을 포함하여 8시간 작업을 월 평균 4회 이상)을 하는 경우 진단대상으로 한다.
② 관리자가 일정한 거리에 떨어진 사무실에 주로 근무하는 자는 업무지시를 위하여 수시로 출입하더라도 상근자로 볼 수 없어 특수건강진단의 대상이 되지 않는다.
③ 전리방사선에 노출되는 의료기관의 방사선 관계자는 전리방사선 특수건강진단을 받아야 한다.
④ 산업의학과 전공의가 아닌 의사는 전문성이 부족하므로 특수건강검진을 할 수 없다.
⑤ 작업환경을 측정한 결과 노출기준 이상인 작업공정에서 해당 유해인자에 노출되는 모든 근로자는 다음 회에 한정하여 특수건강주기를 2분의1로 단축하여야 한다.

정답 | 05. ④ 06. ②

해설 특수건강진단의 대상과 실시방법

비록 제조공정과 떨어진 사업장에서 주로 근무하는 자라도 **유해인자가 노출되는 장소에 수시로 출입을 하는 경우 특수건강진단의 대상자로 본다.**

참고 산업보건과-32, 2010. 7. 3.

07 사업장에서 발생하는 질병의 발생원인과 역학적 특성을 밝히고자 실시하는 역학조사에 대한 설명 중 옳지 않은 것은?

① 고용노동부장관은 직업성질환의 진단 및 예방, 발생원인의 규명을 위하여 필요하다고 인정할 때에는 근로자의 질병과 작업장의 유해요인의 상관관계에 관한 역학조사를 할 수 있다.
② 역학조사는 사업주, 근로자대표 또는 건강진단의사 등 건강진단을 실시한 자가 직업병의 의심이 있는 경우에 고용노동부장관에게 실시를 요청할 수 있다.
③ 직업성질환에 걸렸는지 여부로 사회로 물의를 일으킨 질병에 대하여 작업장 내 유해요인과 연관성 규명이 필요한 경우 근로자대표의 요청에 따라 명예산업안전감독관을 참석시킬 수 있다.
④ 근로자의 질병과 작업장의 유해요인의 상관관계에 관한 역학조사를 할 경우 요양급여 및 유족급여를 신청한 자 또는 대리인은 역학조사에 참여할 수 있다.
⑤ 사업주 및 근로자는 고용노동부장관이 역학조사를 실시하는 경우 적극 협조하여야 하며, 정당한 사유 없이 역학조사를 거부·방해하거나 기피해서는 아니 된다.

해설 역학조사

역학조사는 사업주, 근로자대표 또는 건강진단의사 등 건강진단을 실시한 자가 직업병의 의심이 있는 경우에 고용노동부장관에게 실시를 요청할 수 있다. 직업성질환에 걸렸는지 여부로 사회로 물의를 일으킨 질병에 대하여 작업장 내 유해요인과 연관성 규명이 필요한 경우 지방노동관서의 장이 요청하는 경우 역학조사를 실시할 수 있다. 그러나 **근로자대표의 요청에 따라 명예산업안전감독관을 역학조사에 참석시킬 수 없다.**

참고 산보 68307-72, 2000. 01. 29.

정답 | 07. ③

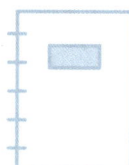
NOTE

PART 05

재해예방 관리감독

CONTENTS

CHAPTER 01 | 재해예방개선 계획
CHAPTER 02 | 안전보건의 관리감독

산업안전지도사
산업보건지도사

제1장 재해예방 개선계획

01 재해예방조치 계획

1 유해위험방지계획서

(1) 유해위험방지계획서의 정의와 작성주체

1) 유해위험방지계획서의 정의

① 유해위험방지계획서란 **제품생산공정과 직접 관련된 건설물·기계·기구 및 설비 등 일체를 설치·이전하거나 그 주요 구조부분을 변경할 때 사고를 예방하기 위하여 작성하는 문서**를 말한다.

② 유해위험방지계획서는 유해위험방지의 실효성을 위하여 작업내용에 따라 적절한 방법으로 작성할 수 있다. 따라서 **건설공사의 경우** ⅰ) 가설공사·굴착공사·구조물공사 등 공사 진행 순서별 작성하고, ⅱ) 공종별 진행상황에 따라 순차적으로 제출할 수 있다.

2) 유해위험방지계획서와 안전관리계획서의 비교

① 건설공사의 현장은 공사를 진행하는 도중에 유해물질이나 위험요인으로 인해 발생할 수 있는 산업재해를 예방하기 위하여 계획을 수립하여 시행할 필요가 있다.

구분	작성내용 및 제출의무	법적 근거
유해위험방지 계획서	• 작성 시 ⅰ) 대상공사, ⅱ) 공사착공 예정일, ⅲ) 공사준공 예정일, ⅳ) 공사개요, ⅴ) 예정 총투입 근로자 수, ⅵ) 참여 예정 수급인 수, ⅶ) 참여 예정 수급인의 근로자 수, ⅷ) 제출자 및 계획서 작성자 등을 구분하여 각 항목에 정확한 내용을 기재 • 공사개요서, 산업안전보건관리비 사용계획서, 개인보호구 지급계획 등을 첨부하여 제출	산업안전보건법 제42조
안전관리 계획서	• 재해방지 책임자의 안전관리 사항과 현장 대리인의 작업 안전계획, 작업 조장의 안전지시 및 방침 등을 기록하여 공사의 전반적인 안전에 관한 지침을 작성 • 건설업자와 주택건설등록업자는 공사감독자 또는 건설사업 관리기술자의 검토 및 확인을 받아 건설공사를 착공하기 전에 발주청 또는 인·허가기관의 장에게 제출	건설기술진흥법 제62조

구분	작성내용 및 제출의무	법적 근거
안전관리 계획서	• 안전관리계획서의 작성내용에는 ⅰ) 기본사항(공사개요, 안전관리조직, 비상상황 시 긴급조치계획), ⅱ) 공종별 안전관리계획(가설공사, 굴착공사 및 발파공사, 성토 및 절토공사, 구조물공사, 마감공사, 전기 및 기계설비공사, 기타공사) ⅲ) 현장 및 주변안전관리계획(공정별 안전점검 계획, 공사장 주변 안전관리계획, 통행안전시설 설치 및 교통소통계획), ⅳ) 작업환경 조성계획(분진 및 소음발생 공종의 방호대책, 위생시설물 설치 및 관리대책, 조명시설물 설치계획, 환기설비 설치계획, 위험물질의 종류별 사용량과 저장·보관 및 사용 시 안전작업계획)으로 구성	건설기술진흥법 제62조

② 건설기술진흥법에 의한 **안전관리계획서**는 산업안전보건법에 의한 유해위험방지 계획서와 유사한 성격을 지닌다. 그러나 안전관리계획서의 작성신고 대상공사, 검토확인자, 심사기관, 계획서의 수립기준 등에서 차이가 있다.

③ 공사감독자 또는 감리원의 확인을 받아 공사착공 전일까지 발주자에게 제출하여 확인을 받는다. 이 경우 안전관리계획은 유해위험방지계획서와 통합하여 작성할 수 있다.

(2) 유해위험방지계획서의 제출대상

1) 유해위험방지계획서의 작성 및 제출 등

① 사업주는 다음 각 호의 어느 하나에 해당하는 경우에는 **이 법 또는 이 법에 따른 명령에서 정하는 유해·위험방지에 관한 사항**을 적은 계획서(이하 "유해위험방지계획서"라 한다)를 작성하여 고용노동부령으로 정하는 바에 따라 고용노동부 장관에게 제출하고 심사를 받아야 한다. 다만, 제3호에 해당하는 사업주 중 산업 재해발생률 등을 고려하여 고용노동부령으로 정하는 기준에 해당하는 사업주는 유해위험방지계획서를 스스로 심사하고, 그 심사결과서를 작성하여 고용노동부 장관에게 제출하여야 한다(산안법 제42조제1항).

> 1. 대통령령으로 정하는 사업의 종류 및 규모에 해당하는 사업으로서 해당 제품의 생산 공정과 직접적으로 관련된 건설물·기계·기구 및 설비 등 일체를 설치·이전하거나 그 주요 구조부분을 변경하려는 경우
> 2. 유해하거나 위험한 작업 또는 장소에서 사용하거나 건강장해를 방지하기 위하여 사용하는 기계·기구 및 설비로서 대통령령으로 정하는 기계·기구 및 설비를 설치·이전하거나 그 주요 구조부분을 변경하려는 경우
> 3. 대통령령으로 정하는 크기, 높이 등에 해당하는 건설공사를 착공하려는 경우

② 상기 제1호에서 "**해당 제품생산 공정과 직접적으로 관련된 건설물·기계·기구 및 설비 등**"이란 유해위험방지계획서의 제출대상에 해당하는 사업을 하기 위하여 원재료, 중간제품, 완성제품 및 부산물(오·폐수를 포함한다)의 생산·가공·저장·보관·유지·보수 등에 필요한 건설물·기계·기구 및 설비를 말한다.

③ 유해위험방지계획서는 유해·위험한 작업에 따른 산업재해를 예방하기 위한 사전계획으로서 제조업과 건설업에 작성의무를 부과하고 있다. 제조업은 산업안전보건법 시행령 제42조제1항에 의한 13개의 업종, 유해위험한 작업은 산업안전보건법 시행령 제42조제2항에서 6개의 기계·기구·설비를 규정하고 있다. 한국표준산업분류에서 중분류에 따른다.

④ 산업안전보건법 제42조제1항제1호에서 "대통령령으로 정하는 사업의 종류 및 규모에 해당하는 사업"이란 다음 각 호의 어느 하나에 해당하는 사업으로서 **전기 계약용량이 300kW 이상인 사업**을 말한다(산안법 시행령 제42조제1항).

> 1. 금속가공제품 제조업 : 기계 및 가구 제외
> 2. 비금속 광물제품 제조업
> 3. 기타 기계 및 장비 제조업
> 4. 자동차 및 트레일러 제조업
> 5. 식료품 제조업
> 6. 고무제품 및 플라스틱제품 제조업
> 7. 목재 및 나무제품 제조업
> 8. 기타 제품 제조업
> 9. 1차 금속 제조업
> 10. 가구 제조업
> 11. 화학물질 및 화학제품 제조업
> 12. 반도체 제조업
> 13. 전자부품 제조업

⑤ 또한 법 제42조제1항제2호에서 "**대통령령으로 정하는 기계·기구 및 설비**"란 다음 각 호의 어느 하나에 해당하는 기계·기구 및 설비를 말한다. 이 경우 다음 각 호에 해당하는 기계·기구 및 설비의 구체적인 대상범위는 고용노동부장관이 정하여 고시한다(산안법 시행령 제42조제2항).

> 1. 금속이나 그 밖의 광물의 용해로
> 2. 화학설비
> 3. 건조설비
> 4. 가스집합 용접장치
> 5. 법 제117조 제1항에 따른 제조등금지물질 또는 법 제118조제1항에 따른 허가대상물질 관련 설비
> 6. 분진관련 설비

2) 건설공사의 크기·높이와 착공

① 제1항제3호에 따른 건설공사를 착공하려는 사업주(제1항 각 호 외의 부분 단서에 따른 사업주는 제외한다)는 유해위험방지계획서를 작성할 때 건설안전 분야의 자격 등 고용노동부령으로 정하는 자격을 갖춘 자의 의견을 들어야 한다(산안법 제42조제2항). 법 제42조제1항제3호에서 "**대통령령으로 정하는 크기 높이 등에 해당하는 건설공사**"란 다음 각 호의 어느 하나에 해당

하는 공사를 말한다(산안법 시행령 제42조제3항).

> 1. 다음 각 호의 어느 하나에 해당하는 건축물 또는 시설 등의 건설·개조 또는 해체(이하 "건설 등"이라 한다) 공사
>   가. 지상높이가 31m 이상인 건축물 또는 인공구조물
>   나. 연면적 3만m^2 이상인 건축물
>   다. 연면적 5천m^2 이상인 시설로서 다음의 어느 하나에 해당하는 시설
>   1) 문화 및 집회시설(전시장 및 동물원·식물원은 제외한다)
>   2) 판매시설, 운수시설(고속철도의 역사 및 집배송시설은 제외한다)
>   3) 종교시설
>   4) 의료시설 중 종합병원
>   5) 숙박시설 중 관광숙박시설
>   6) 지하도상가
>   7) 냉동·냉장 창고시설
> 2. 연면적 5천m^2 이상의 냉동·냉장 창고시설의 설비공사 및 단열공사
> 3. 최대 지간길이(다리의 기둥과 기둥의 중심사이의 거리)가 50m 이상인 다리의 건설 등 공사
> 4. 터널 건설 등의 공사
> 5. 다목적댐, 발전용댐 및 저수용량 2천만톤 이상의 용수 전용댐, 지방상수도 전용댐 건설 등의 공사
> 6. 깊이 10m 이상인 굴착공사

② 법 제42조제2항에서 "건설안전분야의 자격 등 고용노동부령으로 정하는 자격을 갖춘 자"란 다음 각 호의 어느 하나에 해당하는 사람을 말한다(산안법 시행규칙 제43조).

> 1. 건설안전 분야 산업안전지도사
> 2. 건설안전기술사 또는 토목·건축 분야 기술사
> 3. 건설안전산업기사 이상의 자격을 취득한 후 건설안전 관련 실무경력이 건설안전기사 이상의 자격은 5년, 건설안전산업기사 자격은 7년 이상인 사람

③ 사업주가 제44조제1항에 따라 공정안전보고서를 제출한 경우에는 해당 유해·위험설비에 대해서는 유해위험방지계획서를 제출한 것으로 본다(산안법 제42조제3항).

3) 유해위험방지계획서의 제출대상 여부

> **행정 해석**
>
> 1. 유해위험방지계획서의 제출대상 공사 중 "지상높이 31m 이상인 건축물 공사"를 적용하는데 있어 대지의 고저차로 지상높이가 상이한 경우에는 가중평균을 하여 높이를 산정하는 것으로, 공사기준을 적용하였을 경우 31m 미만이면 유해·위험방지계획서 제출대상에서 제외된다. : 산안(건안) 68307-10147, 2002. 04. 10.

2. 기존의 산을 절취하는 공사를 하는 경우 굴착깊이가 10m 이상이라 함은 지표(Ground Level ; GL) 이하로 굴착한 깊이를 말하며, 절취해야 할 높이는 굴착깊이에 산입하지 아니한다. : 산안(건안) 68307 – 10564, 2001. 11. 22.

3. 지상높이 31m 이상인 건축물, 연면적 5천㎡ 이상의 문화 집회시설·판매 및 영업시설 등의 건설·개조 또는 해체 공사에 대하여 유해위험방지계획서를 작성하도록 하고 있다. 여기에서 "건설·개조 또는 해체공사"라 함은 건축물 등을 새로이 건설하거나 기존 건축물을 전부 또는 일부를 철거하고 건축물을 다시 축조하거나 주요 구조부를 해체하는 공사를 말하는 것으로 ⅱ) 건축물의 주요 구조부를 해체하는 등의 공사가 아니고 단순히 건물 내부 판매시설의 개보수 작업이라면 유해위험방지계획서의 제출대상에 해당되지 않는다. : 산업안전팀 – 5486, 2006. 11. 14.

(3) 유해위험방지계획서의 제출서류

1) 유해위험방지계획서의 제출서류 등

① 법 제42조제1항제1호에 해당하는 사업주가 유해위험방지계획서를 제출할 때에는 사업장별로 제조업 등 유해위험방지계획서에 다음 각 호의 서류를 첨부하여 **해당 작업 시작 15일 전까지 공단에 2부를 제출**해야 한다. 이 경우 유해·위험방지계획서의 작성기준, 작성자, 심사기준, 그 밖에 심사에 필요한 사항은 고용노동부장관이 정하여 고시한다(산안법 시행규칙 제42조제1항).

> 1. 건축물 각 층의 평면도
> 2. 기계·설비의 개요를 나타내는 서류
> 3. 기계·설비의 배치도면
> 4. 원재료 및 제품의 취급, 제조 등의 작업방법의 개요
> 5. 그 밖에 고용노동부장관이 정하는 도면 및 서류

② 여기서 "해당 작업시작"이란 ⅰ) 계획서 제출대상 건설물·기계·기구 및 설비 등을 설치·이전하거나 주요구조 부분을 변경하는 공사의 시작을 말하며, ⅱ) 대지정리 및 가설사무소 설치 등의 공사준비 기간은 제외한다. 다만, 기존공장, 임대공장, 아파트형공장 등 건설물이 이미 설치되어 있는 경우에는 생산설비 설치의 시작을 말한다.

③ 법 제42조제1항제2호에 해당하는 사업주가 유해위험방지계획서를 제출할 때에는 사업장별로 제조업 등 유해위험방지계획서에 다음 각 호의 서류를 첨부하여 해당 작업 시작 15일 전까지 공단에 2부를 제출해야 한다(산안법 시행규칙 제42조제2항).

> 1. 설치장소의 개요를 나타내는 서류
> 2. 설비의 도면
> 3. 그 밖에 고용노동부장관이 정하는 도면 및 서류

2) 건설공사와 유해위험방지계획서의 제출
　① 사업주가 유해위험방지계획서를 제출할 때에는 건설공사 유해위험방지계획서에 [별표 10]의 서류를 첨부하여 해당 공사의 착공(유해위험방지계획서 작성대상 시설물 또는 구조물의 공사를 시작하는 것을 말하며, 대지정리 및 가설사무소 설치 등의 공사 준비기간은 착공으로 보지 않는다) 전날까지 공단에 2부를 제출해야 한다.
　② 해당 공사가 「건설기술진흥법」 제62조에 따른 안전관리계획을 수립하여야 하는 건설공사에 해당하는 경우에는 유해위험방지계획서와 안전관리계획서를 통합하여 작성한 서류를 제출할 수 있다(산안법 시행규칙 제42조제3항).

[시행규칙 별표 10] 유해위험방지계획서 첨부서류(제42조제3항 관련)

1. 공사 개요 및 안전보건관리계획
　가. 공사 개요서(별지 제101호서식)
　나. 공사현장의 주변 현황 및 주변과의 관계를 나타내는 도면(매설물 현황을 포함한다)
　다. 전체 공정표
　라. 산업안전보건관리비 사용계획서(별지 제102호서식)
　마. 안전관리 조직표
　바. 재해 발생 위험 시 연락 및 대피방법

2. 작업 공사 종류별 유해위험방지계획

대상 공사	작업 공사 종류	주요 작성대상	첨부 서류
영 제42조제3항제1호에 따른 건축물 또는 시설 등의 건설·개조 또는 해체(이하 "건설 등"이라 한다) 공사	1. 가설공사 2. 구조물공사 3. 마감공사 4. 기계 설비공사 5. 해체공사	가. 비계 조립 및 해체 작업(외부비계 및 높이 3m 이상 내부비계만 해당한다) 나. 높이 4m를 초과하는 거푸집 동바리[동바리가 없는 공법(무지주공법으로 데크플레이트, 호리빔 등)과 옹벽 등 벽체를 포함한다] 조립 및 해체작업 또는 비탈면 슬래브(판 형상의 구조부재로서 구조물의 바닥이나 천장)의 거푸집 동바리 조립 및 해체 작업 다. 작업발판 일체형 거푸집 조립 및 해체 작업 라. 철골 및 PC(Precast Concrete) 조립 작업 마. 양중기 설치·연장·해체 작업 및 천공·항타 작업 바. 밀폐공간 내 작업 사. 해체 작업 아. 우레탄폼 등 단열재 작업[취급장소와 인접한 장소에서 이루어지는 화기(火器) 작업을 포함한다] 자. 같은 장소(출입구를 공동으로 이용하는 장소를 말한다)에서 둘 이상의 공정이 동시에 진행되는 작업	1. 해당 작업공사 종류별 작업개요 및 재해예방 계획 2. 위험물질의 종류별 사용량과 저장·보관 및 사용 시의 안전작업계획 ※ 비고 1. 바목의 작업에 대한 유해위험방지계획에는 질식·화재 및 폭발 예방계획이 포함되어야 한다. 2. 각 목의 작업과정에서 통풍이나 환기가 충분하지 않거나 가연성 물질이 있는 건축물 내부나 설비 내부에서 단열재 취급·용접·용단 등과 같은 화기 작업이 포함되어 있는 경우에는 세부계획이 포함되어야 한다.

대상 공사	작업 공사 종류	주요 작성대상	첨부 서류
영 제42조제3항제2호에 따른 냉동·냉장창고시설의 설비공사 및 단열공사	1. 가설공사 2. 단열공사 3. 기계 설비공사	가. 밀폐공간 내 작업 나. 우레탄폼 등 단열재 작업(취급장소와 인접한 곳에서 이루어지는 화기작업을 포함한다) 다. 설비 작업 라. 같은 장소(출입구를 공동으로 이용하는 장소를 말한다)에서 둘 이상의 공정이 동시에 진행되는 작업	1. 해당 작업공사 종류별 작업개요 및 재해예방 계획 2. 위험물질의 종류별 사용량과 저장·보관 및 사용 시의 안전작업계획 ※ 비고 1. 가목의 작업에 대한 유해위험방지계획에는 질식·화재 및 폭발 예방계획이 포함되어야 한다. 2. 각 목의 작업과정에서 통풍이나 환기가 충분하지 않거나 가연성 물질이 있는 건축물 내부나 설비 내부에서 단열재 취급·용접·용단 등과 같은 화기작업이 포함되어 있는 경우에는 세부계획이 포함되어야 한다.

영 제42조제3항제3호에 따른 다리 건설 등의 공사	1. 가설공사
	2. 다리 하부(하부공)공사
	3. 다리 상부(상부공)공사
		가. 하부공 작업
		  1) 작업발판 일체형 거푸집 조립 및 해체 작업
		  2) 양중기 설치·연장·해체 작업 및 천공·항타 작업
		  3) 교대·교각 기초 및 벽체 철근조립 작업
		  4) 해상·하상 굴착 및 기초 작업
		나. 상부공 작업
		  1) 상부공 가설작업[압출공법(ILM), 캔틸레버공법(FCM), 동바리설치공법(FSM), 이동지보공법(MSS), 프리캐스트 세그먼트 가설공법(PSM) 등을 포함한다]
		  2) 양중기 설치·연장·해체 작업
		  3) 상부슬래브 거푸집 동바리 조립 및 해체(특수작업대를 포함한다) 작업
			1. 해당 작업공사 종류별 작업개요 및 재해예방 계획
			2. 위험물질의 종류별 사용량과 저장·보관 및 사용 시의 안전작업계획

영 제42조제3항제4호에 따른 터널 건설 등의 공사	1. 가설공사
	2. 굴착 및 발파 공사
	3. 구조물공사
		가. 터널굴진(掘進)공법(NATM)
		  1) 굴진(갱구부, 본선, 수직갱, 수직구 등을 말한다) 및 막장 내 붕괴·낙석방지 계획
		  2) 화약 취급 및 발파 작업
		  3) 환기 작업
		  4) 작업대(굴진, 방수, 철근, 콘크리트 타설을 포함한다) 사용 작업
		나. 기타 터널공법[(TBM)공법, 쉴드(Shield)공법, 추진(Front Jacking)공법, 침매공법 등을 포함한다]
		  1) 환기 작업
		  2) 막장 내 기계·설비 유지·보수 작업
			1. 해당 작업공사 종류별 작업개요 및 재해예방 계획
			2. 위험물질의 종류별 사용량과 저장·보관 및 사용 시의 안전작업계획
			
			※ 비고
			1. 나목의 작업에 대한 유해위험방지계획에는 굴진(갱구부, 본선, 수직갱, 수직구 등을 말한다) 및 막장 내 붕괴·낙석 방지 계획이 포함되어야 한다.

대상 공사	작업 공사 종류	주요 작성대상	첨부 서류
영 제42조제3항제5호에 따른 댐 건설 등의 공사	1. 가설공사 2. 굴착 및 발파 공사 3. 댐 축조공사	가. 굴착 및 발파 작업 나. 댐 축조[가(假)체절 작업을 포함한다] 작업 1) 기초처리 작업 2) 둑 비탈면 처리 작업 3) 본체 축조 관련 장비 작업(흙쌓기 및 다짐만 해당한다) 4) 작업발판 일체형 거푸집 조립 및 해체 작업(콘크리트 댐만 해당한다)	1. 해당 작업공사 종류별 작업개요 및 재해예방 계획 2. 위험물질의 종류별 사용량과 저장·보관 및 사용 시의 안전작업계획
영 제42조제3항제6호에 따른 굴착공사	1. 가설공사 2. 굴착 및 발파 공사 3. 흙막이 지보공(支保工) 공사	가. 흙막이 가시설 조립 및 해체 작업(복공작업을 포함한다) 나. 굴착 및 발파 작업 다. 양중기 설치·연장·해체 작업 및 천공·항타 작업	1. 해당 작업공사 종류별 작업개요 및 재해예방 계획 2. 위험물질의 종류별 사용량과 저장·보관 및 사용 시의 안전작업계획

※ 비고 : 작업 공사 종류란의 공사에서 이루어지는 작업으로서 주요 작성대상란에 포함되지 않은 작업에 대해서도 유해위험방지계획서를 작성하고, 첨부서류란의 해당 서류를 첨부해야 한다.

③ 같은 사업장 내에서 영 제42조제3항 각 호에 따른 공사의 착공시기를 달리하는 사업의 사업주는 해당 공사별 또는 해당 공사의 단위작업공사 종류별로 유해위험방지계획서를 분리하여 각각 제출할 수 있다. 이 경우 이미 제출한 유해위험방지계획서의 첨부서류와 중복되는 서류는 제출하지 않을 수 있다(산안법 시행규칙 제42조제4항).

④ 법 제42조제1항 단서에서 "산업재해발생률 등을 고려하여 고용노동부령으로 정하는 기준에 해당하는 사업주"란 [별표 11]의 기준에 적합한 건설업체(이하 "자체심사 및 확인업체"라 한다)의 사업주를 말한다(산안법 시행규칙 제42조제5항).

⑤ 자체심사 및 확인업체는 [별표 11]의 자체심사 및 확인방법에 따라 유해·위험방지계획서를 스스로 심사하여 해당 공사의 착공 전날까지 유해위험방지계획서 자체심사서를 공단에 제출해야 한다. 이 경우 공단은 필요한 경우 자체심사 및 확인업체의 자체심사에 관하여 지도·조언할 수 있다(산안법 시행규칙 제42조제6항).

🏛 [시행규칙 별표 11] 자체심사 및 확인업체의 기준, 자체심사 및 확인방법(제42조제5항·제6항 및 제47조제1항 관련)

1. 자체심사 및 확인업체의 기준
다음 각 목의 요건을 모두 충족할 것. 다만, 영 제110조제1호 및 이 규칙 제238조제2항에 따른 동시에 2명 이상의 근로자가 사망한 재해([별표 1] 제3호라목의 재해는 제외한다. 이하 이 표에서 같다)가 발생하거나 그 밖에 부실한 안전관리 문제로 사회적 물의를 일으켜 더 이상 자체심사 및 확인업체로 둘 수 없다고 고용노동부장관이 인정하는 경우에는 즉시 자체심사 및 확인업체에서 제외된다.

가. 「건설산업기본법」 제8조 및 같은 법 시행령 별표 1 제1호다목에 따른 토목건축공사업에 대해 같은 법 제23조에 따라 평가하여 공시된 시공능력의 순위가 상위 200위 이내인 건설업체
나. [별표 1]에 따라 산정한 직전 3년간의 평균산업재해발생률(직전 3년간의 사고사망만인율 중 산정하지 않은 연도가 있을 경우 산정한 연도의 평균값을 말한다)이 가목에 따른 건설업체 전체의 직전 3년간 평균산업재해발생률 이하인 건설업체
다. 영 제17조에 따른 안전관리자의 자격을 갖춘 사람(영 [별표 4] 제8호에 해당하는 사람은 제외한다) 1명 이상을 포함하여 3명 이상의 안전전담직원으로 구성된 안전만을 전담하는 과 또는 팀 이상의 별도조직을 갖춘 건설업체
라. 제4조제1항제7호나목에 따른 직전년도 건설업체 산업재해예방활동 실적 평가 점수가 70점 이상인 건설업체
마. 해당 연도 8월 1일을 기준으로 직전 2년간 근로자가 사망한 재해가 없는 건설업체

2. **자체심사 및 확인방법**
   가. 자체심사는 임직원 및 외부 전문가 중 다음에 해당하는 사람 1명 이상이 참여하도록 해야 한다.
      1) 산업안전지도사(건설안전 분야만 해당한다)
      2) 건설안전기술사
      3) 건설안전기사(산업안전기사 이상의 자격을 취득한 후 건설안전 실무경력이 3년 이상인 사람을 포함한다)로서 공단에서 실시하는 유해위험방지계획서 심사전문화 교육과정을 28시간 이상 이수한 사람
   나. 자체확인은 가목의 인력기준에 해당하는 사람이 실시하도록 해야 한다.
   다. 자체확인을 실시한 사업주는 별지 제103호 서식의 유해위험방지계획서 자체확인 결과서를 작성하여 해당 사업장에 갖추어 두어야 한다.

(4) 유해위험방지계획서의 검토 및 심사 등

1) 유해위험방지계획서의 검토 등

① 공단은 제42조에 따라 유해·위험방지계획서 및 그 첨부서류를 접수한 경우에는 접수일부터 15일 이내에 심사하여 사업주에게 그 결과를 알려야 한다. 다만, 제42조제6항에 따라 자체심사 및 확인업체가 유해·위험방지계획서 자체심사서 등을 제출한 경우에는 심사를 하지 않을 수 있다(산안법 시행규칙 제44조제1항).

② 공단은 제1항에 따른 유해위험방지계획서 심사 시 관련 분야의 학식과 경험이 풍부한 사람을 심사위원으로 위촉하여 해당 분야의 심사에 참여하게 할 수 있다(산안법 시행규칙 제44조제2항). 공단은 유해위험방지계획서 심사에 참여한 위원에게 수당과 여비를 지급할 수 있다. 다만, 소관 업무와 직접 관련되어 참여한 위원의 경우에는 그렇지 않다(산안법 시행규칙 제44조제3항).

③ 고용노동부장관이 정하는 건설물·기계·기구 및 설비 또는 건설공사의 경우에는 법 제145조에 따라 등록된 지도사에게 유해위험방지계획서에 대한 평가를 받은 후 그 결과를 제출할 수 있다. 이 경우 공단은 제출된 평가결과가 고용노동부 장관이 정하는 대상에 대하여 고용노동부장관이 정하는 요건을 갖춘 **지도사가 평가한 것으로 인정**되면 해당 평가결과서로 유해위험방지계획서의 심사를 갈음할 수 있다(산안법 시행규칙 제44조제4항).

④ 건설공사의 경우 제4항에 따른 유해위험방지계획서에 대한 평가는 같은 공사에 대하여 법 제42조제2항에 따라 의견을 제시한 자가 해서는 안 된다(동조 제5항).

2) 심사결과의 구분

① 사업주가 작성하여 제출한 유해·위험방지계획서는 근로자의 안전보건을 위한 조치로서 그 계획이 적정한지에 대하여 심사가 필요하다. 고용노동부장관은 제1항 각 호 외의 부분 본문에 따라 제출된 유해위험방지계획서를 고용노동부령으로 정하는 바에 따라 심사하여 그 결과를 사업주에게 서면으로 알려 주어야 한다. 이 경우 **근로자의 안전 및 보건의 유지·증진을 위하여 필요하다고 인정하는 경우**에는 해당 작업 또는 건설공사를 중지하거나 유해위험방지계획서를 변경할 것을 명할 수 있다(산안법 제42조제4항).

② 유해위험방지계획서의 심사 결과에 따라 다음 각 호와 같이 구분·판정한다(산안법 시행규칙 제45조제1항).

> 1. 적정 : 근로자의 안전과 보건을 위하여 필요한 조치가 구체적으로 확보되었다고 인정되는 경우
> 2. 조건부 적정 : 근로자의 안전과 보건을 확보하기 위하여 일부 개선이 필요하다고 인정되는 경우
> 3. 부적정 : 건설물·기계·기구 및 설비 또는 건설공사가 심사기준에 위반되어 공사착공 시 중대한 위험 발생의 우려가 있거나 해당 계획에 근본적 결함이 있다고 인정되는 경우

③ 공단은 심사결과 적정판정 또는 조건부 적정판정을 한 경우에는 ⅰ) 유해위험방지계획서 심사결과 통지서에 보완사항을 포함(조건부 적정판정을 한 경우만 해당한다)하여 해당 사업주에게 발급하고 ⅱ) 지방고용노동관서의 장에게 보고해야 한다(산안법 시행규칙 제45조제2항).

④ 공단은 **심사결과 부적정 판정을 한 경우**에는 ⅰ) 유해·위험방지계획서 심사결과(부적정) 통지서에 그 이유를 기재하여 지방고용노동관서의 장에게 통보하고, 사업장 소재지 특별자치시장·특별자치도지사·시장·군수·구청장(구청장은 자치구의 구청장을 말한다. 이하 같다)에게 그 사실을 통보해야 한다(산안법 시행규칙 제45조제3항).

⑤ 제3항에 따라 통보를 받은 지방노동관서의 장은 사실 여부를 확인한 후 **공사착공 중지명령, 계획 변경명령** 등 필요한 조치를 해야 한다(산안법 시행규칙 제45조 제4항). 사업주는 지방고용노동관서의 장으로부터 공사착공 중지명령 또는 계획 변경명령을 받은 경우에는 유해위험방지계획서를 보완하거나 변경하여 공단에 제출해야 한다(동조 제5항).

3) 유해위험방지계획서와 심사결과서의 비치

① 제1항에 따라 사업주는 같은 항 각 호 외의 부분 단서에 따라 스스로 심사하거나 제4항에 따라 고용노동부장관이 심사한 유해위험방지계획서와 그 심사결과서를 사업장에 갖추어 두어야 한다(산안법 제42조제5항).

② 제1항제3호에 따른 건설공사를 착공하려는 사업주로서 제5항에 따라 유해위험방지계획서 및 그 심사결과서를 사업장에 갖추어 둔 사업주는 해당 건설공사의 공법의 변경 등으로 인하여 그 유해위험방지계획서를 변경할 필요가 있는 경우에는 이를 변경하여 갖추어 두어야 한다(산안법 제42조제6항).

4) 유해위험방지계획서 이행의 확인 등

① 제42조제4항에 따라 유해위험방지계획서에 대한 심사를 받은 사업주는 고용노동부령으로 정하는 바에 따라 유해위험방지계획서의 이행에 관하여 고용노동부 장관의 확인을 받아야 한다(산안법 제43조제1항).

② 법 제42조제1항 제1호 및 제2호에 따라 유해·위험방지계획서를 제출한 사업주는 해당 건설물·기계·기구 및 설비의 시운전 단계에서, ⅱ) 법 제42조제1항제3호에 따른 사업주는 건설공사 중 6개월 이내마다 법 제43조제1항에 따라 다음 각 호의 사항에 관하여 공단의 확인을 받아야 한다(산안법 시행규칙 제46조제1항).

> 1. 유해위험방지계획서의 내용과 실제공사 내용이 부합하는지 여부
> 2. 제42조제6항에 따른 유해위험방지계획서 변경내용의 적정성
> 3. 추가적인 유해위험요인의 존재 여부

③ 공단은 제1항에 따른 확인을 할 경우에는 그 일정을 사업주에게 미리 통보해야 한다(산안법 시행규칙 제46조제2항). 건설물·기계·기구 및 설비 또는 건설공사의 경우 사업주가 고용노동부 장관이 정하는 요건을 갖춘 지도사에게 확인을 받고 그 결과를 공단에 제출하면 공단은 제1항에 따른 확인에 필요한 현장방문을 지도사의 확인결과로 대체할 수 있다. 다만, 건설업의 경우 최근 2년간 사망 재해([별표 1] 제3호라목에 따른 재해는 제외한다)가 발생한 경우에는 그렇지 않다(산안법 시행규칙 제46조제3항).

④ 제3항에 따른 유해위험방지계획서에 대한 확인은 제44조제4항에 따라 평가를 한 자가 하여서는 안 된다(산안법 시행규칙 제46조제4항).

⑤ 제42조제1항 각 호 외의 부분 단서에 따른 사업주는 고용노동부령으로 정하는 바에 따라 유해위험방지계획서의 이행에 관하여 스스로 확인하여야 한다. 다만, 해당 건설공사 중에 근로자가 사망(교통사고 등 고용노동부령으로 정하는 경우는 제외한다)한 경우에는 고용노동부령으로 정하는 바에 따라 유해위험방지계획서의 이행에 관하여 고용노동부장관의 확인을 받아야 한다(산안법 제43조제2항).

⑥ 공단은 ⅰ) 해당 사업장의 유해·위험의 방지상태가 적정하다고 판단되는 경우에는 5일 이내에 확인결과 통지서를 사업주에게 발급해야 하며, ⅱ) 확인 결과 경미한 유해·위험요인이 발견된 경우에는 일정한 기간을 정하여 개선하도록 권고하되, 해당 기간 내에 개선되지 않은 경우에는 기간 만료일부터 10일 이내에 확인결과 조치요청서에 그 이유를 적은 서면을 첨부하여 지방고용노동관서의 장에게 보고해야 한다(산안법 시행규칙 제48조제1항).

⑦ 공단은 확인결과 중대한 유해·위험요인이 있어 법 제43조제3항에 따라 시설 등의 개선, 사용중지 또는 작업중지 등의 조치가 필요하다고 인정되는 경우에는 지체 없이 확인결과 조치요청서에 그 이유를 적은 서면을 첨부하여 지방고용노동관서의 장에게 보고해야 한다(산안법 시행규칙 제48조제2항).

⑧ 공단은 유해위험방지계획서의 작성·제출·확인 업무와 관련하여 다음 각 호의 어느 하나에 해당하는 사업장을 발견한 경우에는 지체 없이 해당 사업장의 명칭·소재지 및 사업주명 등을 구체적으로 적어 지방고용노동관서의 장에게 보고해야 한다(산안법 시행규칙 제49조).

> 1. 유해위험방지계획서를 제출하지 아니한 사업장
> 2. 유해위험방지계획서 제출기간이 지난 사업장
> 3. 제43조 각 호의 자격을 갖춘 자의 의견을 듣지 아니하고 유해위험방지계획서를 작성한 사업장

5) 작업 또는 공사의 중지명령
  ① 고용노동부장관은 제1항 및 제2항 단서에 따른 확인 결과 유해위험방지계획서대로 유해·위험방지를 위한 조치가 되지 아니하는 경우에는 고용노동부령으로 정하는 바에 따라 시설 등의 개선, 사용중지 또는 작업중지 등 필요한 조치를 명할 수 있다(산안법 제43조제3항).
  ② 제3항에 따른 시설 등의 개선, 사용중지 또는 작업중지 등의 절차 및 방법, 그 밖에 필요한 사항은 고용노동부령으로 정한다(산안법 제43조제4항).

2 공정안전보고서

(1) 공정안전보고서의 정의

1) 공정안전보고서의 정의
  ① 공정안전보고서(PSM; Process Man-agement)란 **유해·위험한 설비를 보유한 사업장의 사업주로 하여금 위험물질의 누출, 화재·폭발 등으로 인한 중대산업사고를 예방하거나 피해를 줄이기 위하여 작성하는 문서**를 말한다.
  ② 유해·위험설비를 보유한 사업주는 공정안전보고서를 작성하고 산업안전보건위원회의 심의를 거쳐 제출하여야 한다. 공정안전보고서는 2014년 1월 1일부터 5명 미만의 사업장까지 확대 적용되고 있다.

2) 공정안전보고서와 유해위험방지계획서의 차이
  ① 현행 산업안전보건법 제44조(공정안전보고서의 제출 등)에 따라 공정안전보고서를 작성하여 제출하여야 하는 대상사업장은 동법 시행령 제43조(공정안전보고서의 제출대상)에서 규정하고 있다.
  ② 그러나 ⅰ) 공정안전보고서는 유해·위험한 설비로부터의 위험물질 누출, 화재·폭발 등에 의한 중대산업사고를 예방하거나 피해를 줄이기 위해 작성하는 것이라면, ⅱ) 유해위험방지계획서는 제품생산공정과 직접 관련된 건설물·기계·기구 및 설비 등 일체를 설치·이전하거나 그 주요 구조부분을 변경할 때 사고를 예방하기 위하여 작성하는 것이라는 점에서 차이가 있다.

(2) 공정안전보고서의 제출대상

1) 공정안전보고서의 작성·제출

① 사업주는 사업장에 대통령령으로 정하는 **유해하거나 위험한 설비가 있는 경우 그 설비로부터의 위험물질 누출, 화재 및 폭발 등으로 인하여 사업장 내의 근로자에게 즉시 피해를 주거나 사업장 인근지역에 피해를 줄 수 있는 사고**로서 대통령령으로 정하는 사고(이하 이 조에서 "중대산업사고"라 한다)를 예방하기 위하여 대통령령으로 정하는 바에 따라 공정안전보고서를 작성하여 고용노동부장관에게 제출하여 심사를 받아야 한다. 이 경우 공정안전보고서의 내용이 중대산업사고를 예방하기 위하여 적합하다고 통보받기 전에는 관련 설비를 가동하여서는 아니 된다(산안법 제44조제1항).

② 여기에서 "유해·위험설비를 보유한 사업주"라 함은 보유방법과 무관하게 현재 당해 설비를 실제 운영하는 사업주를 말한다(산안 68320-170, 2001. 4. 14.).

2) 공정안정보고서의 제출대상

① 법 제44조제1항 전단에서 "**대통령령으로 정하는 유해하거나 위험한 설비**"란 ⅰ) 다음 각 호의 어느 하나에 해당하는 사업을 하는 사업장의 경우에는 그 보유설비를 말하고, ⅱ) 그 외의 사업을 하는 사업장의 경우에는 [별표 13]에 따른 유해·위험물질 중 하나 이상을 같은 표에 따른 규정량 이상 제조·취급·저장하는 설비 및 그 설비의 운영과 관련된 모든 공정설비를 말한다(산안법 시행령 제43조제1항).

> 1. 원유 정제처리업
> 2. 기타 석유정제물 재처리업
> 3. 석유화학계 기초화학물질 제조업 또는 합성수지 및 기타 플라스틱물질 제조업. 다만, 합성수지 및 기타 플라스틱물질 제조업은 [별표 13]의 제1호 또는 제2호에 해당하는 경우로 한정한다.
> 4. 질소화합물, 질소·인산 및 칼리질 화학비료 제조업 중 질소질 화학비료 제조업
> 5. 복합비료 및 기타 화학비료 제조업 중 복합비료 제조업(단순 혼합 또는 배합에 의한 경우는 제외한다)
> 6. 화학 살균·살충제 및 농업용 약제 제조업[농약 원제(原劑) 제조만 해당한다]
> 7. 화약 및 불꽃 제품 제조업

② 제1항에도 불구하고 다음 각 호의 설비는 유해·위험설비로 보지 않는다(산안법 시행령 제43조제2항). 특별법에 의한 관리, 피해의 규모 등을 고려하여 제외하고자 하는 취지이다.

> 1. 원자력 설비
> 2. 군사시설
> 3. 사업주가 해당 사업장 내에서 직접 사용하기 위한 난방용 연료의 저장설비 및 사용설비
> 4. 도매·소매시설
> 5. 차량 등의 운송설비
> 6. 「액화석유가스의 안전관리 및 사업법」에 따른 액화석유가스의 충전·저장시설
> 7. 「도시가스사업법」에 따른 가스공급시설

> 8. 그 밖에 고용노동부장관이 누출ㆍ화재ㆍ폭발 등으로 인한 피해의 정도가 크지 않다고 인정하여 고시하는 설비

③ 설비의 소유자가 아닌 별도의 분사법인이 해당설비의 운전을 담당하나, 설비 소유주로부터 독립성이 없으면 설비 소유주가 공장 안전관리의 의무주체가 될 수 있다(제조산재예방과-3571, 2012. 12. 31.). 법 제44조제1항에서 "대통령령으로 정하는 사고"란 다음 각 호의 어느 하나에 해당하는 사고를 말한다(산안법 시행령 제43조제3항).

> 1. 근로자가 사망하거나 부상을 입을 수 있는 제1항에 따른 설비(제2항에 따른 설비는 제외한다. 이하 제2호에서 같다)에서의 누출ㆍ화재ㆍ폭발 사고
> 2. 인근지역의 주민이 인적 피해를 입을 수 있는 제1항에 따른 설비에서의 누출ㆍ화재ㆍ폭발 사고

(3) 공정안전보고서의 작성내용과 절차

1) 공정안전보고서의 작성내용

① 법 제44조제1항 전단에 따른 공정안전보고서에는 다음 각 호의 사항이 포함되어야 한다(산안법 시행령 제44조제1항).

> 1. 공정안전자료
> 2. 공정위험성 평가서
> 3. 안전운전계획
> 4. 비상조치계획
> 5. 그 밖에 공정상의 안전과 관련하여 고용노동부장관이 필요하다고 인정하여 고시하는 사항

② 제1호부터 제4호까지의 규정에 다른 세부적인 사항에 관한 세부내용은 고용노동부령으로 정한다(산안법 시행령 제44조제2항). 공정안전보고서는 구체적 상황, 작업공정에 따라 물질안전보건자료, 설비의 목록과 사양, 운전방법이 각기 다를 수 있어 구체적이고 세부적인 관리대책을 마련할 필요가 있다.

③ 산업안전보건법 시행령 제44조에 따라 공정안전보고서에 포함하여야 할 세부내용은 다음 각 호와 같다(산안법 시행규칙 제50조제1항).

> 1. 공정안전자료
>   가. 취급ㆍ저장하고 있거나 취급ㆍ저장하려는 유해ㆍ위험물질의 종류 및 수량
>   나. 유해ㆍ위험물질에 대한 물질안전보건자료
>   다. 유해ㆍ위험설비의 목록 및 사양
>   라. 유해ㆍ위험설비의 운전방법을 알 수 있는 공정도면
>   마. 각종 건물ㆍ설비의 배치도

바. 폭발위험장소 구분도 및 전기단선도
사. 위험설비의 안전설계·제작 및 설치 관련 지침서

2. **공정위험성 평가서 및 잠재위험에 대한 사고예방·피해 최소화 대책**

   공정위험성 평가서는 공정의 특성 등을 고려하여 다음 각 목의 위험성평가 기법 중 한 가지 이상을 선정하여 위험성평가를 한 후 그 결과에 따라 작성하여야 하며, 사고예방·피해 최소화 대책의 작성은 위험성평가 결과 잠재위험이 있다고 인정되는 경우에만 해당한다.

   가. 체크리스트(Check List)
   나. 상대위험 순위 결정(Dow and Mond Indices)
   다. 작업자 실수 분석(HEA)
   라. 사고 예상 질문 분석(What–if)
   마. 위험과 운전 분석(HAZOP)
   바. 이상위험도 분석(FMECA)
   사. 결함 수 분석(FTA)
   아. 사건 수 분석(ETA)
   자. 원인 결과 분석(CCA)
   차. 가목부터 자목까지의 규정과 같은 수준 이상의 기술적 평가기법

3. **안전운전계획**

   가. 안전운전지침서
   나. 설비점검·검사 및 보수계획, 유지계획 및 지침서
   다. 안전작업허가
   라. 도급업체 안전관리계획
   마. 근로자 등 교육계획
   바. 가동 전 점검지침
   사. 변경요소 관리계획
   아. 자체감사 및 사고조사계획
   자. 그 밖에 안전운전에 필요한 사항

4. **비상조치계획**

   가. 비상조치를 위한 장비·인력 보유현황
   나. 사고발생 시 각 부서·관련 기관과의 비상연락체계
   다. 사고발생 시 비상조치를 위한 조직의 임무 및 수행절차
   라. 비상조치계획에 따른 교육계획
   마. 주민홍보계획
   바. 그 밖에 비상조치 관련 사항

④ 공정안전보고서의 세부내용별 작성기준, 작성자 및 심사기준, 그 밖에 심사에 필요한 사항은 고용노동부장관이 정하여 고시한다(산안법 시행규칙 제50조제2항).

📖 **공정안전보고서에 포함되어야 할 내용요약**

분야(시행령 제44조)	세부내용(시행규칙 제50조제1항)
1. 공정안전자료	㉮ 취급·저장하고 있는 유해·위험물질의 종류, ㉯ 유해·위험물질에 대한 물질안전보건자료, ㉰ 유해·위험설비의 목록 및 사양, ㉱ 유해·위험설비의 운전방법을 알 수 있는 공정도면, ㉲ 각종 건물·설비의 배치도, ㉳ 폭발위험장소 구분도 및 전기단선도, ㉴ 위험설비의 안전설계·제작 및 설치관련 지침서 등
2. 공정위험성 평가서	공정위험성평가서 및 잠재위험에 대한 사고예방·피해최소화 대책 ※ 공정위험성평가서는 공정의 특성을 고려하여 체크리스트·상대 위험순위 결정 등 10가지 위험성 평가기법 중 한 가지 이상을 선정하여 위험성평가를 실시한 후 그 결과에 따라 작성 ※ 사고예방·피해최소화 대책은 위험성 평가 결과 잠재위험이 있다고 인정되는 경우에 한해 작성
3. 안전운전계획	㉮ 안전운전지침서, ㉯ 설비점검·검사 및 보수계획, ㉰ 유지계획 및 지침서, ㉱ 안전작업허가, ㉲ 도급업체관리, ㉳ 근로자교육, ㉴ 가동 전 점검지침, ㉵ 변경요소 관리, ㉶ 자체감사, ㉷ 사고조사계획 등
4. 비상조치계획	㉮ 비상조치를 위한 장비인력 보유현황, ㉯ 사고발생 시 비상연락체계, ㉰ 조직의 임무 및 수행절차, ㉱ 비상조치계획에 따른 교육계획, ㉲ 주민홍보계획 등

2) 공정안전보고서의 작성절차

① 사업주는 **공정안전보고서를 작성할 때에는 산업안전보건위원회의 심의**를 거쳐야 한다. 다만, 산업안전보건위원회가 설치되어 있지 아니한 사업장의 경우에는 **근로자대표의 의견**을 들어야 한다(산안법 제44조제2항). 따라서 ⅰ) 근로자의 과반수를 대표하는 노동조합이 있는 경우에는 노동조합 대표자의 의견을, ⅱ) 과반수를 대표하는 노동조합이 없는 경우에는 근로자의 과반수를 대표하는 자의 의견을 들어야 한다.

② 사업주는 보고서를 작성할 때 다음 각 호의 어느 하나에 해당하는 사람으로서 공단이 실시하는 **관련교육을 28시간 이상 이수한 사람 1명 이상을 포함**시켜야 한다(공정안전고시 제6조제1항).

> 1. 기계, 금속, 화공, 요업, 전기, 전자, 안전관리 또는 환경 분야 기술사 자격을 취득한 사람
> 2. 기계, 전기 또는 화공안전 분야의 산업안전지도사 자격을 취득한 사람
> 3. 제1호에 따른 관련분야의 기사 자격을 취득한 사람으로서 해당 분야에서 5년 이상 근무한 경력이 있는 사람
> 4. 제1호에 따른 관련분야의 산업기사 자격을 취득한 사람으로서 해당 분야에서 7년 이상 근무한 경력이 있는 사람
> 5. 4년제 이공계 대학을 졸업한 후 해당 분야에서 7년 이상 근무한 경력이 있는 사람 또는 2년제 이공계 대학을 졸업한 후 해당 분야에서 9년 이상 근무한 경력이 있는 사람
> 6. 영 제43조제1항에 따른 공정안전보고서 제출대상 유해·위험설비 운영분야(해당 공정안전보고서를 작성하고자 하는 유해·위험설비 관련분야에 한한다)에서 11년 이상 근무한 경력이 있는 사람

③ 제1항에 따른 공단에서 실시하는 관련교육은 다음 각 호의 어느 하나의 교육을 말한다(공정안전고시 제6조제2항).

> 1. 위험과 운전분석(HAZOP) 과정
> 2. 사고빈도분석(FTA, ETA) 과정
> 3. 보고서 작성ㆍ평가 과정
> 4. 〈삭제〉
> 5. 사고결과분석(CA) 과정
> 6. 설비유지 및 변경관리(MI, MOC) 과정
> 7. 그 밖에 고용노동부장관으로부터 승인받은 공정안전관리 교육과정

구분	주요내용
공정안전 보고서의 제출과 작성기준	1. 유해하거나 위험한 설비를 설치(기존 설비의 제조ㆍ취급ㆍ저장 물질이 변경되거나 제조량ㆍ취급량ㆍ저장량이 증가하여 [별표 13]에 따른 유해ㆍ위험물질 규정량에 해당하게 된 경우를 포함한다)ㆍ이전하거나 고용노동부장관이 정하는 주요 구조부분을 변경할 때 2. 유해화학물질 화학사고 장외영향평가서(이하 이 항에서 "장외영향평가서"라 한다) 또는 위해관리계획서(이하 이 항에서 "위해관리계획서"라 한다)의 내용이 공정안전보고서에 포함시켜야 할 사항에 해당하는 경우에는 그 해당 부분에 대해서 장외영향평가서 또는 위해관리계획서 사본의 제출로 갈음 3. 고용노동부장관은 「공정안전보고서의 제출ㆍ심사ㆍ확인 및 이행상태평가 등에 관한 규정(2025. 5. 30. 고용노동부고시 제2025-30호)」을 제정해 시행 4. 공정안전보고서가 「고압가스안전관리법」 제2조에 따른 고압가스를 사용하는 단위공정 설비에 관한 것인 경우로서 안전관리규정과 안전성 향상 계획을 작성하여 공단 및 한국 가스안전공사가 공동으로 검토ㆍ작성한 의견서를 첨부하여 허가 관청에 제출한 경우에는 해당 단위공정 설비에 관한 공정안전보고서를 제출한 것으로 간주
공정안전 보고서의 제출시기	유해하거나 위험한 설비의 설치ㆍ이전 또는 주요 구조부분의 변경공사의 착공일(기존 설비의 제조ㆍ취급ㆍ저장 물질이 변경되거나 제조량ㆍ취급량ㆍ저장량이 증가하여 영 [별표 13]에 따른 유해ㆍ위험물질 규정량에 해당하게 된 경우에는 그 해당일을 말한다) 30일 전까지 공정안전보고서를 2부 작성하여 공단에 제출

(4) 공정안전보고서의 심사와 이행평가

1) 공정안전보고서의 심사 등

① 고용노동부장관은 공정안전보고서를 고용노동부령으로 정하는 바에 따라 심사하여 그 결과를 사업주에게 서면으로 알려주어야 한다. 이 경우 근로자의 안전 및 보건의 유지ㆍ증진을 위하여 필요하다고 인정하는 경우에는 그 공정안전보고서의 변경을 명할 수 있다(산안법 제45조제1항).

② 사업주는 제1항에 따라 심사를 받은 공정안전보고서를 사업장에 갖추어 두어야 한다(산안법 제45조제2항). 공단은 공정안전보고서를 제출받은 경우에는 **제출받은 날부터 30일 이내에 심사**하여 1부를 사업주에게 송부하고, 그 내용을 지방고용노동관서의 장에게 보고해야 한다(산안법 시행규칙 제52조제1항).

③ 공단은 제1항에 따라 공정안전보고서를 심사한 결과 「위험물안전관리법」에 따른 화재의 예방·소방 등과 관련된 부분이 있다고 인정되는 경우에는 그 관련 내용을 관할 소방관서의 장에게 통보해야 한다(산안법 시행규칙 제52조제2항). 사업주는 심사를 받은 공정안정보고서의 내용을 변경하여야 할 사유가 발생한 경우에는 지체 없이 그 내용을 보완하여야 한다(산안법 제46조제3항).

④ 사업주와 근로자는 제45조제1항에 따라 심사를 받은 공정안전보고서(이 조 제3항에 따라 보완한 공정안전보고서를 포함한다)의 내용을 지켜야 한다(산안법 제46조제1항). 사업주는 제45조제1항에 따라 심사를 받은 공정안전보고서의 내용을 실제로 이행하고 있는지 여부에 대하여 고용노동부장관의 확인을 받아야 한다(산안법 제46조제2항).

⑤ 공정안전보고서를 제출하여 심사를 받은 사업주는 다음 각 호의 시기별로 공단의 확인을 받아야 한다. 다만, ⅰ) **화공안전 분야 산업안전지도사**, ⅱ) **대학에서 조교수 이상으로 재직하고 있는 사람으로서 화공 관련 교과를 담당하고 있는 사람**, ⅲ) **그 밖에 자격 및 관련 업무경력 등을 고려하여 고용노동부장관이 정하여 고시하는 요건을 갖춘 사람**에게 제50조제3호아목에 따른 자체감사를 하게 하고 그 결과를 공단에 제출한 경우에는 공단은 확인을 생략할 수 있다(산안법 시행규칙 제53조제1항).

> 1. 신규로 설치될 유해하거나 위험한 설비에 대해서는 설치 과정 및 설치 완료 후 시운전 단계에서 각 1회
> 2. 기존에 설치되어 사용 중인 유해하거나 위험한 설비에 대해서는 심사 완료 후 3개월 이내
> 3. 유해하거나 위험한 설비와 관련한 공정의 중대한 변경의 경우에는 변경 완료 후 1개월 이내
> 4. 유해하거나 위험한 설비 또는 이와 관련된 공정에 중대한 사고 또는 결함이 발생한 경우에는 1개월 이내. 다만, 법 제47조에 따른 안전보건진단을 받은 사업장 등 고용노동부장관이 정하여 고시하는 사업장의 경우에는 확인을 생략할 수 있다.

⑥ 공단은 사업주로부터 확인요청을 받은 날부터 1개월 이내에 제50조제1호부터 제4호까지의 내용이 현장과 일치하는지 여부를 확인하고, 확인한 날부터 15일 이내에 그 결과를 사업주에게 통보하고 지방고용노동관서의 장에게 보고해야 한다(산안법 시행규칙 제53조제2항).

2) 공정안전보고서 이행상태의 평가와 변경명령

① 고용노동부장관은 고용노동부령이 정하는 바에 따라 공정안전보고서의 이행상태를 정기적으로 평가하여야 한다(산안법 제46조제4항). 고용노동부장관은 같은 조 제2항에 따른 **공정안전보고서의 확인**(신규로 설치되는 유해하거나 위험한 설비의 경우에는 설치 완료 후 시운전 단계에서의 확인을 말한다) **후 1년이 경과한 날부터 2년 이내에 공정안전보고서 이행상태의 평가**(이하 "이행상태평가"라 한다)를 해야 한다(산안법 시행규칙 제54조제1항).

② 고용노동부장관은 제1항에 따른 이행상태평가 후 **4년마다 이행상태평가**를 해야 한다. 다만, 다음 각 호의 어느 하나에 해당하는 경우에는 **1년 또는 2년마다 이행상태평가**를 할 수 있다(산안법 시행규칙 제54조제2항).

> 1. 이행상태평가 후 사업주가 이행상태평가를 요청하는 경우
> 2. 법 제155조에 따라 사업장에 출입하여 검사 및 안전·보건점검 등을 실시한 결과 제50조제3호 사목에 따른 변경요소 관리계획 미준수로 공정안전보고서 이행상태가 불량한 것으로 인정되는 경우 등 고용노동부장관이 정하여 고시하는 경우

③ 이행상태평가는 제50조제1항 각 호에 따른 공정안전보고서의 세부 내용에 관하여 실시한다(산안법 시행규칙 제54조제3항). 이행상태평가의 방법 등 이행상태 평가에 필요한 세부적인 사항은 고용노동부장관이 정한다(산안법 시행규칙 제54조제4항).

④ 고용노동부장관은 공정안전보고서의 이행상태를 평가한 결과 보완상태가 불량한 사업장의 사업주에게는 공정안전보고서의 변경을 명할 수 있으며, 이에 따르지 아니하는 경우 공정안전보고서를 다시 제출하도록 명할 수 있다(산안법 제46조제5항).

02 재해예방 개선대책

1 안전보건진단

(1) 안전보건진단의 정의

1) 안전보건진단의 정의
① 안전보건진단이란 **산업재해를 예방하기 위하여 잠재적 위험성을 발견하고 그 개선대책을 수립할 목적으로 하는 조사·평가하는 행위**를 말한다(산안법 제2조제12호).
② 안전보건진단은 자율진단과 행정진단으로 구분할 수 있다. 전자는 사업주가 스스로 실시하는 안전진단을 말하며, 후자는 고용노동부의 명령에 따라 실시하는 안전진단을 말한다.
③ 안전보건진단은 잠재적인 재해발생의 원인을 규명하고, 재해다발사업장 또는 중대재해가 발생한 사업장에 대하여 재해발생의 위험성 분석 등을 통하여 보다 구체적인 재해예방대책을 수립·시행함으로써 유해·위험요인으로부터 근로자를 보호하고자 하는 취지이다.

2) 안전보건진단명령의 성질
① 산업안전보건법 제49조에 따르면, 일정한 사유에 대하여 안전보건진단명령을 강제할 수 있다. 고용노동부장관은 안전보건진단명령에 관한 권한을 지방노동관서의 장에게 위임하고 있는데, 이 경우 진단명령은 법률에 의한 행정진단에 해당한다.
② 사업주는 진단명령을 **의무적으로 이행**하여야 하며, **위반하면 벌칙**이 적용된다. 안전보건진단은 산업재해의 발생위험이 현저히 높거나 중대재해가 발생한 사업장에 대하여 고용노동부장관의 명령을 통해 산업재해예방을 위한 종합적인 개선조치를 하는 것으로서 법규명령의 성질을 지닌다.

(2) 안전보건진단의 대상과 방법

1) 안전보건진단의 대상과 적용제외

구분	주요 내용
안전보건진단의 대상과 제외	• 산업안전보건법의 적용대상이 되는 모든 사업 • 산업안전보건법시행령 제2조제1항 [별표 1]에 해당하는 경우에는 안전보건진단의 대상에서 제외, 상시 5명 미만의 사업장도 제외
특별법에 의한 적용 제외	• 「광산안전법」 적용 사업(광업 중 광물의 채광·채굴·선광 또는 제련 등의 공정으로 한정하며, 제조공정은 제외한다) • 「원자력안전법」 적용 사업(발전업 중 원자력 발전설비를 이용하여 전기를 생산하는 사업장으로 한정한다) • 「항공안전법」 적용 사업(항공기, 우주선 및 부품 제조업과 창고 및 운송 관련 서비스업, 여행사 및 기타 여행보조 서비스업 중 항공 관련 사업은 각각 제외한다) • 「선박안전법」 적용 사업(선박 및 보트 건조업은 제외한다)

2) 안전보건진단의 방법

구분	주요 내용
안전보건진단의 실시방법	전문적인 지식과 경험을 바탕으로 하며, 과학적인 방법을 활용할 수 있도록 법률적으로 규제하지 아니함.
안전보건진단의 방법	종류와 내용에 따라 진단 대상을 정하고 조사·평가
안전보건진단의 내용	• 대상 사업장에 대하여 ⅰ) 안전관리체계, ⅱ) 안전조직의 운영 및 안전교육의 실시에 대한 점검, ⅲ) 위험성의 평가 등 관리적 사항, ⅳ) 추락·붕괴·낙하·전도·비래 등에 의한 위험성을 진단 • 또한 ⅴ) 기계·기구 및 설비에 의한 위험성, ⅵ) 전기·열 그 밖의 에너지에 의한 화재·감전 등의 위험성, ⅶ) 보호구 및 표지판, 고압가스 등의 관리상태 등을 점검하여 위험요인을 발견하고, 위험 가능성을 평가하여 개선대책을 수립하는 절차로 진행
안전보건진단 계획 및 포함사항	• 안전보건진단계획은 ⅰ) 진단 실시대상의 사업현장, ⅱ) 공사의 개요, ⅲ) 건물의 배치도, ⅳ) 전체공정표, ⅴ) 재해발생현황, ⅵ) 유해위험요인의 현황, ⅶ) 작업장의 관리운영실태를 점검하여 문제점을 도출하고, 재발 방지의 개선방안을 마련 • 지적된 사항에는 위험요소의 특성을 고려하여 즉시 시정이 가능한 사항도 포함

3) 안전보건진단명령 등

① 고용노동부장관은 추락·붕괴, 화재·폭발, 유해하거나 위험한 물질의 누출 등 산업재해 발생의 위험이 현저히 높은 사업장의 사업주에게 제48조에 따라 지정받은 기관(이하 "안전보건진단기관"이라 한다)이 실시하는 안전·보건진단을 받을 것을 명할 수 있다(산안법 제47조제1항).

② 사업주는 제1항에 따라 안전보건진단 명령을 받은 경우 고용노동부령으로 정하는 바에 따라 안전보건진단기관에 안전보건진단을 의뢰하여야 한다(산안법 제47조제2항). 안전보건진단명령을 받은 사업주는 15일 이내에 안전보건진단기관에 안전보건진단을 의뢰해야 한다(산안법 시행규칙 제56조).

③ 사업주는 ⅰ) 제2항에 따라 실시하는 안전보건진단에 적극 협조하여야 하며, ⅱ) 정당한 사유 없이 이를 거부하거나 방해 또는 기피하여서는 아니 된다. 이 경우 근로자대표가 요구할 때에는 안전보건진단에 근로자대표를 참여시켜야 한다(산안법 제47조제3항).

④ 안전보건진단기관은 제2항에 따라 안전보건진단을 실시한 경우에는 안전보건진단 결과보고서를 고용노동부령으로 정하는 바에 따라 해당 사업장의 사업주 및 고용노동부장관에게 제출하여야 한다(산안법 제47조제4항).

⑤ 법 제47조제2항에 따른 안전보건진단을 실시한 안전보건진단기관은 영 [별표 14]의 진단내용에 해당하는 사항에 대한 조사·평가 및 측정결과와 그 개선방법이 포함된 보고서를 진단을 의뢰받은 날로부터 30일 이내에 해당 사업장의 사업주 및 관할 지방노동관서의 장에게 제출(전문문서에 의한 제출을 포함한다)해야 한다(산안법 시행규칙 제57조).

4) 안전보건진단의 종류 및 내용 등

① 안전보건진단의 종류 및 내용, 안전보건진단 결과보고서에 포함될 사항, 그 밖에 필요한 사항은 대통령령으로 정한다(산안법 제47조제5항). 법 제47조제1항에 따른 안전보건진단(이하 "안전보건진단"이라 한다)의 종류 및 내용은 [별표 14]와 같다(산안법 시행령 제46조제1항).

② 안전보건진단 결과보고서에는 ⅰ) 산업재해 또는 사고의 발생원인, ⅱ) 작업조건·작업방법에 대한 평가 등의 사항이 포함되어야 한다. 안전보건진단의 종류는 **자율진단 및 행정진단, 보건진단, 시스템진단으로 구분**할 수 있다. 고용노동부장관은 법 제47조제1항에 따른 안전보건진단 명령을 할 경우 기계·화공·전기·건설 등 분야별로 한정하여 진단받을 것을 명할 수 있다(산안법 시행령 제46조제2항).

🏛 [시행령 별표 14] 안전·보건진단의 종류 및 내용(제46조제1항 관련)

종류	진단 내용
종합진단	1. 경영·관리적 사항에 대한 평가 　가. 산업재해 예방계획의 적정성 　나. 안전·보건 관리조직과 그 직무의 적정성 　다. 산업안전보건위원회 설치·운영, 명예감독관의 역할 등 근로자의 참여 정도 　라. 안전보건관리규정 내용의 적정성 2. 산업재해 또는 사고의 발생원인(산업재해 또는 사고가 발생한 경우만 해당한다) 3. 작업조건 및 작업방법에 대한 평가 4. 유해·위험요인에 대한 측정 및 분석 　가. 기계·기구 또는 그 밖의 설비에 의한 위험성 　나. 폭발성·물반응성·자기반응성·자기발열성 물질, 자연발화성 액체·고체 및 인화성 액체 등에 의한 위험성 　다. 전기·열 또는 그 밖의 에너지에 의한 위험성 　라. 추락, 붕괴, 낙하, 비래 등으로 인한 위험성 　마. 그 밖에 기계·기구·설비·장치·구축물·시설물·원재료 및 공정 등에 의한 위험성 　바. 제118조제1항에 따른 허가 대상 유해물질, 고용노동부령으로 정하는 관리 대상 유해물질 및 온도·습도·환기·소음·진동·분진, 유해광선 등의 유해성 또는 위험성

종류	진단 내용
종합진단	5. 보호구, 안전·보건장비 및 작업환경 개선시설의 적정성 6. 유해물질의 사용·보관·저장, 물질안전보건자료의 작성, 근로자 교육 및 경고표시 부착의 적정성 7. 그 밖에 작업환경 및 근로자 건강 유지·증진 등 보건관리의 개선을 위하여 필요한 사항
안전기술진단	종합진단 내용 중 제2호·제3호, 제4호가목부터 마목까지 및 제5호 중 안전 관련 사항
보건기술진단	종합진단 내용 중 제2호·제3호, 제4호바목, 제5호 중 보건 관련 사항, 제6호 및 제7호

(3) 안전보건진단기관의 지정 등

1) 안전보건진단기관의 지정 요건

① 안전보건진단기관이 되려는 자는 대통령령으로 정하는 인력·시설 및 장비 등의 요건을 갖추어 고용노동부장관의 지정을 받아야 한다(산안법 제48조제1항). 안전보건진단을 하는 자는 법인으로서 제46조제1항 및 [별표 14]에 따른 안전보건진단 종류별 종합진단기관은 [별표 15], 안전진단기관은 [별표 16], 보건진단기관은 [별표 17]에 따른 인력·시설 및 장비를 갖추어야 한다(산안법 시행령 제47조).

[시행령 별표 15] 종합진단기관의 인력·시설 및 장비기준(제47조 관련)

1. 인력기준

안전 분야	보건 분야
다음 각 목에 해당하는 전담 인력 보유 가. 기계안전·화공안전·전기안전 분야의 산업안전지도사 또는 안전기술사 1명 이상 나. 건설안전 분야의 산업안전지도사 또는 건설안전기술사 1명 이상 다. 산업안전기사 이상의 자격을 취득한 사람 2명 이상 라. 기계기사 이상의 자격을 취득한 사람 1명 이상 마. 전기기사 이상의 자격을 취득한 사람 1명 이상 바. 화공기사 이상의 자격을 취득한 사람 1명 이상 사. 건설안전기사 이상의 자격을 취득한 1명 이상	다음 각 목에 해당하는 전담 인력 보유 가. 의사([별표 30] 제1호의 특수건강진단기관의 인력기준에 해당하는 사람)·산업보건지도사 또는 산업위생관리기술사 1명 이상 나. 분석전문가(「고등교육법」에 따른 대학에서 화학, 화공학, 약학 또는 산업보건학 관련 학위를 취득한 사람 또는 이와 같은 수준 이상의 학력을 가진 사람) 2명 이상 다. 산업위생관리기사(산업위생관리기사 이상의 자격을 취득한 사람 또는 산업위생관리산업기사 이상의 자격을 취득한 사람 각 1명 이상) 2명 이상

2. 시설기준

   가. 안전 분야 : 사무실 및 장비실
   나. 보건 분야 : 작업환경상담실, 작업환경측정 준비 및 분석실험실

3. 장비기준

   가. 안전 분야 : [별표 16] 제2호에 따라 일반안전진단기관이 갖추어야 할 장비
   나. 보건 분야 : [별표 17] 제3호에 따라 보건진단기관이 갖추어야 할 장비

4. 장비의 공동활용

[별표 17] 제3호아목부터 러목까지의 규정에 해당하는 장비는 해당 기관이 법 제126조에 따른 작업환경측정기관 또는 법 제135조에 따른 특수건강진단기관으로 지정을 받으려고 하거나 지정을 받아 같은 장비를 보유하고 있는 경우에는 분석 능력 등을 고려하여 이를 공동으로 활용할 수 있다.

② 안전진단기관은 사업의 종류에 따라 일반안전진단기관과 건설안전진단기관으로 구분하여 인력기준, 시설·장비기준을 갖추어야 한다. 일반안전진단기관은 건설업은 제외하고 모든 업종을 대상으로 한다.

[시행령 별표 16] 안전진단기관의 인력·시설 및 장비기준(제47조 관련)

번호	종류	인력기준	시설·장비기준	대상업종
1	공통사항		1. 사무실 2. 장비실	
2	일반안전진단기관	다음 각 호에 해당하는 전담인력 보유 • 기계안전·화공안전·전기안전 분야의 산업안전지도사 또는 안전기술사 1명 이상 • 산업안전기사 이상의 자격을 취득한 사람 2명 이상 • 기계기사 이상의 자격을 취득한 사람 1명 이상 • 전기기사 이상의 자격을 취득한 사람 1명 이상 • 화공기사 이상의 자격을 취득한 사람 1명 이상	1. 회전속도측정기 2. 자동 탑상비파괴시험기 3. 재료강도시험기 4. 진동측정기 5. 표준압력계 6. 절연저항측정기 7. 만능회로측정기 8. 산업용 내시경 9. 경도측정기 10. 산소농도측정기 11. 두께측정기 12. 가스농도측정기 13. 가연성가스 검지관 14. 수압시험기 15. 접지저항측정기 16. 계전기기시험기 17. 정전기전하량측정기 18. 정전전위측정기 19. 차압측정기	모든 사업 (건설업은 제외한다)
3	건설안전진단기관	다음 각 호에 해당하는 전담 인력 보유 • 건설안전 분야의 산업안전 지도사 또는 안전기술사 1명 이상 • 건설안전기사 이상의 자격을 취득한 사람 2명 이상 • 건설안전산업기사 또는 산업안전산업기사 이상의 자격을 취득한 사람 2명 이상	1. 재료강도시험기 2. 진동측정기 3. 산소농도측정기 4. 가스농도측정기	건설업

③ 안전보건진단기관의 지정절차, 그 밖에 필요한 사항은 고용노동부령으로 정한다(산안법 제48조제3항). 안전보건진단기관으로 지정받으려는 자는 법 제48조제3항에 따라 안전보건진단기관 지정신청서에 다음 각 호의 서류를 첨부하여 지방고용노동청장에게 제출(전자문서에 의한 제출을 포함한다)해야 한다(산안법 시행규칙 제59조제1항).

> 1. 정관
> 2. 영 [별표 15]·[별표 16] 및 [별표 17]에 따른 인력기준에 해당하는 사람의 자격과 채용을 증명할 수 있는 자격증(국가기술자격증은 제외한다), 경력증명서 및 재직증명서 등의 서류
> 3. 건물임대차계약서 사본이나 그 밖에 사무실의 보유를 증명할 수 있는 서류와 시설·장비명세서
> 4. 최초 1년간의 안전보건진단 사업계획서

④ 보건진단기관의 인력시설 및 장비기준은 다음과 같이 정한다. 인력기준에 해당하는 사람의 자격과 채용인원을 증빙하는 증명서의 서류를 첨부하여야 한다.

🏛 **[시행령 별표 17]** 보건진단기관의 인력·시설 및 장비기준(제47조 관련)

1. 인력기준(보건진단 업무만을 전담하는 인력기준)

인력	인원	자격
의사, 산업보건지도사 또는 산업위생관리기술사	1명 이상	의사는 「의료법」에 따른 직업환경의학과 전문의
분석전문가	2명 이상	「고등교육법」에 따른 대학에서 화학, 화공학, 약학 또는 산업보건학을 전공한 사람 또는 이와 같은 수준 이상의 학력을 가진 사람
산업위생관리기사	2명 이상	산업위생관리기사 이상의 자격을 취득한 사람 및 산업위생관리산업기사 이상의 자격을 취득한 사람 각각 1명 이상

※ 비고 : 인원은 보건진단 대상 사업장 120개소를 기준으로 120개소를 초과할 때마다 인력별로 1명씩 추가한다.

2. 시설기준
   가. 작업환경상담실
   나. 작업환경측정 준비 및 분석실험실

3. 장비기준
   가. 분진, 특정 화학물질, 유기용제 및 유해가스의 시료 포집기
   나. 검지관 등 가스·증기농도 측정기 세트
   다. 분진측정기
   라. 옥타브 분석이 가능한 소음측정계 및 소음조사량측정기
   마. 대기의 온도·습도, 기류, 복사열, 조도(照度), 유해광선을 측정할 수 있는 기기
   바. 산소측정기
   사. 일산화탄소농도측정기

아. 원자흡광광도계
자. 가스크로마토그래피
차. 자외선 · 가시광선 분광광도계
카. 현미경
타. 저울(최소 측정단위가 0.01mg 이하이어야 한다)
파. 순수제조기
하. 건조기
거. 냉장고 및 냉동고
너. 드래프트 체임버
더. 화학실험대
러. 배기 또는 배액의 처리를 위한 설비
머. 피토 튜브 등 국소배기시설의 성능시험장비

4. 시설 및 장비의 공동활용
제2호의 시설과 제3호아목부터 러목까지의 규정에 해당하는 장비는 해당 기관이 법 제126조에 따른 작업환경측정기관 또는 법 제135조 따른 특수건강진단기관으로 지정을 받으려고 하거나 지정을 받아 같은 장비를 보유하고 있는 경우에는 분석 능력 등을 고려하여 이를 공동으로 활용할 수 있다.

⑤ 제1항에 따른 신청서를 제출받은 지방고용노동청장은 ⅰ)「전자정부법」제36조제1항에 따른 행정정보의 공동이용을 통하여 법인등기사항증명서 및 국가기술자격증을 확인해야 하며, ⅱ) 신청인이 국가기술자격증의 확인에 동의하지 않는 경우에는 그 사본을 첨부하도록 해야 한다(산안법 시행규칙 제59조제2항).

2) 안전보건진단의 평가와 공개
① 고용노동부장관은 안전보건진단기관에 대하여 평가하고 그 결과를 공개할 수 있다. 이 경우 평가의 기준 · 방법 및 결과의 공개에 필요한 사항은 고용노동부령으로 정한다(산안법 제48조제2항). 제48조제2항에 따라 안전보건진단기관 평가의 기준은 다음 각 호와 같다(산안법 시행규칙 제58조제1항).

> 1. 인력 · 시설 및 장비의 보유수준과 그에 대한 업무 수행능력
> 2. 유해위험요인의 평가 · 분석 충실성 등 안전보건진단 업무 수행능력
> 3. 안전보건진단 대상 사업장의 만족도

② 법 제48조제2항에 따른 안전보건진단기관 평가의 방법 및 평가결과의 공개에 관하여는 시행규칙 제17조제2항부터 제8항까지의 규정을 준용한다. 따라서 공단은 제1항 각 호에 대하여 평가를 하되, 필요한 경우 안전보건진단기관에 대하여 자료의 제출을 요구할 수 있으며, **서면조사 및 방문조사의 방법**으로 평가할 수 있다. 평가결과는 해당 안전보건진단기관에 통보하며, 평가결과를 통보받은 안전보건진단기관은 14일 이내에 이의신청을 할 수 있다.

3) 안전보건진단기관의 지정취소 등

① 안전보건진단기관의 지정·취소에 대한 사유는 명확히 정할 필요가 있다. 안전보건진단기관에 관하여는 제21조제4항 및 제5항을 준용한다. 따라서 안전보건진단기관이 다음 각 호의 어느 하나에 해당할 때에는 지정을 취소하거나 6개월 이내의 기간을 정하여 그 업무의 정지를 명할 수 있다. 다만, 제1호 및 제2호에 해당할 때에는 그 지정을 취소하여야 한다.

> 1. 거짓이나 그 밖의 부정한 방법으로 지정을 받은 경우
> 2. 업무정지 기간 중에 업무를 수행한 경우
> 3. 제1항에 의한 지정요건을 충족하지 못한 경우
> 4. 지정받은 사항에 위반하여 업무를 수행한 경우
> 5. 그 밖에 대통령령을 정하는 사유에 해당하는 경우

② 법 제48조제4항에 따라 법 제21조제4항제5호에서 "대통령령으로 정하는 사유에 해당하는 경우"란 다음 각 호의 경우를 말한다(산안법 시행령 제48조). 이 규정은 안전보건진단기관의 취소가 아닌 업무정지의 사유로 해석함이 타당하다.

> 1. 안전보건진단 업무 관련 서류를 거짓으로 작성한 경우
> 2. 정당한 사유 없이 안전보건진단 업무의 수탁을 거부한 경우
> 3. 제47조에 따른 인력기준에 해당하지 않은 사람에게 안전보건진단 업무를 수행하게 한 경우
> 4. 안전보건진단 업무를 수행하지 않고 위탁 수수료를 받은 경우
> 5. 안전보건진단 업무와 관련한 비치서류를 보존하지 않은 경우
> 6. 안전보건진단 업무수행과 관련한 대가 외에 금품을 받은 경우
> 7. 법에 따른 관계공무원의 지도·감독을 거부·방해 또는 기피한 경우

2 안전보건 개선계획

(1) 안전보건 개선계획의 정의

1) 안전보건 개선계획의 정의

① 안전보건개선계획이란 **사업 또는 사업장의 산업재해를 예방하기 위하여 유해·위험요인을 점검하여 개선하기 위한 안전보건대책을 수립하는 것**을 말한다. 안전보건개선계획을 수립하는 문서를 안전보건개선계획서라고 한다.

② 안전보건개선계획서는 작업장이나 공사현장 등을 포함한 사업장의 산업재해를 방지하기 위하여 ⅰ) **안전보건조치사항**, ⅱ) **교육훈련 및 실행계획**을 비롯하여 ⅲ) **근로자 건강진단**, ⅳ) **안전보건진단 및 점검정비 환경개선** 등에 대한 종합적·구체적인 실행계획을 기재하여야 한다.

③ 안전보건개선계획서는 사고의 위험성이 현존하는 사업장을 대상으로 점검하여 작성하여야 한다. 따라서 사업장의 적용단위가 장소적으로 분리되어 있다면 각 사업장 단위로 작성하되, ⅰ) 유해·위험한 기계기구 및 설비의 종류, ⅱ) 유해물질 등을 고려하여 작성해야 한다.

2) 안전보건개선계획의 수립명령

① 안전보건개선계획은 사업주가 자율적으로 작성하는 것이 원칙이나, 산업재해예방을 위하여 종합적인 개선조치를 할 필요한 경우 고용노동부장관은 법령에 의하여 사업주에게 사업장, 시설, 기타 사항에 관한 안전보건개선계획의 수립과 시행을 명할 수 있다.

② 안전보건개선계획서는 ⅰ) 사업 또는 사업장별로, ⅱ) 기업의 통일적·구체적인 시행을 위해 기본원칙과 세부원칙을 구분하여 작성할 수 있다. 세부원칙은 기본원칙을 바탕으로 사업장 및 작업공정의 특성을 반영하여 사업장별로 작성하여 시행할 수 있다.

(2) 안전보건 개선계획의 수립 및 시행

1) 안전보건개선계획의 수립·시행

① 고용노동부장관은 다음 각 호의 어느 하나에 해당하는 사업장으로서 산업재해 예방을 위하여 종합적인 개선조치를 할 필요가 있다고 인정되는 사업장의 사업주에게 고용노동부령으로 정하는 바에 따라 그 사업장, 시설, 그 밖의 사항에 관한 안전보건개선계획(이하 "안전보건개선계획"이라 한다)을 수립하여 시행할 것을 명할 수 있다. 이 경우 대통령령으로 정하는 사업장의 사업주는 제47조에 따라 안전보건진단을 받아 안전보건개선계획을 수립하여 시행할 것을 명할 수 있다(산안법 제49조제1항).

> 1. 산업재해율이 같은 업종의 규모별 평균 산업재해율보다 높은 사업장
> 2. 사업주가 안전보건조치의무를 이행하지 아니하여 중대재해가 발생한 사업장
> 3. 대통령령으로 정하는 수 이상의 직업성 질환자가 발생한 사업장
> 4. 제106조에 따른 유해인자의 노출기준을 초과한 사업장

② 법 제49조제1항 각 호 외의 부분 후단에서 "대통령령으로 정하는 사업장"이란 다음 각 호의 사업장을 말한다(산안법 시행령 제49조).

> 1. 산업재해율이 같은 업종 평균 산업재해율의 2배 이상인 사업장
> 2. 법 제49조제1항제2호에 해당하는 사업장
> 3. 직업병 질병자가 연간 2명 이상(상시근로자 1천명 이상 사업장의 경우 3명 이상) 발생한 사업장
> 4. 그 밖에 작업환경 불량, 화재·폭발 또는 누출사고 등으로 사업장 주변까지 피해가 확산된 사업장으로서 고용노동부령으로 정하는 사업장

③ 법 제49조제1항제3호에서 "대통령령으로 정하는 수 이상의 직업성 질병자가 발생 사업장"이란 직업병 질병자가 연간 2명 이상 발생한 사업장을 말한다(산안법 시행령 제50조). 사업주는 안전보건개선계획을 수립할 때에는 산업안전보건위원회의 심의를 거쳐야 한다. 다만, 산업안전보건위원회가 설치되어 있지 아니한 사업장의 경우에는 근로자대표의 의견을 들어야 한다(산안법 제49조제2항).

2) 안전보건개선계획서의 제출 및 검토 등

① 안전보건개선계획의 수립·시행 명령을 받은 사업주는 고용노동부령으로 정하는 바에 따라 안전보건계획서를 작성하여 고용노동부장관에게 제출하여야 한다(산안법 제50조제1항).

② 안전보건개선계획서를 제출해야 하는 사업주는 법 제49조제1항에 따른 **안전보건개선계획서 수립·시행 명령을 받은 날부터 60일 이내**에 관할 지방고용노동관서의 장에게 해당 계획서를 제출(전자문서에 의한 제출을 포함한다)해야 한다(산안법 시행규칙 제61조제1항).

③ 안전보건개선계획서에는 ⅰ) 시설, ⅱ) 안전보건관리체제, ⅲ) 안전보건교육, ⅳ) 산업재해 예방 및 작업환경의 개선을 위하여 필요한 사항이 포함되어야 한다(산안법 시행규칙 제61조제2항).

④ 고용노동부장관은 제출받은 안전보건개선계획서를 고용노동부령이 정하는 바에 따라 심사하여 그 결과를 사업주에게 알려 주어야 한다. 이 경우 고용노동부장관은 근로자의 안전 및 보건의 유지·증진을 위하여 필요하다고 인정하는 경우 해당 안전보건개선계획서의 보완을 명할 수 있다(산안법 제50조제2항). 지방노동관서의 장은 안전보건개선계획서를 접수한 경우에는 접수일부터 15일 이내에 심사를 하여 사업주에게 그 결과를 알려야 한다(산안법 시행규칙 제62조제1항).

⑤ 법 제50조제2항에 따라 지방노동관서의 장은 안전보건개선계획서에 제61조제2항에서 정한 사항이 적정하게 포함되어 있는지를 검토해야 한다. 이 경우 지방고용노동관서의 장은 안전보건개선계획서의 적정 여부 확인을 공단 또는 지도사에게 요청할 수 있다(산안법 시행규칙 제62조제2항). 사업주와 근로자는 제2항 전단에 따라 심사를 받은 안전보건개선계획서(같은 항 후단에 따라 보완한 안전보건개선계획서를 포함한다)를 준수하여야 한다(산안법 제50조제3항).

제1장 출·제·예·상·문·제

01 유해위험방지계획서의 작성과 제출대상에 대한 설명 중 옳지 않은 것은?

① 제품생산공정과 직접 관련된 건설물·기계·기구 및 설비 등 일체를 설치·이전하거나 그 주요구조부분을 변경할 때에는 사고를 예방하기 위하여 작성한다.
② 유해위험방지계획서를 제출할 경우에는 공사개요서, 산업안전보건관리비 사용계획서, 개인보호구 지급계획 등을 첨부하여야 한다.
③ 유해위험방지계획서는 노동부장관에게 제출하고 심사를 받아야 하나, 고용노동부령이 정하는 바에 따라 사업주에게 스스로 심사를 하고 그 심사결과서를 제출하게 할 수 있다.
④ 금속가공제품 제조업, 식료품 제조업도 유해위험방지계획서의 제출대상이 되는 업종에 해당된다.
⑤ 기둥과 기둥 사이의 측면을 기준으로 지간거리가 50m 이상인 다리의 공사는 유해위험방지계획서의 작성대상에 해당된다.

[해설] 유해위험방지계획서의 작성과 제출대상
최대 지간거리가 50m 이상인 다리의 건설 등 공사는 유해위험방지계획서의 작성대상이 된다. 다만, 다리의 최대 지간거리는 **중심부를 기준으로 측정한다.**

[참고] 산업안전보건법 시행령 제42조제3항

02 사업주는 유해·위험한 설비를 보유한 작업자에 대하여 공정안전보고서를 작성해야 한다. 관련 내용 중 옳지 않은 것은?

① 화학공장에서 가스누출로 인하여 근로자뿐만 아니라 인근지역의 주민에게 막대한 건강상의 불편을 초래하는 중대산업사고를 예방하기 위하여 공정안전보고서를 작성해야 한다.
② 원유 정제처리업, 질소화합물, 농약제조업의 설비는 유해·위험한 설비로 보아 공정안전보고서의 제출대상에 해당된다.
③ 군사시설, 차량등의 운송설비, 도시가스사업법에 의한 가스공급시설은 유해위험설비로 보지 않으므로 공정안전관리의 대상이 아니다.
④ 공정안전보고서를 작성할 때에는 산업안전보건위원회의 심의를 거치거나 근로자대표의 의견을 들어야 한다.
⑤ 공정안전보고서는 작성자는 해당 분야의 기술사 및 산업보건지도사뿐만 아니라 산업안전지도사도 작성자격이 있다.

정답 | 01. ⑤ 02. ⑤

> **해설** 공정안전보고서 작성
> 공정안전보고서를 작성할 때에는 산업안전보건위원회의 심의를 거쳐야 한다. 다만, 산업안전보건위원회가 설치되어 있지 않는 경우에는 근로자대표의 의견을 들어야 한다. 공정안전보고서는 화학물질 등에 의한 안전사고이지만, **공정안전보고서의 작성은 산업안전지도사가 작성해야 한다.**

> **참고** 산업안전보건법 제43조

03 유해위험방지계획서의 제출대상 사업장 중 전기용량이 300kW 이상인 사업에 해당되지 않는 것은?

① 기계 및 가구를 포함한 금속가공제품 제조업
② 자동차 및 트레일러 제조업
③ 식료품 제조업
④ 고무제품 및 플라스틱 제조업
⑤ 가구제조업

> **해설** 유해위험방지계획서의 제출대상 사업장
> 전기용량이 300kW 이상을 사용하는 금속가공제품 제조업은 유해위험방지계획서를 작성해야 한다. **다만, 기계 및 가구는 제외한다.**

> **참고** 산업안전보건법 시행령 제42조제1항

04 산업재해가 발생할 급박한 경우 고용노동부장관은 안전보건진단명령을 할 수 있다. 이에 관한 설명 중 옳지 않은 것은?

① 안전보건진단명령을 할 수 있으나, 5명 미만의 사업장은 해당되지 않는다.
② 안전관리체계, 안전보건교육의 실시점검, 위험성평가 등 관리적 사항, 추락·붕괴·낙하·전도·비래 등에 대한 위험성을 진단한다.
③ 기계·기구 및 설비 등에 의한 위험성, 전기·열·그 밖의 에너지에 의한 화재·감전 등의 위험성을 진단한다.
④ 사업주는 안전보건진단을 실시할 경우 이를 거부하거나 방해해서는 아니 된다.
⑤ 안전보건전문기관은 위험성의 실태를 점검하여 문제점을 진단하되, 당사자의 약정이 없는 한 개선대책까지 제시할 의무가 없다.

> **해설** 안전보건진단명령
> 안전보건진단은 산업재해를 예방 또는 재발을 방지하기 위하여 잠재적 위험성을 발견하고 그 개선대책을 수립할 목적으로 **고용노동부장관이 지정하는 자가 하는 조사·평가를 말한다.**

> **참고** 산업안전보건법 시행규칙 제57조

정답 | 03. ① 04. ⑤

05 안전보건진단기관의 지정을 취소할 수 있는 사유에 해당하는 것은?

① 거짓이나 그 밖의 부정한 방법으로 지정을 받은 경우
② 안전보건진단 업무 관련 서류를 거짓으로 작성한 경우
③ 정당한 사유 없이 안전진단업무의 수탁을 거부한 경우
④ 안전보건진단 업무를 수행하지 않고 위탁 수수료를 받은 경우
⑤ 안전보건진단 업무와 관련된 비치서류를 보존하지 않은 경우

해설 안전보건진단기관의 지정 취소 사유
안전보건진단기관의 지정을 취소할 수 있는 사유는 **거짓이나 그 밖의 부정한 방법으로 지정을 받은 경우, 업무정지 기간 중에 업무를 수행한 경우**에 해당된다. 나머지 사유는 업무정지의 사유에 해당된다.

참고 산업안전보건법 제21조제4항

06 고용노동부장관이 안전보건개선계획의 수립할 것을 명령할 수 있는 사업장에 해당되지 않는 것은?

① 산업재해율이 같은 업종의 규모별 평균 산업재해율보다 높은 사업장
② 사업주가 안전조치 또는 보건조치를 이행하지 아니하여 중대재해가 발생한 사업장
③ 안전보건관리체계를 구축하지 아니하여 중대재해로 인정된 사업장
④ 대통령령으로 정하는 수 이상의 직업성 질병자가 발생한 사업장
⑤ 106조에 따른 유해인자의 노출기준을 초과한 사업장

해설 안전보건개선계획의 수립할 것을 명령할 수 있는 사업장
고용노동부장관은 산업안전보건법 제49조제1항에서 정하는 사유가 해당되는 경우 안전보건개선계획을 수립하도록 명령할 수 있다. 안전보건관리체계의 구축은 중대재해처벌법 제4조 및 같은 법 시행령 제4조에서 명시하고 있다.

참고 산업안전보건법 제49조제1항

제 2 장 안전보건의 관리감독

01 재해예방의 실효성 확보

1 산업안전지도사와 산업보건지도사

(1) 지도사의 정의와 직무영역

1) 산업안전·보건지도사의 정의

① 산업안전·보건지도사란 **사업장의 산업재해를 예방하기 위하여 안전보건에 관하여 지도하고 평가하는 등 산업안전보건법령에 따른 직무를 수행하는 전문가**를 말한다. 산업안전·보건지도사는 안전보건에 관한 전문적인 지식과 경험을 가지고 사업장의 안전보건 사항을 지도 및 권고, 평가, 계획 및 관리 등의 직무를 수행한다.

② 산업안전·보건지도사는 사업장 내의 유해 위험요인을 진단, 평가, 기술지도 및 교육을 할 수 있는 전문가로서, 산업안전지도사와 산업보건지도사로 구분한다. 산업안전·보건지도사는 ⅰ) 전공 분야별로 직무 영역에 대한 활동이 가능하고, ⅱ) 한국산업인력공단에서 시행하는 소정의 시험에 합격하여야 직무를 수행할 수 있다.

2) 산업안전지도사의 직무

① 산업안전지도사는 각종 안전사고를 예방하기 위하여 필요한 안전사항을 전문적으로 지도하거나 평가하는 등의 직무를 수행한다. 산업안전지도사는 다음 각 호의 직무를 수행한다(산안법 제142조제1항).

> 1. 공정상의 안전에 관한 평가·지도
> 2. 유해·위험의 방지대책에 관한 평가·지도
> 3. 제1호 및 제2호의 사항과 관련된 계획서 및 보고서의 작성
> 4. 그 밖에 산업안전에 관한 사항으로서 대통령령으로 정하는 사항

② 법 제142조제1항제4호에서 "대통령령으로 정하는 사항"이란 ⅰ) 법 제36조에 따른 위험성평가의 지도, ⅱ) 법 제49조에 따른 안전보건개선계획서의 작성, ⅲ) 그 밖에 산업안전에 관한 사항의 자문에 대한 응답 및 조언을 말한다(산안법 시행령 제101조제1항).

3) 산업보건지도사의 직무

① 산업보건지도사는 근로자의 건강을 보호하기 위하여 필요한 보건조치에 관한 사항을 전문적으로 지도하거나 평가하는 등의 직무를 수행한다. 산업보건지도사는 다음 각 호의 직무를 수행한다(산안법 제142조제2항).

> 1. 작업환경의 평가 및 개선지도
> 2. 작업환경 개선과 관련된 계획서 및 보고서의 작성
> 3. 근로자 건강진단에 따른 사후관리 지도
> 4. 직업성질병 진단(「의료법」에 따른 의사인 산업보건지도사만 해당한다) 및 예방지도
> 5. 산업보건에 관한 조사·연구
> 6. 그 밖에 산업보건에 관한 사항으로서 대통령령으로 정하는 사항

② 법 제142조제2항제6호에서 "대통령령으로 정하는 사항"이란 ⅰ) 법 제36조에 따른 위험성평가의 지도, ⅱ) 법 제49조에 따른 안전보건개선계획서의 작성, ⅲ) 그 밖에 산업보건에 관한 사항의 자문에 대한 응답 및 조언을 말한다(산안법 시행령 제101조제2항).

4) 지도사의 업무영역

① 산업안전지도사 또는 산업보건지도사(이하 "지도사"라 한다)의 업무 영역별 종류 및 업무 범위, 그 밖에 필요한 사항은 대통령령으로 정한다(산안법 제142조 제3항).
② 산업안전지도사의 업무영역은 ⅰ) 기계안전·전기안전·화공안전·건설안전 분야로 구분하고, 같은 항에 따라 등록한 산업보건지도사의 업무영역은 ⅱ) 직업환경의학·산업위생 분야로 구분한다(산안법 시행령 제102조제1항). 산업안전지도사 및 산업보건지도사의 해당 업무 영역별 업무 범위는 [별표 31]과 같다(산안법 시행령 제102조 제2항).

[시행령 별표 31] 지도사의 업무 영역별 업무 범위(제102조제2항 관련)

> 1. 산업안전지도사(기계안전·전기안전·화공안전 분야)
>   가. 유해·위험방지계획서, 안전보건개선계획서, 공정안전보고서, 기계·기구·설비의 작업계획서 및 물질안전보건자료 작성 지도
>   나. 다음의 사항에 대한 설계·시공·배치·보수·유지에 관한 안전성 평가 및 기술 지도
>   1) 전기
>   2) 기계·기구·설비
>   3) 화학설비 및 공정
>   다. 정전기·전자파로 인한 재해의 예방, 자동화설비, 자동제어, 방폭전기설비 및 전력시스템 등에 관한 기술 지도
>   라. 인화성 가스, 인화성 액체, 폭발성 물질, 급성독성 물질 및 방폭설비 등에 관한 안전성 평가 및 기술 지도
>   마. 크레인 등 기계·기구, 전기작업의 안전성 평가
>   바. 그 밖에 기계, 전기, 화공 등에 관한 교육 또는 기술 지도

2. 법 제145조제1항에 따라 등록한 산업안전지도사(건설안전 분야)
   가. 유해·위험방지계획서, 안전보건개선계획서, 건축·토목 작업계획서 작성 지도
   나. 가설구조물, 시공 중인 구축물, 해체공사, 건설공사 현장의 붕괴 우려 장소 등의 안전성 평가
   다. 가설시설, 가설도로 등의 안전성 평가
   라. 굴착공사의 안전시설, 지반붕괴, 매설물 파손 예방의 기술 지도
   마. 그 밖에 토목, 건축 등에 관한 교육 또는 기술 지도
3. 법 제145조제1항에 따라 등록한 산업보건지도사(산업위생 분야)
   가. 유해위험방지계획서, 안전보건개선계획서, 물질안전보건자료 작성 지도
   나. 작업환경측정 결과에 대한 공학적 개선대책 기술 지도
   다. 작업장 환기시설의 설계 및 시공에 필요한 기술 지도
   라. 보건진단결과에 따른 작업환경 개선에 필요한 직업환경의학적 지도
   마. 석면 해체·제거 작업 기술 지도
   바. 갱내, 터널 또는 밀폐공간의 환기·배기시설의 안전성 평가 및 기술 지도
   사. 그 밖에 산업보건에 관한 교육 또는 기술 지도
4. 법 제145조제1항에 따라 등록한 산업보건지도사(직업환경의학 분야)
   가. 유해위험방지계획서, 안전보건개선계획서 작성 지도
   나. 건강진단 결과에 따른 근로자 건강관리 지도
   다. 직업병 예방을 위한 작업관리, 건강관리에 필요한 지도
   라. 보건진단 결과에 따른 개선에 필요한 기술 지도
   마. 그 밖에 직업환경의학, 건강관리에 관한 교육 또는 기술 지도

(2) 지도사의 자격 및 시험방법

1) 지도사의 자격 및 시험

① 고용노동부장관이 시행하는 지도사 자격시험에 합격한 사람은 지도사의 자격을 가진다(산안법 제143조제1항).

② 대통령령으로 정하는 산업안전 및 산업보건과 관련된 자격의 보유자에 대하여는 제1항에 따른 지도사 자격시험의 일부를 면제할 수 있다(산안법 제143조제2항). **지도사 자격시험의 일부를 면제**할 수 있는 자격 및 면제의 범위는 다음 각 호와 같다(산안법 시행령 제104조제1항).

1. 「국가기술자격법」에 따른 건설안전기술사, 기계안전기술사, 산업위생관리기술사, 인간공학기술사, 전기안전기술사, 화공안전기술사 : [별표 32]에 따른 전공필수·공통필수Ⅰ 및 공통필수Ⅱ 과목
2. 「국가기술자격법」에 따른 건설 직무분야(건축 중 직무분야 및 토목 중 직무분야로 한정한다), 기계 직무분야, 화학 직무분야, 전기·전자 직무분야(전기 중 직무분야로 한정한다)의 기술사 자격 보유자 : [별표 32]에 따른 전공필수 과목
3. 「의료법」에 따른 직업환경의학과 전문의 : [별표 32]에 따른 전공필수·공통필수Ⅰ 및 공통필수Ⅱ 과목

4. 공학(건설안전·기계안전·전기안전·화공안전 분야 전공으로 한정한다), 의학(직업환경의학 분야 전공으로 한정한다), 보건학(산업위생 분야 전공으로 한정한다) 박사학위 소지자 : [별표 32]에 따른 전공필수 과목
5. 제2호 또는 제4호에 해당하는 사람으로서 각각의 자격 또는 학위 취득 후 산업안전·산업보건 업무에 3년 이상 종사한 경력이 있는 사람 : [별표 32]에 따른 전공필수 및 공통필수Ⅱ 과목
6. 「공인노무사법」에 따른 공인노무사 : [별표 32]에 따른 공통필수Ⅰ 과목
7. 법 제143조제1항에 따른 지도사 자격 보유자로서 다른 지도사 자격시험에 응시하는 사람 : [별표 32]에 따른 공통필수Ⅰ 및 공통필수Ⅲ 과목
8. 법 제143조제1항에 따른 지도사 자격 보유자로서 같은 지도사의 다른 분야 지도사 자격시험에 응시하는 사람 : [별표 32]에 따른 공통필수Ⅰ, 공통필수Ⅱ 및 공통필수Ⅲ 과목

[시행령 별표 32] 지도사의 자격시험 중 필기시험의 업무 영역별 과목 및 범위(제103조제2항 관련)

구분		산업안전지도사				산업보건지도사	
		기계안전 분야	전기안전 분야	화공안전 분야	건설안전 분야	직업환경의학 분야	산업보건 분야
전공필수	과목	기계 안전공학	전기 안전공학	화공 안전공학	건설 안전공학	직업 환경의학	산업 위생공학
	시험 범위	• 기계·기구·설비의 안전 등(위험기계·양중기·운반기계·압력용기 포함) • 공장자동화설비의 안전기술 등 • 기계·기구·설비의 설계·배치·보수·유지 기술 등	• 전기기계·기구 등으로 인한 위험방지 등(전기방폭설비 포함) • 정전기 및 전자파로 인한 재해예방 • 감전사고 방지기술 등 • 컴퓨터·계측제어 설비의 설계 및 관리기술 등	• 가스·방화 및 방폭설비 등, 화학장치·설비안전 및 방식기술 등 • 정성·정량적 위험성평가, 위험물 누출·확산 및 피해 예측 등 • 유해위험물질 화재 폭발 방지론, 화학공정 안전관리 등	• 건설공사용 가설구조물·기계·기구 등의 안전기술 등 • 건설공법 및 시공방법에 대한 위험성평가 등 • 추락·낙하·붕괴·폭발 등 재해요인별 안전대책 등 • 건설현장의 유해·위험요인에 대한 안전기술 등	• 직업병의 종류 및 인체발병 경로, 직업병의 증상 판정 및 대책 등 • 역학조사의 연구방법, 조사 및 분석방법, 직종별 작업환경의학적 관리대책 등 • 유해인자별 특수건강진단 방법, 판정 및 사후관리대책 등 • 근골격계질환, 직무스트레스 등 업무상질환의 대책 및 작업관리방법 등	• 산업환기설비의 설계, 시스템의 성능 검사·유지 관리기술 등 • 유해인자별 작업환경측정 방법, 산업위생통계 처리 및 해석, 공학적 대책 수립기술 등 • 유해인자별 인체에 미치는 영향·대사 및 축적, 인체의 방어기전 등 • 측정시료의전처리 및 분석 방법, 기기 분석 및 정도관리 기술 등
공통필수Ⅰ		산업안전보건법령					
	시험 범위	산업안전보건법, 산업안전보건법 시행령, 산업안전보건법 시행규칙, 산업안전보건기준에 관한 규칙					
공통필수Ⅱ		산업안전 일반				산업위생 일반	
	시험 범위	산업안전교육론, 안전관리 및 손실방지론, 신뢰성공학, 시스템안전공학, 인간공학, 위험성평가, 산업재해조사 및 원인 분석 등				산업위생개론, 작업관리, 산업위생보호구, 위험성평가, 산업재해조사 및 원인 분석 등	
공통필수Ⅲ		기업진단·지도					
	시험 범위	경영학(인적자원관리, 조직관리, 생산관리), 산업심리학, 산업위생개론				경영학(인적자원관리, 조직관리, 생산관리), 산업심리학, 산업안전개론	

③ 제1차 또는 제2차 필기시험에 합격한 사람에 대해서는 다음 회의 자격시험에 한정하여 합격한 차수의 필기시험을 면제한다(산안법 시행령 제104조제2항). 영 제104조제1항 각 호의 어느 하나에 해당하는 사람이 지도사 자격시험의 일부를 면제받으려는 경우에는 제226조제1항에 따라 응시원서를 제출할 때에 다음 각 호의 서류를 첨부해야 한다(산안법 시행규칙 제227조).

> 1. 해당 자격증 또는 박사학위증의 발급기관이 발급한 증명서(박사학위증의 경우에는 응시분야에 해당하는 박사학위 소지를 확인할 수 있는 증명서) 1부
> 2. 경력증명서(영 제104조제1항제5호에 해당하는 사람만 첨부하며, 박사학위 또는 자격증 취득일 이후 산업안전·산업보건 업무에 3년 이상 종사한 경력이 분명히 적힌 것이어야 한다) 1부

2) 자격시험의 실시와 방법 등

구분	주요내용
시험의 실시기관	• 지도사자격 시험실시를 대통령령으로 정하는 전문기관에게 대행 • 한국산업인력공단으로 하여금 대행하게 하는 경우 필요하다고 인정하면 시험위원회를 구성·운영
시험의 실시와 합격자의 결정	• 지도사 자격시험의 시험과목, 시험방법, 다른 자격 보유자에 대한 시험 면제의 범위, 그 밖에 필요한 사항은 대통령으로 함. • 지도사 자격시험(이하 "지도사 자격시험"이라 한다) 필기시험과 면접시험으로 구분하여 실시
시험의 실시와 합격자의 결정	• 필기시험은 제1차 시험과 제2차 시험으로 구분하여 실시 • 제1차 시험은 선택형, 제2차 시험은 논문형을 원칙으로 하되, 각각 주관식 단답형을 추가 • 면접시험은 필기시험 합격자 또는 면제자에 대해서만 실시하되, 다음 각 호의 사항을 평가 – 전문지식과 응용능력 – 산업안전·보건 제도에 관한 이해 및 인식 정도 – 상담·지도 능력
지도사 시험의 공고 및 응시원서의 제출 등	• 지도사 자격시험을 시행하려는 경우에는 시험 응시 자격, 시험과목, 일시, 장소, 응시 절차, 그 밖에 자격시험 응시에 필요한 사항을 시험실시 90일 전까지 일간신문에 공고 • 경력증명서를 제출받은 경우 「전자정부법」제36호제1항에 따른 행정정보의 공동이용을 통하여 신청인의 국민연금 가입자 가입증명서 또는 건강보험 자격취득 확인서를 확인

(3) 지도사의 등록 및 교육 등

1) 지도사의 직무개시 등록

① 지도사가 그 직무를 수행하려는 경우에는 고용노동부령으로 정하는 바에 따라 고용노동부장관에게 등록하여야 한다(산안법 제145조제1항). 이 경우 등록한 지도사는 그 직무를 조직적·전문적으로 하기 위하여 법인을 설립할 수 있다(산안법 제145조제2항). 이 경우 법인에 관하여는 「상법」 중 합명회사에 관한 규정을 적용한다(산안법 제145조제6항).

② 다음 각 호의 어느 하나에 해당하는 사람은 제1항에 따른 등록을 할 수 없다(산안법 제145조제3항).

> 1. 피성년후견인 또는 피한정후견인
> 2. 파산선고를 받은 자로서 복권되지 아니한 자
> 3. 금고 이상의 실형을 선고받고 그 집행이 끝나거나(집행이 끝난 것으로 보는 경우를 포함한다) 집행이 면제된 날부터 2년이 지나지 아니한 자
> 4. 금고 이상의 형의 집행유예를 선고받고 그 유예기간 중에 있는 자
> 5. 이 법을 위반하여 벌금형을 선고받고 1년이 지나지 아니한 자
> 6. 제154조에 따라 등록이 취소(이 항 제1호 또는 제2호에 해당하여 등록이 취소된 경우는 제외한다)된 후 2년이 지나지 아니한 자

③ 제1항에 따라 등록을 한 지도사는 고용노동부령으로 정하는 바에 따라 5년마다 등록을 갱신하여야 한다(산안법 제145조제4항). 여기서 등록이란 일정한 법률사실 또는 법률관계를 등록기관에 비치된 장부에 기재하는 것을 말한다.

④ 고용노동부령으로 정하는 지도실적이 있는 지도사만이 제4항에 따른 갱신등록을 할 수 있다. 다만, 지도실적이 기준에 미치지 못하는 지도사는 고용노동부령으로 정하는 보수교육을 받은 경우 갱신등록을 할 수 있다(산안법 제145조제5항).

⑤ 법 제145조제5항 전단에서 "고용노동부령으로 정하는 지도실적"이란 법 제145조제4항에 따른 지도사 등록의 갱신기간 동안 사업장 또는 고용노동부장관이 정하여 고시하는 산업안전·산업보건 관련 기관·단체에서 지도하거나 종사한 실적을 말한다(산안법 시행규칙 제230조제1항).

⑥ 법 제145조제5항 단서에서 지도실적이 기준에 못 미치는 지도사란 제1항에 따른 지도·종사 실적의 기간이 3년 미만인 지도사를 말한다. 이 경우 지도사가 둘 이상의 사업장 또는 기관·단체에서 지도하거나 종사한 경우에는 각각의 지도·종사 기간을 합산한다(산안법 시행규칙 제230조제1항).

⑦ 지도 실적으로 인정받을 수 있는 기관·단체는 법에 따라 등록 또는 지정된 기관·단체를 말하며, 세부적인 인정기준은 별표와 같다(지도사 실적 고시 제2조).

📖 지도실적으로 인정받을 수 있는 기관·단체

관련법령	기관 및 단체
영 제39조제1항	안전·보건교육 위탁기관
영 제39조제2항	건설업 기초안전·보건교육 위탁기관
영 제39조제3항제2호	직무교육 위탁기관
규칙 제15조	안전·보건관리 전문기관
규칙 제93조	건설재해예방 전문지도기관
규칙 제121조	안전인증기관
규칙 제133조	안전검사기관
규칙 제133조	지정검사기관

관련법령	기관 및 단체
규칙 제142조	안전인증대상 기계·기구 등 제조사업 등의 지원 및 등록요건에 해당하는 「국소배기장치 및 전체환기장치 시설업체」
규칙 제182조	석면조사기관
규칙 제198조	작업환경측정기관
규칙 제219조	특수건강진단기관
규칙 제59조	종합 진단기관·안전 진단기관·보건 진단기관

※ 비고 : 기관의 지정업무와 지도사의 자격업무가 동일한 경우에 한정

2) 지도사의 교육

교육의 종류	주요 내용
보수교육	• 지도사의 지도실적이 지도기준에 미치지 못하는 경우 • 보수교육의 시간은 업무교육 및 직업윤리교육의 교육시간을 합산하여 총 20시간 이상 • 지도실적이 2년 이상인 지도사의 교육시간은 10시간 이상 • 공단은 보수교육이 끝난 날부터 10일 이내에 고용노동부장관에게 보고해야 하며, 다음 각 호의 서류를 5년간 보존 　- 보수교육 이수자 명단 　- 이수자의 교육 이수를 확인할 수 있는 서류 • 공단은 보수교육을 받은 지도사에게 보수교육 이수증을 발급
연수교육	• 지도사 직무개시 등록을 하기 전 1년의 범위에서 고용노동부령으로 정하는 연수교육 • 지도사 자격시험의 일부를 면제할 수 있는 자격 및 면제의 범위에 해당하는 사람 중 실무경력이 있는 사람은 연수 교육을 면제 　- 이 경우 실무경력이 있는 사람이란 산업안전 및 산업보건 분야에서 5년 이상 실무에 종사한 경력이 있는 사람을 의미 • 연수 교육의 기간은 업무교육 및 실무 수습 기간을 합산하여 3개월 이상 • 공단이 연수 교육을 실시한 때에는 그 결과를 연수 교육이 끝난 날부터 10일 이내에 고용노동부장관에게 보고해야 하며, 다음 각 호의 서류를 3년간 보존 　- 연수교육 이수자 명단 　- 이수자의 교육 이수를 확인할 수 있는 서류 • 공단은 연수 교육을 받은 지도사에게 연수 교육 이수증을 발급

3) 지도사에 대한 지도 등

① 고용노동부장관은 공단으로 하여금 다음 각 호의 업무를 하게 할 수 있다(산안법 제147조). 지도사의 직무수행과 관련하여 발생하는 분쟁을 예방하거나 해결하는 동시에 자격제도의 발전을 위하여 공적 지원을 하고자 하는 취지이다.

> 1. 지도사에 대한 지도·연락 및 정보의 공동이용 체제의 구축·유지
> 2. 제142조제1항 및 제2항에 따른 지도사의 업무수행과 관련된 사업주의 불만·고충의 처리 및 피해에 관한 분쟁의 조정
> 3. 그 밖에 지도사 업무의 발전을 위하여 필요한 사항으로서 고용노동부령으로 정하는 사항

② 상기 제3호에서 "고용노동부령이 정하는 사항"이란 ⅰ) 지도 결과의 측정과 평가, ⅱ) 지도사의 기술지도 능력 향상 지원, ⅲ) 중소기업 지도 시 지원, ⅳ) 불성실·불공정 지도 행위를 방지하고 건실한 지도 수행을 촉진하기 위한 지도 기준의 마련을 말한다(산안법 시행규칙 제233조).

4) 손해배상의 책임

① 지도사는 업무 수행과 관련하여 고의 또는 과실로 의뢰인에게 손해를 입힌 경우에는 그 손해를 배상할 책임이 있다(산안법 제148조제1항). 지도사는 손해배상책임을 보장하기 위하여 대통령령으로 정하는 바에 따라 보증보험에 가입하거나 그 밖에 필요한 조치를 하여야 한다(산안법 제148조제2항).

② 법 제145조제1항에 따라 등록한 지도사(같은 조 제2항에 따라 법인을 설립한 경우에는 그 법인을 말한다. 이하 이 조에서 같다)는 보험금액이 2천만원(법인의 경우에는 2천만원에 사원인 지도사의 수를 곱한 금액) 이상인 보증보험에 가입해야 한다(산안법 시행령 제108조제1항).

③ 지도사는 제1항의 보증보험금으로 **손해배상을 한 경우에는 그날부터 10일 이내에 다시 보증보험에 가입해야 한다**(산안법 시행령 제108조제2항). 손해배상을 위한 보험가입 및 지급에 관한 사항은 고용노동부령으로 정한다(산안법 시행령 제108조제3항).

④ 손해배상을 위한 보험에 가입한 지도사(법 제145조제2항에 따라 법인을 설립한 경우에는 그 법인을 말한다. 이하 이 조에서 같다)는 가입한 날부터 **20일 이내에 보증보험 가입신고서에 증명서류를 첨부**하여 해당 지도사의 주된 사무소의 소재지(사무소를 두지 않는 경우에는 주소지를 말한다. 이하 같다)를 관할하는 지방고용노동관서의 장에게 제출해야 한다(산안법 시행규칙 제234조제1항).

⑤ 지도사는 해당 보증보험의 보증기간이 만료되기 전에 다시 보증보험에 가입하고 가입한 날부터 20일 이내에 보증보험가입 신고서에 증명서류를 첨부하여 해당 지도사의 주된 사무소의 소재지를 관할하는 지방고용노동관서의 장에게 제출해야 한다(산안법 시행규칙 제234조제2항).

⑥ 의뢰인이 손해배상금으로 보증보험금을 지급받으려는 경우에는 ⅰ) 보증보험금 지급사유 발생 확인신청서에 해당 의뢰인과 지도사 간의 **손해배상합의서**, ⅱ) 화해조서, ⅲ) **법원의 확정판결문 사본**, ⅳ) 그 밖에 이에 준하는 효력이 있는 서류를 첨부하여 해당 지도사의 주된 사무소의 소재지를 관할하는 지방고용노동관서의 장에게 제출해야 한다. 이 경우 지방고용노동관서의 장은 보증보험금 지급사유 발생확인서를 지체 없이 발급해야 한다(산안법 시행규칙 제234조제3항).

(4) 지도사의 준수사항 및 금지행위 등

① 지도사는 항상 품위를 유지하고 신의와 성실로써 공정하게 직무를 수행하여야 한다(산안법 제150조제1항). 지도사는 제142조제1항 또는 제2항에 따른 직무와 관련하여 작성하거나 확인한 서류에 기명·날인하여야 한다(산안법 제150조제2항).

② 지도사는 다음 각 호의 행위를 하여서는 아니 된다(산안법 제151조). 지도사는 직무특성상 공공성과 윤리성이 필요하기 때문이다.

> 1. 거짓이나 그 밖의 부정한 방법으로 의뢰인에게 법령에 따른 의무를 이행하지 아니하게 하는 행위
> 2. 의뢰인으로 하여금 법령에 따른 신고·보고, 그 밖의 의무를 이행하지 아니하게 하는 행위
> 3. 법령에 위반되는 행위에 관해 지도·상담

③ 지도사가 제142조제1항 및 제2항에 따른 직무를 수행하는 데 필요하면 사업주에게 관계 장부 및 서류의 열람을 신청할 수 있다. 이 경우 그 신청이 제142조제1항 또는 제2항에 따른 직무의 수행을 위한 것이면 열람을 신청받은 사업주는 정당한 사유 없이 이를 거부하여서는 아니 된다(산안법 제152조).

④ 지도사는 다른 사람에게 자기의 성명이나 사무소의 명칭을 사용하여 지도사의 직무를 수행하게 하거나 그 자격증이나 등록증을 대여해서는 아니 된다(산안법 제153조).

⑤ 고용노동부장관은 지도사가 다음 각 호의 어느 하나에 해당하는 경우에는 그 등록을 취소하거나 2년 이내의 기간을 정하여 그 업무의 정지를 명할 수 있다. 다만, 제1호부터 제3호까지의 규정에 해당할 때에는 그 등록을 취소하여야 한다(산안법 제154조).

> 1. 거짓이나 그 밖의 부정한 방법으로 등록 또는 갱신등록을 한 경우
> 2. 업무정지 기간 중에 업무를 수행한 경우
> 3. 업무 관련 서류를 거짓으로 작성한 경우
> 4. 제142조에 따른 직무를 수행하는 과정에서 고의 또는 과실로 인하여 중대재해가 발생한 경우
> 5. 제145조제1항제1호부터 제3호까지의 규정 중 어느 하나에 해당하게 된 경우
> 6. 제148조제2항에 따른 보증보험에 가입하지 아니하거나 그 밖에 필요한 조치를 하지 아니한 경우
> 7. 제150조제1항을 위반하거나 같은 조 제2항에 따른 기명날인 또는 서명을 하지 아니한 경우
> 8. 제151조, 제153조 또는 제162조를 위반한 경우

2 예방사업의 지원 및 행정감독 조치 등

(1) 산업재해 예방사업의 지원

① 정부는 사업주, 사업주단체, 근로자단체, 산업재해 예방 관련 전문단체, 연구기관 등이 하는 산업재해 예방사업 중 대통령령으로 정하는 사업에 드는 **경비의 전부 또는 일부를 예산의 범위에서 보조하거나 그 밖에 필요한 지원**(이하 "보조·지원"이라 한다)을 할 수 있다. 이 경우 고용노동부장관은 보조·지원이 산업재해 예방사업의 목적에 맞게 효율적으로 사용되도록 관리·감독을 하여야 한다(산안법 제158조제1항).

② 산업재해의 예방사업 중 대통령령이 정하는 사업에 대하여는 경비의 전부 또는 예산의 범위에서 보조하거나 지원할 수 있다. 여기에서 "대통령령으로 정하는 사업"이란 다음 각 호의 어느 하나에 해당하는 업무와 관련된 사업을 말한다(산안법 시행령 제109조).

1. 산업재해 예방을 위한 방호장치, 보호구, 안전설비 및 작업환경개선 시설·장비 등의 제작, 구입, 보수, 시험, 연구, 홍보 및 정보제공 등의 업무
2. 사업장 안전·보건관리에 대한 기술지원 업무
3. 산업안전·보건 관련 교육 및 전문인력 양성 업무
4. 산업재해예방을 위한 연구 및 기술개발 업무
5. 법 제11조제3호에 따른 노무를 제공하는 자의 건강을 유지·증진하기 위한 시설의 운영에 관한 지원 업무
6. 안전·보건의식의 고취 업무
7. 법 제36조에 따른 위험성평가에 관한 지원 업무
8. 안전검사지원 업무
9. 유해인자의 노출기준 및 유해성·위험성 조사·평가 등에 관한 업무
10. 직업성 질환의 발생 원인을 규명하기 위한 역학조사·연구 또는 직업성 질환 예방에 필요하다고 인정되는 시설·장비 등의 구입 업무
11. 작업환경측정 및 건강진단 지원 업무
12. 법 제126조제2항에 따른 작업환경측정기관의 측정·분석 능력의 확인 및 법 제135조제3항에 따른 특수건강진단기관의 진단·분석 능력의 확인에 필요한 시설·장비 등의 구입 업무
13. 산업의학 분야의 학술 활동 및 인력양성 지원에 관한 업무
14. 그 밖에 산업재해 예방을 위한 업무로서 산업재해보상 및 예방심의위원회의 심의를 거쳐 고용노동부장관이 정하는 업무

③ 고용노동부장관은 보조·지원을 받은 자가 다음 각 호의 어느 하나에 해당하는 경우 보조·지원의 전부 또는 일부를 취소하여야 한다. 다만, 제1호 및 제2호의 경우에는 보조·지원의 전부를 취소하여야 한다(산안법 제158조제2항).

1. 거짓이나 그 밖의 부정한 방법으로 보조·지원을 받은 경우
2. 보조·지원 대상자가 폐업하거나 파산한 경우
3. 보조·지원 대상을 임의매각·훼손·분실하는 등 지원 목적에 적합하게 유지·관리·사용하지 아니한 경우
4. 제1항에 따른 산업재해 예방사업의 목적에 맞게 사용되지 아니한 경우
5. 보조·지원 대상 기간이 끝나기 전에 보조·지원 대상 시설 및 장비를 국외로 이전 설치한 경우
6. 보조·지원을 받은 사업주가 필요한 안전조치 및 보건 조치 의무를 위반하여 산업재해를 발생시킨 경우로서 고용노동부령으로 정하는 경우

④ 고용노동부장관은 ⅰ) 제2항에 따라 보조·지원의 전부 또는 일부를 취소한 경우에는 해당 금액 또는 지원에 상응하는 금액을 환수하되, ⅱ) 같은 항 제1호의 경우에는 지급받은 금액에 상당하는 액수 이하의 금액을 추가로 환수할 수 있다. 다만, 제2항제2호 중 보조·지원 대상자가 파산한 경우에 해당하여 취소한 경우는 그러하지 아니하다(산안법 제158조제3항).

⑤ 법 제158조제2항제6호에서 "고용노동부령으로 정하는 경우"란 보조·지원을 받은 후 3년 이내에 해당 시설 및 장비의 중대한 결함이나 관리상 중대한 과실로 인하여 근로자가 사망한 경우를 말한다(산안법 시행규칙 제237조제1항). 법 제 158조제4항에 따라 보조·지원을 제한할 수 있는 기간은 다음 각 호와 같다(산안법 시행규칙 제237조제2항).

> 1. 법 제158조제2항제1호의 경우 : 3년
> 2. 법 제158조제2항제2호부터 제6호까지 어느 하나의 경우 : 1년
> 3. 법 제158조제2항제2호부터 제6호까지의 어느 하나를 위반한 후 2년 이내에 같은 항 제2호부터 제6호까지의 어느 하나를 위반한 경우 : 2년

⑥ 보조·지원의 전부 또는 일부가 취소된 자에 대하여는 고용노동부령으로 정하는 바에 따라 취소된 날부터 3년 이내의 기간을 정하여 보조·지원을 하지 아니할 수 있다(산안법 제158조제4항).

(2) 영업정지 등의 요청

1) 영업정지 등의 요청

① 고용노동부장관은 사업주가 다음 각 호의 어느 하나에 해당하는 산업재해를 발생시킨 경우에는 관계 행정기관의 장에게 관계 법령에 따라 해당 사업의 영업정지나 그 밖의 제재를 할 것을 요청하거나 「공공기관의 운영에 관한 법률」 제4조에 따른 공공기관의 장에게 그 기관이 시행하는 사업의 발주 시 필요한 제한을 해당 사업자에게 할 것을 요청할 수 있다(산안법 제159조제1항).

> 1. 제38조, 제39조 또는 제63조를 위반하여 많은 근로자가 사망하거나 사업장 인근지역에 중대한 피해를 주는 등 대통령령으로 정하는 사고가 발생한 경우
> 2. 제53조제1항 또는 제3항에 따른 명령을 위반하여 근로자가 업무로 인하여 사망한 경우

② 제1항에 따라 요청을 받은 관계 행정기관의 장 또는 공공기관의 장은 정당한 사유가 없으면 이에 따라야 하며, 그 조치 결과를 고용노동부장관에게 통보하여야 한다(산안법 제159조제2항).

③ 법 제159조제1항제1호에서 "**많은 근로자가 사망하거나 사업장 인근지역에서 중 대한 피해를 주는 등 대통령령으로 정하는 사고**"란 다음 각 호의 어느 하나를 말한다(산안법 시행령 제110조).

> 1. 동시에 2명 이상의 근로자가 사망하는 재해
> 2. 제43조제3항 각 호에 따른 사고

④ 상기규정 제2호에서 "제43조제3항 각 호에 의한 사고"는 유해위험방지계획서의 제출대상이 되는 위험작업 중 발생한 사고를 말한다. 지상높이가 31m 이상인 건축물이나 인공구조물을 건설·개조 또는 해체하는 공사에서 발생하는 사고는 부상이나 사망을 불문하고 영업정지 또는 공사중지의 대상이 된다.

⑤ 고용노동부장관은 사업주가 법 제159조제1항 각 호의 어느 하나에 해당하는 경우에는 관계 행정기관 또는 「공공기관의 운영에 관한 법률」 제6조에 따라 공기업으로 지정된 기관의 장에게 해당 사업주에게 다음 각 호의 어느 하나에 해당하는 처분을 할 것을 요청할 수 있다(산안법 시행규칙 제238조제1항).

> 1. 「건설산업기본법」 제82조제1항제7호에 따른 영업정지
> 2. 「국가를 당사자로 하는 계약에 관한 법률」 제27조, 「지방자치단체를 당사자로 하는 계약에 관한 법률」 제31조 및 「공공기관의 운영에 관한 법률」 제39조에 따른 입찰참가 자격의 제한

⑥ 영 제110조제1호에서 "동시에 2명 이상의 근로자가 사망하는 재해"란 해당 재해가 발생한 때부터 그 사고가 주원인이 되어 72시간 이내에 2명 이상이 사망하는 재해를 말한다(산안법 시행규칙 제238조제2항).

(3) 과징금의 부과처분

1) 업무정지 처분을 대신하여 부과하는 과징금 처분

① 고용노동부장관은 제21조제4항(제74조제4항, 제88조제5항, 제96조제5항, 제126조제5항 및 제135조제6항에 따라 준용되는 경우를 포함한다)에 따라 업무정지를 명하여야 하는 경우에 그 업무정지가 이용자에게 심한 불편을 주거나 공익을 해칠 우려가 있다고 **인정되면 업무정지 처분을 대신하여 10억원 이하의 과징금을 부과할 수 있다**(산안법 제160조제1항).

② 고용노동부장관은 제1항에 따른 과징금을 징수하기 위하여 필요한 경우에는 다음 각 호의 사항을 적은 문서로 관할 세무관서의 장에게 과세 정보 제공을 요청할 수 있다(산안법 제160조제1항).

> 1. 납세자의 인적사항
> 2. 사용 목적
> 3. 과징금 부과기준이 되는 매출 금액
> 4. 과징금 부과사유 및 부과기준

③ 법 제160조제1항에 따라 부과하는 과징금의 부과기준은 [별표 33]과 같다(산안법 시행령 제111조). 이 경우 처분기준인 별표는 법적 성질상 재량준칙으로 보아야 한다는 견해가 있다. 재량준칙은 행정기관의 법집행과 관련하여 허용된 일반적인 재량권의 행사기준을 정하는 행정규칙을 말한다.

④ 재량준칙은 법규범성을 부인하고 행정조직 내부의 사무처리기준에 불과하다는 견해(행정규칙)와 법규범성을 인정하여 행정기관을 기속된다는 견해(법규명령)로 구분된다. 법규명령형식의 재량준칙은 행정기관 내부의 재량권행사의 기준을 법규명령의 형식으로 정한 것을 말한다.

🏛 **[시행령 별표 33]** 업무정지기간별 과징금의 부과기준(제111조 관련)

> **1. 일반기준**
> 가. 업무정지기간은 법 제163조제2항의 업무정지 기준에 따라 부과되는 기간을 말하며, 업무정지기간의 1개월은 30일로 본다.
> 나. 과징금 부과금액은 위반행위를 한 지정기관의 연간 총 매출금액의 1일 평균매출금액을 기준으로 제2호에 따라 산출한다.
> 다. 과징금 부과금액의 기초가 되는 1일 평균매출금액은 위반행위를 한 해당 지정기관에 대한 행정처분일이 속한 연도의 전년도 1년간의 총 매출금액을 365로 나눈 금액으로 한다. 다만, 신규 개설 또는 휴업 등으로 전년도 1년간의 총 매출금액을 산출할 수 없거나 1년간의 총 매출금액을 기준으로 하는 것이 타당하지 않다고 인정되는 경우에는 분기별, 월별 또는 일별 매출금액을 해당 단위에 포함된 일수로 나누어 1일 평균 매출금액을 산정한다.
> 라. 나목에 따라 산출한 과징금 부과금액이 10억원을 넘는 경우에는 과징금 부과금액을 10억원으로 한다.
> 마. 고용노동부장관은 위반행위의 동기, 내용 및 횟수 등을 고려하여 다목에 따른 과징금 부과금액의 2분의 1 범위에서 과징금을 늘리거나 줄일 수 있다. 다만, 늘리는 경우에도 과징금 부과금액의 총액은 10억원을 넘을 수 없다.
>
> **2. 과징금의 산정방법**
>
> 과징금 부과금액 = 위반사업자 1일 평균매출금액 × 업무정지 일수 × 0.1

⑤ 고용노동부장관은 제1항에 따른 과징금 부과처분을 받은 자가 납부기한까지 과징금을 내지 아니하면 국세 체납처분의 예에 따라 이를 징수한다(산안법 제160조제3항). **과징금을 부과하는 위반행위의 종류 및 위반 정도 등에 따른 과징금의 금액, 그 밖에 필요한 사항**은 대통령령으로 정한다(산안법 제160조제4항).

⑥ 고용노동부장관은 법 제160조제1항에 따라 과징금을 부과하려는 경우에는 위반행위의 종류와 해당 과징금의 금액 등을 고용노동부령으로 정하는 바에 따라 구체적으로 밝혀 과징금을 낼 것을 서면으로 알려야 한다(산안법 시행령 112조제1항). 이 경우 통지를 받은 자는 **통지받은 날부터 30일 이내**에 고용노동부장관이 정하는 수납기관에 과징금을 내야 한다. 다만, 천재지변이나 그 밖의 부득이 한 사유로 그 기간 내 과징금을 낼 수 없는 경우에는 그 사유가 없어진 날부터 15일 이내에 내야 한다(산안법 시행령 112조제2항).

2) 도급금지 등 의무위반에 따른 과징금 부과

① 고용노동부장관은 사업주가 다음 각 호의 어느 하나에 해당하는 경우에는 10억원 이하의 과징금을 부과·징수할 수 있다(산안법 제161조제1항).

> 1. 제58조제1항을 위반하여 도급한 경우
> 2. 제58조제2항제2호 또는 제59조제1항을 위반하여 승인을 받지 아니하고 도급한 경우
> 3. 제60조를 위반하여 승인을 받아 도급받은 작업을 재하도급한 경우

② 고용노동부장관은 제1항에 따른 과징금을 부과하는 경우에는 다음 각 호의 사항을 고려하여야 한다(산안법 제161조제2항).

> 1. 도급 금액, 기간 및 횟수 등
> 2. 관계수급인 근로자의 산업재해 예방에 필요한 조치 이행을 위한 노력의 정도
> 3. 산업재해 발생 여부

③ 고용노동부장관은 제1항에 따른 과징금을 내야 할 자가 납부기한까지 내지 아니하면 납부기한의 다음 날부터 과징금을 납부한 날의 전날까지의 기간에 대하여 내지 아니한 과징금의 연 6/100의 범위에서 대통령령으로 정하는 가산금을 징수한다. 이 경우 가산금을 징수하는 기간은 60개월을 초과할 수 없다(산안법 제161조제3항).

④ 고용노동부장관은 제1항에 따른 과징금을 내야 할 자가 납부기한까지 내지 아니하면 기간을 정하여 독촉을 하고, 그 기간 내에 제1항에 따른 과징금 및 제3항에 따른 가산금을 내지 아니하면 국세 체납처분의 예에 따라 징수한다(산안법 제161조제4항).

⑤ 법 제161조제1항의 규정에 따라 부과하는 과징금의 금액은 같은 조 제2항 각 호의 사항을 고려하여 [별표 34]의 과징금 산정기준을 적용하여 산정한다(산안법 시행령 제113조제1항).

🏛 **[시행령 별표 34] 과징금의 부과기준 및 산정기준**(제113조제1항 관련)

> **1. 일반기준**
> 과징금은 법 제161조제1항 각 호의 경우, 같은 조 제2항 각 호의 사항 및 구체적인 위반행위의 내용 등을 종합적으로 고려하여 그 금액을 산정한다.
>
> **2. 과징금의 구체적 산정기준**
> 고용노동부장관은 제1호에 따라 과징금의 금액을 산정하되, 가목의 위반행위 및 도급금액에 따라 산출되는 금액(이하 "기본 산정금액"이라 한다)에 나목의 위반 기간 및 횟수에 따른 조정(이하 "1차 조정"이라 한다)과 다목의 관계수급인 근로자의 산업재해 예방에 필요한 조치 이행을 위한 노력의 정도 및 산업재해(도급인 및 관계수급인의 근로자가 사망한 경우 또는 3일 이상의 휴업이 필요한 부상을 입거나 질병에 걸린 경우로 한정한다. 이하 이 별표에서 같다)의 발생 빈도에 따른 조정(이하 "2차 조정"이라 한다)을 거쳐 과징금 부과액을 산정한다. 다만, 산정된 과징금이 10억원을 초과하는 경우에는 10억원으로 한다.
>
> 가. 위반행위 및 도급금액에 따른 산정기준
>
> | 위반행위 | 근거 법조문 | 기본산정금액 |
> |---|---|---|
> | 가. 법 제58조제1항을 위반하여 도급하여 도급한 경우 | 법 제161조제1항제1호 | 연간 도급금액의 50/100 |
> | 나. 법 제58조제2항제2호를 위반하여 승인을 받지 않고 도급한 경우 | 법 제161조제1항제2호 | 연간 도급금액의 40/100 |
> | 다. 법 제59조제1항을 위반하여 승인을 받지 않고 도급한 경우 | 법 제161조제1항제2호 | 연간 도급금액의 40/100 |

위반행위	근거 법조문	기본산정금액
라. 법 제60조를 위반하여 승인을 받아 도급받은 작업을 재도급한 경우	법 제161조제1항제3호	연간 도급금액의 50/100

※ 비고 : 도급금액은 다음 각 호에 따라 산출한다.
 1. 도급금지 등 의무위반이 있는 작업과 의무위반이 없는 작업을 함께 도급한 경우 각 작업별로 도급금액을 산출할 수 있으면 의무위반이 있는 작업의 금액만을 도급금액으로 하고, 각 작업을 분리할 수 없어 각 작업별로 도급금액을 산출할 수 없으면 해당 작업의 상시근로자 수에 따른 비율로 도급금액을 추계한다.
 2. 도급금지와 도급승인을 함께 위반한 경우 등 2가지 이상 위반행위가 중복되는 경우에는 중대한 위반행위의 도급금액을 기준으로 한다.

나. 1차 조정 기준
  1) 위반 기간에 따른 조정

위반 기간	가중치
1년 이내	-
1년 초과 2년 이내	기본 산정금액 × 20/100
2년 초과 3년 이내	기본 산정금액 × 50/100
3년 이상	기본 산정금액 × 80/100

  2) 위반 횟수에 따른 조정

위반 횟수	가중치
3년간 1회 이상	기본 산정금액 × 20/100
3년간 2회 이상	기본 산정금액 × 50/100
3년간 3회 이상	기본 산정금액 × 80/100

  3) 위반 기간과 위반 횟수에 따른 조정에 모두 해당하는 경우에는 해당 가중치를 합산한다.

다. 2차 조정 기준
  1) 관계수급인 근로자의 산업재해 예방에 필요한 조치 이행을 위한 노력의 정도

조치 이행의 노력	감경치
3년간 법 제63조부터 제66조까지의 규정에 따른 도급인의 의무사항 이행 여부에 대한 근로감독의 점검을 받은 결과 해당 규정 위반을 이유로 행정처분을 받지 않은 경우	1차 조정기준에 따른 금액 × 50/100 감경
3년간 법 제63조부터 제66조까지의 규정에 따른 도급인의 의무사항 이행 여부에 대한 근로감독의 점검을 받지 않은 경우 또는 해당 점검을 받은 결과 법 제63조부터 제66조까지의 규정 위반을 이유로 행정처분을 받지 않은 경우	-

  2) 산업재해 발생 빈도

산업재해 발생 빈도	가중치
3년간 미발생	-
3년간 1회 이상 발생	1차 조정기준에 따른 금액 × 20/100

3) 산업재해 예방에 필요한 조치 이행을 위한 노력의 정도와 산업재해 발생 빈도에 따른 조정에 모두 해당하는 경우에는 해당 감경치와 가중치를 합산한다.

3. 비고
가. 이 표에서 "위반 기간"이란 위반행위가 있었던 날부터 위반행위가 적발된 날까지의 기간을 말한다.
나. 이 표에서 3년간이란 위반행위가 적발된 날부터 최근 3년간을 말한다.

⑥ 법 제161조제3항 전단에서 "대통령령으로 정하는 가산금"이란 과징금 납부기한이 지난날부터 매 1개월이 지날 때마다 체납된 과징금의 1천분의 5에 해당하는 금액을 말한다(산안법 시행령 제113조제2항).

⑦ 산업안전보건법 위반자에 대하여 부과권자는 과징금 부과처분을 하고자 할 경우 「행정절차법」 제22조에 따라 의견청취 기회를 부여하여야 한다. 이 경우 **10일 이상의 기간**을 정하여 처분의 상대방 또는 그 대리인(이하 "당사자 등")에게 의견진술의 기회를 부여하고, 당사자 등이 구술로 진술한 때는 서면으로 그 진술의 요지와 진술자를 기록하여야 한다.

⑧ 천재 · 지변 기타 부득이한 사유로 당사자 등이 의견진술 기간 내에 의견을 진술할 수 없을 때에는 그 사유가 **소멸한 날부터 5일 이내에 의견진술**을 받도록 하고 있다.

⑨ 지정된 기간 내에 과징금을 납부하지 아니한 때에는 납부 기한 종료일부터 7일 이내 납입독촉장을 발부하며, 이 경우 납입기한은 독촉장 발부일부터 10일 이내로 정한다.

⑩ 부과권자는 과징금 부과 · 징수가 위법 또는 부당한 것임을 확인한 때에는 즉시 그 처분을 취소하거나 변경하여야 하며, 이를 처분대상자에게 통지하여야 한다. 과징금 부과 처분에 대하여는 행정심판이나 행정소송을 제기할 수 있다.

3 당사자의 준수사항

(1) 비밀유지의무

1) 비밀유지의무의 정의
① 비밀유지의무란 **개인 또는 기업의 직무를 수행하는 과정에서 알게 된 정보를 누설하거나 공개하지 아니할 의무**를 말한다. 여기서 비밀이란 스스로 처리하는 직무에 관한 비밀뿐만 아니라 직무에 관하여 지득한 내용도 포함한다.
② 직무과정에서 알게 된 정보를 다른 목적으로 사용하는 경우에도 산업안전보건법에 위반된다. 다만, 이 법과 다른 법률에 의하여 해당법률의 목적에 부합되는 경우에는 예외적으로 허용된다.

2) 비밀유지사항
① 다음 각 호의 어느 하나에 해당하는 자는 업무상 알게 된 비밀을 누설하거나 도용해서는 아니된다. 다만, 근로자의 건강장해를 예방하기 위하여 고용노동부장관이 필요하다고 인정하는 경우에는 예외로 한다(산안법 제162조).

> 1. 제42조에 따라 제출된 유해위험방지계획서를 검토하는 자
> 2. 제44조에 따라 제출된 공정안전보고서를 검토하는 자
> 3. 제47조에 따른 안전보건진단을 하는 자
> 4. 제84조에 따른 안전인증을 하는 자
> 5. 제89조에 따른 신고 수리에 관한 업무를 하는 자
> 6. 제93조에 따른 안전검사를 하는 자
> 7. 제98조에 따른 자율검사프로그램의 인정업무를 하는 자
> 8. 제108조제1항 및 제109조제1항에 따라 제출된 유해성·위험성 조사보고서 또는 조사 결과를 검토하는 자
> 9. 제110조제1항부터 제3항까지의 규정에 따라 물질안전보건자료 등을 제출받는 자
> 10. 제112조제2항, 제5항 및 제112조의2제2항에 따라 대체자료의 승인, 연장승인 여부를 검토하는 자 및 제112조제10항에 따라 물질안전보건자료의 대체자료를 제공받은 자
> 11. 제129조부터 제131조까지의 규정에 따라 건강진단을 하는 자
> 12. 제141조에 따른 역학조사를 하는 자
> 13. 제145조에 따라 등록한 지도사

② 여기서 도용이란 경영비밀이나 기밀자료를 이용하는 행위를 말하며, 영리나 비영리의 목적에 상관없이 이용하거나 타인에게 제공하는 것도 금지된다.

(2) 서류의 보존

1) 서류의 보존 및 연장

사업주는 다음 각 호의 서류를 3년(제2호의 경우 2년)간 보존하여야 한다. 다만, 고용노동부령으로 정하는 바에 따라 보존기간을 연장할 수 있다(산안법 제164조제1항).

> 1. 안전보건관리책임자·안전관리자·보건관리자·안전보건관리담당자 및 산업보건의의 선임에 관한 서류
> 2. 제24조제3항 및 제75조제4항에 따른 회의록
> 3. 안전조치 및 보건조치에 관한 사항으로서 고용노동부령으로 정하는 사항을 적은 서류
> 4. 제57조제2항에 다른 산업재해의 발생원인 등 기록
> 5. 제108조제1항 본문 및 제109조제1항에 따른 화학물질의 유해성·위험성 조사에 관한 서류
> 6. 제125조에 따른 작업환경측정에 관한 서류
> 7. 제129조부터 제131조까지의 규정에 따른 건강진단에 관한 서류

2) 작업환경측정결과의 서류보존

① 법 제164조제1항 단서에 따라 제188조에 따른 작업환경측정 결과를 기록한 서류는 보존(전자적 방법으로 하는 보존을 포함한다)기간을 5년으로 한다. 다만, 고용노동부장관이 정하여 고시하는 물질에 대한 기록이 포함된 서류는 그 보존기간을 30년으로 한다(산안법 시행규칙 제241조제1항). 작업환경의 측정에 관한 서류는 측정결과에 관한 서류와 지정측정기관이 실시한 측정에 관한 서류로 구분하여 보존기간을 달리 정한다.

② 작업환경측정기관은 작업환경측정에 관한 사항으로서 고용노동부령으로 정하는 사항을 적은 서류를 3년 동안 보존하여야 한다(산안법 제164조제4항). 법 제164조제4항에서 "고용노동부령으로 정하는 사항"이란 다음 각 호를 말한다(산안법 시행규칙 제241조제4항).

> 1. 측정 대상 사업장의 명칭 및 소재지
> 2. 측정 연월일
> 3. 측정을 한 사람의 성명
> 4. 측정방법 및 측정 결과
> 5. 기기를 사용하여 분석한 경우에는 분석자·분석방법 및 분석자료 등 분석과 관련된 사항

3) 건강진단서류의 보존

법 제164조제1항 단서에 따라 사업주는 제209조제3항에 따라 송부 받은 건강진단 결과표 및 법 제133조 단서에 따라 근로자가 제출한 건강진단 결과를 증명하는 서류(이들 자료가 전산입력된 경우에는 그 전산입력된 자료를 말한다)를 5년간 보존하여야 한다. 다만, 고용노동부장관이 정하여 고시하는 물질을 취급하는 근로자에 대한 건강진단 결과의 서류 또는 전산입력 자료는 30년간 보존하여야 한다(산안법 시행규칙 제241조제2항).

4) 안전인증 관련서류의 보존

① 안전인증 또는 안전검사의 업무를 위탁받은 ⅰ) 안전인증기관 또는 안전검사기관은 안전인증·안전검사에 관한 사항으로서 고용노동부령으로 정하는 서류를 3년 동안 보존하여야 하고, ⅱ) 안전인증을 받은 자는 제84조제5항에 따라 안전인증대상기계 등에 대하여 기록한 서류를 3년 동안 보존하여야 하며, ⅲ) 자율안전확인대상기계 등을 제조하거나 수입하는 자는 자율안전기준에 맞는 것임을 증명하는 서류를 2년 동안 보존하여야 하고, ⅳ) 제98조제1항에 따라 자율안전검사를 받은 자는 자율검사프로그램에 따라 실시한 검사 결과에 대한 서류를 2년 동안 보존하여야 한다(산안법 제164조제2항).

② 법 제164조제2항에서 "고용노동부령으로 정하는 서류"란 다음 각 호의 서류를 말한다(산안법 시행규칙 제241조제3항).

> 1. 제108조제1항에 따른 안전인증 신청서(첨부서류를 포함한다) 및 제110조에 따른 심사와 관련하여 인증기관이 작성한 서류
> 2. 제124조에 따른 안전검사 신청서 및 검사와 관련하여 안전검사기관이 작성한 서류

5) 석면조사 관련서류의 보존

일반석면조사를 한 ⅰ) 건축물·설비소유주 등은 그 결과에 관한 서류를 그 건축물이나 설비에 대한 해체·제거작업이 종료될 때까지 보존하여야 하고, ⅱ) 기관석면조사를 한 건축물·설비소유주 등과 석면조사기관은 그 결과에 관한 서류를 3년 동안 보존하여야 한다(산안법 제164조제3항).

6) 지도사의 업무관련 서류

① 지도사는 그 업무에 관한 사항으로서 고용노동부령으로 정하는 사항을 적은 서류를 5년 동안 보존하여야 한다(산안법 제164조제5항).

② 법 제164조제5항에서 "고용노동부령으로 정하는 사항"이란 다음 각 호를 말한다(산안법 시행규칙 제241조제5항).

> 1. 의뢰자의 성명(법인의 경우는 그 명칭) 및 주소
> 2. 의뢰를 받은 연월일
> 3. 실시항목
> 4. 의뢰자로부터 받은 보수액

7) 석면해체·제거업자의 보존서류

① 석면해체·제거업자는 제122조제3항에 따른 석면해체·제거작업에 관한 서류 중 고용노동부령으로 정하는 서류를 30년 동안 보존하여야 한다(산안법 제164조제6항). 여기서 "고용노동부령으로 정하는 사항"이란 다음 각 호를 말한다(산안법 시행규칙 제241조제6항).

> 1. 석면해체·제거작업장의 명칭 및 소재지
> 2. 석면해체·제거작업 근로자의 인적사항(성명, 생년월일 등을 말한다)
> 3. 작업의 내용 및 작업기간

② 산업안전보건법 제164조제6항을 위반하여 석면해체·제거업자의 서류를 보존하지 않은 경우 300만원 이하의 과태료를 부과한다(산안법 시행령 제119조). 제1항부터 제6항까지의 경우 전산입력자료가 있을 때에는 그 서류를 대신하여 전산입력자료를 보존할 수 있다(산안법 제164조제7항).

📖 서류의 보존기간 및 관련법령조항

보존기간	보존서류의 유형	관련법령조항
30년	• 석면해체·제거업자의 업무에 관한 서류 • 작업환경측정결과를 기록한 서류 중 노동부장관이 고시하는 물질에 대한 기록이 포함된 서류	법 제164조제6항 단서 시행규칙 241조제1항
	• 노동부장관이 고시하는 발암성 확인 물질을 취급하는 근로자에 대한 건강진단결과서류 또는 전산입력자료	법 제164조제1항 단서 시행규칙 제241조 단서
5년	• 작업환경측정결과를 기록한 서류	법 제164조제1항 시행규칙 제241조제1항
	• 건강진단에 관한 서류 중 건강진단결과표 및 근로자가 제출한 건강진단결과를 증명하는 서류	법 제164조제1항 시행규칙 제241조제2항
	• 산업안전·보건지도사가 업무에 관한 사항을 기재한 서류	법 제164조제5항 시행규칙 제241조제5항

보존기간	보존서류의 유형	관련법령조항
3년	• 관리책임자 · 안전관리자 · 보건관리자 및 산업보건의의 선임에 관한 서류 • 안전조치 및 보건조치에 관한 사항으로서 고용노동부령으로 정하는 사항을 적은 서류	법 제164조제1항
	• 화학물질의 유해 · 위험성조사에 관한 서류	법 제164조제1항
	• 작업환경측정에 관한 서류(5년 보존서류 제외)	법 제164조제1항
	• 건강진단에 관한 서류(5년 보존서류 제외)	법 제164조제1항
	• 작업환경측정기관이 작업환경측정에 관한 사항을 기재한 서류 • 산업재해의 발생원인 등 기록	법 제164조제4항
	• 안전인증 · 안전검사 · 안전인증대상기계 등에 관한 서류	법 제164조제2항
	• 석면조사 결과에 대한 서류	법 제164조제3항
2년	• 산업안전보건위원회 및 노사협의체의 회의록 • 자율안전기준에 맞는 것임을 증명하는 서류 • 자율검사프로그램에 따라 실시하는 검사결과 기록 서류	법 제164조제2항

02 감독과 벌칙

1 감독상의 조치

(1) 감독상 조치의 정의

1) 감독상 조치의 정의

① 감독상의 조치는 **산업안전보건법의 각종 의무사항을 준수하도록 하고, 잘못을 시정하거나 물품을 수거하여 폐기하는 등의 행정집행을 위한 조치사항**을 말한다. 감독상의 조치는 재해발생의 위험이 있을 경우 사용중지나 작업중지 명령을 할 수 있다.

② **감독상의 조치**란 산업안전보건법의 명령에 대한 실효성을 확보하기 위한 행정조치를 의미한다. 감독상의 조치는 행정기관이 행정권을 발동하여 강제하는 처분으로서, 감독상의 조치가 위법 또는 월권에 해당하면 그 집행을 정지하도록 행정심판이나 행정소송을 제기할 수 있다.

2) 감독대상과 중대재해의 특별감독

① 사업장감독은 **정기감독 · 예방감독 · 기획감독 · 특별감독으로 구분**하며, 대형사고의 발생이나 중대재해 다발 사업장은 특별감독을 실시한다.

② 산업안전보건 분야의 감독 종류는 「근로감독관 집무규정(개정 2024. 9. 6. 고용노동부훈령 제521호, 이하 "감독규정"이라 한다)」 제9조에서 규정하고 있다. 이 훈령에서 사업장 감독이란 감독관이 산안법 제155조에 따라 감독 대상 사업장의 산안법 위반 여부를 조사하는 활동을 말한다(감독규정 제9조제1항). 제1항의 감독의 종류는 다음 각 호의 구분에 따른다(감독규정 제9조제2항).

> 1. "일반감독"은 사업장 안전보건감독 종합계획에 따라 실시하거나, 다음 각 목의 어느 하나에 해당하는 사업장 또는 업종을 대상으로 실시하는 감독을 말한다.
>   가. 산안법 시행규칙 제3조에 따른 중대재해 또는 산안법 제44조제1항에 따른 중대산업사고가 발생한 사업장
>   나. 산업재해예방을 위해 감독이 필요하다고 판단하여 장관이 지방관서장에게 지시하거나 지방관서장이 필요하다고 판단한 사업장 또는 업종
> 2. "특별감독"은 다음 각 목의 어느 하나에 해당하는 경우 그 사업 또는 사업장을 대상으로 산업안전보건본부장(이하 "본부장"이라 한다), 지방고용노동청장(이하 "지방청장"이라 한다) 또는 경기지청장이 실시하는 감독을 말한다.
>   가. 하나의 사업장에서 안전·보건상의 조치미비로 동시에 2명 이상이 사망한 경우
>   나. 하나의 사업장에서 안전·보건상의 조치미비로 최근 1년간 3회 이상의 사망재해가 발생한 경우
>   다. 하나의 사업장에서 작업중지 등 명령 위반으로 중대재해 등이 발생한 경우

③ 감독은 감독관이 사업장에 방문하여 감독을 실시함을 원칙으로 한다(감독규정 제14조제1항). 감독은 감독관의 관할구역에 관계없이 무작위 추출 또는 순환제로 감독관을 편성하여 실시하여야 한다(감독규정 제14조제2항). 감독관은 감독을 수행할 때에는 [별표 1]에 기재된 장부와 서류의 제출을 요구하여 이를 조사·확인하여야 한다(동조 제8항).

🏛 [감독규정 별표 1] 감독 시 확인 주요서류(제14조 관련)

구분	조사·확인 서류
공통 분야	• 고용노동부관련 문서철(산업안전보건분야 관련) • 안전보건관리규정, 단체협약, 취업규칙, 근로자 명부 • 산업안전보건위원회 구성 및 운영 관련 서류 • 관리책임자, 안전·보건관리자 등 안전·보건관계자 선임 관련 서류 • 위험성평가에 관한 서류 • 안전·보건관계자(관리감독자 포함) 직무수행 관계 서류 • 사업장 내 안전·보건교육 관련 서류 • 산업안전·보건 인·허가 및 승인 관련 서류 • 명예산업안전감독관 위촉 및 활동에 관한 사항 • 보호구 지급 및 관리에 관한 서류 • 재해발생 원인분석 및 대책수립·시행 등 산업재해 관련 서류 • 안전·보건진단 관련 서류 • 화학물질에 대한 원·부자재 입출고 현황 • 도급사업 시 안전·보건조치에 관한 서류 • 그 밖의 법령 이행여부 확인을 위해 필요하다고 판단되는 서류
산업안전 분야	• 공정안전보고서 관련 서류 • 유해·위험방지계획서 관련 서류 • 법령에 의한 위험기계·기구검사 및 자율검사프로그램에 관한 서류 • 위험기계·기구, 방호장치 및 보호구에 대한 안전인증 및 자율안전 확인 관련 서류 등

구분	조사·확인 서류
건설안전 분야	• 산업안전보건관리비 계상 및 집행현황 • 유해·위험방지계획서 관련 서류 • 안전·보건 협의체 구성 및 운영, 순회점검 등 관련 서류 • 재해예방전문지도기관 기술지도 관련 서류 등
산업보건환경 분야	• 근로자 건강진단 실시 및 사후조치에 관한 서류 • 작업공정별 유해인자의 종류, 사용량, 사용실태 관련 자료 • 작업환경측정 실시 및 개선에 관한 서류 • 유해작업 도급관계 서류 • MSDS 이행실태에 관한 서류 • 석면작업에 관한 서류 등

(2) 감독상의 조치기준

1) 감독상의 조치

구분	조치사항
안전점검 및 제품·원료 등의 수거	• 이 법 또는 이 법에 따른 명령을 시행하기 위하여 필요한 경우 • 고용노동부령으로 정하는 경우에는 법 제51조제1항 각 호의 장소에 출입하여 사업주, 근로자 또는 안전보건관리책임자 등(이하 "관계인"이라 한다)에게 질문을 하고, ⅱ) 장부·서류, 그 밖의 물건의 검사 및 안전·보건점검을 하며, ⅲ) 검사에 필요한 한도에서 무상으로 제품·원재료 또는 기구를 수거할 수 있음. • 기계·설비 등에 대한 검사를 할 수 있으며, 검사에 필요한 한도에서 무상으로 제품·원재료 또는 기구를 수거 • 근로감독관은 다음 각 호의 어느 하나에 해당하는 경우 법 제155조제1항에 따라 질문·검사·점검하거나 관계서류의 제출을 요구 – 산업재해가 발생하거나 산업재해 발생의 급박한 위험이 있는 경우 – 근로자의 신고 또는 고소·고발 등에 대한 조사가 필요한 경우 – 법 또는 법에 따른 명령을 위반한 범죄의 수사 등 사법경찰관리의 직무를 수행하기 위하여 필요한 경우 – 그 밖에 고용노동부장관 또는 지방고용노동관서의 장이 법 또는 법에 따른 명령의 위반 여부를 조사하기 위하여 필요하다고 인정하는 경우
보고 및 출석 명령	• 이 법 또는 이 법에 따른 명령의 시행을 위하여 필요하다고 인정하는 경우에는 관계인에게 보고 또는 출석을 명령 • 보고 또는 출석의 명령을 하려는 경우에는 7일 이상의 기간을 부여, 긴박한 경우 예외 • 보고 또는 출석의 명령은 문서로 해야 함.
공단 소속 직원의 검사 및 지도 등	• 공단이 위탁받은 업무를 수행하기 위하여 필요하다고 인정할 때 • 공단 소속 직원으로 하여금 사업장에 출입하여 산업재해 예방에 필요한 검사 및 지도 등을 하게 하거나, 역학조사를 위하여 필요한 경우 관계자에게 질문하거나 필요한 서류의 제출을 요구 • 검사 또는 지도업무 등을 하였을 때에는 그 결과를 고용노동부장관에게 보고
감독기관에 대한 신고	• 이 법 또는 이 법에 따른 명령을 위반한 사실이 있으면 근로자는 그 사실을 고용노동부장관 또는 근로감독관에게 신고 • 의사, 치과의사 또는 한의사는 3일 이상의 입원치료가 필요한 부상 또는 질병이 환자의 업무와 관련성이 있다고 판단되는 경우 신고 • 신고를 이유로 해당 근로자에 대하여 해고나 그 밖의 불리한 처우를 하지 못함.

2 벌칙

(1) 벌칙의 정의와 유형

1) 벌칙의 정의
   ① 벌칙은 **행정법규를 위반한 행정범에 대한 형사처벌**을 말한다. 산업재해예방을 위해 사업주 등에게 안전보건의무를 부과하고 있으나, 이를 강제할 담보적 장치가 없으면 법령 준수를 하지 아니할 것이다.
   ② 산업안전보건법 제12장에서는 법적 담보수단으로서 벌칙규정을 두어 실효성을 확보하고 있다. 이러한 벌칙규정은 법규위반에 대한 책임추궁을 함으로써 그 위반을 예방하려는 것이므로 형사법적인 성격을 지닌다.

2) 벌칙의 유형
   ① 산업안전보건법은 벌칙의 유형을 징역 또는 벌금(행정형벌)과 과태료(행정질서벌)로 구분하고 있다. **행정형벌**에는 ⅰ) 징역·금고·벌금 등이 있으며, ⅱ) 사법경찰관(근로감독관)의 수사 및 사건 송치, ⅲ) 검사의 기소, ⅳ) 법원의 재판 등의 절차를 거쳐 확정된다.
   ② **행정질서벌**에는 과태료·범칙금 등이 있으며, 통상 해당 법령 소관 행정관청이 부과·징수한다.

(2) 형벌의 종류와 수강명령

1) 형벌의 종류와 적용
   ① 산업안전보건법 제167조, 제168조, 제169조, 제170조부터 제172조까지 이 법 규정 또는 법에 근거한 명령위반을 경중에 따라 형벌을 6가지로 구분하고 있다. 이 경우 범죄유형은 기본범죄와 결과적 가중처벌로 구분할 수 있다.

법 조항		벌칙 규정
제38조제1항~제3항 (안전조치)	사망재해	7년 이하의 징역 또는 1억원 이하의 벌금
	부상 또는 질병	5년 이하의 징역 또는 5천만원 이하의 벌금
제39조제1항 (보건조치)	사망재해	7년 이하의 징역 또는 1억원 이하의 벌금
	부상 또는 질병	5년 이하의 징역 또는 5천원 이하의 벌금
제41조제3항 (고객의 폭언 등으로 인한 건강장해 예방조치)		1년 이하의 징역 또는 1천만원 이하의 벌금
제42조제4항 후단 (작업중지 또는 유해위험방지계획서의 변경 명령)		5년 이하의 징역 또는 5천만원 이하의 벌금
제44조제1항 후단 (공정안전보고서의 적합 통보 전 설비가동 금지)		3년 이하의 징역 또는 3천만원 이하의 벌금
제45조제1항 후단 (공정안전보고서의 심사 및 변경 명령)		3년 이하의 징역 또는 3천만원 이하의 벌금

법 조항	벌칙 규정
제46조제5항 (공정안전보고서의 변경 명령 및 수정 제출 명령)	3년 이하의 징역 또는 3천만원 이하의 벌금
제51조 (사업주의 작업중지)	5년 이하의 징역 또는 5천만원 이하의 벌금
제53조제1항 (기계·설비 등에 대하여 사용중지·대체·제거 또는 시설의 개선 등 시정조치 명령)	3년 이하의 징역 또는 3천만원 이하의 벌금
제53조제3항 (시정조치 명령 위반과 작업의 전부 또는 일부 중지 명령)	5년 이하의 징역 또는 5천만원 이하의 벌금
제54조제1항 (중대재해 발생 시 사업주의 작업중지 등 조치)	5년 이하의 징역 또는 5천만원 이하의 벌금
제55조제1항 (중대재해 발생 시 고용노동부장관의 작업중지 명령) 및 제2항	5년 이하의 징역 또는 5천만원 이하의 벌금
제56조제3항 (중대재해 발생 현장을 훼손하거나 원인 조사를 방해한 자)	1년 이하의 징역 또는 1천만원 이하의 벌금
제57조제1항 (산업재해 발생 사실을 은폐한 자 또는 은폐하도록 교사하거나 공모한 자)	1년 이하의 징역 또는 1천만원 이하의 벌금
제58조제3항 (유해위험작업의 도급금지와 수급인이 보유한 기술의 전문성이 있거나 사업운영에 필수불가결하다는 승인을 거짓이나 허위로 받은 경우)	3년 이하의 징역 또는 3천만원 이하의 벌금
제58조제5항 후단 (유해위험작업의 연장승인)에 따른 안전 및 보건에 관한 평가 업무를 제165조제2항(권한 등의 위탁·위임)에 따라 위탁받은 자로서 그 업무를 거짓이나 그 밖의 부정한 방법으로 수행한 자	3년 이하의 징역 또는 3천만원 이하의 벌금
제63조 (도급인의 안전조치 및 보건조치)	3년 이하의 징역 또는 3천만원 이하의 벌금
제65조제1항 (도급인의 안전보건에 관한 정보제공)	1년 이하의 징역 또는 1천만원 이하의 벌금
제69조제1항 (공사기간의 단축금지) 및 제2항(공법의 변경금지)	1천만원 이하의 벌금
제76조 (기계·기구 등에 대한 건설공사도급인의 안전조치)	3년 이하의 징역 또는 3천만원 이하의 벌금
제81조 (기계·기구 등의 대여자 등의 조치)	3년 이하의 징역 또는 3천만원 이하의 벌금
제82조제2항 (등록된 자에 의한 타워크레인의 설치·해체업의 작업)	3년 이하의 징역 또는 3천만원 이하의 벌금

법 조항	벌칙 규정
제84조제1항 (안전인증대상기계 등의 안전인증) 및 제3항(성능평가)에 의한 위탁기간의 거짓이나 부정한 방법에 의한 안전인증	3년 이하의 징역 또는 3천만원 이하의 벌금
제85조제2항 (안전인증표시) 및 제3항(제조·수입·양도·대여자의 안전인증표시 변경금지)	1년 이하의 징역 또는 1천만원 이하의 벌금
제85조제4항 (안전인증표시 및 유사표시의 제거 명령)	1년 이하의 징역 또는 1천만원 이하의 벌금
제87조제1항 (안전인증대상기계 등의 제조 등의 금지)에 따른 제조·수입·양도·대여·사용하거나 진열 금지)	3년 이하의 징역 또는 3천만원 이하의 벌금
제87조제2항 (안전인증대상기계기구 등의 수거·파기 명령)	3년 이하의 징역 또는 3천만원 이하의 벌금
제90조제2항 (미신고 자율안전확인표시 또는 유사광고) 및 제3항(자율안전확인표시의 임의변경금지), 제4항(자율안전확인표시 또는 유사표시의 제거명령)	1천만원 이하의 벌금
제92조제1항 (자율안전확인대상기계 등의 제조 등의 금지) 및 제2항(자율안전확인대상기계 등의 수거·파기명령)	1년 이하의 징역 또는 1천만원 이하의 벌금
제93조제1항 (유해·위험한 기계기구 등 안전검사)	3년 이하의 징역 또는 3천만원 이하의 벌금
제98조 (자율검사프로그램에 따른 안전검사 업무를 거짓으로 하거나 그 밖의 부정한 방법으로 수행한 자)	3년 이하의 징역 또는 3천만원 이하의 벌금
제101조 (안전인증대상기계 등 또는 자율안전확인대상기계 등의 조사·수거 또는 성능시험을 방해하거나 거부한 자	1년 이하의 징역 또는 1천만원 이하의 벌금
제108조제2항 (신규화학물질의 유해성·위험성 조사 결과와 건강장해 예방조치의 이행) 및 제4항(신규화학물질 제조자 등의 시설·설비 등 설치 의무)	1천만원 이하의 벌금
제109조제2항 (화학물질로 인한 중대한 건강장해의 우려가 있는 경우 시설·설비의 설치 또는 개선)	1천만원 이하의 벌금
제117조제1항 (유해·위험물질의 제조 등 금지)	5년 이하의 징역 또는 5천만원 이하의 벌금
제118조제1항 (중대한 건강장해를 유발할 우려가 있는 물질로서 대체물질이 개발되지 아니한 허가대상물질의 허가신청) 및 제5항(허가의 취소 또는 영업정지)	5년 이하의 징역 또는 5천만원 이하의 벌금

법 조항	벌칙 규정
제118조제3항 (허가대상물질제조·사용자의 허가기준 유지 및 제조·사용설비 또는 작업방법) 및 제4항(허가기준에 적합한 작업방법의 제조·사용명령)	3년 이하의 징역 또는 3천만원 이하의 벌금

2) 형벌과 수강명령 등의 병과

① **수강명령**이란 유죄가 인정된 범죄자에 대하여 교화의 목적으로 일정시간의 안전보건 등 교육을 받도록 명하는 것을 말한다.

② 법원은 제38조(안전조치)제1항부터 제3항까지, 제39조(보건조치)제1항 또는 제63조(도급인의 안전 및 보건조치)를 위반하여 근로자를 사망에 이르게 한 사람에게 유죄의 판결(선고유예는 제외한다)을 선고하거나 약식명령을 고지하는 경우에는 200시간의 범위에서 산업재해 예방에 필요한 수강명령을 병과(倂科)할 수 있다. 다만, 수강명령을 부과할 수 없는 특별한 사정이 있는 경우에는 그러하지 아니하다(산안법 제174조제1항).

③ 수강명령은 ⅰ) **형의 집행을 유예할 경우**에는 그 집행유예기간 내에, ⅱ) **벌금형을 선고하거나 약식명령을 고지할 경우**에는 형 확정일부터 6개월 이내에, ⅲ) **징역형 이상의 실형(實刑)을 선고할 경우**에는 형기 내에 각각 집행한다(산안법 제174조제2항).

④ 수강명령이 ⅰ) **벌금형 또는 형의 집행유예와 병과된 경우**에는 보호관찰소의 장이 집행하고, ⅱ) **징역형 이상의 실형과 병과된 경우**에는 교정시설의 장이 집행한다(산안법 제174조제3항). 수강명령은 다음 각 호의 내용으로 한다(산안법 제174조제4항).

> 1. 안전 및 보건에 관한 교육
> 2. 그 밖에 산업재해 예방을 위하여 필요한 사항

3) 업무상과실치사상죄(형법 제268조)와의 관계

① 업무상 주의의무를 위반한 과실로 근로자를 사망하게 한 사람은 형법 제268조의 업무상과실치사죄에 따라 처벌을 받는다. 업무상 주의의무를 위반한 과실범이며 결과범이다.

② 안전조치 위반의 결과로서 사상자가 발생한 경우에는 ⅰ) 산업안전보건법상의 안전보건조치위반죄와 형법상의 업무상과실치사상죄가 동시에 성립하고, ⅱ) 양 죄는 형법 제40조의 상상적 경합관계에 해당된다. 이 경우 1개의 행위가 수 개의 죄에 해당하는 경우에는 가장 중한 죄에 정한 형으로 처벌한다(형법 제40조).

4) 안전사고의 현장보존과 증거인멸죄

① 사고 당시의 상황을 나타내는 증거를 그대로 보존하여야 한다. 산업안전보건법 제56조제3항에서는 중대재해 발생현장을 훼손하지 않도록 규정하여 현장보존의 위반죄를 규정하고 있으나, 형법 제155조의 증거인멸죄에 의한 처벌대상이 될 수 있다.

② 타인의 형사사건이나 징계사건에 관한 증거를 인멸, 은닉 또는 변조하거나 위조 또는 변조한 증거를 사용한 자는 5년 이하의 징역 또는 700만원 이하의 벌금에 처한다(형법 제155조제1항).

(3) 양벌규정

1) 법 위반 행위자와 법인의 대표자

① 산업안전보건법상 의무주체는 대부분 사업주(법인인 경우에는 법인, 개인기업인 경우에는 대표)이며, 법인의 대표이사는 양벌규정에 의하여 형사처벌이 가능하다.

② 산업안전보건법은 양벌규정(산안법 제173조)을 두어 사업주(법인 또는 개인) 외에 법위반 행위자(법인의 대표자 또는 사업주의 대리인·사용인 기타 종업원)의 책임을 함께 묻고자 한다 (대판 1995. 5. 26. 95도 230).

2) 양벌적용의 사유과 법인책임

① **법인의 대표자나 법인 또는 개인의 대리인, 사용인, 그 밖의 종업원**이 그 법인 또는 개인의 업무에 관하여 제167조제1항 또는 제168조부터 172조까지의 어느 하나에 해당하는 위반행위를 하면 그 행위자를 벌하는 외에 그 법인에게 다음 각 호의 구분에 따른 벌금형을, 그 개인에게는 해당 조문의 벌금형을 과(科)한다. 다만, 법인 또는 개인이 그 위반행위를 방지하기 위하여 해당 업무에 관하여 상당한 주의와 감독을 게을리하지 아니한 경우에는 그러하지 아니하다(산안법 제173조).

> 1. 제167조제1항의 경우 : 10억원 이하의 벌금
> 2. 제168조부터 제172조까지의 경우 : 해당조문의 벌금형

② **양벌규정에 의한 사업주의 처벌**은 위반행위자인 종업원(근로자로서의 안전보건관계자)의 처벌에 종속되는 것이 아니라 독립하여 그 자신의 종업원에 대한 선임감독상의 과실로 인하여 처벌되는 것이므로 행위자인 종업원(안전보건관계자)에게 구성요건상의 자격이 없다고 하더라도 범죄의 성립에는 아무런 지장이 없다.

3 과태료

(1) 과태료의 정의

1) 과태료의 정의

① 과태료는 **벌금이나 과료(科料)와 달리 형벌의 성질을 가지지 않는 법령위반에 대하여 과해지는 금전벌(金錢罰)**을 말한다. 과태료는 행정목적을 달성하기 위하여 부과되는 제재수단으로서 형벌이 아니기 때문에 범죄행위능력·형벌능력 여부와는 무관하다. 과태료는 자연인·법인을 막론하고 부과대상으로 할 수 있다.

② 산업안전보건법은 사업주를 의무주체로 규정하고 ⅰ) 실제 위반행위자와 관계없이 해당 사업주를 과태료 부과대상을 하며, ⅱ) 법인에도 과태료를 부과할 수 있다.

2) 과태료의 종류와 이의제기 절차

① 과태료를 정하는 법률의 규정은 매우 다양하나, 각각의 법률의 성질에 따라 법원칙이나 절차를 달리 정하기도 한다. 과태료는 성질에 따라 ⅰ) 질서벌 또는 징계 벌로서의 과태료, ⅱ) 집행벌로서의 과태료로 구분된다.

② 산업안전보건법에 의한 과태료는 행정상의 의무이행을 게을리하는 사람에게 그 의무의 이행을 강제하기 위하여 과하는 것으로서, 집행벌로서의 과태료에 해당된다.

③ 과태료는 형벌이 아니므로 그 과벌절차도 형사소송법에 의하지 않으며, 각 법률에 특별한 규정이 없는 한 분쟁다툼은 질서위반행위규제법의 규정에 따른다. 과태료에 대하여 부당하다고 판단되는 경우 당사자는 이의를 신청할 수 있다. 이 경우 이의신청은 부과통지를 받은 날로부터 60일 이내에 행정기관에 서면으로 이의서를 제출하여야 한다.

(2) 과태료의 부과기준

① **5천만원 이하의 과태료** : 다음 각 호의 어느 하나에 해당하는 자에게는 5천만원 이하의 과태료를 부과한다(산안법 제175조제1항).

> 1. 제119조제2항에 따라 기관석면조사를 하지 아니하고 건축물 또는 설비를 철거하거나 해체한 자
> 2. 제124조제3항을 위반하여 건축물 또는 설비를 철거하거나 해체한 자

② **3천만원 이하의 과태료** : 다음 각 호의 어느 하나에 해당하는 자에게는 3천만원 이하의 과태료를 부과한다(산안법 제175조제2항).

> 1. 제29조제3항 및 제79조제1항을 위반한 자
> 2. 제54조제2항을 위반하여 중대재해 발생사실을 보고하지 아니하거나 거짓으로 보고한 자

③ **1천500만원 이하의 과태료** : 다음 각 호의 어느 하나에 해당하는 자에게는 1천500만원 이하의 과태료를 부과한다(산안법 제175조제3항).

> 1. 제47조제3항 전단을 위반하여 안전보건진단을 거부·방해하거나 기피한 자 또는 같은 항 후단을 위반하여 안전보건진단에 근로자대표를 참여시키지 아니한 자
> 2. 제57조제3항에 따른 보고를 하지 아니하거나 거짓으로 보고한 자
> 3. 제141조제2항을 위반하여 정당한 사유 없이 역학조사를 거부·방해하거나 기피한 자
> 4. 제141조제3항을 위반하여 역학조사 참석이 허용된 사람의 역학조사 참석을 거부하거나 방해한 자

④ **1천만원 이하의 과태료** : 다음 각 호의 어느 하나에 해당하는 자에게는 1천만원 이하의 과태료를 부과한다(산안법 제175조제4항).

> 1. 제10조제3항 후단을 위반하여 관계수급인에 관한 자료를 제출하지 아니하거나 거짓으로 제출한 자
> 2. 제14조제1항을 위반하여 안전 및 보건에 관한 계획을 이사회에 보고하지 아니하거나 승인을 받지 아니한 자
> 3. 제41조제2항, 제42조제1항·제5항·제6항, 제44조제1항 전단, 제45조제2항, 제46조제1항, 제67조제1항, 제70조제1항, 제70조제2항 후단, 제71조제3항 후단, 제71조제4항, 제72조제1항·제3항·제5항(건설공사도급인만 해당한다), 제77조제1항, 제78조, 제85조제1항, 제93조제1항 전단, 제95조, 제99조제2항 또는 제107조 제1항 각 호 외의 부분 본문을 위반한 자
> 4. 제47조제1항 또는 제49조제1항에 따른 명령을 위반한 자
> 5. 제82조제1항 전단을 위반하여 등록하지 아니하고 타워크레인을 설치·해체하는 자
> 6. 제125조제1항·제2항에 따라 작업환경측정을 하지 아니한 자
> 7. 제129조제1항 또는 제130조제1항부터 제3항까지의 규정에 따른 근로자 건강진단을 하지 아니한 자
> 8. 제155조제1항 또는 제2항에 따른 근로감독관의 검사·점검 또는 수거를 거부·방해 또는 기피한 자

⑤ **500만원 이하의 과태료** : 다음 각 호의 어느 하나에 해당하는 자에게는 500만원 이하의 과태료를 부과한다(산안법 제175조제5항).

> 1. 제15조제1항, 제16조제1항, 제17조제1항, 제18조제1항, 제19조제1항 본문, 제22조제1항 본문, 제24조제1항·제4항, 제25조제1항, 제26조, 제29조제1항·제2항, 제31조제1항, 제32조제1항(제1호부터 제4호까지의 경우만 해당한다), 제37조제1항, 제44조제2항, 제49조제2항, 제50조제3항, 제62조제1항, 제66조, 제68조 제1항, 제75조제6항, 제77조제2항, 제90조제1항, 제94조제2항, 제122조제2항, 제124조제1항(증명자료의 제출은 제외한다), 제125조제7항, 제132조제2항, 제137조제3항 또는 제145조제1항을 위반한 자
> 2. 제17조제3항, 제18조제3항 또는 제19조제3항에 따른 명령을 위반한 자
> 3. 제34조 또는 제114조제1항을 위반하여 이 법 및 이 법에 따른 명령의 요지, 안전보건관리규정 또는 물질안전보건자료를 게시하지 아니하거나 갖추어 두지 아니한 자
> 4. 제53조제2항을 위반하여 고용노동부장관으로부터 명령받은 사항을 게시하지 아니한 자
> 5. 제110조제1항부터 제3항까지의 규정을 위반하여 물질안전보건자료, 화학물질의 명칭·함유량 또는 변경된 물질안전보건자료를 제출하지 아니한 자
> 6. 제110조제2항제2호를 위반하여 국외제조자로부터 물질안전보건자료에 적힌 화학물질 외에는 제104조에 따른 분류기준에 해당하는 화학물질이 없음을 확인하는 내용의 서류를 거짓으로 제출한 자
> 7. 제111조제1항을 위반하여 물질안전보건자료를 제공하지 아니한 자
> 8. 제112조제1항 본문을 위반하여 승인을 받지 아니하고 화학물질의 명칭 및 함유량을 대체자료로 적은 자
> 9. 제112조제1항 또는 제5항에 따른 비공개 승인 또는 연장승인 신청 시 영업비밀과 관련되어 보호사유를 거짓으로 작성하여 신청한 자
> 10. 제112조제10항 각 호 외의 부분 후단을 위반하여 대체자료로 적힌 화학물질의 명칭 및 함유량 정보를 제공하지 아니한 자
> 11. 제113조제1항에 따라 선임된 자로서 같은 항 각 호의 업무를 거짓으로 수행한 자
> 12. 제113조제1항에 따라 선임된 자로서 같은 조 제2항에 따라 고용노동부장관에게 제출한 물질안전보건자료를 해당 물질안전보건자료 대상물질을 수입하는 자에게 제공하지 아니한 자

13. 제125조제1항 및 제2항에 따른 작업환경측정 시 고용노동부령으로 정하는 작업환경측정의 방법을 준수하지 아니한 사업주(같은 조 제3항에 따라 작업환경측정기관에 위탁한 경우는 제외한다)
14. 제125조제4항 또는 제132조제1항을 위반하여 근로자대표가 요구하였는데도 근로자대표를 참석시키지 아니한 자
15. 제125조제6항을 위반하여 작업환경측정 결과를 해당 작업장 근로자에게 알리지 아니한 자
16. 제155조제3항에 따른 명령을 위반하여 보고 또는 출석을 하지 아니하거나 거짓으로 보고한 자

⑥ 300만원 이하의 과태료 : 다음 각 호의 어느 하나에 해당하는 자에게는 300만원 이하의 과태료를 부과한다(산안법 제175조제6항).

1. 제32조제1항(제5호의 경우만 해당한다)을 위반하여 소속 근로자로 하여금 같은 항 각 호 외의 부분 본문에 따른 안전보건교육을 이수하도록 하지 아니한 자
2. 제35조를 위반하여 근로자대표에게 통지하지 아니한 자
3. 제40조, 제108조제5항, 제123조제2항, 제132조제3항, 제133조 또는 제149조를 위반한 자
4. 제42조제2항을 위반하여 자격이 있는 자의 의견을 듣지 아니하고 유해위험방지계획서를 작성·제출한 자
5. 제43조제1항 또는 제46조제2항을 위반하여 확인을 받지 아니한 자
6. 제73조제1항을 위반하여 지도를 받지 아니한 자
7. 제84조제6항에 따른 자료 제출 명령을 따르지 아니한 자
8. 제108조제1항에 따른 유해성·위험성 조사보고서를 제출하지 아니하거나 제109조 제1항에 따른 유해성·위험성 조사 결과 또는 유해성·위험성 평가에 필요한 자료를 제출하지 아니한 자
9. 제111조제2항 또는 제3항을 위반하여 물질안전보건자료의 변경 내용을 반영하여 제공하지 아니한 자
10. 제114조제3항을 위반하여 해당 근로자를 교육하는 등 적절한 조치를 하지 아니한 자
11. 제115조제1항 또는 같은 조 제2항 본문을 위반하여 경고표시를 하지 아니한 자
12. 제119조제1항에 따라 일반석면조사를 하지 아니하고 건축물이나 설비를 철거하거나 해체한 자
13. 제122조제3항을 위반하여 고용노동부장관에게 신고하지 아니한 자
14. 제124조제1항에 따른 증명자료를 제출하지 아니한 자
15. 제125조제5항, 제132조제5항 또는 제134조제1항·제2항에 따른 보고, 제출 또는 통보를 하지 아니하거나 거짓으로 보고, 제출 또는 통보한 자
16. 제155조제1항에 따른 질문에 대하여 답변을 거부·방해 또는 기피하거나 거짓으로 답변한 자
17. 제156조제1항에 따른 검사·지도 등을 거부·방해 또는 기피한 자
18. 제164조제1항부터 제6항까지의 규정을 위반하여 서류를 보존하지 아니한 자

(3) 과태료의 부과·징수

① 제1항부터 제6항까지의 규정에 따른 과태료는 대통령령으로 정하는 바에 따라 고용노동부장관이 부과·징수한다(산안법 제175조제7항). 이 경우 과태료의 부과기준은 일반기준으로서 공통사항과 법령의 사안별 개별기준을 적용하는 원칙으로 구성하고 있다.
② 현행 규정상 과태료는 주로 위반행위의 횟수에 따라 과태료의 금액을 증액하여 부과할 수 있다. 과태료는 사업장단위로 적용하므로 과태료를 부과하고자 하는 당해 사업장(건설현장)의 위반

및 처분사실에 따라 감경하는 것이 타당하다(안전정책과-724, 2004. 02. 06.).
③ 과태료는 고용노동부장관이 부과·징수하는데(법 제175조제7항), 과태료를 부과하는 때에는 해당 위반행위를 조사·확인한 후 위반사실과 과태료 금액 등을 서면으로 명시하여 이를 납부할 것을 과태료 처분대상자에게 통지하여야 한다(질서위반행위규제법 제17조).
④ 근로감독관은 ⅰ) 과태료 처분대상의 법위반 사건을 적발한 경우에는 즉시 부과 대상인지의 여부를 판단하고, ⅱ) 사업주에 대하여 시정지시 또는 권고를 하고 이에 불응하는 경우 과태료의 부과금액을 결정한다.

제2장 출·제·예·상·문·제

01 산업안전보건법상 산업안전지도사의 직무를 설명으로 옳지 않은 것은?

① 공정상의 안전에 관한 평가·지도
② 안전보건관리체계의 구축 및 이행점검
③ 유해·위험의 방지대책에 관환 평가지도
④ 위험성평가의 지도
⑤ 안전보건개선계획서의 작성

해설 산업안전지도사의 직무
안전보건관리체계의 구축 및 이행점검은 산업안전보건법상 **산업안전지도사 및 산업보건지도사의 직무에 해당되지 않는다.** 그러나 중대재해처벌법 시행령 제5조제1항에 따른 이행점검은 안전보건전문기간, 건설재해예방기관이 수행할 수 있다는 것이 행정해석의 입장이다(고용노동부, 중대재해처벌법 해설, 2021, 102면).

참고 산업안전보건법 제142조 및 시행령 제101조

02 산업안전보건법상 산업보건지도사의 직무에 해당하지 않는 것은?

① 작업환경의 평가 및 개선 지도
② 작업환경의 개선과 관련된 계획서 및 보고서의 작성
③ 공정안전보고서의 관리 및 지도
④ 근로자의 건강진단에 따른 사후관리 지도
⑤ 산업보건에 관한 조사·연구

해설 산업보건지도사의 직무
공정안전보고서의 작성, 관리, 확인, 지도에 관하여는 산업보건지도사의 직무로 명시되어 있지 않다. 산업보건지도사의 직무는 상기의 사항 이외에 직업성질병 진단 및 예방지도, 안전보건개선계획서의 작성, 그 밖에 산업보건에 관한 사항의 자문에 대한 응답 및 조언을 할 수 있다.

참고 산업안전보건법 시행령 제101조제2항

정답 | 01. ② 02. ③

03 산업안전보건법령상 산업안전지도사에 관한 설명으로 옳지 않은 것은?

① 산업안전지도사는 산업보건에 관한 조사・연구의 직무를 수행한다.
② 산업안전지도사는 유해・위험방지계획서, 안전보건개선계획서, 공정안전보고서를 업무범위로 한다.
③ 산업안전지도사의 업무영역은 기계안전・전기안전・화공안전・건설안전 분야로 구분한다.
④ 화공안전 분야 산업안전지도사는 굴착공사의 안전시설, 지반붕괴, 매설물 파손예방의 기술지도를 할 수 없다.
⑤ 산업안전지도사가 벌금형을 선고받고 1년이 지나지 않으면 직무개시의 등록을 할 수 없다.

해설 **산업안전지도사**
산업보건에 관한 조사 및 연구에 관한 사항은 산업보건지도사의 직무에 해당된다. 그러나 산업안전지도사의 업무에는 조사 및 연구의 업무가 명시되어 있지 않다. 벌금형을 받고 1년이 지나지 않으면 직무개시의 등록을 할 수 없다.

참고 산업안전보건법 제142조제2항

04 산업안전보건법령상 과징금의 부과처분에 대한 설명으로 옳지 않은 것은?

① 고용노동부장관은 업무정지를 명하여야 하는 경우에 그 업무정지가 이용자에게 심한 불편을 주거나 공익을 해칠 우려가 있다고 인정되면 업무정지처분에 대신하여 10억원 이하의 과징금을 부과할 수 있다.
② 고용노동부장관은 과징금을 징수하기 위하여 필요한 경우 세무관서의 장에게 과징금 부과기준이 되는 매출금액 등 정보의 제공을 요청할 수 있다.
③ 업무정지 기준에 따라 부과하는 기간은 1개월을 30일로 본다.
④ 과징금의 부과금액은 위반행위를 한 지정기관의 연간 총 매출금액의 1일 평균 매출금액을 기준으로 산출한다.
⑤ 고용노동부장관은 위반행위의 동기, 내용 및 횟수 등을 고려하여 1/3의 범위 내에서 과징금을 늘리거나 줄일 수 있다.

해설 **과징금의 부과처분**
과징금은 행정청이 일정한 행정법규의 의무를 위반한 자에 대하여 부과하는 금전적 부담금을 말한다. 과징금은 영업정지나 허가취소가 현실적으로 곤란한 경우에 동일한 경제적 제재효과를 부과하기 위한 수단으로 의무이행을 강제한다. 과징금의 부과기준, 부과하는 행위의 종류・정도 등에 따른 과징금의 금액과 산정기준은 고용노동부장관의 재량행위에 해당된다. 고용노동부장관은 위반행위의 동기, 내용 및 횟수 등을 고려하여 **1/2의 범위 내에서 과징금을 늘리거나 줄일 수 있다.**

참고 산업안전보건법 시행령 [별표 33]

정답 | 03. ① 04. ⑤

05 근로감독관이 할 수 있는 감독상의 조치기준에 해당되지 않는 것은?

① 안전점검 및 제품·원료 등의 수거
② 보고및 출석의 명령
③ 사업장의 안전보건점검
④ 산업안전보건지도사의 사무소에 대한 장부, 서류 등의 제출요구
⑤ 역학조사에 필요한 서류의 제출요구

해설 근로감독관이 할 수 있는 감독상의 조치기준
고용노동부장관은 산업안전보건법 제165조제2항에 따라 안전보건공단에 업무를 위탁할 수 있다. 이 경우 **공단**은 소속직원으로 하여금 사업장에 출입하여 산업재해 예방에 필요한 검사 및 지도 등을 하거나 역학조사를 위하여 필요한 경우 관계자에게 질문을 하거나 **필요한 서류의 제출을 요구할 수 있다.**

참고 산업안전보건법 제156조제1항

06 산업안전보건법의 위반죄에 대한 벌칙 중 옳지 않은 것은?

① 사람을 사망하게 한 자에 대하여는 중한 범죄를 보아 결과적 가중범으로 보아 처벌한다.
② 사업주는 개인시업주와 법인자체를 말하며, 대표이사는 양벌규정에 의하여 처벌한다.
③ 안전검사를 위탁받은 자가 거짓이나 부정한 방법으로 수행한 경우 3년 이하의 징역 또는 3천만원 이하의 벌금에 처한다.
④ 산업안전지도사가 자격증 또는 등록증을 대여한 경우 1년 이하의 징역 또는 1천만원 이하의 벌금에 처한다.
⑤ 산업안전보건법의 위반으로 과태료를 납부한 자에 대하여는 형사처벌을 할 수 없다.

해설 위반죄에 대한 벌칙
과태료와 형사처벌은 법적 성질을 달리하므로 **형사처벌이 가능하다.**

정답 | 05. ⑤ 06. ⑤

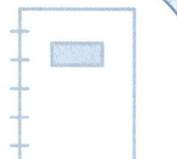# NOTE

PART

06

과년도 기출문제

CONTENTS

2021년 | 산업안전보건법령 기출문제
2022년 | 산업안전보건법령 기출문제
2023년 | 산업안전보건법령 기출문제
2024년 | 산업안전보건법령 기출문제
2025년 | 산업안전보건법령 기출문제

산업안전지도사
산업보건지도사

2021년 제11회 산업안전보건법령 기출문제

산업안전·보건지도사 2021. 3. 13. 시행

01 산업안전보건법령상 안전보건관리체제에 관한 설명으로 옳지 않은 것은?

① 안전보건관리책임자는 안전관리자와 보건관리자를 지휘·감독한다.
② 사업주는 사업장을 실질적으로 총괄하여 관리하는 사람에게 해당 사업장의 작업환경측정 등 작업환경의 점검 및 개선에 관한 업무를 총괄하여 관리하도록 하여야 한다.
③ 사업주는 안전관리자에게 산업안전 및 보건에 관한 업무로서 해당 작업에서 발생한 산업재해에 관한 보고 및 이에 대한 응급조치에 관한 업무를 수행하도록 하여야 한다.
④ 사업주는 안전보건관리책임자가「산업안전보건법」에 따른 업무를 원활하게 수행할 수 있도록 권한·시설·장비·예산, 그 밖에 필요한 지원을 해야 한다.
⑤ 사업주는 안전보건관리책임자를 선임했을 때에는 그 선임 사실 및「산업안전보건법」에 따른 업무의 수행내용을 증명할 수 있는 서류를 갖추어 두어야 한다.

해설 안전보건관리책임자의 업무

사업주는 사업장을 실질적으로 총괄하여 관리하는 사람에게 해당 사업장의 다음 각 호의 업무를 총괄하여 관리하도록 하여야 한다.
㉮ 사업장의 산업재해 예방계획의 수립
㉯ 안전보건관리규정의 작성 및 변경
㉰ 근로자의 안전보건교육
㉱ 작업환경의 측정 및 작업환경의 점검 및 개선
㉲ 건강진단 등 건강관리
㉳ 산업재해의 원인조사 및 재발 방지대책 수립
㉴ 산업재해에 관한 통계의 기록 및 유지
㉵ 안전장치 및 보호구 구입 시 적격품 여부 확인
㉶ 그 밖에 근로자의 유해·위험 방지조치에 관한 사항으로서 고용노동부령으로 정하는 사항. 여기에서 "고용노동부령으로 정하는 사항"이란 법 제36조에 따른 위험성평가의 실시에 관한 사항과 안전보건규칙에서 정하는 근로자의 위험 또는 건강장해의 방지에 관한 사항을 말한다.

위 업무를 총괄하여 관리하는 사람(이하 "안전보건관리책임자"라 한다)은 안전관리자와 보건관리자를 지휘·감독한다. 보기의 '**산업재해에 관한 보고 및 응급조치에 관한 업무**'는 관리감독자의 업무에 해당된다.

참고 산업안전보건법 제15조 및 시행령 제14조와 제15조

정답 | 01. ③

02 산업안전보건법령상 협조 요청 등에 관한 설명으로 옳지 않은 것은?

① 고용노동부장관은 산업재해 예방에 관한 기본계획을 효율적으로 시행하기 위하여 필요하다고 인정할 때에는 「공공기관의 운영에 관한 법률」에 따른 공공기관의 장에게 필요한 협조를 요청할 수 있다.
② 고용노동부를 제외한 행정기관의 장은 사업장의 안전 및 보건에 관하여 규제를 하려면 미리 고용노동부장관과 협의하여야 한다.
③ 고용노동부장관은 산업재해 예방을 위하여 필요하다고 인정할 때에는 사업주단체에게 필요한 사항을 권고하거나 협조를 요청할 수 있다.
④ 고용노동부장관은 산업재해 예방을 위하여 중앙행정기관의 장과 지방자치단체의 장 또는 공단 등 관련 기관·단체의 장에게 「소득세법」에 따른 납세실적에 관한 정보의 제공을 요청할 수 있다.
⑤ 고용노동부장관은 산업재해 예방을 위하여 중앙행정기관의 장과 지방자치단체의 장 또는 공단 등 관련 기관·단체의 장에게 「고용보험법」에 따른 근로자의 피보험자격의 취득 및 상실 등에 관한 정보의 제공을 요청할 수 있다.

해설 협조 요청
고용노동부장관은 산업재해 예방을 위하여 중앙행정기관의 장과 지방자치단체의 장 또는 공단 등 관련 기관·단체의 장에게 다음의 정보 또는 자료의 제공 및 관계 전산망의 이용을 요청할 수 있다.
㉮ 「부가가치세법」 제8조 및 「법인세법」 제111조에 따른 사업자등록에 관한 정보
㉯ 「고용보험법」 제15조에 따른 근로자의 피보험자격의 취득 및 상실 등에 관한 정보

그러나 「소득세법」에 따른 납세실적에 관한 정보의 제공을 요청할 수 없다.

참고 산업안전보건법 제8조

---

03 산업안전보건법령상 산업재해발생건수 등의 공표대상 사업장에 해당하는 것은?

① 사망재해자가 연간 1명 이상 발생한 사업장
② 사망만인율(연간 상시근로자 1만명당 발생하는 사망재해자 수의 비율)이 규모별 같은 업종의 평균 사망만인율 이상인 사업장
③ 「산업안전보건법」에 따른 중대재해가 발생한 사업장
④ 산업재해 발생 사실을 은폐했거나, 은폐할 우려가 있는 사업장
⑤ 「산업안전보건법」에 따른 산업재해의 발생에 관한 보고를 최근 3년 이내 1회 이상하지 않은 사업장

해설 공표대상 사업장
공표대상 사업장이란 다음 각 호의 어느 하나에 해당하는 사업장을 말한다.
㉮ 산업재해로 사망한 근로자가 **연간 2명 이상** 발생한 사업장
㉯ 사망만인율이 규모별 같은 업종의 평균 사망만인율 이상인 사업장
㉰ **중대산업사고가 발생**한 사업장

정답 | 02. ④ 03. ②

㉣ 산업재해 발생 사실을 <u>은폐한</u> 사업장
㉤ 산업재해 발생에 관한 보고를 <u>최근 3년 이내 2회 이상</u> 하지 않은 사업장

참고 산업안전보건법 시행령 제10조제1항

04 산업안전보건법령상 사업주가 산업안전보건위원회의 심의·의결을 거쳐야 하는 사항을 모두 고른 것은?

ㄱ. 안전장치 및 보호구 구입 시 적격품 여부 확인에 관한 사항
ㄴ. 작업환경측정 등 작업환경의 점검 및 개선에 관한 사항
ㄷ. 산업재해의 원인조사 및 재발 방지대책 수립에 관한 사항 중 중대재해에 관한 사항
ㄹ. 유해하거나 위험한 기계·기구·설비를 도입한 경우 안전 및 보건 관련 조치에 관한 사항

① ㄱ
② ㄱ, ㄴ
③ ㄴ, ㄹ
④ ㄴ, ㄷ, ㄹ
⑤ ㄱ, ㄴ, ㄷ, ㄹ

해설 산업안전보건위원회의 심의·의결 사항
사업주는 다음 각 호의 사항에 대해서 산업안전보건위원회의의 심의·의결을 거쳐야 한다.
㉮ 산업안전보건법 제15조제1항(안전보건관리책임자의 업무) 제1호부터 제5호까지 및 제7호에 관한 사항(**작업환경측정 등 작업환경의 점검 및 개선에 관한 사항**은 산업안전보건법 제15조제1항제4호로 여기에 포함된다)
㉯ 제15조1항제6호(**산업재해의 원인조사 및 재발방지 대책수립**)에 따른 사항 중 중대재해에 관한 사항
㉰ **유해하거나 위험한 기계·기구·설비를 도입한 경우 안전 및 보건 관련 조치에 관한 사항**
㉱ 그 밖에 해당 사업장의 안전 및 보건을 유지·증진시키기 위하여 필요한 사항

참고 산업안전보건법 제24조2항

05 산업안전보건법령상 안전보건관리규정에 관한 설명으로 옳은 것은?

① 사업주는 안전보건관리규정을 작성해야 할 사유가 발생한 날부터 30일 이내에, 이를 변경할 사유가 발생한 경우에는 15일 이내에 안전보건관리규정을 작성해야 한다.
② 사업주가 안전보건관리규정을 작성할 때에는 소방·가스·전기·교통 분야 등의 다른 법령에서 정하는 안전관리에 관한 규정과 통합하여 작성해서는 안 된다.
③ 안전보건관리규정이 단체협약에 반하는 경우 안전보건관리규정으로 정한 기준에 따른다.
④ 산업안전보건위원회가 설치되어 있지 아니한 사업장의 경우에는 사업주가 안전보건관리규정을 작성하거나 변경할 때에 근로자대표의 동의를 받아야 한다.
⑤ 안전보건관리규정에는 안전 및 보건에 관한 관리조직에 관한 사항은 포함되지 않는다.

정답 | 04. ④ 05. ④

> **해설** 안전보건관리규정
> 안전보건관리규정은 작성해야 할 사유가 발생한 날부터 30일 이내 작성하여야 하며, 이를 **변경하는 경우에도 또한 같다.** 또한 소방·가스·전기·교통 분야 등의 다른 법령에서 정하는 안전관리의 규정과 **통합하여 작성이 가능**하며, **단체협약의 규정에 반할 수 없다.** 안전보건관리규정에서는 **안전 및 보건에 관한 관리조직을 포함**해 작성해야 한다.
>
> **참고** 산업안전보건법 제25조 및 제26조, 시행규칙 제25조

06 산업안전보건법령상 사업주의 의무사항에 해당하는 것은?
① 산업안전 및 보건정책의 수립 및 집행
② 해당 사업장의 안전 및 보건에 관한 정보를 근로자에게 제공
③ 산업재해에 관한 조사 및 통계의 유지·관리
④ 산업안전 및 보건 관련 단체 등에 대한 지원 및 지도·감독
⑤ 산업안전 및 보건에 관한 의식을 북돋우기 위한 홍보·교육 등 안전문화 확산 추진

> **해설** 사업주 등의 의무
> 사업주는 다음 각 호의 사항을 이행함으로써 근로자의 안전 및 건강을 유지·증진시키고 국가의 산업재해 예방정책을 따라야 한다.
> ㉮ 이 법과 이 법에 따른 명령으로 정하는 산업재해 예방을 위한 기준
> ㉯ 근로자의 신체적 피로와 정신적 스트레스 등을 줄일 수 있는 쾌적한 작업환경의 조성 및 근로조건 개선
> ㉰ **해당 사업장의 안전 및 보건에 관한 정보를 근로자에게 제공**
> 나머지는 정부의 책무에 관한 사항이다(산업안전보건법 제4조).
>
> **참고** 산업안전보건법 제5조

07 산업안전보건법령상 용어에 관한 설명으로 옳지 않은 것은?
① 건설공사발주자는 도급인에 해당한다.
② 근로자의 과반수로 조직된 노동조합이 없는 경우에는 근로자의 과반수를 대표하는 자를 근로자대표로 한다.
③ 노무를 제공하는 사람이 업무에 관계되는 설비에 의하여 질병에 걸리는 것은 산업재해에 해당한다.
④ 명칭에 관계없이 물건의 제조·건설·수리 또는 서비스의 제공, 그 밖의 업무를 타인에게 맡기는 계약은 도급이다.
⑤ 산업재해 중 3개월 이상의 요양이 필요한 부상자가 동시에 2명 이상 발생한 재해는 중대재해에 해당한다.

정답 | 06. ② 07. ①

> **[해설]** 산업안전보건법에서 사용하는 용어의 정의
> 건설공사발주자는 건설공사를 도급하는 자로서 시공에 참여하지 않는 자를 말하며, **도급인과 구별된다.** 산업안전보건법에서는 건설공사발주자만 인정한다.

> **[참고]** 산업안전보건법 제2조

08 산업안전보건법령상 자율검사프로그램에 따른 안전검사를 할 수 있는 검사원의 자격을 갖추지 못한 사람은?

① 「국가기술자격법」에 따른 기계·전기·전자·화공 또는 산업안전 분야에서 기사 이상의 자격을 취득한 후 해당 분야의 실무경력이 4년인 사람
② 「국가기술자격법」에 따른 기계·전기·전자·화공 또는 산업안전 분야에서 산업기사 이상의 자격을 취득한 후 해당 분야의 실무경력이 6년인 사람
③ 「초·중등교육법」에 따른 고등학교·고등기술학교에서 기계·전기 또는 전자·화공 관련 학과를 졸업한 후 해당 분야의 실무경력이 6년인 사람
④ 「고등교육법」에 따른 학교 중 수업연한이 4년인 학교에서 기계·전기·전자·화공 또는 산업안전 분야의 관련 학과를 졸업한 후 해당 분야의 실무경력이 4년인 사람
⑤ 「국가기술자격법」에 따른 기계·전기·전자·화공 또는 산업안전 분야에서 기능사 이상의 자격을 취득한 후 해당 분야의 실무경력이 8년인 사람

> **[해설]** 검사원의 자격
> 산업안전보건법 제98조제1항제1호 및 제2호에서 말하는 "검사원"의 자격을 요약하면 다음과 같다.
> ㉮ 「국가기술자격법」 기사 이상의 자격을 취득한 후 실무경력 3년 이상인 사람
> ㉯ 「국가기술자격법」 산업기사 이상의 자격을 취득한 후 실무경력 5년 이상인 사람
> ㉰ 「국가기술자격법」 기능사 이상의 자격을 취득한 후 실무경력 7년 이상인 사람
> ㉱ 「고등교육법」 수업연한이 4년인 학교의 관련 학과를 졸업한 후 실무경력 3년 이상인 사람
> ㉲ 「고등교육법」 수업연한이 4년 외의 학교의 관련 학과를 졸업한 후 실무경력 5년 이상인 사람
> ㉳ 「초·중등교육법」 고등학교·고등기술학교의 관련 학과를 졸업한 후 **실무경력 7년 이상**인 사람
> ㉴ 자율검사프로그램에 따라 안전에 관한 성능검사 교육을 이수한 후 실무경력 1년 이상인 사람

> **[참고]** 산업안전보건법 시행규칙 제130조

정답 | 08. ③

09 산업안전보건법령상 안전보건관리책임자에 대한 신규교육 및 보수교육의 교육시간이 옳게 연결된 것은? (단, 다른 면제조건이나 감면조건을 고려하지 않음)

① 신규교육 : 6시간 이상, 보수교육 : 6시간 이상
② 신규교육 : 10시간 이상, 보수교육 : 6시간 이상
③ 신규교육 : 10시간 이상, 보수교육 : 10시간 이상
④ 신규교육 : 24시간 이상, 보수교육 : 10시간 이상
⑤ 신규교육 : 34시간 이상, 보수교육 : 24시간 이상

해설 안전보건관리책임자에 대한 교육
산업안전보건교육과 관련하여 신규교육과 보수교육을 받아야 하는 자는 안전보건관리책임자, 안전관리자, 보건관리자, 안전보건관리담당자, 안전관리 및 보건관리 전문기관의 위탁업무 수행자, 건설재해예방기관에서 지도업무를 수행하는 사람 등이다. **안전보건관리책임자는 신규교육 6시간, 보수교육 6시간을 받아야 한다.**

참고 산업안전보건법 시행규칙(제29조제2항 관련) [별표 4]

10 산업안전보건법령상 안전인증대상기계 등이 아닌 유해·위험기계 등으로서 자율안전확인대상기계 등에 해당하는 것이 아닌 것은?

① 휴대형이 아닌 연삭기(研削機)
② 파쇄기 또는 분쇄기
③ 용접용 보안면
④ 자동차정비용 리프트
⑤ 식품가공용 제면기

해설 자율안전확인대상기계 등
자율안전확인대상기계 등은 기계 또는 설비, 방호장치, 보호구로 구분한다. 보호구로서 안전모, 보안경, 보안면을 포함하고 있다. 그러나 산업안전보건법 시행령 제74조제1항제3호카목의 **용접용 보안면은 제외하고 있다.**

참고 산업안전보건법 시행령 제77조제1항

11 산업안전보건법령상 물질안전보건자료의 작성·제출 제외 대상 화학물질 등에 해당하지 않는 것은?

① 「마약류관리에 관한 법률」에 따른 마약 및 향정신성의약품
② 「사료관리법」에 따른 사료
③ 「생활주변방사선 안전관리법」에 따른 원료물질
④ 「약사법」에 따른 의약품 및 의약외품
⑤ 「방위사업법」에 따른 군수품

해설 물질안전보건자료의 작성·제출 제외 대상 화학물질 등
「군수품관리법」 제2조 및 「방위사업법」 제3조제2호에 따른 군수품(「군수품관리법」 제3조에 따른 통상품은 제외한다)은 신규화학물질의 조사와 관련하여 제외하는 화학물질에 해당한다. 따라서 물질안전보건자료의 대상이 아니며, 작성 및 제출의 대상에 해당되지 않는다. 물질안전보건자료와 군수품은 관련성이 없다.

참고 산업안전보건법 시행령 제86조

12 산업안전보건법령상 안전보건교육 교육대상별 교육내용 중 근로자 정기교육에 해당하지 않는 것은?

① 관리감독자의 역할과 임무에 관한 사항
② 산업보건 및 건강장해 예방에 관한 사항
③ 산업안전보건법령 및 산업재해보상보험 제도에 관한 사항
④ 직무스트레스 예방 및 관리에 관한 사항
⑤ 산업안전 및 산업재해 예방에 관한 사항

해설 안전보건교육 교육대상별 교육내용
안전보건교육 중 정기교육은 근로자 정기교육과 관리감독자의 정기교육으로 구분한다. '**관리감독자의 역할과 임무에 관한 사항**'은 관리감독자 정기교육에 해당하는 사항이다.
※ 단, 근로자 및 관리감독자의 교육내용이 2023년 9월 27일에 개정되어 관리감독자의 역할과 임무에 관한 사항은 현재 시행 법령에는 포함되어 있지 않다.

참고 산업안전보건법 시행규칙 [별표 5]

13 산업안전보건법령상 유해하거나 위험한 기계·기구·설비로서 안전검사대상기계 등에 해당하는 것은?

① 정격 하중 1톤인 크레인
② 이동식 국소 배기장치
③ 밀폐형 구조의 롤러기
④ 가정용 원심기
⑤ 산업용 로봇

해설 안전검사대상기계 등
유해하거나 위험한 기계·기구·설비로서 안전검사대상기계 등에 해당하는 것은 프레스, 전단기, **크레인(정격 하중이 2톤 미만인 것은 제외)**, 압력용기, 곤돌라, **국소배기장치(이동식은 제외)**, **원심기(산업용만 해당)**, **롤러기(밀폐형 구조는 제외)** 등 13가지 유형이 있다. 산업용 로봇도 오작동 등 예기치 않은 원인에 의한 사고의 위험성이 있어 안전검사의 대상으로 한다.

참고 산업안전보건법 시행령 제78조

정답 | 12. ① 13. ⑤

14 산업안전보건법령상 도급인 및 그의 수급인 전원으로 구성된 안전 및 보건에 관한 협의체에서 협의해야 하는 사항이 아닌 것은?

① 작업의 시작 시간
② 작업의 종료 시간
③ 작업 또는 작업장 간의 연락방법
④ 재해발생 위험이 있는 경우 대피방법
⑤ 사업주와 수급인 또는 수급인 상호 간의 연락방법 및 작업공정의 조정

해설 협의체의 협의 사항
도급인 및 그의 수급인 전원으로 구성된 안전 및 보건에 관한 협의체는 다음 각 호의 사항을 협의해야 한다.
㉮ 작업의 시작 시간
㉯ 작업 또는 작업장 간의 연락방법
㉰ 재해발생의 위험이 있는 경우 대피방법
㉱ 위험성평가의 실시에 관한 사항
㉲ 사업주와 수급인 또는 수급인 상호간의 연락방법 및 작업방법의 조정
그러나 **작업의 종료 시간은 명시 규정이 없다.**

참고 산업안전보건법 시행규칙 제79조제2항

15 산업안전보건법령상 유해성·위험성 조사 제외 화학물질에 해당하는 것을 모두 고른 것은?

ㄱ. 원소
ㄴ. 천연으로 산출되는 화학물질
ㄷ. 「총포·도검·화약류 등의 안전관리에 관한 법률」에 따른 화약류
ㄹ. 「생활화학제품 및 살생물제의 안전관리에 관한 법률」에 따른 살생물물질 및 살생물제품
ㅁ. 「폐기물관리법」에 따른 폐기물

① ㄴ
② ㄱ, ㅁ
③ ㄷ, ㄹ, ㅁ
④ ㄱ, ㄴ, ㄷ, ㄹ
⑤ ㄱ, ㄴ, ㄷ, ㄹ, ㅁ

해설 유해성·위험성 조사 제외 화학물질
「폐기물관리법」에 의한 폐기물은 산업안전보건법에 의한 유해성·위험성의 조사 대상에 해당하는 **화학물질로 볼 수 없다.** 「폐기물관리법」에 의한 폐기물은 쓰레기, 연소재, 오니, 폐유, 폐산 및 폐알칼리 및 동물의 사체 등으로 사람의 생활이나 사업활동에 필요하지 않게 된 물질을 말한다(「폐기물관리법」 제2조제1호). 폐기물 배출시설의 설치 및 운영 등에 관하여는 「폐기물관리법」에 따른다.

참고 산업안전보건법 시행령 제85조

정답 | 14. ② 15. ④

16 산업안전보건법령상 기계 등 대여자의 유해·위험 방지조치로서 타인에게 기계 등을 대여하는 자가 해당 기계 등을 대여받은 자에게 서면으로 발급해야 할 사항을 모두 고른 것은?

ㄱ. 해당 기계 등의 성능 및 방호조치의 내용
ㄴ. 해당 기계 등의 특성 및 사용 시의 주의사항
ㄷ. 해당 기계 등의 수리·보수 및 점검 내역과 주요 부품의 제조일
ㄹ. 해당 기계 등의 정밀진단 및 수리 후 안전점검 내역, 주요 안전부품의 교환이력 및 제조일

① ㄱ, ㄹ
② ㄴ, ㄷ
③ ㄷ, ㄹ
④ ㄱ, ㄴ, ㄷ
⑤ ㄱ, ㄴ, ㄷ, ㄹ

해설 기계 등 대여자의 조치
기계 등 대여자의 유해·위험 방지조치로서 타인에게 기계등을 대여하는 자가 해당 기계 등을 대여받은 자에게 서면으로 발급해야 할 사항은 **보기의 모든 항목이 포함된다.**

참고 산업안전보건법 시행규칙 제100조제2호

---

17 산업안전보건기준에 관한 규칙상 사업주가 작업장에 비상구가 아닌 출입구를 설치하는 경우 준수해야 하는 사항으로 옳지 않은 것은?

① 출입구의 위치, 수 및 크기가 작업장의 용도와 특성에 맞도록 할 것
② 출입구에 문을 설치하는 경우에는 근로자가 쉽게 열고 닫을 수 있도록 할 것
③ 주된 목적이 하역운반기계용인 출입구에는 인접하여 보행자용 출입구를 따로 설치할 것
④ 하역운반기계의 통로와 인접하여 있는 출입구에서 접촉에 의하여 근로자에게 위험을 미칠 우려가 있는 경우에는 비상등·비상벨 등 경보장치를 할 것
⑤ 출입구에 문을 설치하지 아니한 경우로서 계단이 출입구와 바로 연결된 경우, 작업자의 안전한 통행을 위하여 그 사이에 1.5미터 이상 거리를 둘 것

해설 작업장의 출입구
출입구에 문을 설치한 경우로서 계단이 출입구와 바로 연결된 경우 작업자의 안전한 통행을 위하여 그 사이에 **1.2m 이상 거리를 두어야 한다.**

참고 산업안전보건관리기준에 관한 규칙 제11조

정답 | 16. ⑤ 17. ⑤

18 산업안전보건기준에 관한 규칙상 사업주가 사다리식 통로 등을 설치하는 경우 준수해야 하는 사항으로 옳지 않은 것은? (단, 잠함(潛函) 및 건조 · 수리 중인 선박의 경우는 아님)

① 발판과 벽과의 사이는 15센티미터 이상의 간격을 유지할 것
② 폭은 30센티미터 이상으로 할 것
③ 사다리식 통로의 길이가 10미터 이상인 경우에는 5미터 이내마다 계단참을 설치할 것
④ 고정식 사다리식 통로의 기울기는 75도 이하로 하고 그 높이가 5미터 이상인 경우에는 바닥으로부터 높이가 2미터 되는 지점부터 등받이울을 설치할 것
⑤ 사다리의 상단은 걸쳐 놓은 지점으로부터 60센티미터 이상 올라가도록 할 것

해설 사다리식 통로 등의 구조
사다리식 통로의 기울기는 75° 이하로 하여야 한다. 다만, 고정식 사다리식 통로의 기울기는 90° 이하로 하고 그 **높이가 7m 이상인 경우**에는 다음 각 목의 구분에 따른 조치를 해야 한다.
㉮ 등받이울이 있어도 근로자 이동에 지장이 없는 경우 : 바닥으로부터 **높이가 2.5m 되는 지점**부터 등받이울을 설치할 것
㉯ 등받이울이 있으면 근로자가 이동이 곤란한 경우 : 한국산업표준에서 정하는 기준에 적합한 개인용 추락 방지 시스템을 설치하고 근로자로 하여금 한국산업표준에서 정하는 기준에 적합한 전신안전대를 사용하도록 할 것

참고 산업안전보건관리기준에 관한 규칙 제24조

19 산업안전보건법령상 사업주가 보존해야 할 서류의 보존기간이 2년인 것은?

① 노사협의체의 회의록
② 안전보건관리책임자의 선임에 관한 서류
③ 화학물질의 유해성 · 위험성 조사에 관한 서류
④ 산업재해의 발생원인 등 기록
⑤ 작업환경측정에 관한 서류

해설 서류의 보존
사업주는 다음 각 호의 서류를 3년(㉯호의 경우 2년을 말한다) 동안 보존하여야 한다.
㉮ 안전보건관리책임자 · 안전관리자 · 보건관리자 · 안전보건관리담당자 및 산업보건의의 선임에 관한 서류
㉯ 제24조제3항(산업안전보건위원회) 및 제75조제4항(**노사협의체의**)에 따른 회의록
㉰ 안전조치 및 보건조치에 관한 사항으로서 고용노동부령으로 정하는 사항을 적은 서류
㉱ 제57조제2항에 따른 산업재해의 발생 원인 등 기록
㉲ 제108조제1항 본문 및 제109조제1항에 따른 화학물질의 유해성 · 위험성 조사에 관한 서류
㉳ 제125조에 따른 작업환경측정에 관한 서류
㉴ 제129조부터 제131조까지의 규정에 따른 건강진단에 관한 서류

참고 산업안전보건법 제164조제1항

20 산업안전보건법령상 작업환경측정기관에 관한 지정 요건을 갖추면 작업환경측정기관으로 지정 받을 수 있는 자를 모두 고른 것은?

ㄱ. 국가 또는 지방자치단체의 소속기관
ㄴ. 「의료법」에 따른 종합병원 또는 병원
ㄷ. 「고등교육법」에 따른 대학 또는 그 부속기관
ㄹ. 작업환경측정 업무를 하려는 법인

① ㄱ, ㄴ
② ㄷ, ㄹ
③ ㄱ, ㄴ, ㄷ
④ ㄴ, ㄷ, ㄹ
⑤ ㄱ, ㄴ, ㄷ, ㄹ

해설 작업환경측정기관의 지정 요건
작업환경측정기관에 관한 지정요건을 갖추면 작업환경측정기관으로 지정받을 수 있는 자에는 **보기의 모두가 인정된다.** 이외에 작업환경 측정대상 사업장의 부속기관도 포함된다. 소속기관이 자체적으로 작업환경측정을 하려는 경우에는 인력·시설 및 장비를 갖추고 고용노동부장관의 지정을 받아야 한다.

참고 산업안전보건법 시행령 제95조

---

21 산업안전보건법령상 일반건강진단을 실시한 것으로 인정되는 건강진단에 해당하지 않는 것은?

① 「국민건강보험법」에 따른 건강검진
② 「선원법」에 따른 건강진단
③ 「진폐의 예방과 진폐근로자의 보호 등에 관한 법률」에 따른 정기건강진단
④ 「병역법」에 따른 신체검사
⑤ 「항공안전법」에 따른 신체검사

해설 일반건강진단 실시의 인정
사업주는 산업안전보건법에 따라 일반건강진단을 실시해야 한다. 이 경우 일반건강진단을 한 것으로 인정되는 건강진단은 다음 각 호 어느 하나에 해당하는 건강진단을 말한다.
㉮ 「국민건강보험법」에 따른 건강검진
㉯ 「선원법」에 따른 건강진단
㉰ 「진폐의 예방과 진폐근로자의 보호 등에 관한 법률」에 따른 정기건강진단
㉱ 「학교보건법」에 따른 건강검사
㉲ 「항공안전법」에 따른 신체검사
「병역법」에 의한 신체검사는 건강진단으로 볼 수 없다.

참고 산업안전보건법 제129조제1항 및 시행규칙 제196조

정답 | 20. ⑤ 21. ④

22 산업안전보건법령상 사업주가 작성하여야 할 공정안전보고서에 포함되어야 할 내용으로 옳지 않은 것은?

① 공정안전자료
② 산업재해 예방에 관한 기본계획
③ 안전운전계획
④ 비상조치계획
⑤ 공정위험성 평가서

해설 공정안전보고서의 내용
사업주가 작성하여야 할 공정안전보고에는 공정안전자료, 공정위험성 평가서, 운전운전계획, 비상조치계획, 그 밖에 공정상의 안전과 관련하여 고용노동부장관이 필요하다고 정하는 사항이 포함되어야 한다. **산업재해예방에 관한 기본계획은 산업안전보건법 제7조제1항에 따라 고용노동부장관이 수립한다.**

참고 산업안전보건법 시행령 제44조제1항

23 산업안전보건법령상 역학조사 및 자격 등에 의한 취업제한 등에 관한 설명으로 옳지 않은 것은?

① 사업주는 유해하거나 위험한 작업으로 상당한 지식이나 숙련도가 요구되는 고용노동부령으로 정하는 작업의 경우 그 작업에 필요한 자격·면허·경험 또는 기능을 가진 근로자가 아닌 사람에게 그 작업을 하게 해서는 아니 된다.
② 사업주 및 근로자는 고용노동부장관이 역학조사를 실시하는 경우 적극 협조하여야 하며, 정당한 사유없이 역학조사를 거부·방해하거나 기피해서는 아니 된다.
③ 한국산업안전보건공단이 업무상 질병 여부의 결정을 위하여 역학조사를 요청하는 경우 근로복지공단은 역학조사를 실시하여야 한다.
④ 고용노동부장관은 역학조사를 위하여 필요하면 「산업안전보건법」에 따른 근로자의 건강진단결과, 「국민건강보험법」에 따른 요양급여기록 및 건강검진 결과, 「고용보험법」에 따른 고용정보, 「암관리법」에 따른 질병정보 및 사망원인 정보 등을 관련 기관에 요청할 수 있다.
⑤ 유해하거나 위험한 작업으로 상당한 지식이나 숙련도가 요구되는 고용노동부령으로 정하는 작업의 경우 고용노동부장관은 자격·면허의 취득 또는 근로자의 기능 습득을 위하여 교육기관을 지정할 수 있다.

해설 역학조사의 대상 및 절차
산업안전보건법 시행규칙 제222조제1항제2호에 따라 **근로복지공단이** 고용노동부장관이 정하는 바에 따라 업무상 질병 여부의 결정을 위하여 역학조사를 요청하는 경우 **한국산업안전보건공단은 역학조사를 할 수 있다.**

참고 산업안전보건법 제140조 및 제141조, 시행규칙 제222조제1항제2호

정답 | 22. ② 23. ③

24 산업안전보건법령상 산업안전지도사에 관한 설명으로 옳지 않은 것은?

① 산업안전지도사는 산업보건에 관한 조사·연구의 직무를 수행한다.
② 산업안전지도사는 유해·위험의 방지대책에 관한 평가·지도의 직무를 수행한다.
③ 산업안전지도사의 업무영역은 기계안전·전기안전·화공안전·건설안전 분야로 구분한다.
④ 산업안전지도사가 직무를 수행하려는 경우에는 고용노동부령으로 정하는 바에 따라 고용노동부장관에게 등록하여야 한다.
⑤ 「산업안전보건법」을 위반하여 벌금형을 선고받고 1년이 지나지 아니한 사람은 산업안전지도사 직무수행을 위해 고용노동부장관에게 등록을 할 수 없다.

> **해설** 산업안전지도사 및 산업보건지도사의 직무
> **산업보건에 관한 조사 및 연구에 관한 사항은 산업보건지도사의 직무에 해당된다.** 그러나 산업안전지도사의 업무에는 조사 및 연구의 업무가 명시되어 있지 않다. 산업보건지도사의 업무 범위는 산업안전보건법 시행령 제102조제2항 관련 [별표 31]에서 산업위생 분야와 작업환경 분야로 구분해 정하고 있다. 벌금형을 받고 1년이 지나지 않으면 등록을 할 수 없다.
>
> **참고** 산업안전보건법 제142조 및 제145조, 시행령 제102조

25 산업안전보건법령상 유해하거나 위험한 작업에 해당하여 근로조건의 개선을 통하여 근로자의 건강보호를 위한 조치를 하여야 하는 작업을 모두 고른 것은?

ㄱ. 동력으로 작동하는 기계를 이용하여 중량물을 취급하는 작업
ㄴ. 갱(坑) 내에서 하는 작업
ㄷ. 강렬한 소음이 발생하는 장소에서 하는 작업

① ㄱ
② ㄴ
③ ㄷ
④ ㄱ, ㄷ
⑤ ㄴ, ㄷ

> **해설** 유해·위험작업에 대한 근로시간 제한
> 산업안전보건법령상 유해하거나 위험한 작업에 해당하여 근로조건의 개선을 통하여 근로자의 건강보호를 위한 조치를 하여야 하는 작업에 갱(坑) 내에서 하는 작업, 강렬한 소음이 발생하는 장소에서 하는 작업, **인력(人力)으로 중량물을 취급하는 작업** 등이 해당된다. 그러나 "동력으로 작동하는 기계를 이용하여 중량물을 취급하는 작업"은 신체에 직접 영향을 주지 않으므로 근로조건의 개선 대상에 해당되지 않는다.
>
> **참고** 산업안전보건법 시행령 제99조제3항

정답 | 24. ① 25. ⑤

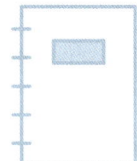
NOTE

2022년 제12회 산업안전보건법령 기출문제

(산업안전·보건지도사 2022. 3. 19. 시행)

01 산업안전보건법령상 관계수급인 근로자가 도급인의 사업장에서 작업을 하는 경우 도급인의 안전조치 및 보건조치에 관한 설명으로 옳지 않은 것은?

① 도급인은 같은 장소에서 이루어지는 도급인과 관계수급인의 작업에 있어서 관계수급인의 작업시기·내용, 안전조치 및 보건조치 등을 확인하여야 한다.
② 건설업의 경우에는 도급사업의 정기 안전·보건 점검을 분기에 1회 이상 실시하여야 한다.
③ 관계수급인의 공사금액을 포함한 해당 공사의 총공사금액이 20억원 이상인 건설업의 경우 도급인은 그 사업장의 안전보건관리책임자를 안전보건총괄책임자로 지정하여야 한다.
④ 도급인은 도급인과 수급인을 구성원으로 하는 안전 및 보건에 관한 협의체를 도급인 및 그의 수급인 전원으로 구성하여야 한다.
⑤ 도급인은 제조업 작업장의 순회점검을 2일에 1회 이상 실시하여야 한다.

해설 **도급인의 안전조치 및 보건조치**
도급인의 안전조치 및 보건조치에 관한 사항은 안전 및 보건에 관한 협의체 구성 및 운영, 안전보건총괄책임자 지정, 정기 안전·보건 점검, 작업장의 순회점검 등 다양하다. 법 제64조제2항 및 시행규칙 제82조제2항에 따른 정기 안전·보건점검의 실시 횟수는 **건설업, 선박 및 보트 건조업은 2개월에 1회 이상**, 이를 제외한 사업은 분기에 1회 이상 실시하여야 한다.

참고 산업안전보건법 제64조제1항, 시행령 제82조80조, 시행규칙 제82조2항

02 산업안전보건법령상 '대여자 등이 안전조치 등을 해야 하는 기계·기구·설비 및 건축물 등'에 규정되어 있는 것을 모두 고른 것은? (단, 고용노동부장관이 정하여 고시하는 기계·기구·설비 및 건축물 등은 고려하지 않음)

ㄱ. 어스오거
ㄴ. 산업용 로봇
ㄷ. 클램셸
ㄹ. 압력용기

① ㄱ, ㄴ
② ㄱ, ㄷ
③ ㄴ, ㄹ
④ ㄱ, ㄷ, ㄹ
⑤ ㄴ, ㄷ, ㄹ

정답 | 01. ② 02. ②

> **해설** 대여자 등이 안전조치 등을 해야 하는 기계·기구·설비 및 건축물 등
> 대여자 등이 안전조치를 해야 할 기계·기구·설비 및 건축물 등에는 사무실 및 공장용 건축물, 이동식 크레인, 타워크레인, 파워 셔블, 어스드릴, **어스오거, 클램셸 등이 포함**된다. 압력용기는 안전인증대상 기계 등에, 산업용 로봇은 자율안전확인대상 기계 등에 해당된다.
>
> **참고** 산업안전보건법 제81조 및 시행령(제71조 관련) [별표 21]

03 산업안전보건법령상 유해하거나 위험한 기계·기구에 대한 방호조치 등에 관한 설명으로 옳은 것을 모두 고른 것은?

> ㄱ. 래핑기에는 구동부 방호 연동장치를 설치해야 한다.
> ㄴ. 원심기에는 압력방출장치를 설치해야 한다.
> ㄷ. 작동 부분에 돌기 부분이 있는 기계는 그 돌기 부분에 방호망을 설치하여야 한다.
> ㄹ. 동력전달 부분이 있는 기계는 동력전달 부분을 묻힘형으로 하여야 한다.

① ㄱ
② ㄱ, ㄴ
③ ㄴ, ㄷ
④ ㄷ, ㄹ
⑤ ㄱ, ㄷ, ㄹ

> **해설** 유해하거나 위험한 기계 등에 대한 방호조치
> 유해하거나 위험한 기계·기구에 대한 방호조치로, 래핑기에는 구동부 방호 연동장치를, **원심기에는 회전체 접촉 예방장치를 설치**해야 한다. 법 제80조제2항에서 "고용노동부령으로 정하는 방호조치"란 다음 각 호의 방호조치를 말한다.
> ㉮ 작동 부분의 돌기 부분은 **묻힘형으로 하거나 덮개를 부착**할 것
> ㉯ 동력 전달부분 및 속도 조절부분에는 **덮개를 부착하거나 방호망을 설치**할 것
> ㉰ 회전기계의 물림점(롤러나 톱니바퀴 등 반대방향의 두 회전체에 물려 들어가는 위험점)에는 덮개 또는 울을 설치하여야 한다.
>
> **참고** 산업안전보건법 제80조 및 시행규칙 제98조제1항과 제2항

04 산업안전보건법령상 사업주가 근로자의 작업내용을 변경할 때에 그 근로자에게 하여야 하는 안전보건교육의 내용으로 규정되어 있지 않은 것은?

① 사고 발생 시 긴급조치에 관한 사항
② 기계·기구의 위험성과 작업의 순서 및 동선에 관한 사항
③ 표준안전 작업방법에 관한 사항
④ 직장 내 괴롭힘, 고객의 폭언 등으로 인한 건강장해 예방 및 관리에 관한 사항
⑤ 작업 개시 전 점검에 관한 사항

> **해설** 채용 시 교육 및 작업내용 변경 시 교육
> 사업주는 근로자의 작업내용을 변경하는 때에는 고용노동부로 정하는 바에 따라 안전보건교육을 하여야 한다. '**표준안전 작업방법 결정 및 지도·감독 요령에 관한 사항**'은 관리감독자의 정기교육에 관한 내용이다.
>
> **참고** 산업안전보건법 시행규칙(제26조제1항 등 관련) [별표 5]

05 산업안전보건법령상 안전검사에 관한 설명으로 옳지 않은 것은?

① 형 체결력(型 締結力) 294킬로뉴턴(KN) 이상의 사출성형기는 안전검사대상기계 등에 해당한다.
② 사업주는 자율안전검사를 받은 경우에는 그 결과를 기록하여 보존하여야 한다.
③ 안전검사기관이 안전검사 업무를 게을리하거나 업무에 차질을 일으킨 경우 고용노동부장관은 안전검사기관 지정을 취소하거나 6개월 이내의 기간을 정하여 그 업무의 정지를 명할 수 있다.
④ 곤돌라를 건설현장에서 사용하는 경우 사업장에 최초로 설치한 날부터 6개월마다 안전검사를 하여야 한다.
⑤ 안전검사대상기계 등을 사용하는 사업주와 소유자가 다른 경우에는 사업주가 안전검사를 받아야 한다.

> **해설** 안전검사
> 안전검사기관의 지정 취소나 업무 정지에 관한 사항은 안전관리전문기관 등에 관한 법 제21조제4항을 준용한다. 곤돌라의 안전검사 주기는 사업장에 설치가 끝난 날부터 3년 이내에 최초 안전검사를 실시하고 그 이후부터 2년마다 실시하되, 건설현장에서 사용하는 것은 최초로 설치한 날부터 6개월마다 실시한다. 안전검사대상기계 등을 사용하는 사업주와 소유자가 다른 경우에는 **소유자가 안전검사를 받아야 한다.**
>
> **참고** 산업안전보건법 제93조제1항 및 제96조제5항과 제98조제3항, 시행령 제78조제1항, 시행규칙 126조제1항

06 산업안전보건법령상 제조 또는 사용허가를 받아야 하는 유해물질을 모두 고른 것은? (단, 고용노동부장관의 승인을 받은 경우는 제외함)

ㄱ. 크롬산 아연
ㄴ. β-나프틸아민과 그 염
ㄷ. o-톨리딘 및 그 염
ㄹ. 폴리클로리네이티드 터페닐
ㅁ. 콜타르피치 휘발물

① ㄱ, ㄴ, ㄷ
② ㄱ, ㄷ, ㅁ
③ ㄱ, ㄹ, ㅁ
④ ㄴ, ㄷ, ㄹ
⑤ ㄴ, ㄹ, ㅁ

정답 | 05. ⑤ 06. ②

해설 허가 대상 유해물질

근로자의 건강에 특히 해롭다고 인정되거나 건강장해를 일으킬 우려가 있는 물질 등은 제조·수입·양도·제공 또는 사용이 금지된다. 그러나 산업적 유용성을 고려하여 대체물질이 개발되지 아니한 물질 등 대통령령으로 정하는 **크롬산 아연, o-톨리딘 및 그 염, 콜타르피치 휘발물 등의 허가 대상 유해물질**은 고용노동부장관의 허가를 받아 제조하거나 사용할 수 있다. β-나프틸아민과 그 염, 폴리클로리네이티드 터페닐은 제조 등 금지물질이다.

참고 산업안전보건법 제118조제1항 및 시행령 제88조

---

07 산업안전보건법령상 중대재해에 속하는 경우를 모두 고른 것은?

ㄱ. 사망자가 1명 발생한 재해
ㄴ. 3개월 이상의 요양이 필요한 부상자가 동시에 2명 발생한 재해
ㄷ. 부상자가 동시에 5명 발생한 재해
ㄹ. 직업성 질병자가 동시에 10명 발생한 재해

① ㄱ
② ㄴ, ㄷ
③ ㄷ, ㄹ
④ ㄱ, ㄴ, ㄹ
⑤ ㄱ, ㄴ, ㄷ, ㄹ

해설 중대재해의 범위
㉮ 사망자가 1명 이상 발생한 재해
㉯ 3개월 이상의 요양이 필요한 부상자가 동시에 2명 이상 발생한 재해
㉰ 부상자 또는 직업성 질병자가 동시에 10명 이상 발생한 재해

참고 산업안전보건법 시행규칙 제3조

---

08 산업안전보건법령상 안전인증에 관한 설명으로 옳은 것은?

① 안전인증 심사 중 유해·위험기계 등이 서면심사 내용과 일치하는지와 유해·위험기계 등의 안전에 관한 성능이 안전인증기준에 적합한지에 대한 심사는 기술능력 및 생산체계 심사에 해당한다.
② 거짓이나 그 밖의 부정한 방법으로 안전인증을 받은 사유로 안전인증이 취소된 자는 안전인증이 취소된 날부터 3년 이내에는 취소된 유해·위험기계 등에 대하여 안전인증을 신청할 수 없다.
③ 크레인, 리프트, 곤돌라는 설치·이전하는 경우뿐만 아니라 주요 구조 부분을 변경하는 경우에도 안전인증을 받아야 한다.

④ 안전인증기관은 안전인증을 받은 자가 최근 2년 동안 안전인증표시의 사용금지를 받은 사실이 없는 경우에는 안전인증기준을 지키고 있는지를 3년에 1회 이상 확인해야 한다.
⑤ 안전인증대상기계 등이 아닌 유해·위험기계 등을 제조하는 자는 그 유해·위험 기계 등의 안전에 관한 성능을 평가받기 위하여 고용노동부장관에게 안전인증을 신청할 수 없다.

해설 안전인증
유해·위험기계 등이 서면심사 내용과 일치하는지와 성능이 안전인증기준에 적합한지에 대한 심사는 **제품심사에 해당**된다. 기술능력와 생산체계 심사는 제품의 품질, 안전성, 식별관리체계 등에 관한 심사로서 성능검사와 구별된다. 거짓이나 부정한 방법으로 안전인증을 받은 경우 취소사유가 되며, **1년 이내에 다시 안전인증을 신청할 수 없다.** 안전인증기관은 안전인증을 받은 자가 안전인증기준을 지키고 있는지를 2년에 1회 이상 확인해야 한다. 다만, **최근 3년 동안 안전인증이 취소되거나 안전인증표시의 사용금지를 받은 사실이 없는 경우 3년에 1회 이상 확인**할 수 있다. 안전인증대상기계 등이 아닌 유해·위험기계 등을 제조하거나 수입하는 자가 그 유해·위험기계 등의 안전에 관한 성능 등을 평가받으려면 **고용노동부장관에게 안전인증을 신청할 수 있다.**

참고 산업안전보건법 제84조제3항 및 제86조제1항과 제3항, 시행규칙 제110조제1항 및 제111조제2항

09 산업안전보건법령상 상시근로자 1,000명인 A회사(「상법」 제170조에 따른 주식회사)의 대표이사 甲이 수립해야 하는 회사의 안전 및 보건에 관한 계획에 포함되어야 하는 내용이 아닌 것은?

① 안전 및 보건에 관한 경영방침
② 안전·보건관리 업무위탁에 관한 사항
③ 안전·보건관리 조직의 구성·인원 및 역할
④ 안전·보건 관련 예산 및 시설 현황
⑤ 안전 및 보건에 관한 전년도 활동실적 및 다음 연도 활동계획

해설 안전 및 보건에 관한 계획의 포함내용
회사의 대표이사(「상법」 제408조의2제1항 후단에 따라 대표이사를 두지 못하는 경우에는 같은 법 제408조의5에 다른 대표집행임원을 말한다)는 회사의 정관에서 정하는 바에 따라 다음 각 호의 내용을 포함한 회사의 안전 및 보건에 관한 계획을 수립해야 한다.
㉮ 안전 및 보건에 관한 경영방침
㉯ 안전보건조직의 구성·인원 및 역할
㉰ 안전보건 관련 예산 및 시설현황
㉱ 안전 및 보건에 관한 전년도 활동실적 및 다음 연도 활동계획

참고 산업안전보건법 시행령 제13조제2항

정답 | 09. ②

10 산업안전보건법령상 안전관리전문기관에 대해 그 지정을 취소하여야 하는 경우는?

① 업무정지 기간 중에 업무를 수행한 경우
② 안전관리 업무 관련 서류를 거짓으로 작성한 경우
③ 정당한 사유 없이 안전관리 업무의 수탁을 거부한 경우
④ 안전관리 업무 수행과 관련한 대가 외에 금품을 받은 경우
⑤ 법에 따른 관계 공무원의 지도·감독을 거부·방해 또는 기피한 경우

해설 안전·보건관리전문기관의 지정 취소
고용노동부장관은 일정한 위반행위에 대하여 행정적 제재로서 안전관리전문기관 또는 보건관리전문기관의 지정을 취소하거나 6개월 이내의 기간을 정하여 그 업무의 정지를 명할 수 있다. 다만, 거짓이나 그 밖의 부정한 방법으로 지정을 받은 경우나 **업무정지 기간 중에 업무를 수행한 경우에는 그 지정을 취소**하여야 한다. 업무정지는 행정처분으로서 위법이나 월권에 해당되면 취소소송을 제기할 수 있다.

참고 산업안전보건법 제21조제4항

11 산업안전보건법령상 통합공표 대상 사업장 등에 관한 내용이다. ( )에 들어갈 사업으로 옳지 않은 것은?

고용노동부장관이 도급인의 사업장에서 관계수급인 근로자가 작업을 하는 경우에 도급인의 산업재해 발생건수 등에 관계수급인의 산업재해발생건수 등을 포함하여 공표하여야 하는 사업장이란 ( )에 해당하는 사업이 이루어지는 사업장으로서 도급인이 사용하는 상시근로자 수가 500명 이상이고 도급인 사업장의 사고사망만인율보다 관계수급인의 근로자를 포함하여 산출한 사고사망만인율이 높은 사업장을 말한다. 단, 여기서 사고사망만인율은 질병으로 인한 사망재해자를 제외하고 산출한 사망만인율을 말한다.

① 제조업
② 철도운송업
③ 도시철도운송업
④ 도시가스업
⑤ 전기업

해설 산업재해발생건수 등의 공표 대상 사업장
고용노동부장관은 도급인의 사업장(도급인이 제공하거나 지정한 경우로서 도급인이 지배·관리하는 대통령령으로 정하는 장소를 포함한다) 중 대통령령으로 정하는 사업장에서 관계수급인 근로자가 작업을 하는 경우에 산업재해발생건수 등에 관계수급인의 산업재해발생건수를 포함하여 공표하여야 한다. 이 경우 대통령령으로 정하는 사업장이란 **제조업, 철도운송업, 도시철도운송업, 전기업**에 해당하는 사업이 이루어지는 사업장으로서, 상시근로자 수가 500명 이상이고 도급인 사업장의 사고사망만인율보다 관계수급인의 근로자를 포함하여 산출한 사고사망만인율이 높은 사업장을 말한다.

참고 산업안전보건법 제10조제2항 및 시행령 제12조

정답 | 10. ① 11. ④

12 산업안전보건법령상 자율안전확인의 신고에 관한 설명으로 옳지 않은 것은?

① 자율안전확인대상기계 등을 제조하는 자가 「산업표준화법」 제15조에 따른 인증을 받은 경우 고용노동부장관은 자율안전확인신고를 면제할 수 있다.
② 산업용 로봇, 혼합기, 파쇄기, 컨베이어는 자율안전확인대상기계 등에 해당한다.
③ 자율안전확인대상기계 등을 수입하는 자로서 자율안전확인신고를 하여야 하는 자는 수입하기 전에 신고서에 제품의 설명서, 자율안전확인대상기계 등의 자율안전기준을 충족함을 증명하는 서류를 첨부하여 한국산업안전보건공단에 제출해야 한다.
④ 자율안전확인의 표시를 하는 경우 인체에 상해를 입힐 우려가 있는 재질이나 표면이 거친 재질을 사용해서는 안 된다.
⑤ 고용노동부장관은 신고된 자율안전확인대상기계 등의 안전에 관한 성능이 자율 안전기준에 맞지 아니하게 된 경우 신고한 자에게 1년 이내의 기간을 정하여 자율안전기준에 맞게 시정하도록 명할 수 있다.

> **해설** 자율안전확인표시의 신고
> 고용노동부장관은 신고된 자율안전확인대상기계 등의 안전에 관한 성능이 자율안전기준에 맞지 아니하게 된 경우에는 신고한 자에게 **6개월 이내의 기간**을 정하여 자율안전기준에 맞게 시정하도록 명할 수 있다.
>
> **참고** 산업안전보건법 제91조제1항, 시행령 제77조제1항, 시행규칙 제119조 및 제120조와 [별표 14]

13 산업안전보건법령상 공정안전보고서에 포함되어야 하는 사항을 모두 고른 것은?

ㄱ. 공정위험성 평가서
ㄴ. 안전운전계획
ㄷ. 비상조치계획
ㄹ. 공정안전자료

① ㄱ
② ㄴ, ㄹ
③ ㄷ, ㄹ
④ ㄱ, ㄴ, ㄷ
⑤ ㄱ, ㄴ, ㄷ, ㄹ

> **해설** 공정안전보고서의 내용
> 공정안전보고서에는 **공정안전자료, 공정위험성평가, 안전운전계획, 비상조치계획**, 그 밖에 공정상의 안전과 관련하여 고용노동부장관이 필요하다고 인정하여 고시하는 사항이 포함되어야 한다. 공정안전보고서의 구체적이고 세부적인 내용은 산업안전보건법 시행규칙 제50조제1항에 규정하고 있다.
>
> **참고** 산업안전보건법 시행령 제44조제1항

정답 | 12. ⑤ 13. ⑤

14 산업안전보건법령상 사업장의 상시근로자 수가 50명인 경우에 산업안전보건위원회를 구성해야 할 사업은?

① 컴퓨터 프로그래밍, 시스템 통합 및 관리업
② 소프트웨어 개발 및 공급업
③ 비금속 광물제품 제조업
④ 정보서비스업
⑤ 금융 및 보험업

해설 산업안전보건위원회의 구성

산업안전보건위원회를 구성해야 할 사업의 종류 및 사업장의 상시근로자 수는 다음과 같이 업종에 따라 차이가 있다.
㉮ 토사석 광업, 목재 및 나무제품 제조업, **비금속 광물제품 제조업은 상시근로자 50명 이상**
㉯ 소프트웨어 개발 및 공급업, 컴퓨터 프로그래밍, 정보서비스업, 금융 및 보험법은 상시근로자 300명 이상
㉰ 건설업은 공사금액 120억원(토목공사의 경우 150억원) 이상
㉱ 기타 사업은 상시근로자 100명 이상

참고 산업안전보건법 시행령(제34조 관련) [별표 9]

---

15 산업안전보건법령상 사업주가 관리감독자에게 수행하게 하여야 하는 산업안전 및 보건에 관한 업무로 명시되지 않은 것은?

① 산업재해에 관한 통계의 기록 및 유지에 관한 사항
② 사업장 내 관리감독자가 지휘·감독하는 작업과 관련된 기계·기구 또는 설비의 안전·보건 점검 및 이상 유무의 확인
③ 관리감독자에게 소속된 근로자의 작업복·보호구 및 방호장치의 점검과 그 착용·사용에 관한 교육·지도
④ 해당 작업에서 발생한 산업재해에 관한 보고 및 이에 대한 응급조치
⑤ 해당 작업의 작업장 정리·정돈 및 통로 확보에 대한 확인·감독

해설 관리감독자의 업무

관리감독자는 사업장 내 지휘·감독하는 작업과 관련된 기계·기구 또는 설비의 안전보건 점검 및 이상 유무에 관한 사항 등 7가지의 업무를 정하고 있다. **산업재해에 관한 통계의 기록 및 유지에 관한 사항은 안전보건관리책임자의 업무에 해당**된다. 실제 업무는 안전관리자의 업무에 포함하고 있으며, 산업안전보건법 제18조제1항에 따라 안전관리자는 산업재해에 관한 통계의 유지·관리·분석을 위한 보좌 및 지도·조언을 하고 있다.

참고 산업안전보건법 제15조제1항, 시행령 제15조제1항

정답 | 14. ③ 15. ①

16 산업안전보건법령상 도급승인 대상 작업에 관한 것으로 "급성 독성, 피부 부식성 등이 있는 물질의 취급 등 대통령령으로 정하는 작업"에 관한 내용이다. ( )에 들어갈 내용을 순서대로 옳게 나열한 것은?

- 중량비율 (ㄱ)퍼센트 이상의 황산, 불화수소, 질산 또는 염화수소를 취급하는 설비를 개조·분해·해체·철거하는 작업 또는 해당 설비의 내부에서 이루어지는 작업. 다만, 도급인이 해당 화학물질을 모두 제거한 후 증명자료를 첨부하여 (ㄴ)에게 신고한 경우는 제외한다.
- 그 밖에 「산업재해보상보험법」 제8조제1항에 따른 (ㄷ)의 심의를 거쳐 고용노동부장관이 정하는 작업

① ㄱ : 1, ㄴ : 고용노동부장관, ㄷ : 산업재해보상보험 및 예방심의위원회
② ㄱ : 1, ㄴ : 한국산업안전보건공단 이사장, ㄷ : 산업재해보상보험 및 예방심의위원회
③ ㄱ : 2, ㄴ : 고용노동부장관, ㄷ : 산업재해보상보험 및 예방심의위원회
④ ㄱ : 2, ㄴ : 지방고용노동관서의 장, ㄷ : 산업안전보건심의위원회
⑤ ㄱ : 3, ㄴ : 고용노동부장관, ㄷ : 산업안전보건심의위원회

해설 도급승인 대상 작업

급성 독성, 피부 부식성 등이 있는 물질의 취급 등 대통령령으로 정하는 작업을 도급하려는 경우 고용노동부장관의 승인을 받도록 하고 있다. 해당 작업이란 **중량비율 1% 이상**의 황산, 불화수소, 질산, 염화수소를 취급하는 설비를 개조·분해·해체·철거하는 작업 또는 해당 설비의 내부에서 이루어지는 작업. 다만, 도급인이 해당 화학물질을 모두 제거한 후 증명자료를 첨부하여 **고용노동부장관에게** 신고한 경우는 제외한다. 그 밖에 「산업재해보상보험법」 제8조제1항에 따른 **산업재해보상보험 및 예방심의위원회의 심의**를 거쳐 고용노동부장관이 정하는 작업을 말한다.

참고 산업안전보건법 제59조제1항 및 시행령 제51조

17 산업안전보건법령상 보건관리자에 관한 설명으로 옳지 않은 것은?

① 상시근로자 300명 이상을 사용하는 사업장의 사업주는 보건관리자에게 그 업무만을 전담하도록 하여야 한다.
② 안전인증대상기계 등과 자율안전확인대상기계 등 중 보건과 관련된 보호구(保護具) 구입 시 적격품 선정에 관한 보좌 및 지도·조언은 보건관리자의 업무에 해당한다.
③ 외딴곳으로서 고용노동부장관이 정하는 지역에 있는 사업장의 사업주는 보건관리전문기관에 보건관리자의 업무를 위탁할 수 있다.
④ 보건관리자의 업무를 위탁할 수 있는 보건관리전문기관은 지역별 보건관리전문기관과 업종별·유해인자별 보건관리전문기관으로 구분한다.
⑤ 「간호법」에 따른 간호사는 보건관리자가 될 수 없다.

정답 | 16. ① 17. ⑤

해설 보건관리자의 자격

보건관리자의 자격은 산업보건지도사, 의사, **간호사**, 산업위생관리산업기사 또는 대기환경산업기사 이상의 자격의 취득한 사람, 인간공학기사 이상의 자격을 취득한 사람, 전문대학 이상의 학교에서 산업보건 또는 산업위생 분야의 학과를 졸업한 사람이어야 한다.

※ 단, 간호사의 경우 2025년 6월 20일에 '「의료법」에 따른 간호사'에서 「간호법」에 따른 간호사로 개정되었다.

참고 산업안전보건법 제18조제3항, 시행령 제22조제1항 및 제23조제2항과 [별표 6]

---

18 산업안전보건법령상 안전보건관리규정(이하 "규정"이라 함)에 관한 설명으로 옳은 것은?

① 안전 및 보건에 관한 관리조직은 규정에 포함되어야 하는 사항이 아니다.
② 규정 중 취업규칙에 반하는 부분에 관하여는 규정으로 정한 기준이 취업규칙에 우선하여 적용된다.
③ 산업안전보건위원회가 설치되어 있지 아니한 사업장의 사업주가 규정을 작성할 때에는 지방고용노동관서의 장의 승인을 받아야 한다.
④ 사업주가 규정을 작성할 때에는 산업안전보건위원회의 심의·의결을 거쳐야 하나, 변경할 때에는 심의만 거치면 된다.
⑤ 규정을 작성해야 하는 사업의 사업주는 규정을 작성해야 할 사유가 발생한 날부터 30일 이내에 작성해야 한다.

해설 안전보건관리규정

안전보건관리규정에는 **안전 및 보건에 관한 관리조직을 포함**해야 하고, 안전보건관리규정의 내용이 **취업규칙이나 단체협약에 반할 수 없다.** 또한 안전보건관리규정을 제정하거나 변경할 경우 **산업안전보건위원회의 심의·의결**을 거쳐야 한다. 그러나 안전보건관리규정은 상시근로자 300명 이상 사업장, 상시근로자 100명 이상 사업장으로 구분하고 있어 산업안전보건위원회가 없는 경우에는 산업안전보건법 제26조에 따라 **근로자대표의 동의를 받아야 한다.**

참고 산업안전보건법 제25조 및 제26조, 시행규칙 제25조

---

19 산업안전보건법령상 고용노동부장관이 안전관리전문기관 또는 보건관리전문기관의 지정을 취소하거나 6개월 이내의 기간을 정하여 그 업무의 정지를 명할 수 있도록 하는 규정이 준용되는 기관이 아닌 것은?

① 안전보건교육기관
② 안전보건진단기관
③ 건설재해예방전문지도기관
④ 역학조사 실시 업무를 위탁받은 기관
⑤ 석면조사기관

정답 | 18. ⑤ 19. ④

해설 **안전·보건관리전문기관의 지정 취소**
고용노동부장관이 지정을 취소하거나 업무를 정지시킬 수 있는 기관을 선별하는 문항이다. 역학조사는 질병의 발생원인과 역학적 특성을 밝히는 것을 말하며, 고용노동부장관은 역학조사를 실시하는 경우 산업안전보건공단에 위탁해 실시하고 있다. **지정기관은 별도로 인정하지 않는다.**

참고 산업안전보건법 제163조제2항 및 시행규칙 제240조제1항

20 산업안전보건법령상 사업주가 작업환경측정을 할 때 지켜야 할 사항으로 옳은 것을 모두 고른 것은?

ㄱ. 작업환경측정을 하기 전에 예비조사를 할 것
ㄴ. 일출 후 일몰 전에 실시할 것
ㄷ. 모든 측정은 지역 시료채취방법으로 하되, 지역 시료채취방법이 곤란한 경우에는 개인 시료채취방법으로 실시할 것
ㄹ. 작업환경측정기관에 위탁하여 실시하는 경우에는 해당 작업환경측정기관에 공정별 작업내용, 화학물질의 사용실태 및 물질안전보건자료 등 작업환경측정에 필요한 정보를 제공할 것

① ㄱ, ㄹ
② ㄴ, ㄷ
③ ㄷ, ㄹ
④ ㄱ, ㄴ, ㄹ
⑤ ㄱ, ㄴ, ㄷ, ㄹ

해설 **작업환경측정 방법**
사업주는 작업환경측정을 할 때 고용노동부령으로 정하는 사항을 준수하여야 한다. 준수 사항에 **모든 측정은 개인 시료채취방법으로 하되, 개인 시료채취방법이 곤란한 경우에는 지역 시료채취방법으로 실시할 것**으로 명시되어 있으나, 일출 후 일몰 전에 실시할 것이라는 내용은 명시 규정이 없다.

참고 산업안전보건법 시행규칙 제189조제1항

21 산업안전보건법령상 같은 유해인자에 노출되는 근로자들에게 유사한 질병의 증상이 발생한 경우에 고용노동부장관은 근로자의 건강을 보호하기 위하여 사업주에게 특정 근로자에 대해 건강진단을 실시할 것을 명할 수 있다. 이에 해당하는 건강진단은?

① 일반건강진단
② 특수건강진단
③ 배치전건강진단
④ 임시건강진단
⑤ 수시건강진단

정답 | 20. ① 21. ④

> **해설** 임시건강진단 명령 등
> 건강진단의 종류는 일반건강진단, 특수건강진단, 배치전건강신단, 수시건강진단 및 임시건강진단으로 구분한다. 사업주는 유해부서에 종사하는 근로자를 대상으로 배치전건강진단, 일반건강진단(1년에 1회), 특수건강진단(6개월), 수시건강진단을 실시하여야 하고, 같은 유해인자에 노출되는 근로자들에게 유사한 질병의 증상이 발생한 경우에 **고용노동부장관은** 사업주에게 **특정 근로자에 대한 임시건강진단의 실시를** 명할 수 있다. 임시건강진단은 유해부서뿐만 아니라 일반부서에도 고용노동부장관이 명령에 의하여 실시가 가능하다.
>
> **참고** 산업안전보건법 제131조제1항

22 산업안전보건법령상 유해성·위험성 조사 제외 화학물질로 규정되어 있지 않은 것은? (단, 고용노동부장관이 공표하거나 고시하는 물질은 고려하지 않음)

① 「의료기기법」 제2조제1항에 따른 의료기기
② 「약사법」 제2조제4호 및 제7호에 따른 의약품 및 의약외품(醫藥外品)
③ 「건강기능식품에 관한 법률」 제3조제1호에 따른 건강기능식품
④ 「첨단재생의료 및 첨단바이오의약품 안전 및 지원에 관한 법률」 제2조제5호에 따른 첨단바이오의약품
⑤ 천연으로 산출된 화학물질

> **해설** 유해성·위험성 조사 제외 화학물질
> 유해성·위험성 조사는 신규화학물질을 대상으로 실시하며, 대통령령으로 정하는 화학물질은 산업안전보건법 시행령 제85조에 따라 조사 대상에서 제외한다. 「첨단재생의료 및 첨단바이오의약품 안전 및 지원에 관한 법률」 제2조제5호에 따른 **첨단바이오의약품은 유해성·위험성 조사 제외 화학물질에 해당되지 않는다.**
>
> **참고** 산업안전보건법 시행령 제85조

23 산업안전보건법령상 작업환경측정 또는 건강진단의 실시 결과만으로 직업성질환에 걸렸는지를 판단하기 곤란한 근로자의 질병에 대하여 한국산업안전보건공단에 역학조사를 요청할 수 있는 자로 규정되어 있지 않은 자는?

① 사업주
② 근로자대표
③ 보건관리자
④ 건강진단기관의 의사
⑤ 산업안전보건위원회의 위원장

정답 | 22. ④ 23. ⑤

해설 역학조사의 대상 및 절차 등

고용노동부장관은 직업성질환의 진단 및 예방, 발생원인을 규명하기 위하여 필요하다고 인정할 때에는 근로자의 질병과 작업장의 유해요인의 상관관계에 관한 역학조사를 할 수 있다. 이 경우 **사업주, 근로자대표, 보건관리자(보건관리전문기관을 포함한다) 또는 건강진단기관의 의사**가 직업병의 의심이 있는 경우에 고용노동부장관에게 역학조사를 요청할 수 있다. 그러나 산업안전보건위원회의 위원장은 권한이 없다.

참고 산업안전보건법 시행규칙 제222조제1항

24 산업안전보건법령상 징역 또는 벌금에 처해질 수 있는 자는?

① 작업환경측정 결과를 해당 작업장 근로자에게 알리지 아니한 사업주
② 등록하지 아니하고 타워크레인을 설치·해체한 자
③ 석면이 포함된 건축물이나 설비를 철거하거나 해체하면서 고용노동부령으로 정하는 석면해체·제거의 작업기준을 준수하지 아니한 자
④ 역학조사 참석이 허용된 사람의 역학조사 참석을 방해한 자
⑤ 물질안전보건자료 대상물질을 양도하면서 이를 양도받는 자에게 물질안전보건자료를 제공하지 아니한 자

해설 벌칙과 과태료

석면이 포함된 건축물이나 설비를 철거하거나 해체하는 자가 산업안전보건법 제123조제1항의 작업기준에 따라 근로자에게 한 조치로서 고용노동부령으로 정하는 조치사항을 준수하지 않은 경우 **3년 이하의 징역 또는 3천만원 이하의 벌금에 처한다.** 나머지는 과태료 부과대상이다.

참고 산업안전보건법 제169조 및 제175조

25 산업안전보건법령상 근로의 금지 및 제한에 관한 설명으로 옳은 것은?

① 사업주가 잠수 작업에 종사하는 근로자에게 1일 6시간, 1주 36시간 근로하게 하는 것은 허용된다.
② 사업주는 알코올중독의 질병이 있는 근로자를 고기압 업무에 종사하도록 해서는 안 된다.
③ 사업주가 조현병에 걸린 사람에 대해 근로를 금지하는 경우에는 미리 보건관리자(의사가 아닌 보건관리자 포함), 산업보건의 또는 건강검진을 실시한 의사의 의견을 들어야 한다.
④ 사업주는 마비성 치매에 걸릴 우려가 있는 사람에 대해 근로를 금지해야 한다.
⑤ 사업주는 전염될 우려가 있는 질병에 걸린 사람이 있는 경우 전염을 예방하기 위한 조치를 한 후에도 그 사람의 근로를 금지해야 한다.

정답 | 24. ③ 25. ②

해설 질병자 등의 근로 제한

사업주는 유해하거나 위험한 작업으로서 높은 기압에서 하는 작업 등 대통령령으로 정하는 작업에 종사하는 근로자에 대하여는 **1일 6시간, 1주 34시간을 초과할 수 없다.** 대통령령으로 정하는 작업에는 잠수 작업, 고압실 내 작업이 있다. 전염될 우려가 있는 질병에 걸린 사람(**전염을 예방하기 위한 조치를 한 경우는 제외**), **조현병, 마비성 치매에 걸린 사람**도 근로를 금지해야 한다. 사업주가 조현병에 걸린 사람에 대해 근로를 금지하는 경우에는 미리 보건관리자(**의사인 보건관리자만 해당한다**), 산업보건의 또는 건강검진을 실시한 의사의 의견을 들어야 한다. 정신신경증, 알코올중독, 신경통, 그 밖의 정신신경계의 질병이 있는 근로자를 고기압 업무에 종사하도록 해서는 안 된다.

참고 산업안전보건법 제139조, 시행규칙 제220조 및 제221조

2023년 제13회 산업안전보건법령 기출문제

산업안전·보건지도사 | 2023. 4. 1. 시행

01 산업안전보건법령상 산업재해발생건수 등의 공표대상 사업장에 해당하지 않는 것은?

① 산업재해로 인한 사망자가 연간 2명 이상 발생한 사업장
② 사망만인율(死亡萬人率)이 규모별 같은 업종의 평균 사망만인율 이상인 사업장
③ 중대산업사고가 발생한 사업장
④ 사업주가 산업재해 발생 사실을 은폐한 사업장
⑤ 사업주가 산업재해 발생에 관한 보고를 최근 3년 이내 1회 이상 하지 않은 사업장

해설 산업재해발생건수 등의 공표대상 사업장
고용노동부장관은 산업재해를 예방하기 위하여 대통령령으로 정하는 사업장의 근로자 산업재해 발생건수, 재해율 또는 그 순위 등(이하 "산업재해발생건수 등"이라 한다)을 공표하여야 한다. 대통령령에 따라 산업재해의 발생보고를 최근 3년 이내에 **2회 이상 하지 않은 사업장**은 산업재해발생건수 등의 공표대상이 된다.

참고 산업안전보건법 제10조제1항 및 시행령 제10조제1항

02 산업안전보건법령상 상시근로자 100명인 사업장에 안전보건관리책임자를 두어야 하는 사업을 모두 고른 것은?

ㄱ. 식료품 제조업, 음료 제조업
ㄴ. 1차 금속 제조업
ㄷ. 농업
ㄹ. 금융 및 보험업

① ㄱ, ㄴ
② ㄴ, ㄷ
③ ㄷ, ㄹ
④ ㄱ, ㄴ, ㄹ
⑤ ㄱ, ㄴ, ㄷ, ㄹ

해설 안전보건관리책임자를 두어야 하는 사업의 종류 및 사업장의 상시근로자 수
안전보건관리책임자의 선임에 관한 기준은 사업의 종류 및 사업장의 상시근로자 수는 다음과 같이 업종에 따라 차이가 있다.
㉮ **식료품 제조업, 음료 제조업, 제1차 금속 제조업은 상시근로자 50명 이상**
㉯ 상대적으로 유해 위험성이 적은 농업, 금융 및 보험법은 상시근로자 300명 이상

정답 | 01. ⑤ 02. ①

㉰ 건설업은 공사금액 20억원 이상의 사업장
㉱ 그 외 기타 사업은 상시근로자 100명 이상

> **참고** 산업안전보건법 시행령(제14조제1항 관련) [별표 2]

03 산업안전보건법령상 사업주가 소속 근로자에게 정기적인 안전보건교육을 실시하여야 하는 사업에 해당하는 것은? (단, 다른 감면조건은 고려하지 않음)

① 소프트웨어 개발 및 공급업
② 금융 및 보험업
③ 사업지원 서비스업
④ 사회복지 서비스업
⑤ 사진 처리업

> **해설** 법의 일부를 적용하지 않는 사업 또는 사업장 및 적용 제외 법 규정
> 산업안전보건법은 모든 사업에 적용한다. 다만, 유해·위험의 정도, 사업의 종류, 사업장의 상시근로자 수(건설공사의 경우에는 건설공사금액을 말한다) 등을 고려하여 대통령령으로 정하는 종류의 사업 또는 사업장에는 이 법의 전부 또는 일부를 적용하지 않을 수 있다. 산업안전보건법 제3조 단서에 따라 법의 전부 또는 일부를 적용하지 않는 규정은 산업안전보건법 시행령 [별표 2]에서 정한다. 이 경우 소프트웨어 개발 및 공급업, 금융 및 보험법, 사업지원 서비스업, 사회복지 서비스업은 산업안전보건법 제29조제3항에 의한 정기 안전보건교육을 적용하지 않는다. 그러나 **사진 처리업은 정기 안전보건교육의 면제대상이 아니다.**

> **참고** 산업안전보건법 제3조 및 시행령(제2조제1항 관련) [별표 2]

04 산업안전보건법령상 안전관리전문기관에 대하여 6개월 이내의 기간을 정하여 업무정지명령을 할 수 있는 사유에 해당하지 않는 것은?

① 지정받은 사항을 위반하여 업무를 수행한 경우
② 거짓이나 그 밖의 부정한 방법으로 지정을 받은 경우
③ 정당한 사유 없이 안전관리 또는 보건관리 업무의 수탁을 거부한 경우
④ 안전관리 또는 보건관리 업무와 관련된 비치서류를 보존하지 않은 경우
⑤ 안전관리 또는 보건관리 업무 수행과 관련한 대가 외에 금품을 받은 경우

> **해설** 안전관리전문기관의 지정 취소와 업무 정지
> **거짓이나 그 밖의 부정한 방법으로 지정을 받은 경우, 업무정지 기간 중에 업무를 수행한 경우에는 지정을 취소해야 한다.** 그러나 지정받은 사항에 위반하여 업무를 수행하는 경우, 정당한 사유 없이 안전관리 또는 보건관리 업무의 수탁을 거부한 경우, 안전관리 또는 보건관리 업무와 관련된 비치서류를 보존하지 않은 경우, 안전관리 또는 보건관리 업무와 관련한 대가 외에 금품을 받은 경우 등에 해당하면 6개월 이내의 기간을 정하여 업무를 정지할 수 있다.

> **참고** 산업안전보건법 제21조제4항 및 시행령 제28조

정답 | 03. ⑤ 04. ②

05
산업안전보건법령상 건설업체의 산업재해발생률 산출 계산식상 사업주의 법 위반으로 인한 것이 아니라고 인정되는 재해에 의한 사고사망자로서 '사고사망자 수' 산정에서 제외되는 경우를 모두 고른 것은?

ㄱ. 방화, 근로자 간 또는 타인 간의 폭행에 의한 경우
ㄴ. 태풍 등 천재지변에 의한 불가항력적인 재해의 경우
ㄷ. 「도로교통법」에 따라 도로에서 발생한 교통사고로서 해당 공사의 공사용 차량·장비에 의한 사고에 의한 경우
ㄹ. 야유회 중의 사고 등 건설작업과 직접 관련이 없는 경우

① ㄱ, ㄷ ② ㄴ, ㄹ ③ ㄱ, ㄴ, ㄷ
④ ㄱ, ㄴ, ㄹ ⑤ ㄱ, ㄴ, ㄷ, ㄹ

해설 건설업체 산업재해발생률 및 산업재해 발생 보고의무 위반건수의 산정 기준과 방법
건설업체 산업재해발생률은 산업안전보건법 시행규칙 제4조제1항제6호에 따른 건설업체 시공능력 평가 시 시행규칙 [별표 1] 제1호에서 정한 건설업체의 산업재해발생률에 따른 공사실적액의 감액을 하는 근거로 활용된다. 이 경우 사고사망만인율을 산정할 때 상시근로자 수 대비 사고사망자 수를 산정한다. 그러나 건설업체의 귀책사유로 보기 곤란한 사유는 사고사망자 수에 합산하지 않는 것이 타당하다. 보기 중 「도로교통법」에 따라 발생한 교통사고로서 해당 공사의 공사용 차량·장비에 의한 경우는 사업주의 귀책사유에 해당된다.

참고 산업안전보건법 시행규칙(제4조제1항제6호 관련) [별표 1] 제3호라목

06
산업안전보건법령상 도급인의 안전조치 및 보건조치에 관한 설명으로 옳은 것은?

① 건설업의 도급인은 작업장의 정기 안전·보건점검을 분기에 1회 이상 실시하여야 한다.
② 토사석 광업의 도급인은 3일에 1회 이상 작업장 순회점검을 실시하여야 한다.
③ 안전 및 보건에 관한 협의체는 도급인 및 그의 수급인 전원으로 구성해야 한다.
④ 안전 및 보건에 관한 협의체는 분기별 1회 이상 정기적으로 회의를 개최하고 그 결과를 기록·보존해야 한다.
⑤ 관계수급인의 공사금액을 포함한 해당 공사의 총공사금액이 10억원 이상인 건설업은 안전보건총괄책임자 지정 대상사업에 해당한다.

해설 도급인의 안전조치 및 보건조치 및 도급에 따른 산업재해 예방조치
건설업의 정기 안전·보건점검은 2개월에 1회 이상 실시하여야 하고, 토사석 광업의 도급인은 2일에 1회 이상 작업장 순회점검을 실시하여야 한다. 안전 및 보건에 관한 협의체는 매월 1회 이상 정기적으로 회의를 개최하고 그 결과를 기록·보존해야 한다. 관계수급인의 공사금액을 포함한 해당 공사의 총공사금액이 20억원 이상인 건설업은 안전보건총괄책임자의 지정 대상사업에 해당한다.

참고 산업안전보건법 제64조제1항, 시행령 제52조, 시행규칙 제79조제3항 및 제80조제1항제1호와 제82조제2항제1호

정답 | 05. ④ 06. ③

07 산업안전보건법령상 안전보건관리규정의 세부 내용 중 작업장 안전관리에 관한 사항에 해당하지 않는 것은?

① 안전·보건관리에 관한 계획의 수립 및 시행에 관한 사항
② 기계·기구 및 설비의 방호조치에 관한 사항
③ 보호구의 지급 등에 관한 사항
④ 위험물질의 보관 및 출입 제한에 관한 사항
⑤ 안전표시·안전수칙의 종류 및 게시에 관한 사항

해설 안전보건관리규정의 세부 내용
안전보건관리규정은 산업안전보건법 제25조에 따라 사업주에게 작성하도록 의무를 부과하고 있다. 작성 의무를 위반하면 500만원 이하의 과태료가 부과된다. 안전보건관리규정의 세부 내용은 총칙, 안전보건관리조직과 그 직무, 안전보건교육, 작업장 안전관리, 작업장 보건관리, 사고조사 및 대책수립, 보칙으로 구성된다. 보기 중 "**보호구의 지급 등에 관한 사항**"은 **작업장 보건관리에 해당**되고, 나머지는 작업장 안전관리에 해당된다.

참고 산업안전보건법 제25조 및 시행규칙(제25조제2항 관련) [별표 3]

---

08 산업안전보건법 제58조(유해한 작업의 도급금지) 규정의 일부이다. ( )에 들어갈 숫자로 옳은 것은?

> 제58조(유해한 작업의 도급금지) ① ~ ④ 〈생략〉
> ⑤ 고용노동부장관은 제4항에 따른 유효기간이 만료되는 경우에 사업주가 유효기간의 연장을 신청하면 승인의 유효기간이 만료되는 날의 다음 날부터 ( )년의 범위에서 고용노동부령으로 정하는 바에 따라 그 기간의 연장을 승인할 수 있다. 〈이하 생략〉

① 1   ② 2   ③ 3   ④ 4   ⑤ 5

해설 유해한 작업의 도급금지
사업주는 근로자의 안전과 보건에 유해하거나 위험한 작업으로서 도금사업, 수은, 납 또는 카드뮴을 제련, 주입, 가공 및 가열하는 작업, 산업안전법 제118조제1항에 다른 허가대상물질을 제조하거나 사용하는 작업의 어느 하나에 해당하는 작업을 도급하여 자신의 사업자에서 수급인의 근로자가 그 작업을 하도록 해서는 아니 된다. 그러나 일시·간헐적으로 하는 작업을 도급하는 경우, 수급인이 보유한 기술이 사업 운영에 필수적인 경우 3년의 범위 내에서 도급금지 예외 승인이 가능하다. 이 경우 유효기간이 만료되는 경우에 사업주가 유효기간의 연장을 신청하면 만료한 날의 다음 날부터 **3년의 범위** 내에서 고용노동부령으로 정하는 바에 따라 그 기간의 연장을 승인할 수 있다.

참고 산업안전보건법 제58조제1항 및 동조제2항과 동조제5항

09 산업안전보건법령상 타워크레인 설치·해체업의 등록 등에 관한 설명으로 옳지 않은 것은?

① 타워크레인 설치·해체업을 등록한 자가 등록한 사항 중 업체의 소재지를 변경할 때에는 변경등록을 하여야 한다.
② 타워크레인을 설치하거나 해체하려는 자가 「국가기술자격법」에 따른 비계기능사의 자격을 가진 사람 3명을 보유하였다면, 타워크레인 설치·해체업을 등록할 수 있다.
③ 송수신기는 타워크레인 설치·해체업의 장비기준에 포함된다.
④ 타워크레인 설치·해체업을 등록하려는 자는 설치·해체업 등록신청서에 관련 서류를 첨부하여 주된 사무소의 소재지를 관할하는 지방고용노동관서의 장에게 제출해야 한다.
⑤ 타워크레인 설치·해체업의 등록이 취소된 자는 등록이 취소된 날부터 2년 이내에는 타워크레인 설치·해체업으로 등록받을 수 없다.

해설 타워크레인 설치·해체업의 등록 등
타워크레인의 설치·해체업을 등록하려는 자는 산업안전보건법 시행령 [별표22]의 인력·시설 및 장비 기준을 갖추어야 한다. 인력기준의 경우 판금제관기능사 또는 비계기능사의 자격을 가진 사람으로서 **4명 이상을 보유**할 것으로 규정하고 있다.

참고 산업안전보건법 제82조제1항 및 동조제4항, 시행령(제72조제1항 관련) [별표 22], 시행규칙 제106조제1항

10 산업안전보건법령상 안전검사를 면제할 수 있는 경우에 해당하지 않는 것은?

① 「방위사업법」 제28조제1항에 따른 품질보증을 받은 경우
② 「선박안전법」 제8조부터 제12조까지의 규정에 따른 검사를 받은 경우
③ 「에너지이용 합리화법」 제39조제4항에 따른 검사를 받은 경우
④ 「항만법」 제26조제1항제3호에 따른 검사를 받은 경우
⑤ 「화학물질관리법」 제24조제3항 본문에 따른 정기검사를 받은 경우

해설 안전검사의 면제
안전검사란 유해·위험한 기계·기구 등을 사용하는 경우에 안전성을 확보하기 위하여 이상 상태를 확인하여 판정하는 행위를 말한다. 유해하거나 위험한 기계·기구·설비를 사용하는 사업주는 대통령령으로 정하는 바에 따라 안전검사기계 등에 대하여 안전검사를 받아야 한다. 다만, 다른 법령에 따라 고용노동부령으로 정하는 경우에는 안전검사를 면제할 수 있다. **「방위사업법」 제28조제1항에 따른 품질보증을 받은 경우는 안전인증의 면제에 해당하고, 안전검사의 면제에는 해당하지 않는다.** 제외한다.

참고 산업안전보건법 제93조2항 및 시행규칙 제125조

정답 09. ② 10. ①

11 산업안전보건법령상 유해하거나 위험한 기계·기구에 대한 방호조치에 관한 설명으로 옳지 않은 것은?

① 동력으로 작동하는 금속절단기에 날접촉 예방장치를 설치하여야 사용에 제공할 수 있다.
② 동력으로 작동하는 기계·기구로서 속도조절 부분이 있는 것은 속도조절 부분에 덮개를 부착하거나 방호망을 설치하여야 양도할 수 있다.
③ 사업주는 방호조치가 정상적인 기능을 발휘할 수 있도록 방호조치와 관련되는 장치를 상시적으로 점검하고 정비하여야 한다.
④ 동력으로 작동하는 기계·기구의 방호조치를 해체하려는 경우 사업주의 허가를 받아야 한다.
⑤ 동력으로 작동하는 진공포장기에 구동부 방호 연동장치를 설치하지 않고 대여의 목적으로 진열한 자는 3년 이하의 징역 또는 3천만원 이하의 벌금에 처한다.

해설 유해하거나 위험한 기계·기구에 대한 방호조치
방호조치란 위험기계·기구의 위험장소 또는 부위에 근로자가 통상적인 방법으로 접근하지 못하도록 하는 제한조치를 말한다. 방호장치의 대상은 예초기, 원심기, 공기압축기, 금속절단기, 지게차, 포장기계(진공포장기, 래핑기로 한정한다)가 있다. 동력으로 작동하는 진공포장기에는 구동부 방호 연동장치를 설치해야 하는데, 이를 설치하지 않고 대여의 목적으로 진열한 자는 법 제80조제1항을 위반으로 **1년 이하의 징역 또는 1천만원 이하의 벌금**에 처한다.

참고 산업안전보건법 제80조 및 제170조제4호, 시행규칙 제98조 및 제99조

12 산업안전보건법령상 주요 구조 부분을 변경하는 경우 안전인증을 받아야 하는 기계 및 설비에 해당하지 않는 것은?

① 컨베이어
② 프레스
③ 전단기 및 절곡기
④ 사출성형기
⑤ 롤러기

해설 안전인증대상기계 등
안전인증이란 사업장에서 사용하는 기계·기구 등에 대하여 안전성을 믿고 사용할 수 있도록 시험과 검증을 하여 공적기관이 증명하는 것을 말한다. 안전인증대상기계 등은 설치·이전하는 경우와 주요 구조 부분을 변경하는 경우로 구분하는데, 주요 구조 부분을 변경하는 경우 안전인증을 받아야 하는 기계 및 설비로 **프레스, 전단기 및 절곡기, 크레인, 리프트, 압력용기, 롤러기, 사출성형기, 고소작업대, 곤돌라**가 있다. 컨베이어는 안전인증의 대상이 아니다.

참고 산업안전보건법 제107조제1항 및 시행규칙 제107조제2호

정답 | 11. ⑤ 12. ①

13 산업안전보건법령상 상시근로자 30명인 도매업의 사업주가 일용근로자를 제외한 근로자에게 실시해야 하는 안전보건교육 교육과정별 교육시간 중 채용 시 교육의 교육시간으로 옳은 것은? (단, 다른 감면조건은 고려하지 않음)

① 30분 이상
② 1시간 이상
③ 2시간 이상
④ 3시간 이상
⑤ 4시간 이상

해설 안전보건교육 교육과정별 교육시간
사업주가 근로자를 채용 시 안전보건교육은 일용근로자 및 근로계약기간이 1주일 이하인 기간제근로자의 경우 교육시간 1시간 이상, 근로계약기간이 1주일 초과 1개월 이하인 기간제근로자는 4시간 이상, **그 밖의 근로자는 8시간 이상**이다. 다만, 산업안전보건법 시행규칙 [별표 4]의 비고에 따르면 상시근로자 **50명 미만인 도매업**, 숙박 및 음식점업의 경우에는 **해당 교육과정별 교육시간의 1/2 이상을 그 교육시간으로 한다.**

참고 산업안전보건법 시행규칙 [별표 4]

14 산업안전보건법령상 유해성·위험성 조사 제외 화학물질에 해당하는 것을 모두 고른 것은? (단, 고용노동부장관이 공표하거나 고시하는 물질은 고려하지 않음)

ㄱ. 「농약관리법」 제2조제1호 및 제3호에 따른 농약 및 원제
ㄴ. 「마약류 관리에 관한 법률」 제2조제1호에 따른 마약류
ㄷ. 「사료관리법」 제2조제1호에 따른 사료
ㄹ. 「생활주변방사선 안전관리법」 제2조제2호에 따른 원료물질

① ㄱ, ㄴ
② ㄷ, ㄹ
③ ㄱ, ㄴ, ㄷ
④ ㄴ, ㄷ, ㄹ
⑤ ㄱ, ㄴ, ㄷ, ㄹ

해설 유해성·위험성 조사 제외 화학물질
유해성·위험성 조사 제외 화학물질에는 원소, 천연으로 산출된 화학물질, 건강기능식품, 군수품, **농약과 원제, 마약류, 비료, 사료**, 살생물물질과 살생물제품, 식품 식품첨가물, 의약품 및 의약외품, 방사성물질, 위생용품, 의료기기, 화약류, 화장품과 화장품에 사용하는 원료 등이 있다. 「생활주변방사선 안전관리법」 제2조제2호에 따른 원료물질은 유해성·위험성 조사 제외 화학물질에 해당하지 않는다.

참고 산업안전보건법 시행령 제85조

정답 | 13. ⑤ 14. ③

15 산업안전보건법령상 자율안전확인의 신고에 관한 설명으로 옳지 <u>않은</u> 것은?

① 「산업표준화법」 제15조에 따른 인증을 받은 경우에는 자율안전확인의 신고를 면제할 수 있다.
② 롤러기 급정지장치는 자율안전확인대상기계 등에 해당한다.
③ 자율안전확인의 표시는 「국가표준기본법 시행령」 제15조의7제1항에 따른 표시기준 및 방법에 따른다.
④ 자율안전확인 표시의 사용 금지 공고내용에 사업장 소재지가 포함되어야 한다.
⑤ 고용노동부장관은 자율안전확인표시의 사용을 금지한 날부터 20일 이내에 그 사실을 관보 등에 공고하여야 한다.

해설 자율안전확인표시의 사용 금지 등
롤러기 급정지장치 등 자율안전확인대상기계 등은 산업안전보건법 시행령 제77조에 명시되어 있다. 고용노동부장관은 자율안전확인표시의 사용을 금지한 때에는 그 사실을 관보에 공고하여야 한다. 고용노동부장관은 자율안전확인표시 사용을 <u>금지한 날부터 30일 이내</u>에 관보와 인터넷 등에 공고해야 한다.

참고 산업안전보건법 제91조제2항 및 시행령 제77조, 시행규칙 제119조 및 제122조제2항과 [별표 14]

---

16 산업안전보건법령상 안전보건관리책임자 등에 대한 직무교육 중 신규교육이 면제되는 사람에 관한 내용이다. ( )에 들어갈 숫자로 옳은 것은?

「고등교육법」에 따른 이공계 전문대학 또는 이와 같은 수준 이상의 학교에서 학위를 취득하고, 해당 사업의 관리감독자로서의 업무를 (ㄱ)년(4년제 이공계 대학 학위 취득자는 1년) 이상 담당한 후 고용노동부장관이 지정하는 기관이 실시하는 교육(1998년 12월 31일까지의 교육만 해당한다)을 받고 정해진 시험에 합격한 사람. 다만, 관리감독자로 종사한 사업과 같은 업종(한국표준산업분류에 따른 대분류를 기준으로 한다)의 사업장이면서, 건설업의 경우를 제외하고는 상시근로자 (ㄴ)명 미만인 사업장에서만 안전관리자가 될 수 있다.

① ㄱ : 2, ㄴ : 200
② ㄱ : 2, ㄴ : 300
③ ㄱ : 3, ㄴ : 200
④ ㄱ : 3, ㄴ : 300
⑤ ㄱ : 5, ㄴ : 200

해설 직무교육 중 신규교육의 면제
산업안전보건법 시행규칙 제30조제1항에 따라 안전보건관리책임자 등에 대한 직무교육 중 신규교육의 면제한다. 이 경우 안전관리자의 자격은 산업안전보건법 시행령 [별표 4]에 규정하고 있다. 따라서 관리감독자로서 학력과 경력을 고려하여 안전관리자로 선임 시 신규교육을 면제한다. <u>관리감독자로서 3년</u>(4년제 이공계 학위 취득자는 1년), 같은 업종의 사업장이면서 건설업을 제외한 <u>300명 미만의 사업장</u>의 안전관리자가 될 수 있다.

참고 산업안전보건법 시행령(제17조 관련) [별표 4], 시행규칙 제30조제1항

정답 | 15. ⑤ 16. ④

17 산업안전보건법령상 서류의 보존기간이 3년인 것을 모두 고른 것은?

ㄱ. 산업보건의의 선임에 관한 서류
ㄴ. 산업재해의 발생 원인 등 기록
ㄷ. 산업안전보건위원회의 회의록
ㄹ. 신규화학물질의 유해성·위험성 조사에 관한 서류

① ㄱ, ㄷ
② ㄴ, ㄹ
③ ㄱ, ㄴ, ㄹ
④ ㄴ, ㄷ, ㄹ
⑤ ㄱ, ㄴ, ㄷ, ㄹ

해설 서류의 보존
사업주는 산업안전보건법 제164조제1항에서 정한 서류는 3년간 보존하여야 한다. 따라서 안전보건관리책임자·안전관리자·보건관리자·안전보건담당자 및 산업보건의의 선임에 관한 서류, 안전조치 및 보건조치에 관한 사항으로서 고용노동부령으로 정하는 사항을 적은 서류, 산업재해의 발생 원인 등 기록, 화학물질 유해성·위험성 조사에 관한 서류, 작업환경측정에 관한 서류, 건강진단에 관한 서류는 3년간 보존하여야 한다. 다만, **산업안전보건위원회 및 노사협의체에 따른 회의록은 2년 동안 보존하여야 한다.**

참고 산업안전보건법 제164조제1항

---

18 산업안전보건법령상 유해인자의 유해성·위험성 분류기준에 관한 설명으로 옳은 것을 모두 고른 것은?

ㄱ. 소음은 소음성난청을 유발할 수 있는 90데시벨(A) 이상의 시끄러운 소리이다.
ㄴ. 물과 상호작용을 하여 인화성 가스를 발생시키는 고체·액체 또는 혼합물은 물반응성 물질에 해당한다.
ㄷ. 20℃, 표준압력(101.3kPa)에서 공기와 혼합하여 인화되는 범위에 있는 가스는 인화성 가스에 해당한다.
ㄹ. 이상기압은 게이지 압력이 제곱센티미터당 1킬로그램 초과 또는 미만인 기압이다.

① ㄱ, ㄴ
② ㄷ, ㄹ
③ ㄱ, ㄴ, ㄷ
④ ㄴ, ㄷ, ㄹ
⑤ ㄱ, ㄴ, ㄷ, ㄹ

해설 유해인자의 분류기준
고용노동부장관은 고용노동부령이 정하는 바에 따라 근로자에게 건강장해를 일으키는 화학물질 및 물리적 인자 등의 유해성·위험성 분류기준을 마련하여야 한다. 해당 분류기준은 산업안전보건법 시행규칙 [별표 18]에 명시하고 있는데, 물리적 인자의 분류기준 중 소음은 소음성난청을 유발할 수 있는 **85데시벨(A) 이상의 시끄러운 소리**로 명시하고 있다.

참고 산업안전보건법 제104조 및 시행규칙(제141조 관련) [별표 18]

19 산업안전보건법령상 근로환경의 개선에 관한 설명으로 옳지 않은 것은?

① 도급인의 사업장에서 관계수급인 또는 관계수급인의 근로자가 작업을 하는 경우에는 도급인은 그 사업장에 소속된 사람 중 산업위생관리산업기사 이상의 자격을 가진 사람으로 하여금 작업환경측정을 하도록 하여야 한다.
② 사업주는 근로자대표가 요구하면 작업환경측정 시 근로자대표를 참석시켜야 한다.
③ 「의료법」에 따른 의원 또는 한의원은 작업환경측정기관으로 고용노동부장관의 승인을 받을 수 있다.
④ 한국산업안전보건공단은 작업환경측정 결과가 노출기준 미만인데도 직업병 유소견자가 발생한 경우에는 작업환경측정 신뢰성평가를 할 수 있다.
⑤ 사업주는 산업안전보건위원회 또는 근로자대표가 요구하면 작업환경측정 결과에 대한 설명회 등을 개최하여야 한다.

해설 작업환경측정
관계수급인이 근로자가 작업을 하는 경우 작업환경의 측정자격자는 산업위생산업기사 이상의 자격을 가진 사람으로 하고, 작업환경의 측정 시 근로자대표의 참석, 작업환경측정 결과에 대한 설명회의 개최, 작업환경측정 신뢰성평가를 할 수 있다. 「의료법」에 따른 종합병원 또는 병원은 작업환경측정기관이 될 수 있지만, **의원 또는 한의원은 작업환경측정기관이 될 수 없다.**

참고 산업안전보건법 제125조제2항 및 동조제4항과 동조제7항, 시행령 제95조, 시행규칙 제194조제1항

20 산업안전보건법령상 공정안전보고서에 관한 설명으로 옳지 않은 것은?

① 원유 정제처리업의 보유설비가 있는 사업장의 사업주는 공정안전보고서를 작성하여야 한다.
② 사업주가 공정안전보고서를 작성할 때, 산업안전보건위원회가 설치되어 있지 아니한 사업장의 경우에는 근로자대표의 의견을 들어야 한다.
③ 공정안전보고서에는 비상조치계획이 포함되어야 하고, 그 세부 내용에는 주민 홍보계획을 포함해야 한다.
④ 원자력 설비는 공정안전보고서의 제출 대상인 유해하거나 위험한 설비에 해당한다.
⑤ 공정안전보고서 이행상태평가의 방법 등 이행상태평가에 필요한 세부적인 사항은 고용노동부장관이 정한다.

해설 공정안전보고서의 제출 대상
사업주는 사업장에 대통령령으로 정하는 유해하거나 위험한 설비가 있는 경우 그 설비로부터 위험물질 누출, 화재 및 폭발 등으로 인하여 사업장 내의 근로자에게 즉시 피해를 주거나 사업장 인근지역에 피해를 줄 수 있는 사고로서 대통령령으로 정하는 사고를 예방하기 위하여 공정안전보고서를 작성하여 고용노동부장관에게 제출하여 심사를 받아야 한다. 이 경우 대통령령으로 정하는 유해하거나 위험한 설비는 시행령 제43조에서 정하고 있다. 여기에 원유 정제처리업, 기타 석유정제물 재처리업 등은 명시하고 있으나, **원자력 설비나 군사시설 등은 유해하거나 위험한 설비로 보지 않는다.**

참고 산업안전보건법 제44조제1항 및 제2항, 시행령 제43조제1항 및 제2항, 시행규칙 제50조 및 제54조

정답 | 19. ③ 20. ④

21 산업안전보건법령상 유해위험방지계획서 제출 대상인 건설공사에 해당하지 않는 것은? (단, 자체심사 및 확인업체의 사업주가 착공하려는 건설공사는 제외함)

① 연면적 3천제곱미터 이상인 냉동·냉장 창고시설의 설비공사
② 최대 지간(支間)길이(다리의 기둥과 기둥의 중심사이의 거리)가 50미터 이상인 다리의 건설 등 공사
③ 지상높이가 31미터 이상인 건축물의 건설등 공사
④ 저수용량 2천만톤 이상의 용수 전용 댐의 건설등 공사
⑤ 깊이 10미터 이상인 굴착공사

해설 유해위험방지계획서 제출 대상 건설공사
산업안전보건법 제42조제1항제3호의 대통령령으로 정하는 크기, 높이 등에 해당하는 건설공사는 유해위험방지계획서를 고용노동부장관에게 제출하고 심사를 받아야 한다. 여기에 해당하는 건설공사에는 지상높이가 31m 이상인 건축물 또는 인공구조물, 연면적 3만㎡ 이상인 건축물, **연면적 5천㎡ 이상인 냉동·냉장 창고시설**, 최대 지간길이가 50m 이상인 다리의 건설등 공사, 저수용량 2천만톤 이상의 용수 전용 댐 및 지방상수도 전용 댐의 건설등 공사, 깊이 10m 이상인 굴착공사 등이 있다.

참고 산업안전보건법 제42조제1항제3호 및 시행령 제42조제3항

22 산업안전보건법령상 건강진단 및 건강관리에 관한 설명으로 옳지 않은 것은?

① 사업주가 「선원법」에 따른 건강진단을 실시한 경우에는 그 건강진단을 받은 근로자에 대하여 일반건강진단을 실시한 것으로 본다.
② 일반건강진단의 제1차 검사항목에 흉부방사선 촬영은 포함되지 않는다.
③ 사업주는 특수건강진단의 결과를 근로자의 건강 보호 및 유지 외의 목적으로 사용해서는 아니 된다.
④ 일반건강진단, 특수건강진단, 배치전건강진단, 수시건강진단, 임시건강진단의 비용은 「국민건강보험법」에서 정한 기준에 따른다.
⑤ 사업주는 배치전건강진단을 실시하는 경우 근로자대표가 요구하면 근로자대표를 참석시켜야 한다.

해설 일반건강진단의 검사항목 및 실시방법 등
일반건강진단 제1차 검사항목은 과거병력, 직업경력 및 자각·타각증상, 혈압·혈당·요당·요단백 및 빈혈검사, 체중·시력 및 청력, **흉부방사선 촬영** 등이다. 1차 건강진단 결과 의심이 있으면, 폐결핵 및 폐결핵성 흉부질환, 순환기계질환, 간장질환, 신장질환, 빈혈증질환, 당뇨질환, 피부질환 등에 대하여 2차 건강진단을 할 수 있다.

참고 산업안전보건법 제132조제1항 및 제3항, 시행규칙 제196조 및 제198조와 제208조

정답 | 21. ① 22. ②

23 산업안전보건법령상 지도사 보수교육에 관한 설명이다. (   )에 들어갈 숫자로 옳은 것은?

> 고용노동부령으로 정하는 보수교육의 시간은 업무교육 및 직업윤리교육의 교육시간을 합산하여 총 (ㄱ)시간 이상으로 한다. 다만, 법 제145조제4항에 따른 지도사 등록의 갱신기간 동안 시행규칙 제230조제1항에 따른 지도실적이 (ㄴ)년 이상인 지도사의 교육시간은 (ㄷ)시간 이상으로 한다.

① ㄱ : 10, ㄴ : 1, ㄷ : 5
② ㄱ : 10, ㄴ : 2, ㄷ : 10
③ ㄱ : 20, ㄴ : 1, ㄷ : 5
④ ㄱ : 20, ㄴ : 2, ㄷ : 10
⑤ ㄱ : 20, ㄴ : 2, ㄷ : 15

해설 지도사 보수교육
지도사의 지도실적이 지도기준에 미치지 못하는 경우에는 보수교육을 받아야 한다. 보수교육을 업무교육과 직업윤리교육으로 구분한다. 이 경우 **보수교육의 시간은 총 20시간 이상**으로 한다. 다만, 법 제145조제4항에 따른 지도사등록의 갱신기간 동안 시행규칙 제230조제1항에 따른 **지도실적이 2년 이상인 지도사의 교육시간은 10시간 이상**으로 한다.

참고 산업안전보건법 제145조제5항 및 시행규칙 제231조제2항

24 산업안전보건법령상 안전보건진단을 받아 안전보건개선계획을 수립할 대상으로 옳은 것을 모두 고른 것은?

> ㄱ. 유해인자의 노출기준을 초과한 사업장
> ㄴ. 산업재해율이 같은 업종의 규모별 평균 산업재해율보다 높은 사업장
> ㄷ. 사업주가 필요한 안전조치 또는 보건조치를 이행하지 아니하여 중대재해가 발생한 사업장
> ㄹ. 상시근로자 1천명 이상 사업장으로서 직업성 질병자가 연간 3명 이상 발생한 사업장

① ㄱ, ㄴ
② ㄷ, ㄹ
③ ㄱ, ㄴ, ㄷ
④ ㄴ, ㄷ, ㄹ
⑤ ㄱ, ㄴ, ㄷ, ㄹ

해설 안전보건진단을 받아 안전보건개선계획을 수립할 대상
산업안전보건법 제49조제1항 각 호 외의 부분 후단에서 대통령령으로 정하는 사업장의 사업주에게는 법 제47조에 따라 안전보건진단을 받아 안전보건개선계획을 수립하여 시행할 것을 명할 수 있다. 여기에서 "대통령령으로 정하는 사업장"이란 다음 각 호의 사업장을 말한다.
㉮ 산업재해율이 같은 **업종 평균 산업재해율의 2배 이상인 사업장**
㉯ 사업주가 필요한 **안전조치 또는 보건조치를 이행하지 아니하여 중대재해가 발생한 사업장**
㉰ **직업성 질병자가 연간 2명 이상(상시근로자 1천명 이상 사업장의 경우 3명 이상) 발생한 사업장**
㉱ 그 밖에 작업환경 불량, 화재 · 폭발 또는 누출 사고 등으로 사업장 주변까지 피해가 확산된 사업장으로서 고용노동부령으로 정하는 사업장

참고 산업안전보건법 시행령 제49조

25 산업안전보건법령상 산업안전지도사와 산업보건지도사의 직무에 공통적으로 해당되는 것은?

① 유해·위험의 방지대책에 관한 평가·지도
② 근로자 건강진단에 따른 사후관리 지도
③ 작업환경의 평가 및 개선 지도
④ 공정상의 안전에 관한 평가·지도
⑤ 안전보건개선계획서의 작성

해설 산업안전지도사 등의 직무
산업안전지도사의 직무에는 유해·위험의 방지대책에 관한 평가·지도, 공정상의 안전에 관한 평가·지도 등이 있고, **산업보건지도사의 직무**에는 근로자 건강진단에 따른 사후관리 지도, 작업환경의 평가 및 개선 지도 등이 있다. **산업안전지도사와 산업보건지도사의 공통 직무로는 안전보건개선계획서의 작성**과 위험성평가 지도가 있다.

참고 산업안전보건법 제142조 및 시행령 제101조

정답 | 25. ⑤

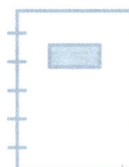

NOTE

2024년 제14회 산업안전보건법령 기출문제

산업안전·보건지도사 2024. 3. 30. 시행

01 산업안전보건법령상 산업안전보건위원회에 관한 내용으로 옳지 않은 것은?

① 사업주는 사업장의 안전 및 보건에 관한 중요 사항을 심의·의결하기 위하여 사업장에 근로자위원과 사용자위원이 같은 수로 구성되는 산업안전보건위원회를 구성·운영하여야 한다.
② 사업주는 공정안전보고서를 작성할 때 산업안전보건위원회가 설치되어 있지 아니한 사업장의 경우에는 근로자대표의 의견을 들어야 한다.
③ 산업안전보건위원회의 회의는 근로자위원 및 사용자위원 각 과반수의 출석으로 개의(開議)하고 출석위원 과반수의 찬성으로 의결한다.
④ 사업주는 산업안전보건위원회 또는 근로자대표가 요구하면 작업환경측정 결과에 대한 설명회 등을 개최하여야 한다.
⑤ 사업주는 산업안전보건위원회가 요구할 때에는 개별 근로자의 건강진단 결과를 본인의 동의가 없어도 공개할 수 있다.

해설 산업안전보건위원회

사업주는 사업장에 근로자위원과 사용자위원이 같은 수로 구성되는 산업안전보건위원회를 구성·운영하여야 하며, 주요 심의·의결 사항으로 산업재해 예방계획의 수립에 관한 사항, 안전보건관리규정의 작성 및 변경에 관한 사항, 근로자의 안전보건교육에 관한 사항, 작업환경측정 등 작업환경의 점검 및 개선에 관한 사항, 근로자의 건강진단 등 건강관리에 관한 사항, 산업재해에 관한 통계의 기록 및 유지에 관한 사항, 중대재해의 원인 조사 및 재발 방지대책의 수립에 관한 사항, 유해하거나 위험한 기계·기구·설비를 도입한 경우 안전 및 보건 관련 조치에 관한 사항, 그 밖에 해당 사업장 근로자의 안전 및 보건을 유지·증진하기 위하여 필요한 사항 등을 규정하고 있다. 사업주는 산업안전보건위원회 또는 근로자대표가 요구할 때에는 건강진단을 한 건강진단기관에 건강진단 결과에 대하여 설명하도록 하여야 하지만, **개별 근로자의 건강진단결과를 본인의 동의 없이 공개할 수 없다.**

참고 산업안전보건법 제24조제1항, 제44조제2항, 제125조제7항, 제132조제2항, 시행령 제37조제2항

정답 | 01. ⑤

02 산업안전보건법령상 산업재해 발생에 관한 설명으로 옳지 않은 것은?

① 고용노동부장관은 산업재해로 인한 사망자가 연간 2명 이상 발생한 사업장의 경우 산업재해를 예방하기 위하여 산업재해발생건수 등을 공표하여야 한다.
② 중대재해가 발생한 사실을 알게 된 사업주가 사업장 소재지를 관할하는 지방고용노동관서의 장에게 보고하는 방법에는 전화·팩스가 포함된다.
③ 사업주는 산업재해조사표에 근로자대표의 확인을 받아야 하지만, 근로자대표가 없는 경우에는 재해자 본인의 확인을 받아 산업재해조사표를 제출할 수 있다.
④ 고용노동부장관은 중대재해가 발생하였을 때에는 그 원인 규명 또는 산업재해 예방대책 수립을 위하여 그 발생 원인을 조사할 수 있다.
⑤ 사업주는 산업재해로 사망자가 발생한 경우에는 지체 없이 산업재해조사표를 작성하여 한국산업안전보건공단에 제출해야 한다.

해설 중대재해 발생 시 사업주의 조치 및 산업재해 발생 보고 등
사업주는 중대재해가 발생한 사실을 알게 된 경우에는 법 제54조제2항에 따라 지체 없이 시행규칙 제67조 각 호의 사항을 사업장 소재지를 관할하는 지방고용노동관서의 장에게 전화·팩스 또는 그 밖의 적절한 방법으로 보고해야 한다. 다만, 천재지변 등 부득이한 사유가 발생한 경우에는 그 사유가 소멸되면 지체 없이 보고하여야 한다. 사업주는 산업재해로 사망자가 발생하거나 3일 이상의 휴업이 필요한 부상을 입거나 질병에 걸린 사람이 발생한 경우에는 법 제57조제3항에 따라 해당 **산업재해가 발생한 날부터 1개월 이내에 산업재해조사표를 작성하여 관할 지방고용노동관서의 장에게 제출해야 한다.**

참고 산업안전보건법 제10조제1항 및 제54조제2항과 제56조제1항, 시행규칙 제73조제1항 및 동조제3항

03 산업안전보건법령상 상시근로자 수가 200명인 경우에 안전보건관리규정을 작성해야 하는 사업의 종류에 해당하는 것은?

① 농업
② 정보서비스업
③ 부동산 임대업
④ 금융 및 보험업
⑤ 사업지원 서비스업

해설 안전보건관리규정을 작성해야 하는 사업의 종류
농업, 어업, 정보서비스업, 금융 및 보험법, 임대업(부동산 제외), 사업지원 서비스업 등은 사업장의 상시근로자 수 300명 이상인 경우 안전보건관리규정을 작성해야 한다. 그러나 임대업 중 **부동산업은 상시근로자 수 100명 이상인 경우 안전보건관리규정을 작성**해야 한다.

참고 산업안전보건법 시행규칙 [별표 2]

정답 | 02. ⑤ 03. ③

04 산업안전보건법령상 근로자의 안전 및 보건에 유해하거나 위험한 작업으로서 사업주가 이를 도급하여 자신의 사업장에서 수급인의 근로자가 그 작업을 하도록 해서는 아니 되는 작업을 모두 고른 것은? (단, 제시된 내용 외의 다른 상황은 고려하지 않음)

ㄱ. 도금작업
ㄴ. 수은을 제련, 주입, 가공 및 가열하는 작업
ㄷ. 카드뮴을 제련, 주입, 가공 및 가열하는 작업
ㄹ. 망간을 제련, 주입, 가공 및 가열하는 작업

① ㄱ
② ㄹ
③ ㄱ, ㄴ, ㄷ
④ ㄴ, ㄷ, ㄹ
⑤ ㄱ, ㄴ, ㄷ, ㄹ

해설 유해한 작업의 도급금지
도금작업, 수은 및 납, 카드뮴을 제련, 가공 및 가열하는 작업, 법 제118조제1항에 따른 허가대상물질을 제조하거나 사용하는 작업은 도급금지의 대상이다. 법 제118조제1항에 의한 허가대상물질에는 α-나프틸아민, 비소, 염화비닐 등 12가지를 정하고 있으나, **망간은 포함되지 않는다.**

참고 산업안전보건법 제58조제1항, 시행령 제88조

---

05 산업안전보건법령상 안전보건표지에 관한 설명으로 옳은 것은?

① 지시표지의 색채는 바탕은 파란색, 관련 그림은 흰색으로 한다.
② 방사성물질 경고의 경고표지는 바탕은 무색, 기본모형은 빨간색으로 한다.
③ 안전보건표지의 성질상 설치하거나 부착하는 것이 곤란한 경우에도 해당 물체에 직접 도색할 수 없다.
④ 「외국인근로자의 고용 등에 관한 법률」 제2조에 따른 외국인근로자를 사용하는 사업주는 안전보건표지를 고용노동부장관이 정하는 바에 따라 해당 외국인 근로자의 모국어와 영어로 작성하여야 한다.
⑤ 안전보건표지의 표시를 명확히 하기 위하여 필요한 경우에는 그 안전보건표지의 주위에 표시사항을 글자로 덧붙여 적을 수 있으며, 이 경우 그 글자는 검은색 바탕에 노란색 한글고딕체로 표기해야 한다.

해설 안전보건표지의 설치·부착
안전보건표지의 금지표지는 흰색 바탕에 기본모형은 빨간색, 관련 부호 및 그림은 검은색이다. **경고표지는 노란색 바탕에 기본모형과 관련 부호 및 그림은 검은색**이다. 지시표지는 파란색 바탕에 관련 그림은 흰색이고, 안내표지는 흰색 바탕에 기본 모형과 관련 부호 및 그림은 녹색이다. 안전보건표지의 성질상 설치하거나 부착하는 것이 곤란한 경우에는 **해당 물체에 직접 도색할 수 있으며**, 외국인근로자를 사용하는 사업주는 안전보건표지를 고용노동부장관이 정하는 바에 따라 **해당 외국인근로자의 모국어로 작성**하여야 한다. 안전보건표지의 표시를 명확히 하기 위하여 필요한 경우에는 그 안전보건표지의 주위에 표시사항을 글자로 덧붙여 적을 수 있으며, 이 경우 그 글자는 **흰색 바탕에 검은색 한글고딕체로 표기**해야 한다.

참고 산업안전보건법 제37조제1항, 시행규칙 제38조제2항 및 제39조제2항과 [별표 7]

정답 | 04. ③ 05. ①

06 산업안전보건법령상 안전보건관리책임자에 관한 설명으로 옳지 않은 것은?

① 안전보건관리책임자는 안전관리자와 보건관리자를 지휘·감독한다.
② 사업주가 안전보건관리책임자에게 총괄하여 관리하도록 하여야 하는 사항에는 해당 사업장의 「산업안전보건법」 제36조(위험성평가의 실시)에 따른 위험성평가의 실시에 관한 사항도 포함된다.
③ 상시근로자 수가 100명인 1차 금속 제조업의 사업장에는 안전보건관리책임자를 두어야 한다.
④ 건설업의 경우 공사금액이 10억원인 사업장에는 안전보건관리책임자를 두어야 한다.
⑤ 사업주는 안전보건관리책임자의 선임에 관한 서류를 3년 동안 보존하여야 한다.

해설 안전보건관리책임자
안전보건관리책임자는 사업장에서 안전 및 보건에 관한 사항을 총괄하여 관리하는 자를 말한다. 따라서 안전보건관리책임자는 안전관리자 및 보건관리자, 관리감독자를 지휘·명령할 수 있다. 안전보건관리책임자는 업종에 따라 차이가 있으나, 토사석 광업, 1차 금속 제조업 등의 경우 상시근로자 수 50명 이상, 농업 및 어업 등은 상시근로자 300명 이상, **건설업은 공사금액 20억원 이상에 해당되는 경우** 선임해야 한다.

참고 산업안전보건법 제15조제1항제9호 및 동조제2항과 제164조제1항제1호, 시행령 [별표 2]

07 산업안전보건법령상 안전관리자 및 보건관리자 등에 관한 설명으로 옳지 않은 것은?

① 지방고용노동관서의 장은 보건관리자가 질병으로 1개월 이상 직무를 수행할 수 없게 된 경우에는 사업주에게 보건관리자를 정수 이상으로 증원하게 할 것을 명할 수 있다.
② 건설업을 제외한 사업으로서 상시근로자 300명 미만을 사용하는 사업장의 사업주는 안전관리전문기관에 안전관리자의 업무를 위탁할 수 있다.
③ 전기장비 제조업 중 상시근로자 300명 이상을 사용하는 사업장의 사업주는 보건관리자에게 보건관리자의 업무만을 전담하도록 하여야 한다.
④ 식료품 제조업 중 상시근로자 300명 이상을 사용하는 사업장의 사업주는 안전관리자에게 안전관리자의 업무만을 전담하도록 하여야 한다.
⑤ 안전관리자와 보건관리자가 수행하는 업무에는 산업안전보건위원회 또는 안전 및 보건에 관한 노사협의체에서 심의·의결한 업무도 포함된다.

해설 안전관리자 등의 증원·교체임명 명령
지방노동관서의 장은 안전관리자나 보건관리자가 질병이나 그 밖의 사유로 **3개월 이상 직무를 수행할 수 없게 된 경우**에 정수 이상으로 증원하거나 교체하여 임명할 것을 명할 수 있다.

참고 산업안전보건법 제17조 및 제18조, 시행령 제18조 및 제22조, 시행규칙 제12조제1항

08 산업안전보건법령상 관계수급인 근로자가 도급인의 사업장에서 작업을 하는 경우 도급인이 이행해야 하는 사항에 해당하는 것을 모두 고른 것은?

ㄱ. 작업장 순회점검
ㄴ. 관계수급인이 「산업안전보건법」 제29조(근로자에 대한 안전보건교육) 제1항에 따라 근로자에게 정기적으로 하는 안전보건교육을 위한 장소 및 자료의 제공 등 지원
ㄷ. 도급인과 수급인을 구성원으로 하는 안전 및 보건에 관한 협의체의 구성 및 운영
ㄹ. 작업 장소에서 발파작업을 하는 경우에 대비한 경보체계 운영과 대피방법 등 훈련

① ㄱ
② ㄴ, ㄹ
③ ㄷ, ㄹ
④ ㄱ, ㄴ, ㄷ
⑤ ㄱ, ㄴ, ㄷ, ㄹ

해설 도급에 따른 산업재해 예방조치
도급인은 수급인 근로자가 도급인의 사업장에서 작업을 하는 경우에 산업재해를 예방하기 위하여 산업재해예방조치를 해야 한다. **도급인과 수급인을 구성원으로 하는 안전보건협의체의 구성 및 운영, 작업장 순회점검, 안전보건교육에 관한 장소 및 자료의 제공 등 지원, 작업장소에서 발파작업을 하는 경우에 대비한 경보체계의 운영과 대피방법 등 훈련**은 모두 산업안전보건법 제64조제1항에 해당된다.

참고 산업안전보건법 제64조제1항

09 산업안전보건법령상 주요 구조부분을 변경하는 경우 안전인증을 받아야 하는 기계 및 설비에 해당하지 않는 것은? (단, 안전인증을 면제받는 경우는 고려하지 않음)

① 원심기
② 프레스
③ 롤러기
④ 압력용기
⑤ 고소작업대

해설 안전인증대상기계 등
안전인증이란 사업장에서 사용하는 기계·기구 등에 대하여 안전성을 믿고 사용할 수 있도록 시험과 검증을 하여 공적 기관이 증명하는 것을 말한다. 유해·위험기계 등을 제조하거나 수입하는 자는 고용노동부장관이 실시하는 안전인증을 받아야 한다. 안전인증대상기계 등에서 주요 구조부분을 변경하는 경우 안전인증을 받아야 하는 기계 및 설비는 **프레스, 전단기 및 절곡기, 크레인, 리프트, 압력용기, 롤러기, 사출성형기, 고소작업대, 곤돌라**가 있다. 원심기는 안전인증의 대상이 아니라 방호조치의 대상이다.

참고 산업안전보건법 시행규칙 제107조

정답 | 08. ⑤ 09. ①

10 산업안전보건법령상 용어의 정의로 옳은 것은?

① "작업환경측정"이란 작업환경 실태를 파악하기 위하여 해당 근로자 또는 작업장에 대하여 사업주가 유해인자에 대한 측정계획을 수립한 후 시료(試料)를 채취하고 분석·평가하는 것을 말한다.
② "중대재해"란 근로자가 사망하거나 부상을 입을 수 있는 설비에서의 누출·화재·폭발 사고를 말한다.
③ "건설공사발주자"란 건설공사를 도급하는 자로서 건설공사의 시공을 주도하여 총괄·관리하는 자를 말한다.
④ "산업재해"란 근로자가 업무에 관계되는 건설물·설비·원재료·가스·증기·분진 등에 의하거나 작업 또는 그 밖의 업무로 인하여 사망 또는 3일 이상의 휴업이 필요한 질병에 걸리는 것을 말한다.
⑤ "위험성평가"란 산업재해를 예방하기 위하여 잠재적 위험성을 발견하고 그 개선대책을 수립할 목적으로 조사·평가하는 것을 말한다.

해설 산업안전보건법에서 사용하는 용어의 정의
산업재해란 노무를 제공하는 사람이 업무에 관계되는 건설물·설비·원재료·가스·증기·분진 등에 의하거나 작업 또는 그 밖의 업무로 인하여 사망 또는 부상하거나 질병에 걸리는 것을 말한다. **중대재해**란 산업재해 중 사망 등 재해 정도가 심하거나 다수의 재해가 발생한 경우로서 고용노동부령으로 정하는 재해를 말한다. **건설공사발주자**란 건설공사를 도급하는 자로서 건설공사의 시공을 주도하여 총괄·관리하지 아니하는 자를 말한다. 다만, 도급받은 건설공사를 다시 도급하는 자는 제외한다. **안전보건진단**이란 산업재해를 예방하기 위하여 잠재적 위험성을 발견하고 그 개선대책을 수립할 목적으로 조사·평가하는 것을 말한다. **위험성평가**란 사업주가 스스로 유해·위험요인을 파악하고 해당 유해·위험요인의 위험성 수준을 결정하여, 위험성을 낮추기 위한 적절한 조치를 마련하여 실행하는 과정을 말한다.

참고 산업안전보건법 제2조, 위험성평가지침 제3조제3호

11 산업안전보건법령상 유해하거나 위험한 기계·기구에 대한 방호조치 등에 관한 설명으로 옳은 것을 모두 고른 것은?

ㄱ. 진공포장기-래핑기를 제외한 포장기계에는 구동부 방호 연동장치를 설치해야 한다.
ㄴ. 회전기계에 물체 등이 말려 들어갈 부분이 있는 기계는 물림점을 묻힘형으로 하여야 한다.
ㄷ. 예초기 및 금속절단기에는 날접촉 예방장치를 설치해야 하고, 원심기에는 회전체 접촉 예방장치를 설치해야 한다.
ㄹ. 근로자가 방호조치를 해체하려는 경우에는 사업주의 허가를 받아야 한다.

① ㄱ ② ㄱ, ㄴ ③ ㄴ, ㄷ
④ ㄷ, ㄹ ⑤ ㄱ, ㄷ, ㄹ

> **해설** 유해하거나 위험한 기계 등에 대한 방호조치
> 방호조치란 위험기계·기구의 위험장소 또는 부위에 근로자가 통상적인 방법으로는 접근하지 못하도록 하는 제한조치를 말하며, 방호망·방책·덮개 또는 각종 방호장치 등을 설치하는 것을 포함한다. 방호조치의 대상은 예초기, 원심기, 공기압축기, 금속절단기, 지게차, 포장기계(진공포장기, 래핑기로 한정한다)가 있다. 진공포장기는 구동부 방호 연동장치를 하여야 하는데, **방호조치 대상 진공포장기에는 래핑기를 포함한다.** 회전기계의 경우 **물림점에는 덮개 또는 울을 설치**해야 한다.
>
> **참고** 산업안전보건법 시행령(제70조 관련) [별표 20], 시행규칙 제98조 및 제99조제1항제호

12 산업안전보건법 시행규칙의 일부이다. ( )에 들어갈 숫자로 옳은 것은?

> ■ 산업안전보건법 시행규칙 [별표 4]
>
> 안전보건교육 교육과정별 교육시간(제26조제1항 등 관련)
>
> 1. 근로자 안전보건교육(제26조제1항, 제28조제1항 관련)
>
> | 교육과정 | 교육대상 | 교육시간 |
> |---|---|---|
> | 마. 건설업 기초안전·보건교육 | 건설 일용근로자 | ( )시간 이상 |

① 1　　② 2　　③ 4　　④ 6　　⑤ 8

> **해설** 건설업 기초안전·보건교육의 교육시간
> 건설업 기초안전·보건교육이란 법 제31조제1항에 따라 건설업의 사업주가 건설 일용근로자를 채용할 때 해당 근로자로 하여금 이수하도록 하여야 하는 교육을 말한다. 건설업 기초안전·보건교육의 **교육시간은 총 4시간**이며, 교육내용은 건설공사의 종류(토목, 건축 등) 및 시공절차 1시간, 산업재해 유형별 위험요인 및 안전보건조치 2시간, 안전보건관리체제 현황 및 산업안전보건 관련 근로자의 권리 의무 1시간을 이수하여야 한다.
>
> **참고** 산업안전보건법 시행규칙 [별표 4]

13 산업안전보건법상 보건관리자에 대한 직무교육에 관한 내용이다. ( )에 들어갈 내용을 순서대로 옳게 나열한 것은? (단, 직무교육을 면제받는 경우는 고려하지 않음)

> 사업주가 보건관리자에게 안전보건교육기관에서 직무와 관련한 안전보건 교육을 이수하도록 하여야 하는 경우, 의사인 보건관리자는 해당 직위에 선임된 후 (ㄱ) 이내에 직무를 수행하는 데 필요한 신규교육을 받아야 하며, 신규교육을 이수한 후 매 (ㄴ)이 되는 날을 기준으로 전후 (ㄷ) 사이에 고용노동부장관이 실시하는 안전보건에 관한 보수교육을 받아야 한다.

① ㄱ : 3개월, ㄴ : 1년, ㄷ : 3개월　　② ㄱ : 3개월, ㄴ : 1년, ㄷ : 6개월
③ ㄱ : 3개월, ㄴ : 2년, ㄷ : 6개월　　④ ㄱ : 1년,　 ㄴ : 1년, ㄷ : 3개월
⑤ ㄱ : 1년,　 ㄴ : 2년, ㄷ : 6개월

> **해설** 안전보건관리책임자 등에 대한 직무교육
> 의사인 보건관리자는 **선임된 후 1년 이내**에 직무를 수행하는 데 필요한 신규교육을 받아야 하며, 신규교육을 이수한 후 **매 2년이 되는 날을 기준으로 전후 6개월 사이**에 고용노동부장관이 실시하는 안전보건에 관한 보수교육을 받아야 한다.

> **참고** 산업안전보건법 시행규칙 제29조제1항

14 산업안전보건법령상 기계 등을 대여받은 자가 그 설치·해체 작업이 이루어지는 동안 작업과정 전반(全般)을 영상으로 기록하여 대여기간 동안 보관하여야 하는 기계 등에 해당하는 것은?

① 파워 셔블
② 타워크레인
③ 고소작업대
④ 버킷굴착기
⑤ 콘크리트 펌프

> **해설** 기계 등을 대여받는 자의 조치
> 대통령령으로 정하는 기계·기구·설비 또는 건축물 등을 타인에게 대여하거나 대여받는 자는 필요한 안전조치 및 보건조치를 하여야 한다. 이 경우 법 시행령 [별표 21]에서 정하는 기계·기구·설비는 이동식 크레인, 타워크레인, 불도저 등 다양하다. 그 중에서 **타워크레인을 대여받은 자**는 타워크레인 설치·해체 작업이 이루어지는 동안 작업과정 전반을 영상으로 기록하여 대여기간 동안 보관하여야 한다.

> **참고** 산업안전보건법 시행규칙 제101조제2항

15 산업안전보건법령상 안전검사대상기계 등에 대해 안전검사를 면제할 수 있는 경우가 아닌 것은?

① 「고압가스 안전관리법」 제17조제2항에 따른 검사를 받은 경우
② 「원자력안전법」 제22조제1항에 따른 검사를 받은 경우
③ 「에너지이용 합리화법」 제39조 제4항에 따른 검사를 받은 경우
④ 「전기용품 및 생활용품 안전관리법」 제8조에 따른 안전검사를 받은 경우
⑤ 「위험물안전관리법」 제18조에 따른 정기점검 또는 정기검사를 받은 경우

> **해설** 안전검사의 면제
> 산업안전보건법 제93조제1항에도 불구하고 안전검사대상기계 등이 다른 법령에 따라 고용노동부령으로 정하는 경우에는 안전검사를 면제할 수 있다. 「전기안전관리법」 제11조에 따른 검사를 받은 경우는 면제되나, **「전기용품 및 생활용품 안전관리법」은 면제 대상에 해당되지 않는다.**

> **참고** 산업안전보건법 제93조제2항 및 시행규칙 제125조

정답 | 14. ② 15. ④

16 산업안전보건법령상 일반건강진단을 실시한 것으로 보는 건강진단에 해당하지 않는 것은?

① 「선원법」에 따른 건강진단
② 「항공안전법」에 따른 신체검사
③ 「학교보건법」에 따른 건강검사
④ 「국민건강보험법」에 따른 건강검진
⑤ 「교육공무원법」에 따른 신체검사

> **해설** 일반건강진단 실시의 인정
> 사업주는 상시 사용하는 근로자의 건강관리를 위하여 건강진단(이하 "일반건강진단"이라 한다)을 실시하여야 한다. 다만, 사업주가 고용노동부령으로 정하는 건강진단을 실시한 경우에는 그 건강진단을 받은 근로자에 대하여 일반건강진단을 실시한 것으로 본다. 고용노동부령으로 정하는 건강진단은 「국민건강보험법」, 「선원법」, 「진폐의 예방 및 진폐근로자의 보호 등에 관한 법률」, 「항공안전법」, 「학교안전법」에 따른 건강검사나 신체검사에 대하여 일반건강진단으로 인정한다.
>
> **참고** 산업안전보건법 제129조제1항 및 시행규칙 제196조

17 산업안전보건법령상 자율안전확인대상기계 등에 해당하는 것을 모두 고른 것은?

ㄱ. 용접용 보안면
ㄴ. 고정형 목재가공용 둥근톱 기계
ㄷ. 롤러기 급정지장치
ㄹ. 추락 및 감전 위험방지용 안전모
ㅁ. 휴대형 연마기
ㅂ. 차광(遮光) 및 비산물(飛散物) 위험방지용 보안경

① ㄱ, ㅁ
② ㄴ, ㄷ
③ ㄱ, ㄹ, ㅁ, ㅂ
④ ㄴ, ㄷ, ㄹ, ㅂ
⑤ ㄱ, ㄴ, ㄷ, ㄹ, ㅁ, ㅂ

> **해설** 자율안전확인대상기계 등
> 자율안전확인대상기계 등은 기계 또는 설비, 방호장치, 보호구로 구분한다. **고정형 목재가공용 둥근톱 기계**는 기계 또는 설비에, **롤러기 급정지장치**는 방호장치에 해당된다. 연삭기 또는 연마기 중에서 **휴대용은 제외**되고, 보호구 중에서 **용접용 보안면과 추락 및 감전 위험방지용 안전모, 차광 및 비산물 위험방지용 보안경은 제외**된다.
>
> **참고** 산업안전보건법 시행령 제77조

정답 | 16. ⑤ 17. ②

18 산업안전보건법령상 유해인자의 유해성·위험성 분류기준 중 물리적 인자의 분류기준으로 옳지 않은 것은?

① 소음 : 소음성난청을 유발할 수 있는 85데시벨(A) 이상의 시끄러운 소리
② 진동 : 착암기, 손망치 등의 공구를 사용함으로써 발생되는 백랍병·레이노 현상·말초순환장애 등의 국소 진동 및 차량 등을 이용함으로써 발생되는 관절통·디스크·소화장애 등의 전신 진동
③ 방사선 : 직접·간접으로 공기 또는 세포를 전리하는 능력을 가진 알파선·베타선·감마선·엑스선·중성자선 등의 전자선
④ 에어로졸 : 재충전이 가능한 금속·유리 또는 플라스틱 용기에 압축가스·액화가스 또는 용해가스를 충전하고 내용물을 가스에 현탁시킨 고체나 액상입자로, 액상 또는 가스상에서 폼·페이스트·분말상으로 배출되는 분사장치를 갖춘 것
⑤ 이상기온 : 고열·한랭·다습으로 인하여 열사병·동상·피부질환 등을 일으킬 수 있는 기온

해설 유해인자의 유해성·위험성 분류기준
에어로졸은 **재충전이 불가능한** 금속·유리 또는 플라스틱 용기에 압축가스·액화가스 또는 용해가스를 충전하고 내용물을 가스에 현탁시킨 고체나 액상입자로, 액상 또는 가스상에서 폼·페이스트·분말상으로 배출되는 분사장치를 갖추어야 한다. 물리적 위험성이 있는 요소로 분류한다.

참고 산업안전보건법 시행규칙 [별표 18]

19 산업안전보건법령상 제조 등이 금지되는 유해물질로서 대체물질이 개발되지 아니하여 고용노동부장관의 허가를 받아서 제조·사용할 수 있는 '허가대상 유해물질'에 해당하는 것은? (단, 제시된 내용 외의 다른 상황은 고려하지 않음)

① β-나프틸아민[91-59-8]과 그 염(B-Naphthylamine and its salts)
② 4-니트로디페닐[92-93-3]과 그 염(4-Nitrodiphenyl and its salts)
③ 염화비닐(Vinyl chloride; 75-01-4)
④ 폴리클로리네이티드 터페닐(Polychlorinated terphenyls; 61788-33-8 등)
⑤ 황린(黃燐)[12185-10-3] 성냥(Yellow phosphorus match)

해설 허가대상 유해물질
염화비닐은 허가대상 유해물질에 해당하며, 나머지는 금지대상 유해물질에 해당된다.

참고 산업안전보건법 제118조, 시행령 제87조 및 제88조

20 산업안전보건법령상 작업환경측정기관으로 지정받을 수 있는 자에 해당하지 않는 것은?

① 지방자치단체의 소속기관
② 「의료법」에 따른 종합병원
③ 「고등교육법」 제2조제1호에 따른 대학
④ 작업환경측정 업무를 하려는 법인
⑤ 「산업안전보건법」에 따라 자격증을 취득한 산업보건지도사

해설 작업환경측정기관의 지정 요건
작업환경측정기관으로 지정받으려는 자는 인력·시설 및 장비 등을 갖추고 고용노동부장관이 실시하는 작업환경측정기관의 측정·분석능력 확인에서 적합 판정을 받은 자로 한다. 이 경우 지정을 받을 수 있는 자는 **국가 또는 지방자치단체의 소속기관**, 「의료법」에 따른 종합병원 또는 병원, 「고등교육법」에 따른 대학 또는 그 부속기관, 작업환경측정 업무를 하려는 법인, 작업환경측정 대상 사업장의 부속기관이 해당된다.

참고 산업안전보건법 시행령 제95조

21 산업안전보건법령상 휴게실 설치·관리기준 준수대상 사업장에 관한 규정의 일부이다. [ ]에 들어갈 숫자를 옳게 나열한 것은?

> **시행령 제96조의2(휴게시설 설치·관리기준 준수 대상 사업장의 사업주)**
> 법 제128조의2제2항에서 "사업의 종류 및 사업장의 상시근로자 수 등 대통령령으로 정하는 기준에 해당하는 사업장"이란 다음 각 호의 어느 하나에 해당하는 사업장을 말한다.
> 1. 상시근로자(관계수급인의 근로자를 포함한다. 이하 제2호에서 같다) [ㄱ]명 이상을 사용하는 사업장(건설업의 경우에는 관계수급인의 공사금액을 포함한 해당 공사의 총공사금액이 [ㄴ]억원 이상인 사업장으로 한정한다)
> 2. 생략

① ㄱ : 10, ㄴ : 20
② ㄱ : 10, ㄴ : 120
③ ㄱ : 20, ㄴ : 10
④ ㄱ : 20, ㄴ : 20
⑤ ㄱ : 20, ㄴ : 120

해설 휴게시설 설치·관리기준 준수 대상 사업장의 사업주
사업주 중 사업의 종류와 사업장의 상시근로자 수 등 대통령령이 정하는 기준에 해당하는 사업장의 사업주는 휴게시간을 갖추는 경우 크기, 위치, 온도, 조명 등 고용노동부령으로 정하는 설치·관리기준을 준수하여야 한다. 이 경우 대통령령으로 정하는 사업장이란 **상시근로자 20명 이상**을 사용하는 사업장(건설공사의 경우 관계수급인의 공사금액을 포함한 **총공사금액이 20억원 이상**인 사업장으로 한정한다)을 말한다.

참고 산업안전보건법 제128조의2제2항, 시행령 제96조의2

정답 | 20. ⑤ 21. ④

22 산업안전보건법령상 1일 6시간을 초과하여 근무할 수 없는 작업은?

① 갱(坑) 내에서 하는 작업
② 잠함(潛函) 또는 잠수 작업 등 높은 기압에서 하는 작업
③ 현저히 덥고 뜨거운 장소에서 하는 작업
④ 강렬한 소음이 발생하는 장소에서 하는 작업
⑤ 라듐방사선이나 엑스선, 그 밖의 유해 방사선을 취급하는 작업

> **해설** 유해·위험작업에 대한 근로시간 제한 등
> 사업주는 유해하거나 위험한 작업으로서 높은 기압에서 하는 작업 등 대통령령으로 정하는 작업에 종사하는 근로자에게는 1일 6시간, 1주 34시간을 초과하여 근로하게 하여서는 아니 된다. 여기서 "높은 기압에서 작업하는 등 대통령령으로 정하는 작업"이란 **잠함(潛艦) 또는 잠수 작업 등 높은 기압에서 하는 작업**을 말한다. 나머지는 작업시간 및 휴게시간의 적정한 배분을 통해 근로자의 건강 보호조치를 해야 할 사업장에 해당된다.
>
> **참고** 산업안전보건법 제139조제1항, 시행령 제99조제1항 및 제3항

23 산업안전보건법령상 1년 이하의 징역 또는 1천만원 이하의 벌금에 처해질 수 있는 자는?

① 물질안전보건자료 대상물질을 양도하면서 양도받는 자에게 물질안전보건자료를 제공하지 아니한 자
② 자격 대여행위의 금지를 위반하여 다른 사람에게 지도사 자격증을 대여한 사람
③ 중대재해 발생 사실을 보고하지 아니하거나 거짓으로 보고한 사업주
④ 정당한 사유 없이 역학조사를 거부·방해하거나 기피한 근로자
⑤ 물질안전보건자료의 일부 비공개 승인 신청 시 영업비밀과 관련되어 보호사유를 거짓으로 작성하여 신청한 자

> **해설** 벌칙
> 다른 사람에게 자기의 성명이나 사무소의 명칭을 사용하여 지도사의 직무를 수행하게 하거나 **자격증·등록증을 대여한 경우** 1년 이하의 징역 또는 1천만원에 해당하는 벌금에 처한다.
>
> **참고** 산업안전보건법 제170조제7호

24 산업안전보건법령상 근로감독관 등에 관한 설명으로 옳지 않은 것은?

① 근로감독관은 기계·설비 등에 대한 검사에 필요한 한도에서 무상으로 제품·원재료 또는 기구를 수거할 수 있다.
② 근로감독관은 「산업안전보건법」에 따른 명령의 시행을 위하여 근로자에게 출석을 명할 수 있다.
③ 근로자는 사업장의 「산업안전보건법」 위반 사실을 근로감독관에게 신고할 수 있다.
④ 한국산업안전보건공단 소속 직원이 지도업무 등을 하였을 때에는 그 결과를 근로감독관 및 사업주에게 즉시 보고하여야 한다.
⑤ 「의료법」에 따른 한의사는 5일의 입원치료가 필요한 부상이 환자의 업무와 관련성이 있다고 판단할 경우 치료과정에서 알게 된 정보를 고용노동부장관에게 신고할 수 있다.

> **해설** 공단 소속 직원의 검사 및 지도 등
> 고용노동부장관은 제165조제2항에 따라 공단이 위탁받은 업무를 수행하기 위하여 필요하다고 인정할 때에는 공단 소속 직원으로 하여금 사업장에 출입하여 산업재해 예방에 필요한 검사 및 지도 등을 하게 하거나, 역학조사를 위하여 필요한 경우 관계자에게 질문하거나 필요한 서류의 제출을 요구하게 할 수 있다. 공단 소속 직원이 검사 또는 지도업무 등을 하였을 때에는 그 결과를 <U>고용노동부장관에게 보고</U>하여야 한다.
>
> **참고** 산업안전보건법 제155조 및 156조와 제157조

25 산업안전보건법령상 지도사의 위반행위에 대해서 지도사 등록을 필수적으로 취소하여야 하는 경우를 모두 고른 것은?

ㄱ. 부정한 방법으로 갱신등록을 한 경우
ㄴ. 업무정지 기간 중에 업무를 수행한 경우
ㄷ. 업무 관련 서류를 거짓으로 작성한 경우
ㄹ. 직무의 수행과정에서 고의로 인하여 중대재해가 발생한 경우
ㅁ. 보증보험에 가입하지 아니하거나 그 밖에 필요한 조치를 하지 아니한 경우

① ㄱ, ㅁ
② ㄷ, ㄹ
③ ㄱ, ㄴ, ㄷ
④ ㄴ, ㄹ, ㅁ
⑤ ㄱ, ㄴ, ㄷ, ㄹ, ㅁ

> **해설** 등록의 취소 등
> 고용노동부장관은 지도사의 위반행위에 대하여 그 등록을 취소하거나 2년 이내의 기간을 정하여 그 업무의 정지를 명할 수 있다. 이 경우 **거짓이나 그 밖의 부정한 방법을 등록 또는 갱신등록을 한 경우, 업무 정지기간 중에 업무를 수행한 경우, 업무 관련 서류를 거짓으로 작성한 경우**에는 반드시 취소하여야 한다.
>
> **참고** 산업안전보건법 제154조

정답 | 24. ④ 25. ③

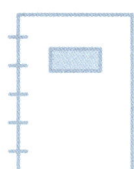

2025년 제15회 산업안전보건법령 기출문제

산업안전·보건지도사 2025. 3. 29. 시행

---

01 산업안전보건법령상 용어에 대한 설명으로 옳지 않은 것은?

① 「국가유산수리 등에 관한 법률」에 따른 국가유산수리공사는 "건설공사"에 해당된다.
② 근로자의 과반수로 조직된 노동조합이 없는 경우 근로자의 과반수를 대표하는 자가 "근로자대표"이다.
③ "관계수급인"이란 도급이 여러 단계에 걸쳐 체결된 경우에 각 단계별로 도급받은 사업주 전부를 말한다.
④ 도급받은 건설공사를 다시 도급하는 자는 "건설공사발주자"가 아니다.
⑤ 건설공사발주자는 "도급인"에 해당한다.

> **해설** 산업안전보건법에서 사용하는 용어의 정의
> 국가유산수리공사 및 전기공사, 정보통신공사, 소방시설공사 등의 공사는 종류 및 명칭에 관계없이 산업안전보건법에서는 모두 건설공사에 해당된다. 건설공사발주자는 시공에 참여하지 아니하는 자로서, 도급받은 건설공사를 다시 도급하는 경우에는 포함하지 않으며, **도급인에서 제외한다.** 건설공사발주자는 최초로 일을 맡기는 도급 행위를 의미한다.
>
> **참고** 산업안전보건법 제2조

---

02 산업안전보건법령상 산업재해 중 중대재해에 해당하는 것을 모두 고른 것은?

　ㄱ. 사망자가 1명 이상 발생한 재해
　ㄴ. 직업성 질병자가 동시에 5명 이상 발생한 재해
　ㄷ. 3개월 이상의 요양이 필요한 부상자가 2명 이상 발생한 재해

① ㄱ　　　　　　　② ㄴ　　　　　　　③ ㄱ, ㄷ
④ ㄴ, ㄷ　　　　　⑤ ㄱ, ㄴ, ㄷ

> **해설** 중대재해의 범위
> 중대재해의 범위는 사망자가 1명 이상 발생한 재해, 3개월 이상의 요양이 필요한 부상자가 동시에 2명 이상 발생한 재해, 부상자 또는 **직업성 질병자가 동시에 10인 이상 발생한 재해**로 규정하고 있다.
>
> **참고** 산업안전보건법 제2조 및 시행규칙 제3조

정답 | 01. ⑤　02. ③

03 산업안전보건법령상 산업재해발생건수 등의 공표대상 사업장이 아닌 것은?

① 사망재해자가 연간 1명 발생한 사업장
② 「산업안전보건법」 제44조제1항을 위반하여 전단에 따른 중대산업재해가 발생한 사업장
③ 「산업안전보건법」 제57조제1항을 위반하여 산업재해 발생 사실을 은폐한 사업장
④ 사망만인율(死亡萬人率)이 규모별 같은 업종의 평균 사망만인율 이상인 사업장
⑤ 「산업안전보건법」 제57조제3항에 따른 산업재해 발생에 관한 보고를 최근 3년 이내 2회 이상 하지 않은 사업장

> **해설** 산업재해발생건수 등의 공표대상 사업장
> 산업재해로 인한 **사망재해자가 연간 2명 이상 발생한 사업장**은 산업재해발생건수 등의 공표대상 사업장이다. 중대산업사고와 중대산업재해는 혼동하지 않도록 유의해야 한다.
>
> **참고** 산업안전보건법 제10조제1항 및 시행령 제10조제1항

04 산업안전보건법령상 안전보건관리책임자에 관한 설명으로 옳은 것은?

① 안전보건에 관한 사항 중 안전에 관한 기술적인 사항에 관하여 안전관리자가 지도·조언하는 경우 안전보건관리책임자는 이에 상응하는 적절한 조치를 하여야 한다.
② 안전장치 및 보호구 구입 시 적격품 여부 확인에 관한 사항은 안전보건관리책임자의 업무가 아니다.
③ 안전보건관리책임자가 있는 경우「건설기술진흥법」에 따른 안전관리책임자 및 안전관리담당자를 각각 둔 것으로 본다.
④ 안전관리자와 보건관리자는 안전보건관리책임자의 지휘·감독을 받지 아니한다.
⑤ 안전 및 보건에 관하여 사업주를 보좌하고 관리감독자에게 지도·조언하는 업무를 수행하는 것은 안전보건관리책임자의 업무에 해당한다.

> **해설** 안전보건관리책임자, 관리감독자, 안전보건관리담당자
> 안전보건관리책임자의 업무에는 **안전장치 및 보호구의 구입 시의 적격품 여부 확인에 관한 사항을 포함**하며, **안전관리자와 보건관리자를 지휘·감독**을 해야 한다. **관리감독자가 있는 경우**「건설기술진흥법」에 따른 안전관리책임자 및 안전관리담당자를 각각 둔 것으로 본다. 안전보건에 관하여 사업주를 보좌하고 관리감독자에게 지도·조언하는 업무는 **안전보건관리담당자의 업무**에 해당된다.
>
> **참고** 산업안전보건법 제15조제1항 및 동조제2항, 제16조제2항, 제19조제1항, 제20조

정답 | 03. ① 04. ①

05 산업안전보건법령상 산업안전보건위원회에 관한 설명으로 옳은 것은?

① 명예산업안전감독관이 위촉되어 있는 사업장의 경우 근로자대표가 지명하는 1명 이상의 명예산업안전감독관을 포함하여 사용자위원을 구성할 수 있다.
② 해당 사업장에 선임되어 있지 않은 산업보건의도 사용자위원이 될 수 있다.
③ 상시근로자 50명 이상을 사용하는 사업장에서는 '해당 사업의 대표자가 지명하는 9명 이내의 해당 사업장 부서의 장'을 제외하고 사용자위원을 구성할 수 있다.
④ 산업안전보건위원회는 취업규칙에 구속받지 않고 심의·의결할 수 있다.
⑤ 산업재해에 관한 통계의 기록 및 유지에 관한 사항은 산업안전보건위원회의 심의·의결사항이 아니다.

[해설] 산업안전보건위원회
명예산업안전감독관이 위촉되어 있는 사업장의 경우 명예산업안전감독관을 포함하여 **근로자위원을 구성**할 수 있다. 사용자위원으로 구성하는 **산업보건의는 해당 사업장에 선임되어 있는 경우로 한정**한다. 산업안전보건위원회는 **단체협약, 취업규칙 및 안전보건관리규정에 반하는 내용으로 심의·의결을 해서는 아니 된다.** 산업안전보건위원회의 심의·의결 사항에는 법 제15조제1항제7호에 관한 사항인 '**산업재해에 관한 통계의 기록 및 유지에 관한 사항**'이 포함된다.

[참고] 산업안전보건법 제24조제2항 및 제5항, 시행령 제35조제1항 및 제2항

06 산업안전보건법령상 관계수급인이 근로자가 도급인의 사업장에서 작업을 하는 경우 도급인이 이행하여야 할 사항이 아닌 것은?

① 작업장 순회점검
② 보호구 착용의 지시 등 관계수급인 근로자의 작업행동에 관한 직접적인 조치
③ 작업 장소에서 지진 등이 발생한 경우에 대비한 경보체계 운영과 대피방법 등 훈련
④ 관계수급인이 근로자에게 하는 「산업안전보건법」 제29조제3항에 따른 안전보건교육의 실시 확인
⑤ 같은 장소에서 이루어지는 도급인과 관계수급인 등의 작업에 있어서 관계수급인 등의 작업시기·내용, 안전조치 및 보건조치 등의 확인

[해설] 도급인의 안전조치 및 보건조치
도급인은 관계수급인과 안전보건협의체를 구성하고, 작업장을 순회점검하여야 하며, 관계수급인의 안전보건조치 여부를 확인하고, 위생시설의 이용을 지원하는 등 협력을 해야 한다. 다만, 산업안전보건법 제63조 단서에 따라 **보호구의 착용 등 관계수급인 근로자에 대한 직접적인 조치를 해서는 아니 된다.**

[참고] 산업안전보건법 제63조 및 제64조제1항

정답 | 05. ③ 06. ②

07 산업안전보건법령상 도급인과 수급인을 구성원으로 하는 안전 및 보건에 관한 협의체에 관한 설명으로 옳은 것은?

① 도급인과 그의 수급인 대표로 구성해야 한다.
② 수급인 상호 간의 작업공정의 조정은 협의사항이다.
③ 사업주와 수급인 간의 연락 방법은 협의사항이 아니다.
④ 작업의 시작 시간은 협의사항이 아니다.
⑤ 분기별 1회 이상 정기적으로 회의를 개최하고 그 결과를 기록·보존하여야 한다.

> **해설** 협의체의 구성 및 운영
> 안전 및 보건에 관한 협의체는 **도급인 및 그의 수급인 전원으로 구성**해야 하며, **매월 1회 이상 정기적으로 회의를 개최**하고 그 결과를 기록·보존해야 한다. 협의체의 협의사항에는 **작업의 시작 시간**, 작업 또는 작업장 간의 연락 방법, 재해발생 위험이 있는 경우 대피 방법, 작업장에서의 법 제36조에 따른 위험성평가의 실시에 관한 사항, **사업주와 수급인 또는 수급인 상호 간의 연락 방법 및 작업공정의 조정이 포함된다.**
>
> **참고** 산업안전보건법 시행규칙 제79조

08 산업안전보건법령상 안전관리전문기관 또는 보건관리전문기관의 지정을 취소하여야 하는 경우는?

① 지정받은 사항을 위반하여 업무를 수행한 경우
② 안전관리 또는 보건관리 업무와 관련된 비치서류를 보존하지 않은 경우
③ 정당한 사유 없이 안전관리 또는 보건관리 업무의 수탁을 거부한 경우
④ 업무정지 기간 중에 업무를 수행한 경우
⑤ 안전관리 또는 보건관리 업무 수행과 관련한 대가 외에 금품을 받은 경우

> **해설** 안전관리전문기관 등
> **거짓이나 그 밖의 부정한 방법으로 지정을 받은 경우, 업무 정지기간 중에 업무를 수행한 경우에는 안관리전문기관 또는 보건관리전문기관의 지정을 취소하여야 한다.** 나머지 사항은 6개월 이내의 기간을 정하여 업무의 정지를 명할 수 있다.
>
> **참고** 산업안전보건법 제21조제4항 및 시행령 제28조

정답 07. ② 08. ④

09 산업안전보건법령상 안전보건교육에 관한 설명으로 옳지 않은 것은?

① 사업주는 소속 근로자에게 고용노동부령으로 정하는 바에 따라 정기적으로 안전보건교육을 하여야 한다.
② 건설 일용근로자에 대한 건설업 기초안전보건교육의 교육시간은 4시간 이상이다.
③ 사업주가 건설업 기초안전보건교육을 이수한 건설 일용근로자를 채용하는 경우에는 해당 작업에 필요한 안전보건교육을 하지 않아도 된다.
④ 사업주가 근로자에 대한 안전보건교육을 자체적으로 실시하는 경우에 해당 사업장의 산업보건의는 교육을 할 수 있는 사람에 해당되지 않는다.
⑤ 관리감독자에 대한 안전보건교육 중 정기교육의 교육시간은 연간 16시간 이상이다.

해설 안전보건교육
사업주가 건설업 기초안전교육을 이수한 근로자를 채용하는 경우 해당 작업에 필요한 채용 시 교육은 산업안전보건법 제31조제1항 단서에 따라 면제된다. 산업안전보건법 제22조제1항에 따른 **산업보건의는 강사 자격이 인정된다.**

참고 산업안전보건법 제29조제1항 및 제31조제1항, 시행규칙 제26조제3항제1호 및 [별표 4]

10 산업안전보건법령상 안전보건교육기관에 관한 설명으로 옳은 것은?

① 보건관리자가 고용노동부장관이 정하여 고시하는 안전·보건에 관한 교육을 이수한 경우에는 직무교육 중 신규교육을 면제한다.
② 안전보건교육기관이 해당 업무를 폐지한 경우 지체 없이 근로자안전보건교육기관 등록증 또는 직무교육기관 등록증을 지방고용노동청장에게 반납해야 한다.
③ 고용노동부장관은 안전보건교육기관이 등록한 사항을 위반하여 업무를 수행한 경우에는 그 등록을 취소하여야 한다.
④ 지방고용노동관서의 장은 건설업 기초안전·보건교육기관 등록 취소 등을 한 경우에는 그 사실을 한국산업인력공단에 통보해야 한다.
⑤ 안전보건교육기관 등록이 취소된 자는 등록이 취소된 날부터 3년 이내에는 해당 안전보건교육기관으로 등록할 수 없다.

해설 안전보건교육기관
보건관리자는 **신규교육 및 보수교육을 받아야 한다.** 안전보건교육기관이 등록된 사항을 위반하여 업무를 수행한 경우에는 **업무정지 사유에 해당**된다. 지방노동관서의 장은 건설업 기초안전보건교육의 등록취소 등을 한 경우에는 그 사실을 **산업안전보건공단에 통보**하여야 한다. 등록이 취소된 자는 등록이 **취소된 날부터 2년 이내**에는 안전보건교육기관으로 등록을 받을 수 없다.

참고 산업안전보건법 제32조제1항 및 제33조제4항, 시행규칙 제29조제1항 및 제31조제6항과 제34조제2항

정답 | 09. ④ 10. ②

11 산업안전보건법령상 유해 · 위험방지를 위한 방호조치가 필요한 기계 · 기구가 아닌 것은?

① 절곡기(折曲機)   ② 공기압축기
③ 지게차   ④ 금속절단기
⑤ 원심기

> **해설** 유해 · 위험방지를 위한 방호조치가 필요한 기계 · 기구
> 누구든지 동력으로 작동하는 기계 · 기구로서 대통령령으로 정하는 것은 고용노동부령으로 정하는 유해 · 위험방지를 위한 방호조치를 하지 아니하고는 양도, 대여, 설치 또는 사용에 사용하거나 양도 · 대여의 목적으로 진열해서는 아니 된다. 여기서 대통령령으로 정하는 기계 · 기구 등에는 **예초기, 원심기, 공기압축기, 금속절단기, 지게차, 포장기계(진공포장기, 래핑기로 한정한다)**가 포함된다.
>
> **참고** 산업안전보건법 제80조제1항 및 시행령(제70조 관련) [별표 20]

12 산업안전보건법령상 '대여자 등이 안전조치 등을 하는 기계 · 기구 · 설비 및 건축물 등'에 해당하는 것을 모두 고른 것은? (단, 고용노동부장관이 정하여 고시하는 기계 · 기구 · 설비 및 건축물 등은 고려하지 않음)

ㄱ. 압력용기   ㄴ. 어스드릴
ㄷ. 사출성형기(射出成形機)   ㄹ. 파워 셔블

① ㄱ, ㄷ   ② ㄱ, ㄹ   ③ ㄴ, ㄹ
④ ㄱ, ㄴ, ㄷ   ⑤ ㄴ, ㄷ, ㄹ

> **해설** 대여자 등이 안전조치 등을 하는 기계 · 기구 · 설비 및 건축물 등
> 대여자 등이 안전조치를 해야 할 기계 · 기구 · 설비 및 건축물 등에는 사무실 및 공장용 건축물, 이동식 크레인, 타워크레인, 클램셸, 어스오거, **어스드릴, 파워 셔블 등이 포함**된다. 압력용기와 사출성형기는 안전인증대상기계 등에 해당된다.
>
> **참고** 산업안전보건법 시행령(제71조 관련) [별표 21]

13 산업안전보건법령상 유해성 · 위험성조사 제외 화학물질이 아닌 것은? (단, 고용노동부장관이 공표하거나 고시하는 물질은 고려하지 않음)

① 천연으로 산출된 화학물질
② 「마약류 관리에 관한 법률」 제2조제1호에 따른 마약류
③ 「군수품관리법」 제3조에 따른 통상품
④ 「총포 · 도검 · 화약류 등의 안전관리에 관한 법률」 제2조제3항에 따른 화약류
⑤ 「약사법」 제2조제4호 및 제7호에 따른 의약품 및 의약외품(醫藥外品)

정답 | 11. ① 12. ③ 13. ③

> **해설** 유해성·위험성조사 제외 화학물질
> 신규화학물질은 근로자의 건강장해를 예방하기 위하여 유해성·위험성을 조사하고 그 조사보고서를 고용노동부장관에게 제출하여야 한다. 다만, 조사대상에서 제외하는 화학물질은 대통령령으로 정하고 있는데, 여기에「군수품관리법」제2조 및「방위사업법」제3조제2호에 따른 군수품은 포함되지만,「군수품관리법」제3조에 따른 통상품은 제외된다.
>
> **참고** 산업안전보건법 제108조제1항 및 시행령 제85조

14 산업안전보건법령상 유해인자의 유해성·위험성 분류기준 중 물리적 위험성 분류기준에 관한 설명으로 옳지 않은 것은?

① 자연발화성 고체는 적은 양으로도 공기와 접촉하여 5분 안에 발화할 수 있는 고체이다.
② 20℃, 200킬로파스칼(kPa) 이상의 압력 하에서 충전되어 있는 가스는 고압가스에 해당한다.
③ 20℃, 표준압력(101.3kPa)에서 공기와 혼합하여 인화되는 범위에 있는 가스는 인화성 가스에 해당한다.
④ 유기과산화물 2가의 −O−O− 구조를 가지고 5개의 수소 원자가 유기라디칼에 의하여 치환된 과산화수소의 유도체를 포함한 고체 유기물질이다.
⑤ 인화성 액체는 표준압력(101.3kPa)에서 인화점이 93℃ 이하인 액체이다.

> **해설** 유해인자의 유해성·위험성 분류기준
> 고용노동부장관은 고용노동부령으로 정하는 바에 따라 근로자에게 건강장해를 일으키는 화학물질 및 물리적 인자 등의 유해성·위험성 분류기준을 마련하여야 한다. 이 경우 유해인자 등의 유해성·위험성 분류기준은 시행규칙 [별표 18]에서 명시하는데, 유기과산화물은 2가의 −O−O− 구조를 가지고 **1개 또는 2개의 수소원자**가 유기라디칼에 의하여 치환된 과산화수소의 유도체를 포함한 액체 또는 고체유기물질을 말한다.
>
> **참고** 산업안전보건법 제104조 및 시행규칙(제141조 관련) [별표 18]

15 산업안전보건법령상 자율안전확인에 관한 설명으로 옳지 않은 것은?

① 자율안전확인의 표시를 하는 경우 인체에 상해를 입힐 우려가 있는 재질이나 표면이 거친 재질을 사용해서는 안 된다.
②「농업기계화촉진법」제9조에 따른 검정을 받은 경우에도 자율안전확인의 신고를 하여야 한다.
③ 한국산업안전보건공단은 자율안전확인대상기계 등에 대한 자율안전확인의 신고를 받은 날부터 15일 이내에 자율안전확인 신고증명서를 신고인에게 발급해야 한다.
④ 연구·개발을 목적으로 자율안전확인대상기계 등을 제조·수입하는 경우에는 자율안전확인의 신고를 면제할 수 있다.
⑤ 자동차정비용 리프트와 컨베이어는 자율안전확인대상기계 등에 해당한다.

정답 | 14. ④ 15. ②

> **해설** 자율안전확인의 신고
>
> 자율안전확인대상기계 등은 제품자체에 대한 시험만으로 안전인증을 승인한다. 자율안전확인대상기계 등을 제조하거나 수입하는 자는 그 성능이 안전기준에 적합하다는 사실을 신고(자기완결적 신고)를 해야 한다. 자율안전확인대상기계 등의 자율안전기준을 충족함을 증명하는 서류는 공인시험기관에서 실시한 시험·검사결과서에 한하며, 신고자가 관련 시험·검사설비를 보유한 경우 자체시험·검사결과서로 대신 제출이 가능하다. 그러나 다른 법령에 따라 안전성에 대한 검사나 인증을 받은 경우로서 고용노동부령이 정하는 경우에는 **신고를 면제할 수 있는데, 여기에는 「농업기계화촉진법」 제9조에 따른 검정을 받은 경우가 포함**된다.
>
> **참고** 산업안전보건법 제89조, 시행령 제77조, 시행규칙 제119조 및 제120조제3항과 [별표 14]

16 산업안전보건법령상 안전인증에 관한 설명으로 옳지 않은 것은?

① 프레스 및 전단기 방호장치는 안전인증대상기계 등에 해당한다.
② 안전인증을 받은 유해·위험기계 등을 제조·수입·양도·대여하는 자는 안전인증표시를 임의로 변경하거나 제거해서는 아니 된다.
③ 안전인증이 취소된 자는 안전인증이 취소된 날부터 1년 이내에는 취소된 유해·위험기계 등에 대하여 안전인증을 신청할 수 없다.
④ 곤돌라는 설치·이전하는 경우뿐만 아니라 주요 구조 부분을 변경하는 경우에도 안전인증을 받지 않아도 된다.
⑤ 제품심사의 경우 처리기간 내에 심사를 끝낼 수 없는 부득이한 사유가 있을 때에는 안전인증기관은 15일의 범위에서 심사기간을 연장할 수 있다.

> **해설** 안전인증
>
> 안전인증이란 사업장에서 사용하는 기계·기구 등에 대하여 안전성을 믿고 사용할 수 있도록 시험과 검증을 하여 공적증명을 하는 것을 말한다. 곤돌라는 **설치·이전을 하는 경우뿐만 아니라 주요 구조 부분을 변경하는 경우 안전인증을 받아야 한다.**
>
> **참고** 산업안전보건법 제85조제3항 및 제86조제3항, 시행규칙 제107조 및 제110조제3항

정답 | 16. ④

17 산업안전보건법령상 안전검사대상기계 등에 대한 안전검사를 면제할 수 있는 경우를 모두 고른 것은?

> ㄱ. 「광산안전법」에 따른 검사 중 광업시설의 설치ㆍ변경공사 완료 후 일정한 기간이 지날 때마다 받는 검사를 받은 경우
> ㄴ. 「소방시설 설치 및 관리에 관한 법률」에 따른 자체점검을 받은 경우
> ㄷ. 「화학물질관리법」에 따른 정기검사를 받은 경우
> ㄹ. 「위험물안전관리법」에 따른 정기점검 또는 정기검사를 받은 경우

① ㄱ, ㄴ
② ㄷ, ㄹ
③ ㄱ, ㄴ, ㄷ
④ ㄴ, ㄷ, ㄹ
⑤ ㄱ, ㄴ, ㄷ, ㄹ

해설 안전인증의 면제
안전검사대상기계 등이 다른 법령에 따라 안전성에 관한 검사나 인증을 받은 경우로서 고용노동부령으로 정하는 경우에는 안전검사를 면제한다. 보기의 모든 항목은 면제 항목에 해당된다.

참고 산업안전보건법 제84조제2항제3호 및 시행규칙 제109조제1항

18 산업안전보건법령상 작업환경측정 및 작업환경측정기관에 관한 설명으로 옳은 것은?

① 사업주는 작업환경측정 중 시료의 분석만을 작업환경측정기관에 위탁할 수는 없다.
② 사업주는 근로자대표가 요구하더라도 작업환경측정의 예비조사에 그를 참석시키지 아니할 수 있다.
③ 사업주는 작업환경측정 결과에 대한 신뢰성을 평가한 후 그 결과를 관할 지방고용노동관서의 장에게 보고하여야 한다.
④ 「의료법」에 따른 병원이 종합병원이 아닌 경우 작업환경측정기관으로 지정받을 수 없다.
⑤ 작업환경측정기관에 대한 평가는 서면조사 및 방문조사의 방법으로 실시한다.

해설 작업환경측정 및 작업환경측정기관
사업주는 작업환경측정 중 **시료의 분석만을 작업환경측정기관에 위탁할 수 있다**. 사업주는 근로자의 대표가 요구하면 **작업환경측정 시 참석시켜야 한다**. 공단은 작업환경측정 결과에 대한 신뢰성을 평가한 후 그 결과를 **고용노동부장관에게 보고하여야 한다**. 「의료법」에 의한 종합병원 또는 **병원도 작업환경측정기관으로 지정을 신청할 수 있다**. 작업환경의 측정은 서면조사 및 방문조사의 방법으로 실시한다.

참고 산업안전보건법 제125조제3항 및 동조제3항, 시행령 제95조, 시행규칙 제191조제2항

19 산업안전보건법령상 상시근로자 수 300명 이상의 사업 중 안전보건관리규정을 작성해야 하는 사업이 아닌 것은?

① 부동산 임대업
② 정보서비스업
③ 금융 및 보험업
④ 사업지원 서비스업
⑤ 사회복지 서비스업

해설 안전보건관리규정 작성 대상 사업

농업, 어업, 소프트웨어 개발 및 공급업, 정보서비스업, 금융 및 보험업, 사업지원 서비스업, 사회복지 서비스업 등은 상시근로자 300명 이상을 사용하는 사업장에 해당되는 경우 안전보건관리규정을 작성해야 한다. 임대업도 상시근로자 300명 이상은 안전보건관리규정의 작성 대상에 해당되지만, **부동산 임대업은 제외된다.**

참고 산업안전보건법 시행규칙(제25조제1항 관련) [별표 2]

20 특수건강진단의 시기 및 주기에 관한 산업안전보건법 시행규칙 [별표 23]의 일부이다. ( )에 들어갈 숫자로 옳은 것은? (단, 특수건강진단 주기의 예외규정은 고려하지 않음)

대상 유해인자	시기(배치 후 첫 번째 특수건강진단)	주기
벤젠	(ㄱ)개월 이내	6개월
석면, 면 분진	12개월 이내	(ㄴ)개월

① ㄱ : 1, ㄴ : 12
② ㄱ : 2, ㄴ : 12
③ ㄱ : 2, ㄴ : 24
④ ㄱ : 3, ㄴ : 12
⑤ ㄱ : 3, ㄴ : 24

해설 특수건강진단의 시기 및 주기

특수건강진단은 유해인자에 노출되는 업무에 종사하는 근로자를 대상으로 실시한다. 사업주는 산업안전보건법 제130조제1항제1호에 해당하는 근로자에 대하여 시행규칙 [별표 23]에서 특수건강진단 대상 유해인자별로 정한 시기 및 주기에 따라 특수건강진단을 실시해야 한다. **벤젠의 경우 2개월 이내** 6개월 주기로 실시해야 하고, **석면 및 면 분진**은 12개월 이내 **12개월 주기**로 특수건강진단을 실시해야 한다.

참고 산업안전보건법 제130조제1항제1조 및 시행규칙(제202조제1항 관련) [별표 23]

정답 | 19. ① 20. ②

21 산업안전보건법령상 작업환경측정 또는 건강진단의 실시 결과만으로 직업성 질환에 걸렸는지 판단하기 곤란한 근로자의 질병에 대하여 산업안전보건공단에 역학조사를 요청할 수 있는 자로 규정되어 있지 않은 자는?

① 사업주
② 근로자대표
③ 건강진단기관의 의사
④ 역학조사평가위원회 위원장
⑤ 보건관리자(보건관리전문기관 포함)

해설 역학조사의 대상 및 절차 등
고용노동부장관은 직업성 질환의 진단 및 예방, 발생 원인의 규명을 위하여 필요하다고 인정할 때에는 근로자의 질병과 작업장의 유해요인의 상관관계에 관한 역학조사를 할 수 있다. 따라서 법 제125조에 따른 작업환경측정 또는 법 제129조부터 제131조에 따른 건강진단의 실시 결과만으로 직업성 질환에 걸렸는지를 판단하기 곤란한 근로자에 대하여 **사업주 · 근로자대표 · 보건관리자(보건관리전문기관을 포함한다) 또는 건강진단기관의 의사**가 역학조사를 요청하는 경우에는 역학조사를 할 수 있다.

참고 산업안전보건법 제141조제1항 및 시행규칙 제222조제1항제1호

22 산업안전보건법령상 산업안전지도사(이하 '지도사'라 한다)에 관한 설명으로 옳지 않은 것은?

① 산업안전에 관한 사항으로서 안전보건개선계획서의 작성은 지도사의 직무에 해당한다.
② 직무 수행을 위하여 지도사 등록을 한 자는 5년마다 등록을 갱신하여야 한다.
③ 지도사는 직무 수행과 관련하여 보증보험금으로 손해배상을 한 경우에는 그 날부터 15일 이내에 다시 보증보험에 가입해야 한다.
④ 금고 이상의 실형을 선고받고 그 집행이 끝난 날부터 2년이 지나지 아니한 사람은 지도사 등록을 할 수 없다.
⑤ 지도사가 직무의 조직적 · 전문적 수행을 위하여 설립하는 법인에 관하여는 「상법」 중 합명회사에 관한 규정을 적용한다.

해설 손해배상을 위한 보증보험 가입 등
지도사는 직무 수행과 관련하여 고의 또는 과실로 의뢰인에게 손해를 입힌 경우에는 그 손해를 배상할 책임이 있다. 이에 따라 지도사는 2천만원 이상의 보증보험에 가입해야 한다. 지도사는 보증보험금으로 손해배상을 한 경우에는 그 날부터 **10일 이내**에 다시 보증보험에 가입해야 한다.

참고 산업안전보건법 시행령 제108조제2항

정답 | 21. ④ 22. ③

23 산업안전보건법령상 질병자의 근로금지·제한 및 유해·위험작업에 대한 근로시간 제한에 관한 설명으로 옳은 것을 모두 고른 것은?

> ㄱ. 사업주는 마비성 치매에 걸린 사람에 대해서 「의료법」에 따른 의사의 진단에 따라 근로를 금지해야 한다.
> ㄴ. 사업주는 「의료법」에 따른 의사의 진단에 따라 정신신경증의 질병이 있는 근로자를 고기압 업무에 종사하도록 해서는 안 된다.
> ㄷ. 사업주는 유해하거나 위험한 작업으로서 잠함(潛函) 또는 잠수 작업 등 높은 기압에서 하는 작업에 종사하는 근로자에게는 1일 6시간, 1주 30시간을 초과하여 근로하게 해서는 아니 된다.

① ㄱ　　　　　　　　　② ㄷ
③ ㄱ, ㄴ　　　　　　　④ ㄴ, ㄷ
⑤ ㄱ, ㄴ, ㄷ

[해설] 질병자의 근로금지·제한 및 유해·위험작업에 대한 근로시간 제한
사업주는 유해하거나 위험한 작업으로서 높은 기압에서 하는 작업 등 대통령령으로 정하는 작업에 종사하는 근로자에게는 1일 6시간, **1주 34시간을 초과**하여 근로하게 하여서는 아니 된다. 여기에서 "높은 기압에서 작업을 하는 등 대통령령으로 정하는 작업"이란 잠함 또는 잠수 작업 등 높은 기압에서 하는 작업을 말한다.

[참고] 산업안전보건법 제139조제1항 및 시행령 제99조제1항, 시행규칙 제220조 및 제221조

24 산업안전보건법령상 공정안전보고서에 포함해야 할 비상조치계획의 세부 내용으로 규정된 것은?

① 주민홍보계획
② 변경요소 관리계획
③ 도급업체 안전관리계획
④ 각종 건물·설비의 배치도
⑤ 자체감사 및 사고조사계획

[해설] 공정안전보고서의 세부 내용
공정안전보고서에 포함해야 할 세부 내용은 공정안전자료, 공정위험성평가서 및 잠재위험에 대한 사고예방·피해 최소화 대책, 안전운전계획, 비상조치계획을 말한다. 여기에서 비상조치계획의 세부 내용에는 비상조치를 위한 **장비·인력 보유현황, 사고발생 시 각 부서·관련 기관과의 비상연락체계, 사고발생 시 비상조치를 위한 조직의 임무 및 수행 절차, 비상조치계획에 따른 교육계획, 주민홍보계획, 그 밖에 비상조치 관련 사항**을 포함한다.

[참고] 산업안전보건법 시행규칙 제50조제1항제4호

정답 | 23. ③　24. ①

25. 산업안전보건법령상 위반행위에 대한 과태료 금액이 다른 하나는? (단, 가중 및 감경규정은 고려하지 않음)

① 「산업안전보건법」 제137조제3항을 위반하여 건강관리카드를 타인에게 양도하거나 대여한 경우
② 「산업안전보건법」 제17조제1항을 위반하여 안전관리자를 선임하지 않은 경우
③ 「산업안전보건법」 제68조제1항을 위반하여 안전보건조정자를 두지 않은 경우
④ 「산업안전보건법」 제109조제1항에 따른 유해성·위험성 조사 결과 또는 유해성·위험성 평가에 필요한 자료를 제출하지 않은 경우
⑤ 「산업안전보건법」 제10조제3항 후단을 위반하여 관계수급인에 관한 자료를 거짓으로 제출한 경우

해설 과태료

산업안전보건법 제10조제3항 후단을 위반하여 관계수급인에게 관한 자료를 거짓으로 제출한 경우에는 **1천만원 이하의 과태료**를 부과한다. **나머지는 과태료 500만원 이하의 과태료**를 부과하는 사항이다.

참고 산업안전보건법 제175조제4항 및 동조제5항

정답 | 25. ⑤

산업안전보건지도사 1차 시험 I. 산업안전보건법령

2025. 12. 24. 초판 1쇄 인쇄
2026. 1. 7. 초판 1쇄 발행

지은이 | 이상국
펴낸이 | 이종춘
펴낸곳 | BM ㈜도서출판 성안당

주소 | 04032 서울시 마포구 양화로 127 첨단빌딩 3층(출판기획 R&D)
       10881 경기도 파주시 문발로 112 파주 출판 문화도시(제작 및 물류)
전화 | 02) 3142-0036
       031) 950-6300
팩스 | 031) 955-0510
등록 | 1973. 2. 1. 제406-2005-000046호
출판사 홈페이지 | www.cyber.co.kr
ISBN | 978-89-315-8563-6 (13500)
정가 | 40,000원

이 책을 만든 사람들
책임 | 최옥현
진행 | 박현수
교정·교열 | 박운규
전산편집 | 신인남
표지 디자인 | 임흥순
홍보 | 김계향, 임진성, 김주승, 최정민, 이해솜
국제부 | 이선민, 조혜란
마케팅 | 구본철, 차정욱, 오영일, 나진호, 강호묵
마케팅 지원 | 장상범
제작 | 김유석

이 책의 어느 부분도 저작권자나 BM ㈜도서출판 성안당 발행인의 승인 문서 없이 일부 또는 전부를 사진 복사나 디스크 복사 및 기타 정보 재생 시스템을 비롯하여 현재 알려지거나 향후 발명될 어떤 전기적, 기계적 또는 다른 수단을 통해 복사하거나 재생하거나 이용할 수 없음.

※ 잘못된 책은 바꾸어 드립니다.